utb 8449

utb.

Eine Arbeitsgemeinschaft der Verlage

Böhlau Verlag · Wien · Köln · Weimar
Verlag Barbara Budrich · Opladen · Toronto
facultas · Wien
Wilhelm Fink · Paderborn
A. Francke Verlag · Tübingen
Haupt Verlag · Bern
Verlag Julius Klinkhardt · Bad Heilbrunn
Mohr Siebeck · Tübingen
Ernst Reinhardt Verlag · München
Ferdinand Schöningh · Paderborn
Eugen Ulmer Verlag · Stuttgart
UVK Verlag · München
Vandenhoeck & Ruprecht · Göttingen
Waxmann · Münster · New York
wbv Publikation · Bielefeld

Thomas Reinard

Molekularbiologische Methoden 2.0

2., vollständig überarbeitete und erweiterte Auflage

145 Abbildungen
12 Maps
50 Tabellen

Verlag Eugen Ulmer Stuttgart

Thomas Reinard wurde 1963 in Leverkusen geboren und studierte nach dem Abitur 1982 an der Friedrich-Wilhelms-Universität Bonn Biologie. Das Thema seiner Dissertation war die Charakterisierung von Auxin-bindenden Proteinen und wurde am Institut für Genetik und einem längerem Aufenthalt an der University of North Carolina at Chapel Hill durchgeführt. Anschließend wechselte er an das Institut für Pflanzengenetik, Abt. II, der Leibniz Universität Hannover (https://www.genetik.uni-hannover.de/biochemie.html), wo er als Akademischer Oberrat arbeitet. Die von ihm geleitete Arbeitsgruppe beschäftigt sich mit der Herstellung pharmazeutisch relevanter Proteine in Pflanzen, vor allem aus Wasserlinsen und Mikroalgen. Er bietet in den Studiengängen Life Sciences, Pflanzenbiotechnologie und Biologie eigenverantwortlich Lehrveranstaltungen in den Fächern Molekularbiologie und Bioinformatik an und ist für Bachelor- und Masterstudiengänge prüfungsberechtigt.

Bibliografische Information der Deutschen Nationalbibliothek
Die Deutsche Nationalbibliothek verzeichnet diese Publikation in der Deutschen Nationalbibliografie; detaillierte bibliografische Daten sind im Internet über http://dnb.d-nb.de abrufbar.

Wollgrasweg 41, 70599 Stuttgart (Hohenheim)
E-Mail: info@ulmer.de
Internet: www.ulmer.de
Lektorat: Sabine Mann
Herstellung: Jürgen Sprenzel
Umschlagbild: © enot-poloskun
Umschlaggestaltung: Atelier Reichert, Stuttgart
Satz: Bernd Burkart; www.form-und-produktion.de
Druck und Bindung: Graphischer Großbetrieb Friedr. Pustet, Regensburg
Printed in Germany

UTB-Band-Nr. 8449
ISBN 978-3-8252-8742-9

Inhalt

3 Aufreinigung von Nukleinsäuren

4 Polymerase-Kettenreaktion

5 Klonieren für Einsteiger

6 Vektoren

7 Elektrophorese und Hybridisierung von Nukleinsäuren

8 Fortgeschrittene Klonierung

9 Proteinaufreinigung

10 Gelelektrophorese von Proteinen

11 Immunbiochemische Methoden

12 Fortgeschrittene Verfahren

13 Bioinformatik

14 Anhang

Vorwort zur 1. Auflage

Dieses Buch basiert auf meiner gleichnamigen Vorlesung, die sich an fortgeschrittene Studierende der Lebenswissenschaften richtet. Es soll die Lücke zwischen den allgemeinen Lehrbüchern der ersten Semester und reinen Methodenbüchern schließen.

Darüber hinaus ist es ein Reiseführer durch das zunächst unentdeckte Land molekularbiologisch geprägter Lebenswissenschaften mit all ihren Facetten. Daher wird Ihnen dieses Buch auch später im Labor ein hoffentlich wertvoller Berater sein. Denn obwohl die Arbeit im Labor heute durch die Verwendung von Kits bestimmt ist, entheben diese den experimentierfreudigen Studierenden nicht von der Notwendigkeit, die zugrundeliegenden Prinzipien zu kennen. Nur so kann der Fehler gefunden werden, wenn ein Verfahren nicht wie vorgesehen funktioniert. Noch viel wichtiger ist es jedoch, dass das Fehlen dieser Kenntnisse dazu führen kann, Ergebnisse falsch zu interpretieren oder dass wichtige Kontrollen vergessen werden. Dieses Buch kann nur beispielhaft die große Zahl der molekularbiologischen Methoden beleuchten, daher wurde der Fokus auf die Aktualität und Verbreitung der Verfahren gesetzt. Oft lassen sich bei unterschiedlichen Methoden starke Parallelen ausmachen, weshalb die Concept-Maps der zunächst verwirrenden Vielfalt der Verfahren eine Struktur geben und Zusammenhänge zwischen ihnen aufdecken. Der Text wird durch verschiedene Textboxen aufgelockert:

GUT ZU WISSEN-Boxen liefern Hintergrundwissen.

TIPP-Boxen geben wertvolle Tipps für die praktische Arbeit.

PROTOKOLL-Boxen vervollständigen besonders wichtige Verfahren mit zusätzlichen und detaillierten Informationen.

Um das Buch preislich erschwinglich zu halten, mussten leider einige interessante Methoden ausgelagert werden und stehen daher nur online zur Verfügung. Es lohnt sich sehr, in den umfangreichen Online-Bereich mehr als nur einen Blick zu werfen.

Natürlich entsteht ein Buch nicht im stillen Kämmerlein. Ohne die Hilfe von meinen Kollegen und Freunden wäre das vorliegende Werk sicher unfertig dahergekommen, daher möchte ich André Frenzel, Wiebke Rathje und Maren Wichmann ganz herzlich für die viele konstruktiven Diskussionen und Vorschläge danken. Martina Famulla hat die Ergebnisse, die in vielen Fotos zu sehen sind, im Labor produziert. Meinen Mitarbeitern und Kollegen, die ihre Fotos zur Verfügung gestellt haben, möchte ich ebenfalls herzlich danken.

Ohne meine Familie, Elvira, Henrik und Clara, die mich die ganze Zeit unterstützt hat, wäre dieses Projekt niemals verwirklicht worden. Danke!

So, und dies soll genug der Vorrede sein. Steigen wir nun ein in die Welt der molekularbiologischen Methoden, aber nicht ohne einen letzten wichtigen Hinweis zu geben:

Sicher wird die ein oder andere hier beschriebene Methode in manchen Laboren abweichend durchgeführt. Wenn das Protokoll funktioniert, gibt es keinerlei Grund daran etwas zu ändern.

Bevor wir uns nun auf den spannenden Weg durch die Methoden der Molekularbiologie begeben, bleiben mir nur noch zwei Worte mitzuteilen:

KEINE PANIK!

Vorwort zur 2. Auflage

Es ist unglaublich, in welchem Tempo sich die Molekularbiologie seit Erscheinen der ersten Auflage weiterentwickelt hat. Technologien, die 2010 noch nicht einmal erfunden waren, sind heute bereits in vielen Laboren anzutreffen:
Verfahren wie die Modulare Klonierung, PCR-basierte Klonierungen oder das Gibson Assembly stellen heute Standardverfahren der Molekularbiologie dar. Die atemberaubenden Fortschritte bei der Genomsequenzierung und der chemischen DNA-Synthese haben die Denkansätze und Forschungsstrategien in den letzten Jahren grundlegend verändert. Anstatt ein einzelnes Gen mit seinen Funktionen zu beschreiben, stehen heute oft sogenannte massiv parallele Verfahren, die viele Millionen Daten gleichzeitig generieren, im Vordergrund. Sie sollen es ermöglichen, ein detailliertes Bild eines komplexen biologischen Systems mit all seinen internen Interaktionen zu liefern. Obwohl die Auswirkungen der „Omics"-Technologien, die ein ganzes Genom oder Proteom in wenigen Tagen sequenzieren und analysieren können, noch nicht vollständig abzuschätzen ist, steht schon die nächste Revolution in den Startlöchern: Erst vor wenigen Jahren wurden die Techniken zur Genom Editierung wie TALEN oder CRISPR/Cas entwickelt. Schon heute sind sie weit über die Biologie hinaus bekannt, und eines ist klar: diese Verfahren haben schon jetzt einen enormen Einfluss auf die Lebenswissenschaften und darüber hinaus.
All das ist Grund genug, die zweite Auflage der „Molekularbiologischen Methoden" komplett zu überarbeiten. Die schnelle methodische Entwicklung der Molekularbiologie schlägt sich auch im Umfang des Buches nieder, der um fast ein Drittel gestiegen ist.

Die Überarbeitung eines Lehrbuchs erfordert kompetente Hilfe, daher möchte ich besonders Dr. Maren Wichmann und Dr. Jana Streubel für ihre sehr hilfreichen Korrekturen und konstruktiven Vorschläge danken.

1 Das Leben und seine Bestandteile

Auf den ersten Blick erscheint das Leben auf der Erde extrem vielfältig. Schon in der kleinsten biologischen Einheit, der Zelle, finden wir komplexe strukturelle und funktionale Zusammenhänge. Auf den zweiten Blick lassen sich allgemeine Prinzipien entdecken, die es erleichtern, Gemeinsamkeiten zwischen den vielfältigen biologischen Vorgängen zu entdecken:

1. Alle biologischen Systeme sind hierarchisch strukturiert.
2. Es gibt in biologischen Systemen eine sehr enge Verknüpfung zwischen der Struktur und der Funktion.

Gerade einmal vier verschiedene Arten an Makromolekülen sind für die enorme Vielfalt verantwortlich. In diesem Buch befassen wir uns mit den Nukleinsäuren und den Proteinen. Polysaccharide und Lipide stellen ebenfalls wichtige Makromoleküle dar, werden hier jedoch nicht behandelt.

Alle Makromoleküle sind hierarchisch aufgebaut, denn sie bestehen aus Monomeren, also kleineren Molekülen. Die Monomere werden über eine Kondensation unter Abspaltung von Wasser zu immer größeren Einheiten zusammengefügt: Nukleotide werden zu Nukleinsäuren kondensiert, Aminosäuren zu Peptiden und Proteinen. Solche Makromoleküle können durch Hydrolyse wieder in kleinere Einheiten, bis hin zu den Monomeren zerlegt werden.

Heute ist allgemein akzeptiert, dass Ribonukleinsäuren (RNA) die ältesten Biomoleküle darstellen. Einerseits können sie in ihrer Sequenz genetische Informationen speichern, wie dies in RNA-Viren der Fall ist, andererseits sind sie auf vielfältige Weise enzymatisch aktiv, wie in Ribosomen oder Spliceosomen. Später in der Evolution haben sich andere Biomoleküle auf jeweils eine der beiden Funktionen spezialisiert. Die Desoxyribonukleinsäure (DNA) ist chemisch viel stabiler und fungiert als Speicher der genetischen Information, Proteine dienen der Strukturbildung (Strukturproteine), als Speicherproteine sowie als Katalysatoren (Enzyme) in der Zelle.

Prinzipiell verläuft der genetische Informationsfluss in eine Richtung: von der DNA über die mRNA als Zwischenstufe hin zum Protein. Dieser universelle Informationsfluss wird „Zentrales Dogma der Molekularbiologie“ genannt (→ Abb. 1.1). Die genetische Information wird durch vier verschiedene, stickstoffhaltige Basen in der DNA gespeichert: den Purinen Adenin (A) und Guanin (G) sowie den Pyrimidinen Cytosin (C) und Thymin (T). Das Umschreiben dieser genetischen Information von DNA auf mRNA heißt Transkription. Auch die dafür zuständige mRNA nutzt für die Informationsvermittlung vier verschiedene Basen, wobei statt Thymin hier Uracil (U) verwendet wird. Im zweiten Schritt wird die Information der mRNA in eine Proteinsequenz umgeschrieben, dieser Prozess wird Translation genannt. Bereits Anfang der 70er Jahre wurde eine Ausnahme dieses universellen Dogmas entdeckt, denn Retroviren sind in der Lage, ihre als RNA gespeicherte Information in DNA umzuschreiben. Daher wurde das Zentrale Dogma um diese Möglichkeit erweitert.

Eine weitere zentrale Voraussetzung für das Leben soll hier nicht unerwähnt bleiben: die genetische Information muss regelmäßig dupliziert werden (→ Abb. 1.1). Diesen Prozess heißt Replikation und er ist eng verknüpft mit der Teilung der Zelle. Durch die vorherige Duplikation der

Abb. 1.1
Zentrales Dogma der Molekularbiologie. Durch die Replikation der DNA wird die genetische Information vervielfältigt und auf die Tochterzellen weitergegeben. Der genetische Informationsfluss läuft von der DNA über die RNA zum Protein. Durch die Entdeckung der Reversen Transkription in Retroviren wurde das Konzept entsprechend erweitert.

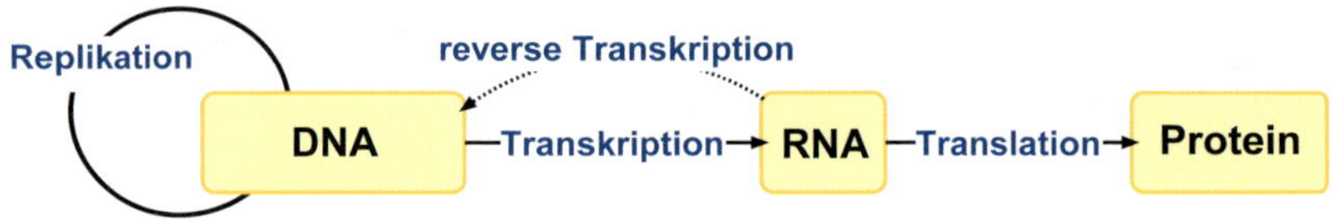

genetischen Information wird gewährleistet, dass beide Tochterzellen nach einer Zellteilung die gleiche genetische Information erhalten.

1.1 Der Aufbau von DNA und RNA

In allen Lebewesen besteht das genetische Material aus Nukleinsäuren. Diese stellen Polymere aus einer sehr kleinen Zahl unterschiedlicher Monomere dar, den Nukleotiden. Die Nukleotide wiederum bestehen aus drei verschiedenen Komponenten: einem Zucker und einem Phosphat, die das Rückgrat der Nukleinsäure bilden, sowie einer stickstoffhaltigen Base, die den eigentlichen Informationsträger darstellt (→ Abb. 1.2).
Die einzelnen Nukleotide sind über 5'→3'-Phosphodiesterbindungen miteinander verknüpft, wodurch das Molekül eine bestimmte Ausrichtung aufweist: vom freien 5'-Phosphatende hin zum freien 3'-OH-Ende (→ Abb. 1.3). Alle DNA-spaltenden oder synthetisierenden Enzyme wirken an dieser Phosphodiesterbindung, d.h. DNA oder RNA-Moleküle werden zunächst an der Phosphodiesterbindung kondensiert (= ligiert, also zusammengefügt) oder hydrolysiert (gespalten).
Während Zucker und Phosphat für die strukturelle Integrität der DNA sorgen, ist die dritte Komponente, die stickstoffhaltigen Basen, für die Codierung der genetischen Information verantwortlich. In der DNA sind dies die beiden Purine Adenin (A) und Guanin (G) sowie die Pyrimidine Cytosin (C) und Thymin (T). Bei RNA wird Thymin durch Uracil (U), ebenfalls ein Pyrimidin, ersetzt.
DNA liegt in den meisten Organismen doppelsträngig vor, wobei die beiden Stränge durch Wasserstoffbrücken zwischen den beiden Strängen zusammengehalten werden. Es bilden immer A und T eine Paarung, die aus zwei Wasserstoffbrücken besteht, G und C bilden Paarungen mit drei Wasserstoffbrücken. Es erfolgt also immer eine Paarung zwischen einem Purin und einem Pyrimidin. Andere Paarungen sind in der DNA

Abb. 1.2
Die DNA ist aus drei verschiedenen Komponenten aufgebaut: einer von vier verschiedenen Basen (Adenin, Guanin, Cytosin oder Thymin), die an einen Zucker, (eine Desoxyribose) gebunden sind. Diese Kombination aus Base und Zucker wird als Desoxynukleosid bezeichnet. Abhängig von der Base ergibt sich so Desoxyadenosin, -cytidin, -guanosin oder -thymidin. Durch die Bindung eines Monophosphats an den Zucker entsteht ein Desoxynukleotid, welches allgemein als dNMP abgekürzt wird. Für die verschiedenen Basen ergibt sich daher Desoxyadenosinmonophosphat, (dAMP) etc. Freie, nicht eingebaute Nukleotide liegen als energiereiche Triphosphate vor, welche allgemein als dNTP und je nach Base z. B. Desoxyguanosintriphosphat (dGTP) genannt werden. Beim Einbau werden diese dNTPs dephosphoryliert, sodass Monophosphate (dNMP) entstehen. Im Gegensatz zur DNA trägt RNA einen anderen Zuckeranteil, eine Ribose. Daher fällt bei RNA immer die Vorsilbe „Desoxy" weg (z. B. Cytosinmonophosphat, CMP).

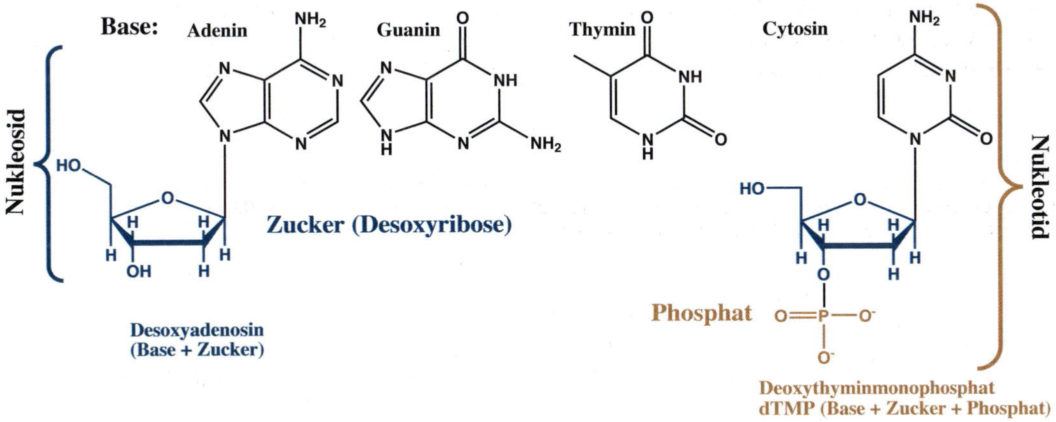

Abb. 1.3
Vier verschiedene Monomere bauen die DNA auf. Jedes dieser Monomere besteht aus einer Desoxyribose (rot), einem Phosphat (Blau) und einer der vier stickstoffhaltigen Basen: dAMP, dCMP, dGMP und dTMP. Innerhalb eines Stranges sind die Monomere über ein Zucker-Phosphat-Rückgrat miteinander verbunden. Das Phosphat ist immer an das C5-Atom des Zuckers gebunden. Bei der Polymerisation wird eine kovalente Bindung zum C3-Atom des nächsten Nukleotids gebildet. Dadurch erhält der DNA Strang eine Richtung vom 5'-Phosphatende auf der einen Seite zum 3'-OH-Ende auf der anderen Seite. DNA liegt als antiparalleler Doppelstrang vor, wobei immer Paarungen zwischen den Basen Adenin und Thymin (Paarung oben) oder zwischen Guanin und Cytosin (Paarung unten) erfolgen. Zwischen dAMP und dTMP werden zwei Wasserstoffbrücken und zwischen dCMP und dGMP drei Wasserstoffbrücken gebildet.

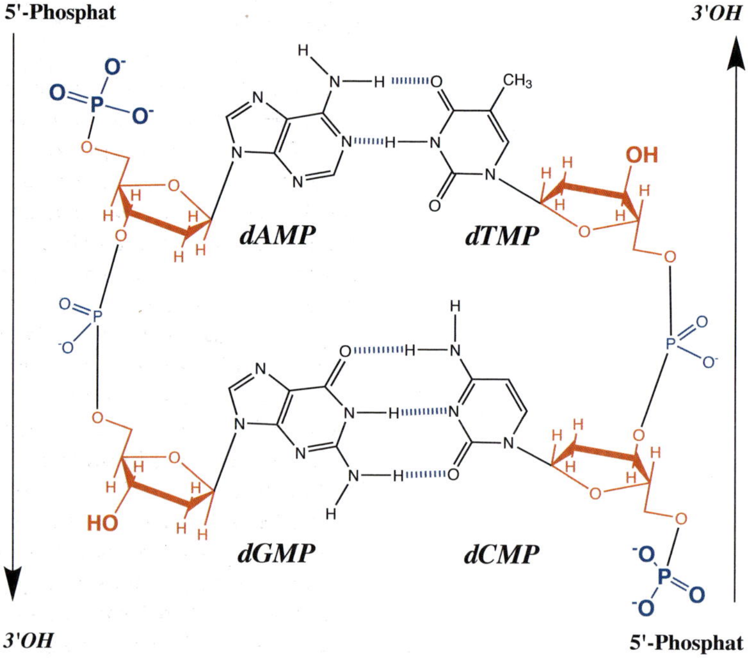

nicht möglich. Durch diese Paarungen bildet DNA normalerweise eine rechtdrehende Doppelhelix, die sogenannte B-Form.
Da immer die gleichen Basen miteinander Wasserstoffbrücken ausbilden, ist die Information auf den beiden Strängen gegenläufig (antiparallel). Die beiden DNA-Stränge sind zueinander komplementär, wie an dieser kurzen DNA-Sequenz verdeutlicht werden kann:

5'-ATG CCA GTA-3'
3'-TAC GGT CAT-5'

Da T immer mit A paart bzw. C mit G, ergibt sich die Basenfolge des einen Stranges zwangsläufig aus der des anderen Stranges. Daher bleibt die Information auch nach der Trennung der beiden Stränge erhalten (→ Abb. 1.4).

TIPP

Doppelsträngige DNA wird mit dsDNA [ds = *double stranded*], einzelsträngige als ssDNA [ss = *single stranded*] abgekürzt. Diese Abkürzungen werden analog auch für RNA (dsRNA und ssRNA) verwendet.

GUT ZU WISSEN

▶ Unübliche DNA-Strukturen

DNA kann auch andere Strukturen ausbilden, wie die rechtsdrehende A-Form oder die linksdrehende Z-Form. Diese sind jedoch selten.

Abb. 1.4
Doppelsträngige DNA besteht immer aus den Paaren A und T bzw. C und G und bildet eine rechtsdrehende Helix aus. In dieser Struktur bilden sich alternierend eine zugängliche, große Furche [*Major Groove*] sowie eine kleine Furche [*Minor Groove*] aus.

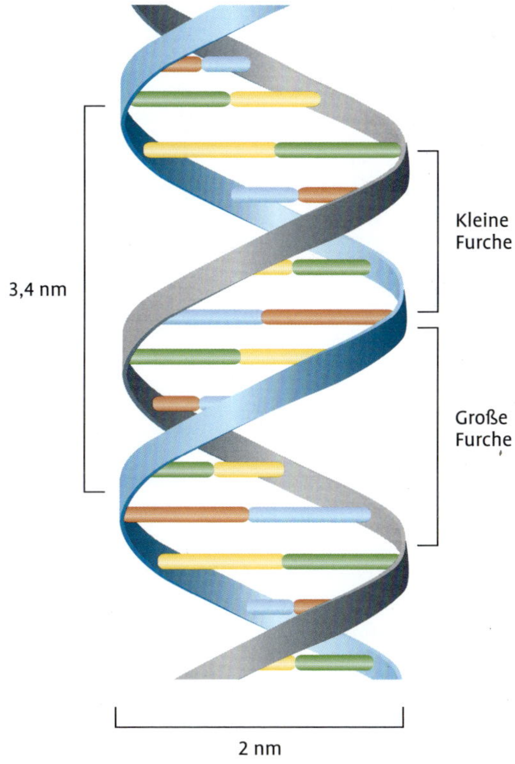

Abb. 1.5
Abhängig vom Gehalt an GC-Paarungen steigt die Schmelztemperatur einer DNA an (**A**). Die Denaturierung von dsDNA kann photometrisch bei einer Wellenlänge λ = 260 nm verfolgt werden (**B**). Die Temperatur, bei der die Hälfte der DNA Moleküle einzelsträngig vorliegen, heißt Schmelztemperatur T_M. In der Abbildung liegt der T_M bei 83 °C.

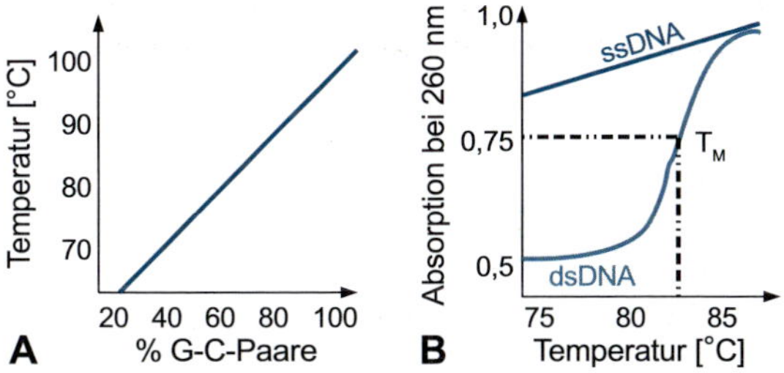

Die dsDNA ist ein sehr stabiles Molekül, was eindrucksvoll das Neandertaler-Genomprojekt belegt (www.eva.mpg.de/neandertal), dessen zu sequenzierende drei Milliarden Basenpaare aus DNA stammt, die ungefähr 35 000–70 000 Jahre alt ist.

Bei hohen Temperaturen werden die Wasserstoffbrücken zwischen den Basen aufgebrochen, was zu einer Trennung der DNA Stränge führt. Dieser Vorgang wird als Denaturierung der DNA bezeichnet. DNA denaturiert bei Temperaturen zwischen 70–90 °C. Die Temperatur, bei der die Hälfte der DNA einzelsträngig vorliegt, wird Schmelztemperatur (T_M) genannt. Da die A-T-Paarung zwei Wasserstoffbrücken ausbildet und C-G drei, ist die Schmelztemperatur nicht nur von der Länge der DNA Moleküle abhängig, sondern auch vom A-T- bzw. G-C-Gehalt. Die DNA-Denaturierung kann photometrisch (→ Kapitel 3.8) nachverfolgt (→ Abb. 1.5) werden, denn ssDNA absorbiert das Licht stärker als dsDNA. Dieses Verhalten wird Hypochromer Effekt genannt und in → Kapitel 3.8.1 eingehender behandelt.

Die Denaturierung der DNA ist reversibel, was bedeutet, dass sich bei Abkühlung wieder die beiden DNA-Stränge zusammenlagern. Dieser Vorgang der Renaturierung ist stark abhängig von der Länge der beiden DNA-Moleküle. Bei kurzen DNA Molekülen von einigen Tausend Basen läuft dieser Vorgang innerhalb von Minuten recht schnell und effizient ab, für DNA Stränge von über 10^4–10^5 Basen werden Stunden bis Tage benötigt.

Der Aufbau der RNA ist dem der DNA sehr ähnlich. Durch die Ribose im Rückgrat ist die Struktur der RNA flexibler als die der DNA. Weiterhin findet sich in der RNA statt Thymin das Pyrimidin Uracil (U) (→ Abb. 1.6).

Eigentlich ist RNA einzelsträngig, sie tendiert aber dazu, ebenfalls doppelsträngige Auffaltungen durchzuführen. Diese doppelsträngigen Bereiche werden nur über relativ kurze Sequenzabschnitte ausgebildet, weil der antiparallele Partnerstrang fehlt. Diese dsRNA-Regionen werden gebildet, wenn zwei Abschnitte auf dem gleichen Molekül oder auf zwei verschiedenen RNA-Molekülen zueinander komplementär sind. Sie haben eine enorme biologische Bedeutung, denn im Gegensatz zur DNA kann RNA durch ihre flexible

Struktur auch enzymatische Funktionen übernehmen[1].

Es gibt drei wichtige Arten an RNAs:

- Die ribosomale RNA (rRNA) in den Ribosomen macht ungefähr 85 % der gesamten RNA einer Zelle aus und stellt vor allem die enzymatische Komponente der Ribosomen dar.
- Die Transfer-RNA (tRNA) kommt auf ungefähr 10 % der Gesamt-RNA und ist ebenfalls an der Translation beteiligt. Sie vermittelt zwischen den Codons der mRNA und den zugehörigen Aminosäuren. Die tRNA besitzt einige seltene Basen und ungewöhnliche Basenpaarungen. Sie bildet sehr charakteristische Strukturen aus.
- Die Messenger-RNA (mRNA) überträgt die Sequenzinformation von der DNA auf den Translationsapparat und macht weniger als 5 % der Gesamt-RNA aus.

Abb. 1.6
Die DNA enthält 2-Desoxyribose (**A**), während RNA aus Ribose (**B**) besteht. Die Base Thymin (**A**) ist typisch für DNA und wird in RNA durch die Base Uracil (**B**) ersetzt.

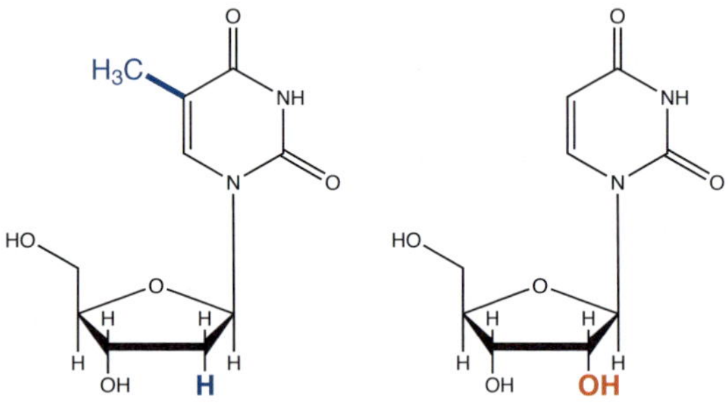

A Desoxythymidin **B** Uridin

1.2 Der genetische Code

Da den vier Basen der DNA bzw. mRNA zwanzig verschiedene Aminosäuren der Proteine gegenüberstehen, bilden immer drei aufeinanderfolgende Basen eine Informationseinheit für eine bestimmte Aminosäure. Die DNA-Abfolge ATC wird bei der Transkription in AUC umgeschrieben und anschließend in die Aminosäure Isoleucin translatiert.

Durch die Verwendung von Tripletts können maximal 64 verschiedene Kombinationen entstehen ($4 \times 4 \times 4$ Varianten = 64), genug um die zwanzig Aminosäuren zu codieren. Daher können einige Aminosäuren durch verschiedene Tripletts, die sogenannten Codons, repräsentiert werden (→ Abb. 1.7). Oft unterscheiden sich Codons, die für die gleiche Aminosäure codieren, in der dritten Base. Beispielsweise codieren GCA, GCC, GCG und GCT alle für die Aminosäure Alanin (→ Abb. 1.7). Man spricht in diesem Zusammenhang vom degenerierten Code, bei dem die dritte Base eines

1 Katalytisch aktive RNAs werden als Ribozyme bezeichnet und sind in der Natur weit verbreitet, z. B. in Ribosomen und Spliceosomen.

TIPP

Da immer drei Basen eine Aminosäure repräsentieren, kann aus der Länge einer DNA-Sequenz auf die ungefähre Größe des zugehörigen Proteins geschlossen werden: Eine DNA-Sequenz von 900 Basenpaaren (bp) codiert für ein Protein aus 300 Aminosäuren. Als Faustregel kann für eine Aminosäure ein durchschnittliches Molekulargewicht von 110 Da angenommen werden. Die 900 bp DNA codieren also für ein Protein aus 300 Aminosäuren mit ungefähr 33 kDa. Dies ist nur eine grobe Abschätzung, denn einzelne Aminosäuren weichen in ihrem Molekulargewicht stark ab, außerdem sind Proteinmodifikationen wie Glykosylierungen nicht berücksichtigt.

GUT ZU WISSEN

▶ Universelle biologische Prinzipien

Die Grundbausteine, welche DNA, RNA oder Proteine aufbauen, sind in allen Lebewesen gleich. Auch der genetische Code ist – bis auf wenige Ausnahmen – universell. Dies gilt auch für zelluläre Prozesse wie Transkription, Translation oder dem primären Stoffwechsel.

Abb. 1.7
Codon Sonne. Da RNA statt Thymin die Base Uracil enthält, verwenden Codon-Tabellen U statt T. Die Aminosäuren sind in ihrem 3-Buchstabencode angegeben. Es ist zu beachten, dass manche Aminosäuren nur durch einen Code repräsentiert werden, z. B. Tryptophan (Trp: UGC) oder Methionin (Met: AUG). Letzteres dient auch als Startcodon für die Translation. Codons ohne zugehörige Aminosäure dienen als Stopcodon. Die Codon-Sonne wird von innen nach außen gelesen.

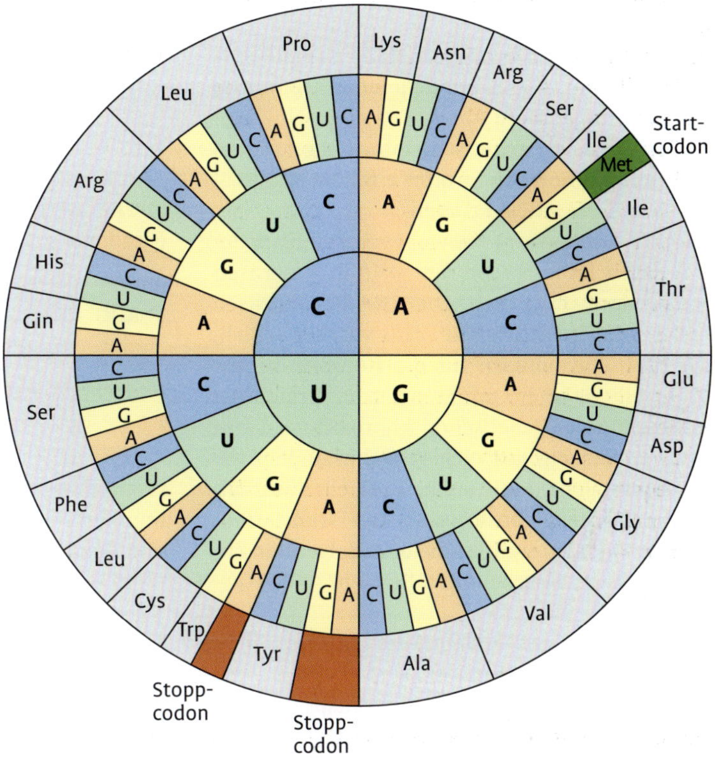

Codons variieren kann („wobbeln“ [*to wobble* = wackeln, schwanken]). Leider nutzten die verschiedenen Spezies die unterschiedlichen Codons einer Aminosäure verschieden häufig. Die Codon-Nutzung [*Codon Usage*] variiert i. d. R. umso deutlicher, je weiter zwei Arten evolutionär voneinander entfernt sind. Soll ein Gen aus einem Säuger oder einer Pflanze in *E. coli* produziert werden, muss berücksichtigt werden, dass *E. coli* einige Codons, beispielsweise für die Aminosäure Arginin oder Prolin, nur selten nutzt, da es nur wenig t-RNAs für diese Codons hat. Demzufolge können Gene aus Eukaryoten, die diese Codon verwenden, nicht ohne Weiteres für die heterologe Produktion des Proteins in *E. coli* verwendet werden.
Drei Codons codieren nicht für eine Aminosäure. Diese Codons dienen als Stopcodons, denn bei ihnen wird die Translation beendet.
Von diesen allgemeinen Prinzipien gibt es nur wenige Ausnahmen. Beispielsweise verläuft der Informationsfluss bei Retroviren von der RNA zur DNA. Einige Mitochondrien und wenige niedere Eukaryoten[2] nutzen abweichende Codons für bestimmte Aminosäuren. Einige Proteine enthalten besondere Aminosäuren.
Diese universellen Prinzipien ermöglichen erst die molekularbiologischen Arbeitstechniken, wie wir sie heute kennen. Ohne diese könnte kein Protein in einem artfremden Organismus hergestellt werden. Dies ist auch ein deutlicher Hinweis darauf, dass das Leben auf dieser Erde nur ein einziges Mal entstanden ist.

2 Sowohl „Eukaryont“ als auch „Eukaryot“ sind mögliche Schreibweisen und beide seit den 70er-Jahren gebräuchlich. Während früher die erste Variante häufiger anzutreffen war, setzt sich inzwischen die Schreibweise ohne „n“ durch, denn im Englischen heißt es immer *eucaryot* bzw. *procaryot*.

1.3 Die Gene

Die genetische Information eines Organismus ist in bestimmte DNA-Bereiche organisiert, den Genen. Dies sind die Abschnitte einer Nukleinsäure, welche die genetische Information für ein funktionales Polypeptid oder ein RNA-Molekül (mRNA, rRNA, tRNA) tragen[3].
Die DNA-Sequenz wird sowohl von den RNA-Polymerasen als auch von den DNA-Polymerasen von 5' nach 3' gelesen. Die RNA-Polymerasen sind für die Erstellung der RNAs verantwortlich, die DNA-Polymerasen für die Replikation der DNA. Wie wir bereits erfahren haben, verläuft die Umsetzung der genetischen Information, die in der DNA-Sequenz gespeichert ist, hin zu der Aminosäuresequenz der Proteine über ein zweiteiliges Verfahren (Transkription und Translation, → Abb. 1.1). Es ergibt sich somit folgender Zusammenhang zwischen DNA-Sequenz und Proteinsequenz:

- Das 5' Ende der Nukleinsäure entspricht dem Aminoende des Proteins.
- Das 3' Ende der Nukleinsäure entspricht dem Carboxyende des Proteins.

Da die DNA aus zwei gegenläufigen, komplementären Strängen besteht (→ Abb. 1.4), die RNA-Polymerase aber nur einen dieser Stränge als Vorlage für die Synthese der mRNA verwendet, ist die Sequenz des einen DNA-Stranges komplementär zur davon abgeleiteten mRNA. Der andere DNA Strang weist genau die gleiche Sequenz wie die mRNA auf. Leider ist die Nomenklatur dieser beiden Stränge nicht einheitlich, da die obigen Begriffe von einigen Autoren auch anders definiert werden. Dieses Buch folgt den Empfehlungen der International Union of Biochemistry. In der Proteinsequenz symbolisiert N das Amino- und C das Carboxyende des Proteins.
Neben der eigentlichen proteindefinierenden Sequenz gibt es eine Reihe weiterer DNA Abschnitte, die vor allem der Regulation der Genexpression dienen. Die Organisation der Gene und der regulierenden DNA-Bereiche ist in Prokaryoten und Eukaryoten signifikant verschieden.

3 Es gibt auch die Situation, dass eine bestimmte Sequenz von zwei Genen genutzt wird. Gene können auch nichtcodierte Sequenzen enthalten. Diese Szenarien sind hier nicht wichtig.

TIPP

Leserichtung und Strangbezeichnungen:

DNA codierender Strang:
5'-ATG CCA GTA GGC CAC TTG TCA-3'
(= sense Strang; = + Strang)

DNA Template Strang:
3'-TAC GGT CAT CCG GTG AAC AGT-5'
(= codogener Strang; = antisense Strang; = – Strang)

mRNA:
5'-AUG CCA GUA GGC CAC UUG UCA-3'

Protein:
N – Met – Pro – Val – Gly – His – Leu – Ser – C

1.3.1 Die Genstruktur in Prokaryoten

In Prokaryoten sind die Gene in Gruppen unter der Kontrolle eines Promotors[4] [*Promoter*] zusammengefasst. Eine solche Gengruppe heißt Operon und die Produkte der gemeinsam regulierten Gene sind meistens auch im gleichen Stoffwechselweg involviert. Bekannte Beispiele sind das bakterielle Lac-Operon oder das Tryptophan-Operon.
Ist das Operon aktiviert bzw. nicht reprimiert[5], bindet die RNA-Polymerase am Promotor. Alle Gene eines Operons werden in eine mRNA umgeschrieben (→ Abb. 1.8). Die Transkription endet durch eine spezielle Sequenz, dem Terminator, welche zu einer Schlaufenbildung in der mRNA führt. Dadurch fällt die Polymerase ab[6].

4 Ein Promotor ist eine in 5'-Richtung vom Gen lokalisierte DNA-Sequenz, welche für die Stelle des Beginns der Transkription verantwortlich ist. Sie kann die Menge an gebildeter mRNA beeinflussen.
5 Die Expression eines Operons wird durch die Bindung eines Aktivators an den Operator aktiviert (bzw. durch Bindung eines Repressors abgeschaltet). Diese sind in → Abb. 1.8 nicht weiter berücksichtigt. Das Gen des Repressors bzw. Aktivators liegt außerhalb des regulierten Operons.
6 Es gibt alternative Terminationsverfahren in Prokaryoten.

Abb. 1.8
Aufbau eines prokaryotischen Operons. Die Gene eines Operons werden gemeinsam durch einen Promotor reguliert und bilden eine polycistronische mRNA. Die Gene stehen oft auch in einem funktionalen Zusammenhang: Sie sind beispielsweise im gleichen Stoffwechselweg involviert. Am Ende des Operons entsteht in der transkribierten mRNA eine Schlaufe, die zur Abtrennung der RNA-Polymerase führt. Jedem Gen ist eine ribosomale Bindestelle (rbs) vorgeschaltet, die durch die Bindung an ein Ribosom erst die Translation ermöglicht. Das dabei entstehende Peptid beginnt am ersten AUG nach der rbs. Sobald ein Stopcodon (hier: UGA) in der Sequenz auftritt, endet die Translation und somit das Peptid.

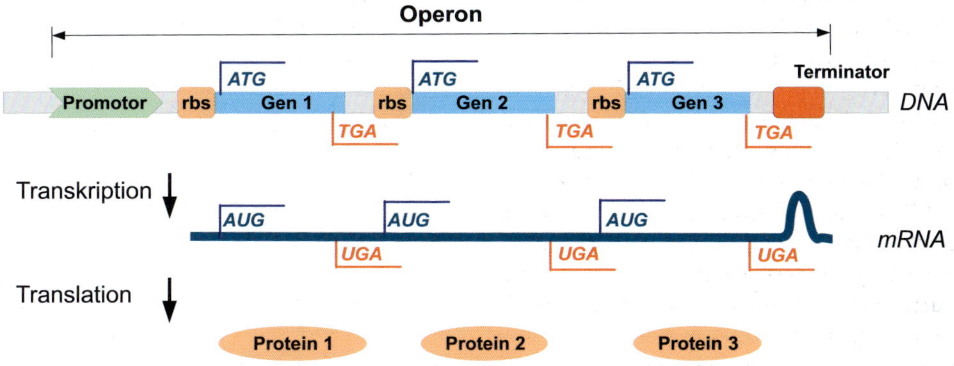

Die nachfolgende Translation beginnt mit der Bindung der mRNA an die kleine Untereinheit des Ribosoms. Diese Bindung wird durch die sogenannte Shine-Dalgarno-Sequenz oder ribosomale Bindestelle (rbs), die komplementär zu einer Sequenz in den Ribosomen ist, am 5'-Ende der mRNA vermittelt. Die Proteinsynthese beginnt am ersten AUG, welches dem Transkriptionsstart folgt und endet am ersten Stopcodon. Es folgen weitere Gruppen, sogenannte Cistrons, aus rbs, Startcodon, zu translatierender Sequenz und Stopcodon. Da Bakterien mRNAs bilden, die mehrere solcher Cistrons besitzen, sind bakterielle mRNAs polycistronisch.

Sobald die mRNA an die kleine ribosomale Untereinheit gebunden ist, bindet auch die große Untereinheit. Ribosomen sind sehr komplex aufgebaute Strukturen aus drei verschiedenen rRNAs (welche nach ihrer Größe 5S, 16S und 23S genannt werden[7]) und 52 ribosomalen Proteinen. Die benötigten Aminosäuren werden durch tRNAs, an deren Ende sie gebunden sind, geliefert. Die tRNAs besitzen eine Kleeblattstruktur, an deren mittlerem Blatt das Anticodon aus drei Basen liegt.

7 Das „S" steht für Svedberg-Einheit, welche durch Dichtezentrifugation ermittelt wird (→ Kapitel 2.7).

Dieses Anticodon definiert, welche Aminosäure an der t-RNA gebunden ist.

Die Ribosomen dirigieren die mRNA und die tRNA so, dass es zu einer Paarung zwischen einem Codon der mRNA und dem zugehörigen Anticodon der tRNA kommt. Durch die Vermittlung der tRNA wird so eine bestimmte Aminosäure, die mit dem Codon auf der mRNA korrespondiert, in Position gebracht. Beispielsweise paart das Codon AGC der mRNA (→ Abb. 1.7) mit der tRNA, welche das Anticodon UCG besitzt und demzufolge mit der Aminosäure Serin beladen ist. Die Zuordnung von Codon bzw. Anticodon zu bestimmten Aminosäuren ist in (fast) allen Lebewesen gleich (→ Kapitel 1.2).

Bei der Proteinsynthese befinden sich immer zwei tRNAs am Ribosom. Nachdem das Codon der mRNA mit dem passenden Anticodon der tRNA gepaart wurde, werden die beiden Aminosäuren miteinander verknüpft. Das Ribosom rutscht auf der mRNA ein Codon weiter. Es folgt die Paarung zwischen Codon und Anticodon und anschließend die Verknüpfung der Aminosäure an die Peptidkette. Dieser Prozess wiederholt sich bis zum Stopcodon. Auf diese Weise wird die mRNA in 5'-3' Richtung in das zugehörige Protein umgeschrieben, welches dabei vom Aminoende (N-Ter-

Tab. 1.1
Gengrößen und Anzahl der Introns einiger menschlicher Gene.

Gen	Gengröße [kbp]	Größe der mRNA [kbp]	Zahl der Introns
Insulin	1,7	0,4	2
Kollagen	38	5	50
Albumin	25	2,1	14
Dystrophin	2000	17	50

minus) zum Carboxyende (C-Terminus) synthetisiert wird.

1.3.2 Genstruktur in Eukaryoten

Während bei Prokaryoten die Genstruktur und Genregulation noch relativ übersichtlich ist, sind bei Eukaryoten eine Vielzahl von Transkriptionsfaktoren und regulierenden Gensequenzen auf der DNA an der Steuerung der Expression beteiligt. Dazu kommen drei verschiedene RNA-Polymerasen, von denen wir hier nur die RNA-Polymerase II behandeln.

Es gibt DNA-Abschnitte, deren Lage zum Gen in bestimmten Grenzen variabel ist, die sogenannten Enhancer, welche oft die Gewebespezifität der Expression vermitteln. Andere Elemente liegen nahe am Gen und werden als Promotor bezeichnet. Sie dirigieren die RNA-Polymerase II zusammen mit einer großen Zahl weiterer genereller und spezifischer Transkriptionsfaktoren an die richtige Position. Spezifische Transkriptionsfaktoren sind nur bei der Transkription bestimmter Gene beteiligt, die generellen bei (fast) jeder Transkription. Solche generellen Faktoren binden beispielsweise an die CAAT-Box (deren Sequenz ähnlich dieser ist: 5'-`GGCCAATC`-3'), andere an die TATA-Box (mit einer Sequenz ähnlich 5'-`TATAAA`-3'). Die TATA-Box definiert den Transkriptionsstartpunkt, der die Koordinate +1 zugewiesen bekommt[8]. Erst wenn alle benötigten Transkriptionsfaktoren im Bereich des Promotors gebunden sind, kann die RNA-Polymerase II mit der Synthese der hnRNA[9] beginnen. Die hnRNA stellt ein Abbild der DNA-Sequenz dar, doch wird diese, noch während die RNA-Synthese läuft, bis zur mRNA prozessiert, die dann den Zellkern verlässt.

Am 5' Ende der hnRNA wird ein methyliertes Guanin angehängt, das sogenannte ^{m7}G-Cap. Dieses stabilisiert einerseits die RNA, dient aber auch als Bindestelle für den eIF4 Komplex, der später noch für die Initiation der Translation wichtig wird.

Eine weitere Prozessierung stellt das sog. Spleißen [*Splicing*] dar, bei dem bestimmte Bereiche der gerade entstandenen hnRNA wieder herausgeschnitten werden. Die herausgeschnittenen Bereiche heißen Introns. Diejenigen Bereiche des Gens, die noch in der reifen RNA vorhanden sind, heißen Exons. In niederen Eukaryoten sind Introns eher selten, in höheren Eukaryoten stellen sie die Regel dar und können einen großen Anteil am Gen einnehmen (→ Tab. 1.1).

Das Spleißen, welches nur bei Eukaryoten vorkommt, hat eine wichtige Konsequenz für den Molekularbiologen. Um ein eukaryotisches Protein in Bakterien heterolog zu exprimieren, muss die Sequenzinformation der mRNA intronfrei in das Bakterium eingebracht werden, da die Bakterien die Introns der eukaryotischen, genomischen DNA nicht entfernen können. Um intronfreie DNA zu erhalten, wird eukaryotische mRNA verwendet, die durch das Enzym Reverse Transkriptase (→ Kapitel 4.5.5) in DNA umgeschrieben wird (→ Abb. 1.1). Das entstandene

8 Es gibt auch Gene ohne TATA- oder CAAT-Boxen.

9 hnRNA steht für heterogene nukleäre RNA und ist die Form der RNA, welche durch die RNA-Polymerase II in Eukaryoten synthetisiert, aber schnell zu mRNA prozessiert wird.

Abb. 1.9
Genstruktur und Expression bei Eukaryoten (RNA-Polymerase II Gene). Neben einer viel komplizierteren Regulation durch Enhancer und verschiedener Promotorelemente sowie einer Vielzahl an Transkriptionsfaktoren verläuft die Bildung der mRNA über verschiedene Zwischenschritte. Die durch die RNA-Polymerase II gebildete hnRNA wird sofort umfassend prozessiert. Neben dem ^{m7}G-Cap am 5'-Ende sorgt das Polyadenylierungssignal (roter Pfeil) dafür, dass ca. 200 A's, der sogenannte PolyA^{+}-Strang, am 3'-Ende angehängt wird. Ein wesentlicher Unterschied zu Prokaryoten liegt in der Intron-Exon-Struktur der Gene. Die Intronbereiche werden aus der hnRNA ausgeschnitten. Erst die vollständig prozessierte mRNA verlässt den Zellkern. Nur der mittlere Bereich der mRNA, die CDS, wird in ein Protein translatiert. Dieser Bereich liegt zwischen dem Startcodon AUG und dem Stopcodon (hier: UGA). An beiden Enden gibt es untranslatierte Bereiche, die UTR's [*UnTranslated Regions*]. Auch das Protein kann weiter modifiziert werden, am bekanntesten ist die Glykosylierung von Proteinen (gelbes Fünfeck).

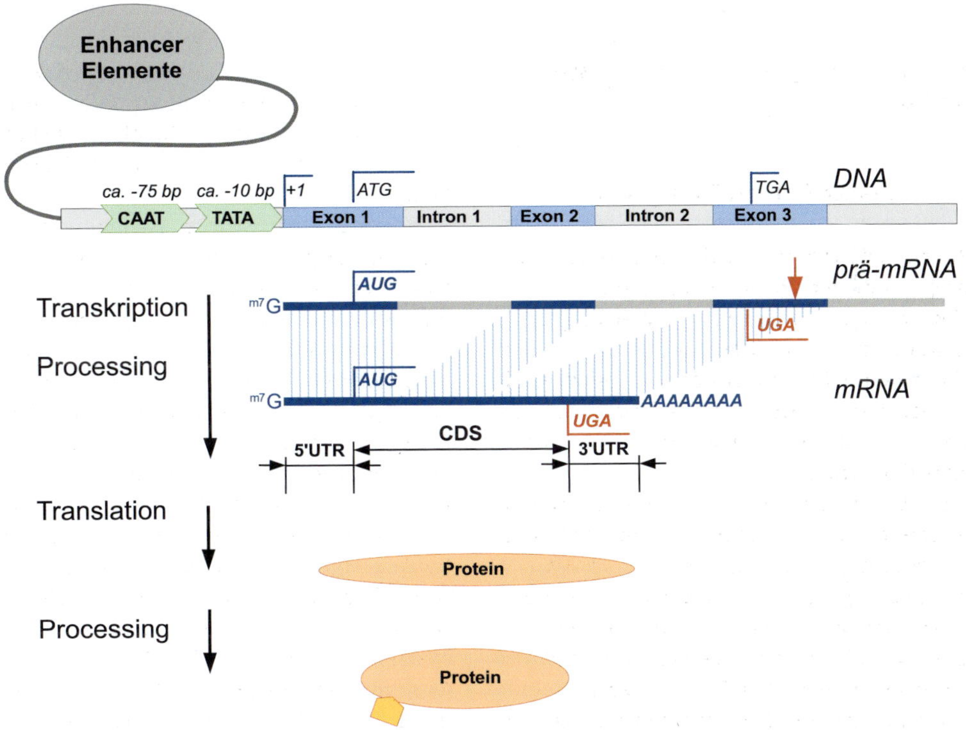

Abbild der mRNA wird cDNA [*copy-DNA*] genannt.
Eine direkte Terminationssequenz, wie bei Prokaryoten, gibt es in Eukaryoten nicht. Erreicht die RNA-Polymerase das Polyadenylierungssignal, wird sie wahrscheinlich von einem Komplex, der für die Polyadenylierung von der DNA zuständig ist, abgedrängt. Bei der Polyadenylierung werden ca. 20–30 Basen nach dem Polyadenylierungssignal (meist 5'-AAUAAA-3') eine Sequenz von 100–200 A's (Adenin) angehängt (→ Abb. 1.9).

GUT ZU WISSEN

▶ Alternatives Spleißen

Eine mRNA kann an unterschiedlichen Stellen gespleißt werden. Der Vorgang des Alternativen Spleißens ist in höheren Eukaryoten ein gängiger Prozess (22–59 % der menschlichen Gene sollen alternativ gespleißt werden). Aus einer DNA-Sequenz können so verschiedene mRNAs und demzufolge verschiedene Proteine entstehen. Welche Spleißvariante der mRNA gebildet wird, ist oft gewebeabhängig.

Alle Schritte der RNA-Prozessierung finden im Zellkern statt. Erst die reife mRNA verlässt diesen und wird in das Zytoplasma transportiert, wo die Translation stattfindet.

Im Zytoplasma erfolgt die Translation ähnlich wie oben für die Prokaryoten beschrieben, allerdings um ein Vielfaches komplexer. Beispielsweise erfolgt die Bindung der mRNA an die kleine ribosomale Untereinheit nicht direkt, sondern wird durch den Proteinkomplex eIF4F am ^{7m}G-Cap des 5' Endes vermittelt. Das eukaryotische Ribosom besteht aus vier rRNAs (5S, 5,8S, 18S und 28S) sowie 88 ribosomalen Proteinen. Auch der polyA-Strang besitzt eine wichtige Funktion bei der Translation. Dort bindet PABP 1 (polyA-bindendes Protein 1). Durch eine Interaktion mit eIF4F entsteht so ein ringförmiges Gebilde aus mRNA, eIF4F und PABP1. Erst dieses kann sehr effizient translatiert werden.

Nicht die gesamte mRNA wird in Protein translatiert. Die Translation beginnt beim ersten Startcodon auf der mRNA, meist ein AUG (welches für die Aminosäure Methionin codiert) und sie endet beim Stopcodon (→ Abb. 1.9). Es soll an dieser Stelle betont werden, dass sich Start- und Stopcodon exklusiv auf die Translation beziehen und nichts mit der Transkription zu tun haben!

Der Bereich, welcher in ein Protein translatiert wird, heißt CDS [*Coding DNA Sequence*]. Die Bereiche außerhalb heißen 5'-UTR und 3'-UTR [UTR=*UnTranslated Region*]. Sie haben wichtige Funktionen für die Regulation und die Stabilität der mRNA.

Der Vollständigkeit halber sei erwähnt, dass der Aufbau und die Regulation der rRNA und tRNA-Gene von dem hier beschriebenen System abweichen. Auch die dort involvierten RNA-Polymerasen sind andere.

1.4 Proteine

Proteine sind die biologischen Makromoleküle, welche in der Natur am häufigsten vorkommen. Im Gegensatz zu den Nukleinsäuren sind sie in Sequenz, Struktur und Funktion äußerst vielfältig. Sie werden aus 20 verschiedenen Monomeren, den Aminosäuren, aufgebaut. Aminosäuren sind in ihrer Grundstruktur sehr ähnlich: ein zentrales C-Atom (das Cα-Atom) wird von einer Aminogruppe (NH_2) auf der einen Seite und einer organischen Säure, der Carboxylgruppe (COOH), auf der anderen Seite eingefasst. Die verschiedenen Aminosäuren unterscheiden sich durch die Seitenkette (→ Abb. 1.10). Wegen der vier unterschiedlichen Gruppen am Cα-Atom sind Aminosäuren asymmetrisch (=chiral), denn ihre Seitenketten können im Raum verschieden angeordnet sein[10], weshalb die D-Form von der L-Form unterschieden wird. Allerdings kommen in Lebewesen fast ausschließlich Aminosäuren der L-Form vor.

Aminosäuren können in wässrigen Lösungen, je nach pH-Wert, als Kation oder Anion vorliegen. Sie sind Ampholyte, die bei niedrigem pH (Protonenüberschuss) eine H_3^+N-Gruppe tragen und positiv geladen sind. Bei Protonenmangel tragen sie eine negativ geladene Carboxylgruppe COO^-. An ihrem isoelektrischen Punkt ist eine Aminosäure nach außen hin ungeladen, sie wird zum Zwitterion. Dabei ist zu beachten, dass die Seitengruppen ebenfalls Amino- und Carboxygruppen tragen und die Ladung einer Aminosäure maßgeblich beeinflussen (→ Abb. 1.11).

Aufgrund der unterschiedlichen Seitenketten können die Aminosäuren in verschiedene Gruppen mit ähnlichen chemischen Eigenschaften zusammengefasst werden. Zu den basischen Aminosäuren gehören Lysin, Arginin und Histidin. Aminosäuren mit sauren Seitenketten sind Asparaginsäure und Glutaminsäure.

Durch die Translation werden die einzelnen Aminosäuren zu Peptiden verbunden. Dabei entsteht zwischen der Carboxygruppe der einen und der Aminogruppe der anderen Aminosäure unter

10 Die einzige Ausnahme stellt das achirale, symmetrische Glycin dar.

Abb. 1.10
Alle proteinogenen Aminosäuren außer Glycin besitzen ein asymmetrisch substituiertes Cα- Atom als chirales Zentrum, hier am Beispiel von L-Alanin und D-Alanin dargestellt.

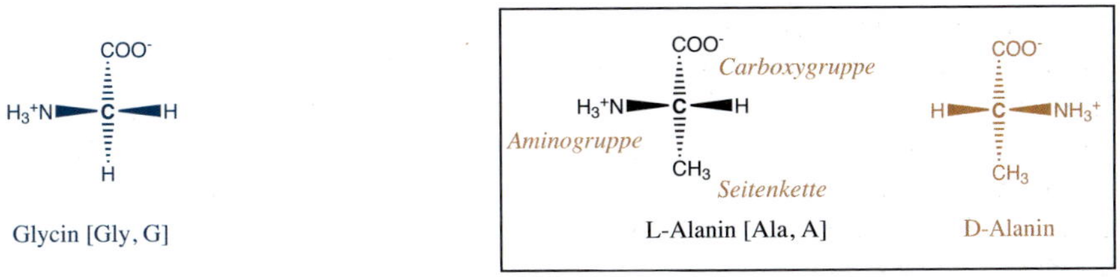

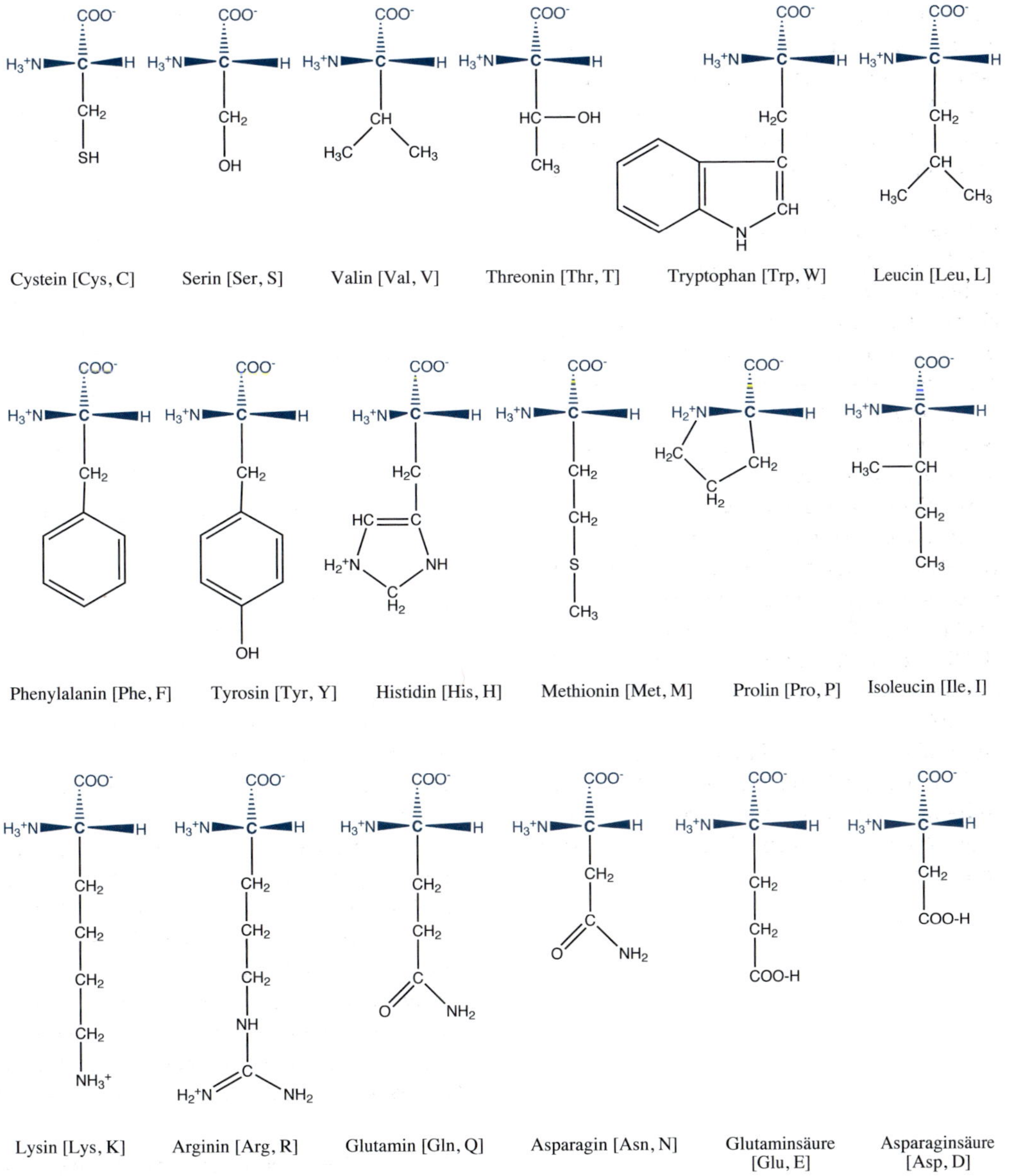

Abspaltung von H_2O eine Peptidbindung, die recht starr ist und das Rückgrat des Proteins darstellt. Das Peptidrückgrat [*Backbone*] kann über Wasserstoffbrückenbildung zwischen Amino- und Carboxylgruppe eine α-Helix, ein β-Faltblatt [β-*sheet*] oder eine Schleife [*Loop*] ausbilden, das sind die bekannten Sekundärstrukturen. Die Ausbildung von Sekundärstrukturen ist immer lokal begrenzt, was bedeutet, dass ein Protein verschiedene Sekundärstrukturelemente enthält (→ Abb. 1.12). Die nächsthöhere strukturelle Ebene ist die Tertiärstruktur (→ Abb. 1.13), die sich aus Interaktionen zwischen den Seitenketten des Peptids ergibt. Sie stellt in der Regel die funktionale Form

Abb. 1.11
Die Ladung einer Aminosäure hängt vom pH-Wert der umgebenden Lösung ab. An ihrem isoelektrischen Punkt (pI) liegt die Aminosäure ungeladen vor – man spricht vom Zwitterion. Ist der pH < pI ist die Aminosäure positiv geladen, bei pH > pI ist sie negativ geladen.

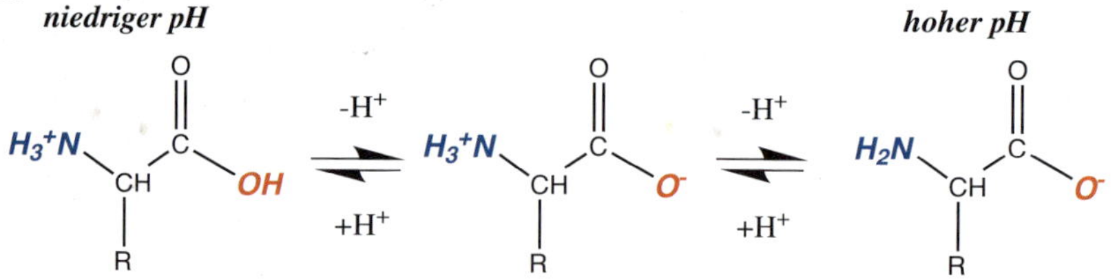

Abb. 1.12
Die Sekundärstruktur eines Proteins ergibt sich aus der Interaktion von Carboxy- und Aminogruppe im Rückgrat. Die abgebildete Interaktion in (**A**) führt zur Ausbildung einer α-Helix, die in (**B**) zur Ausbildung eines β-Faltblattes.

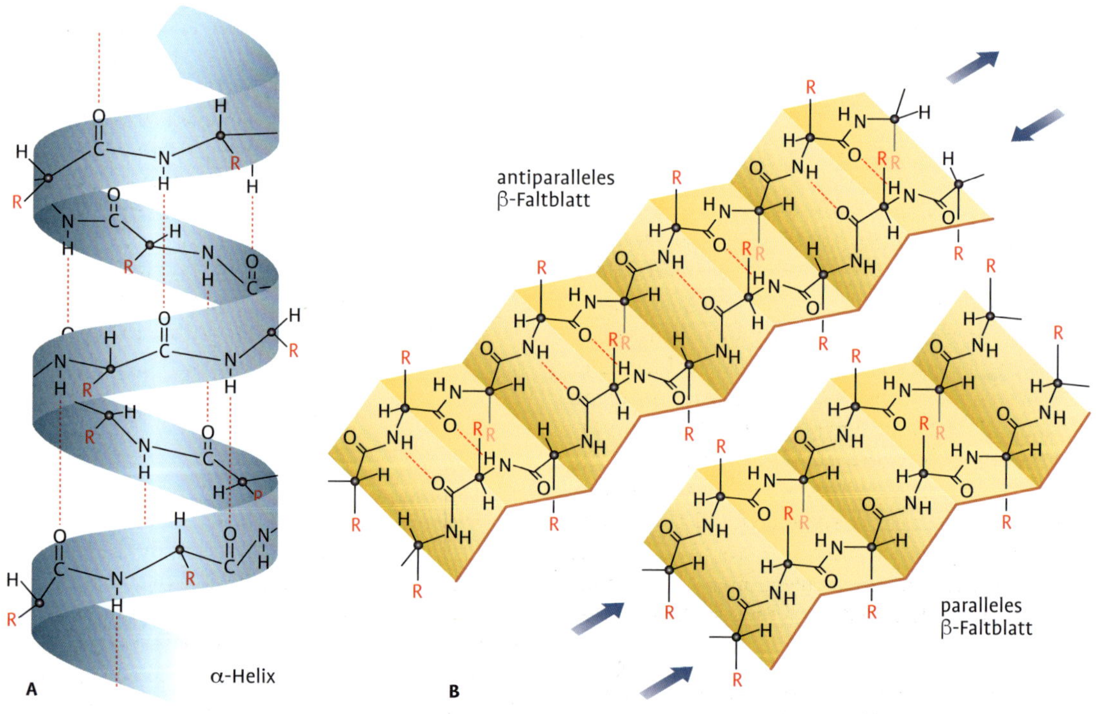

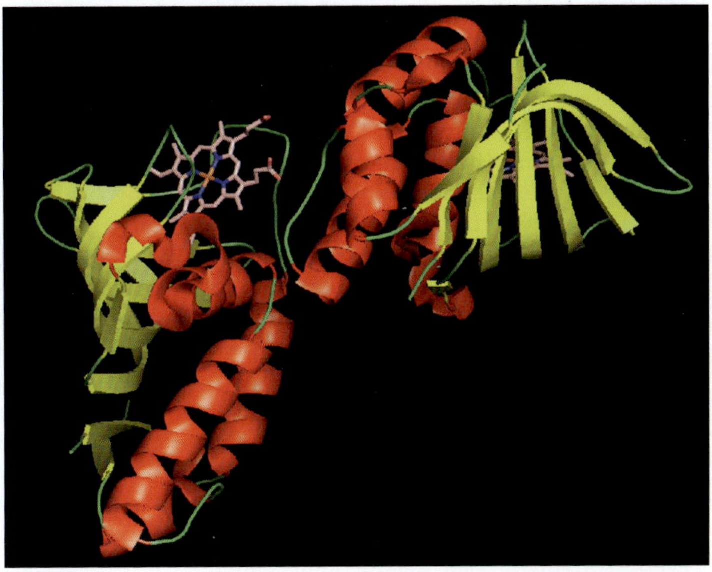

Abb. 1.13
Ein Protein (hier: die Hämophore HasAp von *Pseudomonas aeruginosa*) enthält meistens unterschiedliche Sekundärstrukturen wie α-Helix (rot), β-Faltblatt (gelb) und Schleifen (grün). Die Tertiärstruktur eines Proteins beruht auf Interaktionen zwischen den Seitenketten der Aminosäuren und kann auch weitere Nicht-Proteingruppen (hier: Hämgruppe (rosa)) enthalten. Mehrere Peptide, die in einer Tertiärstruktur vorliegen, können sich zu einem multimeren Protein zusammenlagern. Hier sind die beiden Untereinheiten, die die Quartärstruktur bilden, deutlich zu erkennen.
Quelle der abgebildeten Struktur: Alontaga *et al.*: Structural characterization of the hemophore HasAp from Pseudomonas aeruginosa: NMR spectroscopy reveals protein-protein interactions between Holo-HasAp and hemoglobin. *Biochem. 2009, 48(1):96–109.*

eines Proteins dar. Die Interaktionen zwischen den Seitenketten können entweder auf Wasserstoffbrückenbildung oder ionischen Wechselwirkungen beruhen oder sogar kovalenter Natur sein, wie bei der Ausbildung von Disulfidbrücken zwischen zwei Cysteinen. Auch van der Waals-Kräfte beeinflussen die Tertiärstruktur. Da die zugrunde liegenden Bindungen unterschiedlich stark sind, ist die Stabilität der Tertiärstruktur eines Proteins sehr variabel. Der Verlust der Tertiärstruktur[11] führt zum Verlust der biologischen Funktion eines Proteins, es wird denaturiert und in seine Primärstruktur überführt. Die Denaturierung zerstört zwar die Struktur eines Proteins, führt jedoch nicht zu einer Spaltung der Peptidkette. Die Denaturierung kann durch Hitze oder bestimmte Chemikalien erfolgen. Je nach Protein und denaturierendem Agens kann die Denaturierung irreversibel oder reversibel sein. Ein gekochtes Ei wird nicht mehr flüssig, hier liegt eine irreversible Denaturierung vor. Die RNase A

11 Mit dem Verlust der Tertiärstruktur geht i. d. R. auch der Verlust der auf Wasserstoffbrücken beruhenden Sekundärstruktur einher.

GUT ZU WISSEN

▶ Kanonische und proteinogene Aminosäuren

Die zwanzig Standardaminosäuren, die durch die Codons (→ Abb. 1.7) definiert werden, heißen kanonische Aminosäuren. Nicht-kanonischen Aminosäuren, wie Selenocystein und Pyrrolysin, werden nicht während der Translation eingebaut, sondern stellen posttranslationale Modifikationen von Standardaminosäuren dar. Neben den Aminosäuren der Proteine, den proteinogenen Aminosäuren, gibt es viele weitere nicht-proteinogene Aminosäuren. Das Schilddrüsenhormon Thyroxin ist beispielsweise eine nicht-proteinogene Aminosäure.

GUT ZU WISSEN

▶ Cofaktoren und prosthetische Gruppen

Die Vielfalt der Proteine wird durch Cofaktoren und prosthetische Gruppen weiter erhöht. Beide haben einen entscheidenden Einfluss auf die biologische Funktion. Cofaktoren dienen oft der Regulation einer Enzymaktivität.

kann mit 8 M Harnstoff und 2-Mercaptoethanol denaturiert werden. Werden die Chemikalien durch Dialyse (→ Kapitel 2.10) entfernt, faltet sich die RNase A selbstständig wieder in ihre biologisch aktive Tertiärstruktur. Hier liegt daher eine reversible Denaturierung vor.
Die höchste strukturelle Organisationsform von Proteinen stellt die Quartärstruktur dar, die durch die Interaktion verschiedener Peptidketten in einem multimeren Protein entsteht. Die zugrundeliegenden Bindungskräfte sind die gleichen, die zur Ausbildung der Tertiärstruktur führen.
Proteine mit einer mehr oder weniger kugelförmigen Tertiär- oder Quartärstruktur werden als globuläre Proteine bezeichnet. Die meisten Enzyme gehören in diese Gruppe. Oft sind die Aminosäuren aufgrund ihrer Hydrophobizität unterschiedlich im Protein verteilt: Innen befinden sich bevorzugt hydrophobe (wasserfeindliche) Aminosäuren, während sich polare Aminosäuren eher auf der Oberfläche befinden. Daher sind globuläre Proteine in der Regel gut wasserlöslich.
Proteine können auch faserige Strukturen ausbilden, meist finden sich solche bei Strukturproteinen. Eine weitere Gruppe stellen die Membranproteine dar, welche an den Enden polar geladen sind, in ihrer Mitte jedoch hydrophobe Transmembran-Bereiche aufweisen.
In diesem Buch werden wir hauptsächlich globuläre Proteine berücksichtigen.

GUT ZU WISSEN

▶ Proteinmasse – Definition und Einheit

Die Masse von Proteinen wird in Dalton angegeben. 1 Dalton [Da] ist die Masse, die 1/12 eines Kohlenstoffatoms (genauer dem Isotop 12C) entspricht, also 1,661 × 10^{-24} g. Ein Protein von 60 000 Da oder 60 kDa wiegt also so viel wie 5000 Kohlenstoffatome oder – als Daumenregel – ungefähr so viel wie 60 000 Wasserstoffatome.

1.5 Die Zelle

Die Zelle stellt die grundlegende Organisationseinheit biologischer Systeme dar. Allen Zellen gemeinsam ist eine Zellmembran, die das Zellinnere von der Umgebung abtrennt. In manchen Organismen wird diese durch eine Zellwand umgeben. Dazu gehören viele Bakterien, Hefen und Pflanzenzellen. Zellen sind in der Lage, sich durch Zellteilung zu vermehren. Die Aufnahme von Nahrung sowie die Umwandlung von Energie führen zum Aufbau von Zellstrukturen.
Prokaryoten bestehen aus einfach strukturierten Zellen ohne Zellkern, während Eukaryoten aus Zellen bestehen, die wesentlich komplizierter strukturiert sind und einen Zellkern besitzen. Die wichtigsten Unterschiede sind in → Tab. 1.2 aufgelistet.
Eukaryotische Zellen enthalten mehrere voneinander abgetrennte Kompartimente. Die DNA liegt im Zellkern, der von einer Doppelmembran umgeben ist. Neben dieser nukleären DNA finden sich noch weitere DNA-Moleküle: Alle Mitochondrien der Eukaryoten haben ein eigenes Genom (wenn auch viele Proteine kerncodiert sind und importiert werden). Pflanzen enthalten ein weiteres Genom in den Plastiden.
Die bei Eukaryoten im Zellkern synthetisierten und prozessierten mRNAs werden in das Zytoplasma transportiert, wo die Translation an den Ribosomen beginnt (→ Abb. 1.14). Enthält das entstehende Peptid an seinem Aminoende eine bestimmte Signalsequenz, wird das sogenannte SRP (*Signal Recognition Particle*) gebunden, welches das Ribosom zur Membran des Endoplasmatischen Retikulums (ER) dirigiert. Dort erfolgt die weitere Proteinsynthese in das ER-Lumen hinein. Die so translatierten Proteine werden dabei glykosyliert (N-Glykosylierung). Ohne weitere Signalsequenzen gelangen die Proteine nach weiteren Prozessierungsschritten im ER-Lumen (z. B. der Ausbildung von Disulfidbrücken) über Vesikel in den Golgi-Apparat, wo die Glykosylierungen komplett umgebaut werden. Erst im Golgi-Apparat entsteht die proteinspezifische Glykosylierung, deren Mechanismen nur teilweise verstanden sind. Abschließend werden die Proteine wiederum über Vesikel aus der Zelle exportiert. Die Konsequenz dieser Vorgänge liegt darin, dass nur

Abb. 1.14
In eukaryotischen Zellen bindet die mRNA zunächst an freie Ribosomen und die Translation beginnt. Proteine, die an freien Ribosomen translatiert werden, verbleiben entweder in Zytosol oder werden, wenn sie entsprechende Signalsequenzen aufweisen, in den Zellkern, Mitochondrien, Chloroplasten, Vakuolen oder Peroxisomen transportiert. Weist der Anfang des synthetisierenden Peptids eine spezielle Signalsequenz für das *Signal Recognition Particle* auf, werden Ribosom und halbfertiges Peptid an die ER-Membran dirigiert. Die restliche Proteinsynthese erfolgt in das ER-Lumen hinein. Dabei werden die Proteine schon während des Eintritts in das ER-Lumen glykosyliert. Besitzen solche Proteine eine Signalsequenz an ihrem Carboxyende, verbleiben sie im ER Lumen. Ohne Signalsequenz werden sie zum Golgi transportiert und entweder aus der Zelle heraus, zu den Lysosomen oder der Plasmamembran transportiert. Im Golgi erfolgt auch der proteinspezifische Umbau der vorhandenen Glykosylierung. Pflanzenspezifische Organellen sind grün, tierische rot unterlegt.

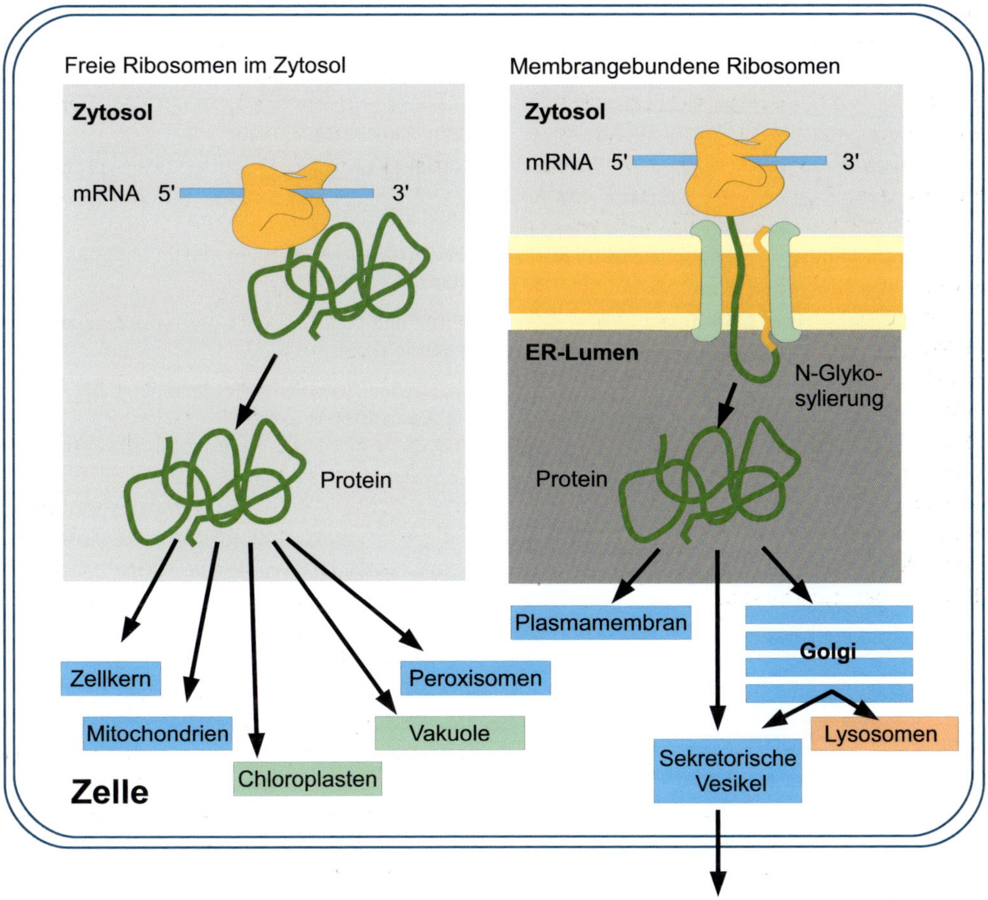

extrazelluläre Proteine sowie die aus dem ER-Lumen und Golgi eine N-Glykosylierung tragen.

Ohne Signalsequenz am Aminoende erfolgt die komplette Translation im Zytoplasma. Selten tragen diese Proteine eine O-Glykosylierung, meistens sind zytoplasmatische Proteine nicht glykosyliert. Proteine, die in Organellen wie Mitochondrien, Plastiden oder Zellkerne transportiert werden, enthalten Organell-spezifische Signalsequenzen.

Tab. 1.2
Vergleich der wichtigsten Eigenschaften von Pro- und Eukaryoten.

Eigenschaft	Prokaryoten	Eukaryoten
Typische Größe	1–10 µm	meist 10–100 µm
Lokalisation der DNA	Bakterienchromosom im Nukleoid	Zellkern, von einer doppelten Membran umgeben
DNA	Meist zirkulär	lineare Moleküle mit Histonen in komplexen Strukturen (Chromosomen) verbunden.
Transkription	im Zytoplasma	im Zellkern
Translation	im Zytoplasma	im Zytoplasma
Ribosomale Untereinheiten	50S + 30S	60S + 40S
Zellstruktur	Wenig strukturiert	Komplexe Kompartimentierung
Mitochondrien	Keine	eins bis einige Dutzend
Chloroplasten	keine	nur in Pflanzen
Weitere DNA-Moleküle	optional Plasmide	Genom im Mitochondrium und im Chloroplast bei Pflanzen
Zellteilung	Mitose	Mitose und Meiose bei entsprechend spezialisierten Zellen
Organisation	Einzelzellen	Einzelzellen, Kolonien oder mehrzellige Organismen mit spezialisierten Zellen

2 Grundlagen der Arbeit im Labor

Bevor wir uns den molekularbiologischen Verfahren zuwenden, müssen wir einen kurzen Exkurs in die Chemie machen. Dabei werden die Kenntnisse über die wichtigsten Eigenschaften von Wasser aufgefrischt und durch Informationen zum pH-Wert und zu Puffern ergänzt.
Im zweiten Teil werfen wir einen Blick auf wichtige Hilfsmittel und Geräte, denen wir im Labor begegnen, sowie einige grundlegende Techniken der Laborarbeit. Abgeschlossen wird dieses Kapitel durch die Vorstellung des wohl wichtigsten Labororganismus, dem Bakterium *Escherichia coli*.
Bedenken Sie, dass Sie bei der Arbeit im Labor zahlreichen Gefahrenstoffen begegnen. Im Anhang A1 finden Sie wichtige Informationen zum sicheren Arbeiten im Labor. Direkt anschließend sind unter A2 die zehn Goldenen Regeln des Laborlebens aufgeführt. Beachten Sie, dass alle Ihre Experimente genau dokumentiert werden müssen. Dazu erhalten Sie einige Tipps im Anhang A3.

Abb. 2.1
Typische Reinstwasseranlage, wie sie in vielen Laboren zu finden ist, besteht oft aus mehreren Komponenten. Hier sind die Kartuschen, die an das Leitungswasser angepasst sind, zu sehen. Zu diesem System gehören weitere Geräte, die hier aufgrund der besseren Übersichtlichkeit nicht abgebildet sind.

2.1 Wasser

Wasser ist das zentrale Lösungsmittel im molekularbiologischen Labor. Etwas verwirrend erscheinen die vielen verschiedenen Typen von Wasser, die im Labor verwendet werden. Diese unterscheiden sich in ihrem Reinheitsgrad:

- **Leitungswasser** [*Tap Water*]
  Die Qualität von Leitungswasser ist regional sehr unterschiedlich. Es enthält viele Mineralien und andere Spurenelemente, wie Fluoride, in wechselnden Anteilen. Daher ist es für Arbeiten im Labor ungeeignet und wird im Prinzip nur zum Spülen verwendet. Anschließend müssen alle gespülten Gegenstände gründlich mit demineralisiertem Wasser nachgewaschen werden. Insbesondere das in Spülmitteln enthaltene Natriumdodecylsulfat (SDS, *Sodium Dodecyl Sulfate*) kann viele Experimente stören.
- **Demineralisiertes Wasser** ($Aqua_{\text{demin}}$)
  Dieses Wasser entspricht der niedrigsten Qualitätsstufe in Laborexperimenten. Es wird über spezielle Ionenaustauscherkartuschen gewonnen, die an Leitungswasser angeschlossen werden. Demineralisiertes Wasser enthält weniger zweiwertige Ionen, aber oft mehr Natriumsalze als Leitungswasser. Es wird auch VE-Wasser (vollentsalztes Wasser) genannt.
- **Destilliertes Wasser** ($Aqua_{\text{dest}}$)
  Früher gab es in jedem Institut große, birnenförmige Destillen, in denen Wasser aufgekocht

TIPP
Die Bezeichnung H_2O besagt, dass es sich nur um H_2O handelt. Begriffe wie „Reinst-H_2O" oder „Dest-H_2O" sind Laborjargon und sollten vermieden werden. Der einzige gängige Begleiter für H_2O ist H_2O_{steril} für autoklaviertes H_2O.

wurde und der Dampf in einem zweiten Gefäß kondensierte. Wurden zwei Destillen hintereinandergeschaltet, entstand das *Aqua*$_{bidest}$.
Neben den Salzen wurden auch viele organische Substanzen über die Destillierung entfernt.

- **Reinstwasser** (*Aqua*$_{purificata}$)
  Reinstwasseranlagen haben die Destillen weitgehend verdrängt (→ Abb. 2.1). Sie reinigen das Wasser über verschiedene Kartuschen. Reinstwasser stellt – zumindest theoretisch – die sauberste Form des Wassers dar, was sich in seinem hohen elektrischen Widerstand von > 18 MΩ zeigt. Deshalb wird es auch 18 MΩ Wasser genannt. Die Kartuschen werden an das vor Ort vorhandene Leitungswasser angepasst, der pH-Wert dieses Wassers liegt bei pH 5–6[12].

Reinstwasser kann auch käuflich erworben werden. Da für molekularbiologische Experimente wie die PCR nur wenig Wasser benötigt wird, sollte dies in Erwägung gezogen werden. Das gekaufte Wasser wird autoklaviert, unter der Sterilbank in 1 ml Volumina auf 1,5 ml Reaktionsgefäße aufgeteilt (aliquotiert) und bis zum Gebrauch bei −20 °C eingefroren.

2.2 Messung des pH-Werts

Der pH-Wert gibt die Konzentration der Wasserstoffionen in einer Lösung an. Er repräsentiert den negativen dekadischen Logarithmus dieser Konzentration.

In der Regel werden Lösungen im Labor mittels pH-Elektrode (auch: Einstabmesskette) zur pH-Messung verwendet (→ Abb. 2.2).

Die Glaselektrode muss zunächst mit kommerziell erhältlichen pH-Pufferlösungen mit bekannten pH-Werten kalibriert werden. Abhängig von der H^+-Konzentration entsteht zwischen zwei Elektroden ein Potenzial, welches gemessen

Abb. 2.2
Typisches pH-Meter. Links befindet sich die Messkette (**A**), die in einer 3M KCl-Lösung gelagert wird. Nach der Messung muss die Messkette gründlich mit demineralisiertem Wasser abgespült werden. Da die pH-Messung temperaturabhängig ist, gibt es neben der pH-Anzeige (**B**) auch eine Anzeige für die Temperatur (**C**). Ein pH-Meter muss regelmäßig mit entsprechenden, kommerziell erhältlichen pH-Pufferlösungen kalibriert werden.

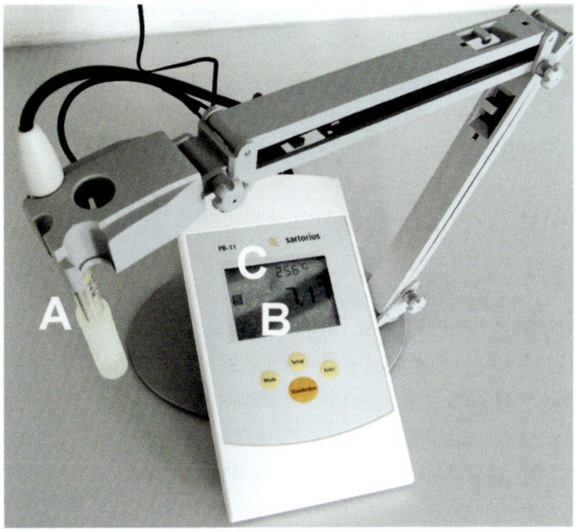

wird. Im äußeren Bereich des Glaskörpers befindet sich in der Bezugselektrode eine gesättigte 3 M KCl-Lösung, die von Zeit zu Zeit erneuert werden muss. Im Inneren der Messkette gibt es eine zweite Elektrode, die Messelektrode. Sie besitzt unten eine Glasmembran, über die die eigentliche Messung erfolgt. Die Glasmembran ist für die Protonen durchlässig und sehr empfindlich gegenüber Stößen.

Für die Arbeit mit dem pH-Meter gibt es einige wichtige Regeln:

- Das pH-Meter sollte täglich kalibriert werden.
- Die pH-Elektrode sollte in einer 3 M KCl-Lösung aufbewahrt und diese regelmäßig erneuert werden.
- Vor und nach jeder Messung muss die Elektrode gründlich mit demineralisiertem Wasser gespült werden, um die KCl-Lösung nicht zu verunreinigen.
- Da die Glasmembran sehr stoßempfindlich ist, sollte die pH Messung niemals auf einem Rührer (→ Kapitel 2.8) durchgeführt werden.

12 Das CO_2 in der Luft löst sich sehr gut in H_2O. Da dieses keinerlei Pufferkapazität aufweist, führt die Bildung von H_2CO_3 zu einem saurem pH-Wert.

- Während der Messung sollte die Messkette nicht zu lange in die Pufferlösung getaucht werden, da es sonst zur Diffusion kommt.
- Es dürfen niemals osmotisch aktive Substanzen (z. B. Saccharose), starke Säuren (z. B. 37 %ige HCl) oder Laugen (konzentrierte NaOH-Lösung) mit einem pH-Meter gemessen werden. Der pH-Wert solcher Substanzen wird mit pH-Papier, das sich abhängig vom pH-Wert unterschiedlich anfärbt, gemessen.
- Der pH-Wert einer Lösung oder eines Puffers ist temperaturabhängig. Soll ein Puffer bei 4 °C verwendet werden, muss sein pH-Wert auch bei 4 °C eingestellt werden.

2.3 Puffer

Für alle molekularbiologischen Experimente ist ein konstanter pH-Wert von enormer Wichtigkeit, denn schon leichte Veränderungen des pH-Wertes haben enorme Auswirkungen auf alle biochemischen Prozesse.

Der pH-Wert einer schwachen Säure oder Base kann mittels der Henderson-Hasselbalch Gleichung berechnet werden. An dieser Stelle ist für uns nur wichtig, dass die Pufferkapazität stark vom pK-Wert eines Puffers abhängt. Die Pufferkapazität repräsentiert, wie viel H^+ oder OH^- Ionen zu einem Puffer zugegeben werden können, ohne dass sich der pH des Puffers merklich ändert. Aus diesem Grund werden im Labor verschiedene Puffer verwendet, die sich vor allem dadurch unterscheiden, in welchem pH-Bereich sie den pH-Wert einer Lösung stabil halten (→ Abb. 2.3).

Die Pufferkapazität hängt nicht nur vom pH-Bereich ab, sondern auch von der Konzentration der Puffersubstanzen. Ein 100 mM Phosphatpuffer hat eine viel höhere Pufferkapazität als ein 20 mM Phosphatpuffer. Andererseits enthält er mehr Ionen und wird umso teurer, je höher er konzentriert ist.

Neben dem Pufferbereich gibt es noch weitere wichtige Kriterien für die Auswahl eines geeigneten Puffers. Einige Puffer reagieren mit bestimmten Enzymen und sind daher von vornherein ungeeignet. Beispielsweise ist ein Phosphatpuffer ungeeignet, um eine ATPase oder eine Kinase aufzureinigen und zu analysieren. Manche Methoden werden durch bestimmte Puffer stark beeinflusst. Ein Beispiel ist der für die Proteinquantifizierung genutzte BCA-Test (→ Kapitel 9.5.2), der durch Tris-Puffer empfindlich gestört wird.

TIPP

Der pH wird immer mit der korrespondierenden Base oder Säure eingestellt. Das bedeutet, dass ein Natriumacetatpuffer mit NaOH oder Essigsäure eingestellt wird, aber nie mit einer neuen Komponente wie HCl.

Abb. 2.3
Um das gesamte pH-Spektrum abzudecken, werden verschiedene Puffer im Labor eingesetzt. Hier sind Beispiele gängiger Puffer und ihrer Pufferbereiche dargestellt.

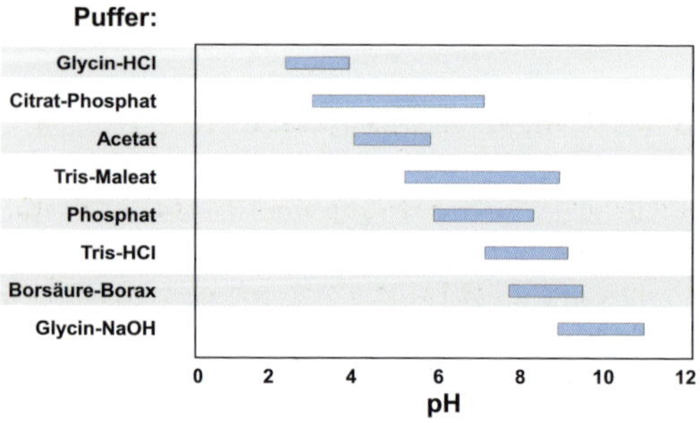

2.4 Waagen

Das exakte Abwiegen von Substanzen ist eine wesentliche Voraussetzung erfolgreichen Arbeitens. Die abzuwiegende Substanz wird aus dem Vorratsbehälter auf einem Wägepapier oder in einer Wägeschale abgewogen. Zu viel entnommene Chemikalien werden immer verworfen und niemals in den Vorratsbehälter zurückgegeben.

Für eine genaue Messung muss die Waage vor allem sauber und eben ausgerichtet sein, weshalb die meisten Laborwaagen eine Wasserwaage besitzen. Eine Erschütterung der Waage

ist zu vermeiden, weshalb sie oft auf massiven Steinplatten stehen. Als Schutz vor Luftbewegungen besitzen die empfindlicheren Instrumente einen Windschutz.
Laborwaagen werden aufgrund ihres Wägebereichs in unterschiedliche Gruppen eingeteilt:

- **Ultramikro- und Mikrowaagen:** Sind die empfindlichsten Waagen für Bereiche ab 0,1 µg bzw. 1 µg. Sie sind meistens mit einer Haube ausgestattet, die sie vor Luftzug schützt.
- **Analysenwaagen:** Ihre Ablesbarkeit liegt bei 0,01–0,1 mg und maximal können oft 0,1–1 g gewogen werden. Sie sind mit Windschutz in fast jedem Labor zu finden.
- **Präzisionswaagen:** Sie sind die häufigsten Waagen im Labor und kommen oft ohne Windschutz aus. Sie unterscheiden sich in ihrer Ablesegenauigkeit, die zwischen 1 mg und 100 mg liegen sowie in ihrem maximalen Messbereich, der je nach Waage im Bereich zwischen 50–1000 g liegen kann (→ Abb. 2.4).

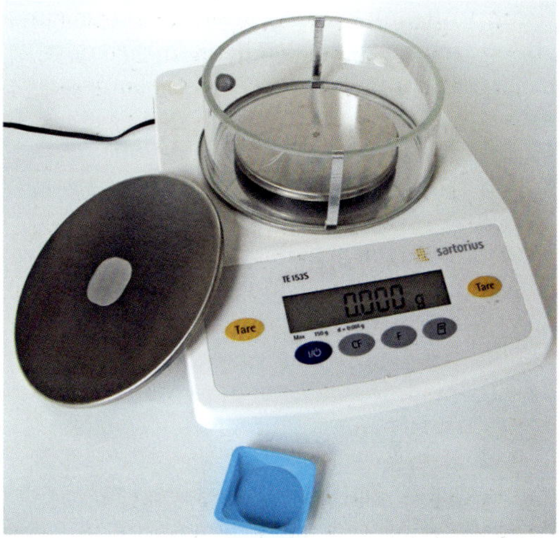

Abb. 2.4
Laborwaage mit Windschutz und Deckel. Davor ist eine blaue Wägeschale zu sehen. In diese werden die Chemikalien gefüllt, um sie abzuwiegen. Wägeschalen gibt es in verschiedenen Größen.

GUT ZU WISSEN

▶ Mengen- und Konzentrationsangaben

Im Labor häufig verwendete Mengen- und Konzentrationsangaben:

Gewichtsprozent:
Abkürzung: Gew % oder % (w/v) [Weight/Volume]
Definition: x g gelöster Stoff in 100 g Lösung.
Beispiel: um eine 10 %ige NaCl-Lösung herzustellen, wiegt man 10 g NaCl ein und löst es in H_2O bis zu einem Gesamtvolumen von 100 ml (dies gilt nur, weil H_2O als Lösungsmittel eine Dichte von 1 besitzt).

Volumenprozent:
Abkürzung: Vol % oder % (v/v) [Volume/Volume]
Definition: x ml gelöster Flüssigkeit in 100 g Lösung.
Beispiel: um 70 %iges Ethanol zu erhalten, werden 70 ml reines Ethanol in einen Messzylinder gegeben und mit H_2O auf 100 ml aufgefüllt.

Stoffmengenkonzentration:
Einheit: mol / l
Definition: (veraltet: Molarität) ist der Quotient aus der Stoffmenge eines gelösten Stoffes und dem Volumen der Lösung.
Beispiel: eine 0,1 molare (0,1 M) $CaCl_2$-Lösung enthält 0,1 mol $CaCl_2$ in 1 l Lösung. Der Wert für 1 mol $CaCl_2$ ergibt sich aus seiner Molekülmasse in Gramm, welche typischerweise auf dem Vorratsbehälter der Chemikalie aufgelistet ist, hier wiegt die Stoffmenge von 1 M $CaCl_2$ 111 g. Beachtet werden muss, ob sich bereits Wasser in der Chemikalie befindet, wie z. B. bei $CaCl_2 \times 2H_2O$. Dann muss für die gleiche Stoffmenge $CaCl_2$ mehr eingewogen werden, nämlich 147 g, da nun zusätzlich 36 g H_2O berücksichtigt werden müssen.

PROTOKOLL 2.1

Abwiegen von Gefahrstoffen

Gefahrstoffe müssen unter einem Laborabzug abgewogen werden, doch befindet sich dort meist keine Waage. Daher wird folgendermaßen vorgegangen:

1. Zuerst wird das Gefäß (mit Deckel!) gewogen.
2. Unter dem Abzug wird die ungefähr benötigte Menge in das Gefäß gefüllt und dieses fest verschlossen.
3. Es wird erneut gewogen und die Tara vom Bruttogewicht abgezogen.
4. Aus der Einwaage kann das Volumen des zuzugebenden Puffers oder Wassers berechnen werden.
5. Die Zugabe des Puffers oder von H_2O erfolgt wiederum unter dem Abzug.

2.5 Mikropipetten

Mikropipetten, häufig auch „Eppendorf-Pipetten" genannt, sind das Herzstück einer jeden Laborarbeit. Häufig wird dem Neuankömmling im Labor ein eigener Satz zur Verfügung gestellt. Ein Pipettensatz besteht aus drei oder vier Pipetten mit variabel einstellbaren Volumina, die oft folgende Volumenbereiche abdecken: 0,1 µl–2,5 µl; 1 µl–10 µl, 10 µl–100 µl und 100 µl–1000 µl. Die Pipetten haben oft unterschiedliche Farben, die mit den Farben der passenden Pipettenspitzen korrespondieren (→ Abb. 2.5).
Glücklicherweise halten sich die meisten Hersteller an die Farbcodes, sodass Mikropipetten unterschiedlicher Hersteller die gleichen Farbcodes aufweisen. Blaue Spitzen fassen bis 1000 µl, gelbe Spitzen sind für den Bereich von 10 µl bis 200 µl vorgesehen (→ Abb. 2.6). Farblose für die Bereiche unter 10 µl. Auch die Spitzen für Volumina über 1000 µl sind farblos. Neben Pipetten mit variablem Volumen gibt es vereinzelt noch Pipetten

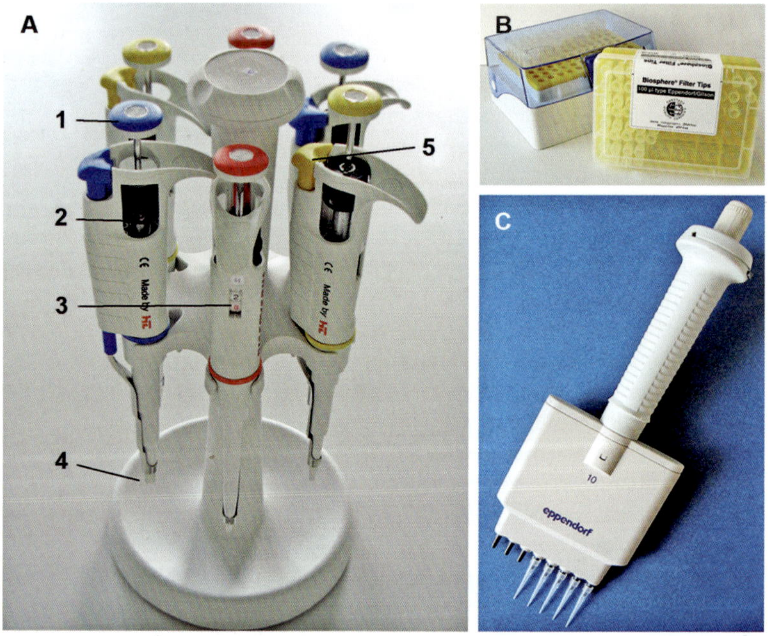

Abb. 2.5
Mikropipetten. (**A**) Zwei Pipettensätze aus je drei Pipetten: 1–10 µl (rot), 10–100 µl (gelb) und 100–1000 µl (blau) auf einem Pipettenständer. Der Druckknopf (1) dient zur Aufnahme und Abgabe von Flüssigkeiten, mit der Stellschraube (2) wird das Volumen eingestellt, welches auf der Anzeige (3) angezeigt wird. Die Pipettenspitze wird auf den Konus (4) unten aufgesteckt und kann mit dem Abwerfer (5) nach Gebrauch abgeworfen werden. Pipettenspitzen befinden sich in geschlossenen Boxen (**B**), bei denen der Deckel immer nur kurz angehoben werden sollte, um Kontaminationen zu verhindern. Multikanal-Pipetten pipettieren achtmal parallel das gleiche Volumen (**C**), hier sind fünf Spitzen aufgesteckt. Die Abstände der Kanäle sind normiert, sodass mit einem Mal acht Spitzen aus der Box (**B**) aufgesetzt werden. Multikanalpipetten werden z. B. für ELISA-Platten (→ Abb. 11.7) benötigt.

Abb. 2.6
Pipettenspitzen sind Einmalartikel, die in Boxen mit Deckeln (→ Abb. 2.5B) oder in Beuteln verpackt zum Selberstecken geliefert werden. Die weißen Spitzen (**A**) sind für Volumina bis 10 µl, gelbe Spitzen (**B**) werden für Pipetten bis 200 µl verwendet. Blaue Spitzen (**C**) gehören auf Pipetten bis 1000 µl. Die große Spitze (**D**) ist für Pipetten bis 5 ml geeignet. Alle Spitzengrößen gibt es auch als gefilterte Spitzen (**E**), die die Kontamination der Pipette durch pathogene Organismen und Flüssigkeiten verhindern. Umgekehrt werden Enzymstammlösungen und sterile Kulturen vor der Kontamination durch Partikel in der Pipette geschützt.

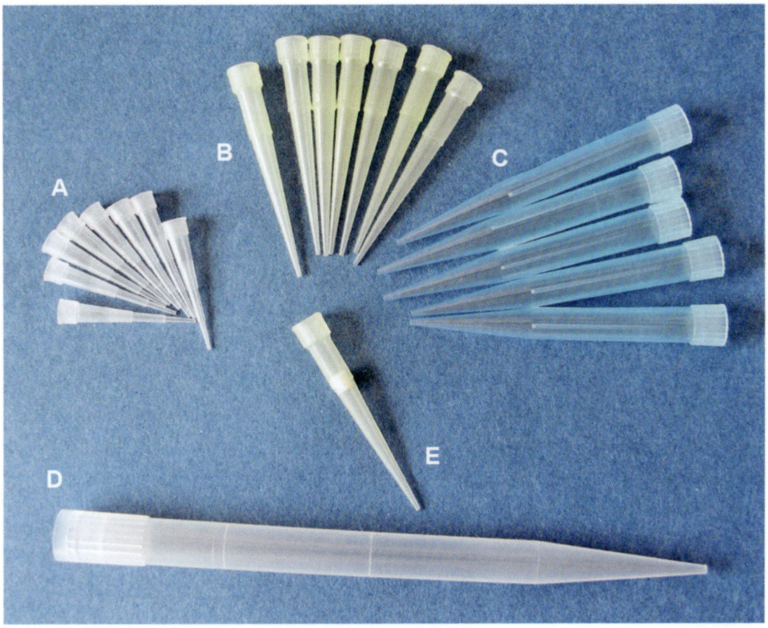

Abb. 2.7
Übersicht des Pipettiervorgangs. (**A**) Zunächst wird das benötigte Volumen eingestellt. Dann wird die Pipettenspitze aufgesteckt (**B**) und der Vorratskasten sofort wieder geschlossen. Durch Drücken des farbigen Druckknopfes (**C**) bis zum ersten Druckpunkt wird die Luft aus der Spitze herausgedrückt. Die Pipettenspitze wird dann in die Lösung getunkt und der Druckknopf langsam wieder losgelassen. Beim Ablassen der Lösung ist darauf zu achten, dass die Pipettenspitze das Plastik des Reaktionsgefäßes berührt (**D**). Am Ende wird die Spitze durch Druck auf den Abwurfknopf abgeworfen (**E**). Manche Pipetten haben auch nur einen Druckknopf, dann werden die einzelnen Schritte durch unterschiedliche Druckpunkte repräsentiert.

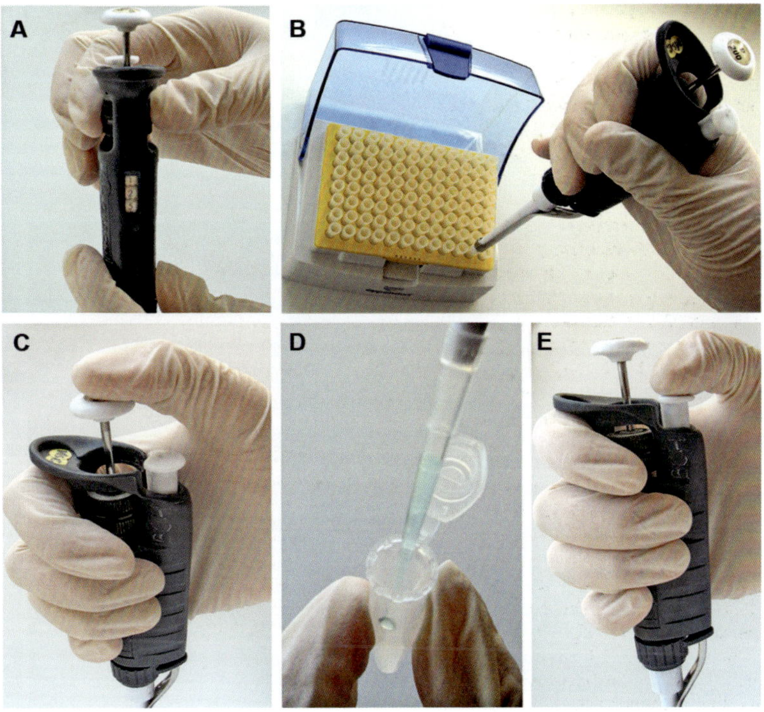

mit festen Volumina. Manche Pipetten können autoklaviert werden. Dies ist sinnvoll, wenn mit pathogenen Organismen gearbeitet wird. Mehrkanalpipetten (→ Abb. 2.5 C) werden mit acht Spitzen bestückt, die alle parallel das gleiche Volumen pipettieren.

Für genaues Pipettieren ist es unerlässlich, dass die Pipettenspitze mit der Gefäßwand Kontakt hat. Sonst stimmen die pipettierten Volumina nicht (→ Abb. 2.7).

Durch Betätigen des zusätzlichen Abwurfkolbens wird die Spitze in einen Müllbehälter abgeworfen. Die Pipetten einiger Hersteller haben keinen zusätzlichen Abwurfkolben, dort muss der Hauptkolben über den zweiten Druckpunkt hinaus gedrückt werden.

TIPP

Neben den „normalen" Spitzen werden auch Pipettenspitzen mit integriertem Filter angeboten. In vielen Laboren werden sie genutzt, um besonders saubere Arbeiten durchzuführen (z. B., wenn Enzyme aus den Vorratsgefäßen pipettiert werden). Wichtig sind sie auch, wenn mit Phagen, Viren oder anderen pathogenen Organismen gearbeitet wird. Die Spitzen mit Filter werden steril geliefert und werden nicht autoklaviert.

Regelmäßig sollten die Pipetten kalibriert werden. Dazu wird zehnmal hintereinander eine bestimmte Menge H_2O auf eine Waage pipettiert (meist wird 80 % des Maximalvolumens der Pipette verwendet). Die Abweichungen sollten unter 5 % liegen, die Details sind in der Bedienungsanleitung zu finden.

Viele Pipetten können auch auseinander gebaut und gereinigt werden. In der Bedienungsanleitung findet sich eine entsprechende Anleitung des Herstellers. Einige Fabrikate erfordern allerdings ein spezielles Werkzeug.

2.6 Gefäße im Labor

Die Wahl des Gefäßes ergibt sich durch das benötigte Volumen. → Tab. 2.1 gibt eine Übersicht der wichtigsten Gefäßarten, die zusätzlich in → Abb. 2.8 abgebildet sind.

Abb. 2.8
Kleine PCR-Gefäße (**A**) mit 200 µl Volumen gibt es auch als Streifen (**B**). Auch 0,5-ml-Gefäße (**C**) werden bei der PCR eingesetzt. Die 1,5 ml Gefäße (**D**) und die 2 ml-Gefäße (**E**) sind die am häufigsten verwendeten Gefäße im Labor. Ungefähr gleiche Volumina haben Schraubgefäße (**F**) und die speziellen Kryoröhrchen (**G**) die zum Einfrieren von biologischem Material dienen. Sehr viel größer sind die 15 ml Gefäße (**H**) und die 50 ml Gefäße (**L**), welche beide mit Schraubdeckel geliefert werden. Die weißen Skalen entsprechen jeweils 1 cm.

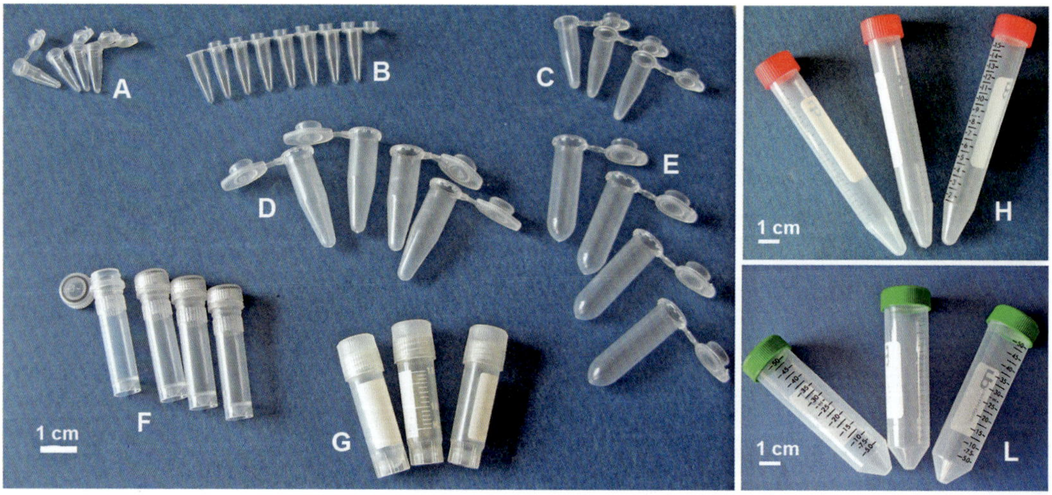

Tab. 2.1
Einige gängige Laborgefäße. Welche Gefäßart verwendet wird, ergibt sich aus der Anwendung und dem benötigten Volumen. 1,5 ml-Gefäße werden im Laborjargon oft „Eppendorf-Cap“, „E-Cap“ oder „Eppi“ genannt, die 15 ml- und 50 ml-Gefäße werden als „Falcon-Tube“ bezeichnet. Für Hochleistungszentrifugen (→ Kapitel 2.7) gibt es spezielle Gefäße, die in dieser Tabelle nicht aufgeführt sind.

Reaktionsgefäß	Volumen	Typische Anwendung
0,2 ml Reaktionsgefäß	0,2 ml	PCR
Reaktionsgefäß-Streifen	8 × 0,1–0,2 ml	Aneinandergehängte Gefäße mit je 0,1 ml oder 0,2 ml Volumen, die in der PCR genutzt werden.
0,5 ml Reaktionsgefäß	0,5 ml	Werden vor allem für ältere PCR-Maschinen genutzt.
1,5 ml Reaktionsgefäß	1,5 ml	Der Allrounder im Labor.
2 ml Reaktionsgefäß	2 ml	Wird für viele Laborarbeiten verwendet.
2 ml Gefäße mit Schraubverschluss	2 ml	Lagerung und Homogenisation. Sie werden auch Kryoröhrchen genannt.
Zentrifugenröhrchen	15 ml 50 ml	Werden im Laborjargon „Falcons“ genannt, besitzen einen Schraubdeckel und werden in der Regel steril geliefert. Können meist bis 5000 × g zentrifugiert werden und werden universell eingesetzt.
Mikrotiterplatten	0,05–2 ml	„96 Well“-Platten sind das Standardformat (→ Abb. 11.7 A), es gibt auch Platten mit 384 Vertiefungen bei gleicher Plattengröße. Die Platten sind mit und ohne Deckel und aus verschiedenen Materialien lieferbar. Deep Well Platten sind höher, hier fasst eine Vertiefung 2 ml. Kleinere Platten werden für PCRs verwendet. Für die Zellkultur werden „6-well“, „12-well“ und 24-well“ Platten mit entsprechend großen Volumina verwendet.
Kulturröhrchen	5–10 ml	Locker sitzender Deckel, Anzucht von Bakterien, im Gegensatz zu den anderen Gefäßen, bestehen diese meistens aus Glas (→ Abb. 2.16).

In manchen Fällen muss das Material der Gefäße beachtet werden, da einige Plastikarten mit dem Inhalt reagieren, durch die Chemikalien zersetzt werden können oder einen notwendigen Autoklaviervorgang nicht überstehen. Angaben hierzu sind beim Hersteller zu finden.

2.7 Zentrifugen

Durch die Trägheit der Massen werden in schnell rotierenden Gefäßen befindliche Partikel nach außen gedrückt. Dieses Prinzip wird bei der Salatschleuder in der Küche ebenso verwendet wie beim Kettenkarussell. Eine Zentrifuge besteht im Prinzip aus einem Motor und einem sich drehenden Rotor, der oft austauschbar ist. Daneben existieren Kühlzentrifugen, die eine Zentrifugation bei einer definierten Temperatur, meist 4 °C, erlauben (→ Abb. 2.9).

Die relative Zentrifugalbeschleunigung (RFC = *Relative Centrifugal Force*) ist der zentrale Parameter für eine Zentrifugation. Dieser Wert gibt die vielfache Erdbeschleunigung an, die auf ein Teilchen in der Zentrifuge wirkt.

TIPP

Die Erdbeschleunigung g (= 9,81 m/s^2) ist eine Konstante, keine Einheit. Eine Angabe wie „1000 g“ ist daher falsch, es muss heißen: 1000 xg (1000-fache Erdbeschleunigung „g“).

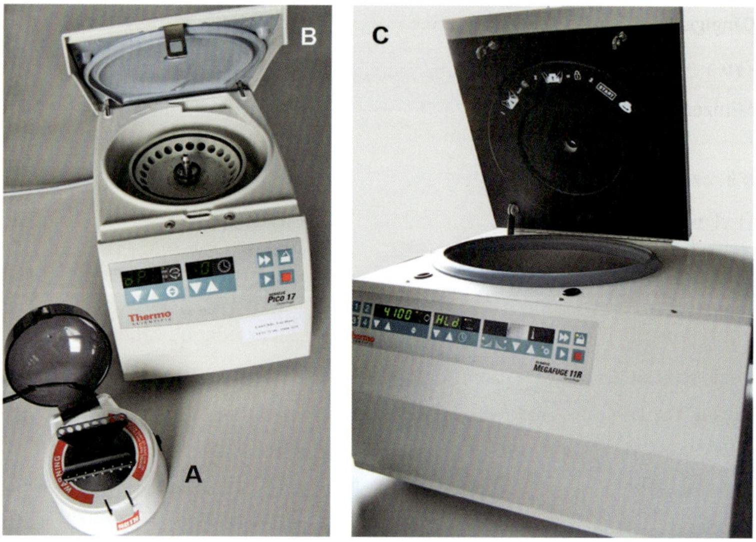

Abb. 2.9
Verschiedene Zentrifugen im Labor unterscheiden sich in den Rotationsgeschwindigkeiten und den zu zentrifugierenden Volumina. Auf der kleinen Minizentrifuge (**A**) befindet sich ein Schmetterlingsrotor [*Butterfly Rotor*]. Dieser wird für die Zentrifugation von Reaktionsgefäßstreifen (→ Abb. 2.8) verwendet, die bei der PCR zum Einsatz kommen. Bei größeren, ungekühlten Zentrifugen (**B**) können meist verschiedene Rotoren eingesetzt werden. Noch größer sind Kühlzentrifugen (**C**), bei denen die Temperatur eingestellt werden kann.

Es gibt einen mathematischen Zusammenhang zwischen der relativen Zentrifugalkraft (RCF), der Zentrifugationsgeschwindigkeit (Umdrehungen pro Minute = UpM) und dem Radius des Rotors [r] (Gleichung 2.1):

$$RCF = 11{,}17 \cdot r \cdot \left(\frac{UpM}{1000}\right)^2$$

Dabei wird der Radius r von der Mitte des Rotors bis zur äußersten Spitze der zentrifugierten Probe gemessen. Heute hat fast jede Zentrifuge einen Schalter, der die wahlweise die Anzeige von „xg“ oder „UpM“ ermöglicht.
Die meisten Rotoren sind Festwinkelrotoren mit schräg eingebrachten, festen Bohrungen für die Probengefäße. Weiterhin sind Ausschwingrotoren verbreitet. Sie schwingen während der Zentrifugation in die Horizontale, rotieren aber langsamer als die Festwinkelrotoren.
In den letzten Jahren sind ungekühlte Minizentrifugen (→ Abb. 2.9 A) sehr populär geworden. In ihnen können Reaktionsgefäße kurz zentrifugiert werden, um die Flüssigkeiten am Boden des Gefäßes zu sammeln. Ebenfalls für 1,5 ml Reaktionsgefäße ausgelegt sind Mikrozentrifugen (→ Abb. 2.9 B), die es mit und ohne Kühlung gibt und die höhere Rotationsgeschwindigkeiten erreichen.
Tischzentrifugen (→ Abb. 2.9 C) besitzen einen austauschbaren Fest- oder Ausschwingrotor, sind oft kühlbar und nehmen Gefäße bis 50 ml auf. Hochleistungszentrifugen sind etwa waschmaschinengroß und erreichen Rotationsgeschwindigkeiten bis 40000 UpM und können – je nach Rotor – Zentrifugenbecher bis 500 ml aufnehmen. Darüber hinaus gibt es noch die Ultrazentrifugen, die Geschwindigkeiten bis 100000 UpM erreichen. Diese Rotationsgeschwindigkeiten sind nur zu erreichen, weil die Zentrifugen zu Beginn des Laufes den Rotationsraum luftleer pumpen. Ultrazentrifugen erfordern spezielle Zentrifugengefäße und sollten mit besonderer Vorsicht und nur nach gründlicher Einweisung bedient werden.
Die ungefähren Leistungsdaten gängiger Zentrifugen sind in → Tab. 2.2 zusammengefasst.
Nach der Zentrifugation müssen die Gefäße vorsichtig entnommen werden. Wenn der Überstand verworfen werden soll, kann dieser entweder mit einer Pipette abgesaugt (→ Abb. 2.10 A) oder

TIPP

In Protokollen sollte immer xg angegeben werden. Wird UpM verwendet, muss immer der Radius des Rotors aufgeführt werden, es sind daher zwei Werte erforderlich.

Tab. 2.2
Gängige Zentrifugentypen und ihre Eigenschaften. Die Buchstaben in Klammern beziehen sich auf → Abb. 2.9.

Typ	UpM	x g	Gefäßvolumen	Zahl der Gefäße
Minizentrifugen (A)	6000	2000	0,2 bis 2 ml, je nach Bauart	6 bis 8 Einzelgefäße oder 2 Gefäßstreifen
Mikrozentrifuge (B)	14000	15000	0,5 bis 2 ml	12 oder 24
Tischzentrifuge mit Ausschwingrotor (C)	6000	4500	1,5 ml 50 ml 15 ml	24 4 8
Kühlzentrifuge	40000	50000	500 ml 50 ml 1,5 ml	6 12 24 oder 48
Ultrazentrifuge	100000	800000	10 bis 50 ml, je nach Rotor	4 bis 20

ausgegossen werden (→ Abb. 2.10 B). Bei Letzterem ist unbedingt darauf zu achten, dass sich das Sediment an der oberen Seite des Gefäßes befindet, da es sonst ausgespült wird.
Hier beschränken wir uns auf sedimentierende Zentrifugationen, an deren Laufende ein Sediment [*Pellet*] vom Überstand getrennt wird. Daneben gibt es auch Dichtegradientenzentrifugationen, vor allem wenn Zellorganellen fraktioniert werden sollen.

Abb. 2.10
Der Überstand kann abgesaugt (**A**) oder abgegossen (**B**) werden, hierbei muss das Sediment oben sein, da es sonst herausgespült wird.

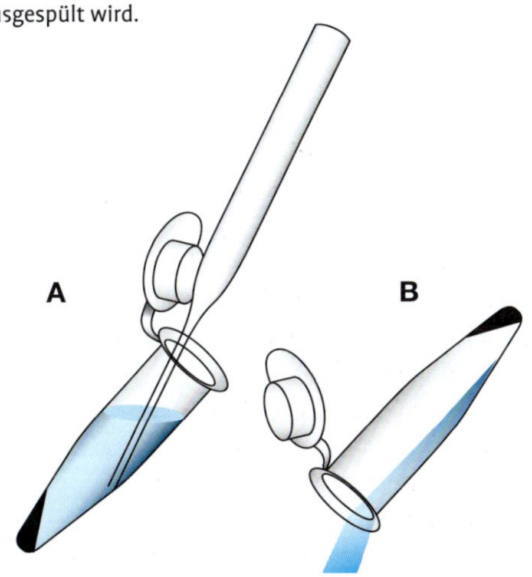

GUT ZU WISSEN

▶ Sedimentationskoeffizient

Über Dichtegradientenzentrifugation kann der Sedimentationskoeffizient eines Teilchens ermittelt werden, der in Svedberg [S] gemessen wird. Darauf beruht auch die Klassifizierung der verschiedenen Untereinheiten von Ribosomen, z. B. 18 S rRNA oder 24 S rRNA.

TIPP

Tipps zur Zentrifugation:

- Unbedingt die Bedienungsanleitung lesen und sich einweisen lassen!
- Den Rotor entsprechend des benötigten Volumens auswählen und fest auf der Achse befestigen. Meist wird der eingesetzte Rotor von der Zentrifuge erkannt, falls nicht, muss der Rotorcode an der Zentrifuge eingestellt werden.
- Oft müssen Kühlzentrifugen vorgekühlt werden.
- Die gegenüberstehenden Probengefäße müssen exakt auf einer Waage austariert werden. Dies gilt vor allem für Ultrazentrifugen. Dabei darf nicht das Gewicht der Gefäßverschlüsse vergessen werden. Es ist sinnvoll, die Gefäße zu markieren, sodass die Außenseite, an der später das Sediment *[Pellet]* klebt, eindeutig erkannt werden kann.
- Das Probengefäß muss genau die Rotorbohrung ausfüllen. Oft gibt es spezielle Adapter.

2.8 Mischen und Konzentrieren

Es gibt im Labor unterschiedliche Geräte, die der Durchmischung von Flüssigkeiten dienen. Am bekanntesten sind sicher Schüttelgeräte, die unter dem Namen Vortexer bekannt wurden, sowie Magnetrührer (→ Abb. 2.11). Beim Vortexer wird das Gefäß oben auf eine Gummimulde gedrückt und entsprechend der eingestellten Rüttelfrequenz geschüttelt. Beim Vortexen treten starke Scherkräfte auf, die große DNA-Moleküle zerstören können (→ Kapitel 3.1.2).
Magnetrührer gibt es beheizt und unbeheizt. Ein magnetischer Rührstab („Rührfisch“) wird in die zu mischende Lösung gelegt und so die Lösung durch Rühren gemischt.

TIPP

Vor Öffnen eines Inkubationsschüttlers sollte dessen Temperaturmodul ausgeschaltet werden. Gerade bei älteren Modellen heizt der Inkubationsschüttler wegen der eindringenden Raumluft, was nach dem Schließen des Deckels zur Überhitzung des Innenraums führt.

Schüttler gibt es in verschiedenen Varianten: Rotationsmischer rotieren um eine Achse, Wipptische schwenken um eine Achse, während Taumeltische, wie ihr Name sagt, in alle Richtungen taumeln. Taumeltische oder Wippen werden für Schalen genutzt, in denen Gele gefärbt (→ Kapitel 10.3) oder Immunfärbungen (→ Kapitel 11.4) durchgeführt werden.

Abb. 2.11
Verschiedene Geräte für das Mischen von Flüssigkeiten. Taumeltische (**A**) wippen in alle Richtungen und werden für die Inkubation mit Gefäßschalen z. B. bei Immunfärbungen (Kapitel 11.4) genutzt. Rührer (**B**) mit magnetischem Rührfisch (**B1**) werden für das Ansetzen von Puffern und Lösungen verwendet, während mit dem Vortexer (**C**) auch biologische Lösungen und Zellen wieder in Lösung gebracht werden können. Allerdings muss hierbei auf die entstehenden Scherkräfte geachtet werden (→ Kapitel 3.1.2). Den Rotationsmischer (**D**) gibt es neben 1,5 ml Reaktionsgefäße auch für andere Größen. Auf einem Inkubationsschüttler (**E**) werden Bakterienkulturen angezogen und sie besitzen daher oft eine temperierbare Haube. Die schwarzen Balken entsprechen ungefähr 5 cm und dienen dem Größenvergleich.

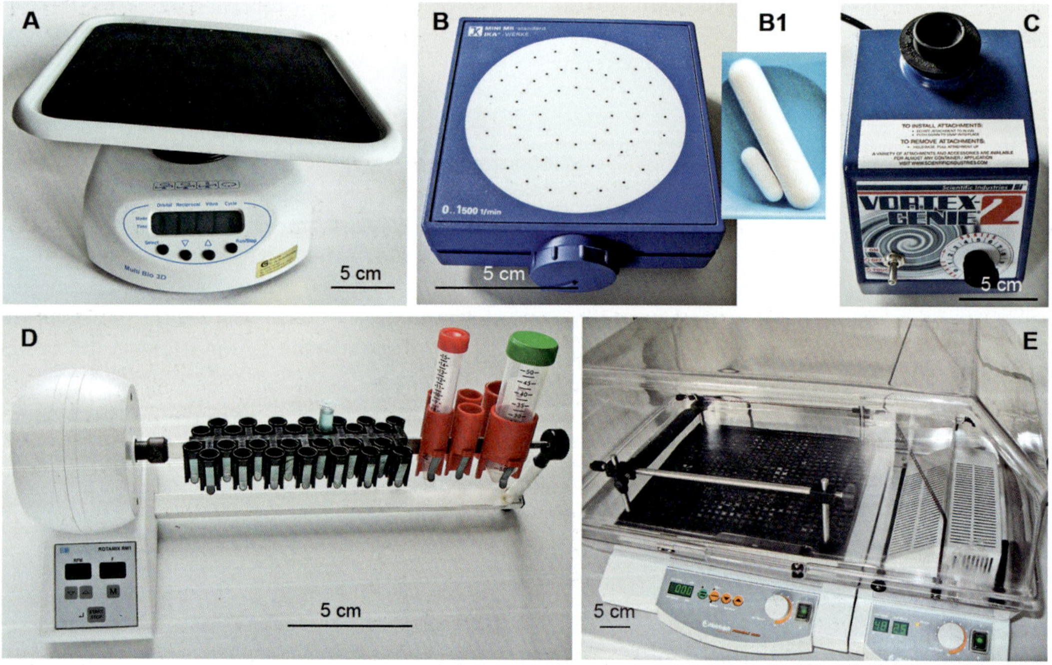

Für die Anzucht von Bakterien werden Inkubationsschüttler genutzt, die zusätzlich zum Schütteltisch eine Inkubationshaube besitzen oder in Wärmeschränken stehen, über die die Anzuchttemperatur eingestellt werden kann.

2.8.1 Konzentrieren

Meist werden Biomoleküle durch Ausfällen konzentriert (→ Kapitel 3.3 und 9.2.3). Wenn das Volumen schonend reduziert werden muss, erfolgt die Konzentrierung meist über eine poröse Membran, die Wasser und Salze durchlässt, von den Biomolekülen jedoch nicht passiert werden kann. Um die Flüssigkeit durch die Membran zu pressen, ist ein entsprechender Druck erforderlich. Bei Ultrafiltrationsröhrchen (→ Abb. 2.12 A) wird die Flüssigkeit während der Zentrifugation durch die Membran gepresst. Eine zentrale Eigenschaft dieses Verfahrens liegt darin, dass die Biomoleküle konzentriert werden, die Konzentration an Salzen jedoch konstant bleibt. Nachteilig ist der recht hohe Verlust an Biomolekülen durch deren Bindung an Filter oder Gefäßwände.
Die zweite Gruppe der Konzentrierer sind Verdampfer, deren bekanntester Vertreter im Labor die *Speed-Vac* darstellt (→ Abb. 2.12 B). Dieses System besteht aus drei Teilen: einem Konzentrator, einer Kühlfalle und einer Vakuumpumpe. Im Konzentrator, der einer Zentrifuge ähnelt, rotieren die offenen Reaktionsgefäße. Dann wird ein Vakuum angelegt, was dazu führt, dass die Flüssigkeit in der Probe verdampft. Sie wird in einer Kühlfalle, die sich zwischen Konzentrator und Vakuumpumpe befindet, gesammelt. Bei diesem System verbleiben Salze in der Probe, folglich erhöht sich die Konzentration von Salzen und Biomolekülen. Dieses Verfahren wird vor allem zur Konzentrierung von DNA-Lösungen (→ Kapitel 3.3.2) verwendet.

2.8.2 Pufferwechsel

Membranbasierende Konzentratoren können auch zum Umpuffern verwendet werden. Nachdem die Probe konzentriert wurde, wird sie mit neuem Puffer aufgefüllt. Allerdings verbleibt immer ein Rest des Ausgangspuffers in der Lösung. Schonender und effizienter ist die Dialyse, bei der die Probe in einen Dialyseschlauch gefüllt wird. Dieser wird in ein Gefäß mit dem neuen Puffer über mehrere Stunden oder über Nacht gelegt.

Abb. 2.12
(**A**) Ultrafiltrationsröhrchen für die Zentrifugation bestehen aus zwei Teilen (A). In das innere Gefäß wird die Lösung mit den Biomolekülen gegeben und diese dann in das Sammelgefäß eingesetzt. Durch Zentrifugation werden Wasser und Salze durch die Membran gepresst, die großen Biomoleküle bleiben im Einsatzgefäß. (**B**) Die *Speed-Vac* ähnelt einer Zentrifuge. Die Reaktionsgefäße werden offen hineingestellt und rotiert. Nun wird ein Vakuum aufgebaut, sodass Flüssigkeit verdampft. Wichtig ist, dass am Ende erst das Gerät belüftet wird, bevor der Rotor abgestellt wird.

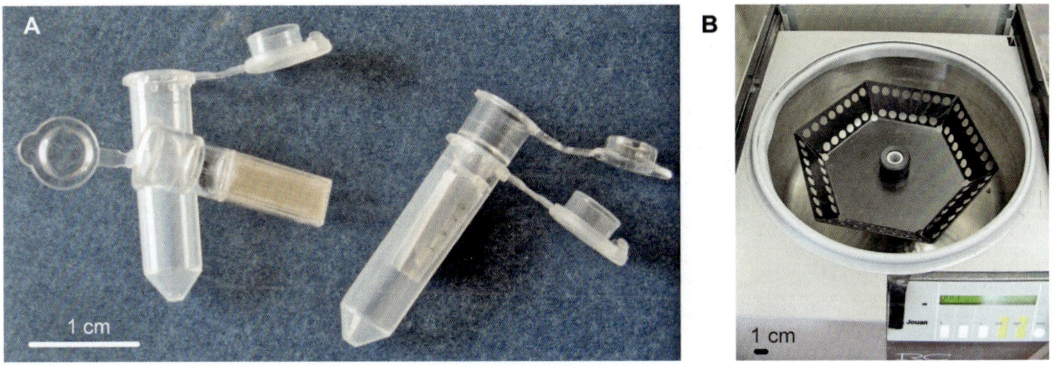

Der Puffer kann mehrmals gewechselt werden. Für Mengen im unteren µl-Bereich gibt es auch Dialysescheiben, die auf der Flüssigkeit mit dem neuen Puffer schwimmen. Weitere Informationen sind in den → Kapiteln 3.3.6 und 9.3 zu finden.

TIPP

Enthält eine Enzym-Stammlösung Eisstückchen, ist das Enzym in der Regel nicht mehr aktiv und sollte nicht mehr verwendet werden.

2.9 Probenlagerung

Häufig müssen Proben für Tage, Wochen oder gar Jahre aufbewahrt werden. Je nach Art der Probe gibt es verschiedene Möglichkeiten.
Die Lagerung bei Raumtemperatur ist vor allem für konzentrierte Pufferlösungen angebracht, wie 50x TAE Puffer (→ Protokoll 7.1) oder 10x PBS (→ Protokoll 11.1), denn bei 4 °C fallen sie aus. Dies gilt auch für SDS, dessen 10 %ige Stammlösung ebenfalls bei Raumtemperatur gelagert wird. Im Kühlschrank werden einige Enzyme und Antikörper gelagert. Nukleinsäuren, z. B. Plasmide, können hier gut für einige Wochen aufbewahrt werden. Bakterien können ebenfalls über Wochen bei 4 °C gelagert werden. Allerdings muss bedacht werden, dass das Antibiotikum Ampicillin nicht sehr stabil ist (→ Kapitel 2.12.2). Wird eine Lagerung von Bakterienkulturen geplant, sollte daher besser das Analogon Carbenicillin verwendet werden.
Temperaturen bei −20 °C und −80 °C erlauben eine langfristige Lagerung. Viele Enzyme und Antikörper werden bei −20 °C gelagert. Damit sie bei −20 °C nicht einfrieren, enthalten die Proteinlösungen Glycerin. Da diese Proteine sehr empfindlich gegenüber Temperaturschwankungen sind, werden sie oft in Kühlboxen aufbewahrt (→ Abb. 2.13).

Abb. 2.13
Eine −20 °C-Kühlbox für Enzyme hält die Temperatur für einige Stunden konstant. Die einzelnen Enzyme sollten immer in der Box verbleiben. Die Box wird aus dem Tiefkühlschrank genommen, das Enzym (nicht das Reaktionsgefäß) entnommen und die Box wieder in den Tiefkühlschrank zurückgestellt.

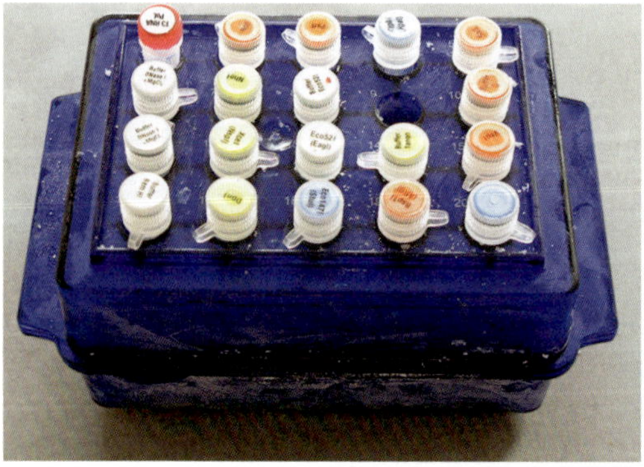

2.10 Steriles Arbeiten

Unerwünschte Mikroorganismen können im Labor große Probleme verursachen. Werden Medien oder Lösungen bewachsen, ändert sich deren Zusammensetzung. In Kulturen können die Zellen, mit denen gearbeitet wird, schnell von Luftkeimen überwuchert werden. Daher werden fast ausschließlich sterile Lösungen und Gefäße im Labor verwendet.
Es wird zwischen physikalischen und chemischen Sterilisationsverfahren unterschieden. Das Autoklavieren ist die bekannteste Methode aus der ersten Gruppe. Im Autoklav werden Lösungen und Medien für mindestens 20 min bei 121 °C und einem Druck von 2 bar Wasserdampfatmosphäre ausgesetzt (→ Abb. 2.14).
Mit dieser Methode können sehr viele Puffer und Medien sowie Glasgeräte und viele Plastikgefäße sterilisiert werden. Offene Gefäße werden mit Alufolie abgedeckt oder umwickelt. Die Öffnung eines Erlenmeyerkolbens wird mit einem Wattebausch verschlossen und mit Alufolie abgedeckt. Nach dem Autoklavieren sind die Gefäße sehr feucht und müssen in einem Trockenschrank getrocknet werden. Alle gentechnisch veränderten Organismen müssen, bevor sie entsorgt werden, ebenfalls autoklaviert werden.

Abb. 2.14
Tischautoklav, in dem wenige 1000 ml-Flaschen mit Medium autoklaviert werden können. Die meisten Autoklaven sind größer und erreichen die Größe einer Waschmaschine. Zu fast jedem Autoklav gehört ein Kompressor, der hier nicht abgebildet ist.

Während die meisten anorganischen Substanzen problemlos autoklaviert werden können, verbietet sich das Autoklavieren bei organischen Lösungsmitteln und vielen organischen Substanzen wie Vitaminen, Hormonen, Aminosäuren, Antibiotika und Zuckern. Solche Substanzen sind nicht hitzestabil, weshalb zunächst der Puffer oder das Medium ohne die hitzelabile Substanz angesetzt und autoklaviert wird. Die hitzelabile Substanz wird über einen 0,22 µm Filter steril filtriert. Nach dem Abkühlen des Puffers kann die steril filtrierte Substanz unter einer Sterilbank zugefügt werden. Plastikgefäße, die das Autoklavieren nicht überstehen, können bereits sterilisiert gekauft werden (beispielsweise Pipettenspitzen mit Filter). Alternativ können viele Gefäße mit hohen Konzentrationen an Bleichmittel oder 70 %igem Ethanol behandelt werden. Ethanol tötet jedoch nur Organismen mit einer Plasmamembran ab. Viren und Phagen besitzen eine Proteinhülle und sind daher gegen Ethanol resistent. Hier werden Desinfektionsmittel, wie sie im Krankenhaus verwendet werden, benutzt. Diese stellen Mischungen verschiedener, hochreaktiver Wirkstoffe dar.

Soll eine pflanzliche Gewebekultur gestartet werden, muss die Oberfläche des Ausgangsmaterials sterilisiert werden (Oberflächensterilisation). Dies erfolgt meist durch Eintauchen in 6–12 % (v/v) Natriumhypochloritlösung (je nach Pflanzenmaterial) für eine kurze Zeit. Anschließend muss das Natriumhypochlorit gründlich mit sterilem Wasser entfernt werden. Die inneren Gewebe eines Organismus sind in der Regel steril.

Unerwünschte Mikroorganismen können auch über die Luft in eine Probe gelangen. Um dies zu verhindern, kann an einer Sterilbank gearbeitet werden (→ Abb. 2.15). Im Inneren einer Sterilbank wird über ein Filtersystem ein keimfreier Raum aufrechterhalten. Dort können Medien ge-

TIPP

Eigentlich werden bei Glasflaschen die Deckel nur ganz leicht zugeschraubt oder auf die Flaschenöffnung gelegt. Moderne Autoklaven haben an einem Kabel einen Temperaturfühler, der in einem Erlenmeyerkolben mit Flüssigkeit gesteckt wird. So wird die Temperatur der Lösungen ständig durch den Autoklav kontrolliert und die Flaschen können ganz normal zugeschraubt werden. Dabei sollte die Referenzflasche genauso viel Flüssigkeit enthalten wie das größte zu autoklavierende Gefäß.

Abb. 2.15
Eine Sterilbank hält den Raum in ihrem Inneren frei von Luftkeimen. Mit dem Bunsenbrenner können Gerätschaften wie ein Drigalskispatel (→ Abb. 2.16 C) oder Flaschenöffnungen durch Abflammen sterilisiert werden.

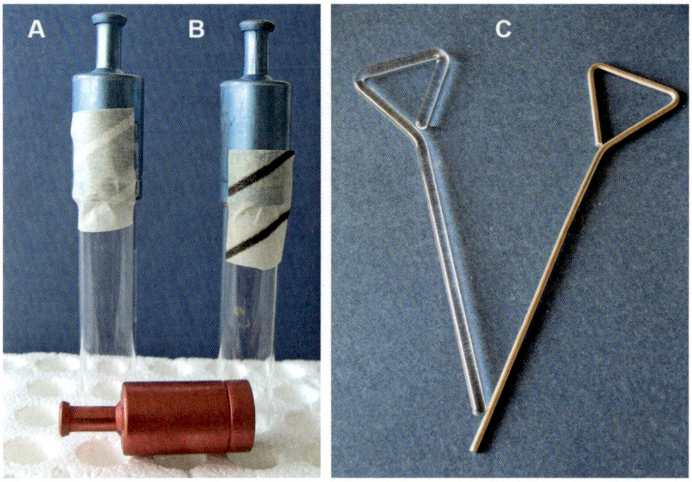

Abb. 2.16
Kulturröhrchen für ca. 5 ml Bakterienkultur. Die Deckel gibt es in verschiedenen Farben, und sie werden nur aufgesetzt. Dadurch erlauben sie den Gasaustausch, sodass Mikroorganismen unter aeroben Bedingungen angezogen werden können. Das linke Röhrchen ist noch nicht autoklaviert, wie am weißen Autoklavierband zu erkennen ist (**A**). Das rechte ist bereits autoklaviert, denn das Autoklavieren führt zu schwarzen Streifen auf dem Autoklavierband (**B**). Auf Agarplatten können Bakterien mit einem Drigalskispatel schnell und homogen ausgestrichen werden. Diese gibt es aus Glas oder Metall (**C**). Drigalskispatel werden auch beim Western Blot zum Wegstreichen von Luftblasen verwendet (Kapitel 10.5).

gossen werden, ohne dass diese schnell von Luftkeimen besiedelt werden. Für die pflanzliche und tierische Zellkultur ist das Arbeiten an einer Sterilbank zwingend erforderlich.
Oft enthalten Laborstämme von *E. coli* bereits eine Resistenz gegen ein Antibiotikum (häufig Chloramphenicol oder Tetracyclin, → Kapitel 2.12.2), sodass diese auch außerhalb einer Sterilbank im Brennkegel eines Bunsenbrenners angeimpft werden können.

TIPP

Steht keine Sterilbank zur Verfügung, kann mit einem Bunsenbrenner ein Bereich mit geringem Kontaminationsrisiko geschaffen werden. Dazu wird die Laborbank mit 70 %igem Ethanol sterilisiert und in die Mitte ein Bunsenbrenner gestellt. In einem Kegel von ca. 20 cm ist ein halbwegs steriles Arbeiten, das für die Anzucht von *E. coli* ausreicht, möglich.

GUT ZU WISSEN

▶ Tipps für das sterile Arbeiten

- Sterile Gefäße nur unter der Sterilbank oder neben einem Bunsenbrenner öffnen.
- Die Öffnung des Gefäßes vor dem Ausschütten kurz abflammen.
- Nur Pipetten mit sterilen Spitzen verwenden.
- Pipettenspitzen, die etwas Unsteriles berührt haben, sind nicht mehr steril und müssen verworfen werden.
- Impfösen in Ethanol tauchen, in einer Flamme ausglühen und durch Drücken auf die Agarplatte abkühlen, bevor die Bakterien ausgestrichen werden.
- Der Drigalskispatel (→ Abb. 2.16 C) wird analog benutzt, aber nur kurz in die Flamme gehalten. Achtung: der heiße Drigalskispatel darf nicht in das Ethanol getaucht werden, da es sich sonst unter der Sterilbank entzünden kann!
- Eine Alternative zum Drigalskispatel stellen autoklavierte Glasperlen dar. Ihre Anwendung ist in der Tipp-Box in Kapitel 2.12 beschrieben.
- Es sollte sorgfältig darauf geachtet werden, nicht über offenen Zellkultur- und Mediumflaschen zu hantieren.
- Es sollten sich nur die unbedingt benötigten Dinge im Sterilbereich befinden.
- Fenster und Türen geschlossen halten.
- Vor und nach dem Arbeiten die Hände waschen.

2.11 Geräte für den Aufschluss von Geweben

Das Homogenisieren ist oft der erste Schritt der Probenvorbereitung. Dabei werden das Probenmaterial zerkleinert sowie Gewebe und Zellstrukturen aufgebrochen. Die Wahl des Aufschlussverfahrens hängt ab von

- der Art des Probenmaterials:
  Pflanzen besitzen beispielsweise eine stabile Zellwand, während Säugerzellen aus der Gewebekultur sehr einfach zum Zerplatzen gebracht werden können.
- der zu isolierenden Probenmenge:
  Proben im Milligrammbereich werden anders aufgeschlossen als im Kilogrammbereich.
- der Probenzahl:
  Einige Analysen erfordern den parallelen Aufschluss dutzender Proben.

Die meisten Gerätetypen können sowohl für die Aufreinigung von Proteinen als auch Nukleinsäuren verwendet werden.

Das Probenmaterial kann gemahlen oder durch Mixer, die rotierende Klingen besitzen, zerkleinert werden. Einige Organismen lassen sich durch Ultraschall oder einfache osmotische Verfahren aufschließen. Schließlich besteht die Möglichkeit,

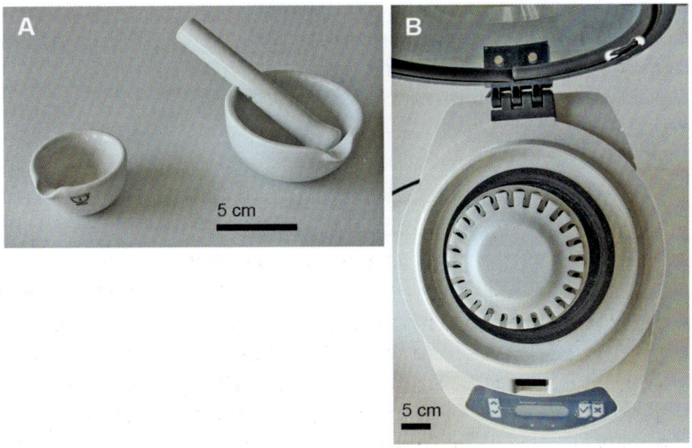

Abb. 2.17
Mörser und Pistill gibt es in verschiedenen Größen (**A**). Wenn viele Proben parallel aufgeschlossen werden müssen, ist eine Kugelmühle mit mehreren Einsätzen sehr hilfreich (**B**).

vor allem große Probenmengen, durch hohen Druck in der sogenannten *French Press* aufzuschließen.
Die Methode der Wahl für viele Laboranwendungen sind Mörser [*Mortar*] und Pistill [*Pestle*] (→ Abb. 2.17A). Es gibt diese in verschiedenen Materialien und Größen.
Zu der Probe im Mörser wird flüssiger Stickstoff zugegeben und zunächst das Material ohne Zugabe von Puffer pulverisiert. Die Pulverisierung kann durch zugegebenen Quarzsand erleichtert werden. Erst dann wird der Homogenisationspuffer zum Probenpulver gegeben und es wird erneut gemörsert. Die Homogenisation im Mörser ist sehr schonend und preiswert.
Kugelmühlen bieten sich an, wenn viele Proben in kleinen Mengen aufgeschlossen werden müssen. Sie schließen durch den Mahlvorgang die Probe schonend auf, es gibt sie in vielen verschiedenen Größen und Varianten, es gibt Geräte, die bis zu 48 Proben in 2 ml-Schraubdeckelgefäßen gleichzeitig aufnehmen können (→ Abb. 2.17B). In den Schraubgefäßen befinden sich Kügelchen aus Zirkonia (Zirkoniumdioxid) oder Edelstahl.

GUT ZU WISSEN

▶ Gefahren durch flüssige Gase

Flüssiger Stickstoff wird in Dewargefäßen gelagert, das sind doppelwandige Glasgefäße, die im Prinzip den Thermoskannen entsprechen. Der Raum zwischen den Glaswänden ist luftfrei, um den Wärmeaustausch zu minimieren. Wie Thermoskannen kann das Glasgefäß leicht zerbrechen. In einer Thermoskanne verbleiben die Splitter in einem solchen Fall am Gefäßboden. In einem mit flüssigem Stickstoff gefüllten Dewargefäß schießt der Stickstoff sofort als Gas aus dem Gefäß, wobei auch die Glassplitter aus dem Gefäß geschleudert werden. Daher müssen die Augen auf jeden Fall durch eine Schutzbrille geschützt sein!

Auch Trockeneis (festes CO_2) ist sehr gefährlich. Da es schwerer ist als Luft, kann abdampfendes Trockeneis zu Erstickung führen! Es sollte nicht in geschlossenen Räumen abgedampft werden. Niemals sollte Trockeneis im Spülbecken entsorgt werden, da dadurch eine Erstickungsgefahr entstehen kann und die Dichtungen im Abfluss porös werden.

Nachdem der Homogenisationspuffer zur Probe gegeben wurde, werden diese ungefähr 30 s stark geschüttelt.
Mit diesen Geräten können Probenvolumina bis 2 ml aufgeschlossen werden. Inzwischen sind auch Geräte für größere Volumina auf dem Markt und sogar Geräte mit Kühlvorrichtungen, denn die Proben erwärmen sich beim Aufschluss stark. Dies kann zum Abbau von DNA oder Proteinen führen. Da starke Scherkräfte wirken, kann keine hochmolekulare DNA isoliert werden. RNA-Präparationen sind möglicherweise durch kurze Bruchstücke genomischer DNA kontaminiert.
Sehr weit verbreitet sind Homogenisatoren, die schnell rotierende Messer nutzen. Am bekanntesten ist der *Waring Blendor* und Küchenmixer aus dem lokalen Elektrohandel. Auch Stabhomogenisatoren benutzen das Prinzip der rotierenden Messer. Es gibt diese für Volumina von 1 ml bis über 100 l! All diese Verfahren weisen einen gemeinsamen Nachteil auf: Die rotierenden Messer verwirbeln viel Luft im Homogenat. Der eingebrachte Sauerstoff ist ziemlich reaktiv und kann sowohl Nukleinsäuren als auch Proteine inaktivieren (→ Kapitel 9.1.2). Für die Isolation großer DNA-Moleküle stellen die entstehenden Scherkräfte (→ Kapitel 3.1.2) ein großes Problem dar.
Der Ultraschall-Homogenisator wird für einige Milliliter Bakterienzellkultur benutzt. Der Aufschluss erfolgt auf Eis innerhalb von wenigen Minuten. Die Effizienz kann durch Zugabe von Lysozym 10 min vor der Homogenisation stark gesteigert werden. Meist wird der Ultraschall-Homogenisator für die Extraktion von Proteinen genutzt (→ Protokoll 8.4), seltener für die Isolation von Nukleinsäuren.
Eine sehr einfache Methode um *E. coli* Zellen aufzuschließen, besteht darin, nach Abzentrifugieren der Bakterienkultur diese wiederholt in flüssigem Stickstoff einzufrieren und wieder aufzutauen. Dies wird 3–5 Mal wiederholt. Dieses „Freeze-Thaw"-Verfahren ist besonders schonend und kann zur Isolation von Nukleinsäuren (→ Kapitel 3.2) und Proteinen (→ Kapitel 9.2) verwendet und mit den anderen oben beschriebenen Verfahren kombiniert werden.

2.12 Pflege und Aufzucht von *Escherichia coli*

Nachdem wir die wichtigsten Geräte im Labor kennengelernt haben, wenden wir uns kurz dem wohl wichtigsten Laborhelfer des Molekularbiologen zu: dem Bakterium *Escherichia coli*. In diesem Kapitel konzentrieren wir uns auf die Anzucht dieses Organismus.
Escherichia coli hat sich zu dem Labororganismus schlechthin entwickelt, da in diesen anspruchslosen Bakterien rekombinante DNA einfach vermehrt und Protein heterolog produziert werden kann.
E. coli stammt aus dem Verdauungstrakt warmblütiger Tiere, weshalb 37 °C die optimale Wachstumstemperatur darstellt. Die Anzucht ist aber auch bei niedrigeren Temperaturen, z. B. bei 28 °C oder 30 °C möglich. *E. coli* kann an der Luft Verdoppelungszeiten von 20 min erreichen, weshalb flüssige Kulturen in einem Inkubationsschüttler hin und her bewegt werden. Für viele Arbeiten ist eine bestimmte Wachstumsphase der Bakterienkultur sehr wichtig. Daher wird häufig das Wachstum im Photometer (→ Kapitel 3.8) bei einer Wellenlänge von 600 nm überprüft. Die Wachstumskinetik von Bakterien kann in vier Phasen eingeteilt werden:

- **Lag-Phase:** Die Bakterien passen sich an das Medium und Umweltbedingungen an. Die Teilungsrate ist recht niedrig.
- **Log-Phase :** In der logarithmischen Phase findet ein optimales Teilungswachstum statt, die Kultur vermehrt sich stark. Die OD_{600} steigt sehr schnell auf ungefähr 0,6–0,8 an. In dieser Phase liegt *E. coli* meist als Zellkette vor, da die Teilung der Tochterzellen beginnt, bevor die der Mutterzelle völlig abgeschlossen ist. Dies ist der Grund, warum die Kultur vor dem Aufschluss der Bakterien (→ Protokoll 8.4, → Kapitel 3.2 und 9.6.1) für 10–15 min bei 4 °C gestellt wird. Die Zellteilungen werden auf diese Weise beendet, und man erhält uniforme Einzelzellen.
- **Stationäre Phase:** Hier nimmt die Teilungsrate ab, sie steht mit der Abbaurate im Gleichgewicht.
- **Abbauphase:** Die Zahl lebender Bakterien nimmt wegen der Zunahme von Abbauprodukten ab.

Häufig wird zunächst eine Vorkultur von 1–5 ml mit einer Kolonie, die von einer Agarplatte stammt, angeimpft.
Diese wächst über Nacht heran und kann am nächsten Morgen in die Hauptkultur übertragen werden, die meist 100 ml bis 1 l Medium enthält. Darin erreicht die Kultur in einigen Stunden das Ende der Log-Phase und kann verarbeitet werden.

GUT ZU WISSEN

▶ *Escherichia coli*

***E. coli* ist ein gramnegatives Bakterium, das 1919 durch Theodor Escherich im Harz entdeckt wurde. Das Genom des fakultativ anaeroben Organismus umfasst 4×10^6 bp. Die Laborstämme sind in der Regel Sicherheitsstämme des Typs K12 und entsprechen der gentechnischen Sicherheitsstufe S1. Weiterführende Informationen sind im Anhang A1 zu finden.**

TIPP

Um *E. coli* homogen auf einer Agarplatte auszustreichen, kann ein Drigalski-Spatel verwendet werden (→ Abb. 2.16C). Schneller geht es mit Glasperlen (ca. 4–5 mm Durchmesser), z. B. ColiRollers™ oder Rattler™ Plating Beads), die von verschiedenen Herstellern angeboten werden. Davon werden 3–6 zuvor autoklavierte Glaskügelchen in die Petrischale gelegt und die Bakterienkultur aufgetropft. Nun wird die Petrischale auf der Unterlage schnell kreisförmig bewegt, so dass die Kugeln die Bakterien verteilen. Abschließend können die Kügelchen mit einer Impföse wieder abgenommen und nach Autoklavieren wiederverwendet werden. So kann schnell eine große Zahl an Platten angeimpft werden.

GUT ZU WISSEN

▶ ***E. coli* Genotypen**

Im Labor werden je nach Anwendung verschiedene *E. coli* Stämme genutzt. Daher ist es wichtig, vor Beginn des Experiments einen Blick auf die Eigenschaften, den Genotyps zu werfen. Diese Daten findet man entweder auf den Herstellerseiten oder bei Openwetware (www.openwetware.org/wiki/E._coli_genotypes), wo über hundert verschiedene Stämme gelistet sind. → Tab. 2.3 zeigt am Beispiel der Stämme DH5α und BL21(DE3) einige ausgewählte Eigenschaften auf.

Tab. 2.3
Einige Angaben zum Genotyp am Beispiel von DH5α und BL21(DE3)

Stamm	Anwendung	Einige Eigenschaften
DH5 α	Klonierung, Vermehrung von Plasmiden	• *endA1*: enthält keine Endonuklease A, die DNA bei der DNA-Extraktion abbauen würde. • *recA1*: keine Rekombinase, somit findet im Bakterium keine Rekombination statt. • *lacZΔM15*: keine funktionale ß-Galaktosidase, was wichtig für das Blau-Weiß-Screening ist (→ Kapitel 6.2.1).
BL21(DE3)	Expression von Proteinen	• *lon, ompT*: die Gene der Proteasen Lon und OmpT fehlen, diese würden sonst ggf. die exprimierten Proteine abbauen. • *lacUV5-T7*: Plasmide mit dem sehr starken T7-Promotor können genutzt werden (→ Kapitel 6.3.1).

Viele Laborstämme tragen schon eine Antibiotika-Resistenz. Die Resistenzen gegenüber Tetracyclin (Genotyp-Symbol: Tn10) oder Chloramphenicol (CamR) sind bei Laborstämmen weit verbreitet.

2.12.1 Nährmedien

Bakterien können in Flüssig- oder auf Festmedien angezogen werden. Diese werden in nährstoffreiche [*Rich media*] und nährstoffarme Medien [*Minimal media*] unterschieden (→ Tab. 2.4). Nährstoffreiche Medien bestehen aus proteolytisch verdautem Fleisch- oder Hefeextrakt. Weiterhin wird NaCl hinzugefügt, und ein Puffer sorgt für die pH-Stabilität. LB- oder TY-Medien sind die bekanntesten Vertreter dieser Gruppe. Minimalmedien werden beispielsweise eingesetzt, um das Wachstum von Bakterien zu verlangsamen.
Sobald das Medium nach dem Autoklavieren auf unter 50 °C abgekühlt ist[13], werden die benötigten Antibiotika hinzugegeben. Diese sorgen dafür, dass nur Bakterien, welche eine entsprechende Resistenz tragen, auf diesem Medium wachsen und selektiert werden können.

13 Die Temperatur wird nicht gemessen, sondern abgeschätzt: bei ca. 50 °C sollte man das Gefäß anfassen können.

GUT ZU WISSEN

▶ **Katabolitrepression durch Glucose**

Glucose stellt eine entscheidende Stellschraube dar, denn viele rekombinante Gene stehen direkt oder indirekt unter der Kontrolle des lacZ-Promotors (→ Kapitel 6.2.1). Dieser wird durch Glucose effizient gehemmt, wobei das Katabolit-Aktivatorprotein (CAP) und cAMP wichtige Rollen spielen. Bei niedriger Glucose-Konzentration entsteht ein Komplex aus CAP und cAMP, welcher das Lac-Operon aktiviert. Die Glucose-Konzentration ist eng mit der cAMP-Konzentration gekoppelt. Liegt eine hohe Konzentration von Glucose vor, ist die cAMP Menge niedrig, ohne cAMP kann CAP die Expression des lac-Operon nicht anschalten. Soll also die Expression eines rekombinanten Proteins unterdrückt werden, wird dem Medium Glucose zugesetzt. Die Glucose darf nicht autoklaviert werden, vielmehr wird sie steril filtriert und dem abgekühlten Medium zugesetzt.

TIPP

Die Anzucht auf 1x oder 2x TY kann zu viermal höheren Bakterienzahlen führen als auf LB-Medium.

Tab. 2.4
Verschiedene Medien für die Anzucht von *E. coli*. Von Labor zu Labor gibt es leichte Variationen in pH oder der Zusammensetzung. Die Komponenten einiger Medien müssen getrennt autoklaviert werden. Wenn Agarplatten gegossen werden sollen, wird 1,5 % (w/v) Agar nach dem Einstellen des pH-Wertes aber vor dem Autoklavieren zugesetzt.

Nährstoffreiche Medien			Minimalmedium
LB Medium	**2xTY**	**Terrific Broth**	**M9 Minimal**
10 g/l Trypton 5 g/l Hefeextrakt 10 g/l NaCl pH 7,0 mit NaOH	16 g/l Trypton 10 g/l Hefeextrakt 5 g/l NaCl pH 7,0 mit NaOH	**10x TB-Salz:** 23,1 g /l KH_2PO_4 125,4 g/l K_2HPO_4, autoklavieren.	**Teil 1 (50x):** 350 g/l K_2HPO_4 100 g/l KH_2HPO_4
		Medium: 12 g/l Trypton 24 g/l Hefeextrakt 4 ml Glycerin, lösen in 900 ml H_2O, autoklavieren und abkühlen lassen. Zugabe von 100 ml 10x TB-Salzen	**Teil 2 (50x):** 29.4 g/l Na-Citrat 50 g/l $(NH_4)_2SO_4$ 5 g/l $MgSO_4$

TIPP

Agarplatten werden grundsätzlich kopfüber gelagert. Dies gilt sowohl für die Lagerung als auch bei der späteren Verwendung. Andernfalls sammelt sich Kondenswasser am Deckel, welches leicht zu Kontaminationen führt oder die Bakterienkolonien auf den Platten verwischt. Die Beschriftung sollte auf der unteren Schale erfolgen, nicht auf dem Deckel.

TIPP

Agarplatten können einige Wochen bei 4 °C in einer Plastiktüte gelagert werden, die sie vor Austrocknen schützt. Auch Bakterien auf Agarplatten können für einige Wochen bei 4 °C aufbewahrt werden. Um das Austrocknen des Mediums zu verhindern, wird ein schmaler Streifen Parafilm um die Platte gewickelt und die Platte kopfüber gelagert.

Wahlweise können die Medien flüssig sein oder durch Zugabe von 1–1,5 % (w/v) Agar, einem Extrakt aus einer Braunalge, verfestigt werden. Agarhaltige Medien werden in Petrischalen gegossen, in denen sie beim Erkalten fest werden. Neben Agarplatten gibt es auch Schrägagarröhrchen und Stabkulturen. Solche werden meist zur Lagerung von Bakterien verwendet (→ Kapitel 2.12.3).

2.12.2 Antibiotika

Die Bakterienmedien enthalten Antibiotika, welche der Selektion erfolgreich transformierter Organismen dienen. Nur Bakterien, die bei diesem Vorgang (→ Kapitel 5.5) Fremd-DNA aufgenommen haben, besitzen auch das Resistenzgen für ein Antibiotikum. So wird verhindert, dass die eingebrachte Fremd-DNA während der Kultivierung wieder verlorengeht.

Gängige Antibiotika sind in → Tab. 2.5 und → Abb. 2.18 aufgelistet. Antibiotika werden steril filtriert und erst nach dem Autoklavieren zum Medium gegeben. Dabei darf das Medium nicht mehr zu heiß sein (ca. 50 °C). Die angesetzten Antibiotikastammlösungen können aliquotiert und bei −20 °C gelagert werden. Nachfolgend betrachten wir kurz die Wirkungsweise einiger populärer Antibiotika.

- **Ampicillin:**
  Ampicillin (→ Abb. 2.18) blockiert die D-Alanin-Transpeptidase. Diese ist essenziell für die Zellwandbildung bei *E. coli,* die sich in der Zellteilung befinden. Das Resistenzgen amp^R (auch: *bla*) codiert für die ß-Lactamase, die im

Tab. 2.5
Verschiedene Antibiotika und ihre Lösungsmittel. Die Antibiotika werden nach dem Lösen steril filtert und können in Aliquots bei −20 °C gelagert werden.

Antibiotikum	Lösungsmittel	Konzentration der Stammlösung	Arbeitskonzentration
Ampicillin	H_2O	100 mg / ml	100 µg / ml
Carbenicillin	H_2O	50 mg / ml	50 µg / ml
Tetracyclin	70 % (v/v) Ethanol	50 mg / ml	50 µg / ml
Chloramphenicol	96 % (v/v) Ethanol	34 mg / ml	34 µg / ml
Kanamycin und Neomycin	H_2O	50 mg / ml	50 µg / ml

Periplasma den Lactamring des Ampicillins hydrolysiert. Wichtig ist, dass die Hydrolase außerhalb der Zelle aktiv ist. Die Aktivität der ß-Lactamase kann daher zu einer lokal erniedrigten Ampicillin-Konzentration um das Bakterium herum führen. Dort wachsen, vor allem bei einer Kulturdauer von mehreren Tagen, auch Zellen ohne Resistenzgen. Solche Bakterienkolonien, die kein Resistenzgen und demzufolge keine rekombinante DNA tragen, werden Satellitenkolonien genannt.

- **Tetracyclin**
Tetracyclin (→ Abb. 2.18) inhibiert die Anlagerung von Aminoacyl-tRNA an die mRNA in

Abb. 2.18
Strukturformeln gängiger Antibiotika.

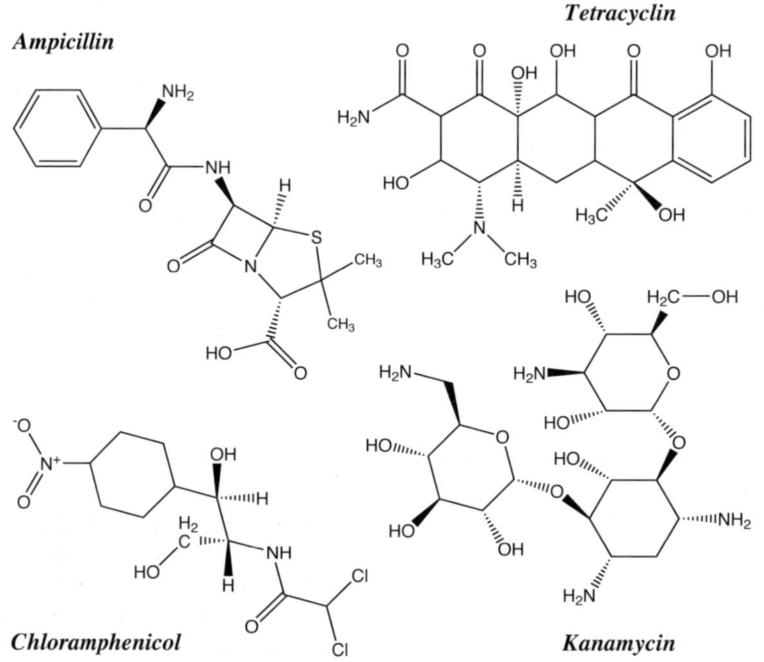

der 30 S-Untereinheit des Ribosoms. Das tet^{R}-Resistenzgen codiert für ein 399 Aminosäuren langes, membranassoziiertes Protein, welches die Aufnahme von Tetracyclin in die Zelle unterbindet.

- **Chloramphenicol**
  Chloramphenicol (→ Abb. 2.18) stellt ebenfalls einen Translationshemmer dar, es blockiert die Verknüpfung der Peptidbindung bei der Proteinsynthese. Das Resistenzgen cam^{R} wandelt Chloramphenicol zu einem Hydroxylacetoxyl-Derivat um. Es befindet sich oft episomal (→ Kapitel 6.1) in kommerziell angebotenen *E. coli* Stämmen und erlaubt die Anzucht kompetenter Zellen (→ Kapitel 5.5) ohne sterilen Arbeitsbereich.
- **Kanamycin, Neomycin, Streptomycin, Gentamycin**
  Dies sind Vertreter aus der Gruppe der Aminoglycosid-Antibiotika, welche ebenfalls die bakterielle Proteinsynthese hemmen. Das Resistenzgen kan^{R} codiert für eine Aminoglycosid-Phosphotransferase, die außerhalb der Zelle das Antibiotikum durch Phosphorylierung inhibiert, weshalb es nicht mehr in die Zelle aufgenommen werden kann.

2.12.3 Lagerung von Bakterien

Auf Agarplatten sind Bakterien einige Wochen bei 4 °C lagerbar, für die langfristige Lagerung hat sich heute die Glycerinkultur bei −80 °C weitgehend durchgesetzt. Die Herstellung einer Glycerinkultur ist im → Protokoll 2.2 beschrieben. Der Zusatz von Glycerin oder DMSO verhindert die Bildung von Eiskristallen in den Bakterienzellen.

Um die Bakterien wieder zu reaktivieren, reicht es, mit einer Pipettenspitze oder einer Impföse etwas gefrorenes Material abzukratzen und auf einer Agarplatte auszustreichen. Über Nacht wachsen die Bakterien bei 37 °C wieder an.

PROTOKOLL 2.2

Glycerin-Stammkultur von *E. coli*

Glycerin-Stammkulturen dienen der Langzeitlagerung vermehrungsfähiger Bakterien und sichern die langfristige Verfügbarkeit klonierter DNA.

Material:

- Frische Übernachtkultur von *E. coli* mit einer $OD_{600} > 0{,}8$
- flüssiger Stickstoff, Schutzbrille und Handschuhe
- 2 ml Reaktionsgefäße oder spezielle Kryoröhrchen mit Schraubverschluss (→ Abb. 2.8 G)
- 86 % (v/v) autoklaviertes Glycerin

Durchführung:

- Zu 1340 µl einer frischen Übernachtkultur werden 260 µl autoklaviertes 86 % Glycerin (final 15 % Glycerin) gegeben und in einem 2 ml Kryogefäß durch kurzes „Vortexen" vermischt.
- Das Kryogefäß wird verschlossen, gut beschriftet (!) und sofort in flüssigem Stickstoff schockgefroren.
- Die Langzeitlagerung erfolgt bei −20 °C für Monate oder −80 °C für Jahre.

Anmerkung:
Alternativ zu Glycerin kann auch 7 % (v/v) DMSO (Dimethylsulfoxid) verwendet werden, welches sich leichter pipettieren lässt. In einigen Laboren werden die Proben nach dem Vortexen direkt in die −80 °C Truhe gestellt.

TIPP

Ampicillin ist lichtempfindlich und nur wenige Wochen stabil. Daher sollten Ampicillinplatten nur für Arbeiten verwendet werden, bei denen die Platten auch schnell verbraucht werden. Für Dauerkulturen sollte das teurere Carbenicillin genutzt werden, welches auf die gleiche Weise wirkt, aber stabiler ist.

3 Aufreinigung von Nukleinsäuren

In diesem Kapitel beschäftigen wir uns mit der Aufreinigung und Quantifizierung von Nukleinsäuren (→ Map 3.1). Nachdem wir in → Kapitel 2.14 bereits einige Geräte für den Aufschluss von Geweben kennengelernt haben, behandeln wir nun die Aufreinigung von Nukleinsäuren aus diesen Homogenaten. Dabei stehen drei Fragen im Vordergrund:

- Wie werden Gewebe- und Zellstruktur aufgebrochen?
- Wie kann die Aktivität von Nukleasen verhindert werden?
- Wie kann die DNA oder RNA von anderen Bestandteilen der Zellen getrennt werden?

Map 3.1
Die Aufreinigungsstrategien für Nukleinsäuren sind oft recht ähnlich. Nach der Herstellung eines Rohextraktes, welche stark abhängig vom Organismus ist, folgen verschiedene Aufreinigungsschritte, die entweder auf der Wirkung von Phenol/Chloroform, von chaotropen Salzen oder der Fällung der Nukleinsäuren beruhen. Die Isolation von Plasmiden folgt einem anderen Protokoll, da hier die zu isolierende DNA klein ist und von der bakterienchromosomalen DNA abgetrennt werden muss.

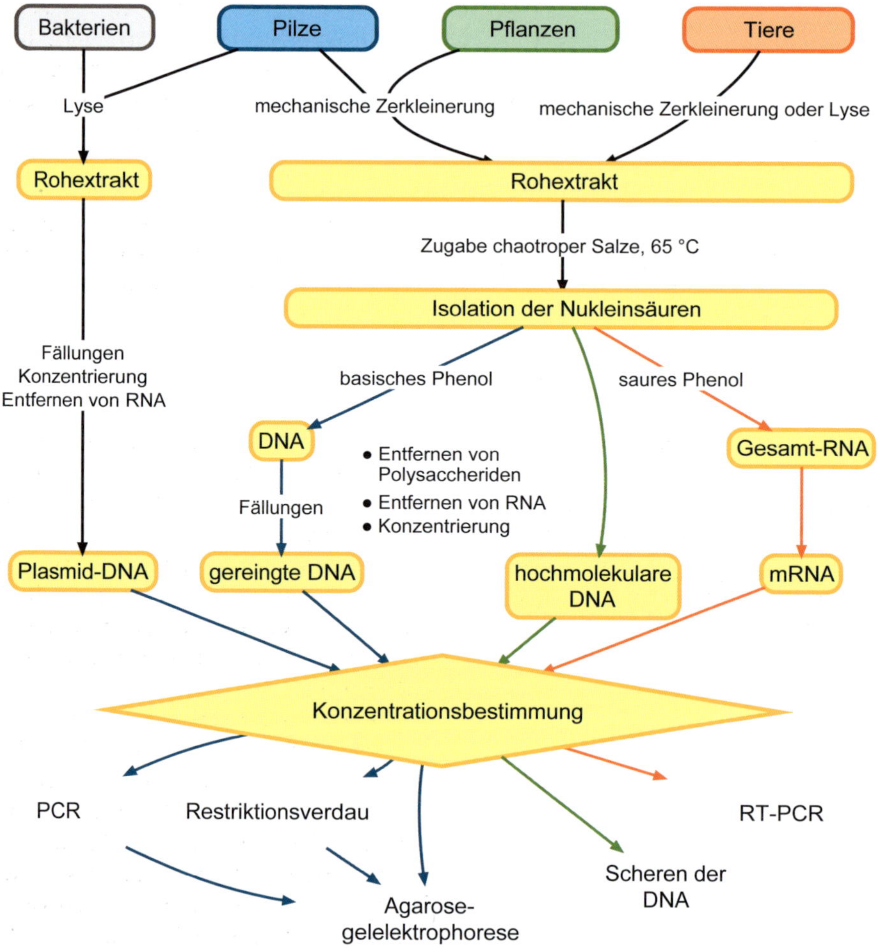

Vor allem bei der Homogenisation weichen die Protokolle oft voneinander ab, denn unterschiedliche Gewebe oder Organismen verlangen sehr verschiedene Verfahren (→ Kapitel 2.14). Chitinpanzer oder Zellulosezellwände können eine gewisse Herausforderung darstellen, und einige Substanzen des Sekundärstoffwechsels können die Ausbeute an DNA oder RNA drastisch senken. Die an die Homogenisation anschließenden Schritte sind dann jedoch recht einheitlich, da Nukleinsäuren (zumindest chemisch betrachtet) eine homogene Gruppe strukturähnlicher Moleküle darstellen. Die Isolation von Plasmiden aus Bakterien stellt eine gewisse Sonderstellung dar. Einerseits ist die zu isolierende Plasmid-DNA sehr klein, andererseits muss hier die Plasmid-DNA von der bakterienchromosomalen DNA getrennt werden. Bei den anderen Quellen wird die Nukleinsäure einfach nur von anderen Biomolekülen wie Proteinen oder Lipiden getrennt.
Ein wesentliches Aufreinigungsprinzip stellen die verschiedenen Arten der Fällung dar, bei denen die Nukleinsäuren zunächst als unlösliches Sediment durch Zentrifugation abgetrennt und anschließend in einem neuen Puffer gelöst werden. Ganz nebenbei kann so eine DNA- oder RNA-Lösung konzentriert werden. Durch die Fällung können Substanzen leicht aus einem Reaktionsansatz entfernt werden, die sonst den nächsten Arbeitsschritt stören würden.
Abschließend beschäftigen wir uns mit der Bestimmung der Menge und Qualität der gereinigten Nukleinsäuren (→ Kapitel 3.8). Diese Informationen sind so wichtig für den Experimentator, dass sie zu jedem Zeitpunkt einer Aufreinigungsstrategie bestimmbar sein sollten.

3.1 Gegenspieler erfolgreicher DNA- und RNA-Isolationen

Bevor wir uns näher mit der Aufreinigung von DNA und RNA beschäftigen, werfen wir einen Blick auf die Widersacher einer erfolgreichen Isolation:

- Nukleasen
- Scherkräfte
- chemische Verunreinigungen

Eine zentrale Voraussetzung für die Aktivität aller DNA-modifizierenden Enzyme ist das Vorhandensein zweiwertiger Ionen. Durch die Komplexierung zweiwertiger Ionen mittels EDTA (Ethylendiamintetraessigsäure) kann die Aktivität von fast jedem DNA-modifizierenden Enzym inhibiert werden. Gleichzeitig ist die strukturelle Stabilität von DNA in Gegenwart von EDTA viel höher als bei Anwesenheit von zweiwertigen Ionen (→ Kapitel 3.1.5). Leider lassen sich die meisten RNasen nicht durch die Komplexierung zweiwertiger Ionen inhibieren, was bei der Isolation von RNA besondere Vorsichtsmaßnahmen erfordert.

3.1.1 Nukleasen

Enzyme, welche die Phosphodiesterbindungen in Nukleinsäuren spalten, werden Nukleasen genannt. Nukleasen sind ubiquitär verbreitet und oft sehr stabil.
Um eine Kontamination durch Gefäße und Puffer auszuschließen, werden grundsätzlich alle Materialien autoklaviert oder oberflächensterilisiert. Alternativ können sterile Einmalartikel verwendet werden.
In der Zelle liegen Nukleasen oft in anderen Zellkompartimenten vor als die Nukleinsäuren. Bei der Homogenisation werden die Zellstrukturen jedoch zerstört und so kommen die Nukleasen und ihre Substrate in einer Lösung zusammen. Das zentrale Ziel jeder Aufreinigungsstrategie muss daher in der sofortigen Inaktivierung und Entfernung solcher Nukleasen aus der DNA- beziehungsweise RNA-Lösung liegen. Die meisten Homogenisationspuffer enthalten daher protein-

denaturierende und enzyminhibierende Komponenten. DNasen spalten sequenzunspezifisch das DNA-Rückgrat zwischen der 5'-Phosphatgruppe und der 3'-Hydroxylgruppe. Einige DNasen schneiden von den Enden der DNA Stränge her – sie werden Exonukleasen genannt – während Endonukleasen innerhalb der DNA-Stränge schneiden. Eine Besonderheit stellen die Restriktionsendonukleasen dar, die nur an Stellen mit bestimmten Sequenzen schneiden und deshalb ein wichtiges Werkzeug des Molekularbiologen darstellen (→ Kapitel 5.1). Auch DNasen, die zwischen Einzelsträngen und Doppelsträngen unterscheiden, wie die S1-Nuklease, zählen eher zu den nützlichen Werkzeugen. Hier konzentrieren wir uns vor allem auf die Gruppe der unspezifisch schneidenden Endo- und Exonukleasen. DNasen sind meist einfacher zu inaktivieren als RNasen, da DNasen fast immer von der Anwesenheit zweiwertiger Kationen abhängig sind. Werden diese durch Zusatz von EDTA komplexiert, verlieren DNasen ihre Aktivität. Bei RNasen sieht das anders aus, denn es gibt einige RNasen deren Aktivität nicht durch Abwesenheit zweiwertiger Ionen reduziert wird. Sie überstehen sogar das Autoklavieren und renaturieren hinterher selbstständig! Deshalb werden viele Lösungen, die bei einer RNA-Aufreinigung eingesetzt werden, vor dem Autoklavieren mit DEPC (Diethylpyrocarbonat) behandelt (→ Kapitel 3.6).
Um die sehr stabilen RNA-Nukleasen zu eliminieren, werden Glasgefäße zusätzlich zum Autoklavieren wenigstens 8 h oder über Nacht bei 180 °C „gebacken“. Weiterhin sind diverse RNase-dekontaminierende Lösungen kommerziell erhältlich. Es ist sehr sinnvoll, in einer ruhigen Ecke des Labors einen exklusiven RNA-Arbeitsbereich einzurichten. Alle Gerätschaften und Puffer in diesem Bereich sollten niemals zuvor für Protein- oder DNA-Arbeiten verwendet worden sein.

3.1.2 Scherkräfte

Große DNA-Moleküle (genomische DNA, BACs (→ Kapitel 6.8) oder YACs (→ Kapitel 6.9)) sind sehr empfindlich gegenüber Scherkräften und zerbrechen leicht in kleinere Stücke. Scherkräfte entstehen beim Mischen („Vortexen“, → Kapitel 2.8) oder Rühren von Lösungen, aber auch beim Auf- und Abpipettieren in einer Mikropipette und beim Zentrifugieren. Daher muss mechanischer Stress bei der Isolation großer DNA Molekülen vermieden werden, was die Präparation sehr erschwert und spezielle Protokolle erfordert (→ Kapitel 3.5.4).
Bei den kleinen ringförmigen Plasmiden (→ Kapitel 6.1) spielen Scherkräfte eher eine untergeordnete Rolle.

3.1.3 Chemische Verunreinigungen

Es gibt unendlich viele Substanzen, die eine effiziente Aufreinigung von biologischen Molekülen stören können. Die homogenisierten Gewebe können eine Quelle für solche Stoffe darstellen. Besonders Pflanzen oder Pilze sind für den Experimentator eine große Herausforderung. Dem Aufschluss steht nicht nur eine feste Zellwand entgegen, fast noch unangenehmer ist die Gegenwart von Polyphenoloxidasen und polyphenolischen Substanzen, die bei Kontakt mit Sauerstoff unspezifisch mit Nukleinsäuren reagieren und diese irreversibel zerstören (→ Kapitel 9.1.2).
Eine weitere nicht zu unterschätzende Gefahr stellen Substanzen dar, die absichtlich zu einem bestimmten Zeitpunkt der Extraktion zugegeben werden, nachfolgende Reaktionen jedoch stören können. Einige gängige Störstoffe sind in → Tabelle 3.1 aufgeführt

TIPP

Durch Trocknen der DNA in der Speed-Vac (→ Kapitel 2.8.1) können flüchtige Störstoffe wie Ethanol entfernt werden. Allerdings besteht die Gefahr, dass die DNA „übertrocknet“ wird. Sie lässt sich dann nicht mehr lösen und die DNA-Stränge sind gebrochen.

Tab. 3.1
Gängige Störstoffe, die nachfolgende Arbeitsschritte inhibieren können.

Substanz	Einsatz in	Störender Einfluss auf:
Guanidinthiocyanat	Lysis und Homogenisation (→ Kapitel 3.2.1)	Stört selbst in Spuren viele Enzyme. Kann durch Ethanolfällung entfernt werden.
Phenol	Phenol-Extraktion (→ Kapitel 3.3.1)	Oxidationsprodukte des Phenols zerstören DNA.
Chloroform	Erhöht bei PCI-Extraktion (→ Kapitel 3.3.1) drastisch die DNA-Ausbeute.	Wie Phenol, kann durch Trocknen entfernt werden. Hemmt viele Enzyme.
Ethanol	Ethanolfällung (→ Kapitel 3.3.2)	Viele nachfolgende Enzymreaktionen werden inhibiert, kann durch Trocknen entfernt werden.
Ammoniumionen	Fällung von DNA (→ Tab. 3.3)	Inhibiert die T4 Polynukleotidkinase (→ Kapitel 5.3.2).
Phosphat	Phosphatpuffer	Inhibition von T4 Polynukleotidkinase, Taq-DNA-Polymerase (→ Kapitel 4.2.2) und Alkalischer Phosphatase (→ Kapitel 5.3.1).
Chloridionen	Ethanolfällung (→ Kapitel 3.3.2)	Hemmt die *in vitro* Translation.
Heparin	Hemmt die Blutgerinnung	Inhibition der Taq-DNA-Polymerase (→ Kapitel 4.2.2).
EDTA	In vielen Puffern wie TAE oder TE (→ Protokolle 3.1 und 7.1)	Hemmung vieler DNA-modifizierender Enzyme.
TBE-Puffer	Elektrophorese (→ Kapitel 7.1)	Kann Enzyme inhibieren und senkt Transformationsrate (→ Kapitel 5.5).

3.1.4 EDTA und zweiwertige Ionen: das Yin und Yang der Molekularbiologie

Die vielleicht wichtigste Stellschraube in molekularbiologischen Experimenten stellt die Konzentration an zweiwertigen Kationen dar. Praktisch alle DNA-modifizierenden Enzyme benötigen für ihre Aktivität zweiwertige Kationen. Das gilt sowohl für Nukleasen, die durch den Entzug zweiwertiger Ionen gehemmt werden, als auch für Polymerasen, Restriktionsenzyme, Ligasen und viele mehr. Oft kann die Enzymreaktion durch die Wahl der Ionen sowie ihrer Konzentrationen stark beeinflusst werden. Meist ist Mg^{2+} der Cofaktor, aber einige Enzyme benötigen Mn^{2+} oder Ca^{2+}. Unter den RNasen gibt es sowohl solche, die auf zweiwertige Ionen angewiesen sind, und solche, die diese nicht benötigen.

Die Präsenz zweiwertiger Ionen wird fast immer über den Komplexbildner EDTA (Ethylendiamintetraacetat) beeinflusst. Da ohne zweiwertige Ionen kaum ein DNA-modifizierendes Enzym arbeiten kann, wird EDTA gern als Hemmstoff für Nukleasen eingesetzt. Es begegnet uns nicht nur in Homogenisationspuffern, sondern auch in nachfolgenden Schritten meist in Form von TE-Puffer (→ Protokoll 3.1) oder die bei der Elektrophorese (→ Kapitel 7.1) verwendeten TBE- oder TAE-Puffer (→ Protokoll 7.1).

TIPP

Neben EDTA gibt es eine Reihe weiterer Stoffe, die zweiwertige Ionen komplexieren können, wie Ethylenglykol-bis-(2-aminoethylethyl)-tetraessigsäure (EGTA), Hämoglobin oder Nitrilotriessigsäure (NTA).

PROTOKOLL 3.1

TE-Puffer

TE-Puffer (Tris-EDTA)	EDTA-Stammlösung
10 mM Tris-HCl, pH 7,5 (pH mit HCl) 0,1 mM EDTA (aus EDTA-Stammlösung)	0,5 M EDTA, pH 8,0 EDTA löst sich nur im Basischen also erst, wenn der 0,5 M Stammlösung einige Natriumhydroxid-Plätzchen zugesetzt wurden. Die fertige, autoklavierte EDTA-Stammlösung kann bei Raumtemperatur gelagert werden.

Anmerkung:
EDTA komplexiert zweiwertige Ionen und inhibiert die Aktivität fast sämtlicher DNA-modifizierender Enzyme. Das kann gut (Nukleasen) oder schlecht (Polymerasen) sein. EDTA kommt immer zum Einsatz, wenn DNA starken mechanischen Belastungen ausgesetzt ist, beispielsweise im TAE- oder TBE-Laufpuffer bei der Elektrophorese (→ Kapitel 7.1). Auch wenn DNA einige Tage gelagert werden soll, wird sie gern in TE-Puffer gelöst. Es ist immer wichtig, die EDTA-Konzentration zu beachten, da schon geringe Veränderungen in der Konzentration zweiwertiger Ionen große Änderungen in den Enzymaktivitäten nach sich ziehen. Muss EDTA aus einer DNA- oder RNA-Lösung entfernt werden, bietet sich die Fällung der Nukleinsäure an (→ Kapitel 3.3.2).

3.2 Extraktion von Nukleinsäuren

Die Prinzipien der Nukleinsäure-Aufreinigung sind für die verschiedenen Organismen und Gewebe prinzipiell ähnlich und unterscheiden sich vor allem im Aufschlussverfahren. Generell folgt die Isolation diesem Schema:

1. Schockgefrieren in flüssigem Stickstoff und Pulverisieren (bei Gewebe)
2. Aufschluss der Zellen/Gewebe
3. Inaktivierung von Proteinen (häufig mit Schritt 2 kombiniert)
4. Abtrennung der Nukleinsäuren von anderen Zellbestandteilen
5. Trennung von RNA und DNA
6. Konzentrierung und Umpuffern

Generell gilt, dass man so schnell wie möglich zu einer gereinigten DNA oder RNA gelangen sollte. Daher sollte die Zahl der Aufreinigungsschritte auf die notwendigen begrenzt sein, da bei jedem Aufreinigungsschritt auch DNA bzw. RNA verloren geht.

Die Gerätschaften für die Homogenisation haben wir schon in → Kapitel 2.14 kennengelernt. Wenn erforderlich, wird in einem ersten Schritt das Probenmaterial pulverisiert. Dies geschieht oft bei tiefen Temperaturen (in flüssigem Stickstoff) und klassischerweise im Mörser (→ Kapitel 2.14). Direkt daran schließt sich die eigentliche Extraktion der DNA oder RNA an. Sie wird in der Regel bei 60–65 °C durchgeführt, da bei diesen Temperaturen die meisten Proteine denaturieren.

GUT ZU WISSEN

▶ Trennung von DNA und RNA

Die Trennung von RNA und DNA erfolgt durch Enzyme: eine DNase-freie RNase um DNA aufzureinigen oder mittels RNase freier DNase um RNA aufzureinigen. Bei welchem Schritt der Extraktion diese Enzyme zugegeben werden, ist in den verschiedenen Protokollen unterschiedlich.

Tab. 3.2
Übersicht gängiger Substanzen in Aufschlusspuffern und deren Einsatzbedingungen

Organismus	Aufschluss durch	Anschließende Behandlung / Zusatz	Bedingungen
Bakterien (*E. coli*), Plasmidpräparation	SDS (meistens) oder Lysozym (selten)	NaOH	4 °C
Hefe (*S. cerevisiae, S. pombe*)	Zymolase oder Lyticase	Proteinase K, EDTA, DTT oder β-Mercaptoethanol	37 °C
Pflanzen	SDS und CTAB		65 °C
Tierische Gewebe und Zellkultur	SDS und / oder Guanidinsalze		65 °C oder 37 °C

In den meisten Extraktionspuffern sorgt SDS für die Zerstörung der Plasmamembran. EDTA reduziert die Aktivität von DNasen. Viele Extraktionspuffer enthalten Dithiothreitol (DTT) oder β-Mercaptoethanol. Diese Substanzen schaffen eine reduzierende Umgebung und beugen so einer oxidativen Schädigung der DNA während der Homogenisation vor.

Zudem ist in fast allen Extraktionspuffern Proteinase K vorhanden, welche sehr effizient Proteine abbaut. Proteinase K hat gegenüber anderen Proteasen den Vorteil, dass sie bei 65 °C noch aktiv ist. Für die Extraktion vieler tierischer Gewebe wie Blutzellen oder Zellkulturen reicht der Einsatz obiger Substanzen in der Regel aus, allerdings kann Hämoglobulin als Komplexbildner nachfolgende Enzymreaktionen stören (→ Kapitel 3.1.4).

Pflanzliche Gewebe, Pilze, Insekten und Spinnentiere erfordern zusätzlich zu oben genannten Substanzen weitere Chemikalien. → Tabelle 3.2 listet die wichtigsten aktiven Substanzen verschiedener Extraktionspuffer auf.

Soll DNA aus Pflanzen extrahiert werden, kommt sehr oft CTAB (Cetyltrimethylammoniumbromid) zum Einsatz, denn es sorgt für die Entfernung von Polysacchariden, welche in Pflanzen reichhaltig vorhanden sind. Weiterhin ist CTAB ein effizientes Mittel, um Proteine zu denaturieren.

Pflanzen enthalten oft beträchtliche Mengen an Polyphenolen und Phenoloxidasen (→ Kapitel 9.1.2). Daher wird oft 1 % (w/v) Polyvinylpyrrolidon (PVP) zum Homogenisationspuffer gegeben, das als Akzeptor für die reaktiven, oxidierten Polyphenole dient. In einem nachfolgenden Schritt wird das unlösliche PVP abzentrifugiert. CTAB und PVP werden aus den gleichen Gründen bei der Extraktion von DNA aus Pilzen eingesetzt. Wegen der großen Diversität in dieser Organismengruppe gibt es aber auch viele weitere, oft speziell auf eine Gattung hin optimierte Methoden.

GUT ZU WISSEN

▶ Cetyltrimethylammoniumbromid (CTAB)

Cetyltrimethylammoniumbromid (CTAB) ist ein kationisches Detergens, welches bei niedriger Ionenstärke Nukleinsäuren und saure Polysaccharide fällt. Proteine und neutrale Polysaccharide bleiben dabei in Lösung. Liegt aber eine Lösung mit hoher Ionenstärke vor, bildet CTAB Komplexe mit Proteinen und den meisten sauren Polysacchariden, während Nukleinsäuren in Lösung bleiben. Daher ist CTAB die Methode der Wahl für die DNA- oder RNA-Extraktion aus Organismen mit hohem Gehalt an Polysacchariden, wie Stärke (Pflanzen), Chitin (Pilze) oder in einigen gram-negativen Bakterien. Darüber hinaus kann CTAB die Renaturierung komplementärer DNA-Stränge stark beschleunigen, weshalb es Bestandteil vieler Kits zur Aufreinigung von Phagen-, Plasmid- oder Phagemid-DNA ist. Scheitert ein Restriktionsverdau (→ Kapitel 5.1.2), können Polysaccharide in der DNA-Lösung die Ursache sein. Abhilfe schafft hier ebenfalls CTAB, welches die Polysaccharide fällt (→ Kapitel 3.3.5).

CTAB fällt bei Kälte aus, deshalb muss die über ein Jahr haltbare Lösung bei Raumtemperatur gelagert werden. Die anderen Bestandteile des Aufschlusspuffers, wie SDS oder DTT, werden erst unmittelbar vor Gebrauch zugegeben.

Abb. 3.1
Schema der PCI-Extraktion. (**A**) Zur DNA-Lösung wird mindestens das gleiche Volumen PCI gegeben, gemischt und kurz zentrifugiert. (**B**) zeigt das Ergebnis einer PCI-Extraktion. Die DNA befindet sich in der oberen wässrigen Phase (a). Die denaturierten Proteine (b) schwimmen auf der unteren organischen Phase (c).

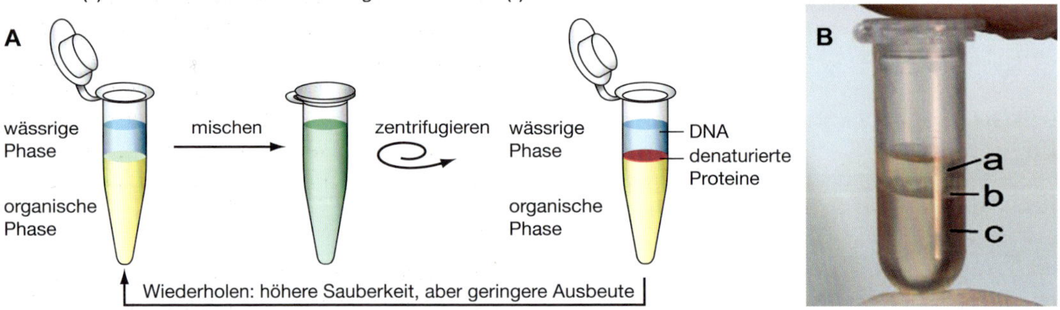

Besonders einfach ist die Lyse bei Organismen durchzuführen, die enzymatisch lysiert werden können. Eine enzymatische Lyse ist vor allem bei *E. coli* (Lysozym) und Hefen (Zymolase) weit verbreitet. Diese führen zu einem sehr effizienten Zellaufschluss, haben aber den Nachteil, dass die Lösung nicht auf 65 °C erwärmt werden kann, da dies die Enzyme inaktivieren würde.
Chaotrope Guanidinsalze kommen bei der Homogenisation von tierischen Zellen und Geweben zum Einsatz, wenn DNA oder RNA isoliert werden soll. Sie denaturieren Proteine, auch RNasen und DNasen, extrem effizient und lysieren gleichzeitig die Zellen. Bekannt ist vor allem das Guanidinthiocyanat (GTC), welches in vielen Kits (→ Kapitel 3.4) enthalten ist.

3.3 Die weitere Aufreinigung der DNA

Nach dem Aufschluss und der Inaktivierung der Nukleasen erfolgt meist eine Zentrifugation bei 4 °C (→ Kapitel 2.7), bei der die Nukleinsäuren im Überstand von Zelltrümmern und Fasern im Sediment abgetrennt werden.
Im nächsten Schritt erfolgt die Trennung der DNA von noch in der Lösung vorhandenen Proteinen und Polysacchariden. Dabei wird gleichzeitig das Volumen der DNA-Lösung verringert, also die DNA konzentriert. Die prinzipiellen Abläufe sind für RNA ähnlich – die Details werden in → Kapitel 3.6 erläutert.

3.3.1 Phenolextraktion

Der nächste Schritt nach der Abtrennung von Zelltrümmern ist oft die Phenolextraktion der DNA bzw. RNA. Die Methode der Wahl ist die PCI-Methode, bei der die Probe mit einer Mischung aus 25 Teilen Phenol[14], 24 Teilen Chloroform und 1 Teil Isoamylalkohol versetzt wird. Diese PCI-Mischung wird der DNA-Lösung im Überschuss zugesetzt. DNA und RNA lösen sich in der oberen, wässrigen Phase. Proteine werden denaturiert und schwimmen als Sediment auf der unteren, organischen Phase. In dieser sind Lipide gelöst (→ Abb. 3.1).
Nachdem die PCI-Lösung mit der DNA gemischt wurde, erfolgt eine kurze Zentrifugation. Nun wird mit einer Pipette vorsichtig die obere flüssige Phase, welche die DNA enthält, abgenommen. Neben der Aufreinigung der DNA wird auf diese Weise eine Reduktion des Volumens, in dem die DNA gelöst ist, erzielt.
Neben der PCI-Methode ist die CI-Methode weit verbreitet. Sie funktioniert genauso wie PCI – mit dem Unterschied, dass nur Chloroform und Isoamylalkohol verwendet werden.

14 Hierbei handelt es sich um basisches Phenol, genauer um Tris-gesättigtes Phenol, pH 8,0.

GUT ZU WISSEN

▶ **Phenol und Chloroform – Wirkung von Phenol und Chloroform**

Phenol und Wasser bilden zwei nicht mischbare Phasen aus, wobei die organische Phenolphase sich unten befindet. Das Chloroform stabilisiert zusätzlich die Phasengrenze. Isoamylalkohol dient als Schaumhemmer.
Die Proteine werden durch organische Lösungsmittel (Phenol und/oder Chloroform) irreversibel denaturiert und fallen an der Phasengrenze aus.
Die DNA löst sich wegen ihres negativ geladenen Rückgrats nicht in der organischen Phase und verbleibt in der oberen, wässrigen Phase. Dies gilt auch für RNA.
Proteine lassen sich auch durch Phenol beziehungsweise Chloroform allein denaturieren, weshalb manchmal nur mit Phenol oder nur mit Chloroform bzw. CI verwendet wird. Manche Proteine werden in Phenol allein nicht inaktiviert, darunter einige RNasen.
Die effizientere Variante stellt daher das PCI-Verfahren (25+24+1) dar.

GUT ZU WISSEN

▶ **Vergleich von PCI- und CI-Extraktion**

Die CI-Methode ist das ältere Verfahren. Der Vorteil von PCI gegenüber CI ist, dass die Deproteinierung der Nukleinsäuren in zwei verschiedenen organischen Lösungsmitteln sehr viel effizienter ist. Außerdem werden RNasen effizienter inhibiert, und PolyA$^+$-RNA ist in PCI besser löslich. Oft folgt der PCI-Extraktion eine CI-Extraktion, um das Phenol wieder gründlich zu entfernen, damit nachfolgende Enzymreaktionen nicht gestört werden. Dies kann aber auch ähnlich gut durch eine Ethanolfällung (→ Kapitel 3.3.2) erzielt werden.

! TIPP

Phenol und seine Derivate sind sehr giftig. Daher müssen bei Arbeiten mit Phenol, die unter dem Abzug durchgeführt werden, immer Handschuhe und Schutzbrille getragen werden. Wenn Phenol mit der Haut in Kontakt kommt, sollte die Haut umgehend mit Polyethylenglykol 400 gespült werden.

! TIPP

Wie in → Tab. 3.1 erwähnt, können Phenol und Chloroform einige nachgeschaltete Enzymreaktionen hemmen. Eine weitere Gefahr stellt altes PCI oder Phenol dar, das oxidiert ist und dann die DNA schädigt. Altes Phenol ist an einer rötlichen Färbung zu erkennen. Dieses darf jedoch nicht mit dem sauren Phenol, das für die RNA-Extraktion verwendet wird (→ Kapitel 3.6), verwechselt werden, dem von Herstellerseite ein roter pH-Indikator zugesetzt wurde.

Eine Abwandlung der Phenolmethode wird bei der DNA-Extraktion aus Agarosegelen verwendet (→ Protokoll 7.3).

3.3.2 Ethanolfällung

Während bei der Phenolextraktion die Nukleinsäure in Lösung verbleibt (→ Kapitel 3.3.1), wird bei den nachfolgend vorgestellten Verfahren die DNA präzipitiert.
Die Fällung von Nukleinsäuren mit Ethanol stellt einen wichtigen Reinigungsschritt dar, denn mit ihr können gleich drei Effekte erzielt werden:

- Unerwünschte Stoffe in der DNA-/RNA-Lösung werden entfernt.
- Die DNA bzw. die RNA wird konzentriert.
- Die sedimentierte Nukleinsäure kann auf diese Weise in einen neuen Puffer überführt werden.

Die Ethanolfällung ist die am häufigsten verwendete Fällungsmethode für Nukleinsäuren. Das Verfahren ist sehr einfach und schnell. Schon nanomolare Mengen an DNA oder RNA können effizient gefällt werden. Um eine Ethanolfällung (→ Protokoll 3.2) durchzuführen, wird die DNA oder RNA mit einer relativ hohen Konzentration an Salz sowie dem doppelten Volumen an Ethanol versetzt. Nach einem Inkubationsschritt folgt die Zentrifugation – danach befindet sich die DNA im Sediment.
Ethanol entzieht der DNA die Hydrathülle, und die nun exponierten negativ geladenen Phosphatgruppen bilden mit den Gegenionen wie Na^+ ein Salz (→ Map 3.2).

Map 3.2
Ablauf der Ethanolfällung. Verschiedene Salze können für den ersten Schritt verwendet werden (→ Tab. 3.3). Das Volumen des zugegebenen Ethanols ist doppelt so groß wie das der DNA-Lösung. Rückstände an Ethanol können im offenem Gefäß in einem Wärmeschrank bei Temperaturen von ca. 50 °C oder umgedreht auf dem Labortisch verdunsten. Am häufigsten wird dafür jedoch die Speed-Vac (→ Kapitel 2.8.1) verwendet. Der 70 %ige Ethanolschritt kann wiederholt werden.

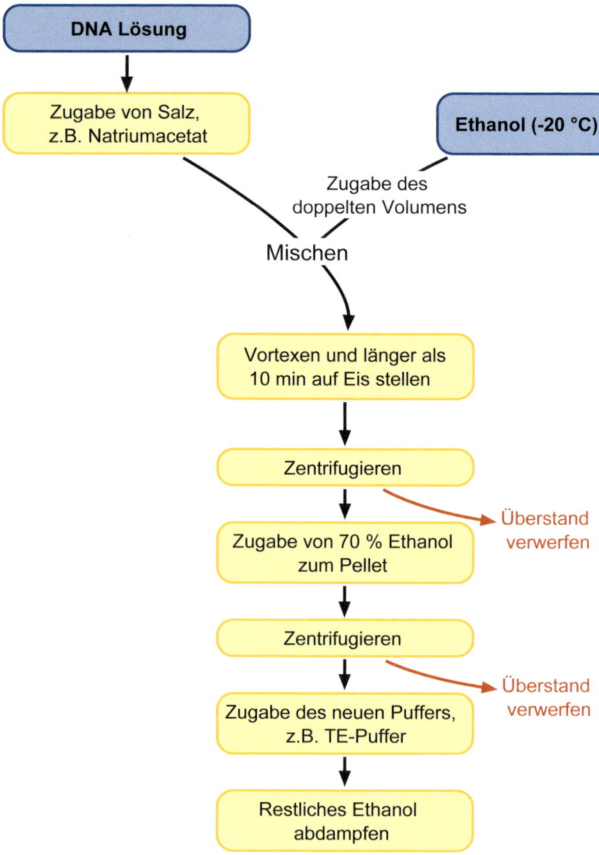

Eine Ethanolfällung (→ Protokoll 3.2) kann daher nur funktionieren, wenn genügend Kationen verfügbar sind, um an die negativen Ladungen aller Phosphatgruppen zu binden.
Die Unterschiede bei den verschiedenen Ethanolfällungen ergeben sich aus der Wahl des Kations (Tabelle 3.3).
Das Ethanol wird in den meisten Laboren „eiskalt", d.h. mit einer Temperatur von −20 °C, zugefügt, um der entstehenden Lösungswärme entgegenzuwirken. Dies ist aber nicht unbedingt erforderlich. Allerdings gibt es Berichte, dass bei höheren Temperaturen mehr Salze copräzipitieren als bei −20 °C. Häufig wird nach der eigentlichen Fällung das Präzipitat durch Zugabe von 70 %igem Ethanol „gewaschen": 1 ml 70 % (v/v) Ethanol wird zum Sediment gegeben, ohne es zu resuspendieren. Anschließend wird erneut 1–5 min zentrifugiert, und der Überstand wird verworfen. Da sich durch diese Prozedur das Präzipitat lockern kann, sollte der Überstand abpipettiert werden.
Auch RNA kann effizient mit 2,5- bis 3-fachem Volumen an Ethanol gefällt werden. Als Gegenion wird hier häufig LiCl (0,8 M), Ammoniumacetat (5 M) oder Natriumacetat (0,3 M) verwendet. Die Prozedur entspricht der DNA-Fällung.

TIPP

Nukleinsäuren werden mit 70 % (v/v) Ethanol versetzt, denn 1 vol DNA Lösung und 2 vol 96 % (v/v) Ethanol ergeben eine circa 70 %ige Ethanollösung. Höhere Ethanolkonzentrationen können die DNA irreversibel schädigen.

Tab. 3.3
Bei der Ethanolfällung verwendete Salze und ihre Eigenschaften.

Salz	Stammlösung	Arbeitslösung	Bemerkung
Ammoniumacetat	10 M	2,0 M - 2,5 M	Häufig verwendet, dNTPs und Oligonukleotide werden abgetrennt; Gut geeignet nach ß-Agarase[15]-Abbau von Gelen; das Kation kann anschließend leicht entfernt werden; Sollte vermieden werden, wenn nachfolgend T4 Polynukleotidkinase eingesetzt wird (→ Kapitel 5.3.2).
Lithiumchlorid	8 M	0,8 M	Für die Fällung von RNA. Kleine RNAs (<300nt) verbleiben im Überstand, dsDNA wird nicht gefällt.
Natriumchlorid	5 M	0,2 M	Wird verwendet, wenn die Probe SDS enthält, denn SDS verbleibt im Überstand.
Natriumacetat	3,0 M (pH 5,2)	0,3 M	Sehr häufig für RNA und DNA verwendet und universell einsetzbar.

TIPP

Phosphat fällt in Ethanol aus, weshalb die in Phosphatpuffern befindliche DNA oder RNA (→ Protokoll 9.1) nicht mit Ethanol gefällt werden kann.

Abb. 3.2
Saubere DNA-Sedimente sind nach Ethanolfällung fast unsichtbar. Das Sediment (*Pellet*) im Bild wurde viel stärker kontrastiert als in Realität, um es überhaupt sichtbar zu machen. Daher ist es üblich, die Reaktionsgefäße immer mit der gleichen Ausrichtung (z. B. Deckellasche immer nach innen) in der Zentrifuge zu platzieren, damit man immer weiß, wo das Präzipitat sein müsste. Dicke gelbliche Pellets bei der Plasmidpräparation (→ Kapitel 3.5.1) weisen auf starke Verunreinigungen hin.

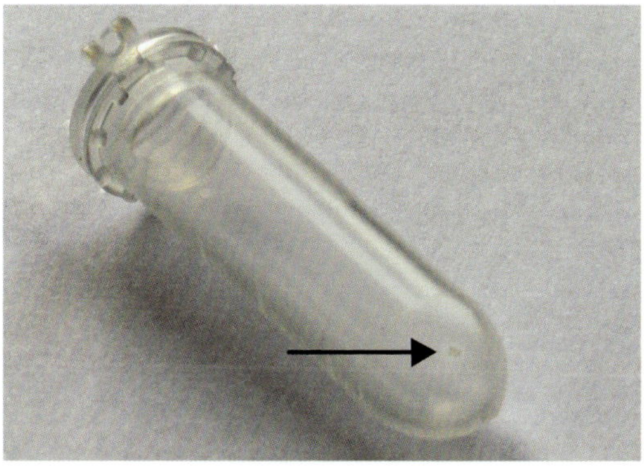

TIPP

Bei niedrigen DNA-Konzentrationen nimmt die Effizienz der Fällung ab, weshalb in solchen Situationen Glykogen als Fällungshilfe eingesetzt werden kann.

3.3.3 Isopropanolfällung

Isopropanol stellt eine Alternative zur Ethanolfällung dar und wird in einer finalen Konzentration von 40–50 % (v/v) zugesetzt. Häufig wird eiskaltes Isopropanol verwendet, was jedoch nicht unbedingt erforderlich ist. Das Fällungsprinzip ist dasselbe wie bei der Ethanolfällung, weshalb auch hier Salze als Gegenionen erforderlich sind. Der Vorteil von Isopropanol gegenüber Ethanol ist das geringe Volumen, das benötigt wird. Allerdings werden Zucker und NaCl mitgefällt, und das Verfahren ist nicht so effizient wie die Ethanolfällung. Nach Zugabe von 0,6–1,0 vol Isopropanol zur DNA-Lösung wird 30 min lang bei −20 °C gefällt und anschließend bei einer hohen Drehzahl zentrifugiert. Auch hier erfolgt ein Waschschritt mit 70 % (v/v) Ethanol.

15 Mit der β-Agarase I kann die Agarose bei Agarosegelen (→ Kapitel 7.1) abgebaut und die aufgetrennten DNA-Banden einfach isoliert werden. Das Verfahren ist jedoch relativ teuer.

PROTOKOLL 3.2

Ethanolfällung mit Natriumacetat

Material:
- Zentrifuge
- 3 M Natriumacetat, pH 5,2
- $Ethanol_{abs}$

Durchführung:
1. Zur Probe werden 1/10 des Probenvolumens an Natriumacetat und ein zweifaches Volumen an $Ethanol_{abs}$ gegeben und gemischt.
2. Die Mischung wird entweder über Nacht bei −20 °C oder mindestens für 20 min bei −80 °C gestellt. Alternativ kann die Probe auch für 10 min in Trockeneis oder sogar in flüssigem Stickstoff eingefroren werden. Bei niedrigen DNA-Konzentrationen oder kleinen DNA-Molekülen sollte eine längere Gefrierdauer gewählt werden.
3. Zentrifugieren bei 4 °C mit maximaler Geschwindigkeit in einer Tischzentrifuge für 30 min. Dabei auf die Positionierung des Gefäßes achten, damit man später weiß, wo sich das Präzipitat befindet.
4. Abgießen – oder besser: Abpipettieren des Überstands (→ Abb. 3.2).
5. Optional: Waschen des Sediments mit 70 % (v/v) Ethanol, dieser Schritt kann wiederholt werden.
6. Das Präzipitat wird getrocknet, indem es für 15 min offen in einen Trockenschrank bei ca. 50 °C gestellt wird. Alternativ kann auch eine Speed-Vac (→ Abb. 2.12 B) benutzt werden.
7. Zugabe von H_2O oder TE Puffer im gewünschten Volumen, vortexen und kurz abzentrifugieren.

Anmerkung:
Sehr saubere DNA ist schlecht löslich, das Resuspendieren des Sediments kann dann mehrere Stunden dauern. Das „Übertrocknen“ der DNA führt zu Strangbrüchen und kann daher die DNA irreversibel schädigen. Das Protokoll ist nicht für hochmolekulare DNA geeignet.

3.3.4 PEG-Fällung

Hochmolekulare DNA kann mit Polyethylenglykol (PEG) gefällt werden. Die Fällung mittels PEG ist auch das Standardverfahren, wenn Phagen- bzw. Viruspartikel gereinigt werden sollen. Leider lässt sich das PEG in nachfolgenden Schritten nur schwer entfernen. Es stört viele Enzymreaktionen, und die Sedimente lassen sich schwer trocknen, da PEG sehr hygroskopisch ist.

3.3.5 Entfernen von Polysacchariden mit CTAB

In Proben, die viele Polysaccharide enthalten, können diese mit CTAB (Cetyltrimethylammoniumbromid, → Kapitel 3.2.1) entfernt werden (→ Protokoll 3.3).

3.3.6 Tropfendialyse

Durch die Tropfendialyse können niedermolekulare Kontaminationen, die einen Restriktionsverdau oder die DNA-Sequenzierung stören, entfernt werden. Dazu wird ein Tropfen (bis 50 µl) DNA-Lösung auf eine Dialysemembran (Porengröße: 0,025 µm) pipettiert, welche auf 10 ml sterilem H_2O in einer Petrischale schwimmt. Die DNA wird 10 min dialysiert (→ Kapitel 2.10 und 9.3). Diese Methode ist besonders schonend.

3.4 Silica Matrices

Im Labor werden Silica Matrices meist „Kit“ genannt. Sie nehmen im Laboralltag eine zentrale Rolle bei der Aufreinigung von Nukleinsäuren ein. Mit ihnen kann DNA oder RNA aus Geweben, PCR-Ansätzen und sogar aus Agarosegelen gereinigt werden. Alle Verfahren beruhen auf dem gleichen Prinzip.

3.4.1 Von Nukleinsäuren und Silica Matrices

Bereits Ende der 70er-Jahre wurde erkannt, dass DNA in Gegenwart hoher Konzentrationen chaotroper Salze an Siliciumdioxid gebunden wird. Siliciumdioxid [*Silica*] ist als Quarz ein Hauptbestandteil von Sand und von Quarzglas. Das Verfahren wurde daher zunächst als „Glasmilch“-Verfahren bekannt, da ursprünglich eine milchige Siliciumoxid-Suspension verwendet wurde. Heute werden vor allem Membranen, Säulchen oder Magnetkügelchen als Träger des Siliciumoxids verwendet.

Chaotrope Salze denaturieren Biomoleküle, indem sie die Hydrathülle der Biomoleküle entfernen. Bei Proteinen führt dies durch den Verlust der Struktur zu einer mehr oder weniger starken Denaturierung (→ Kapitel 9.2.3). Der Verlust der Hydrathülle bei Nukleinsäuren ist weniger dramatisch und erlaubt positiv geladenen Ionen, eine Salzbrücke zwischen dem negativ geladenen Silica und dem negativ geladenen Phosphatrückgrat der DNA herzustellen (→ Abb. 3.3).

Ist die DNA oder RNA an die Silica-Oberfläche gebunden, wird eine ethanolhaltige Lösung, die ebenfalls eine hohe Salzkonzentration enthält, zugegeben. So werden kleine Nukleinsäuren bis ca. 70 bp (z. B. Primer) und Proteine ausgewaschen, da diese nur schwach mit der Matrix wechselwirken. Es gibt inzwischen Hunderte von Kits für alle möglichen Anwendungen, die alle auf diesem Prinzip beruhen. Die Unterschiede der verschiedenen Kits liegen vor allem in der Beschaffenheit der Silica-Matrix, der Kapazität, der Adsorptionsstärke und den verwendeten chaotropen Ionen.

PROTOKOLL 3.3

Entfernung von Polysacchariden

Material:

- 3 M Natriumacetat, pH 7,0
- 1 % CTAB (Cetyltrimethylammoniumbromid), pH 7,0

Durchführung:

1. Zur in H_2O oder TE-Puffer (→ Protokoll 3.1) gelösten Nukleinsäure werden gegeben:
   - 1/14 vol 3 M Natriumacetat, pH 7,0
   - 1/7 vol 1 % (w/v) CTAB, pH 7,0
2. Die Mischung wird 1 h bei 4 °C inkubiert und anschließend 15 min bei 4 °C zentrifugiert.
3. Abschließend wird zweimal mit 70 % (v/v) Ethanol gewaschen.

Viele Silica-basierte Verfahren benutzen Guanidinsalze, da sie nicht nur ein starkes chaotropes Salz (→ Kapitel 9.2.3) darstellen, sondern auch effizient Zellen lysieren können (→ Kapitel 3.2). Silica-basierte Methoden besitzen viele Vorteile: Das Verfahren ist schnell, robust und einfach skalierbar. Sind die Puffer an die Aufgabe angepasst, werden recht hohe Ausbeuten erzielt. Leider korreliert die Ausbeute mit der Menge an DNA bzw. RNA. Je niedriger deren Konzentration ist, desto schlechter ist die Ausbeute. Auch wenn die Kits inzwischen stark optimiert wurden, leidet die Qualität der DNA bei den Silica-basierten Verfahren. In manchen Kits finden sich produktionsbedingt Substanzen, welche nachfolgende Reaktionen stören können (besonders relevant ist die Störung der photometrischen Messung von DNA (→ Kapitel 3.8). In solchen Fällen können Anionenaustauschersäulen oder Hydroxyapatitsäulen eine Alternative darstellen, die ebenfalls von vielen Herstellern angeboten werden.

Abb. 3.3
Das Prinzip von Silica-basierten Aufreinigungsverfahren beruht auf der Bindung der DNA an eine Silica-Matrix in Gegenwart von chaotropen Salzen (**A** und **A1**). Die Proteine und kleine Nukleinsäuren bis zu einer Länge von ca. 70 bp binden nicht und werden mit Ethanol und Salz ausgewaschen (**B**). H_2O oder TE-Puffer (**C**) stellen die Hydrathüllen der DNA wieder her, sie wird eluiert (**C1**).

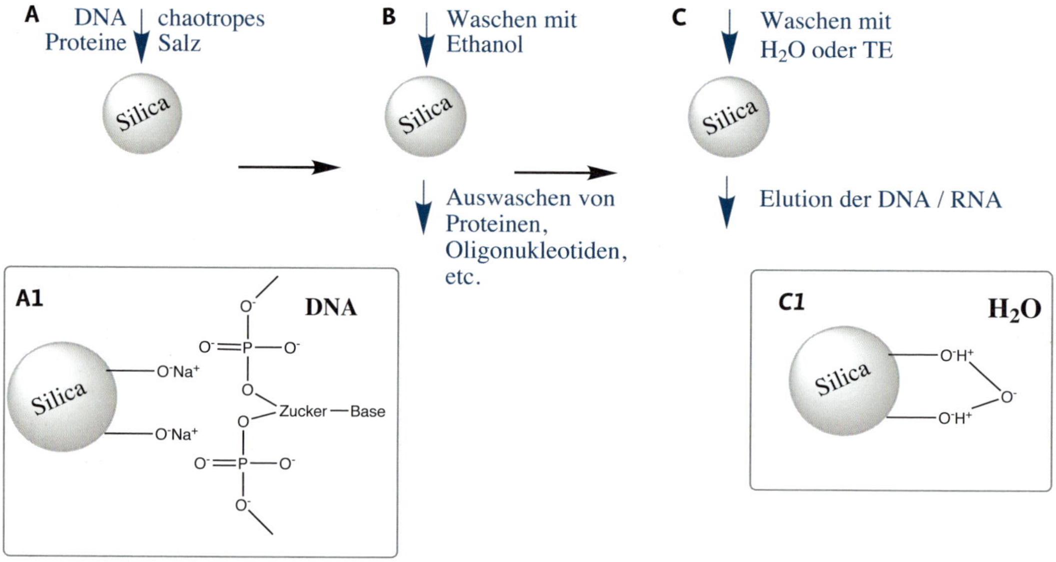

TIPP

Die Elution der DNA kann mit TE oder H_2O erfolgen. Da EDTA die nachfolgenden Reaktionen stören kann, kann auch mit H_2O eluiert werden. Dabei ist zu beachten, dass H_2O aus Reinstwasseranlagen einen pH 5,8–6,5 aufweist[16], was zu einer sehr ineffizienten Elution führt. Daher sollte unbedingt ein Tropfen basische Tris-Lösung in das H_2O gegeben werden.
Die Ausbeute kann weiter erhöht werden, indem 56 °C–70 °C warmer Puffer für die Elution verwendet wird oder dem Elutionspuffer 0,05 % des Detergenz Tween 20 zugesetzt wird. Diese zusätzlichen Schritte lohnen sich meist nur, wenn mit sehr niedrigen DNA-Mengen gearbeitet werden muss. Tween 20 kann einige nachfolgenden Enzyme stören.

16 Das CO_2 aus der Luft löst sich schnell im Reinstwasser, was hauptsächlich für den niedrigen pH-Wert verantwortlich ist.

TIPP

Am Ende einer Aufreinigung wird die DNA oft getrocknet, um Ethanol oder Chloroform zu entfernen. Zu stark getrocknete DNA ist nicht mehr lösbar und oft geschädigt.

3.4.2 Übersicht über den Einsatz von Kits

Für die Aufreinigung von DNA gibt es eine große Zahl an Kits verschiedener Hersteller. In einem Kit sind alle Komponenten, die für die Isolation benötigt werden, enthalten. Solche Kits werden von einer Vielzahl an Herstellern für die vielfältigsten Aufgaben angeboten:

- Aufreinigung von Plasmid-DNA aus Bakterien (→ Kapitel 3.5.1)
- Aufreinigung von DNA aus Pflanzen (→ Kapitel 3.5.2), tierischen Zellen (→ Kapitel 3.5.3), Insekten und vielen weiteren Organismen

- Aufreinigung von RNA aus einer großen Zahl verschiedener Gewebe (→ Kapitel 3.6)
- Aufreinigung von Nukleinsäuren aus Agarosegelen (→ Kapitel 7.3)
- Abtrennung der DNA von anderen Stoffen oder kleinen DNAs unter 70 bp

Dies ist nur eine kleine Auswahl, die zudem noch erhöht wird, da es diese Kits auch für verschieden große Probenmengen gibt: Mini-Kit, Midi-Kit und Maxi-Kit.
Die meisten Kits beruhen auf der Wirkung von Silicagel und den in → Kapitel 3.4.1 beschriebenen Prinzipien. Sie unterscheiden sich vor allem in der Körnung (also der Größe der Beads)und in den verwendeten Puffern bzw. chaotropen Salzen (→ Kapitel 9.2.3). Die Silica-Matrix stellt entweder eine Suspension (Glasmilch) dar, oder es sind membranähnliche Glasfasern in einem speziellen Reaktionsgefäß, welches zentrifugiert wird. Natürlich gibt es auch klassische Säulchen, die gerade bei größeren Maßstäben an entsprechende Chromatographiesysteme (→ Kapitel 9.4.1) angeschlossen werden können. Schließlich kann die Silica-Matrix einen Eisenkern umschließen (sog. Magnetic Beads, → Kapitel 9.4.3). Sie werden mit einem Magneten aus der Lösung gezogen. Das kann auch vollautomatisch durch Roboter wie dem King Fisher erfolgen, der die gesamte Aufreinigung von der Homogenisation bis zur reinen Nukleinsäure selbstständig erledigt.

3.5 Ausgewählte DNA-Aufreinigungsverfahren

Manche Aufreinigungsmethoden kommen im Labor immer wieder vor, weshalb nachfolgend solche gängigen Verfahren detaillierter dargestellt werden. Dazu gehört die Isolation von Plasmid-DNA aus Bakterien – die Isolation von DNA aus Pflanzen und aus Blut. Einen Spezialfall stellt die DNA-Extraktion aus Agarosegelen dar, die in → Kapitel 7.3 behandelt wird.

GUT ZU WISSEN

▶ OD_{600} Messung

Über die OD_{600} kann die Dichte einer Bakterienkultur ermittelt werden. Dabei wird ein Aliquot der Kultur im Photometer (→ Kapitel 3.8) bei einer Wellenlänge von 600 nm gemessen, wobei Medium allein als Nullkontrolle dient. Die Messung sollte nicht allzu viel Zeit beanspruchen, damit die Bakterien nicht absinken.

3.5.1 Die Plasmidpräparation aus *E. coli*

Es gibt Dutzende von Protokollen für die Plasmidpräparation und Hunderte verschiedener Kits, jedoch lassen sich praktisch alle Verfahren auf wenige Grundprinzipien zurückführen.
Zunächst werden Bakterien über Nacht bei 37 °C angezogen. Die OD_{600} (→ Kapitel 2.12) sollte über 0,8 liegen, wird aber selten bestimmt.
Bevor die Extraktion beginnt, wird die Kultur für mindestens 10 min auf Eis gestellt, um die Zell-

Abb. 3.4
Mechanismen der initialen Schritte bei der Plasmidpräparation. Die unterschiedliche Renaturierungsgeschwindigkeit führt zur Trennung von Plasmid- und bakterienchromosomaler DNA.

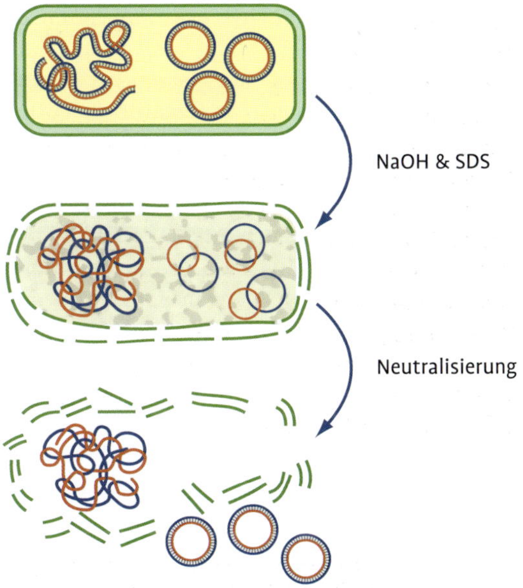

teilung zu stoppen. Somit befinden sich alle Bakterienzellen in einem einheitlichen Stadium. Die Bakterien werden nun durch eine Zentrifugation pelletiert, das Medium wird abgenommen und autoklaviert.
Für die Isolation der Plasmid-DNA (→ Protokoll 3.4) werden nacheinander drei oder vier Lösungen zugegeben, die meist Lösung I, II, III oder A, B, C heißen. Lösung I dient nur zum Lösen der Bakterien in einem TE-Puffer. In manchen Protokollen wird ihr unmittelbar vor Gebrauch RNase zugesetzt, andere Protokolle sehen einen RNase Schritt im späteren Verlauf der Isolation vor[17].
Die eigentliche Lyse der Bakterien beginnt mit Zugabe der Lösung II. Diese enthält SDS, welches Bakterienmembranen solubilisiert und NaOH, welches Proteine und DNA denaturiert. Nach der Zugabe von Lösung II wird die Mischung nur gekippt, nicht geschüttelt. Weiterhin muss eine bestimmte Zeit für die Denaturierung eingehalten werden (→ Abb. 3.4).
Anschließend kommt mit Lösung III vor allem Ammonium-, Kalium- oder Natriumacetat hinzu – und zwar in recht großer Menge. Dadurch wird der pH-Wert neutralisiert, und die DNA kann renaturieren (also wieder Doppelstränge bilden).
Die Geschwindigkeit der Renaturierung der DNA ist vor allem von ihrer Länge bzw. ihrer Komplexität abhängig. Da Plasmide meist kleiner als 10 kbp sind, finden sich die passenden Basenpaarungen recht schnell. Die Renaturierung der chromosomalen DNA dauert viel länger. Proteine werden durch NaOH irreversibel denaturiert. Nun wird das Gefäß mehrmals gekippt, dann werden die Zelltrümmer und die denaturierten Biomoleküle abzentrifugiert. Der Überstand mit den Plasmiden wird vorsichtig in ein neues Gefäß überführt.
Zu der Plasmid-Lösung wird das doppelte Volumen Ethanol gegeben. Dadurch wird das Ethanol auf ungefähr 70 % (v/v) Ethanol verdünnt. Es wird eine klassische Ethanolfällung (→ Kapitel 3.3.2) durchgeführt. Das entsprechende Salz stammt aus der Lösung III. Es folgt ein Waschen mit 70 % (v/v) Ethanol. Das Präzipitat wird getrocknet. Anschließend wird die DNA in H_2O oder TE Puffer aufgenommen. Die DNA kann nun in vielen weiterführenden Methoden wie PCR (→ Kapitel 4) oder Restriktionsverdau (→ Kapitel 5.1.2) eingesetzt werden. Alternativ können weitere Aufreinigungsschritte erfolgen, beispielsweise eine Fällung mit Isopropanol (→ Kapitel 3.3.3) oder PEG (→ Kapitel 3.3.4). Für die folgenden Schritte ist es wichtig, dass der Alkohol gründlich entfernt wird, da er viele nachfolgende Enzymreaktionen stört.
Auch Plasmid-Isolationskits nutzen meistens Puffer, die ungefähr den Lösungen I-III entsprechen.

3.5.2 Die Isolation von DNA aus Pflanzen mit CTAB

Dieses Protokoll ist auch für Pilze geeignet und beruht wegen der vielen Polysaccharide vor allem auf der Wirkung von CTAB (Cetyltrimethylammoniumbromid). Da dessen Wirkungsweise bereits in → Kapitel 3.2.1 beschrieben wurde, werden hier die einzelnen Schritte nur kurz zusammengefasst (→ Protokoll 3.5).
Zuerst müssen Zellwand und Zellmembranen aufgebrochen werden, um den Zelleninhalt zu solubilisieren. Die Zellwand wird durch Mörsern des Pflanzenmaterials im flüssigen Stickstoff aufgebrochen (→ Kapitel 3.2). Zum Pulver wird der vorgewärmte Homogenisationspuffer gegeben, in dem CTAB enthalten ist, welches die Membranen zerstört. Um die DNA gegen endogene Nukleasen zu schützen, werden EDTA und Dithiothreitol[18] (DTT) zum Puffer hinzugefügt. EDTA ist ein Chelator, der zweiwertige Ionen (z. B. Mg^{2+}, → Kapitel 3.1.4) bindet, DTT spaltet im Warmen (die Extraktion erfolgt bei 60–65 °C) die Disulfidbrücken der Proteine.
Anschließend wird die Mischung mit Phenol/Chloroform/Isoamylalkohol (PCI, → Kapitel 3.3.1) extrahiert.
Bei stark polyphenolhaltigen Pflanzen, wie Kaffee oder Tabak, sollte PVP (Polyvinylpyrrolidon,

17 Manchmal enthält die Lösung I auch Glucose als Osmotikum.

18 β-Mercaptoethanol erfüllt den gleichen Zweck, riecht aber unangenehmer.

PROTOKOLL 3.4

Plasmidpräparation aus *E. coli*

Material:

- 2–5 ml Übernachtkultur (vor Beginn 10 min auf Eis stellen!)
- 2 ml Reaktionsgefäße (steril), Eisbad, Tischzentrifuge und Speed-Vac (optional)
- 3 M Natriumacetat, pH 5,2, $Ethanol_{abs}$ und 70 %iges Ethanol
- TE-Puffer oder H_2O

Plasmid-Lösungen I, II, III
Lösung I
50 mM Tris-HCl pH 8,0 10 mM EDTA pH 8,0 100 ng/ml RNase A Lösung bei 4 °C aufbewahren, RNase A am besten frisch zugeben
Lösung II
0,2 N NaOH 1 % (w/v) SDS Frisch ansetzen!
Lösung III
3 M Kaliumacetat, pH 5,5 pH mit Essigsäure einstellen

Durchführung:

1. Es werden 2 ml Übernachtkultur 1 min bei 14000 xg zentrifugiert.
2. Überstand verwerfen, bei größeren Kulturvolumina kann erneut Bakterienkultur zugegeben und der Schritt wiederholt werden.
3. Präzipitat in 100 µl Lösung I, der unmittelbar zuvor RNase zugegeben wurde, resuspendieren.
4. 1 min auf Eis stellen.
5. 200 µl Lösung II zugeben, vorsichtig durch Kippen mischen.
6. 1 min auf Eis stellen (die Lösung ist klar und viskos).
7. Zugabe von 150 µl Lösung III, 7 × kippen.
8. 1 min auf Eis stellen.
9. Zentrifugation bei 14000 xg, 5 min bei 4 °C.
10. Der klare Überstand wird abgenommen und in ein neues Reaktionsgefäß überführt.
11. Der Zentrifugationsschritt wird wiederholt.
12. Zugabe von 1 ml $Ethanol_{abs}$, optional zusammen mit 10 µl 3 M Natriumacetat und gut mischen.
13. Erneut 10 min auf Eis stellen.
14. Zentrifugation bei 14000 xg für 30 min bei Raumtemperatur.
15. Überstand verwerfen.
16. DNA-Präzipitat mit 1 ml 70 %igem Ethanol waschen (kurz zentrifugieren).
17. Überstand sorgfältig mit der Pipette abnehmen.

TIPP

Zwei wesentliche Punkte sind bei den ersten Schritten einer Plasmidpräparation zu beachten: Die Inkubationszeiten müssen genau eingehalten werden, und die Probe darf nicht zu stark geschüttelt werden.

TIPP

Sogar eine gut gewachsene Bakterienkolonie auf einer Agarplatte kann für die Plasmidpräparation genutzt werden und ist z. B. für eine PCR (→ Kapitel 4.4) völlig ausreichend. Dazu wird die Kolonie mit einer Pipettenspitze von der Platte gekratzt in ein 1,5 ml Reaktionsgefäß überführt und mit der Lösung I versetzt.

PROTOKOLL 3.5

DNA-Isolation aus Pflanzen

Material und Puffer:

- vorgekühlter Mörser, Pistill, Spatel, Reaktionsgefäße, alles autoklaviert
- flüssiger Stickstoff, Quarzsand, Box mit Eis
- Wasserbad oder Thermoblock, vorgewärmt auf 60 °C
- RNase H, $Ethanol_{abs}$, 70 % (v/v) Ethanol
- CI (24 Teile Chloroform und 1 Teil Isoamylalkohol, alternativ PCI, → Kapitel 3.3.1)

CTAB-Puffer
100 mM Tris-HCl, pH 8,0 1,4 M NaCl 20 mM EDTA Lösung bei 4 °C aufbewahren, RNase A am besten frisch zugeben
Autoklavieren, Lösung kann bei Raumtemperatur gelagert werden.
Erst unmittelbar vor Benutzung werden zugegeben: 3 % (w/v) CTAB 0,2 % (v/v) Dithiothreitol

Durchführung für max. 50 mg Pflanzenmaterial:

1. 1500 µl CTAB-Puffer und 5 µl RNase H zum gemörserten Material pipettieren und gut vortexen.
2. 10 min bei 65 °C inkubieren, anschließend kurz auf Eis abkühlen.
3. 500 µl Chloroform/ Isoamylalkohol (24:1) zugeben, gut vortexen und 5 min bei ca. 14000 xg zentrifugieren.
4. Die obere Phase wird vorsichtig in ein neues Reaktionsgefäß pipettiert.
5. Zugabe von 500 µl $Ethanol_{abs}$ und erneute Zentrifugation für 5 min bei ca. 14000 xg.
6. Es sollte nun ein Präzipitat zu sehen sein, welches zweimal mit 70 % (v/v) Ethanol gewaschen wird (→ Kapitel 3.3.2).
7. Das Sediment wird gut getrocknet und in 30 µl TE-Puffer oder H_2O gelöst.

→ Kapitel 3.1.3) dem Homogenisationspuffer zugesetzt werden. Abschließend kann durch eine kurze Inkubation mit einer RNase die noch vorhandene RNA abgebaut werden.
Für die PCR-Analyse reichen meist 1–3 mg Pflanzenmaterial. Am besten geeignet sind junge Blätter oder im Dunkeln angezogene, etiolierte Keimlinge, da sie weniger Polyphenole und Fasern enthalten. Mit diesem Protokoll können auch gentechnisch veränderte Lebensmittel oder Tierfutter analysiert werden.

3.5.3 Isolation von DNA aus Blut oder Zellkulturen

Die Protokolle für die meisten tierischen Zellen und Gewebe sind recht ähnlich. Oft werden vor der eigentlichen DNA-Extraktion die verschiedenen Zelltypen fraktioniert, beispielsweise die unterschiedlichen Blutzellen. Die DNA wird in der Regel aus EDTA-Blut isoliert. Diesem Blut wurde direkt nach Blutabnahme EDTA zugesetzt, um die Blutgerinnung (Koagglutination) zu verhindern. Die Zellen werden in Puffer gewaschen und durch Zentrifugation pelletiert. Die Zellsedimente werden in einer Lösung von SDS und Proteinase K resuspendiert und bei 55–60 °C inkubiert (→ Kapitel 3.2). Es schließen sich eine

PCI-Extraktion (→ Kapitel 3.3.1) und eine Ethanol-Fällung (→ Kapitel 3.3.2) an. Es gibt alternative Protokolle, welche den PCI-Schritt durch weniger giftige Verfahren ersetzen.
Ein schnelles, einfaches Verfahren, das keine weiteren Geräte benötigt, ist im → Protokoll 3.6 beschrieben. Es gibt viele weitere, auf Gewebetyp und Anwendung spezialisierte Protokolle und vor allem entsprechende Kits (→ Kapitel 3.4.2). In der Praxis haben sich kommerzielle DNA-Extraktionskits weitgehend durchgesetzt. Diese Kits basieren auf den in → Kapitel 3.4 beschriebenen Prinzipien, sind jedoch meist auf einen ganz bestimmten Zell- oder Gewebetyp sowie eine bestimmte DNA-Menge hin optimiert.

3.5.4 Isolation hochmolekularer DNA

Hochmolekulare DNA stellt den Experimentator vor besondere Herausforderungen. Einerseits ist sie sehr empfindlich gegenüber Scherkräften (→ Kapitel 3.1.2), andererseits ist sie sehr schlecht löslich. Scherkräfte sind Kräfte, die aus unterschiedlicher Richtung auf einen Gegenstand, hier auf ein DNA-Molekül, wirken. Sie entstehen beim Zentrifugieren, beim Mischen und Vortexen, aber auch beim wiederholten Auf- und Abpipettieren in einer Pipette.
Diese hohe Sensibilität hochmolekularer DNA gegenüber Scherkräften schließt den Einsatz viele der zuvor beschriebenen Methoden aus.
Die Isolation hochmolekularer DNA beginnt häufig mit einer CTAB-Extraktion (→ Kapitel 3.2.1) – natürlich ohne Schütteln. Die durch CTAB gefällte genomische DNA wird in H_2O aufgenommen. Nun wird Ethanol im Überschuss zugesetzt. Die DNA fällt an der Phasengrenze zwischen H_2O und Ethanol aus. Sie ist als Faden sichtbar, der auf ein steriles Glasstäbchen aufgerollt werden kann (→ Abb. 3.5).
Große DNA-Moleküle sollten sehr vorsichtig getrocknet werden, da sie leicht zerbrechen. Das Lösen der DNA in H_2O kann bei einer Temperatur von 4 °C mehrere Tage dauern.

PROTOKOLL 3.6

DNA-Isolation aus tierischen Zellen

Dieses Protokoll erlaubt die DNA-Extraktion ohne Einsatz von Phenol und sogar ohne Zentrifugationsschritt!

Material:

- Schüttler, Gefäße
- Isopropanol
- TE-Puffer (10mM Tris-HCl, pH 7,8; 0,1 mM EDTA)

Lysis Puffer	
5 ml	100 mM Tris HCl, pH 8,5
0,5 ml	0,5 M EDTA
1 ml	10 % (w/v) SDS
2 ml	5 M NaCl
0,25 ml	20 mg/ml Proteinase K
	H_2O *ad* 50 ml

Durchführung:

1. Lysis Puffer (gewöhnlich 0,5 ml) wird zu den Zellen oder Gewebe gegeben. Bei einer Zellkultur können auch 5 ml direkt zu den Zellen in die Kulturflasche gegeben werden.
2. Der Aufschluss erfolgt durch eine Inkubation auf einem Schüttler für 2–3 h bei 37 °C (Zellkultur) oder 55 °C (Gewebe).
3. Nun wird 1 vol Isopropanol zum Lysat gegeben und für 10–20 min gemischt bis sich ein Niederschlag ausgebildet hat. Dadurch verliert die Lösung ihre Viskosität.
4. Das Präzipitat wird nun mit einer gelben Pipettenspitze aufgezogen. Überschüssige Flüssigkeit wird verworfen und die DNA in ein 1,5-ml-Reaktionsgefäß überführt, welches – abhängig von der Materialmenge – 20–500 µl TE-Puffer enthält.
5. Die DNA muss nun gegebenenfalls durch weiteres Schütteln über Nacht bei 37 °C oder 55 °C gelöst werden.

Abb. 3.5
Hochmolekulare DNA wird ohne Zentrifugation oder Schütteln gereinigt, indem die wässrige Phase mit Ethanol versetzt wird. Die DNA fällt an der Grenzschicht zwischen Ethanol und Wasser aus und kann aufgewickelt werden.

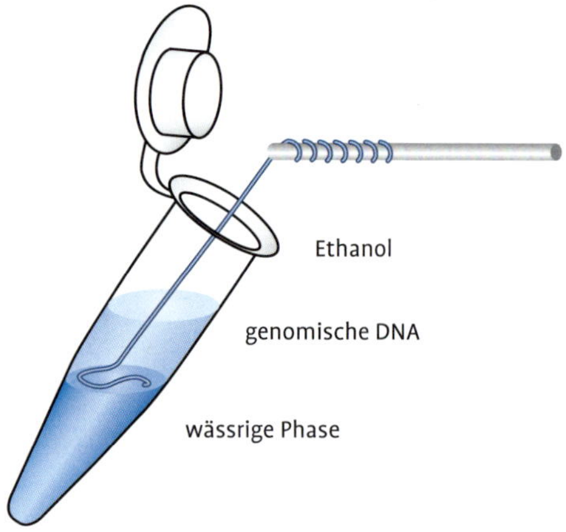

3.6 Die Isolation von RNA

Isolierte mRNA kann für die Reverse Transkription (→ Abb. 1.1) genutzt und in sogenannte cDNA (→ Kapitel 4.5.6) umgeschrieben werden. Die so erstellte cDNA kann für die Klonierung oder für die Analyse des Transkriptoms genutzt werden. Das Transkriptom stellt die Gesamtheit aller transkribierten Gene in einer Zelle oder einem Gewebe dar. Die Zusammensetzung des mRNA-Profils hängt dabei vom Zeitpunkt, den Umgebungseinflüssen und von vielen weiteren Faktoren ab. Die Transkriptomik (→ Kapitel 12.3) befasst sich mit der Analyse der Gesamtheit aller exprimierten Gene einer Zelle, wobei eine Vielfalt verschiedener Methoden zum Einsatz kommt. So soll vor allem die Funktion von Genen ermittelt werden. Typischerweise beginnt die Analyse des Transkriptoms mit der Isolierung der mRNA. Hier konzentrieren wir uns auf die notwendigen Aufreinigungsschritte → Map 3.3).

Im Prinzip verläuft die Aufreinigung von RNA nach ähnlichen Prinzipien wie die Isolation von DNA. Nach der Homogenisation erfolgt schnellstmöglich die Inaktivierung der Proteine. Anschließend wird zunächst die Gesamt-RNA isoliert, aus der nachfolgend die PolyA$^+$-RNA erhalten werden kann. Letztere wird aber nicht immer benötigt. Ein wesentlicher Unterschied zur DNA liegt in der hohen Sensitivität der RNAs gegenüber RNasen. Im Gegensatz zu DNA-modifizierenden Enzymen benötigen viele RNasen keine zweiwertigen Ionen und sind sehr stabil. Somit sind einige Vorbereitungen vor der ersten Präparation notwendig. Am besten wird in einer abgelegenen Ecke des Labors ein Bereich eingerichtet, welcher ausschließlich RNA-Arbeiten vorbehalten ist. Die hier verwendeten Pipetten, Verbrauchsmaterialien und Puffer sollten ausschließlich für RNA-Arbeiten eingesetzt werden und den Bereich nie verlassen. Handschuhe sind Pflicht. Die zu verwendenden Gefäße werden häufig doppelt autoklaviert. Glasgefäße werden oft für mehr als 4 h bei 180 °C „gebacken“. Die Chemikalien müssen frei von RNasen sein. Am besten werden für diesen Bereich eigens Chemikalien angeschafft.

Ein wichtiger Unterschied zu DNA-Arbeiten stellt die Verwendung von Diethylpyrocarbonat (DEPC, → Protokoll 3.7) dar. Neben H_2O werden auch viele Puffer mit 1/1000 Volumen Diethylpyrocarbonat (DEPC) vor dem Autoklavieren versetzt und inkubiert, um RNasen zu inaktivieren. Durch das Autoklavieren zerfällt DEPC in Ethanol und CO_2. RNasen kommen aber nicht nur aus der Umgebung, sondern sind natürlich auch in der Probe vorhanden. Oft befinden sie sich in speziellen Organellen wie in der Vakuole oder außerhalb der Zelle. Durch die Homogenisation kommen sie in Kontakt mit den zu isolierenden RNAs. Die Methoden zur Inaktivierung gewebeeigener RNasen ähneln denen der DNA-Extraktion. Auch hier werden für den eigentlichen Aufschluss vorzugsweise Guanidinsalze verwendet.

Um 100 mg tierische Zellen zu homogenisieren, wird oft 1 ml einer Homogenisationslösung aus 4 M Guanidinthiocyanat, einem chaotropen Salz, 2-Mercaptoethanol und Natriumcitrat, pH 7, sowie 5 % (w/v) SDS verwendet. Die anschließende Phenolextraktion erfolgt im Unterschied zur DNA mit saurem Phenol, Chloroform und Isoamylalkohol. Saures Phenol wird unter Markennamen wie Trizol® oder TriReagent® vertrieben. Es enthält einen pH-Indikator, was zur typischen roten Färbung führt. So kann basisches Phenol nicht mit saurem Phenol verwechselt werden.

Map 3.3
Übersicht gängiger RNA-Arbeiten. Zuerst wird meist mittels Silica-basierter Kits Gesamt-RNA oder PolyA^{+}-RNA isoliert. Oft schließt sich der RNA-Extraktion die Reverse Transkription an (→ Kapitel 4.5.6). Die so erhaltene cDNA kann kloniert werden (→ Kapitel 5), über quantitative PCR (→ Kapitel 4.5.8) oder Mikroarrays weiter analysiert werden. Selbst die direkte Sequenzierung von RNAs ist bei einigen aktuellen Sequenzierverfahren möglich (→ Kapitel 12.2). Neben der Sequenzierung von cDNA ist mit einigen aktuellen Sequenzierverfahren die direkte Sequezierung von RNA möglich (→ Kapitel 12.2).

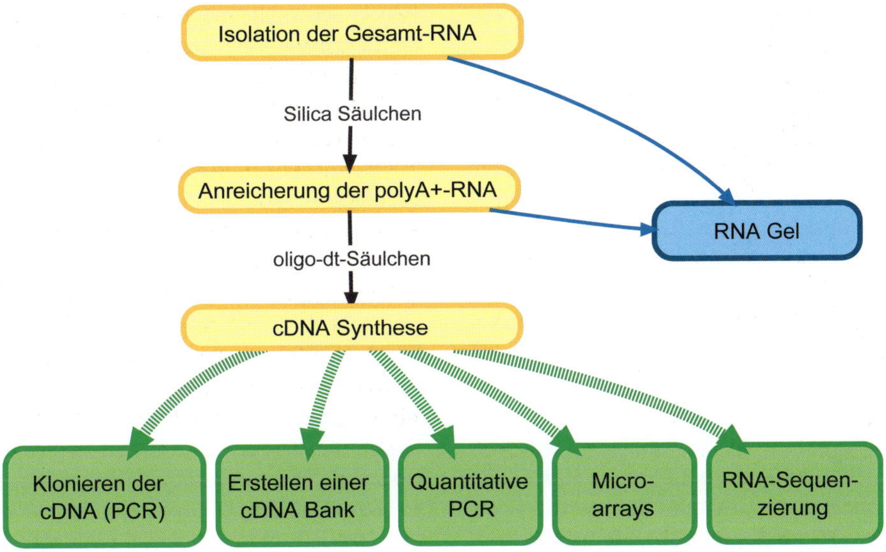

Die RNA-Menge schwankt stark von Gewebe zu Gewebe. Aus Leberzellen kann z. B. dreimal mehr RNA isoliert werden als aus Nierenzellen. Auch das saure Phenol kann nicht verhindern, dass sich nach dem Phenolschritt noch DNA in der RNA-Lösung befindet. Ist DNA unerwünscht, sollte nach der Ethanolfällung die RNA mit RNase-freier DNase I versetzt werden (2,5 mg/ml).
Für die Fällung von RNA in nachfolgenden Schritten wird entweder eine Isopropanolfällung oder eine Ethanolfällung mit LiCl (→ Kapitel 3.3.2) durchgeführt. Die Fällung mit LiCl benötigt mindestens 2 h bei 4 °C.
Im Laboralltag werden für die Isolation von RNA fast ausschließlich kommerzielle Kits eingesetzt, die für die Isolation aus den unterschiedlichen Geweben und für unterschiedliche Mengen optimiert sind. Die zugrundeliegenden Prinzipien kombinieren die hier vorgestellten Verfahren mit der Aufreinigung über Silica-Matrices (→ Kapitel 3.4).
Bei Eukaryoten besteht die sogenannte Gesamt-RNA zu ungefähr 80 % aus ribosomaler RNA und zu über 15 % aus tRNA. Abhängig vom Gewebe

GUT ZU WISSEN

▶ Basisches und saures Phenol
Während sich im basischem Phenol RNA und DNA gleich gut lösen, ist DNA im sauren Phenol schlecht löslich. Deshalb wird dieses für RNA-Extraktionen verwendet. Die DNA sammelt sich in der Interphase, während RNA- und kleine DNA-Moleküle sich im Überstand befinden.

TIPP
Chloridionen, die zur Aufreinigung der RNA verwendet werden, müssen sorgfältig entfernt werden, wenn nachfolgend die RNA in cDNA umgeschrieben werden soll. RNA-abhängige DNA-Polymerasen werden sehr effizient durch Chloridionen gehemmt.

PROTOKOLL 3.7

DEPC-Behandlung von H_2O und Puffern

Material:

- Autoklav, Rührer
- DEPC (Diethylpyrocarbonat, > 97 %ige Lösung)

Durchführung:

1. Zugabe von 0,1 ml DEPC zu 100 ml der zu behandelnden Lösung
2. Rühren für mindestens 12 h
3. Autoklavieren für 15 min

Hintergrundinformationen:

- DEPC bindet kovalent sowohl an primäre als auch sekundäre Amine (Alkylierung) und somit an die Histidin-Seitenketten in den aktiven Zentren vieler RNasen. Diese werden dadurch irreversibel inhibiert. Nach der Behandlung wird die Lösung autoklaviert, wobei das DEPC in Ethanol und CO_2 zerfällt.
- Der Wirkmechanismus impliziert, dass DEPC nicht bei aminhaltigen Pufferlösungen wie Tris-Puffer eingesetzt werden kann. Wenn Tris-Puffer für RNA-Arbeiten benötigt werden, wird zunächst DEPC-Wasser wie oben beschrieben hergestellt und anschließend Tris eingewogen.
- DEPC ist giftig und karzinogen. Weiterhin ist es sehr instabil, vor allem wenn es feucht wird. Eine weniger giftige Alternative stellt Dimethylpropylcarbonat dar, das wie DEPC benutzt wird.

liegt der Anteil an mRNA bei 1 - 5 %. Für eine RT-PCR (→ Kapitel 4.5.6), bei der in einem Reaktionsansatz zunächst die mRNA in cDNA umgeschrieben und anschließend die cDNA amplifiziert wird, ist die Gesamt-RNA oft völlig ausreichend. Da die meisten eukaryotischen mRNAs polyadenyliert sind, können sie aufgrund dieser Eigenschaft in nachfolgenden Schritten leicht von den anderen RNA-Arten abgetrennt werden. Dazu werden Säulchen oder Magnetic Beads[19] verwendet, an deren Oberfläche lange Oligo-dT-Stränge gebunden sind. Wird die Gesamt-RNA auf eine solche Säule gegeben, hybridisieren die PolyA$^+$-Schwänze mit der Oligo-dT-DNA, alle anderen RNAs werden ausgewaschen. Auch hier haben sich entsprechende kommerzielle Kits durchgesetzt.

3.7 Tipps zum Erzielen hoher Ausbeuten bei der Isolation von Nukleinsäuren

Nachfolgend sind einige Punkte aufgelistet, die zur Optimierung der Quantität und Qualität der isolierten DNA oder RNA beitragen können:

- Möglichst frisch angezogene Kulturen bzw. frisch geerntetes Material statt eingefrorener Proben für die DNA- oder RNA-Isolation verwenden. Bakterienkulturen sollten sich entweder in der Mitte der Log-Phase oder zwischen Log- und stationärer Phase befinden. Befürworter der Log-Phase verweisen auf das günstige Verhältnis von DNA zu Protein sowie auf die niedrige Zahl toter Bakterienzellen. Allerdings liegen viele DNA-Stränge durch die Replikation mit Einzelstrangbrüchen vor. Daher verwenden viele Forscher Kulturen, die sich zu Beginn der stationären Phase befinden, wo aber mehr „supercoiled" DNA vorliegt. Die späte stationäre Phase ist wegen der hohen Zahl an toten Zellen und vieler Beiprodukte, wie Endotoxine, eher zu vermeiden.
- Die eigentliche Extraktion sollte so schnell wie möglich erfolgen, und die Zahl der anschließenden Extraktionsschritte sollte so gering wie möglich gehalten werden.

19 Magnetic Beads bestehen aus einem ummantelten Eisenkern. Dieser ermöglicht die Abtrennung der Beads mittels Magneten. Die Ummantelung kann aus verschiedenen Stoffen bestehen und trägt funktionelle Gruppen, wie in diesem Fall Oligo-dT-Stränge.

- Viele DNA-modifizierende Enzymaktivitäten werden durch hohe DNA-Konzentrationen gehemmt.
- Eine häufige Frage im Labor betrifft die Lagerung der DNA. Grundsätzlich gilt, dass ssDNA nicht sehr stabil ist. DNA nach einem Restriktionsverdau sollte daher sofort weiterverarbeitet werden, da hier oft einzelsträngige DNA-Überhänge an den Enden zu finden sind (→ Kapitel 5.1.2). Die kurzzeitige Lagerung von aufgereinigter dsDNA für einige Tage erfolgt am besten bei 4 °C in H_2O oder TE-Puffer. Erst ab einer Woche Lagerzeit sollte dsDNA bei −20 °C eingefroren werden.

3.8 Quantifizierung von Nukleinsäuren

Zu jedem Zeitpunkt einer Aufreinigung ist es wichtig, die Menge und Qualität einer DNA- oder RNA-Lösung zu bestimmen. Auch spätere Arbeitsschritte erfordern häufig eine Quantifizierung oder Qualitätsüberprüfung. Viele Enzyme wie Taq-Polymerasen oder Ligasen werden durch zu hohe DNA-Konzentrationen gehemmt. Weiterhin kann die Reinheit der DNA oder RNA für ein bestimmtes Experiment wichtig sein. Sie kann ebenfalls photometrisch ermittelt werden.

Es gibt viele verschiedene Methoden, die Menge und Qualität einer Nukleinsäurelösung zu bestimmen. Diese unterscheiden sich vor allem in Bezug auf den zeitlichen Aufwand, die Genauigkeit und die Kosten. Die DNA- oder RNA-Menge kann auch im Agarosegel über den Vergleich der Bandenintensität der DNA mit der einer bekannten DNA-Menge abgeschätzt werden. Da die DNA-Mengen der DNA-Größenstandards bekannt sind, können sie als Referenz eingesetzt verwendet werden. Diese Messung ist immer relativ. Weitere Details dazu finden sich im → Kapitel 7.2.

3.8.1 DNA-Bestimmung im Photometer

Viele biologische Moleküle enthalten Aromaten und können daher Licht bestimmter Wellenlängen absorbieren. Die Basen der Nukleinsäuren absorbieren in einem Wellenlängenbereich um 260 nm, Aminosäuren mit aromatischen Seitengruppen bei 280 nm.

Solche Messungen werden in einem Photometer durchgeführt. Es gibt Spektralphotometer, welche die Lichtabsorption über einen weiten Wellenlängenbereich bestimmen können. Diese Geräte sind universell einsetzbar, beispielsweise auch für Enzymtests oder die Proteinquantifizierung (→ Kapitel 9.5). Weiterhin gibt es Geräte, die auf die Messung von DNA, RNA und Proteinen bei 260 nm bzw. 280 nm spezialisiert sind.

Abb. 3.6
Beim Einstrahlspektralphotometer wird das Licht durch ein Prisma in sein Spektrum zerlegt. Durch Blende 2 gelangt nur Licht der vorgegebenen Wellenlänge zur Probe, die sich als Flüssigkeit in einer Küvette befindet. Hinter einer weiteren Blende befindet sich ein Detektor. Aus der Differenz der Lichtintensität vor und hinter der Küvette kann ermittelt werden, wie viel Licht durch die Probe absorbiert wurde.

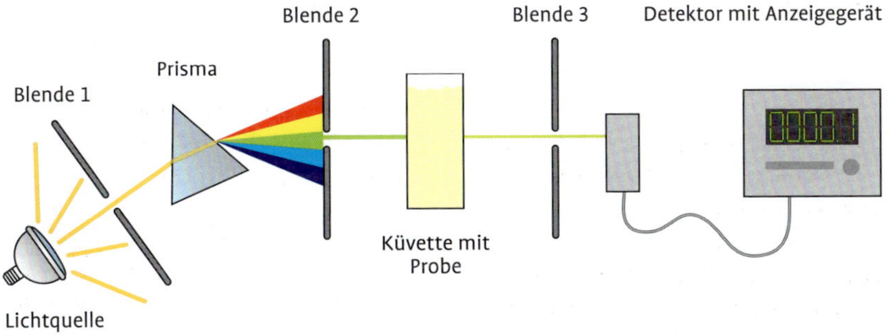

GUT ZU WISSEN

▶ Photometrische Messung nach Silica-Säulen

Da bei Nanophotometern die DNA-Lösung nicht verdünnt wird, sind oft auch die enthaltenen Störstoffe relativ hoch konzentriert und beeinflussen dementsprechend stark die Messung. Vor allem die Verwendung von Silica-Säulen kann nachfolgende photometrische Messungen stören. Die Abweichungen lassen sich etwas abmildern, wenn die von der Silica-Säule eluierte DNA vor der Messung länger als 2 min bei mehr als 11000 xg abzentrifugiert und der Überstand in ein neues Gefäß überführt wird. So werden verbliebene Silicapartikel abgetrennt. Der oft genauere Weg der DNA-Quantifizierung ist das Auftragen eines Aliquots auf ein Agarosegel. Ein Gellauf dauert oft nur 10–15 min und liefert neben der Menge auch eine Aussage zur Qualität und Intaktheit der DNA (→ Kapitel 7.2).

Die zugrundeliegenden physikalischen Prinzipien werden vor allem durch das Lambert-Beersche Gesetz repräsentiert. Dieses Gesetz erklärt die Abnahme monochromatischen Lichts, wenn es einen absorbierenden Stoff durchdringt. Diese Abnahme der Lichtintensität hängt von der Schichtdicke sowie der Konzentration des lichtabsorbierenden Stoffs und dem molaren Extinktionskoeffizienten ab. Der Extinktionskoeffizient ist eine stoffspezifische Eigenschaft, die Schichtdicke in den meisten Photometern beträgt 1 cm (→ Abb. 3.6).
Die für die Molekularbiologie relevanten Wellenlängen liegen im nicht-sichtbaren UV-Bereich, was eine recht teure UV-Lampe und spezielle Küvetten erfordert. Da normales Glas UV-Licht filtert, kommen bei der Messung von Nukleinsäuren immer Quarzküvetten oder spezielle UV-durchlässige Plastikküvetten zum Einsatz.
Ein Nachteil der klassischen Geräte für die Messung von DNA und RNA liegt vor allem im recht großen Probenvolumen (→ Abb. 3.7 A). Für eine

Abb. 3.7
Die klassischen Spektralphotometer (**A**) decken das gesamte Spektrum ab. In der Abbildung ist links der geöffnete Probenraum zu sehen, in den die Küvette mit der Probe in den Strahlengang eingesetzt wird. Solche Geräte werden auch für Enzymtests und Proteinquantifizierung (→ Kapitel 9.5) genutzt. Allerdings werden sie zunehmend von spezialisierten Messgeräten, wie dem Nanodrop, verdrängt (**B**). Diese Systeme benötigen nur noch kleinste Probenvolumina von 0,5–2 µl. Für die Kalibrierung des Geräts wird eine Kalibrierungslösung benötigt, die vor dem Gerät zu sehen ist. Sowohl Nanodrop als auch moderne Photometer werden oft über einen PC gesteuert.

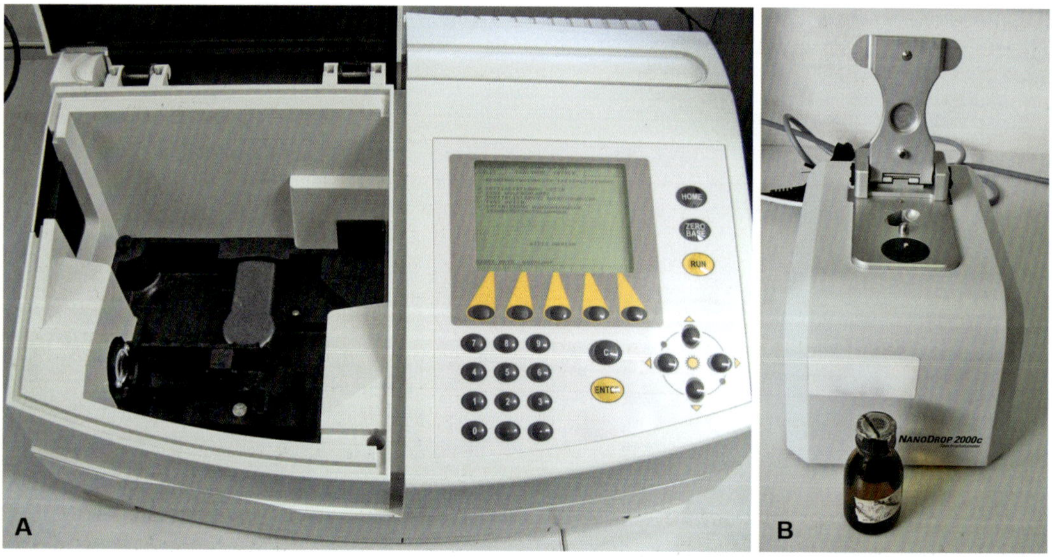

Messung werden oft zwischen 50 µl und 120 µl Volumen benötigt. Dies bedeutet, dass die DNA-Lösung verdünnt werden muss, denn nur selten arbeitet der Molekularbiologe mit so großen Volumina.

Seit einigen Jahren ist deshalb die sogenannte *Nanodrop* sehr populär geworden. Sie gibt es in zwei Ausführungen, entweder als eigenständiges Gerät (→ Abb. 3.7 B) oder als Küvetteneinsatz für ein Spektralphotometer. Auf die Messebene oder *Nanodrop*-Küvette werden 0,5–5 µl DNA- oder RNA-Lösung pipettiert. Durch Oberflächenspannung entsteht eine Flüssigkeitssäule zwischen den optischen Fasern des Gerätes. Durch diese erfolgt die Messung, deren eigentliches Prinzip dem eines klassischen Spektralphotometers entspricht. Der Probentropfen kann anschließend einfach abgewischt oder weiterverarbeitet werden.

Für die photometrische Quantifizierung von DNA muss beachtet werden, dass dsDNA Licht bei 260 nm schwächer absorbiert als ssDNA. Dieser Effekt wird hypochromer Effekt genannt.

Trennt sich dsDNA bei zunehmender Temperatur in ihre Einzelstränge auf (Denaturierung der DNA), ändert sich demzufolge ihr Absorptionsverhalten. Diese Hitzedenaturierung wird auch „Schmelzen der DNA" genannt, und die Temperatur, bei der 50 % der DNA einzelsträngig vorliegen, ist der Schmelzpunkt T_M dieser DNA. Da die Denaturierung der DNA vom Anteil der GC-Paarungen abhängt, welche Basenpaarungen mit drei statt zwei Wasserstoffbrücken ausbilden, korreliert der Schmelzpunkt einer DNA sowohl mit ihrer Länge als auch ihrem GC-Gehalt (→ Abb. 3.8).

Abb. 3.8
Der hypochrome Effekt kann in einem temperierbaren Photometer gut sichtbar gemacht werden. Da unterschiedliche DNA-Sequenzen verschiedene GC-Gehalte besitzen, entstehen Schmelzkurven mit verschiedenen Schmelzpunkten T_M. Die Werte für T_M erstrecken sich von 65 °C für die Poly(AT)-DNA bis zu 105 °C für Poly(GC)-DNA. Natürlich vorkommende DNAs (grüne und gelbe Linie) mit verschiedenen Anteilen aus GC- und AT-Paaren liegen dazwischen. Es ist zu beachten, dass der T_M nicht nur vom GC-Anteil, sondern auch von der Länge der DNA abhängt.

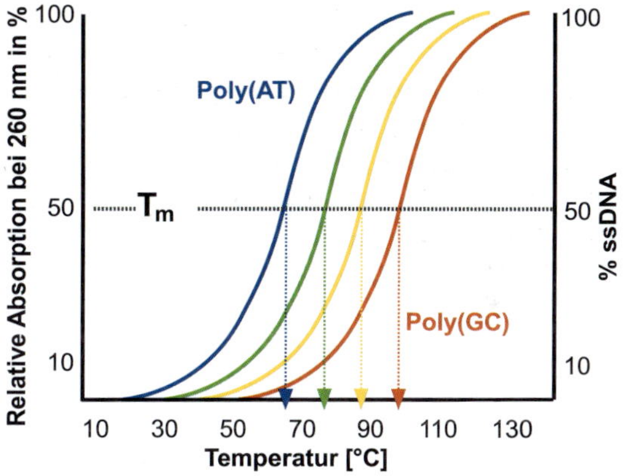

GUT ZU WISSEN

▶ Hypochromie

Gut zu wissen: Hypochromie

Hintergrund für die Hypochromie ist, dass die Basen in einer dsDNA-Doppelhelix aufgestapelt sind, was die Lichtabsorption verringert. In ssDNA liegen die Basen nicht mehr gestapelt vor und können daher mehr Licht bei 260 nm absorbieren. Der Zuwachs der Absorption beträgt 38 %.

TIPP

Die bei der PCR wichtige *Annealing*-Temperatur T_A entspricht nicht der Schmelztemperatur T_M, sondern liegt in der Regel 3–5 °C darunter (Gleichung 4.5).

3.8.2 Konzentrationsbestimmung mittels optischer Dichte

Die Mengenbestimmung von Nukleinsäuren über die Optische Dichte bei 260 nm (OD_{260}) ist schnell, einfach und sehr populär. Wie oben erwähnt, werden ein UV-Photometer und eine Quarzküvette benötigt. Die DNA- oder RNA-Menge kann dann über einige Gleichungen abgeschätzt werden, die sich aufgrund der Art der Nukleinsäure leicht unterscheiden.

Als Faustregeln gelten:

- OD_{260} = 1,0 entspricht 50 µg/ml dsDNA
- OD_{260} = 1,0 entspricht 40 µg/ml ssDNA
- OD_{260} = 1,0 entspricht 40 µg/ml ssRNA
- OD_{260} = 1,0 entspricht 20 µg/ml Oligonukleotide (→ Kapitel 4.2.4)

Natürlich könnte auch eine genauere Messung erfolgen, indem vor der eigentlichen Messung mit definierten DNA- oder RNA-Mengen kalibriert wird. Dies wird jedoch wegen des hohen Zeitaufwands nur sehr selten durchgeführt.
Nebenbei kann die Optische Dichte auch bei 280 nm gemessen werden, einer Wellenlänge, bei der einige Aminosäuren absorbieren (→ Kapitel 9.5). Aus dem Verhältnis zwischen OD_{260} und OD_{280} kann auf die Reinheit der Probe zurückgeschlossen werden:

- Verhältnis OD_{260} / OD_{280} um 1,8: reine DNA
- Verhältnis OD_{260} / OD_{280} um 2,0: reine RNA

Niedrigere Verhältnisse deuten auf Verunreinigungen mit Proteinen hin, höhere Verhältnisse auf Verunreinigungen wie EDTA oder andere Substanzen, die Licht bei 260 nm absorbieren können.

TIPP

Selbst wenn keine Störstoffe vorhanden sind, können die Werte beträchtlich variieren, denn auch die Salzkonzentration und der pH-Wert der DNA-Lösung können dazu führen, dass reine dsDNA „nur" auf ein Verhältnis von 1,5 kommt. Daher sollte eine solche Messung standardisiert in 1–3 mM Na_2HPO_4, pH 8,5, durchgeführt werden.

Wegen der vielen Stoffe, die eine solche Messung beeinflussen können, kann eine OD-Messung nur einen Hinweis auf die tatsächliche Konzentration geben. Es ist sinnlos, eine photometrische Bestimmung in Nukleinsäure-Gemischen, beispielsweise in Homogenaten, die sowohl RNA als auch DNA enthalten, durchzuführen.
Schließlich darf der zuvor eingesetzte Verdünnungsfaktor bei der Berechnung der Menge nicht vergessen werden.

4 Polymerase-Kettenreaktion

Durch die Polymerase-Kettenreaktion (*Polymerase Chain Reaction,* PCR) kann ein DNA-Abschnitt *in vitro* enorm vervielfältigt werden. Die PCR zählt zu den wichtigsten Methoden der Molekularbiologie. Die Polymerase-Kettenreaktion beruht auf einem einfachen Prinzip: eine beliebige Matrizen-DNA [*Template-DNA*], ein Paar kurze DNA-Stücke [*Primer*], die spezifisch an die Ausgangs-DNA binden, Desoxynukleotide und eine thermostabile DNA-Polymerase (→ Kapitel 4.2.2) werden zusammengegeben. Die PCR besteht aus einer Abfolge von 20–40 Zyklen. Jeder Zyklus beginnt mit der Trennung der doppelsträngigen DNA bei 94–95 °C (Denaturierung). Nun wird die Temperatur im Ansatz soweit gesenkt, dass die Primer an ihre komplementären Stellen der Matrizen-DNA (→ Kapitel 4.2.1) binden können (Anlagerung). Im letzten Schritt des Zyklus wird die Temperatur auf 72–75 °C erhöht. So werden optimale Bedingungen für die thermostabile DNA-Polymerase erzielt, welche ausgehend von den gebundenen Primern (→ Kapitel 4.2.4), diese komplementär zur entsprechenden Sequenz verlängert (Elongation). Nur die beiden kurzen Sequenzbereiche, an welche die Primer binden, müssen bekannt sein, nicht jedoch der Bereich zwischen den beiden Primern. Dies ist – neben der enormen Vervielfältigungsrate für beliebige DNA-Moleküle – der wichtigste Grund für den überwältigenden Erfolg dieser Methode.

Ausgehend von einem DNA-Strang werden in 30 Zyklen theoretisch 2^{30} = 1 073 741 824 exakte Kopien erstellt.

Die PCR-Technik hat die Arbeit im Labor so stark verändert, dass diese Technik allgegenwärtig ist (→ Map 4.1). Typischerweise werden fast alle Komponenten kommerziell erworben: Die Hersteller der Polymerase liefern gleich den passenden Puffer mit, Desoxynukleotide (dNTPs) und Primer werden meistens ebenfalls gekauft. Einzig die Ausgangs-DNA muss selbst isoliert oder hergestellt werden. Für die Durchführung der Zyklen mit den unterschiedlichen Temperaturen wird ein spezielles Gerät verwendet: ein sogenannter Thermocycler (→ Kapitel 4.3).

Mithilfe der PCR können aus einer geringen Menge DNA – im Idealfall aus einem DNA-Molekül – unvorstellbar viele identische Kopien hergestellt werden.

Dabei muss diese Ausgangs-DNA nicht einmal besonders gründlich aufgereinigt sein, allerdings ist die Effizienz und Spezifität der Methode mit aufgereinigter Ausgangs-DNA häufig besser. Das amplifizierte DNA-Stück kann anschließend im Agarosegel (→ Kapitel 7.1) auf seine korrekte Größe hin überprüft werden. Auch die Weiterverarbeitung, z. B. mit Restriktionsenzymen (→ Kapitel 5.6) oder die Ligation in ein Plasmid, ist ohne weiteres möglich. Schließlich können auf diese Weise speziell markierte DNA-Moleküle,

Map 4.1
Die PCR stellt eine zentrale Drehscheibe bei molekularbiologischen Arbeiten dar. Hier sind nur die wichtigsten Anwendungen aufgeführt, denn es gibt Hunderte weitere Verfahren, in denen die PCR eine zentrale Rolle spielt.

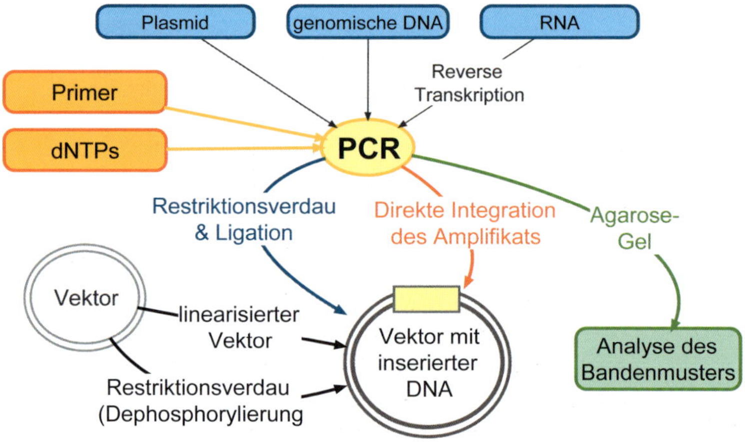

sogenannte Sonden, hergestellt werden. Diese Sonden können nachfolgend zur Identifizierung ihrer Gegenparts in Hybridisierungen genutzt werden (→ Kapitel 7.6.2). In den letzten Jahren sind PCR-basierte Klonierungsmethoden, die oft ohne Restriktionsenzyme oder Ligasen auskommen, in vielen Laboren etabliert worden (→ Kapitel 8.4) Diese sehr kleine Auswahl an Möglichkeiten dieser Methode belegt eindrucksvoll ihre zentrale Stellung.

4.1 Prinzip der Polymerase-Kettenreaktion

Das allgemeine Prinzip des Verfahrens (→ Abb. 4.1) ist sehr einfach, es besteht aus 20–40 Zyklen mit den folgenden Schritten:

- **Denaturierung**
  Trennen der doppelsträngigen Ausgangs-DNA.
- **Anlagerung** [*Annealing*]
  Die beiden Primer [*Sense* und *Antisense-Primer*] lagern sich an ihre komplementären Sequenzen in der Matrizen-DNA an.
- **Elongation** [*Extension*]
  Die thermostabile DNA-Polymerase nutzt die angelagerten Primer als Startpunkt und baut die vorhandenen dNTPs komplementär zur Matrizen-DNA ein.

Die ersten beiden Zyklen der PCR weisen eine Besonderheit auf: Dort entstehen noch nicht die Produkte in der endgültigen Länge, sondern längere Amplifikate, wie in → Abb. 4.1 gut zu sehen ist.
Dies liegt daran, dass in den ersten Zyklen die Synthese des neuen Strangs über die Bindestelle des gegenläufigen Primers hinaus erfolgen kann. Erst ab dem dritten Zyklus entstehen die Amplifikate, die genauso lang sind wie der Abstand zwischen den beiden Primern. Es sollte bedacht werden, dass am Ende der PCR zwar der allergrößte Anteil der entstandenen DNA-Amplifikate die finale Länge besitzen, in geringen Mengen jedoch sowohl die Ausgangs-DNA als auch die längeren Amplifikate der ersten beiden Zyklen noch vorhanden sind. Vor allem die noch vorhandene Ausgangs-DNA kann einige Verfahren wie z. B. die PCR-basierte Klonierung (→ Kapitel 8.4) empfindlich stören.

Abb. 4.1
PCR-Zyklen. In den ersten beiden Zyklen entstehen längere Amplifikate als in den späteren Zyklen. Ab dem dritten Zyklus entstehen exponentiell zunehmend mehr Amplifikate der finalen Länge, während sich die längeren Amplifikate des 1. und 2. Zyklus jeweils nur verdoppeln (im 3. Zyklus sind diese aus Gründen der Übersichtlichkeit nicht mehr eingezeichnet).

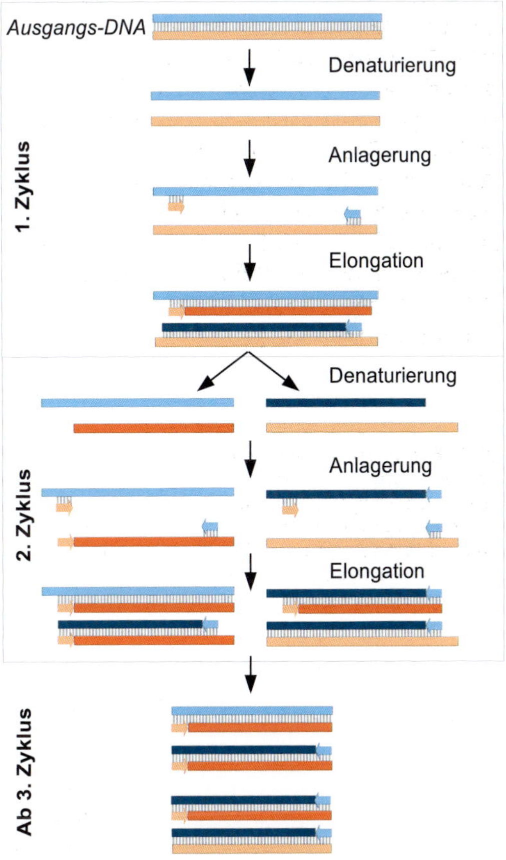

4.2 Die Komponenten der PCR

Die PCR wird in einem speziellen Gerät, dem Thermocycler, durchgeführt. Dieser regelt sehr genau die für den Prozess notwendigen Temperaturen der einzelnen Schritte. Wir beschäftigen uns in → Kapitel 4.3 näher mit diesem Gerät.
Zunächst wird eine thermostabile DNA-Polymerase samt zugehörigem Puffer benötigt. Für die Synthese des zur Ausgangs-DNA komplementären Strangs benötigt das Enzym zwei Substrate: die Ausgangs-DNA und Desoxynukleotide (dNTPs). Weiterhin benötigt die DNA-Polymerase ein 3'-OH-Ende, das als Startpunkt für die Synthese des neuen Strangs dient. Dieses wird durch die beiden Primer bereitgestellt.
Die PCR wird in Volumina bis zu 100 µl durchgeführt. Volumina von 50 µl werden gern für präparative Ansätze verwendet, 25 µl sind inzwischen der Standard, 10 µl eignen sich für analytische Zwecke. Volumina über 100 µl sind unüblich, da größere Volumina nicht schnell gekühlt oder geheizt werden können.

4.2.1 Die Ausgangs-DNA

Die Ausgangs-DNA oder Matrizen-DNA [*Template-DNA*] kann aus sehr unterschiedlichen Quellen stammen. Oft wird sie mit einem der im → Kapitel 3 beschriebenen Aufreinigungsverfahren isoliert. Eine Aufreinigung ist jedoch nicht immer erforderlich. Bei einer Kolonie-PCR (→ Kapitel 4.5.7) werden ganze Bakterien verwendet, die vor der PCR aufgekocht werden. Die Qualität des Ergebnisses ist natürlich schlechter als die einer mit sehr sauberer Ausgangs-DNA durchgeführten PCR.

GUT ZU WISSEN

▶ Lebende und tote Quellen bei der PCR

Die PCR weist nur das Vorhandensein bestimmter DNA-Bereiche nach und unterscheidet nicht zwischen DNA aus lebenden und toten Quellen. Daher kann eine PCR nicht verwendet werden, um beispielsweise durch Salmonellen verdorbene Lebensmittel zu identifizieren, da nur von lebenden Salmonellen eine Vergiftungsgefahr ausgeht.

Wenig aufgereinigte DNA führt eher zu einer großen Zahl an (unspezifischen) Amplifikaten, als dass gar keine DNA vervielfältigt wird. In diesem Fall kann es helfen, die Primer zu verändern oder eine qualitativ hochwertigere Polymerase zu verwenden.
Auch besondere Eigenschaften der Sequenz der Ausgangs-DNA können die Amplifizierung stark beeinflussen. Besonders tückisch sind DNA-Bereiche mit sich wiederholenden Sequenzabschnitten [*Direct Repeats* oder *Inverted Repeats*] und GC-reiche Bereiche. Bei repetitiven Sequenzen können die einzelnen Bereiche miteinander binden und die Bindung der Primer verhindern. GC-reiche Sequenzen können so stabil sein, dass die Stränge nur schwer trennbar sind. Allerdings sind Störstoffe viel häufiger die Ursache für fehlgeschlagene PCRs als die Sequenzeigenschaften der Ausgangs-DNA.

4.2.2 Thermostabile DNA-Polymerasen

Eine PCR könnte prinzipiell mit einer normalen DNA-Polymerase durchgeführt werden, wenn der Elongationsschritt der PCR bei 37 °C statt bei 72 °C durchgeführt und das Enzym in jedem Zyklus neu zugegeben wird. Dies ist die Prozedur, für die Kary Mullis den Nobelpreis erhalten hat. Fünf Jahre nach der Veröffentlichung der Methode setzten Saiki und Mitarbeiter erstmals eine thermostabile DNA-Polymerase aus *Thermus aquaticus*[20] ein. Bereits ein Jahr später wurde der erste Thermocycler zur Marktreife gebracht.
Für alle DNA-Polymerasen gilt, dass sie ein freies 3'-OH-Ende benötigen, von dem aus – entlang eines Ausgangs-DNA-Strangs – ein neuer, komplementärer Strang synthetisiert wird (→ Abb. 4.2). Aus dem Ursprungsorganismus *Thermus aquaticus* leitet sich auch der Name „Taq-Polymerase" ab, der heute oft synonym für alle thermostabilen DNA-Polymerasen verwendet wird. Die meisten kommerziell angebotenen thermostabilen DNA-Polymerasen werden rekombinant in *E. coli* hergestellt.

---

20 *T. aquaticus* ist ein thermophiles, grampositives Bakterium, welches in heißen Quellen und Geysiren lebt.

TIPP

Da bereits kleinste Mengen an Ausgangs-DNA amplifiziert werden, können Verunreinigungen sehr schnell zu falsch positiven Ergebnissen führen. Wurde beispielsweise der Primer zuvor mit Ausgangs-DNA verunreinigt, führt dies immer zu einem falsch positiven Amplifikat (→ Kapitel 4.7.2). Daher muss immer eine Wasserkontrolle angesetzt werden, in der statt der Ausgangs-DNA H_2O eingesetzt wird. Findet sich hier ein Amplifikat, muss das Experiment mit frisch angesetzten Lösungen wiederholt werden.

Die klassische Taq-Polymerase wird häufig eingesetzt, da sie recht preiswert ist. Sie eignet sich für die „schnelle PCR zwischendurch". Oft interessiert nur, ob eine bestimmte Sequenz in der Ausgangs-DNA vorhanden ist (z. B. bei einer Kolonie-PCR, → Kapitel 4.5.7). Dafür wird eine PCR durchgeführt und anschließend die Größe des Amplifikats in einem Agarosegel (→ Kapitel 7.1) überprüft.
Eine weitere Anwendung ergibt sich durch eine besondere Eigenschaft der Taq-Polymerase, welche als *A-Tailing* bezeichnet wird: Die Polymerase hängt an das 3'- Ende des Amplifikats ein zusätzliches Adenosin an, ohne dass ein „T" in der Matrizen-DNA vorhanden ist. Diese Eigenschaft wird bei der TA-Klonierung und beim Topo-Cloning ausgenutzt (→ Kapitel 5.7.2).
Inzwischen werden im Labor meist gentechnisch modifizierte Taq-Polymerasen verwendet. Die meisten von Ihnen besitzen zusätzlich eine 3'→5'-Exonuklease-Aktivität (→ Abb. 4.3B). Somit sind sie in der Lage eine Korrektur durchzuführen, falls ein falsches Nukleotid eingebaut

Abb. 4.2
Der Primer liefert das freie OH-Ende, an dem die Synthese der DNA-Polymerase beginnt. Weiterhin benötigt das Enzym dNTPs und eine Ausgangs- bzw. Matrizen-DNA.

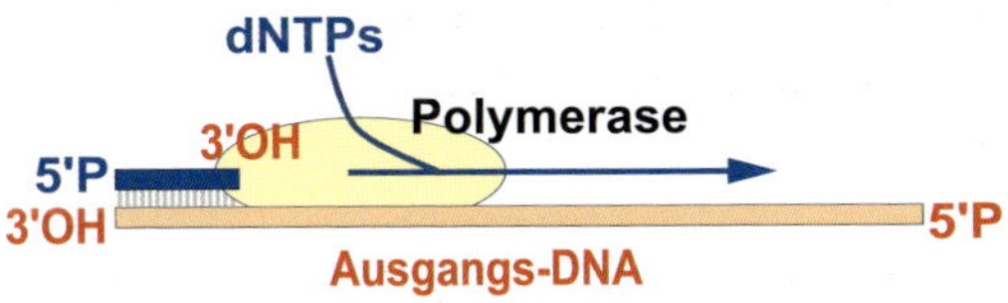

GUT ZU WISSEN

▶ Taq-Polymerasen in Gelbeladepuffer

Kommerziell erhältlich ist die Taq-Polymerase auch unter Bezeichnungen wie „Red-Taq", „Green-Taq", „Go-Taq". Hier wird die Taq-Polymerase schon mit Gelbeladepuffer versetzt (→ Kapitel 7.1).

wurde. Daher kommt der Name „*Proofreading*" Polymerasen (→ Tab. 4.1). Alle thermostabilen „*Proofreading*"-Polymerasen führen kein A-Tailing durch. Weiterhin kommen viele gentechnisch optimierte Polymerasen besser mit inhibitorisch wirkenden Stoffen im Reaktionsansatz zurecht. So kann auch weniger reine DNA verwendet werden. Auch die Amplifizierung von GC-reicher Ausgangs-DNA bereitet diesen Polymerasen weniger Schwierigkeiten. Oft können längere Amplifikate produziert werden und das mit weniger Nebenprodukten. Um all diese Optimierungen zu erreichen, wurden verschiedene Änderungen an den Enzymen durchgeführt: Einige dieser Polymerasen wurden aus Teilen verschiedener, natürlich vorkommender Polymerasen zusammengesetzt. Die Kofu Taq besteht aus drei Bereichen: die beiden Enden stammen aus der KOD, der mittlere Bereich aus der Pfu-Polymerase (→ Tab. 4.1). Andere Polymerasen wurden mit zusätzlichen Bindungsstellen für ssDNA oder dsDNA fusioniert. Sie werden unter verschiedenen Markennamen angeboten, und es existiert inzwischen ein riesiges Angebot, wovon → Tab. 4.1 nur eine kleine Auswahl präsentiert.
Sehr populär ist die Phusion™ DNA-Polymerase. Diese Pfu-ähnliche „*Proofreading*" Polymerase wurde mit einer dsDNA-Bindedomäne fusioniert, wodurch sie neben einer hohen Synthesegeschwindigkeit und Genauigkeit auch sehr lange Amplifikate (bis 20 kbp) produzieren kann. Die PCR-Bedingungen weichen ein wenig von den normalen Enzymen ab, weshalb das Datenblatt des Herstellers beachtet werden sollte. Dies gilt auch für viele der speziell optimierten Polymerase-Kits anderer Hersteller. Inzwischen werden immer häufiger die DNA-Polymerasen als fertige Mischung („PCR-Mix") verkauft, die schon alle Komponenten außer Primer und Ausgangs-DNA enthalten.

Tab. 4.1
Auswahl einiger thermostabiler DNA-Polymerasen. Typischerweise werden sie heterolog in *E. coli* produziert.

Name	Herkunft / Modifikation	optimale Temperatur	Syntheserate [kbp/min]	Exonuklease-Aktivität 5'-3' / 3'-5'	3' A-Tailing
Taq	*T. aquaticus*	72–75 °C	2–4,5	Ja / Nein	Ja
KOD	*T. kodacaraensis*	75 °C	6,0–7,8	Nein / Ja	Nein
Pfu	*P. furiosus*	72–80 °C	0,5–1,5	Ja / Ja	Nein
Pwo	*P. woesei*	72 °C	?	Nein / Ja	Nein
Tth	*T. thermophilus*	70–74 °C	2	Ja / Nein	Ja
Phusion™	*Pyrococcus*-ähnlich mit zusätzlicher DNA-Bindedomäne	72 °C	> 4	Ja / Ja	Nein

Sollte eine eingesetzte DNA-Polymerase nicht zu einer Amplifizierung führen, lohnt es sich, eine Polymerase eines anderen Herstellers auszutesten. Oft werden kleine Testpackungen angeboten.
Eine weitere Besonderheit einiger DNA-Polymerasen besteht in einer 5'→3'-Exonuklease-Aktivität (→ Tab. 4.1). Sie fallen nicht vom DNA-Strang ab, wenn dieser doppelsträngig wird, sondern können den vor ihnen liegenden, gepaarten DNA- oder RNA-Strang abbauen, während der neue Strang gebildet wird. So wird der alte Strang gegen einen neuen ausgetauscht (→ Abb. 4.3C und D). DNA-Polymerasen mit einer 5'→3'-Exonuklease-Aktivität werden für eine Reihe von Spezialanwendungen benötigt, wie z. B. bei der

Abb. 4.3
Während die Taq-Polymerase falsch eingebaute Nukleotide (hier ein U statt T) nicht korrigieren kann (**A**), vermögen DNA-Polymerasen mit 3'–5'-Exonuklease-Aktivität diesen Fehleinbau zu korrigieren (**B**). Sobald die Taq-Polymerase auf dsDNA trifft, stoppt sie die Synthese (**C**), während Polymerasen mit 5'–3'-Exonuklease-Aktivität den vorhandenen dsDNA Bereich durch den eigens synthetisierten Strang ersetzen können (**D**).

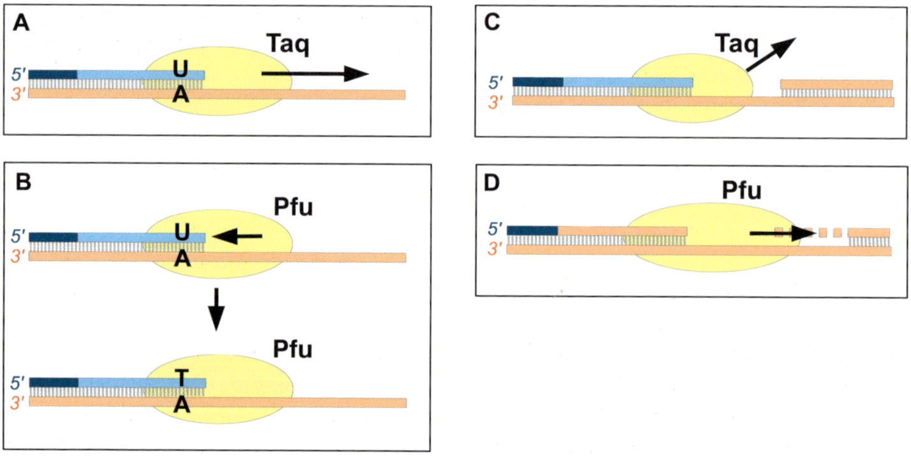

Tab. 4.2
Die Verdoppelung der Molekülzahl pro Zyklus führt schon bei wenigen Zyklen zu sehr großen Mengen amplifizierter DNA, wenn ein 1000 Basen langes DNA-Stück vervielfältigt wird.

Zyklus Nummer	Zahl der zu verdoppelnden Stränge	dabei eingebaute Nukleotide	Gesamtzahl eingebauter Nukleotide
1	2	2 000	2 000
2	4	4 000 (+ 2 000 aus Zyklus 1)	6 000
3	8	8 000 (+ 6 000 aus Zyklus 1–2)	14 000
4	16	16000 (+ 14 000)	30 000
5	32	32 000 (+ 30 000)	62 000
6	64	64 000 (+ 62 000)	186 000 = $1{,}86 \times 10^5$

quantitativen PCR mit Taqman-Sonden (→ Kapitel 4.5.8), oder bei der Nick Translation.
Die wichtigsten Entscheidungskriterien bei der Auswahl einer thermostabilen Polymerase sind ihre Widerstandsfähigkeit gegenüber ungünstigen Bedingungen sowie ihre Fehlerrate. Die Fehlerrate ist schwer bestimmbar, da sie von vielen Faktoren abhängt. Preiswerte thermostabile Polymerasen bauen ca. alle 10^5 Basen ein falsches Nukleotid ein. Das mag für die Amplifizierung einer 1000 bp großen DNA zunächst vernachlässigbar erscheinen. Allerdings muss die enorme Syntheserate berücksichtigt werden, wie sie sich aus → Tab. 4.2 ergibt.
Bei einer angenommenen Fehlerrate von 10^{-5} wären laut → Tab. 4.2 am Ende des 6. Zyklus fast zwei Nukleotide fehlerhaft eingebaut. Die entscheidende Frage ist nun, wann die falschen Nukleotide eingebaut wurden: Wurde ein Nukleotid gleich im ersten Zyklus falsch eingebaut, betrifft der Fehler 50 % der resultierenden Amplifikate, da er sich in den weiteren Zyklen fortsetzt. Selbst wenn der erste Fehler im 4. Zyklus auftritt, sind am Ende der PCR 6 % aller resultierenden Amplifikate betroffen.
Bei der großen Zahl angebotener thermostabiler Polymerasen fällt es schwer, die richtige auszuwählen. In vielen Laboren sind bereits zwei oder drei Markenprodukte etabliert. → Tab. 4.3 stellt einen groben Zusammenhang zwischen der geplanten Anwendung und der zu verwendenden Polymerase dar.

4.2.3 Puffer, Magnesium und dNTPs

Der geeignete Puffer (→ Kapitel 2.3) für die jeweilige thermostabile Polymerase wird vom Hersteller mitgeliefert. Häufig liegen zwei verschiedene Puffer bei, von denen einer alle notwendigen Bestandteile enthält und beim zweiten das Mg^{2+} fehlt.
Wie in → Kapitel 3.1.4.5 erwähnt, ist die Konzentration an zweiwertigen Ionen für alle DNA-modifizierenden Enzyme sehr wichtig. Die Aktivität der DNA-Polymerasen lässt sich besonders gut über die Mg^{2+}-Konzentration steuern. Je höher die Mg^{2+}-Konzentration, desto mehr Amplifikat wird gebildet, aber auch umso unspezifischer wird die Amplifizierung. Antagonistisch wirkt EDTA aus dem TE-Puffer, in dem möglicherweise die Ausgangs-DNA gelöst ist. Für solche Fälle gibt es den zweiten Mg^{2+}-freien Puffer, dem dann

GUT ZU WISSEN

▶ Nick Translation

Bei der Methode der „nick translation" wird die 5'-3'-Exonuklease-Aktivität einiger DNA-Polymerasen ausgenutzt (→ Tab. 5.4). Zunächst wird ein Einzelstrangbruch in der dsDNA herbeigeführt, sodass ein freies 3'-OH-Ende entsteht. Gibt man für die anschließende Synthese markierte Nukleotide hinzu, werden die unmarkierten „Originalnukleotide" der DNA gegen die markierten ausgetauscht. So können markierte Sonden (→ Kapitel 7.6.2) erstellt werden.

Tab. 4.3
Einige PCR-Anwendungen und die dafür geeignete thermostabile Polymerase.

Anwendung	Polymerase	Grund
Nachweis eines Amplifikats im Gel ohne weitere Verwendung der amplifizierten DNA	Taq-Polymerase mit Probenpuffer, z. B. Red Taq, Green Taq	Preiswerte Polymerase ohne Fehlerkorrektur, kein zusätzlicher Gelbeladepuffer notwendig (→ Kapitel 7.1)
Amplifizierte DNA soll kloniert werden (→ Kapitel 5.6)		Der Einbau von falschen Basen muss vermieden werden, um Sequenzfehler im zu klonierenden Gen zu vermeiden.
GC-reiche Ausgangs-DNA	Proofreading Taq wie die Phusion™	Wegen der zusätzlichen Bindestelle kann die Phusion™ bei höheren Anlagerungstemperaturen eingesetzt werden, so dass GC-Paarungen nicht so schnell rehybridisieren können.
PCR-basierte Klonierung		Hier sind lange Amplifikate notwendig, da auch der Zielvektor amplifiziert wird (→ Kapitel 8.4). Auch hier dürfen die Amplifikate keine Fehler aufweisen.
Große Probenzahl oder relativ unreine Ausgangsproben	Kapa3G Plant	Für verschiedene „schwierige“ DNA Proben gibt es angepasste Kits, als Beispiel sie hier die Kapa3G Plant genannt: diese soll nicht mehr durch Polyphenole oder Polysaccharide, typische Inhibitoren in pflanzlichen Proben (→ Kapitel 3.5.2), gestört werden.

genau die gewünschte Mg^{2+}-Menge zugegeben werden kann, um den Einfluss von EDTA zu neutralisieren. Alternativ kann in TE-Puffer gelöste DNA vor der PCR mit Natriumacetat und Ethanol gefällt werden (→ Kapitel 3.3.2).
Die dNTPs werden in der Regel schon als fertige Mischung gekauft und nach Herstellerangaben eingesetzt. Typischerweise enthalten dNTP-Mixe Konzentrationen von 2 mM, 10 mM oder 25 mM dNTPs, wobei sich diese Konzentrationen auf jedes der enthaltenen dNTPs beziehen. Im 2 mM dNTP-Mix sind 2 mM dATP, 2 mM dCTP, 2 mM dGTP und 2 mM dTTP enthalten.
Eine finale Konzentration von 200 µM ist völlig ausreichend. Höhere Konzentrationen an dNTPs können sogar die Spezifität der Polymerase erniedrigen oder Mg^{2+}-Ionen komplexieren.

PROTOKOLL 4.1

Standard-PCR-Puffer

	10x konzentriert	1x konzentriert
Tris-HCl, pH 8.3	100 mM	10 mM
KCl	500 mM	50 mM
$MgCl_2$	15 mM	1,5 mM

TIPP

Auch die Sequenz der Ausgangs-DNA kann die Ausbeute beeinflussen, beispielsweise wenn diese GC-reich ist (→ Kapitel 4.2.1). In solchen Fällen kann die Zugabe von 1 mM Dimethylsulfoxid (DMSO) die Ausbeute an Amplifikat stark erhöhen. Allerdings ist auch die Entstehung unspezifischer Amplifikate wahrscheinlicher.

4.2.4 Primer

Alle DNA-Polymerasen benötigen für den Start ihrer Synthese ein freies 3'-OH-Ende (→ Abb. 4.2). In der Natur fungiert meist RNA als Primer, im Labor hingegen haben sich – aufgrund der höheren Stabilität – DNA Primer durchgesetzt.
Der Bereich des 3'-OH-Ende hat demzufolge eine wichtige Bedeutung: Die ungefähr letzten fünf bis acht Basen des Primers müssen exakt komplementär sein (→ Abb. 4.4 A), da ansonsten die DNA-Polymerase nicht die Synthese beginnen kann (→ Abb. 4.4 B). Auf der anderen Seite des Primers, dem 5'-Phosphatende, ist eine genaue Basenpaarung nicht so wichtig (→ Abb. 4.4 C).
Primer werden chemisch synthetisier. Es gibt eine Vielzahl von Firmen, die sich auf solche Synthesen spezialisiert haben. Typische Primer sind zwischen 15 und 30 Basen lang, können aber auch bis zu einer Länge von 150 Basen chemisch synthetisiert werden.
Die Primer werden im Überschuss zum PCR-Ansatz gegeben und verhindern durch ihre Anlagerung an den komplementären Bereich der Ausgangs-DNA die Renaturierung der beiden Stränge der Matrizen-DNA. Die Anlagerung erfolgt bei einer bestimmten Temperatur, der sogenannten *Annealing*-Temperatur T_A. Diese liegt ungefähr 3-5 °C unterhalb der Schmelztemperatur T_M und ergibt sich aus der Basensequenz und der Länge des Primers. Bei der typischen PCR werden zwei verschiedene Primer eingesetzt (je einer für jede Richtung, → Abb. 4.1), deren *Annealing*-Temperaturen und molare Mengen ungefähr gleich sein sollten. Es ist also notwendig, die geeignete *Annealing*-Temperatur aus der Primersequenz abzuleiten. Für Primer bis 15 Basen gibt es eine sehr einfache Faustformel (Gleichung 4.1):

$$T_m = (N_C + N_G) \cdot 4\,°C + (N_A + N_T) \cdot 2\,°C$$

wobei N die Anzahl an A, C, G und T in der Primersequenz angibt.
Etwas genauer ist diese Formel für Oligos von 15 bis 40 Basen (Gleichung 4.2):

$$T_m = 69{,}9 \cdot \frac{41 \cdot N_{C+G}}{L} - \frac{650}{L}$$

wobei L die Länge des Primers und N_{G+C} die Anzahl an G und C repräsentiert.
Für die 15 Basen lange Sequenz TACGACTCACTATAG mit 6 C oder G ergibt sich nach der 4+2-Regel (Gleichung 4.3):

$$T_m = (4 + 2) \cdot 4\,°C + (5 + 4) \cdot 2\,°C = 42\,°C$$

und nach der zweiten Formel[21] (Gleichung 4.4):

$$T_m = 69{,}9 \cdot \frac{41 \cdot 6}{15} - \frac{650}{15} = 43\,°C$$

Es gibt mehrere Varianten der Formel 4.4. Wichtig ist, dass wegen der Vergleichbarkeit in einem Labor möglichst nach der gleichen Formel gerechnet werden sollte.
Aus der Schmelztemperatur T_M kann die *Annealing*-Temperatur T_A für die PCR nach (Gleichung 4.5):

$$T_A = \frac{(T_{M\,Primer1} + T_{M\,Primer2})}{2} - 3\,°C$$

berechnet werden[22] also dem Mittelwert der T_M der beiden Primer abzüglich 3 °C.

Abb. 4.4
Hybridisieren des Primers. Typischerweise hybridisiert der komplette Primer an die Ausgangs-DNA (**A**). Ohne korrekte Paarung am 3'-OH-Ende findet keine DNA-Synthese statt (**B**). Am 5'-Ende des Primers können dagegen neue Sequenzen angehängt werden, die nicht zur Sequenz der Ausgangs-DNA komplementär sind, z. B. eine Restriktionsschnittstelle (**C**).

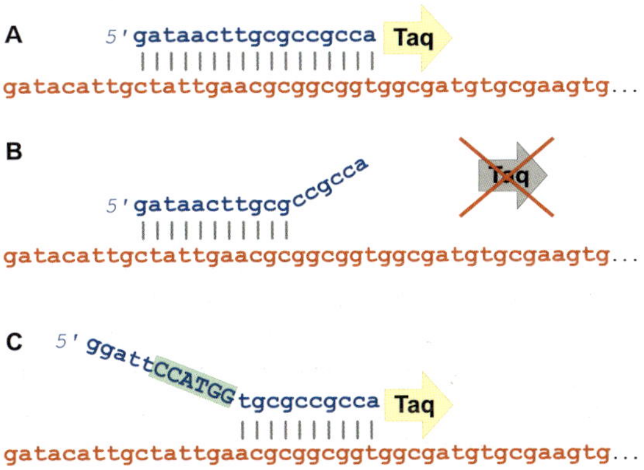

21 Die Zahlen in der Formel ergeben sich aus verschiedenen Parametern, u.a. Enthalpie- und Entropie-Berechnungen.
22 Soll eine Sequenzierung durchgeführt werden (→ Kapitel 12.1), wird T_A berechnet nach: $T_A = T_m + 3\,°C$

Die *Annealing*-Temperatur liegt typischerweise circa 3–6 °C unter der Schmelztemperatur T_M.
In Anbetracht der vielen unterschiedlich modifizierten Taq-Polymerasen empfiehlt es sich, die Tools auf den Seiten der Polymerase-Hersteller zu nutzen, da dort die jeweils speziellen Eigenschaften des jeweiligen Enzyms berücksichtigt werden. Dies gilt vor allem für die Phusion™. Am besten benutzt man Software Programme, die die nötige *Annealing*-Temperatur ermitteln (→ Tab. 13.2).
Solche Programme haben gegenüber den Formeln einen weiteren Vorteil. Sie berücksichtigen einige weitere Problemfälle, die sich bei der Erstellung von Primern ergeben können, nämlich Primerdimere, *Hairpins* und *Self-Priming* (→ Abb. 4.5).

GUT ZU WISSEN

▶ Notation degenerierter Primer

Manchmal ist es notwendig, Primer zu bestellen, die an einer Position verschiedene Basen enthalten. Dies sind sogenannte degenerierte Primer, die eigentlich ein Gemisch aus mehreren Primern darstellen (bei zwei verschiedenen Basen an einer Position enthalten 50 % der Primer dort die eine Base, die weiteren 50 % die andere). Dann wird bei der Bestellung eine spezielle Notation verwendet:
S für G oder C (das S steht wegen der drei Wasserstoffbrücken für *strong H-Bond*), W steht entsprechend für *weak*, also A oder T. Das K steht für G oder T und M für A oder C, Purine werden mit R und Pyrimidine mit Y bezeichnet.
Sind drei verschiedene Basen möglich, ergibt sich der Buchstabe aus der fehlenden Base: es wird der nachfolgende Buchstabe dieser fehlenden Base verwendet. So ergibt sich: B (C, G, T) für „Nicht-A", D (A, G. T) für „Nicht-C" und H (A, C, T) für „Nicht-G". Für „Nicht-T" war das „U" schon anderweitig belegt, sodass „V" für A, C oder G verwendet wird.
Der Buchstabe N wird verwendet, wenn alle Basen an einer Position auftreten können.

TIPP

Auf dem Datenblatt, das dem chemisch synthetisiertem Primer beiliegt, ist eine geeignete Schmelztemperatur T_M bereits angegeben, die natürlich nur für die normale Taq-Polymerase gilt und von den für optimierte Enzyme optimalen Temperaturen abweichen kann.

Beim *Hairpin* entsteht innerhalb eines Primermoleküls ein doppelsträngiger Bereich, da zueinander komplementäre Sequenzabschnitte hybridisieren. Eine ähnliche Situation liegt vor, wenn diese komplementären Bereiche auf zwei verschiedenen Molekülen des gleichen Primers liegen, wodurch diese aneinanderbinden [*Self-Priming*]. Haben die beiden Primer einander komplementäre Bereiche entstehen Primer-Dimere. Das Ergebnis ist bei allen drei Situationen identisch: Die Ausbeute der PCR ist sehr gering oder die PCR schlägt fehl.
Der letzte wichtige Aspekt der Primererstellung betrifft den GC-Gehalt. Insgesamt sollte darauf geachtet werden, dass im Primer ein ausgewogenes Verhältnis und eine homogene Verteilung von GC-Paaren zu AT-Paaren vorliegen. Der GC-Gehalt sollte bei ungefähr 60 % liegen.
In der Regel kommen die Primer lyophilisiert im Labor an. In vielen Laboren werden die Primer durch Zugabe von H_2O auf eine Konzentration von 100 pmol /µl gebracht. Es ist sinnvoll, dass alle Primer in einem Labor die gleiche Konzentration aufweisen, weil die beiden Primer in äquimolaren Mengen in der PCR eingesetzt werden.
Die *Annealing*-Temperatur ist neben der Konzentration an Mg^{2+}-Ionen (→ Kapitel 4.2.3) die wichtigste Stellschraube für die PCR-Amplifizierung. Je höher diese Temperatur eingestellt ist, desto weniger Amplifikat ist zu erwarten. Umgekehrt steigt bei niedrigeren Temperaturen die Menge an Amplifikat, aber auch die Gefahr unspezifischer Amplifikate.

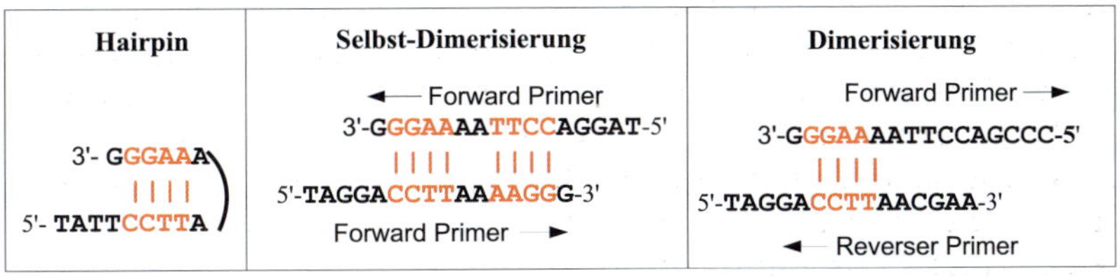

Abb. 4.5 Verschiedene unerwünschte Effekte, die bei schlecht designten Primern auftreten können: *Hairpins*, Selbst-Dimerisierung und Dimere zwischen Vorwärtsprimer *[Forward Primer]* und Rückwärtsprimer *[Reverse Primer]*.

GUT ZU WISSEN

▶ Modifizierte Primer

Es gibt auch modifizierte Primer, die eine zusätzliche chemische Gruppe tragen. Dies kann ein Fluoreszenzmolekül sein oder eine radioaktive Markierung. Die Hersteller solcher Primer haben eine große Zahl entsprechender Modifikationen im Angebot.

GUT ZU WISSEN

▶ T_A degenerierter Primer

Eine besondere Herausforderung stellen degenerierte Primer dar, bei denen nur ein Teil ihrer Sequenz bekannt ist. Die Sequenz 5'-**GAVACNTTVGG**-3' wäre beispielsweise ein solcher degenerierter Primer, bei dem **V** für **A**, **C** oder **G** und **N** für irgendeine Base steht. Sie werden bei Mutagenesen (→ Kapitel 8.3) eingesetzt oder wenn die Primersequenz aus einer Aminosäuresequenz abgeleitet wurde (→ Kapitel 13.6.1). Wegen des Wobbels (→ Kapitel 1.2) ist oft die 3. Base eines Codons variabel. Die Beispielsequenz stellt somit ein Gemisch aus mehreren Sequenzen dar: **N** steht für 4 verschiedene Nukleotide, **V** für drei unterschiedliche. In der Praxis wird ein Primergemisch synthetisiert, welches unter anderem die Einzelsequenzen 5'-**GATACNTTVGG**-3' oder 5'-**GAGACNTTVGG**-3 usw. enthält. In unserem Beispiel ergeben sich 4 x 3 x 3 = 36 Varianten, von denen nur eine perfekt an die Ausgangssequenz bindet. Daher sollte in solchen Fällen eine etwas erhöhte Primermenge in die PCR eingesetzt werden. Die *Annealing*-Temperatur lässt sich in einem solchen Fall nicht mehr genau ermitteln und muss abgeschätzt werden. Oft wird mit degenerierten Primern eine Gradienten-PCR oder Touch-Down PCR (→ Kapitel 4.5.2) durchgeführt.

TIPP

Für die PCR mittels Taq-Polymerase sollten die Primer so konstruiert werden, dass sie eine *Annealing*-Temperatur zwischen 50 °C und 65 °C aufweisen. Wie hoch die tolerierbare Differenz zwischen der T_A des Vorwärts- und Rückwärtsprimers ist, hängt von der Ausgangs-DNA ab. Je homogener die Ausgangs-DNA, desto höher der tolerierbare T_A-Unterschied, der bei einem aufgereinigten Plasmid bis 4 °C betragen kann. Für die Amplifizierung eines 4 kbp langen Plasmid können die Bedingungen sehr viel variabler gewählt werden als für die Amplifizierung eines DNA-Bereichs aus genomischer DNA mit 10^9 bp. Für moderne Taq Polymerasen gelten oft andere empfohlene T_A, die auf dem Beipackzettel angegeben sind.

4.3 Geräte für die PCR

Die Geräte, in denen die PCR durchgeführt wird, sogenannte „Thermocycler", unterscheiden sich vor allem hinsichtlich ihrer Bedienung und einiger Zusatzoptionen. Das Prinzip ist bei allen gleich, sie stellen zyklisch arbeitende Thermoelemente dar. Manchmal sind die Thermoblöcke austauschbar, um beispielsweise Reaktionsgefäße unterschiedlicher Größe zu nutzen. Die meisten Maschinen haben einen beheizten Deckel, dessen Temperatur bei ungefähr 105 °C eingestellt ist. Dadurch wird verhindert, dass die Probe während der Zyklen verdampft (→ Abb. 4.6). Bei Geräten ohne Heizdeckel muss die Probe mit Mineralöl überschichtet werden.

Neben den klassischen Geräten gibt es sogenannte Gradientencycler, die über die gesamte Fläche einen Temperaturgradienten von bis zu 10 °C einstellen. Mit diesen können auch PCRs durch-

Abb. 4.6
Dieser Thermocycler besitzt drei unabhängig regelbare Heiz-/Kühlblöcke, sodass in einem Gerät drei verschiedene PCR-Programme gleichzeitig durchgeführt werden können.

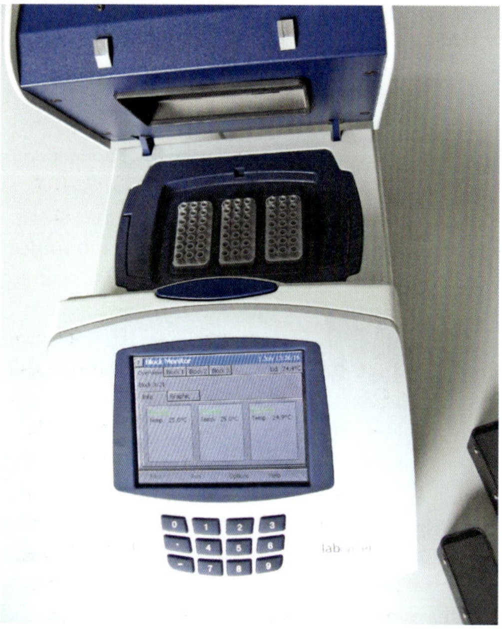

geführt werden, bei denen die genaue Anlagerungstemperatur [*Annealing-Temperature*] nicht bekannt ist (→ Kapitel 4.5.2).
Sogenannte *Speedcycler* heizen und kühlen mit Raten von 10 °C / s [*Ramping*] und mehr, während Standardgeräte meist nur auf *Ramping*-Raten von 2 °C/s kommen. Wenn eine entsprechend angepasste DNA-Polymerase eingesetzt wird, kann in solchen *Speedcyclern* der Zeitbedarf der PCR auf 15–20 min gesenkt werden.

TIPP

Die meisten Thermocycler erlauben es, PCR-Programme zu speichern, sodass diese nicht für jede PCR neu eingetippt werden müssen. Hier ist es sinnvoll, den Programmen aussagekräftige Namen zu geben und diese vor der PCR zu kontrollieren. Nie sollte das Programm eines Kollegen ohne dessen Wissen modifiziert werden.

4.4 Die Standard-PCR

Nachdem alle Einzelkomponenten vorgestellt wurden, ist es an der Zeit, eine typische PCR zu beschreiben (Protokoll 4.2). Die Ausgangs-DNA wurde aufgereinigt (→ Kapitel 3.2) und liegt in H_2O oder TE-Puffer vor. Je nach Anwendung muss zunächst entschieden werden, welches Volumen für die PCR-Ansätze benötigt wird. Für eine analytische Überprüfung im Agarosegel (→ Kapitel 7.1) reichen 10 µl, für die meisten anderen Anwendungen 25 µl. Nun werden die benötigten Reagenzien pipettiert, wobei als Letztes die thermostabile DNA-Polymerase zugegeben werden sollte. Oft ist es möglich, einen sogenannten *Mastermix* zu erstellen, also einen Ansatz für beispielsweise zehn PCR-Reaktionen, der anschließend auf die einzelnen Proben aufgeteilt wird. Dies kann den Arbeits- und Zeitaufwand bei der Herstellung der PCR-Ansätze verringern.
Eine Probe muss statt der Ausgangs-DNA H_2O enthalten. Diese Negativkontrolle zeigt, ob die verwendeten Reagenzien nicht mit Fremd-DNA kontaminiert sind. Bevor die Proben in den Thermocycler gesetzt werden, sollten sie gut gemischt und in einer Minizentrifuge (→ Abb. 2.9 B) kurz abzentrifugiert werden.

4.5 Ausgewählte PCR-Methoden

Selbst die Darstellung der gängigsten PCR-Methoden würde den Umfang dieses Buches sprengen. Hier werden daher einige wenige Methoden kurz vorgestellt, die sehr weit verbreitet sind.

4.5.1 Two-Step PCR

Bei der *Two-Step PCR* werden Anlagerungsphase und Elongationsphase kombiniert. Das bedeutet, dass die Temperaturen für beide Phasen gleich sind, i. d. R. 72 °C. Dazu müssen die Primer so designt werden, dass deren T_A über 68 °C liegt. Die

PROTOKOLL 4.2

Standard-PCR

Material:
- Thermocycler und Reaktionsgefäße

Durchführung:
1. Ansetzen der PCR-Reaktion:

Substanz	Ansatz		
	10 µl	**25 µl**	**50 µl**
10 × PCR-Puffer mit Mg^{2+}	1 µl	2,5 µl	5 µl
2 mM dNTP-Mix	0,4 µl	1 µl	1 µl
10 pmol Vorwärts-Primer	0,4 µl	1 µl	1 µl
10 pmol Rückwärts-Primer	0,4 µl	1 µl	1 µl
DNA-Polymerase (1u/µl)	0,2 µl	0,5 µl	1 µl
Ausgangs-DNA	Abhängig von Konzentration		
H_2O *ad*	10 µl	25 µl	50 µl

2. Die PCR beginnt mit einem 1–5-minütigen Denaturierungsschritt bei 95 °C.
3. Es folgen 20–30 Zyklen:
   - 30 s–1 min bei 95 °C (Denaturierung)
   - 30 s–1 min bei TA (Anlagerung)
   - 30 s–1 min bei 72 °C (Elongation, abhängig von der Länge des Amplifikats)[23]
4. 10 min bei 72 °C (abschließende Elongation)
5. 8 °C (Kühlung bis Entnahme der Probe)

Die Amplifikate werden entweder in einem Agarosegel aufgetrennt (→ Kapitel 7.1) oder über Silica-Säulchen aufgereinigt (→ Kapitel 3.4).

Bemerkungen:
- Um Kontaminationen zu vermeiden, sollten für das Ansetzen der PCR-Reaktionen gefilterte Spitzen (→ Abb. 2.6C) verwendet werden. Als erstes werden H_2O und Puffer, als letztes wird die DNA-Polymerase zugesetzt. Die Negativkontrolle, bei der die DNA durch H_2O ersetzt wird, hilft, unspezifische Amplifikate zu identifizieren. Die Positivkontrolle zeigt, ob die Ausgangs-DNA bei der Aufreinigung verlorengegangen ist, geschädigt wurde oder ein Störstoff vorhanden ist.
- Das PCR Programm ist abhängig von der zu amplifizierenden DNA und den Primern. Die *Annealing*-Temperatur T_A kann nach den Formeln 4.1–4.5 oder besser mit einer entsprechenden Software (→ Tab. 13.2) berechnet werden.

höheren *Annealing*-Temperaturen verringern die Gefahr der unspezifischen Anlagerung von Primern und man spart in jedem Zyklus einen Heiz- bzw. Kühlschritt. Da diese Variante meist mit optimierten DNA-Polymerasen durchgeführt wird, sind die einzelnen Schritte meist kürzer. Typische Werte sind:

1. 30 s initiale Denaturierung bei 95 °C,
2. 30 Zyklen aus:
   – 30 s bei 95 °C,
   – 60 s / 1000 bp Amplifikat bei 70 °C,
3. Finale Extension für 5 min bei 70 °C und abschließendes Absenken auf 8 °C.

23 Die Syntheserate findet sich im Beipackzettel der Polymerase, i. d. R. um 1000 Nukleotide/min

4.5.2 Gradienten-PCR und Touch-Down PCR

Nicht immer kann die *Annealing*-Temperatur für die Primer genau ermittelt werden. Beispielsweise gibt es degenerierte Primer (→ Kapitel 4.2.4), die aus Proteinsequenzen abgeleitet wurden und an manchen Stellen unterschiedliche Basen aufweisen (→ Abb. 13.6).

Manchmal ist der Primer wenig spezifisch oder muss in großen Genomen miteinander ähnlichen Sequenzen eingesetzt werden, es soll jedoch nur der exakt passende Bereich amplifiziert werden. Um die optimale *Annealing*-Temperatur zu ermitteln, kann ein Gradienten-Thermocycler verwendet werden. In ein solches Gerät werden mehrere gleiche PCR-Ansätze gestellt. Über den Thermoblock hinweg wird während der Anlagerungsphase ein Temperaturgradient aufbaut, sodass die *Annealing*-Temperatur für jede Probe im Thermoblock von den benachbarten Proben abweicht (→ Abb. 4.7). Der Unterschied zwischen den beiden äußeren Proben beträgt in der Regel 10 °C. Wurde einmal die optimale *Annealing*-Temperatur ermittelt, können nachfolgende PCRs unter genau diesen Bedingungen durchgeführt werden. Die Gradienten-PCR eignet sich daher besonders gut, wenn die optimalen Bedingungen für eine später routinemäßig durchzuführende PCR ermittelt werden sollen (→ Abb. 4.8).

Eine Alternative zur Gradienten-PCR ist die Touch-Down PCR[24] (→ Abb. 4.9), die eigentlich nur ein spezielles PCR-Programm darstellt und daher keinen Gradientencycler erfordert. In diesem Programm ist die *Annealing*-Temperatur nicht konstant, sondern wird in den ersten Zyklen während der *Annealing*-Phase kontinuierlich abgesenkt. Auf diese Weise werden die Primer,

Abb. 4.7
Über den Thermoblock eines Gradientencyclers wird bei der Gradienten-PCR während der Anlagerungsphase ein Temperaturgradient aufgebaut, typischerweise besteht zwischen linker und rechter Seite eine Differenz von 10 °C. In der unteren Bildhälfte sind die Temperaturprofile jeweils eines Zyklus von 4 beispielhaften Positionen im Block abgebildet.

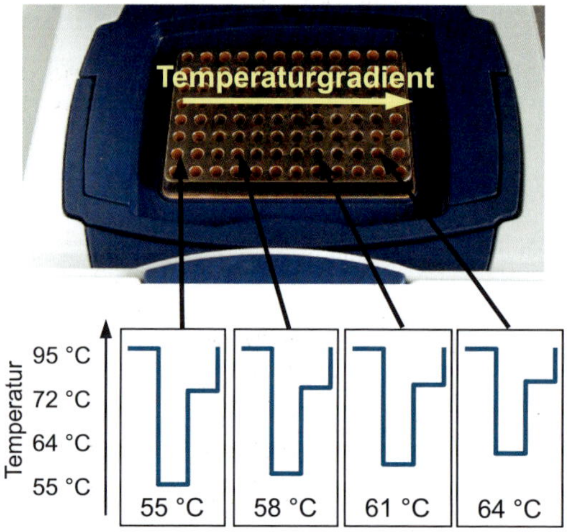

Abb. 4.8
Das Agarosegel zeigt das Ergebnis einer Gradienten-PCR, wie sie in → Abb. 4.7 dargestellt ist. In der Gradienten-PCR wurde ein Temperaturbereich von 45 °C (Probe 1) bis 55 °C (Probe 12) gewählt. Deutlich ist die Abnahme unspezifischer Amplifikate bei höheren Temperaturen zu sehen. M bezeichnet die Größenstandards, 0 die Wasserkontrolle.

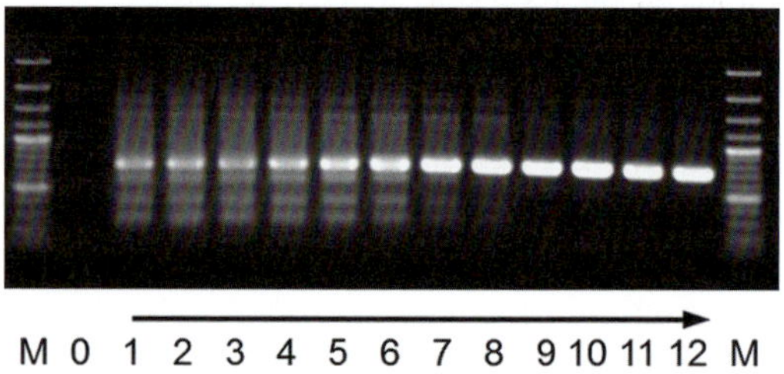

Abb. 4.9
Temperaturprofil einer Touch-Down PCR. Die *Annealing*-Temperatur fällt in den ersten 2–5 Zyklen konstant über einen gesamten Unterschied von 5–10 °C (blau), um anschließend bei einer konstanten *Annealing*-Temperatur abzulaufen (grün).

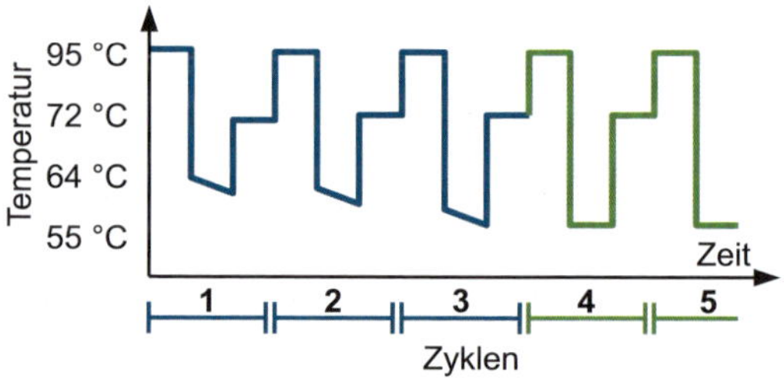

24 Die Touch-Down PCR ist auch unter dem Namen inkrementelle PCR bekannt.

die bei der höchsten Temperatur binden können, bevorteilt. Anders als in der Gradienten-PCR wird hier nur ein PCR-Ansatz benötigt. Allerdings kann die optimale *Annealing*-Temperatur nicht exakt ermittelt werden, und die Reproduzierbarkeit ist nicht so gut wie bei der Gradienten-PCR. Daher eignet sich die Touch-Down PCR weniger für Routinearbeiten.

GUT ZU WISSEN

▶ Step-Down PCR

Es gibt weiterhin die Variante, dass die Annealing-Temperatur T_A von Zyklus zu Zyklus jeweils abgesenkt wird. Beispielsweise beträgt T_A im ersten Zyklus 55 °C, im zweiten 54 °C, im dritten 53 °C bis zum zehnten Zyklus, der bei 45 °C liegt. Dieses Verfahren, das früher Touch-Down PCR genannt wurde, wird heute als Step-Down PCR bezeichnet. Auch dieses Verfahren wird genutzt, um unspezifische Amplifizierungen zu minimieren.

4.5.3 Nested PCR

Soll ein bestimmter DNA-Bereich aus einem komplexen Genom oder einer umfangreichen Genbank amplifiziert werden, können unspezifische Amplifikate auftreten, die auch durch eine Touch-Down PCR nicht verhindert werden können. Auch kann die Effizienz der Amplifizierung niedrig sein. Dies tritt vor allem bei degenerierten Primern auf.

Um dennoch zu einem brauchbaren Amplifikat zu kommen, bietet sich das Verfahren der Nested PCR an (→ Abb. 4.10). Die erste PCR wird wie eine Standard-PCR (→ Kapitel 4.4) durchgeführt und resultiert in mehreren amplifizierten Banden. Nun wird 1/10 bis 1/100 Volumen des ersten PCR-Ansatzes als Ausgangs-DNA für die zweite PCR-Reaktion verwendet. Das hierbei eingesetzte zweite Primerpaar bindet an Sequenzbereiche, die innerhalb des zuvor amplifizierten DNA-Bereiches binden (*nested primer*), und so einen kürzeren DNA-Bereich amplifizieren. Nur das gesuchte Amplifikat enthält diese zweite, innere Sequenz, während alle anderen, in der ersten PCR-Reaktion unspezifisch amplifizierten DNAs keine Bindestellen für die Nested Primer enthalten und demzufolge keine Amplifikate liefern. Die Nested PCR kann nicht nur zu spezifischeren Amplifikaten führen, sondern erhöht auch die Sensitivität der PCR um das 10- bis 100-Fache.

4.5.4 Multiplex PCR

In der Multiplex-PCR (→ Abb. 4.10), werden verschiedene Bereiche der Ausgangs-DNA durch unterschiedliche Primerpaare amplifiziert. Dabei sind folgende Punkte wichtig:

- Alle Primer müssen die gleiche *Annealing*-Temperatur aufweisen.
- Die Primerbindestellen müssen so gewählt werden, dass verschieden große Amplifikate entstehen, damit die Amplifikate im nachfolgenden Agarosegel (→ Kapitel 7.1) unterschieden werden können.

Auf diese Weise kann das Vorkommen verschiedener DNA-Bereiche in der Ausgangs-DNA paral-

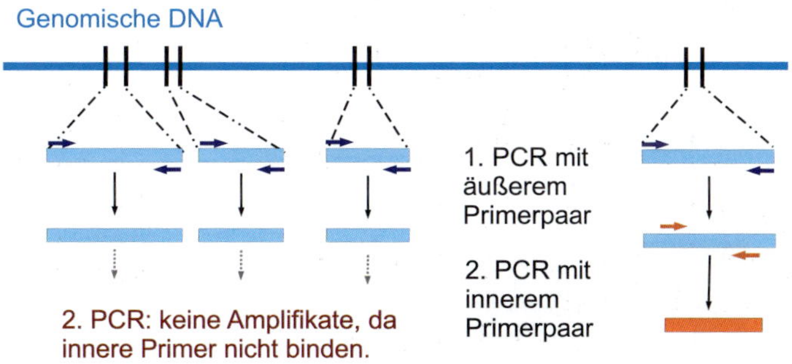

Abb. 4.10
Bei der Nested PCR wird zunächst ein großes Amplifikat durch die äußeren, dunkel dargestellten Primer (**A**), amplifiziert. Anschließend wird eine kleine Menge des ersten PCR-Ansatzes als Ausgangs-DNA in einer zweiten PCR mit den innen liegenden, helleren Primern (**B**) verwendet. Da alle anderen Amplifikate der ersten Reaktion keine Bindestellen für die inneren, Nested Primer haben, werden sie nicht amplifiziert.

lel analysiert werden. Das erste Primerpaar amplifiziert das Zielgen (z.B. das Gen, das in eine transgene Pflanze (→ Kapitel 6.10) eingebracht wurde). Das zweite Amplifikat stellt eine Positivkontrolle dar, also ein Gen, das auf jeden Fall vorhanden ist. Die auftretende Bande zeigt, dass DNA-Extraktion und PCR funktioniert haben. In → Abb. 4.11 wurde noch ein drittes Primerpaar eingesetzt, das auf eine mögliche Kontamination der Pflanzen durch spezielle zuvor verwendete Bakterien-DNA hinweist. Pflanzen, die ein solches Amplifikat bewirken (Bahn 94 in → Abb. 4.11B), werden verworfen. Für das Beispiel in → Abb. 4.11 ergeben sich daher folgende Möglichkeiten:

- Es entstehen die Amplifikate I und II: Die Pflanze ist transgen, und sowohl DNA-Aufreinigung und PCR haben funktioniert (→ Abb. 4.11B die Bahnen 92, 93, 95 und 96).

Abb. 4.11
Die Multiplex-PCR amplifiziert verschiedene DNA Bereiche gleichzeitig (**A**). Dabei müssen die Bedingungen aller Primer aufeinander angepasst werden und unterschiedlich große Amplifikate (I, II und III) entstehen. In (**B**) ist das Ergebnis einer Multiplex PCR dargestellt. Verschiedene transgene Tabakpflanzen (92–96) wurden in einer Multiplex PCR getestet. Die 840 bp großen Banden repräsentieren ein in Tabak vorhandenes Gen *(tef-1)*. Ihr Vorkommen zeigt, dass sowohl die DNA-Extraktion als auch die PCR funktioniert haben. Das Auftauchen einer 550 bp Bande deutet darauf hin, dass in den Pflanzen noch Agrobakterien vorhanden sind, die zur Transformation verwendet wurden (→ Kapitel 6.10). Denn die dafür verantwortlichen Primer sind gegen agrobakterielle DNA gerichtet. Bei diesen Pflanzen kann es sein, dass vermeintlich positive Ergebnisse aus einer Kontamination mit Agrobakterien resultieren, Pflanze 94 wird daher verworfen. Die 372 bp Bande wurde durch Primer produziert, die das eingebrachte Gen binden. M ist ein Größenstandard und 0 die Wasserkontrolle, in der unten noch die Primer zu sehen sind. Foto: Derboven, IPG, LUH.

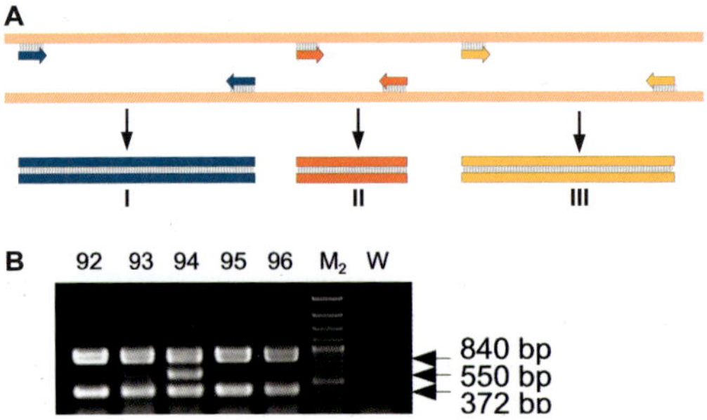

> **TIPP**
> **Für PCRs, deren Amplifikat nachfolgend kloniert werden soll (→ Kapitel 5.6), muss immer eine DNA-Polymerase mit Korrekturfunktion verwendet werden. Wenn sich am Ende aller Arbeitsschritte zeigt, dass bei der PCR ein Basenaustausch aufgetreten ist, hat man sehr viel Zeit verloren.**

- Es entsteht kein einziges Amplifikat: Die Aufreinigung oder PCR haben nicht funktioniert. Über die Pflanze kann keine Aussage gemacht werden.
- Es entstehen alle drei Amplifikate: in der Pflanze befindet sich noch *Agrobacterium*, weshalb keine Aussage gemacht werden kann, ob die Pflanze transgen ist oder nicht (→ Abb. 4.11B, Bahn 94). Alternativ könnte auch eine der PCR-Substanzen mit der Ausgangs-DNA kontaminiert sein. Dann würden die Amplifikate auch in der Wasserkontrolle (Bahn 0) auftauchen.

4.5.5 Einführen von Restriktionsschnittstellen

Eine wesentliche Anwendung der PCR-Methode liegt darin, aus geringsten DNA-Mengen einen DNA-Bereich spezifisch zu vervielfältigen, der anschließend über eine Behandlung mit Restriktionsenzymen[25] (→ Kapitel 5) in einen Vektor (→ Kapitel 6) eingebracht wird. Dazu muss dieses Amplifikat jedoch zuvor mit den entsprechenden Restriktionsschnittstellen ausgestattet werden. Diese Sequenzen werden an die 5'-Phosphat-Enden der Primer angehängt (→ Abb. 4.4). Die entstehenden PCR-Amplifikate (→ Abb. 4.12) enthalten an ihren Enden genau die Sequenzen, die die Restriktionsenzyme benötigen. Die gleichen Erkennungssequenzen befinden sich auch im Zielvektor. Sowohl Amplifikat als auch

25 Restriktionsenzyme sind DNA-Nukleasen, die an definierten Sequenzen doppelsträngige DNA schneiden. Sie stellen ein wichtiges Werkzeug des Molekularbiologen dar und werden in → Kapitel 5 detailliert besprochen.

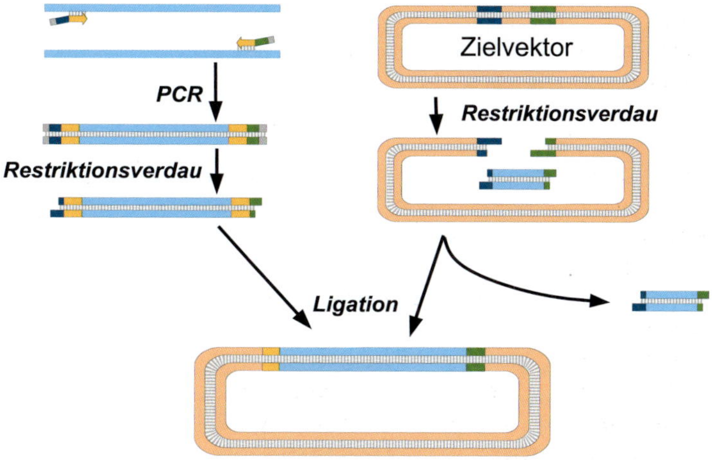

Abb. 4.12
PCR mit endständigen Restriktionsschnittstellen. Um ein DNA-Amplifikat aus einer PCR in einen Vektor über die Restriktionsbasierte Klonierung (→ Kapitel 5.7 und 5.8) einzuführen, werden Primer verwendet, die an ihren Enden die Restriktionsschnittstellen enthalten, die auch im Zielvektor vorkommen. Sowohl Amplifikat als auch Zielvektor werden mit den gleichen Restriktionsenzymen geschnitten und miteinander ligiert.

Zielvektor werden mit den Restriktionsenzymen geschnitten. Beide Moleküle können anschließend in einem weiteren Reaktionsschritt durch eine Ligase zusammenfügt (ligiert) werden.
Bei der Konstruktion der Primer muss darauf geachtet werden, dass die Restriktionsstelle nicht genau am Ende des Primers liegt, da Restriktionsenzyme Endonukleasen sind. Meist reichen 3–4 zusätzliche Basen am 5'-Ende des Primers aus. Diese können mehr oder weniger willkürlich gewählt werden, sollten aber nicht zu Primerdimeren (→ Abb. 4.5) führen.

4.5.6 Reverse Transkriptions-PCR (RT-PCR)

Die RT-PCR stellt eigentlich eine Kombination von zwei verschiedenen Reaktionen dar, die nacheinander im gleichen Reaktionsgefäß durchgeführt werden.
Das zentrale Enzym für den ersten Teil der Reaktion ist die Reverse Transkriptase, welche die einzelsträngige RNA in cDNA [*complementary DNA*[26]] umschreibt. Die cDNA wird im zweiten Teil der Methode mittels PCR amplifiziert.
Die Reverse Transkriptase wurde Anfang der 70er-Jahre in Retroviren entdeckt. Heute werden im Labor vor allem die M-MLV Reverse Transkriptase aus dem *Moloney Murine Leukemia Virus* oder die AMV Reverse Transkriptase aus dem *Avian Myeloblastosis Virus* eingesetzt. Auch einige DNA-Polymerasen haben eine RNA-abhängige Aktivität, wie z. B. die Tth-Polymerase (→ Tab. 4.1).
Die Bedeutung der RT-PCR liegt darin, dass so die mRNA-Sequenzen in korrespondierende cDNAs umgeschrieben werden können. Diese können anschließend in verschiedene Vektoren kloniert werden. Wird die mRNA eines eukaryotischen Gens umgeschrieben, amplifiziert und kloniert, kann es in einen Prokaryoten eingebracht und exprimiert werden. Nur durch die Reverse Transkription ist es überhaupt möglich, eukaryotische Proteine heterolog in Prokaryoten zu exprimieren. Die Exon-Intron-Struktur eukaryotischer Gene kann von Prokaryoten nicht in eine funktionstüchtige mRNA bzw. Protein übersetzt werden (→ Abb. 4.13).

TIPP

Die Reverse Transkriptase hat im Vergleich zu der nachfolgend eingesetzten DNA-Polymerase eine relativ hohe Fehlerrate. Sequenzfehler, die nach Reverser Transkription und Klonierung auftreten, haben oft hier ihren Ursprung.

26 Selten wird cDNA auch als Copy-DNA bezeichnet.

Abb. 4.13
Die Reverse Transkription schreibt die mRNA zunächst in cDNA um. Früher wurde die mRNA nach der Bildung des cDNA-Erststrangs durch eine RNase H abgebaut. Dies ist bei der Kombination von RT und PCR nicht mehr notwendig. Das „N" steht für eine beliebige Base, „V" symbolisiert eine der Basen A, C oder G (also „Nicht-T").
Nun wird ein Aliquot des RT-Ansatzes in eine PCR eingesetzt, für die noch ein zweiter Primer (blau) und eine thermostabile DNA-Polymerase zugegeben werden müssen. Die Kombination von Reverser Transkription und PCR wird RT-PCR genannt. Die restliche cDNA kann bei −80 °C gelagert werden.

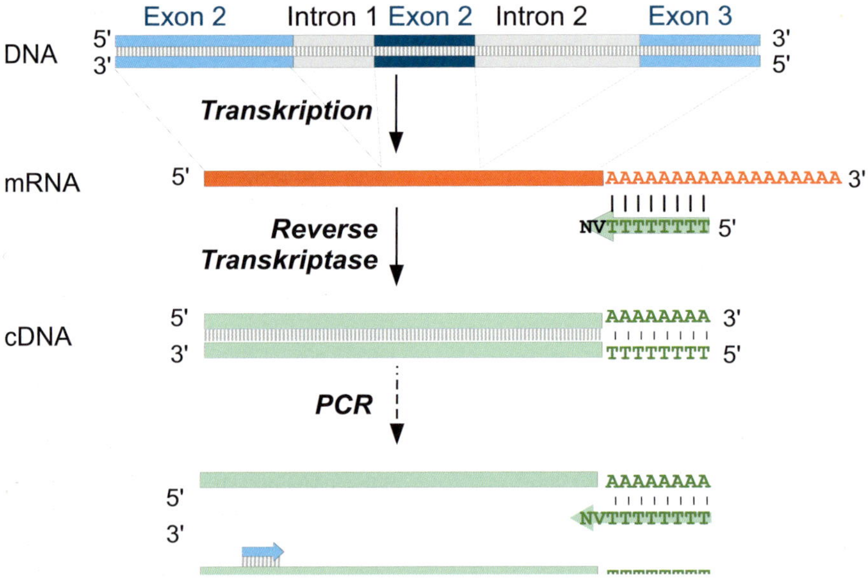

Es kann auch der gesamte Pool an PolyA⁺-RNAs eines Organismus oder eines Gewebes umgeschrieben und kloniert werden. So entsteht ein Abbild aller mRNAs, die zum Zeitpunkt der Isolation in dem Gewebe vorhanden waren.
Die Reverse Transkriptase stellt eine RNA-abhängige DNA-Polymerase dar und benötigt wie alle anderen DNA-Polymerasen ein freies 3'-OH-Ende in Form eines Primers.
Dieser Primer ergibt sich oft von selbst, da meist PolyA⁺-RNAs revers transkribiert werden. Daher werden für die RT von eukaryotischen mRNAs meist sogenannte „Oligo-T-Primer" eingesetzt, die trotz ihres Namens nicht nur aus „T's" bestehen, denn am 3'-OH-Ende enthalten sie ein oder zwei zusätzliche Basen: $^{5-'P}T_{18-22}VN^{3'-OH}$. Auf diese Weise wird verhindert, dass ein reiner Oligo-T-Primer an verschiedenen Stellen im circa 200 Nukleoide langen PolyA⁺-Strang bindet, denn durch das „V" an seinem 3'-OH-Ende kann der Primer nur zu Beginn des PolyA⁺-Stranges binden (Protokoll 4.3). Eine bessere Bezeichnung für diese Art Primer ist der englische Begriff *Anchored Primer*.
Früher wurde nach der Erststrangsynthese durch die Reverse Transkriptase oft die Ausgangs-RNA durch eine RNase H abgebaut, die spezifisch die RNA aus einem RNA-DNA-Hybrid abbaut. Dieser Schritt wird heute oft weggelassen, denn die gebildete Erststrang-cDNA wird direkt durch eine

GUT ZU WISSEN

▶ RNA Viren

Viele Viren nutzen RNA als Träger der genetischen Information. Daher werden auch virale RNA-Genome zunächst in cDNA umgeschrieben, damit diese Sequenzen näher untersucht werden können.

PROTOKOLL 4.3

RT-PCR mit einem *Anchored Primer*

Material:

- Mindestens 1µg PolyA+-RNA oder 20 µg Gesamt-RNA in H_2O.
- *Anchored* Primer („Oligo-T-Primer" ($T_{18-22}VN$)), zuvor mit 0,1 % (v/v) DEPC behandelt (→ Kapitel 3.6) um RNasen zu inaktivieren.
- 2 mM dNTP-Mix.
- Reverse Transkriptase, z. B. M-MLV-Reverse Transkriptase.
- Erststrangpuffer (i. d. R. mitgeliefert): 250 mM Tris-HCl (pH 8.3), 375 mM KCl, 15 mM $MgCl_2$, 50 mM DTT.

Durchführung:

1. Reaktionsansatz:
   - 1,0 µg PolyA$^+$-RNA oder 20 µg Gesamt-RNA
   - 2 µl *Anchored* Primer
2. Denaturieren des Ansatzes für 10 min bei 65 °C um Sekundärstrukturen der RNA aufzulösen.
3. Sofort auf Eis überführen.
4. Zugabe von:
   - 2,0 µl dNTP-Mix
   - 5,0 µl Erststrang-Puffer
   - 1 µl RNase Block (optional)
   - 1 µl M-MLV Reverse Transkriptase
   - DEPC-H_2O *ad* 25 µl
5. Vorsichtig durch Antippen des Gefäßes mischen.
6. Für 1 h bei 42 °C inkubieren.

Optional:

- Erneut 1µl M-MLV-Reverse Transkriptase zugeben und wie oben inkubieren.
- Ein Aliquot kann nun gleich in die PCR eingesetzt werden oder die cDNA bei −80 °C gelagert werden.
- Für die anschließende PCR werden 1 µl des RT-Ansatzes, erneut 1 µl *Anchored* Primer und ein spezifischer Primer (beide 10 µM) sowie 2,5 µl PCR Puffer, 0,5 µl dNTP-Mix (2 mM) und eine thermostabile DNA-Polymersae mit Korrekturfunktion verwendet.

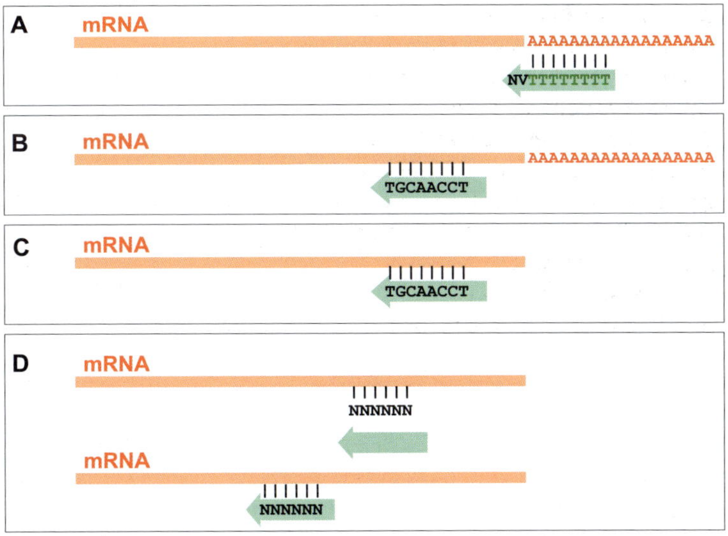

Abb. 4.14 Primer für die Reverse Transkription. Als RNA-abhängige DNA-Polymerase benötigt die Reverse Transkriptase einen Primer, der entweder zu Beginn des PolyA$^+$-Strangs ansetzt (**A**) oder an eine spezifische Sequenz im Gen bindet (**B**). Mit einem spezifisch bindenden Primer kann natürlich auch nicht-polyadenylierte RNA revers transkribiert werden (**C**). Steht kein spezifisch bindender Primer zur Verfügung, werden meistens zufällig bindende Hexamer-Primer eingesetzt (**D**), die an verschiedenen Stellen der RNA binden.

PCR amplifiziert. Dazu wird ein Aliquot des RT-Ansatzes mit einem zusätzlichen Vorwärts-Primer in einer PCR eingesetzt. Da die Reverse Transkriptase den hohen Temperaturen bei der PCR nicht standhält, wird sie schon im ersten PCR-Zyklus deaktiviert. Die DNA-Polymerase kann die RNA nicht als Matrize nutzen. Die nicht für die PCR genutzte cDNA wird bei −20 °C oder besser bei −80 °C gelagert.

Ist kein PolyA$^+$-Strang vorhanden, wie bei bakterieller mRNA oder einigen Histon-mRNAs, werden Hexamer-Primer (also Zufallsprimer aus 6 Basen) eingesetzt. Ist die Sequenz (zumindest teilweise) bekannt, kann auch ein spezifischer Primer verwendet werden (→ Abb. 4.14).

GUT ZU WISSEN

▶ Weitere Anwendungen der RT-Reaktion

Die Analyse des Transkriptoms mittels Microarrays enthält als zentralen Schritt ebenfalls eine RT-Reaktion (→ Kapitel 7.7).

4.5.7 Kolonie-PCR

Die Kolonie-PCR kommt zum Einsatz, wenn die nach einer Transformation entstandenen Bakterienkolonien (→ Kapitel 5.5) nach Inserts mit korrekter Länge durchsucht werden müssen (→ Abb. 4.15).

Eigentlich handelt es sich nicht um eine eigenständige PCR-Methode. Ziel ist es vielmehr, die PCR mit Hilfe von Mastermixen für das schnelle Screening einer hohen Zahl an Proben oder Klonen zu optimieren.

Die Klone werden nach einer Transformation (→ Kapitel 5.5) von der Agarplatte gepickt (→ Abb. 4.15 D). Zuerst werden sie auf eine neue Platte übertragen, deren Unterseite mit nummerierten Feldern beschriftet ist. Dies erleichtert später die Zuordnung von PCR-Ansätzen und Kolonien. Anschließend werden die restlichen Bakterien, die an der Pipettenspitze oder Impföse hängen, jeweils in einem mit dem PCR-Mastermix befüllten Reaktionsgefäß gelöst. So wird auch mit den weiteren Kolonien verfahren, wobei die PCR-Gefäße natürlich die gleiche Nummer tragen wie das korrespondierende Feld auf der Agarplatte. Die Proben werden zentrifugiert und in ein frisches Gefäß überführt, und es folgt die PCR. Die Klone mit dem gesuchten Amplifikat können von der Platte aus in Kultur genommen werden.

In vielen Laboren werden auch zwei Mastermixe verwendet. Der Mastermix I enthält nur H_2O und den PCR-Puffer, der Mastermix II alle restlichen Bestandteile. Der Vorteil liegt darin, dass die

Abb. 4.15
Kolonie-PCR. Nach der Transformation entstandene Kolonien werden mit einer Impföse gepickt (**A**) und auf eine Masterplatte (**B**) übertragen. Die Impföse wird anschließend in PCR-Mastermix I gegeben (**C**). Oft werden für die Prozedur statt einer Impföse sterile Pipettenspitzen oder autoklavierte Zahnstocher benutzt. Die anschließende PCR zeigt, ob das gewünschte Gen in dieser Bakterienkolonie vorhanden ist. Wichtig ist die richtige Zuordnung der Proben auf der Masterplatte, die mit entsprechenden Feldern von der Unterseite her beschriftet ist (**D**). Foto: Haacks, CAU Kiel.

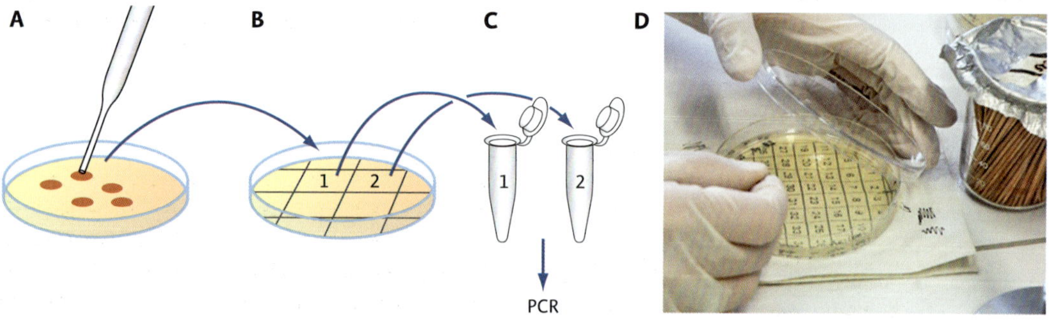

PROTOKOLL 4.4

Kolonie-PCR

Material:

- Platten mit den transformierten Bakterien, vorbereitete Platten mit Muster am Boden (→ Abb. 4.15B)
- Thermocycler und Reaktionsgefäße
- Mastermix (für 10 Ansätze):
  - 20 µl 5x PCR Puffer 2,5 µl Sense- und Antisense-Primer, 2,5 µl dNTPs (2 mM Stamm), 10 µM 25 mM MgCl2 sowie 2,5 µl Taq-Polymerase (1 U / µl) und 62,5 µl H_2O.

Durchführung:

1. Der Mastermix wird auf 10 PCR-Gefäße gleichmäßig aufgeteilt.
2. Mit einer Pipettenspitze wird die Kolonie aufgenommen. Zuerst stippt man diese auf die markierte Agarplatte, anschließend wird der Rest der Bakterien in einem der Mastermix-Gefäße gelöst.
3. Die Proben werden gevortext, kurz zentrifugiert und für 5 min bei 95 °C in den Thermocycler gestellt.
4. Nun werden die Proben abzentrifugiert und jeweils 8 µl in neue Gefäße überführt (dieser Schritt ist optional, aber Anfängern empfohlen, da er die Verlässlichkeit der Methode erhöht).
5. Es folgt die eigentliche PCR mit 30 Zyklen:
   - 45 s bei 95 °C
   - 30 s bei der berechneten *Annealing*-Temperatur T_A
   - 120 s bei 72 °C
   - 2 min bei 72 °C
   - 8 °C bis zur Entnahme der Probe

Im Vergleich zu einer Standard-PCR sollten doppelt so lange Zeiten für die einzelnen Schritte des Zyklus gewählt werden.

Bakterien zunächst 5 min aufgekocht werden können, bevor die DNA-Polymerase mit dem Mastermix II zugegeben wird. Dann werden die Proben abzentrifugiert, die Überstände in die Gefäße mit dem Mastermix II gegeben und die eigentliche PCR durchgeführt.

4.5.8 Quantitative PCR

Die Quantitative PCR[27] (qPCR) erfordert spezielle Geräte, die eine Kombination aus Thermocycler (→ Kapitel 4.3) und Fluoreszenzphotometer (→ Kapitel 3.8) darstellen. Mit dieser Methode wird die Menge der gebildeten DNA während der Amplifizierung gemessen. Während die gebildete DNA-Menge bei einer Standard-PCR erst nach Beendigung der Methode ermittelt werden kann (Endpunktmessung), erfolgt die Messung der gebildeten DNA in der qPCR in Echtzeit. Die Quantifizierung findet jeweils am Ende eines Zyklus statt. Auf diese Weise kann die anteilige Menge einer bestimmten Ausgangs-DNA-Sequenz in einer Probe ermittelt werden. So kann beispielsweise zwischen Heterozygotie und Homozygotie in Bezug auf ein bestimmtes Gen unterschieden

27 Der ebenfalls gebräuchliche Begriff „*Real Time PCR*" sollte wegen möglicher Verwechslungen der Abkürzung RT-PCR mit der Reversen Transkriptions-PCR nicht verwendet werden.

TIPP

Am schnellsten gelingt die Zugabe des Mastermix II, indem man erst alle Deckel der Reaktionsgefäße öffnet und den Mastermix II ohne Spitzenwechsel in die Deckel pipettiert. Anschließend werden die PCR-Gefäße geschlossen, kurz zentrifugiert und zurück in den Thermocycler gestellt.

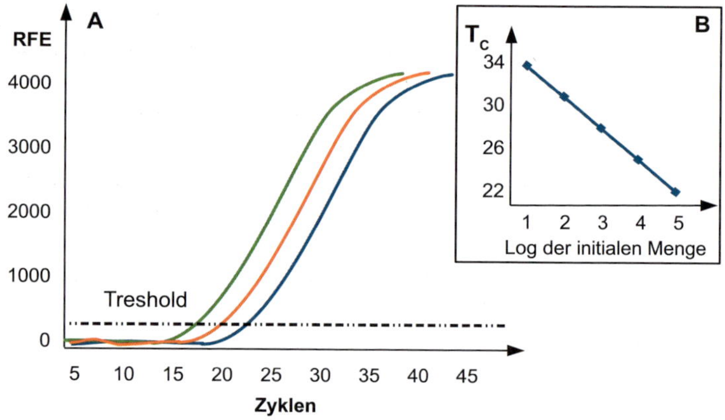

Abb. 4.16
Bei der qPCR kann die Zunahme der amplifizierten DNA in Echtzeit photometrisch bestimmt werden (**A**). Für die Quantifizierung wird vor allem der *Threshold-Cycle* verwendet, also die Zyklus-Nummer, bei der die Absorption vom Hintergrundrauschen in eine sigmoide Kurve übergeht. Diese Zyklusnummer ist abhängig von der relativen Menge der initialen DNA-Sequenz. Je mehr Ausgangssequenz in der Probe ist, desto früher wird der Schwellenwert durchbrochen (**B**). Weiterhin lässt sich aus B die Qualität der Ausgangs-DNA ermitteln. RFE bezeichnet die relative Stärke der emittierten Fluoreszenz.

werden, denn im homozygoten Zustand liegt das Allel doppelt so häufig vor wie im heterozygoten Zustand.
Die quantitative PCR ist ein reines Nachweisverfahren und wird nicht für die Klonierung größerer Amplifikate verwendet. Die entstehenden Amplifikate sind in der Regel mit weniger als 150 bp sehr kurz, da so gewährleistet wird, dass die DNA-Polymerase den gesamten zu amplifizierenden Bereich auch synthetisiert.
Es gibt eine Vielzahl verschiedener Varianten dieser Methode. Im einfachsten Fall wird dem PCR-Ansatz ein Fluoreszenzfarbstoff zugefügt, der nur an dsDNA, aber nicht an ssDNA bindet. Oft wird SYBR-Green® verwendet. Dieser Fluoreszenzfarbstoff fluoresziert bei einer bestimmten Wellenlänge, wenn er an dsDNA gebunden hat. Da er nicht an ssDNA (z. B. die Primer) bindet, wird nur die gebildete dsDNA durch die im Verlauf der PCR entstehende Fluoreszenzzunahme repräsentiert. Diese von Zyklus zu Zyklus zunehmende Fluoreszenz wird, während die PCR läuft, gemessen.
Wie in → Abb. 4.16 zu sehen, entsteht bei der qPCR eine sigmoide Kurve. Um die relative Menge der Ausgangssequenz zu bestimmen, werden vor allem die sogenannten *Threshold-Cycle* C_T der verschiedenen Proben bestimmt. Das ist der Zyklus, bei dem die Absorption aus dem Hintergrundrauschen heraus in die sigmoid verlaufende Kurve übergeht. Der *Threshold-Cycle* wird umso früher erreicht, je häufiger die Ausgangs-Sequenz in der Probe vorhanden ist.
Die qPCR gilt als empfindliche und genaue Methode zur Quantifizierung von spezifischen DNA-Sequenzen mittels PCR. Die qPCR kann natürlich auch gut mit der Reversen Transkription (RT-PCR, → Kapitel 4.5.6) kombiniert werden. So kann das Vorkommen bestimmter RNAs bzw. der daraus generierten cDNAs in verschiedenen Geweben sehr genau und über einen großen Konzentrationsbereich hinweg bestimmt werden.
Es gibt unzählige Varianten der quantitativen PCR, wie beispielsweise die Taq-Man-PCR®, die alle auf dem gleichen Grundprinzip der Kombination von PCR mit Detektion von Fluoreszenz beruhen.

GUT ZU WISSEN

▶ TaqMan PCR

Es gibt Varianten der qPCR, die vor allem ein zusätzliches Oligonukleotid im PCR-Ansatz nutzen, eine sogenannte Sonde. Diese bindet spezifisch an das zu amplifizierende Gen und ist obendrein gleich mit mehreren Fluorophoren markiert. Wenn die DNA-Polymerase bei ihrer Synthese auf diese Sonde trifft, wird sie durch die 5'-3'-Exonuklease-Aktivität abgebaut. Die dabei frei werdenden Fluorophoren werden detektiert. Dieses TaqMan® genannte Verfahren ist viel spezifischer als eine qPCR mit SYBR Green® aber auch sehr teuer.

4.6 Anwendungen der PCR

Die PCR hat sich als Standardmethode nicht nur im Labor durchgesetzt, wo sie neben der Analyse und Klonierung von DNA-Amplifikaten auch für Mutagenese-Verfahren und die Markierung von DNA-Molekülen eingesetzt wird. Auch der molekularen Diagnostik hat sie ein riesiges Anwendungsspektrum eröffnet:

- Identifizierung von Bakterien, Parasiten, Viren – selbst, wenn diese nicht in Kultur gehalten werden können
- Präimplantationsdiagnostik
- Erkennen von Mutationen/Gendiagnostik
- Menschlicher Identitätsnachweis („genetischer Fingerabdruck"), Vaterschaftstests
- Forensische Medizin/Gerichtsmedizin
- Lebensmittel-Analytik von Rohstoffen und Endprodukten
- Nachweis von gentechnisch veränderten Organismen in Lebensmitteln

Dies ist nur eine kleine Auswahl der Anwendungen. Auch in der Evolutionsforschung und der Archäologie erweist sich das Verfahren als wichtiges Hilfsmittel, wie beispielsweise die Entschlüsselung des Genoms des Neandertalers zeigt.

Der entscheidende Vorteil der PCR gegenüber anderen Methoden liegt darin, dass die PCR meistens schneller und sensitiver ist. Weiterhin ist sie einfach automatisierbar, was einen hohen Probendurchsatz erlaubt. Schließlich liefert sie hoch spezifische Ergebnisse, wobei nur sehr wenig Ausgangsmaterial benötigt wird.

Nachteilig ist jedoch, dass die hohe Sensitivität leicht zu falsch positiven Ergebnissen führen kann und dass mit dieser Methode nicht zwischen „lebenden" und „toten" Zellen unterschieden wird. Beispielsweise sind für die Bestimmung infektiöser Keime nur die lebenden Organismen wichtig, aber nicht die abgestorbenen.

Ein weiterer Nachteil der PCR liegt darin, dass es nicht möglich ist, die Menge an Ausgangs-DNA zu quantifizieren. Dies ist für viele Fragestellungen sehr wichtig, kann aber nur mittels der quantitativen PCR bearbeitet werden.

Zum Ende dieses Kapitels kommen wir auf den wichtigsten Punkt für die Durchführung einer PCR. Da schon ein einzelnes DNA-Molekül für die Amplifizierung ausreicht, muss immer eine Nullkontrolle oder Wasserkontrolle angesetzt werden. Bei dieser Nullkontrolle wird anstelle der Ausgangs-DNA H_2O eingesetzt. In dieser Probe entstehende Banden weisen auf eine DNA-Kontamination in einem der Reagenzien hin. Häufig ist einer der Primer schon mit der DNA kontaminiert, die in zuvor durchgeführten Versuchen durch Unachtsamkeit eingetragen wurde. In einem solchen Fall wird der betroffene Primer entsorgt.

4.7 Optimierung der PCR-Reaktion

Obwohl es sich bei der PCR um *die* Standardmethode in der Molekularbiologie handelt, treten häufig Probleme auf. Entweder wird überhaupt kein Amplifikat gebildet oder es tritt eine Vielzahl von Amplifikaten auf. Oft ist die Amplifizierung auch sehr ineffizient. Besonders unangenehm ist es, wenn ein falscher Sequenzabschnitt vervielfältigt wurde, weil die Primer nicht an der gewünschten Stelle gebunden haben. Im Folgenden werden einige mögliche Lösungsansätze vorgestellt.

Wir beginnen mit einer PCR-Reaktion, bei der keine Amplifikate entstehen – eine Situation, für die sich folgende mögliche Ursachen verantwortlich zeigen können:

Die Polymerase wird durch Störstoffe gehemmt. Ethanol, Phenol und EDTA sind deshalb so häufig die Verursacher, weil sie in vorherigen Aufreinigungsschritten verwendet wurden. EDTA gelangt meist in Form von TE-Puffer (Tris-EDTA) in die Reaktion. Da EDTA Mg^{2+} komplexiert, wird die Polymerase-Aktivität inhibiert. In einem solchen Fall kann entweder zusätzlich Mg^{2+} zugesetzt werden, wobei es allerdings zu unspezifischer Amplifizierung kommen kann, oder – besser – die DNA wird vor der PCR mit Natriumacetat und Ethanol (Protokoll 3.2) gefällt. Die Reste an Ethanol werden am besten in einer *Speed-Vac* (→ Abb. 2.12B) entfernt. Weitere mögliche Störstoffe für die PCR sind eine hohe Salzkonzentration, Harnstoff oder SDS.

TIPP

Führt der Auftrag von 3–5 µl des Plasmids, das als Ausgangs-DNA dient, auf ein Agarosegel (→ Kapitel 7.1) zu einer gut sichtbaren Bande, sollte 1 µl der 1:10 verdünnten DNA in die PCR eingesetzt werden.

Eine weitere gängige Ursache für eine fehlende Amplifizierung liegt in einer zu hohen Menge der Ausgangs-DNA. Die Polymerase-Reaktion kann durch zu viel Ausgangs-DNA gehemmt werden. Dies passiert besonders häufig, wenn die Ausgangs-DNA ein aus *E. coli* isoliertes Plasmid darstellt, welches in zu großer Menge zugesetzt wurde. Es ist daher oft sinnvoll, die DNA-Lösung vor der PCR zu verdünnen, was den positiven Nebeneffekt hat, dass eventuell vorhandene Störstoffe ebenfalls verdünnt werden.

Können diese beiden Ursachen ausgeschlossen werden, sollten die Primersequenzen erneut überprüft werden. Ist die Sequenz der Primer korrekt? Vor allem das 3'-OH-Ende muss perfekt binden. Entstehen vielleicht Primerdimere? Passen die *Annealing*-Temperaturen?

Die Stabilität der DNA wird ebenfalls oft überschätzt. Zu starkes Trocknen oder zu hohe NaOH-Konzentrationen bei den ersten Schritten der DNA-Isolation können die Ausgangs-DNA irreversibel geschädigt haben. Dies kann im Gel überprüft werden, denn solchermaßen geschädigte DNA bleibt in der Geltasche liegen.

Selbst wenn obige Fehlerquellen ausgeschlossen wurden, kann die Effizienz der PCR suboptimal bleiben. Dann können folgende Punkte helfen:

- Erhöhung der Konzentration an dNTPs oder DNA-Polymerase.
- Verwenden einer anderen Taq-Polymerase.
- Zugabe einer der folgenden Substanzen: 2-Pyrrolidon, N,N-Dimethylformamid (DMF), Formamid oder Acetamid in Konzentrationen bis 0,8 M. Diese niedermolekularen Amide interagieren mit der DNA-Doppelhelix und destabilisieren die Ausgangs-DNA.
- 1 mM Dimethylsulfoxid (DMSO) oder Glycerin in Konzentrationen von 5-10 % (v/v) erleichtern das Aufbrechen von Sekundärstrukturen innerhalb der Ausgangs-DNA.
- Deacetyliertes Rinderserumalbumin (0,8 µg/µl) kann ebenfalls die Effizienz erhöhen, vor allem, wenn die Probe mit der Ausgangs-DNA Polyphenole enthält (→ Kapitel 9.1.2).
- Optimierung der Primer auf ausbalancierte GC-Gehalte.
- Durchführen der Nested PCR-Strategie (→ Kapitel 4.5.3).

Entstehen bei der PCR mehr Banden als erwartet oder weisen sie nicht die erwartete Größe auf, ist dies ein Hinweis auf nicht optimale PCR-Bedingungen oder eine unbekannte Eigenschaft der Ausgangs-DNA. Eine hohe Bandenzahl kann durch höhere *Annealing*-Temperaturen, eine Touch-Down PCR oder veränderte PCR-Bedingungen reduziert werden. Wenn die Spezifität einer PCR-Reaktion erhöht werden soll, bieten sich folgende Vorgehensweisen an:

- Verwenden einer thermostabilen DNA-Polymerase mit Korrekturfunktion.
- Das Auftreten von Nebenbanden bei der Amplifizierung genomischer DNA kann durch sequenzähnliche Pseudogene bewirkt werden. Hier kann es helfen, das 3'-OH-Ende des Primers so zu ändern, dass nur noch das gesuchte Gen amplifiziert wird.
- Längere Primer führen in der Regel zu spezifischeren Amplifikaten, können aber eine Primer-Dimerisierung bewirken.
- Überprüfen der Primereigenschaften.
- Erhöhen der *Annealing*-Temperatur.
- Durch Verkürzen der Dauer des *Annealings* werden kurze Amplifikate bevorzugt.
- Erniedrigen der Mg^{2+} Konzentration oder der Primerkonzentration.
- Möglicherweise enthält die Ausgangs-DNA noch Verunreinigungen. Diese können wahrscheinlich durch eine Natriumacetat-basierte Ethanolfällung (→ Kapitel 3.3.2) entfernt werden.
- Verwenden von sauberen Materialien, Pipettenspitzen mit Filter sowie einer Wasserkontrolle.

5 Klonieren für Einsteiger

Nachdem die DNA isoliert (→ Kapitel 3) und mittels PCR (→ Kapitel 4) vervielfältigt wurde, folgt oft eine Abfolge von enzymatischen Reaktionen, die im Labor als Klonierung bezeichnet wird. Durch diese Arbeiten wird das interessierende DNA-Sequenz in eine Art Transport-Molekül eingesetzt, beispielsweise in ein Plasmid (→ Kapitel 6).

Das Konstrukt aus DNA und Vektor wird anschließend in ein Bakterium (→ Kapitel 5.5) oder einen anderen Organismus eingebracht. So kann das DNA-Molekül einfach und preiswert vervielfältigt oder über verschiedene nachgeschaltete Verfahren weiter analysiert und bearbeitet werden.

Abb. 5.1
Kurze Übersicht einer klassischen Klonierungsstrategie. In diesem Kapitel wird vor allem die Restriktionsenzym-basierte Integration der DNA in den Zielvektor behandelt.

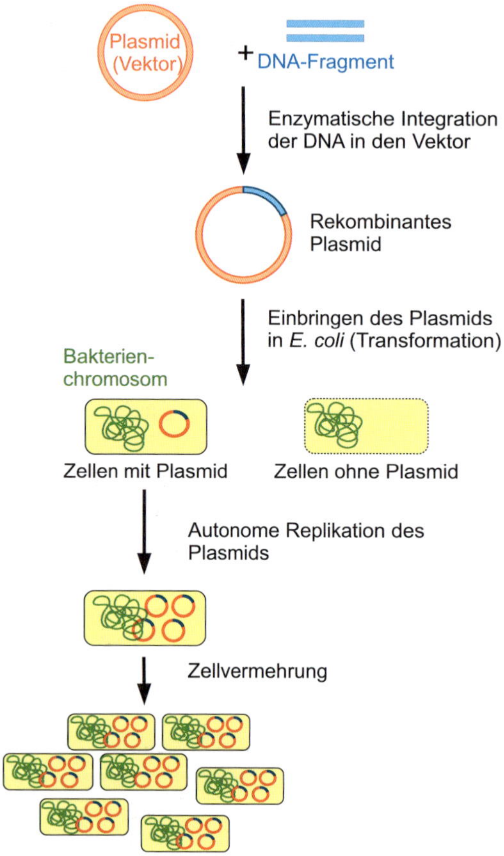

Ein weiteres Ziel kann die Produktion des von der DNA codierten Proteins sein (→ Kapitel 6.3). Hier beschäftigen wir uns zunächst mit den Arbeiten, die zwischen der Isolation der interessierenden DNA bzw. der Herstellung des PCR-Amplifikats und dessen Integration in einen Vektor liegen (→ Abb. 5.1).

Nachdem die Plasmid-DNA (→ Kapitel 3.5.1) isoliert und die einzusetzende DNA amplifiziert (→ Kapitel 4) wurden, bestehen wenigstens zwei alternative Strategien:

- Das Plasmid und die zu integrierende DNA werden mit sogenannten Restriktionsenzymen (→ Kapitel 5.1) an definierten Sequenzen geschnitten, wobei überhängende Enden entstehen, welche leicht durch eine Ligase (→ Kapitel 5.2) zusammengefügt werden können.
- Die Restriktion entfällt und die DNA wird über stumpfe Enden in den linearisierten Vektor eingesetzt (→ Kapitel 5.6).

Das entstandene Konstrukt wird dann in Bakterien eingebracht (Transformation, → Kapitel 5.5), wo es leicht vermehrt werden kann.

GUT ZU WISSEN

▶ Vektoren

Wir besprechen Vektoren erst in → Kapitel 6. An dieser Stelle sind folgende Informationen zum Thema ausreichend: Um eine DNA (z. B. ein PCR-Amplifikat) in einen Organismus einzubringen und dort zu vermehren, wird ein Vektor benötigt, der gewissermaßen das Transportvehikel für diese DNA darstellt. Wie die DNA in einen entsprechend vorbereiteten Vektor eingesetzt werden kann, wird in diesem Kapitel behandelt. Die rekombinante DNA aus Vektor und inserierter DNA wird in eine Zelle, z. B. *E. coli*, eingebracht um sie dort zu vermehren. Der Vektor muss einerseits Sequenzbereiche enthalten, die es ihm ermöglichen, von der Wirtszelle autonom repliziert und auf die Tochterzellen weitergegeben zu werden. Weiterhin muss er einen selektierbaren Marker besitzen, damit rekombinante Zellen von vektorfreien Zellen unterschieden werden können. Als Vektoren kommen neben Plasmiden auch andere DNA-Moleküle infrage (→ Kapitel 6). In diesem Kapitel gehen wir zunächst immer von einem Plasmid als Zielvektor aus.

5.1 Restriktionsenzyme

Restriktionsendonukleasen, meist Restriktionsenzyme genannt, stellen Endonukleasen dar, die – im Gegensatz zu den in → Kapitel 3.1.1 besprochenen DNasen – zunächst eine bestimmte Sequenz auf der Ziel-DNA erkennen, bevor die Hydrolyse des DNA-Rückgrades erfolgt.

Diese in Prokaryoten weit verbreitete Enzymgruppe wurde in Eukaryoten bisher nicht nachgewiesen. Die verschiedenen Enzyme sind äußerst vielfältig und weisen Größen zwischen 18 kDa (PvuII) und 146 kDa (CjeI) auf.

Restriktionsenzyme dienen den Bakterien als Schutzsystem, welches das Eindringen fremder DNA unterbinden soll. Sie bilden zusammen mit ein oder zwei Modifikationsenzymen eine funktionelle Einheit. Während das Restriktionsenzym eine bestimmte DNA-Sequenz erkennt und diese DNA schneidet, methyliert das Modifikationsenzym, eine Methylase, genau diese Erkennungssequenz. Diese Methylierung schützt die eigene Bakterien-DNA vor dem Abbau durch das zugehörige Restriktionsenzym (→ Abb. 5.2), denn die eigene, methylierte DNA wird nicht geschnitten.

Dringt eine Fremd-DNA, z. B. ein Phage, in die Bakterienzelle ein, wird dessen DNA durch das Restriktionsenzym geschnitten, da die Erkennungsstellen nicht methyliert sind. Im Bakterium wird der neu synthetisierte DNA-Strang direkt nach der Replikation an den entsprechenden Stellen methyliert, sodass die eigene DNA vor dem Abbau geschützt ist. Wenn die Pha-

Abb. 5.2
Das System aus Restriktionsenzym und Methylase (R-M-System) schützt das Bakterium vor dem Eindringen von Fremd-DNA, beispielsweise eines Phagen. Normalerweise wird die nicht-methylierte Phagen-DNA durch die bakteriellen Restriktionsenzyme abgebaut. Nur während der Replikation, wenn die Methylase des Bakteriums aktiv ist, kann die Phagen-DNA ebenfalls methyliert werden.

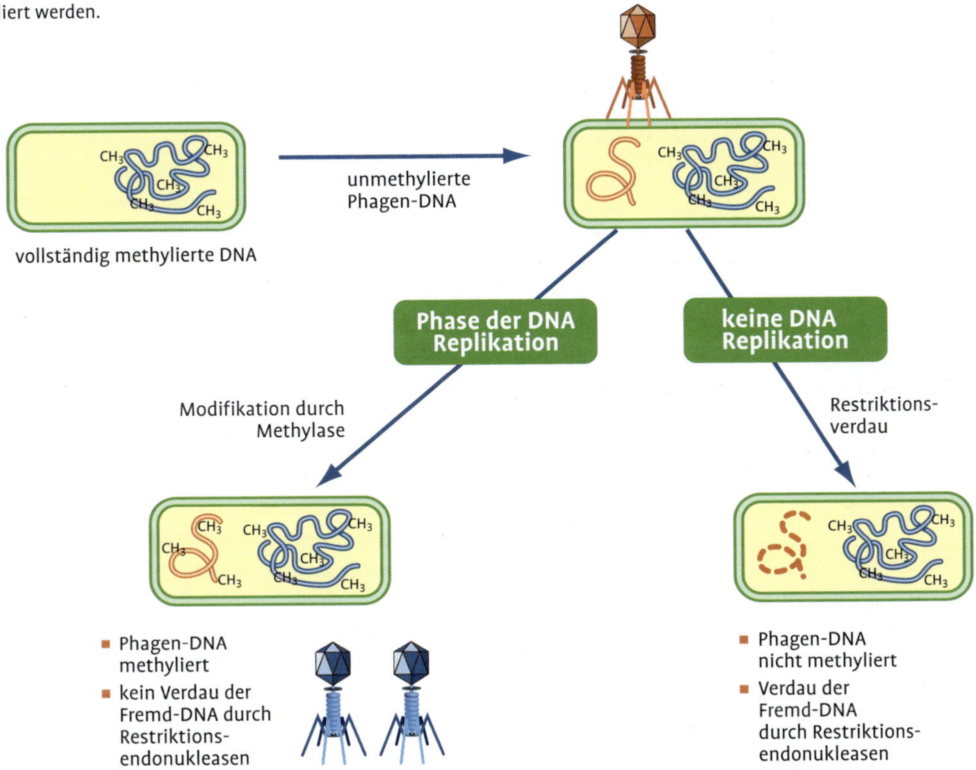

gen-DNA jedoch während der Replikationsphase in das Bakterium eindringt, kann auch sie entsprechend methyliert werden und wäre vor dem Abbau geschützt. Seltener tritt der Fall ein, dass nur die an einer Erkennungssequenz methylierte DNA abgebaut, die unmethylierte DNA jedoch geschont wird.
Die beiden Enzyme Methylase und Restriktionsendonuklease bilden eine Restriktions-Modifikationseinheit, man spricht auch vom R-M-System. Diese R-M-Systeme können entweder ein gemeinsames multimeres Protein bilden oder sie sind auf zwei oder mehr unabhängige Proteine aufteilt.
Die meisten Autoren teilen die Restriktions-Methylierungsenzyme in vier Gruppen ein: Typ I bis Typ IV, einige Autoren betrachten den Typ IV als Subtyp von Typ II. Diese Typen unterscheiden sich sehr stark voneinander. Typ I und III benötigen ATP, Typ II und IV nicht. Die meisten Typen sind multimere Proteine, hier sind Methylase und Restriktionsenzym auf einem Protein vereint. Nur beim Typ II sind diese beiden Funktionen auf zwei verschiedene Proteine aufgeteilt. Vor allem Typ I ist in der Natur weit verbreitet, doch im Labor spielen nur Enzyme des Typs II eine wesentliche Rolle, weshalb hier nur Vertreter dieses Typs betrachtet werden.

5.1.1 Restriktionsenzyme des Typs II

Die allermeisten Typ II-Enzyme zeichnen sich dadurch aus, dass die beiden Funktionen, Endonuklease und Methylase, auf verschiedenen Proteinen liegen und dass sie Mg^{2+} aber kein ATP benötigen.
Typ II Endonukleasen schneiden entweder innerhalb ihrer Erkennungssequenz oder in einem definierten Abstand. Oft, aber nicht immer, sind die Erkennungssequenzen für diese Enzyme symmetrisch aufgebaut und meist zwischen vier und acht Basen lang. Die Hydrolyse der beiden DNA-Stränge erfolgt immer so, dass ein 5'-Phosphatende und ein 3'-OH-Ende entsteht[28].

28 In einigen Lehrbüchern werden weitere gemeinsame Eigenschaften angegeben, die aber überholt sind.

GUT ZU WISSEN

▶ Palindrome

Im Zusammenhang mit Restriktionsenzymen taucht oft der Begriff „Palindrom“ auf. Dies sind Wörter, die sowohl von links nach rechts als auch umgekehrt gelesen werden können, wie „OTTO“. Zwischen der sprachlichen Bedeutung des Begriffs Palindrom und der biologischen gibt es jedoch einen wichtigen Unterschied: bei der DNA ist nicht die Sequenz auf einem Strang von vorn und hinten gleich zu lesen (beispielsweise: CCGGCC), sondern das Zurücklesen erfolgt auf dem Gegenstrang:

+ DNA-Strang: →CCATGG→
– DNA-Strang: ←GGTACC←

Daher sollte statt „Palindrom“ besser der Begriff „symmetrisch“ verwendet werden.

Es sind tausende verschiedener Typ II-Enzyme mit teilweise sehr unterschiedlichen Eigenschaften beschrieben, weshalb sie in Subtypen aufgeteilt wurden. Die Wichtigsten sind in → Tab. 5.1 aufgeführt. Die meisten Enzyme, die im Labor genutzt werden, gehören zum Subtyp P des Typs II. Diese Enzyme erkennen eine symmetrische Sequenz, bei der die Sequenz auf dem oberen Strang gelesen genau der Sequenz rückwärts gelesen auf dem komplementären Strang entspricht. Dies wird symmetrische Sequenz oder Palindrom genannt.
Der Subtyp M erkennt nur methylierte Sequenzen und wird im Labor vor allem durch das Enzym DpnI repräsentiert (→ Kapitel 8.3). Enzyme der Untergruppe Typ IIS schneiden in einem genau definierten Abstand zur Erkennungssequenz. Die bekanntesten Vertreter sind BsaI und BpiI. Sie spielen nicht nur bei vielen fortgeschrittenen molekularbiologischen Verfahren, wie z. B. der Golden Gate Klonierung (→ Kapitel 8.6), eine zentrale Rolle.
Die Namen der Enzyme folgen einer Konvention: Der erste Buchstabe (z. B. „E“: *Escherichia*) gibt die Gattung an, zu welcher der Ursprungsorganismus gehört, die nächsten beiden Buch-

Tab. 5.1
Typ II Subtypen. Die roten Linien stellen die Schnittpositionen dar. Oft liegen viele Nukleotide variabler Sequenz (N) zwischen diesen beiden Stellen. W, R und Y stellen alternative Basen dar (→ Kapitel 4.2.4). Nicht aufgeführt sind die Typen C, F, G, H und T. Manche Enzyme sind mehreren Subtypen zugeordnet, z. B. gehört FokI zu den Subtypen P und S. Die Einteilung sowohl der Hauptgruppen als auch der Subtypen ist leider nicht ganz konsistent. Wir halten uns an die Einteilung der Restriktionsenzymdatenbank Rebase (http://rebase.neb.com).

Subtyp	Besondere Merkmale	Beispielenzym: Name	Erkennungssequenz
A	Asymmetrische Erkennungsstelle, spaltet innerhalb oder außerhalb	FokI	GGATGN$_9$ CCTACN$_9$NNNN
B	Spalten auf beiden Seiten	BcgI	N$_{10}$CGAN$_6$TGCN$_{10}$NN NNN$_{10}$GCTN$_6$ACGN$_{10}$
E	Zwei Kopien der Erkennungssequenz müssen auf dem DNA-Molekül vorhanden sein	EcoRII	CCWGG GGWCC
M	Gehören zu Subtyp IIA oder IIP, benötigen aber eine methylierte Erkennungssequenz *[Modified Base Recognition]*	DpnI	G^{m6}A TC C T ^{m6}AG
P	Symmetrische Erkennungs- und Spaltungsstellen *[Palindromic Specificity]*	EcoRI	G AATT C C TTAA G
S	Asymmetrische Erkennungs- und Spaltungsstellen *[Shifted Cleavage]*	BsaI	GGTCTCn NNNN CCAGAGn NNNN

staben („co“: *coli*) seine Art. Manchmal folgt eine Stamm-Bezeichnung (z. B. „R“: *E. coli* Stamm R). Die römische Zahl am Ende wird nach der Reihenfolge der Entdeckung vergeben (EcoRV ist also das 5. Restriktionsenzym, das aus dem *E. coli* Stamm R isoliert wurde).

Die meisten Enzyme des Typs II produzieren überhängende Einzelstränge (z. B. BamHI, HpaI oder NdeI), die kohäsive Enden[29] *[Sticky Ends* oder *Cohesive Ends]* genannt werden. Die meisten Enzyme produzieren dabei einen 5'-Überhang (→ Abb. 5.3), selten entstehen 3'-Überhänge.

Abb. 5.3
Restriktionsenzyme produzieren 5' (**A**) oder 3' Überhänge (**B**). Auch stumpfe Enden (**C**) können entstehen. Zu beachten ist, dass geschnittene Enden mit 5'-Überhang von einer in der Probe befindlichen DNA-Polymerase aufgefüllt werden können, da das 3'OH-Ende als Start dienen kann (→ Kapitel 5.8).

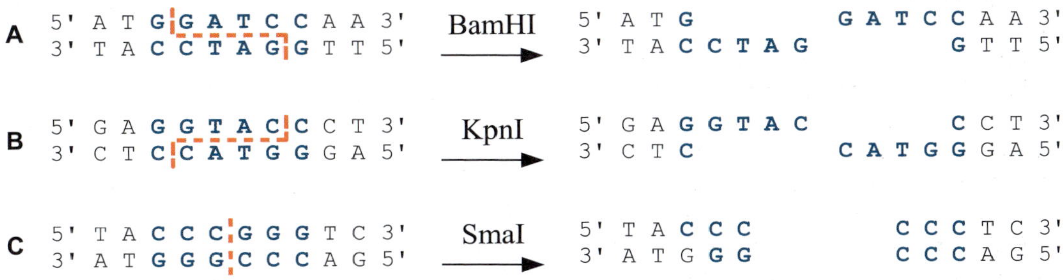

29 Der Ausdruck „klebrige Enden“ wird ebenfalls verwendet.

Tab. 5.2
Beispiele für verschiedene Erkennungssequenzen von Typ II Restriktionsenzymen. Das W steht für ein A oder ein T an dieser Stelle. In BglI sind sogar vier Nukleotide undefiniert (N), weshalb dieses Typ II-S Enzym eine asymmetrische Erkennungsstelle aufweisen kann. LweI und SfaNI sind Isoschizomere, die in einem definierten Abstand zur Erkennungsstelle schneiden und ebenfalls zu den Typ IIS Enzymen gehören. Die Bedeutung von NcoI und XbaI für die Klonierung wird in der Tipp-Box näher erläutert.

Enzym	Herkunft	Erkennungs- / Spaltsequenz	Bemerkung
HpaII	*Haemophilus parainfluenzae*	...5' C|CG G 3'... ...3' G GC|C 5'...	„Vierercutter" generiert 5'-Überhang, Typ IIP
EcoRI	*Escherichia coli* RY13	...5' G|AATT C 3'... ...3' C TTAA|G 5'...	„Sechsercutter" generiert 5'-Überhang, Typ IIP
KpnI	*Klebsiella pneumoniae*	...5' G GTAC|C 3'... ...3' C|CATG G 5'...	„Sechsercutter" generiert 3'-Überhang, Typ IIP
EcoRV	*Escherichia coli* J62 pLG74	...5' GAT|ATC 3'... ...3' CTA|ATG 5'...	Produziert stumpfe Enden, Typ P
BamHI	*Bacillus amylolique-faciens* H	...5' G|GATC C 3'... ...3' C CTAG|G 5'...	„Sechsercutter" generiert 5'-Überhang, Typ IIP, enthält GATC (→ Kapitel 5.1.3)
NcoI	*Nocardia corallina*	...5' C|CATG G 3'... ...3' G GTAC|C 5'...	Enthält Startcodon ATG in Erkennungssequenz
XbaI	*Xanthomonas badrii*	...5' T|CTAG A 3'... ...3' A GATC|T 5'...	Enthält Stopcodon TAG in Erkennungssequenz
BglI	*Bacillus globigii*	...5' GCCN NNN|NGGC 3'... ...3' CGGN|NNN NCCG 5'...	Typ IIP mit variablen Basen in der Mitte
LweI	*Listeria welshimeri* RFL 131	...5' GCATCNNNNN|NNNN 3'... ...3' CGTAGNNNNN NNNN|5'...	Typ IIS, exakt wie Isoenzym SfaNI aus *Streptococcus faecalis* ND547
BstNI	*Bacillus stearothermophilus*	...5' CC|W GG 3'... ...3' GG W|CC 5'...	Typ IIP, Neoschizomer von EcoRII (→ Tab. 5.1)

Weiterhin gibt es auch Enzyme, die stumpfe Enden [*Blunt Ends*] erzeugen, weil sie beide Stränge an der gleichen Stelle schneiden.
In → Abb. 5.3 sind sogenannte Sechser-Cutter aufgelistet, deren Erkennungssequenz sechs Basen lang ist. Es gibt auch kürzere (Vierer-Cutter, z. B. HpaII) und längere Erkennungssequenzen (8er Cutter, z. B. SrfI). Je kürzer die Erkennungssequenz, desto häufiger findet sich statistisch gesehen die Zielsequenz auf einem DNA-Molekül. Die kleine Auswahl an Typ II-Enzymen mit ihren Schnittstellen in → Tab. 5.2 spiegelt die Vielfalt dieser Enzymklasse wider.
Bei der großen Zahl der Enzyme ist es kaum verwunderlich, dass Enzyme mit gleichen Erkennungssequenzen aus verschiedenen Quellen isoliert wurden. Enzyme aus verschiedenen Quellen, die sowohl gleiche Erkennungssequenz als auch ein identisches Spaltverhalten aufweisen, heißen Isoschizomeren (siehe LweI und SfaI in → Tab. 5.2). Erkennen die Enzyme gleiche Sequenzen, spalten aber unterschiedlich, werden sie als Neoschizomere bezeichnet (z. B. PasI: CC▼CWGGG und AjnI: ▼CCCWGGG).

TIPP

Die Enzyme NcoI und XbaI werden gerne zur Klonierung von Genen in Expressionsvektoren (→ Kapitel 6.3) verwendet, weil sie ein Startcodon (ATG) bzw. ein Stopcodon (TAG) in ihrer Schnittstelle enthalten (→ Tab. 5.2).

Abb. 5.4
Kompatible Restriktionsenzyme wie BamHI und BglII produzieren komplementäre Überhänge. Werden die so entstandenen Fragmente später ligiert, können diese durch keines der beiden Enzyme mehr geschnitten werden, da die Symmetrie der Erkennungsstelle verlorengeht.

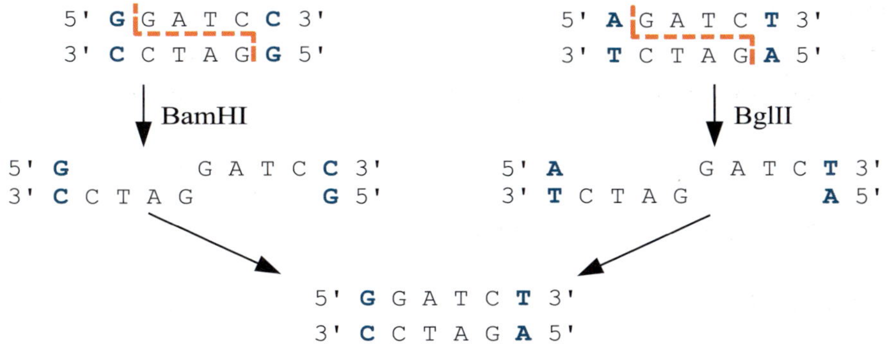

Kompatible Restriktionsenzyme produzieren einander komplementäre Überhänge. Nachdem diese verknüpft sind, kann dieser Bereich durch keines der beiden Enzyme mehr geschnitten werden (→ Abb. 5.4).

5.1.2 Restriktionsenzyme im Labor

In den meisten Laboren stammen die Restriktionsenzyme alle vom gleichen Hersteller. Dies liegt vor allem daran, dass die Anbieter eigene Puffersysteme entwickelt haben, die es erlauben, möglichst viele Reaktionen im gleichen Puffer durchzuführen. Sehr viele Restriktionsenzyme wurden gentechnisch optimiert. Daher sind viele Enzyme im gleichen Puffer aktiv, und die Inkubationszeiten konnten von 60 min auf unter 10 min verkürzt werden. Solche optimierten Enzyme erkennt man bei den Herstellern an Namenszusätzen wie „Time-Saver™" oder „FastDigest™". Da diese nur unwesentlich teurer sind als ihre natürlichen Varianten, sind sie letzteren vorzuziehen. Die erforderliche Reaktionstemperatur fast aller Enzyme liegt bei 37 °C. Bei dieser Temperatur sind – vor allem, wenn mit dem Darmbakterium *E. coli* gearbeitet wird – auch viele unspezifisch schneidende Nukleasen aktiv. Daher sollten Reaktionen, die bei 37 °C durchgeführt werden müssen, möglichst kurzgehalten werden. Die Nutzung eines Universalpuffers ist vor allem dann interessant, wenn mit zwei oder mehr Restriktionsenzymen gleichzeitig gearbeitet werden soll. Diese können zusammen in einen Reaktionsansatz verwendet werden. Inzwischen wurden nicht nur die Restriktionsenzyme auf bestimmte firmeneigene Puffer hin angepasst, sondern auch weitere Enzyme, die bei Klonierungen eine Rolle

GUT ZU WISSEN

▶ Isoschizomere

Isoschizomere dienen den Herstellern als Alternative zu bereits patentierten Enzymen. Auch für den Forscher können sie sich als nützlich herausstellen, wenn sie die Restriktion bei unterschiedlichen Pufferbedingungen ermöglichen.

GUT ZU WISSEN

▶ Nicking Enzymes

Restriktionsendonukleasen schneiden beide Stränge einer dsDNA. Neuerdings werden auch Enzyme kommerziell angeboten, die nur einen Strang einer dsDNA schneiden, oder DNA-RNA-Hybride. Solche Enzyme werden als Nicking Enzymes bezeichnet und kommen natürlicherweise nicht vor.

PROTOKOLL 5.1

Universal-Puffer für Restriktionsenzyme

Manchmal lässt es sich nicht umgehen, Enzyme verschiedener Hersteller gleichzeitig einzusetzen. Dann kann folgender 10 x Universal-Puffer helfen.

10 × Universal-Puffer
100 mM Tris-HCl, pH7,5
100 mM $MgCl_2$
1 M NaCl
1 mg / ml Rinderserumalbumin (BSA)
0,5 mM DTT

spielen. So kann z. B. der CutSmart®-Puffer nicht nur für alle Time-Saver™ Enzyme genutzt werden, sondern auch für die vom Hersteller angebotene T4-Ligase. Die sehr effiziente Zyklische *Blunt End* Ligation (→ Kapitel 5.7.4) sowie das *Cut-Ligation*-Verfahren (→ Kapitel 8.6.2) erlauben sogar die Durchführung von Restriktion und Ligation in einem Gefäß!
Neben den zuvor beschriebenen, gentechnisch optimierten Restriktionsendonukleasen gibt es auch noch die natürlich vorkommenden Varianten. Sie sind ein wenig preiswerter, benötigen längere Inkubationszeiten und oft auch spezielle Puffer. Bei einem „Doppelverdau", also dem gleichzeitigen Schneiden mit zwei verschiedenen Enzymen, kann es schwierig werden, den für beide Enzyme geeigneten Puffer zu finden. Daher sind auf den Webseiten vieler Hersteller unter dem Stichwort „*Double Digest*" Empfehlungen für den jeweiligen Puffer und die einzusetzenden Enzymmengen zu finden. Ist keine Empfehlung für die gewünschte Kombination zu finden oder stammen die beiden Enzyme von zwei verschiedenen Herstellern, kann der in → Protokoll 5.1 beschriebene Universalpuffer getestet werden.
In den Angaben der Hersteller finden sich noch weitere relevante Informationen. Zunächst die Angabe zur Temperatur, bei der die Enzyme inaktiviert werden, und so die Reaktion gestoppt werden kann. Meist beträgt sie 65 °C. Für die nicht optimierten Enzyme müssen noch einige weitere Aspekte beachtet werden. Ein wichtiges Symbol ist das Sternsymbol, welches auf eine Star-Aktivität hinweist. Enzyme mit Star-Aktivität schneiden die DNA unspezifisch, wenn die Bedingungen nicht optimal sind oder wenn sie zu hoch konzentriert verwendet werden. Ein bekannter Vertreter dieser Gruppe ist nicht-optimiertes *EcoRI*. Weiterhin finden sich bei einigen Restriktionsenzymen Hinweise wie „dam" „dcm" oder „GC". Diese Bezeichnungen deuten darauf hin, dass das Enzym nur nicht-methylierte DNA schneiden kann. Aus unterschiedlichen Gründen gibt es jedoch sowohl in Prokaryoten als auch in Eukaryoten methylierte Basen. Befindet sich eine solche methylierte Base in der Erkennungssequenz, kann das Enzym nicht schneiden. Ein bekanntes Beispiel für ein methylierungssensitives Enzym ist BclI. Die Begriffe „*dam*" oder „*dcm*" werden auch in → Kapitel 5.1.3 behandelt. Einige wenige „klassische" Enzyme benötigen spezielle Bedingungen, beispielsweise ungewöhnliche Reaktionstemperaturen oder den Zusatz von Rinderserumalbumin (BSA). Entsprechende Angaben finden sich bei den Herstellern.
Gentechnisch optimierte Enzyme weisen weder eine Star-Aktivität noch eine Sensitivität gegen-

TIPP

Manche Enzyme werden noch nicht als optimierte Varianten angeboten. Dennoch lohnt es sich auszutesten, ob diese nicht auch im Universalpuffer des entsprechenden Herstellers aktiv sind. Allerdings sind dann wieder längere Reaktionszeiten erforderlich. Ob ein Enzym des einen Herstellers im Puffer des anderen Herstellers aktiv ist, muss für jedes Enzym ausgetestet werden. Die Hersteller garantieren die Kompatibilität natürlich nur innerhalb ihrer Produktpalette.

GUT ZU WISSEN

▶ Restriktionsenzyme – Unit Definition
1 Unit ist definiert als die Enzymmenge, die unter optimalen Bedingungen alle Erkennungssequenzen in 1 µg DNA in 60 min vollständig spaltet.

TIPP

Das Enzym sollte maximal 10 % des Volumens ausmachen, denn die Enzymlösung enthält Glycerin, das die Reaktion hemmen kann. Das Glycerin verhindert in der Vorratslösung das Einfrieren des Enzyms bei −20 °C.

über methylierten Basen in der Erkennungssequenz auf.
Ein typischer Restriktionsansatz ist im → Protokoll 5.2 aufgeführt. In der Praxis wird in einen Ansatz 0,5 µl oder 1 µl Enzym eingesetzt, oft unabhängig von der enthaltenen Aktivitätsmenge, die meist bei 10 U /µl liegt.

5.1.3 Methylasen und Typ IIM-Enzyme

Wie bereits erwähnt, gehört zu jeder Restriktionsendonuklease auch eine Methylase, die bei dem meisten Typ II-Enzymen ein eigenständiges Protein darstellt. Die Methylasen haben den gleichen Namen wie ihre zugehörige Endonuklease, allerdings mit einem „M." vor dem Namen: M.EcoRI oder M.NcoI. Im Labor spielen diese Enzyme nur eine untergeordnete Rolle. Allerdings besitzen viele Laborstämme von *E. coli* ein R-M-System – entweder mit der Methylase *dam* oder *dcm*. Diese Enzyme methylieren die Sequenz $G^{m6}ATC$ (*dam*) bzw. $C^{m5}CWGG$ (*dcm*).
Durch diese methylierten Sequenzen werden einige Restriktionsenzyme, deren Erkennungssequenz damit überlappt, gehemmt. Dies kann besonders bei *dam* geschehen, wenn „$G^{m6}ATC$" Teil einer längeren Erkennungssequenz ist, wie bei BclI in dessen Erkennungssequenz T**GATC**A die *dam*-Sequenz enthalten ist. Aber nicht alle Enzyme sind methylierungssensitiv: BamHI (G**GATC**C) wird beispielsweise nicht von einer Methylierung beeinflusst. Auf den Herstellerseiten kann durch die Begriffe „*dcm*" und „*dam*" ermittelt werden, ob ein Enzym methylierungssensitiv ist oder nicht. Moderne, gentechnisch optimierte Restriktionsenzyme sind i. d. R. nicht methylierungssensitiv.
Die Methylierung der bakteriellen DNA eröffnet auch weitere Möglichkeiten, da durch sie nach einer PCR zwischen der methylierten Ausgangs-DNA und der unmethylierten, amplifizierten DNA unterschieden werden kann. Wie aus → Abb. 4.1 ersichtlich, bleibt die Ausgangs-DNA bei der PCR Reaktion erhalten. Dies kann für manche Verfahren, wie beispielsweise für die „*Site-directed* Mutagenese" (→ Kapitel 8.3) oder für PCR-basierte Klonierungsverfahren (→ Kapitel 8.4), sehr störend sein. Durch den Einsatz des Restriktionsenzyms Typ IIM DpnI kann die methylierte Ausgangs-DNA komplett zerstört werden, während unmethylierte PCR-generierte DNA unbehelligt bleibt, denn DpnI schneidet nur $G^{m6}ATC$ nicht jedoch GATC.

PROTOKOLL 5.2

Restriktionsverdau

Material:
- DNA
- Thermoblock oder Wasserbad bei 37 °C
- Der 10 × Puffer wird zusammen mit dem Restriktionsenzym vom Hersteller geliefert.

Ansatz:
- 1 µl 10 × Puffer
- 6,5 µl H_2O
- 2 µl DNA, ungefähr 1/20 bis 1/10 Menge einer typischen Plasmidpräparation (→ Kapitel 3.5.1)
- 0,5 µl Enzym (bei Doppelverdau: 0,5 µl des zweiten Enzyms, dann nur 6 µl H_2O)
- Gesamtvolumen: 10 µl

Durchführung:
1. Alle Substanzen werden in ein Reaktionsgefäß pipettiert.
2. Für 10–20 min (optimierte Enzyme) bzw. 60 min (natürliche Enzyme) bei 37 °C im Wasserbad oder Thermoblock inkubieren.
3. Abschließend wird die Reaktion meist durch Erhöhung der Temperatur auf 65 °C (manche Enzyme erfordern 85 °C) gestoppt.

GUT ZU WISSEN

▶ *dam*⁻ und *dcm*⁻-Stämme von *E. coli*

Kommerziell werden auch *dam*⁻- beziehungsweise dcm⁻-Stämme angeboten, welche in ihrem Genotyp (→ Tab. 2.3) die entsprechenden Bezeichnungen aufweisen. Diesen fehlen die entsprechenden Methylasen. Solche Stämme können daher nicht für Klonierungsverfahren wie die PCR-basierte Klonierung (→ Kapitel 8.4) verwendet werden.

5.1.4 Typ IIS-Enzyme

Typ IIS-Enzyme besitzen eine definierte Erkennungsstelle und eine Schnittstelle mit beliebiger Sequenz in einem genauen Abstand. Oft sind ihre Erkennungsstellen nicht symmetrisch. Dieser Typ wird inzwischen bei vielen modernen, fortgeschrittenen Verfahren eingesetzt. Bekannte Vertreter sind BsaI und BpiI (→ Abb. 5.5). Typ IIS-Enzyme spielen eine wesentliche Rolle bei der Golden Gate Klonierung (→ Kapitel 8.6), bei der modularen Klonierung (→ Kapitel 8.6.4) sowie beim *Next Generation Sequencing* (NGS) Verfahren SOLiD®, welches hier nicht weiter besprochen wird. Auch das Enzym FokI gehört in diese Gruppe. Die C-terminale Domäne dieses Enzyms spielt eine zentrale Rolle bei der Genom-Editierung mittels TALEN (→ Kapitel 12.5).

5.2 Ligation

Die Ligase katalysiert die Bildung von Phosphodiesterbindungen zwischen einem 5'-Phosphatende oder einer benachbarten 3'-Hydroxylgruppe einer dsDNA oder dsRNA (→ Abb. 5.6). Dabei ist es bei dsDNA unerheblich, ob diese Enden Teil eines stumpfen oder überhängenden DNA-Endes sind. Darüber hinaus ist das Enzym in der Lage, Einzelstrangbrüche zu reparieren. Im Labor wird fast immer die T4-Ligase aus dem Bakteriophagen T4 verwendet, welche neben Mg^{2+}-Ionen auch ATP (nicht dATP!) benötigt.

Die Ligation kann entweder bei 11–16 °C über Nacht oder bei 22 °C für 1–2 h durchgeführt werden. Es gibt auch schnelle Protokolle, die die Ligation innerhalb von Minuten versprechen. Die Reaktion kann am nächsten Morgen durch Zugabe frischer Ligase und ATP „nachgestartet" werden.

Der wesentliche Parameter für die Ligase-Reaktion ist die vorhandene Menge an freien Phosphat- und Hydroxyl-Enden. Unangenehmerweise ist meist nur die DNA-Menge in ng/µl bekannt, was eine Umrechnung in die Zahl der Moleküle bzw. der zu ligierenden Enden erfordert. Die zugehörigen Formeln gehen von einem ungefähren Molekulargewicht von 660 Da pro Basenpaar aus (→ Protokoll 5.3).

Abb. 5.5
Enzyme wie BsaI oder BpiI gehören zu den Typ II-Restriktionsendonukleasen, obwohl sie eine asymmetrische Erkennungssequenz aufweisen und außerhalb dieser schneiden. Die Sequenz im Bereich des Schnitts kann beliebige Basen enthalten („N"). Diese Basen und somit den entstehenden Überhang kann man selber bestimmen, was der Grund für die zunehmende Popularität dieser Enzyme ist. Wenn die Lage gut gewählt ist, bleibt nach Restriktion und Ligation keine Erkennungs- oder Schnittstelle zurück, weshalb diese Klonierungsverfahren *seamless cloning* genannt werden. (→ Kapitel 8.6).

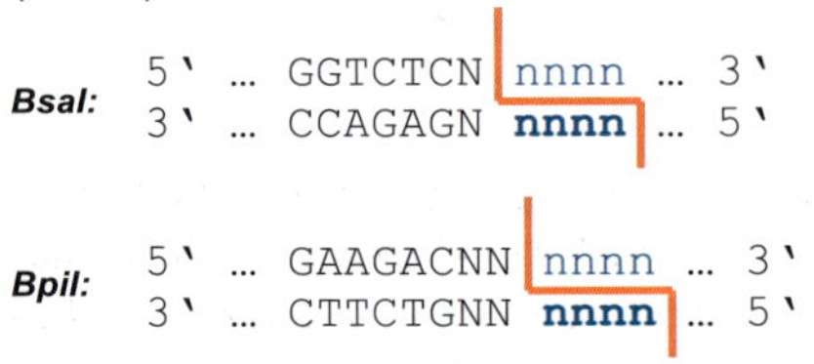

Abb. 5.6
Schema verschiedener Ligase-Reaktionen. Die benachbarten 3'-OH- und 5'-P-Enden zweier dsDNA-Stränge werden unter ATP-Verbrauch verbunden. Dabei können die Enden entweder kohäsiv mit 5' (**A**) bzw. 3' Überhang sein oder stumpfe Enden (**B**) darstellen. Auch Einzelstrangbrüche (**C**) können durch die Ligase geschlossen werden. Fehlen infolge einer Dephosphorylierung (→ Kapitel 5.3) die endständigen Phosphate, kann keine Ligase-Reaktion stattfinden (**D**).

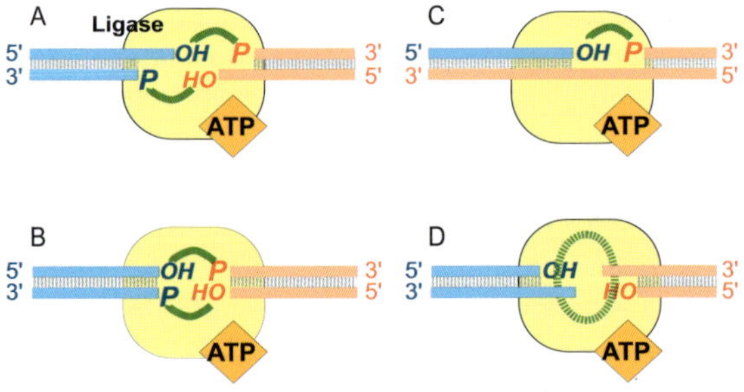

PROTOKOLL 5.3

Berechnen von pmol DNA oder DNA-Enden sowie der molaren Verhältnisse

Folgende Formeln helfen bei der Berechnung der DNA-Menge in pmol (Gleichung 5.1):

$$pmol\ DNA\ Enden = \mu g\, DNA \cdot \frac{pmol}{660} \cdot \frac{1}{N} \cdot 2 \cdot \frac{kb}{1000\, b}$$

Dabei ist N die Zahl der Nukleotide in kb, die 660 pg/pmol stellen das durchschnittliche Molekulargewicht eines Nukleotidpaares dar. Da wir bei einem linearen Molekül zwei Enden haben, taucht die 2 in der Gleichung auf. Der Quotient „kb/1000b" ist ein Konversionsfaktor für Kilobasen zu Basenpaare. Natürlich gibt es auch eine Formel für die Umrechnung von pmol DNA zu µg DNA (Gleichung 5.2):

$$\mu g\, DNA = N \cdot \frac{1\, \mu g}{10^6 pg} \cdot \frac{660\, pg}{pmol} \cdot pmol\ DNA$$

Wenn – wie für Ligationen üblich – pmol „DNA Enden" berechnet werden sollen, muss der pmol-Wert für die dsDNA mal 2 genommen werden.
Um die molaren Verhältnisse zu berechnen, wird folgende Formel verwendet (Gleichung 5.3):

$$\mu g\, DNA = N \cdot \frac{1\, \mu g}{10^6 pg} \cdot \frac{660\, pg}{pmol} \cdot pmol\ DNA$$

GUT ZU WISSEN

▶ **Ligase-Aktivität in Weiss Units**
Die Aktivität einer Ligase wird in Weiss-Units angegeben: 1 Weiss Unit ist die Menge an Enzym, die benötigt wird, um 1 nmol radioaktiv ^{32}P-markiertes Pyrophosphat in 20 min bei 37 °C in ATP auszutauschen. Für die Molekularbiologie ist folgende Ableitung nützlicher: 1 Unit Enzym wird benötigt, um 50 % eines HindIII Restriktionsverdau der DNA des Phagen λ in 30 min bei 16 °C und 20 µl Reaktionsvolumen zu ligieren. Allerdings weichen die Definitionen der Hersteller voneinander ab. Am besten werden einfach 0,5 µl oder 1 µl Enzym eingesetzt.

PROTOKOLL 5.4

Ligation

Material:
- Reaktionsgefäße
- Thermoblock oder Thermocycler
- T4-Ligase
- DNA

5x Ligationspuffer
400 mM Tris-HCl, 100 mM $MgCl_2$, 100 mM DTT, 5 mM ATP, pH 7,8

Durchführung:
1. Ligationsansatz:
   - x µl Vektor-DNA
   - y µl Fragment-DNA 3–10-fache Menge des Vektors (bezogen auf die Enden)
   - 4 µl 5x Ligationspuffer (obigen oder vom Hersteller mitgelieferter Puffer) langsam auf Eis auftauen
   - 1 µl (10 U/µl) T4-DNA-Ligase
   - H_2O *ad* 20 µl
2. Für 2 h bei 22 °C oder über Nacht bei 16 °C inkubieren

TIPP

Der Ligase-Puffer enthält ATP, das sehr empfindlich gegenüber wiederholtem Auftauen und Einfrieren ist. Am besten wird der Puffer aliquotiert eingefroren. Weiterhin sollte der Puffer langsam auf Eis aufgetaut werden.

TIPP

DNA-Moleküle mit einem phosphoryliertem 5'-Überhang lassen sich sehr viel einfacher verknüpfen als solche mit stumpfen Enden oder einem 3'-Überhang. Bei Letzteren sollten daher mehr Ligase eingesetzt werden und die Reaktionsdauer erhöht werden.

TIPP

Das Verhältnis 5:1 für Insert:Vektor gilt als effizienter als das klassische 3:1 Verhältnis.

Für eine erfolgreiche Ligation ist das Verhältnis von Insert zu Vektor sehr wichtig. In der Literatur findet sich meist ein Wert von 3 Teilen Insert auf 1 Teil Vektor – immer bezogen auf die Zahl der Enden.

Ohne endständige Phosphatgruppe kann die Ligase keine Verknüpfung herstellen (→ Abb. 5.6D). Dieses Verhalten wird ausgenutzt, wenn die Ligation der beiden Enden des gleichen Moleküls (die sogenannte Selbstligation oder Selbstzirkulation, → Abb. 5.7B) verhindert werden soll. Umgekehrt müssen einige DNA-Moleküle zunächst phosphoryliert werden, bevor sie überhaupt ligiert werden können (→ Kapitel 5.3.2). Dazu gehören synthetische Oligonukleotide, welche ohne endständige Phosphorylierung geliefert werden. Die Ligase wird vielfältig eingesetzt:

- Verknüpfung von doppelsträngiger DNA oder RNA mit überhängenden oder stumpfen Enden, beispielsweise die Ligation eines PCR-Amplifikats in einen Vektor oder die Selbstzirkularisierung eines linearen DNA-Moleküls,
- Verknüpfung von Oligo-Adaptern oder Linkern an DNA-Moleküle mit stumpfen Enden,
- Reparatur von Einzelstrangbrüchen in dsDNA, dsRNA oder DNA-RNA-Hybriden.

TIPP

Die T4-Ligase wird stark durch NaCl oder KCl inhibiert, wenn diese Salze in Konzentrationen über 200 mM vorliegen.

5.3 (De)Phosphorylierung von DNA

Das Phosphat am 5'-Ende der DNA (→ Abb. 1.3) kann enzymatisch durch eine Phosphatase entfernt werden. Liegt eine DNA an ihrem 5'-Ende ohne Phosphatgruppe vor, kann diese durch eine Kinase angehängt werden.

5.3.1 Dephosphorylierung

Liegen Vektor und einzusetzende DNA mit stumpfen Enden vor, können bei der Ligation sowohl Insert und Vektorenden verknüpft werden als auch die Vektorenden untereinander, ohne dass es zur Integration des Inserts kommt (→ Abb. 5.7). Tatsächlich würden in einem solchen Ansatz fast ausschließlich mit sich selbst religierte Vektormoleküle entstehen, denn die Religation ist gegenüber der Integration eines DNA-Fragmentes stark bevorzugt.

Um diese Selbstligation (→ Abb. 5.7A) zu unterbinden, wird der Vektor vor der Ligation dephosphoryliert. Die 5'-Enden verlieren ihr endständi-

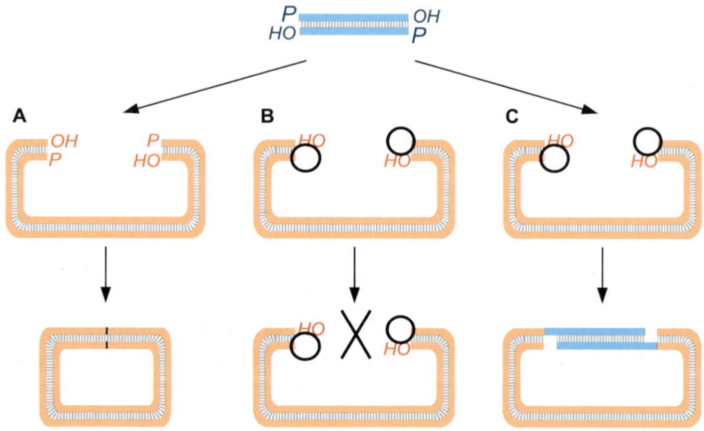

Abb. 5.7 Vektor und Fragment werden mit einem Restriktionsenzym geschnitten. In **A** würden die beiden Enden des Vektors miteinander ligiert und kein Fragment eingebaut werden. Dies kann durch die Dephosphorylierung der Enden des Vektors verhindert werden (**B**). Nur durch die Integration des Inserts mit 5'-P-Enden kann der Vektor noch geschlossen werden (**C**). Die verbleibenden Einzelstrangbrüche werden nach der Transformation im Bakterium repariert. Durch die Dephosphorylierung wird also die Selbstligation des Vektors verhindert.

ges Phosphat, sodass die Ligase diese beiden Vektor-Enden nicht verknüpfen kann (→ Abb. 5.7B). Die einzige Möglichkeit, wieder ein ringförmiges Molekül zu bilden, ist die Integration des DNA-Fragments mit seinen phosphorylierten Enden (→ Abb. 5.7C). So kann die Ligase auf jeder Seite zumindest einen der beiden Doppelstränge verknüpfen. Der dabei verbleibende Einzelstrangbruch [*Nick*] in der ligierten DNA wird nachfolgend im Bakterium repariert.

Die gleiche Situation tritt auf, wenn sowohl Vektor als auch Insert mit dem gleichen Restriktionsenzym geschnitten werden. Die dabei entstehenden kompatiblen Enden (→ Abb. 5.4) von Insert und Vektor verhalten sich, wie oben für stumpfe Enden beschrieben. Auch hier können die beiden Enden des Vektors religieren. Werden zwei verschiedene Restriktionsenzyme genutzt, ist darauf zu achten, dass sie keine kompatiblen Enden produzieren. In all diesen Fällen kann der geöffnete Vektor dephosphoryliert werden, um eine Religation mit sich selbst zu verhindern.

Die Dephosphorylierung der 5'-Enden des Vektors (→ Abb. 5.7) wird oft mit einer Alkalischen Phosphatase durchgeführt. Die Reaktion erfolgt mit einem entsprechenden Enzym für 1 h bei 37 °C.

Die CIAP [*Calf Intestine Alkaline Phosphatase*] ist ein sehr stabiles und zuverlässiges Enzym und kann lange bei 4 °C gelagert werden. Allerdings ist es schwierig, das Enzym zu deaktivieren. Es würde eine nachfolgende Ligase-Reaktion natürlich sehr stören. Daher muss nach einer Dephosphorylierung mit CIAP die DNA entweder gefällt oder über ein Silicagel (→ Kapitel 3.4) aufgereinigt werden.

Dies ist der Grund, warum inzwischen die SAP [*Shrimp Alkaline Phosphatase*] häufiger verwendet wird, denn sie kann leicht bei 65 °C inaktiviert werden.

TIPP

Oft werden die beiden Enden des Inserts bzw. die beiden Enden des Vektors mit zwei verschiedenen Restriktionsenzymen geschnitten. Auf diese Weise kann das Insert gerichtet eingebaut werden und der leere Vektor kann nicht religieren. Diese Strategie wird in → Kapitel 5.8 näher erläutert.

PROTOKOLL 5.5

Dephosphorylierung von 5'-P-Enden mittels SAP

Material:

- 10 × Puffer: 0,1 M Tris-HCl, pH 7,5, 0,1 M $MgCl_2$, 1 mg/ml BSA oder Puffer des Herstellers
- Alkalische Phosphatase aus Shrimps [*Shrimp Alkaline Phosphatase*] (SAP)
- DNA-Lösung, 10–40 µl mit 1–10 pmol Enden

Durchführung:

1. Ansetzen der Reaktion:
   - 10–40 µl DNA-Lösung
   - 5 µl 10 × Puffer
   - 1 µl SAP (SAP wird meist in Konzentrationen von 1 U / µl angeboten).
2. Inkubieren für 60 min bei 37 °C
3. Abstoppen der Reaktion durch Erhitzen auf 65 °C für 15 min

Da die SAP fest an die DNA bindet, sollte anschließend 1 % SDS zugesetzt und die Lösung für 10 min bei 65 °C inkubiert werden. Sonst kann es bei der Agarose-Gelelektrophorese (→ Kapitel 7.1) zu einem veränderten Laufverhalten kommen.

5.3.2 Phosphorylierung

Manchmal liegt eine DNA ohne Phosphatgruppe am 5'-Ende vor. Dann kann sie durch Einsatz einer Kinase phosphoryliert werden.

Eine wichtige Anwendung für Kinasen stellen synthetisch hergestellte Oligos (→ Kapitel 4.2.4) dar, welche standardmäßig keine 5'-P-Enden besitzen. Sollen solche Oligos beispielsweise als Adapter eingesetzt werden, müssen die 5'-Enden zunächst phosphoryliert werden. Für diese recht unkomplizierte und schnelle Modifikation wird die T4 Polynukleotide Kinase (T4 PNK) verwendet, die den Transfer des γ-Phosphats vom ATP auf die 5'-OH Gruppe von ssDNA, dsDNA und

RNAs überträgt. Diese Reaktion ist reversibel, wenn ADP vorhanden ist.
Neben der Phosphorylierung von synthetischen Oligonukleotiden kann das Enzym für viele weitere Anwendungen genutzt werden, wovon die Markierung der 5'-Enden von Nukleinsäuren mit radioaktivem ^{32}P früher weit verbreitet war.

Tab. 5.3
Übersicht einiger weiterer, molekularbiologisch relevanter Enzyme.

Enzym	Erläuterung
DNA- und RNA-Polymerasen:	
DNA-Polymerase I	Nick Translation (→ Kapitel 4.2.2), Auffüllen von ssDNA-Bereichen in dsDNA (Klenow Fragment der DNA-Polymerase I).
Terminale Deoxynukleotidyl Transferase (TdT)	Fügt einen Homopolymer-Strang an das 3'Ende einer DNA an. Markieren von 3'-DNA-Enden mit modifizierten Nukleotiden.
Bst Polymerase	Thermostabile DNA-Polymerase (65 °C) mit hoher Strangverdrängung, wird bei einigen analytischen Verfahren wie der LAMP *[Loop-mediated Isothermal Amplification]* verwendet.
Tth Polymerase	Kann abhängig vom Puffer als DNA-Polymerase oder als Reverse Transkriptase fungieren (→ Kapitel 4.5.6).
DNA-abhängige RNA-Polymerasen	Meist werden die SP6- oder die T7- RNA-Polymerase für die *in vitro* Synthese von RNAs (z. B. siRNAs (→ Kapitel 12.4.2), sgRNAs (→ Kapitel 12.5)) verwendet. Weiterhin können markierte RNAs hergestellt werden. Beide Enzyme beginnen die Synthese an ihrem jeweiligen Promotor.
DNA- und RNA-Nukleasen:	
DNase I	Abbau von ssDNA oder dsDNA, v.a. um DNA bei der RNA- oder Proteinisolation zu entfernen (→ Kapitel 3.6 und 9.6).
Exonuklease III, T5-Exonuklease	Das Enzym entfernt Mononukleotide vom 3´-OH-Ende einer dsDNA. Pro Reaktionsschritt wird eine begrenzte Zahl an Nukleotiden entfernt. So entsteht am dsDNA-Molekül ein 5'-Überhang, der z. B. über eine DNA-Polymerase mit markierten Nukleotiden wieder aufgefüllt werden kann (Herstellung von Sonden, → Kapitel 7.6.2). Auch das Enzym aus dem Phage T5 besitzt eine 3'-Exonuklease Aktivität und wird beim Gibson Assembly (→ Kapitel 8.7) eingesetzt.
RNase A, RNase H	RNase A kann in verschiedensten Puffern verwendet werden, ist aber schwer zu inaktivieren. RNase H baut spezifisch RNA in RNA / DNA Hybriden ab, z. B. bei der Reversen Translation (→ Kapitel 4.5.6).
S1-Nuklease	Abbau von ssDNA und ssRNA. Kann genutzt werden um einzelsträngige Überhänge nach Restriktionsverdau abzubauen.
Weitere Enzyme:	
Polynukleotid Adenylyltransferase	Fügt in Eukaryoten posttranskriptional einen PolyA-*Strang* an die prä-mRNA (→ Abb. 1.9). Auch *in vitro* kann das Enzym einen PolyA^{+}-*Strang* an eine RNA anhängen. Eine polyadenylierte RNA ist stabiler und kann nach Transfektion oder Mikroinjektion (→ Kapitel 6.11.3) in eukaryotischen Zellen *in vivo* translatiert werden.
Topoisomerase I	Entfernt Supercoiling aus einer DNA durch kurzzeitiges Schneiden eines der beiden Stränge einer dsDNA. Das TOPO-Cloning beruht auf diesem Enzym (→ Kapitel 5.7.2)
Topoisomerase II (*E. coli* DNA gyrase)	Katalysiert ebenfalls einen Strangbruch mit anschließender Verknüpfung, schneidet aber beide DNA-Stränge einer dsDNA.

GUT ZU WISSEN

▶ DNA-Adapter (DNA-Linker)

Zwei zueinander komplementäre Oligonukleotide werden synthetisiert bzw. bestellt. Anschließend werden sie zusammengegeben, kurz aufgekocht und langsam abgekühlt. Es entsteht ein dsDNA-Molekül, allerdings ohne die Phosphorylierung an den 5'-Enden. Daher werden Kinase und ATP zugegeben, oder es werden mit einem Restriktionsenzym die Enden abgeschnitten. Ein solchermaßen hergestelltes DNA-Stück kann als kurzes Verbindungsstück zwischen andere DNA-Elemente gesetzt werden. Beispielsweise lässt sich so eine *Tag*-Sequenz in einen Vektor integrieren (→ Kapitel 6.3.5).

5.4 Enzyme für spezielle Aufgaben

Es gibt eine Reihe weiterer Enzyme, die sich für den Molekularbiologen als nützlich erweisen können. Ihre Funktion und Anwendungsmöglichkeiten sind in → Tab. 5.3 kurz erläutert.

5.5 Die Transformation von *E. coli*

An die Ligation (→ Kapitel 5.2) schließt sich die Transformation von kompetenten *E. coli* Zellen an.
Grundsätzlich werden zwei verschiedene Transformationsmethoden bei *E. coli* verwendet:

- die chemische oder Hitzeschock-Transformation mit Ca^{2+};
- die Elektroporation.

Beide Verfahren benötigen Bakterienzellen, die zuvor für die Transformation vorbereitet wurden. Zellen, die in der Lage sind, DNA aufzunehmen, heißen kompetente Zellen. Diese Kompetenz wird bei *E. coli* durch entsprechende Bedingungen erworben: Wenn *E. coli* Zellen einer relativ hohen Ca^{2+}-Konzentration ausgesetzt werden,

TIPP

Es wird angenommen, dass Ca^{2+}-Ionen im Eiskalten die Bindung der negativ geladenen DNA an die ebenfalls überwiegend negativ geladene Zelloberfläche erleichtern und gleichzeitig deren Permeabilität erhöhen.

können diese vorübergehend eine solche Kompetenz ausbilden. Die Effizienz der DNA-Aufnahme wird durch die gleichzeitige Temperaturerhöhung auf exakt 42 °C stark erhöht. Dieser Temperaturschock darf jedoch nicht zu lange dauern (unter 60 s), da sonst die Bakterien absterben.
Die kompetenten Zellen können entweder gekauft oder selbst hergestellt werden. Dabei werden die Zellen bis zu einer OD_{600} von ungefähr 0,6 in 2xTY oder ähnlichen Medien angezogen. Nun werden sie durch wiederholtes Zentrifugieren schrittweise in eine $CaCl_2$-Lösung überführt. Dazu werden die pelletierten Zellen in der $CaCl_2$-Lösung resuspendiert und erneut zentrifugiert.
Elektrokompetente Zellen werden ähnlich wie die Ca^{2+}-kompetenten Zellen hergestellt. Nach Anzucht bis zu einer OD_{600} von 0,4–0,6 werden die Zellen zentrifugiert, in destilliertem Wasser

TIPP

Die folgenden Parameter sollten bei der Ca^{2+}-basierten Transformation unbedingt genau eingehalten werden:

- **Vor der Hitzeschockbehandlung dürfen die Bakterien nur langsam auf Eis aufgetaut werden. Sie sollten nicht geschüttelt oder gar gevortext werden.**
- **Beim Hitzeschock muss die Temperatur genau 42 °C betragen. Wird ein Wasserbad benutzt, muss die Temperatur mit einem Thermometer überprüft werden (der Temperatursensor des Wasserbades ist üblicherweise am Boden des Geräts, der Reaktionsansatz aber an der Wasseroberfläche). Der Hitzeschock sollte keinesfalls länger als 60 s dauern, 30–40 s gelten als optimal.**
- **Es sollte beachtet werden, dass zu große Mengen an DNA die Transformationseffizienz drastisch senken können. Meist wird nur 1–2 µl des Ligationsansatzes verwendet.**

TIPP

Elektrokompetente Zellen können mehrere Jahre bei −80 °C gelagert werden, Ca^{2+}-kompetente Zellen nur ungefähr 6 Monate.

aufgenommen und erneut zentrifugiert. Diese Prozedur wird dreimal durchgeführt, am Ende werden die Zellen in 2–5 ml 10 %iger kalter Glycerinlösung aufgenommen und in 100 µl Aliquots aufgeteilt. Sie können direkt verwendet oder bei −80 °C eingefroren werden.
Für die Elektroporation wird ein spezielles Gerät, der Elektroporator (→ Abb. 5.8), benötigt. Die elektrokompetenten Bakterien werden zusammen mit der DNA in eine spezielle Küvette gegeben. Die Küvette wird in den Halter am Gerät gestellt. Die Geräteeinstellung von 2,5 kV, 25 µF und 200–400 Ω kann schon zu brauchbaren Ergebnissen führen. Hier hilft ein Blick die Anleitung des Geräts. Nun erfolgt der Strompuls, welcher zur Ausbildung von Löchern in der Bakterienzelle führt, durch welche die DNA in die Zelle gelangt.

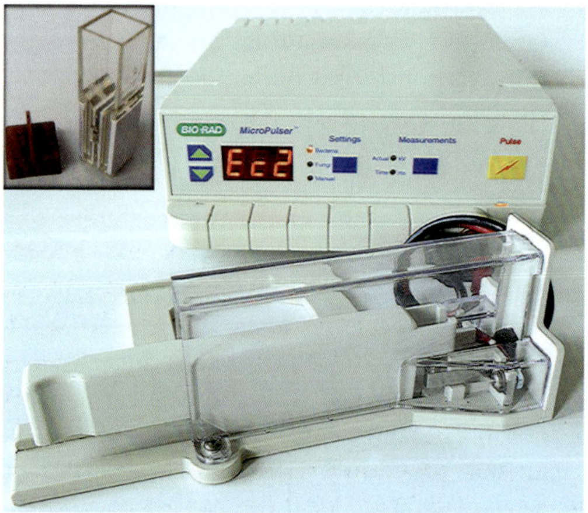

Abb. 5.8
Der Elektroporator besteht aus einer Steuereinheit, die für den genau dosierten Stromschlag sorgt. Die Elektroporationsküvette ist links vergrößert dargestellt. Sie zeichnet sich durch die seitlichen Metallflächen aus. Sie wird bei der Elektroporation in die weiße Schiene zwischen die beiden Elektroden gestellt. Der Plastikschieber bietet Schutz vor Stromschlägen.

TIPP

Nachfolgend sind einige Tipps für die Elektrotransformation aufgelistet:

- **Für die Elektrotransformation darf der Salzgehalt von DNA oder Zellen nicht zu hoch sein, da dies zu einem Kurzschluss führt. Sollte dies auftreten, könnte es sich lohnen, den Ansatz mit Reinstwasser zu verdünnen. Sonst kann der letzte Waschschritt für die Bakterien wiederholt werden oder die DNA wird vor der Elektroporation mit Ethanol gefällt. Die elektrokompetenten Zellen müssen auf Eis auftauen und dürfen nicht gevortext werden.**
- **Die Elektroporationsküvette darf keine Luftbläschen enthalten.**
- **Die Bakterien müssen nach der Elektroporation so schnell wie nur möglich mit SOC-Medium versorgt werden.**
- **Die Küvetten können mehrfach mit H_2O gespült und trocken gelagert werden um sie wiederzuverwenden. Nach einem Kurzschluss sollten die Küvetten entsorgt werden.**

Die Hersteller von kompetenten Zellen geben die zu erzielende Transfomationsraten in Kolonien/µg DNA an. Diese Werte sind stark von dem Bakterienstamm und dem verwendeten Plasmid abhängig und liegen laut Herstellern zwischen 10^6 und 10^{10} Kolonien pro µg DNA. Mit selbst hergestellten kompetenten Zellen sind solche Raten selten zu erreichen.
Bei einer typischen Transformation mit 1 µl Ligationsansatz und 50 µl kompetenten Zellen kann mit 10 bis 500 Kolonien bei der Ca^{2+}-Methode gerechnet werden. Bei der Elektroporation liegt diese Zahl mindestens um den Faktor 10–100 höher. Nach beiden Transformationsarten werden die Bakterien zunächst kurz auf Eis gestellt, und es wird ein besonders nahrhaftes Medium (SOC) zugegeben. Die Bakterien werden nun 30–120 min ohne Antibiotika bei 37 °C auf dem Schüttler angezogen, bevor sie mit einem Drigalskispatel (→ Abb. 2.16 C) oder mittels Glasperlen (→ Kapitel 2.12) auf Antibiotika-haltigen Agarplatten ausplattiert werden. Am nächsten Morgen können die erhaltenen Kolonien in einer Kolonie-PCR (→ Kapitel 4.5.6) analysiert werden.

PROTOKOLL 5.6

SOC-Medium

SOB [*Super Optimal Broth*] wurde speziell für die Regeneration der Bakterien nach erfolgter Transformation entwickelt. SOC [*Super Optimal Broth with Catabolite Repression*] stellt SOB mit Zusatz von Glucose und $MgCl_2$ dar. Das Wachstum von *E. coli* in SOB oder SOC resultiert in einer höheren Transformationseffizienz der Plasmide.

SOB		SOC	
2 % (w/v)	Trypton (20 g)	SOB plus:	
0,5 % (w/v)	Hefeextrakt (5 g)	10 mM	$MgCl_2$ (0,952 g, autoklaviert)
10mM	NaCl (0,584 g)	20 mM	Glucose (3,603 g, steril filtriert)
2,5 mM	KCl (0,186 g)		
	H_2O *ad* 1000 ml, autoklavieren		

Für eine optimale Effizienz sollte der pH-Wert von SOB bzw. SOC auf pH=7,0 mit NaOH eingestellt werden.

Welche der beiden Verfahren für die Transformation genutzt wird, hängt von verschiedenen Faktoren ab. Wenn ein Plasmid in *E. coli* eingebracht werden soll, reicht eine Hitzeschock-Transformation meistens aus. Sind hohe Transformationsraten notwendig, bietet sich die Elektroporation an.

5.6 Der Weg zum klonierten Gen

Nachdem wir die Palette an Werkzeugen für die Klonierung kennen gelernt haben, werden nachfolgend einige gängige Klonierungsverfahren vorgestellt.
Die Intention molekularbiologischer Arbeiten besteht oft darin, eine bestimmte DNA in einen Vektor (→ Kapitel 6) zu bringen. Ausgangspunkt ist entweder eine aufgereinigte DNA (→ Kapitel 3), eine synthetisierte DNA (→ Kapitel 8.1.2) oder die in der PCR amplifizierte DNA (→ Kapitel 4). Neben DNA kann auch PolyA$^+$-RNA das Ausgangsmaterial für eine Klonierung darstellen. In diesem Fall wird diese zunächst mittels Reverser Transkription (→ Kapitel 4.5.6) in cDNA umgeschrieben werden. Der Vektor stellt im einfachsten Fall ein Plasmid (→ Kapitel 6.1) dar, welches die DNA aufnimmt und dafür sorgt, dass diese in einem Bakterium vermehrt wird. Auch hier scheint es auf den ersten Blick sehr viele Verfahren zu geben, die sich jedoch auf eine relativ kleine Zahl ähnlicher Prinzipien reduzieren lässt (→ Map 5.1).

5.7 Der ungerichtete Einbau einer amplifizierten DNA in einen Vektor

Die DNA wird, wie in → Kapitel 3 beschrieben, isoliert. Die verwendete Methode hängt vor allem von dem Organismus ab, aus dem die DNA stammt. Oft wird PolyA$^+$-RNA isoliert (→ Kapitel 3.6) und mittels Reverser Transkription in cDNA umgeschrieben (→ Kapitel 4.5.6). Je nach Ausgangsmaterial erfolgt nun die PCR mit cDNA oder genomischer DNA, was hier keinen Unterschied macht. Nachfolgend werden vier Varianten vor-

Map 5.1
Ligase-basierte Klonierungsstrategien. Ausgehend von genomischer, synthetischer oder cDNA wird oft eine PCR durchgeführt. Manchmal wird auch die DNA direkt kloniert. Es folgt entweder der ungerichtete Einbau in einen Vektor (blaue Linien) oder ein gerichteter Einbau (orange Linien). Die nachfolgenden Schritte sind wieder gleich, abgesehen von der Wahlmöglichkeit der Transformationsmethode. Die einzelnen Schritte werden in den nachfolgenden Kapiteln behandelt. Eine alternative Strategie sind Rekombinase basierte Verfahren (→ Kapitel 8.2) oder PCR-basierte Klonierungen (→ Kapitel 8.4). Die in der Map aufgeführte Golden Gate Klonierung wird wegen ihrer Bedeutung in einem eigenen Kapitel behandelt (→ Kapitel 8.6.1)

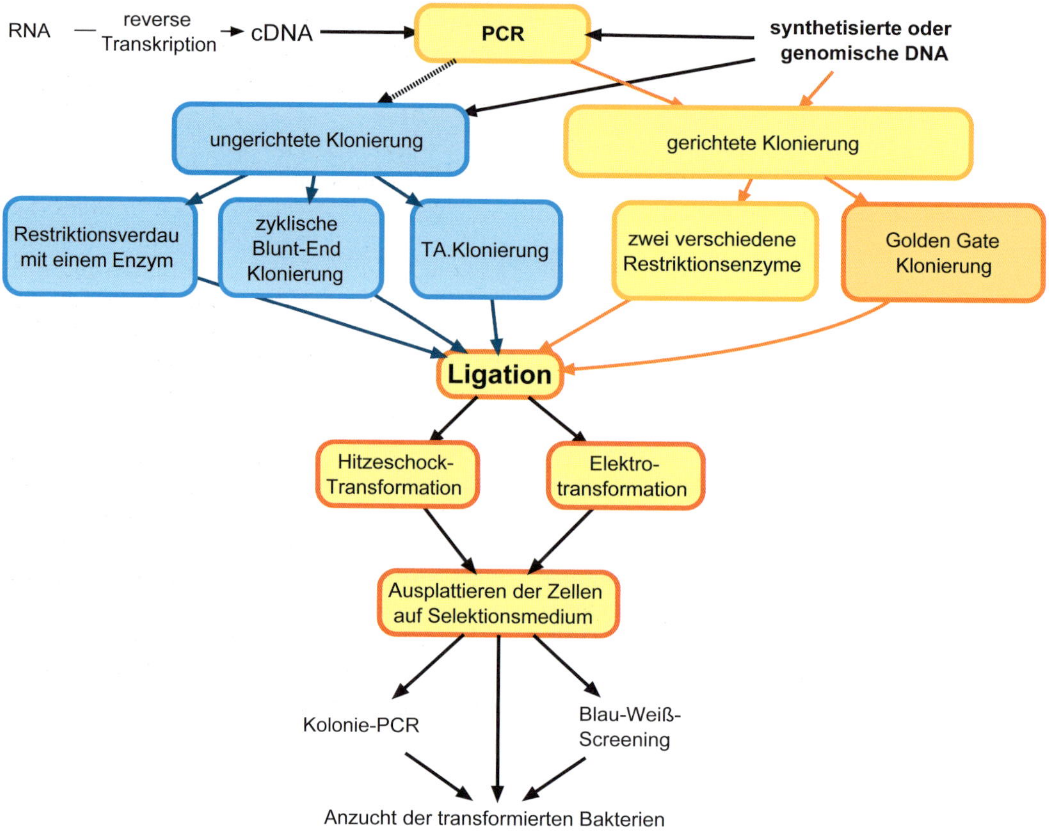

gestellt, um die amplifizierte DNA in einen Vektor (→ Kapitel 6) zu klonieren.

5.7.1 Die Klonierung über eine Restriktionsstelle

Sowohl Amplifikat als auch Vektor können mit dem gleichen Restriktionsenzym geschnitten werden, sodass komplementäre Überhänge (kohäsive Enden) entstehen. Eine solche Ligation ist viel effizienter als die Ligation über stumpfe Enden. Allerdings müssen dafür sowohl das Amplifikat als auch der Vektor die gleiche Erkennungsstelle enthalten. Diese darf nur an den Enden des Amplifikats sowie nur einmal im Vektor vorkommen, da sonst mehrere Bruchstücke entstehen. In der Regel muss die benötigte Restriktionsschnittstelle an den Enden des Amplifikats über die Primer bei der PCR eingeführt werden (→ Kapitel 4.5.4).

Die zusätzlichen Basen für die Restriktionsschnittstelle am 5'-Ende der Primer könnten die PCR-Ausbeute noch weiter erniedrigen oder zu mehr unspezifischen Amplifikaten führen. Um die Religation des geschnittenen Vektors zu verhindern (→ Abb. 5.7), wird dieser vor der Ligation dephosphoryliert (→ Kapitel 5.3).

5.7.2 TA-Klonierung und TOPO-Cloning

Bei der TA-Klonierung kann auf das Anhängen von Restriktionsstellen an die Primerenden verzichtet werden. Das PCR-Amplifikat kann direkt in das gekaufte, linearisierte Plasmid eingesetzt werden (→ Abb. 5.09).

Zunächst wird die PCR mit einer Polymerase ohne *Proofreading*-Aktivität durchgeführt. Dadurch wird am Ende des Amplifikats ein Desoxyadenosin angehängt.

Der verwendete T-Vektor besitzt ebenfalls ein überhängendes Nukleotid – und zwar ein Desoxythymidin. Die anschließende Ligation erfolgt ungerichtet über die endständigen, überhängenden „A" des Amplifikats und den „T"- Überhängen des Vektors (→ Abb. 5.9). Der Nachteil dieser Methode liegt darin, dass viele *Proofreading*-Polymerasen kein A-Tailing durchführen. In diesem Fall kann der „A"-Überhang durch Zugabe einer Taq-Polymerase und dATP hinzugefügt werden. Hierbei wird keine Amplifizierung mehr durchgeführt, sondern nur noch das „A" angehängt. So kann die genaue Amplifizierung durch eine *Proofreading* Polymerase mit der effizienten TA-Klonierung kombiniert werden.

Eine Variante der TA-Klonierung stellt das TOPO®-Klonierungsverfahren dar, welches von Invitrogen entwickelt wurde. Der Unterschied liegt darin, dass anstelle der Ligase die Topoisomerase I des *Vaccinia*-Virus verwendet wird. Dieses Enzym (→ Tab. 5.3) schneidet die dsDNA spezifisch am Ende der Sequenz `(C/T)CCTT`. Dabei weist diese Reaktion eine Besonderheit auf, denn das 3'-Phosphat des endständigen Thymidins wird kovalent an das Enzym gebunden. Nur sehr wenige Enzyme bilden bei ihrer Reaktion kovalente Bindungen zur DNA aus, z. B. auch Rekombinasen. Das Kit wird als linearer TOPO®-Vektor vertrieben, an dessen Enden die Topoisomerase I kovalent gebunden ist und so die Selbstligation verhindert. Das Verfahren wird oft als Einstieg für die Gateway-Klonierung genutzt (→ Kapitel 8.2).

Abb. 5.9
Bei der TA-Klonierung wird die Eigenschaft mancher thermostabiler DNA-Polymerasen ausgenutzt, am Ende des Amplifikats ein A anzuhängen *[A-Tailing]*. Der T-Vektor kann käuflich erworben werden und wird linearisiert geliefert.

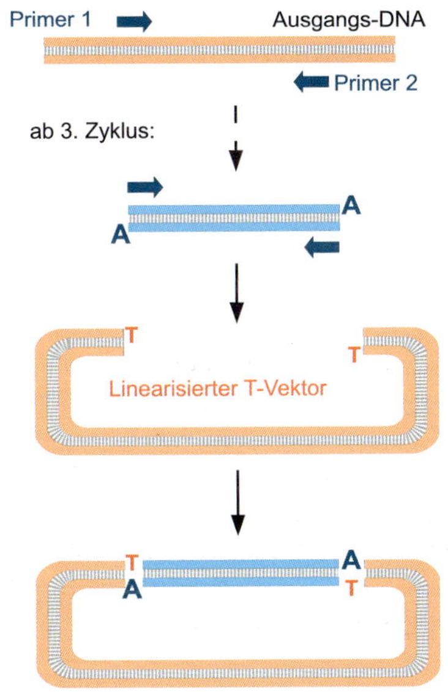

GUT ZU WISSEN

▶ A-Tailing

Viele DNA-Polymerasen hängen unspezifisch, d. h. unabhängig von der Ausgangs-DNA, am 3'-Ende des neusynthetisierten Stranges ein Desoxyadenosin an. In den aufeinander folgenden Zyklen wird die amplifizierte DNA trotzdem nicht in jedem Schritt verlängert, da der im nächsten Zyklus bindende Primer vor dem angehängten „A" bindet (→ Abb. 5.9). Diese Eigenschaft wird bei der sog. TA-Klonierung ausgenutzt.

5.7.3 Klonierung in ein Letal-Plasmid

Es gibt Vektoren (→ Kapitel 6.2.2), die ein Gen enthalten, dessen Produkt für die Bakterien letal ist. Auf diese Weise wird sichergestellt, dass nur Bakterien die Transformation überleben, bei denen das eingesetzte PCR-Amplifikat das letale Gen zerstört hat. Verschiedene Gene können für eine solche Positivselektion verwendet werden. Ein bekanntes Beispiel ist das Gen des Restriktionsenzyms Eco47IR, welches die DNA des Bakteriums zerschneiden würde, wenn es nicht zuvor durch die Integration der DNA zerstört wurde (CloneJet™ Kit der Firma Thermo Fisher Scientific). Ein weiterer Vertreter dieser Gruppe ist der Gyrasehemmer ccdB, dessen Expression in normalen *E. coli* Zellen ebenfalls tödlich ist und z. B. beim Gateway-Verfahren genutzt wird (→ Kapitel 8.2). Letalvektoren stellen eine Alternative zum Blau-Weiß Screening (→ Kapitel 6.2.1) dar und sind sehr effizient und zuverlässig (→ Kapitel 6.2.2).

5.7.4 Zyklische *Blunt End* Klonierung

Von dieser Methode gibt es verschiedene Varianten, aber zwei Voraussetzungen müssen dafür immer gegeben sein:

- Der Zielvektor muss im Bereich der Integration des PCR-Amplifikats eine Schnittstelle für ein stumpf schneidendes Restriktionsenzym aufweisen.
- Das stumpf schneidende Enzym sollte im gleichen Puffer wie die T4-Ligase aktiv sein.

Die älteste Variante ist die ungerichtete Klonierung von PCR-Amplifikaten mit dem Restriktionsenzym SrfI in den geschnittenen Vektor pCRScript®. Das Enzym ist leider sehr teuer, weshalb sich SmaI als preiswerte Alternative etabliert hat. Die Schnittstelle des stumpf schneidenden Restriktionsenzyms SmaI findet sich in der MCS vieler Plasmide.

In jedem Fall werden das mit einer *Proofreading* Polymerase hergestellte PCR-Amplifikat, die T4-Ligase (→ Kapitel 5.2), das Restriktionsenzym und der Zielvektor in einem Puffer zusammen gegeben. Wichtig ist, dass beide Enzyme im gleichen Reaktionspuffer aktiv sind. Die Firma NEB bietet dazu den Puffer CutSmart® an.

Der Trick bei der Zyklischen *Blunt End* Klonierung besteht darin, dass entweder der geschnittene Vektor religiert oder das PCR-Amplifikat in den linearisierten Vektor eingebaut wird. Immer wenn der Vektor religiert, wird die Erkennungssequenz des Restriktionsenzyms wiederhergestellt, wodurch der Vektor wieder geschnitten, also linearisiert wird. Wenn jedoch das PCR-Amplifikat integriert worden ist, geht die Erkennungsstelle verloren. Das Konstrukt kann nicht mehr geschnitten werden. Da das Verfahren zyklisch wiederholt wird, reichert sich mit der Zeit das Konstrukt aus Zielvektor und Amplifikat an (→ Protokoll 5.7).

Abb. 5.10
Zyklische *Blunt End* Klonierung. In einen Ansatz wird das PCR-Amplifikat, der Zielvektor, Ligase und das Restriktionsenzym SmaI eingesetzt. Das Verfahren kann auch für andere Restriktionsenzyme funktionieren, wenn deren Puffer Mg^{2+}ATP zugesetzt wird. In der ersten Runde wird der Vektor durch SmaI geschnitten. Nach Absenken der Temperatur wird der Vektor durch die Ligase religiert oder es wird das Amplifikat eingesetzt. Bei Religation entsteht wieder die Schnittstelle, die im nachfolgenden Zyklus wieder geschnitten wird. Die Konstrukte, bei denen das Amplifikat in den Vektor eingesetzt wurde, besitzen keine Restriktionsstelle. So reichert sich im Verlauf der Reaktion immer mehr Vektor mit Insert an. Der Einbau des Inserts ist ungerichtet.

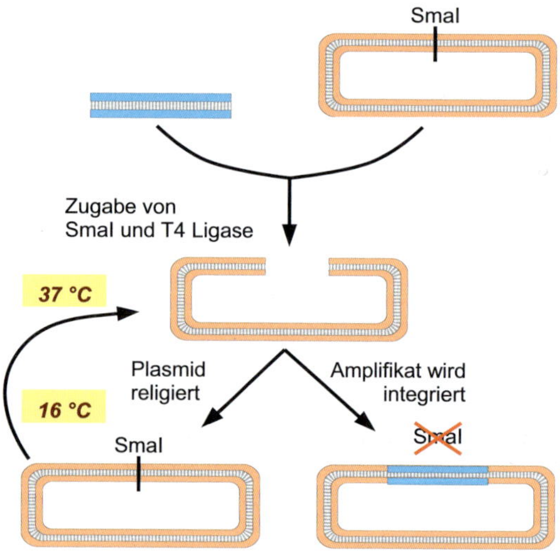

TIPP

Dieses sehr effiziente Verfahren kann auch für einige andere Restriktionsenzyme verwendet werden, wenn dem mitgelieferten Restriktionspuffer einfach Mg^{2+}ATP für die Ligase zugesetzt wird. Je ähnlicher die Zusammensetzung des Restriktionspuffers dem T4-Ligasepuffer ähnelt, desto höher ist die Wahrscheinlichkeit, dass dieses Verfahren funktioniert.

Der Unterschied zwischen dem Verfahren mit SrfI oder SmaI liegt darin, dass SrfI auch bei niedrigen Temperaturen aktiv ist. Die Reaktion erfolgt meist über Nacht bei gleichbleibender Temperatur. SmaI ist nur bei 37 °C aktiv. Hier wird die Temperatur wie bei der *Cut Ligation* (→ Kapitel 8.6.2) mehrfach zwischen 37 °C und 16 °C variiert. Somit können Restriktion und Ligation in dem gleichen Gefäß durchgeführt werden. Über die Temperatur wird gesteuert, ob eine Restriktion (bei 37 °C) oder eine Ligation (16 °C) erfolgt. Ähnlich wie bei der PCR wird die Temperatur mehrfach zyklisch geändert (→ Abb. 5.10).

5.8 Der gerichtete Einbau von DNA in einen Vektor

Der gerichtete Einbau ähnelt dem Verfahren, wie es für die Klonierung mit einem Restriktionsenzym beschrieben wurde (→ Kapitel 5.6). Der Unterschied liegt darin, dass zwei verschiedene Restriktionsenzyme verwendet werden. Auf diese Weise ist ein gerichteter Einbau möglich. Dazu wird die einzubringende DNA in der PCR amplifiziert, wobei sich an den 5'-Enden der Primer die Erkennungsstellen für die Restriktionsenzyme befinden (→ Abb. 4.12). Natürlich kann auch DNA ohne vorherige Amplifizierung eingesetzt werden, wenn diese die passenden Restriktionsschnittstellen an den Enden enthält.
Die beiden Restriktionsenzyme sollten im gleichen Puffersystem schneiden. Welcher Puffer geeignet ist, kann auf den Webseiten des Herstellers ermittelt werden. Dort gibt es meist einen

PROTOKOLL 5.7

Zyklische *Blunt End* Klonierung

Material:

- Thermocycler
- Reaktionsansatz:

Ansatz einer Zyklischen *Blunt End* Klonierung
▸ 7 µl PCR-Amplifikat mit stumpfen Enden (ca. 4 ng/µL)
▸ 2 µl Vektor mit SmaI-Stelle (ca. 90 ng/µL)
▸ 2 µl 10x CutSmart® Buffer (NEB)
▸ 2 µl Mg^{2+}ATP (10 mM)
▸ 1 µl SmaI (20 U/µL)
▸ 1 µl T4 DNA Ligase (5 U/µL)
H_2O *ad* 20 µl

Durchführung:
Der Reaktionsansatz wird in einen Thermocycler gestellt und folgendes Programm verwendet:

1. 10 Zyklen:
   - 15 min bei 37 °C (Restriktion),
   - 10 min bei 16 °C (Ligation),
2. 10 min bei 37 °C
   (Abschließendes enzymatisches Schneiden bewirkt, dass alle noch nicht ligierten DNA-Moleküle zerschnitten werden).
3. 5 min bei 80 °C
   (Denaturierung der Enzyme)

Die optimale Zahl der Zyklen muss ggf. angepasst werden. Eine wichtige Stellschraube sind die Bezugsquellen der Enzyme sowie die verwendeten Puffer.

TIPP

Unabhängig von der gewählten Strategie ist immer darauf zu achten, dass sowohl Vektor als auch Amplifikat nur jeweils einmal die gewählte Restriktionsschnittstelle enthalten. Andernfalls wird das entsprechende DNA-Molekül in viele Teile zerstückelt.

TIPP

Der Bereich zwischen den beiden Restriktionsschnittstellen im Vektor sollte wenigstens vier Basen groß sein, da sonst durch den Schnitt des einen Enzyms eine endständige Restriktionsstelle für das andere Enzym entsteht. Bei so kurzen Bereichen im Vektor ist es auch schwer zu kontrollieren, ob der Restriktionsverdau vollständig durchgeführt wurde oder nur eins der beiden Enzyme aktiv war (was zu der Religation des Vektors führen würde).

Punkt „*Double Digest*“ (→ Kapitel 5.1.2). Wurden zwei passende Enzyme gefunden, die nicht kompatibel zueinander sind und in beiden DNA-Molekülen jeweils nur einmal schneiden, kann der Restriktionsverdau für Amplifikat und Vektor getrennt durchgeführt werden.
Die Schnittstellen werden über die Primer in das Amplifikat eingebracht. Dabei muss darauf geachtet werden, dass die Restriktionsschnittstellen an den Primern nicht endständig sind, sondern sich wenigsten drei Basen zwischen Schnittstelle und 5'-Ende des Primers befinden, da Restriktionsenzyme als Endonukleasen nicht endständig schneiden können. Welche Basen angehängt werden, ist egal, aber sie sollten keine Primerdimere oder Hairpins bilden (→ Kapitel 4.2.4). Die Verwendung einer thermostabilen DNA-Polymerase mit „*Proofreading*“-Aktivität ist sehr zu empfehlen.
Beim Restriktionsverdau des Vektors entstehen zwei Stücke, der Bereich zwischen den beiden Schnittstellen sowie der restliche Vektor. Der Zwischenbereich sollte vor der Ligation entfernt werden, da dieser Bereich mit dem zu klonierenden Fragment konkurrieren würde. Für DNA-Moleküle bis ca. 70 bp erfolgt die Abtrennung am Leichtesten mittels Silica-Säulchen, bei größeren DNAs wird der verdaute Vektor im Agarosegel aufgetrennt und dann die Vektor-DNA aus dem Gel extrahiert (→ Kapitel 7.3).
Eine spezielle Anwendung ist die Golden Gate Klonierung, welche auf Typ IIS Enzymen beruht. Dieses in den letzten Jahren wegen ihrer ungeheuren Effizienz und Zuverlässigkeit sehr populär gewordene Verfahren wird in → Kapitel 8.6 ausführlich behandelt.
Für die anschließende Ligation wird die Zahl der jeweiligen DNA-Moleküle errechnet (→ Protokoll 5.3) und dann im Verhältnis 5:1 (Insert:Vektor) zusammengegeben. Die Transformation (→ Kapitel 5..5) sollte sehr zeitnah nach der Ligation (→ Kapitel 5.2) erfolgen. Ein weiterer Reinigungsschritt zwischen Ligation und Transformation ist meist nicht notwendig, kann aber die Effizienz der Transformation erhöhen. Nur selten wird die Ligation im Agarosegel überprüft.
Wichtiger ist es, dass nicht zu viel DNA in den Transformationsansatz eingesetzt wird – meistens werden nur 1–2 µl des Ligationsansatzes verwendet.
Nach der Transformation werden die Zellen auf Selektionsmedium ausplattiert. Die darauf wachsenden Kolonien sollten alle den Vektor mit dem Resistenzgen tragen. Allerdings ist zu diesem Zeitpunkt unklar, ob auch das Insert in den Vektor integriert wurde. Dies muss in nachfolgenden Analysen überprüft werden. Eine klassische Variante für diese Untersuchungen ist das Blau-Weiß-Screening, welches wir in → Kapitel 6.2.1 näher betrachten. Oft wird auch eine Kolonie-PCR (→ Kapitel 4.5.7) durchgeführt.

TIPP

Die *Proofreading*-Polymerase sollte vor dem Restriktionsverdau aus dem Ansatz über ein Silica-Säulchen (→ Kapitel 3.4) oder durch Ethanol-Fällung mit Natriumacetat (→ Kapitel 3.3.2) entfernt werden. Sonst füllt die DNA-Polymerase die einzelsträngigen Überhänge, die durch den Restriktionsverdau entstehen, sofort wieder auf (→ Abb. 4.2). Nebenbei werden so auch dNTPs entfernt, welche die Effizienz der Ligation beeinflussen.

5.9 Wenn es mal nicht klappt ...

Leider sind die oben genannten Arbeitsschritte so miteinander verzahnt, dass erst am Ende festgestellt wird, dass keine Kolonien gewachsen sind oder die erhaltenen Bakterien alle den Vektor ohne Insert tragen. Dann heißt es, den Fehler zu finden. Nachfolgend sind einige gängige Fehlerquellen aufgelistet.

Mangelhafte DNA-Präparation:

- Lässt sich eine DNA nicht schneiden, könnte es sein, dass sie in einem Schritt zuvor irreversibel geschädigt wurde. Dies wird häufig durch zu hohe Konzentration an Ethanol beim Fällen (nahe 100 %) oder zu hohe NaOH-Konzentration während der Lyse der Bakterienzellen verursacht. Ein Hinweis auf eine Schädigung der DNA kann durch ein Agarosegel (→ Kapitel 7.1) festgestellt werden: Beschädigte DNA bleibt in der Probentasche des Gels liegen und wird nicht aufgetrennt.
- Viele chaotrope Salze stören selbst in niedrigen Konzentrationen viele Enzymreaktionen. Besonders CTAB, GTC und NH_4SO_4 sind sehr effiziente Störstoffe (→ Kapitel 3.1.4).

Durch die PCR verursachte Schwierigkeiten beim Restriktionsverdau:

- Im Ansatz befindet sich noch eine stabile Taq Polymerase, welche die frisch geschnittenen 5'-Überhänge gleich wieder auffüllt.
- Restriktionsendonukleasen schneiden nur innerhalb der DNA, was besonders bei der Konstruktion von Primern, die eine Restriktionsstelle enthalten, beachtet werden muss. Diese Schnittstelle darf sich nicht am Ende des Primers befinden, sondern es müssen am 3'-Ende noch einige Basen anhängt werden. Wie viele es sind, hängt vom Enzym ab – häufig reichen drei bis vier Basen aus.

Probleme beim Restriktionsverdau:

- Das Enzym besitzt eine Star-Aktivität (Lösung: weniger Enzym, anderer Puffer, anderer Hersteller oder am besten gleich gentechnisch optimierte Enzyme verwenden).
- Enthält die Restriktionsstelle vielleicht die Sequenz GATC? Das ist die Sequenz, die *dam*, eine Methylase in *E. coli* am „A" methyliert. Enzyme wie XbaI (TCTAGA) können DNA nicht schneiden, die aus Bakterien mit *dam*-Aktivität stammt. Ähnliches gilt für Enzyme, deren Erkennungssequenz die Methylierungsstelle von *dcm* (CCWGG, W=A oder T) enthalten.
- Wenn bei einem Doppelverdau die beiden Erkennungsstellen im Vektor zu nah beieinanderliegen, gelangt durch den Schnitt des ersten Restriktionsenzyms die Erkennungsstelle für das zweite an das Ende des DNA-Moleküls.
- Restriktionsenzyme werden in Glycerin geliefert. Daher muss der Ansatz gut gemischt werden. Es sollte auch nicht zu viel Enzymlösung eingesetzt werden.
- In der Probe enthaltene Polysaccharide können Restriktionsenzyme inhibieren (→ Kapitel 3.3.5)

Fehler bei der Ligation:

- Häufig ist das ATP im Ligationspuffer die Ursache für eine misslungene Ligation. Der ATP-haltige Puffer ist sehr empfindlich gegenüber wiederholtem Auftauen und Einfrieren. Am besten wird er nach Lieferung der Ligase in Aliquots aufgeteilt und eingefroren.
- Zwischen Restriktionsverdau und Ligation sollte die DNA nicht eingefroren oder gelagert werden. Die einzelsträngigen Überhänge sind sehr empfindlich gegenüber Scherkräften, Nukleasen und wiederholtem Einfrieren und Auftauen.
- Die T4-Ligase wird durch hohe Salzkonzentrationen effizient gehemmt.

Probleme bei der Transformation:

- Entstehen nach einer Transformation gar keine Kolonien, sollten zunächst neue kompetente Zellen hergestellt werden.
- Frisch hergestellte Zellen liefern sehr viel höhere Transformationsraten als bei −80 °C eingefrorene kompetente Zellen. Auch käuflich erworbene kompetente Zellen führen in der Regel zu höheren Transformationsraten als selbst hergestellte Zellen.

- Während elektrokompetente Zellen lange bei −80 °C gelagert werden können, nimmt die Transformationseffizienz bei Ca^{2+}-kompetenten Zellen innerhalb weniger Monate stark ab.
- Die DNA sollte zwischen Ligation und Transformation nicht gelagert oder eingefroren werden. Dies führt zu niedrigen Transformationsraten.
- Die Temperatur bei Hitzeschocktransformation sollte unbedingt mit einem Thermometer kontrolliert werden.
- Zuviel DNA kann sowohl die Ligation als auch die Transformation hemmen.

Sonstige Fehlerquellen:

- Das Haltbarkeitsdatum eines verwendeten Enzyms ist überschritten.
- Befinden sich Eisstückchen in der Enzym-Stammlösung? Dann ist die Enzymlösung verunreinigt worden, was zur Bildung von Eiskristallen und in der Regel zur Inaktivierung des Enzyms führte. Das Enzym sollte nicht mehr verwendet werden.

TIPP

Um Fehler im Ablauf der Klonierung zu finden, kann bei vielen Schritten ein Kontrollplasmid parallel eingesetzt werden.

6 Vektoren

Vektoren stellen ein Transportvehikel für das interessierende DNA-Fragment dar. In diese eingebunden, kann die DNA in verschiedene Organismen eingebracht werden und dort entweder „gelagert“, vermehrt oder analysiert werden. Das Gen oder DNA-Fragment wird entweder über eine Klonierung (→ Kapitel 5), durch Rekombinasen (→ Kapitel 8.2) oder über PCR-basierte Klonierungsverfahren (→ Kapitel 8.4) in den Vektor eingebracht. Anschließend wird das Konstrukt aus interessierender DNA und Vektor in einen Zielorganismus transformiert, in dem der Vektor für die autonome Replikation im Wirt und die Weitergabe auf die Tochterzellen sorgt. In einigen Fällen kann auch der Einbau des transportierten DNA-Fragments in das Wirtschromosom das Ziel der Arbeiten darstellen.
Alle Vektoren besitzen wenigstens einen Replikationsursprung, der ihre Vervielfältigung im Zielorganismus erlaubt. Dieser Replikationsursprung entscheidet, für welchen Zielorganismus der Vektor geeignet ist. Weiterhin ist meistens ein Resistenzgen im Vektor enthalten, welches die Selektion von solchen Zellen, die diesen Vektor aufgenommen haben, von vektorfreien Zellen erlaubt.
Vektoren können auch anhand ihrer Aufgaben eingeteilt werden (Map 6.1):

- Vektoren, die der Vervielfältigung von DNA dienen (Klonierungsvektoren),
- Vektoren, die das zum Gen gehörige Protein produzieren sollen (Expressionsvektoren).

Plasmide stellen die bekanntesten Vektoren dar, es gibt aber noch weitere Typen, von denen einige in → Tab. 6.1 aufgelistet sind.

Map 6.1
Vektoren können aufgrund ihres Replikationsursprungs eingeteilt werden, welcher auch ihr Wirtsspektrum definiert. Weiterhin ist eine klassifizierung auch durch die Art der Anwendung möglich.

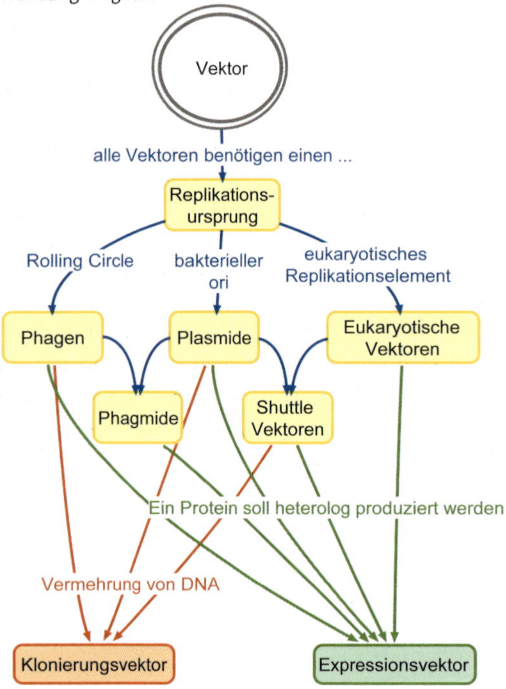

6.1 Plasmide

Plasmide sind extrachromosomale genetische Elemente in Prokaryoten[30], die den Replikationsapparat des Wirtsorganismus nutzen. Die Replikation dieser doppelsträngigen DNA-Moleküle erfolgt nicht völlig autonom, sondern sie korreliert mit der des Wirtschromosoms. So wird gewährleistet, dass nach einer Zellteilung beide Tochterzellen des Bakteriums ebenfalls dieses Plasmid tragen.
Der Replikationsursprung [*Origin of Replication* = *ori*] ist für die Zahl der Plasmide in einer Bakterienzelle verantwortlich. Bei Plasmiden mit relaxierten Replikon ist die Regulation der Kopienzahl recht variabel, was zu einer hohen Kopienzahl in einer Bakterienzelle führt. Ab 20 Kopien eines Plasmids pro Zelle spricht man von *High-Copy*-Plasmiden. *High-Copy*-Plasmide dienen als Klonierungsvektoren (→ Kapitel 6.2) der Vervielfältigung der eingebrachten DNA.
Plasmide mit stringenter Regulation der Kopienzahl liegen in niedriger Anzahl vor und werden

30 In Eukaryoten sind Plasmide nur selten zu finden. Es gibt in Pro- und Eukaryoten auch lineare Plasmide, die aber für molekularbiologische Arbeiten wenig interessant sind.

Tab. 6.1
Verschiedene gängige Vektoren. Es gibt noch viele weitere Vektortypen, die hier jedoch nicht weiter berücksichtigt werden.

Vektor	Wirtszelle	Bemerkung
Plasmid	*E. coli*	Diese zirkuläre und intrazelluläre dsDNA ist der Standardvektor in allen Laboren.
Phagemid	*E. coli*	Kombination aus Phage und Plasmid, wird bei *Phage Display* Verfahren (→ Kapitel 11.6.2) verwendet.
BAC	*E. coli*	Das künstliches Bakterienchromosom *[Bacterial Artificial Chromosome]* basiert auf dem F-Plasmid und ist ein wichtiges Werkzeug für Genomprojekte.
PAC	*E. coli*	Weiterentwicklung des BAC, welches zusätzlich einige Sequenzen aus dem Phagen P1 enthält und gegenüber BAC ein paar Vorteile aufweist.
YAC	*S. cerevisiae* (Hefe) & *E. coli*	Künstliches Chromosom für Hefe, zu Beginn der Genomprojekte sehr wichtig, heute weniger oft verwendet.
Ti oder RI Plasmid	*Agrobacterium (Rhizobium)*	Diese Plasmide spielen eine zentrale Rolle bei der Transformation von Pflanzen.
Adenoviren	Säugerzellen und Zelllinien	Sehr hohe Transduktionseffizienz für viele tierische Zelltypen, keine Insertion, daher nur kurze Expressionsdauer, zeitlich befristet.
Retroviren	Säugerzellen und Zelllinien	Stabile Integration in das tierische Genom, tranduzieren nur teilende Zellen, für Gentherapie geeignet.

als *Low-Copy*-Plasmide bezeichnet. *Low-Copy*-Plasmide werden vor allem als Expressionsvektoren eingesetzt (→ Kapitel 6.3). Die Replikation verläuft wie die des Wirtsorganismus, also über eine Replikationsgabel, denn die benötigten Enzyme dafür stammen alle aus dem Wirtsorganismus. Dies ist einer der Hauptgründe für den Erfolg dieses Werkzeugs, denn bis auf den recht kleinen Bereich des *ori* können alle Bereiche des Plasmids durch Fremdgene ersetzt werden.
Der *ori* bestimmt auch das Wirtsspektrum des Plasmids. Der weit verbreitete *ori* ColE1 ist auf Enterobakterien wie *E. coli* oder *Salmonella* beschränkt. Es gibt auch Plasmide mit mehreren *ori* (→ Kapitel 6.7), welche demzufolge in verschiedenen Organismengruppen vermehrt werden können.
Die Art des Replikationsursprungs bestimmt die Zugehörigkeit zu einer Inkompatibilitätsgruppe. Zwei verschiedene Plasmide, die den gleichen *ori* besitzen, können nicht stabil in dem gleichen Organismus erhalten werden. Bei der Zellteilung werden sie an die unterschiedlichen Tochterzellen weitergegeben. Solche Plasmide sind zueinander inkompatibel. Über 30 verschiedene Inkompatibilitätsgruppen sind für *E. coli* bereits beschrieben. Plasmide, deren Replikation unterschiedlich reguliert wird, gehören zu verschiedenen Inkompatibilitätsgruppen und können daher in einer Zelle koexistieren und weitergegeben werden.
Es gibt Plasmide, die bei Kontakt mit anderen Bakterienzellen ihre Plasmid-DNA in die Zielzelle übertragen. Dieser Vorgang wird Konjugation genannt Der bekannteste Vertreter bei *E. coli* ist das F-Plasmid, welches in → Kapitel 6.8 näher besprochen wird.
Andere Plasmide bringen Gene in ein Bakterium, welches dessen Überleben in widriger Umgebung sichert. Zu dieser Gruppe gehören Plasmide mit Resistenzgenen gegen Schwermetalle oder Antibiotika. Da die Replikation der zusätzlichen DNA

GUT ZU WISSEN

▶ Replikon

Ein Replikon ist eine funktionale Einheit, die autonom repliziert. In Prokaryoten entspricht ein Replikon dem Wirtschromosom oder Plasmid. Ein eukaryotisches Chromosom besitzt meist mehrere Replikons.

das Bakterium Energie kostet, sind solche Plasmide für das Bakterium nur in entsprechenden Umweltsituationen nützlich. Ohne Selektionsdruck gehen diese Plasmide leicht verloren. Das versuchen viele natürlich vorkommende Plasmide zu verhindern, indem sie sowohl ein langlebiges Toxin als auch ein kurzlebiges Gegengift (Antidot) produzieren. Sobald die Bakterienzelle ein solches Plasmid verliert, ist sie dem Tod geweiht. Dieses Prinzip wird beim Gateway®-System (→ Kapitel 8.2) ausgenutzt.

Es kann passieren, dass ein Plasmid durch Rekombination in das Wirtschromosom integriert und so zum Episom wird. Der Begriff Episom wird auch für Bakteriophagen (→ Kapitel 6.5) verwendet, deren DNA in das Genom des Wirts integriert wurde.

Plasmide sind die am häufigsten in der Molekularbiologie verwendeten Vektoren. Dies gilt vor allem für die Plasmide aus Enterobakterien, zu denen *E. coli* gehört. Diese Plasmide sind meist um die 4–6 kbp groß[31], ringförmig geschlossen und können bis ungefähr 10 kbp an Fremd-DNA aufnehmen.

Im Labor genutzte Plasmide sind aus verschiedensten Ausgangsplasmiden zusammengesetzt. Auch DNA anderer Quellen, wie Phagen-DNA, steckt in ihnen. Solche Plasmide weisen folgende Eigenschaften auf:

- Sie sind relativ klein, um den Einbau zusätzlicher DNA zu ermöglichen. Außerdem sind sie so unempfindlicher gegenüber Scherkräften bei der Aufreinigung (→ Kapitel 3.1.3).
- Sie besitzen ein Gen, dessen Produkt eine Resistenz vermittelt, welche dem Wirtsbakterium unter entsprechenden Bedingungen einen Selektionsvorteil verschafft.

Viele weitere Eigenschaften von Plasmiden werden ebenfalls für die verschiedensten molekularbiologischen Anwendungen genutzt. Einige davon werden weiter unten besprochen.

Meistens liegt die Plasmid-DNA nicht als entspanntes, ringförmiges Molekül vor [*relaxed*], sondern ist zusätzlich „verzwirbelt" – man spricht

31 Das F-Plasmid ist mit ca. 100 kbp viel größer als die meisten anderen Plasmide aus Enterobakterien.

GUT ZU WISSEN

▶ Namensgebung von Plasmiden

Der Name von Plasmiden beginnt meist mit „p", welches für Plasmid oder Phagemid (→ Kapitel 6.7) steht. Der Rest des Namens ergibt sich oft aus den Namen der Konstrukteure, z. B. bei pBR322 sind dies Bolivar und Rodriguez, pUC leitet sich von „University of California" ab.

TIPP

Die Sequenzen vieler Plasmide sind bei Addgene gelistet und können dort auch gekauft werden [www.addgene.org]. Viele Hersteller wie Thermo Fisher Scientific, NEB, Takara oder EMD bieten ebenfalls eine Vielzahl verschiedener Vektoren an.

GUT ZU WISSEN

▶ Topoisomerasen

Die DNA kann verschiedene geometrische Anordnungen im Raum annehmen, am bekanntesten ist die *Supercoiled*-Struktur, bei der die Doppelhelix erneut gewunden wird (ähnlich einer alten Telefonschnur). Topoisomerasen sind Enzyme, die diese geometrische Anordnung der DNA im Raum kontrollieren und von einer Variante in eine andere Topologie überführen können. Dazu müssen diese Enzyme kurzzeitig einen oder beide DNA-Stränge öffnen, die DNA entwinden und dann die Stränge wieder verknüpfen. Die Topoisomerasen werden in zwei Gruppen eingeteilt: Typ I-Topoisomerasen produzieren vorübergehend einen Einzelstrangbruch, die Typ II-Enzyme einen Doppelstrangbruch.

Die Gyrase (→ Kapitel 6.2.2) gehört zum Typ II, sie sind in der Lage Superhelices zu bilden.

TIPP

Im englischsprachigen Bereich werden öfter die Bezeichnungen ccc-DNA und ocDNA verwendet. Existiert ein Plasmid als ringförmige dsDNA, spricht man von *„covalently closed circle"* (ccc) DNA im Gegensatz zu solchen Molekülen, bei denen nur einer der beiden DNA-Stränge intakt ist: *„open circle"* (oc) DNA.

von „*supercoiled*“[32]. Verschiedene Enzyme, wie Topoisomerasen erlauben die Überführung von einer Form in die andere.
Diese Enzyme sind alle kommerziell erhältlich, sodass diese Reaktionen auch *in vitro* durchgeführt werden können. Es ist zu beachten, dass die Form des Plasmids Auswirkungen auf sein Laufverhalten in Agarosegelen hat (→ Kapitel 7.1).

6.2 Klonierungsplasmide

Klonierungsplasmide (→ Abb. 6.1) dienen zunächst der Vervielfältigung und Aufbewahrung von DNA-Fragmenten, die in das Plasmid eingebracht wurden. Daher besitzen solche Plasmide einen Bereich, in dem sich verschiedene Restriktionsschnittstellen befinden und der MCS [*Multiple Cloning Site*] genannt wird. In diesen Bereich kann ein DNA-Fragment über verschiedene Restriktionsenzyme eingesetzt werden. Die Restriktionsschnittstellen in der MCS tauchen nur einmal im Plasmid auf, da sonst das Plasmid durch die Restriktionsenzyme in mehrere Einzelteile zerlegt werden würde.
Der Replikationsursprung ist bei Klonierungsplasmiden relaxiert. Somit gehören sie zu den High-Copy-Plasmiden, die in Kopienzahlen bis zu 200 Plasmiden pro Zelle vorliegen können.
Fast alle Vektoren enthalten ein Resistenzgen, welches für die Selektion auf Medien mit Antibiotika verwendet wird. Die Wirkweise von Ampicillin und anderen Antibiotika ist in → Kapitel 2.12.2 beschrieben.
Neben den drei wesentlichen Bereichen Replikationsursprung, Resistenzgen und der Multiplen Klonierungsstelle (MCS) weisen viele Klonierungsvektoren weitere Merkmale auf, von denen einige in den nachfolgenden Kapiteln behandelt werden.

32 Für den Begriff „*Supercoiled*“ gibt es kein deutsches Wort.

Abb. 6.1
Die wesentlichen Komponenten eines typischen Klonierungsplasmids sind der relaxierte Replikationsursprung *ori*, ein Resistenz-Gen mit seinem Promotor sowie eine multiple Klonierungsstelle, in der Erkennungsstellen für mehrere Restriktionsenzyme – sie schneiden jeweils nur einmal das Plasmid – zu finden sind. Die grünen Pfeile repräsentieren Bindestellen für Standardprimer. Diese sind in vielen Vektoren vorhanden. So kann das gleiche Primerpaar für verschiedene Vektoren und Inserts verwendet werden, um die eingesetzte DNA mittels PCR zu vervielfältigen. Diese Bindungsstellen werden auch häufig für die Sequenzierung (→ Kapitel 12.1) verwendet.

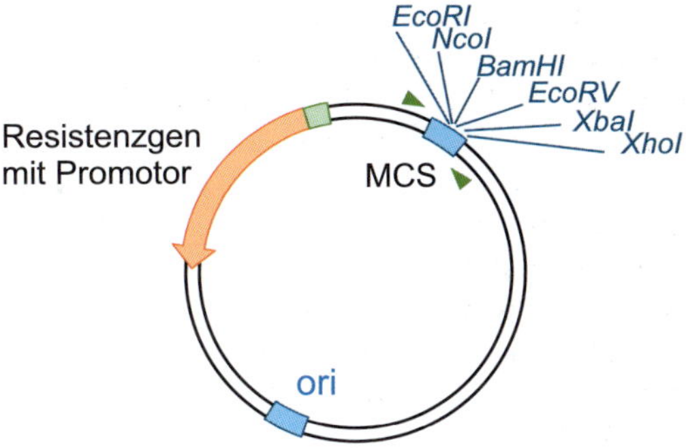

6.2.1 Blau-Weiß-Screening

Bei vielen Klonierungsvektoren liegt die MCS in einer speziellen Region, welche dem sogenannten α-Komplement der β-Galaktosidase entspricht und für das Blau-Weiß-Screening verwendet wird. Dieses Verfahren dient dazu, transformierte Bakterien zu identifizieren, die das Plasmid mit dem eingesetzten Gen aufgenommen haben und diese von solchen zu unterscheiden, die das Plasmid ohne Insert tragen (und ebenfalls resistent wären). Beim Blau-Weiß-Screening entstehen nach der Transformation blaue und (hoffentlich) weiße Bakterienkolonien. Die blauen Kolonien enthalten religierten Vektor ohne

TIPP
Durch die Zugabe des Antibiotikums Chloramphenicol (→ Tab. 2.5) zum Medium kann die Ausbeute an Klonierungsplasmid erhöht werden, denn Plasmide mit relaxiertem Replikon können noch repliziert werden, wenn die Proteinexpression gehemmt wird.

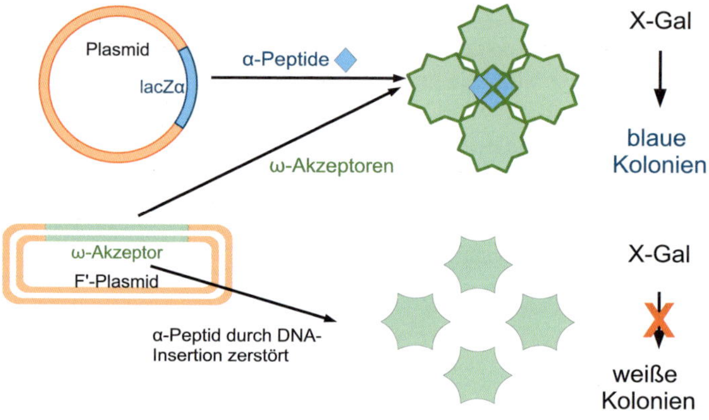

Abb. 6.2
Die α-Komplementation ist die Basis des Blau-Weiß Screenings. Nur wenn das α-Peptid produziert wird, kann eine enzymatisch aktive ß-Galaktosidase gebildet werden. Wurde das α-Komplement durch eine Insertion zerstört, bleiben die entstehenden Klone weiß, da keine enzymatisch aktiven Tetramere gebildet werden können. Die Zeichnung ist nicht maßstabgerecht.

Insert, während die weißen Klone das korrekt klonierte Plasmid besitzen (→ Protokoll 6.1).
Für dieses System sind mehrere Komponenten erforderlich, die teilweise auf dem Klonierungsplasmid liegen, teilweise aber auf einem weiteren Plasmid, bzw. Episom, im gleichen Bakterium, dem F'-Plasmid. Hier befindet sich eine mutierte β-Galaktosidase (ω-Akzeptor), der ein Teil des Gens am Aminoende fehlt und welche deshalb keine Tetramere mehr bilden kann.
Eine weitere, wesentliche Voraussetzung für das System ist, dass der zu transformierende Bakterienstamm keine funktionierende Wildtyp-Galaktosidase besitzt. Bakterienstämme mit einer mutierten Galaktosidase enthalten den Begriff lacZΔM15 (→ Tab. 2.3) in der Beschreibung des Genotyps.
Auf dem Klonierungsplasmid befindet sich das relativ kleine α-Komplement (=lacZ'-Gen), welches den fehlenden N-terminalen Bereich der β-Galaktosidase enthält[33].
Wird ein intaktes α-Komplement exprimiert, bindet es an die zweite Komponente des Systems, dem ω-Akzeptor. Diese verkürzte Version der Galaktosidase kann wegen der fehlenden Aminosäuren am N-terminalen Bereich alleine keine Homotetramere bilden. Aber nur als Homotetramer kann das Enzym die Galaktose umsetzen. Durch das α-Komplement kann diese Fehlfunktion aufgehoben (komplementiert, daher der Name) werden. Wenn also in einer Zelle ein funktionstüchtiges α-Komplement und der ω-Akzeptor gebildet werden, kann die Zelle ein Galaktose-Derivat, X-Gal (Bromo-chloro-indolyl-galactopyranosid), zu einem farbigen Indigo-Derivat umsetzen (→ Abb. 6.2).
Für das Klonieren ist dieses System deshalb sehr wichtig, weil die MCS im α-Komplement eingebettet ist. Bei der erfolgreichen Integration von Fremd-DNA wird daher das α-Komplement zerstört, der ω-Akzeptor kann nicht komplementiert werden. Solche Bakterien bleiben nach X-Gal-Zugabe weiß. Bakterien, die Plasmide ohne Insert aufgenommen haben, werden blau.
Damit das System funktioniert, muss natürlich das α-Komplement auf dem Vektor exprimiert werden. Dies erfolgt durch den lacZ-Promotor. Der Promotor ist normalerweise abgeschaltet, denn auf dem Klonierungsplasmid oder dem F'-Plasmid befindet sich das Gen für den lac-Repressor. Der bindet an den Promotor und unterbindet die Expression. Wird Galaktose zum Glucose-freien Medium gegeben, bindet die Galaktose an das Repressormolekül, welches dann den Promotor verlässt. Das α-Komplement wird exprimiert. Leider wird Galaktose schnell vom Bakterium abgebaut, sodass die Aktivierung nicht lang anhalten würde. Daher wird ein Galakto-

33 Der hintere Bereich des α-Komplements und der vordere Bereich des ω-Akzeptors haben überlappende Bereiche, die für die Anlagerung der beiden Teile wichtig sind.

Abb. 6.3
Beispiel eines Klonierungsplasmids. (**A**) Der Vektor pCRScript (Stratagene) enthält neben dem Replikationsursprung *(ori)* ein Ampicillin-Resistenzgen (Amp^R). Die Multiple Klonierungsstelle (MCS) ist in das α-Komplement lacZ' eingebettet, dessen Expression unter der Kontrolle des LacZ-Promotors (P_{lac}) steht. (**B**) Die detaillierte Darstellung der MCS zeigt eine Auswahl der vorhandenen Restriktionsstellen. Mittels EcoRV kann der Vektor linearisiert werden. Einige Bindestellen für Standardprimer (M13-20, T7, T3) sind durch die Pfeile angegeben. Sie finden sich in sehr vielen Vektoren und können beispielsweise für die Sequenzierung des Inserts (→ Kapitel 12.1) genutzt werden.

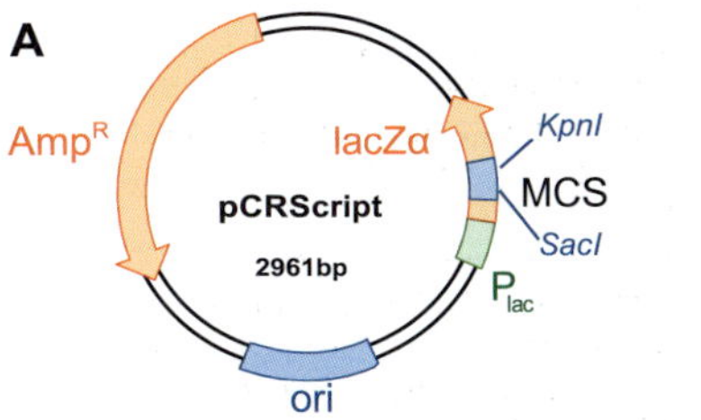

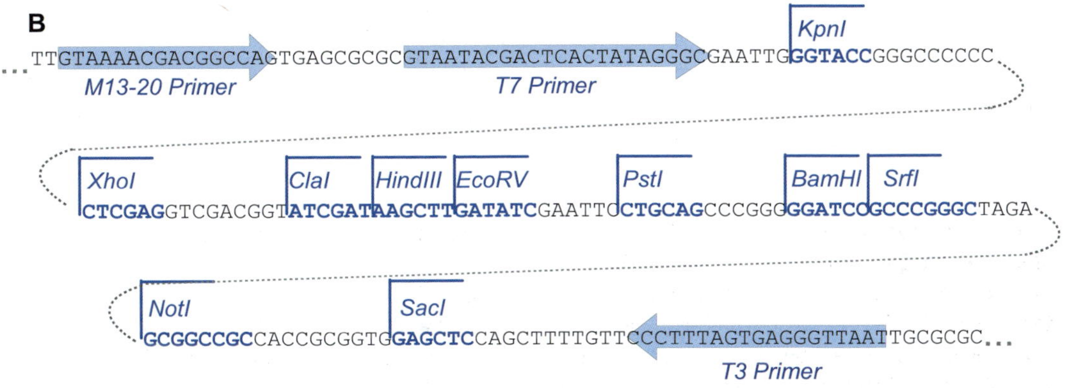

se-Derivat verwendet, welches nicht durch das Bakterium abgebaut werden kann, Isopropyl-β-D-thiogalactopyranosid (IPTG)[34].

Fassen wir also zusammen: Das Blau-Weiß-Screening benötigt ein mutiertes Protein und ein Zweites, welches die Mutation komplementiert. Weiterhin sind zwei Galaktose-Derivate im Spiel: Das eine wirkt auf den Promotor, das andere dient der komplementierten Galaktosidase als Substrat, um ein farbiges Produkt zu bilden. Die notwendigen Elemente finden sich auf den meisten Plasmiden, von denen → Abb. 6.3 ein Beispiel zeigt.

Der Vorteil des Blau-Weiß-Screenings liegt darin, dass viele Vektoren und Bakterienstämme für seinen Einsatz geeignet sind. Es ist einfach und preiswert durchzuführen. Allerdings können leicht falsch negative Klone entstehen. Ist das Insert nicht besonders groß und im korrekten Leseraster, kann das α-Komplement trotz Insertion noch aktiv sein. Solche Klone würden sich trotz Insert blau färben und weggeworfen werden.

GUT ZU WISSEN

▶ β-Galaktosidase

Auf den ersten Blick erscheint das System sehr kompliziert. Da jedoch die Galaktosidase ein sehr großes Protein ist, kann sie nicht direkt in den Klonierungsvektor eingesetzt werden. Er könnte dann kaum noch Fremd-DNA aufnehmen. Das α-Komplement besteht jedoch nur aus 365 bp in die an einer bestimmten Stelle sogar eine 100 bp lange MCS eingesetzt werden konnte, ohne Auswirkungen auf die Funktion des α-Komplements.

34 Die Galaktosidase kann das IPTG nicht umsetzen, daher werden beim Blau-Weiß-Screening zwei Galaktose-Derivate verwendet: X-Gal als Substrat und IPTG zur Induktion des Promotors.

PROTOKOLL 6.1

Blau-Weiß-Screening

Material:
- LB Platten mit entsprechendem Antibiotikum
- Induktionslösungen:

Arbeitslösung:	IPTG Stammlösung
4 µl IPTG-Stamm 40 µl X-Gal-Stamm 56 µl H_2O (steril)	2 g IPTG zunächst in 8 ml H_2O lösen, dann auf 10 ml auffüllen; steril filtrieren und als 1 ml Aliquots bei -20 °C lagern.
X-Gal Stammlösung	
20 mg X-Gal in 1 ml N,N-Dimethylformamid (DMF) lösen; in Alufolie eingewickelt bei 4 °C lagern.	

Durchführung:
1. Die LB Platten werden auf Raumtemperatur erwärmt.
2. Pro Platte werden 100 µl Arbeitslösung gegeben und mit dem Drigalski-Spatel oder sterilen Glasperlen (→ Kapitel 2.12) ausplattiert.
3. Die Platten bleiben für 30 min offen unter der Sterilbank stehen, damit das DMF sich verflüchtigt.
4. Die transformierten Bakterien werden ausplattiert und über Nacht bei 37 °C inkubiert.
5. Um die Blaufärbung richtig zu sehen, sollten die Platten am nächsten Morgen für 15-30 min bei 4 °C gestellt werden.

6.2.2 Letalvektoren

Wie oben erwähnt, kann das Blau-Weiß-Screening zu falsch-negativen Klonen führen. Daher wurde nach Alternativen gesucht, welche die Unterscheidung zwischen leeren Plasmiden und solchen, in die das gewünschte DNA-Fragment eingesetzt worden ist, einfacher und vor allem zuverlässiger ermöglichen sollten. Die meisten Verfahren beruhen auf dem gleichen Prinzip: Der Zielvektor enthält ein letales Gen. Nur wenn dieses letale Gen bei der Klonierung durch das einzubringende Gen ersetzt wurde, können die transformierten Bakterien überleben. Für diese Letalvektoren werden verschiedene Gene mit toxischen Genprodukten verwendet. Das CloneJet™ Kit der Firma Thermo Fisher Scientific nutzt das Restriktionsenzyms Eco47IR, welches die DNA des Wirtsbakteriums zerschneiden würde (→ Kapitel 5.73). Nach einem ähnlichen Prinzip funktioniert der Gyrasehemmer ccdB, welcher z. B. beim Gateway Verfahren (→ Kapitel 8.2) genutzt wird. Auch hier muss das *ccdB*-Gen durch das einzubringende Gen ersetzt worden sein, da sonst die transformierten Bakterien absterben. Diese Verfahren sind sehr viel zuverlässiger und effizienter als das Blau-Weiß-Screening. Die Arbeit

TIPP

X-Gal wird in Dimethylformamid (DMF) gelöst, welches für die Bakterien toxisch ist. Nachdem X-Gal und IPTG auf die Platten gegeben wurde, sollten diese ein paar Minuten unter der Sterilbank geöffnet stehenbleiben, damit das DMF verdunsten kann.

mit dem CloneJet™ Kit ist recht kostspielig, denn der linearisierte Vektor muss für jede Transformation gekauft werden. Anders sieht es beim ccdB-basierten System aus. Hier können die *ccdB*-haltigen Plasmide in Bakterienstämmen wie DB3.1 oder ccdB Survival™ (Thermo Fisher Scientific) angezogen werden. Diese Stämme enthalten eine mutierte DNA Gyrase (gyrA462), welche gegenüber der toxischen Wirkung von ccdB resistent ist.

6.3 Expressionsplasmide

Expressionsplasmide werden verwendet, um entweder RNA-Sonden (→ Kapitel 7.6.2) zu erstellen oder große Mengen des klonierten Genproduktes zu produzieren. Für die heterologe Expression von Proteinen (→ Kapitel 9.6) werden speziell angepasste *E. coli* Stämme verwendet (→ Tab. 2.3), die beispielsweise arm an Proteasen sind. Da die Produktion von Protein im Vordergrund steht, werden in der Regel Low-Copy-Plasmide als Expressionsvektor eingesetzt.

GUT ZU WISSEN

▶ Heterologe Expression

Bei einer heterologen Expression kommt das Produkt des eingebrachten Gens normalerweise nicht im exprimierenden Zelltyp vor. Bei der homologen Expression liegt ein solches Gen in der Zelle bereits vor.

Schließlich soll das Wirtsbakterium seine Energie für die Produktion von heterologem Protein und nicht für die Replikation einer großen Zahl an Plasmiden verwenden (→ Abb. 6.4).
Weiterhin ist ein für *E. coli* optimaler Promotor notwendig. Neben dem beim Blau-Weiß-Screening (→ Kapitel 6.2.1) behandelten lacZ-Promotor, wird gerne der T7-Promotor eingesetzt, der eine eigene Polymerase benötigt und in → Kapitel 6.3.1 vorgestellt wird. Schließlich ist eine Shine-Dalgarno-Sequenz oder ribosomale Bindungsstelle (rbs) unbedingt erforderlich (→ Kapitel 1.3.1). Neben diesen unverzichtbaren Bestandteilen eines Expressionsplasmids gibt es weitere nützliche Sequenzbereiche, worunter die sogenannten *Tag*-Sequenzen fallen aber auch diverse Signalpeptide.

Abb. 6.4
(A) Ein Expressionsplasmid enthält zusätzlich zu den Elementen eines Klonierungsplasmids einen Promotor (hier ein T7-Promotor P_{T7}, → Kapitel 6.3.1) und eine ribosomale Bindestelle (rbs, → Kapitel 6.3.2). Die MCS kann auch nur sehr wenige Restriktionsschnittstellen enthalten. Der Replikationsursprung ist stringent, damit die Kopienzahl des Plasmids niedrig bleibt. **(B)** Detaillierte Ansicht des Bereiches nach dem T7-Promotor. Neben der rbs finden sich mehrere *Tag*-Sequenzen (→ Kapitel 6.3.5), die z. B. zur Aufreinigung des rekombinanten Proteins dienen. Die Enterokinase Erkennungsstelle kann benutzt werden, um die *Tag*-Sequenzen wieder abzuspalten. Vergleiche auch mit → Abb. 1.8.

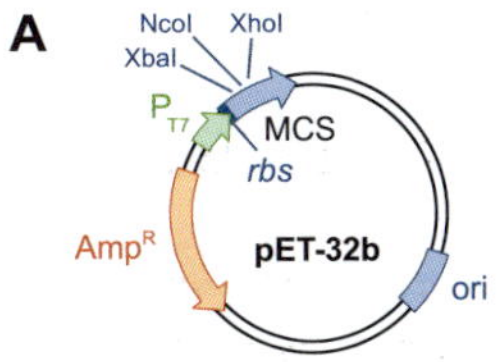

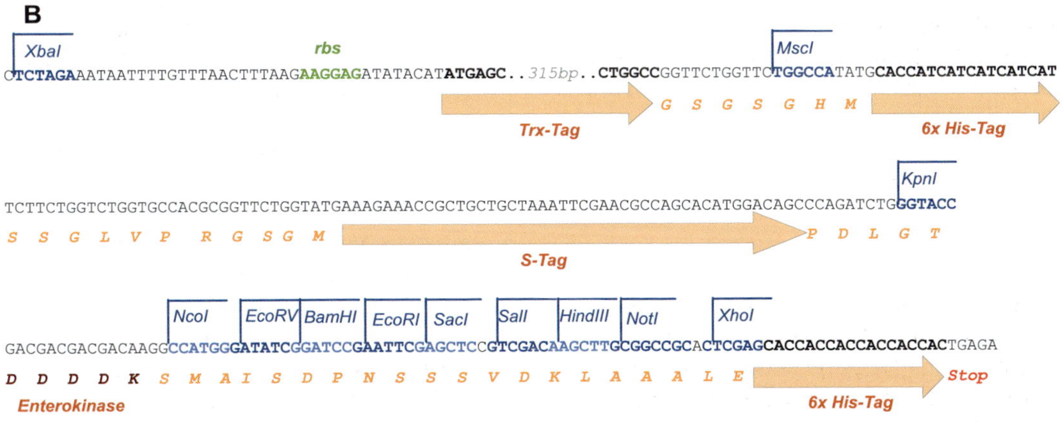

TIPP

Kommerziell erhältliche Vektoren gibt es oft in drei Varianten, die mit A, B und C bezeichnet sind (beispielsweise pET-20a, pET-20b und pET-20c). Die Buchstaben stehen für die unterschiedlichen Leseraster der MCS. Da aber sowieso die Primer erst konstruiert werden, ist eigentlich nur eine der Varianten notwendig, alle anderen Varianten können über die Lage des Primers angepasst werden.

6.3.1 Promotoren für Expressionsvektoren

Ein geeigneter Promotor muss nicht nur eine hohe Syntheseleistung des nachfolgenden Inserts bewirken. Fast noch wichtiger ist seine Regulierbarkeit. Oft sind die Produkte der in *E. coli* eingebrachten Gene für das Bakterium toxisch. Daher ist es wünschenswert, dass deren Produktion nur nach Zugabe eines Expressionsinduktors erfolgt. In den meisten Expressionsvektoren für *E. coli* findet sich einer von folgenden drei Promotoren:

▶ **lacZ-Promotor:**
Dieser Promotor ermöglicht eine recht hohe Expressionsrate und lässt sich durch die Zugabe von IPTG (Isopropyl-β-D-thiogalactopyranosid, → Kapitel 6.2.1) induzieren. Das IPTG bindet an den lacI-Repressor des lacZ-Promotors und führt so zur Expression des durch lacZ kontrollierten Gens.
Leider besitzt der Promotor eine gewisse Grundaktivität, d. h. auch ohne Induktion findet eine geringe Transkription des regulierten Gens statt, vor allem dann, wenn das Expressionsplasmid in hoher Kopienzahl vorliegt und das Gen des lacI-Repressors auf dem F'-Plasmid den Repressor nicht in ausreichender Menge bilden kann. Demzufolge wird eine große Menge an lacI benötigt, um die nicht-induzierte Expression zu unterbinden[35]. Eine gute Möglichkeit, die nicht-induzierte Expression zu unterbinden, besteht in der Katabolitrepression (→ Kapitel 2.12.1), wozu dem Medium steril filtrierte Glucose zugegeben wird.

35 Das ist der Grund, warum *lacI* oft auf dem Plasmid lokalisiert ist. Bei einer hohen Zahl an Plasmiden in einer Zelle gibt es auch eine große Zahl an lacI Genen.

TIPP

Der Promotor lacUV5, der in einigen Vektoren verwendet wird, ist eine Mutante von lacZ, dessen Mutation in der -10-Region zur Steigerung der Effizienz führt.

▶ **Lambda PL-Promotor:**
Der starke PL-Promotor aus dem Phagen λ wird sehr restriktiv durch das cI-Repressorprotein kontrolliert. In Expressionsvektoren erfolgt die Kontrolle des PL-Promotors durch ein mutiertes, temperatursensitives cI-Repressorprotein (cI 857). Unterhalb 30 °C reprimiert cI 857 den PL Promotor. Steigt jedoch die Temperatur, wird cI 857 inaktiviert und der Promotor aktiviert. Alternativ kann der Promotor auch durch Zugabe von Nalidixinsäure zum Medium aktiviert werden.

▶ **T7-Promotor:**
Der aus dem Phagen T7 stammende T7-Promotor wird nicht durch die bakterielle RNA-Polymerase erkannt, daher ist für dessen Aktivierung die T7-RNA-Polymerase notwendig. Die T7-RNA-Polymerase ist eine sehr aktive Polymerase, die spezifisch für ihre Promotoren ist. Das Gen befindet sich auf dem F'-Plasmid spezieller *E. coli* Stämme, die oft am Kürzel „(DE3)“ im Genotyp zu erkennen sind (→ Tab. 2.3). Die T7-RNA-Polymerase steht dort unter der Kontrolle des lacUV5-Promotors. Wird IPTG zu den Bakterien gegeben, aktiviert dieses den lacUV5-Promotor, und die T7-RNA-Polymerase wird gebildet. Deren Aktivität führt zu einer sehr starken Expression des Gens, welches im Expressionsplasmid unter der Kontrolle des T7-Promotors steht. Weitere Details zu diesem Expressionssystem finden sich auch in → Kapitel 9.6.1.

GUT ZU WISSEN

▶ **Nalidixinsäure**
Nalidixinsäure ist ein Antibiotikum, das die bakterielle Gyrase hemmt und zur Induktion des RecA Proteins von *E. coli* führt. RecA spaltet cI und aktiviert so den Promotor. Es gibt auch Verfahren, bei denen das Gen des cI Proteins unter die Kontrolle eines anderen induzierbaren Promotors gesetzt wurde.

TIPP

Die Expression von *E. coli* eigenen Proteinen kann durch die Zugabe von Rifampicin reduziert werden. Dieses Antibiotikum hemmt die *E. coli* RNA-Polymerase, aber nicht die T7-Polymerase.

GUT ZU WISSEN

▶ Periplasma

Das Periplasma ist in gramnegativen Bakterien, wie *E. coli*, der Bereich zwischen innerer, zytoplasmatischer Membran und äußerer Lipopolysaccharid-Membran.

6.3.2 Weitere regulative Sequenzen

Wenn es darum geht, Protein zu produzieren, muss auch eine effiziente Translation gewährleistet sein. Die Bindung der mRNA an die kleine ribosomale Untereinheit erfolgt über die Basenpaarung einiger weniger Nukleotide in der mRNA, die in den Vektorkarten als *rbs* [*ribosome binding site*], → Abb. 6.4B) angegeben ist. Sie entspricht in etwa der Shine-Dalgarno-Sequenz (→ Kapitel 1.3.1). Diese Abfolge liegt kurz vor dem Startcodon für die Translation, welche beim ersten AUG nach der *rbs* beginnt.
Weiterhin wird ein Stopcodon benötigt, welches entweder vom eingebrachten Gen stammt oder – häufiger – im Vektor liegt. Die Ursache dafür liegt darin, dass N- und C-terminal oft weitere Sequenzen vorhanden sind, sogenannte *Tags*, die im nächsten Abschnitt behandelt werden. Erst hinter diesen folgt das Stopcodon, entweder UAG (*amber*), UGA (*opal*) oder UAA (*ochre*). Die Begriffe in Klammern geben die Namen der *E. coli* Suppressor-Mutante an, die anstelle des Stopcodons eine Aminosäure einbauen. Wird das Codon UAG in normalen *E. coli* Zellen verwendet, dann endet hier die Translation. In Amber-Suppressor-Mutanten jedoch wird eine Aminosäure eingebaut. Dieses Phänomen, das auf Versuche von Harry Bernstein in den 60er-Jahren zurückgeht (daher der Name: *amber* = Bernstein), wird z. B. beim Phage-Display (→ Kapitel 11.6.2) ausgenutzt.

6.3.3 Expression in das Periplasma

Fremdproteine können für die produzierenden Bakterien sehr toxisch sein. Es kann daher sinnvoll sein, das translatierte Protein möglichst schnell aus der Bakterienzelle herauszuschleusen. Um solche Proteine in das Periplasma zu dirigieren, findet sich in den dafür vorgesehenen Vektoren direkt nach dem Startcodon ATG die sogenannte pelB-Sequenz. Dies ist die N-terminale Signalsequenz der Pektatlyase B aus *Erwinia carotovora*, einem pflanzenpathogenen Enterobakterium, welche das Protein in den periplasmatischen Raum dirigiert.
Die Verwendung der pelB Signalsequenz senkt die Expressionsrate. Für die Produktion von toxischen Proteinen kann ein solches System trotzdem sehr sinnvoll sein. Solchermaßen produzierte Proteine können durch eine Periplasma-Extraktion isoliert werden, bei der (fast) nur die Proteine aus dem Periplasma isoliert werden und die große Masse der bakteriellen Proteine abgetrennt wird. Es gibt eine Reihe weiterer Signalsequenzen für die Periplasma-Lokalisation, jedoch ist pelB am häufigsten in Vektoren zu finden.
Erfordern die Fremdproteine die Bildung einer Disulfidbrücke, kann dies in Bakterien ebenfalls nur außerhalb der Zelle im periplasmatischen Raum geschehen, da sich nur dort die benötigte Disulfid Isomerase befindet.

6.3.4 Einschlusskörperchen *[Inclusion Bodies]*

Eine weitere Möglichkeit, schon im Bakterium das Fremdprotein möglichst sauber zu erhalten, können Proteinkristalle, sogenannte Einschluss-

GUT ZU WISSEN

▶ pelB Signalsequenz

Neben dieser Sequenz wird auch eine Signalsequenz für die Abspaltung des Signalpeptids benötigt. Dafür gibt es verschiedene Sequenzmotive, welche durch SecB erkannt werden, einem Enzym, welches für den Export in *E. coli* verantwortlich ist. Daher besteht die pelB Sequenz eigentlich aus zwei Teilen: pelB und ompT, wobei ompT die Abspaltung durch SecB vermittelt.

körperchen [*Inclusion Bodies*] darstellen. Meistens sind diese jedoch eher unerwünscht. Bakterien legen fehlgefaltete Proteine gerne in unlöslichen Proteinkristallen im Zytoplasma ab, die im Lichtmikroskop erkennbar sind. Solche Kristalle können auch entstehen, wenn ein Protein in einer extrem großen Menge produziert wird. Wenn solche Einschlusskörperchen vermieden werden sollen, kann die Konzentration des Induktors (meist IPTG) oder die Anzuchttemperatur der Bakterien gesenkt werden. Weitere Informationen zu diesem Thema finden sich in → Kapitel 9.6.1.

6.3.5 *Tag*-Sequenzen

Im Gegensatz zu den Nukleinsäuren, die biochemisch betrachtet ziemlich einheitliche Moleküle darstellen, weisen unterschiedliche Proteine verschiedene Eigenschaften auf. Daher muss für jedes Protein ein angepasstes Aufreinigungsschema entwickelt werden (→ Kapitel 9.4). Diese Etablierung von Aufreinigungsverfahren kann sich als sehr zeit- und arbeitsaufwendig erweisen. Um diese Prozedur für rekombinant produzierte Proteine zu umgehen, enthalten Expressionsvektoren oft kurze Sequenzen für mehr oder weniger lange Peptide, die am N- oder C-Ende des rekombinanten Proteins angehängt werden. Sind diese Sequenzen kurz, werden sie „*Tag*"-Sequenzen (*tag* = Markierung) genannt. Sie können aber auch eigenständige Proteine darstellen, wie das fluoreszierende *Green Fluorescent Protein* (GFP) und heißen dann Reportergene (→ Kapitel 6.4). *Tag*-Sequenzen ermöglichen nicht nur den Einsatz eines einheitlichen Aufreinigungsprotokolls für die unterschiedlichsten Proteine, einige *Tags* erhöhen die Stabilität des rekombinanten Proteins, seine Löslichkeit oder seine korrekte Proteinfaltung. Gegen fast alle *Tag*-Sequenzen sind in den letzten Jahren Antikörper (→ Kapitel 11) entwickelt worden, sodass verschiedene rekombinante Proteine mit dem gleichen Antikörper immunbiochemisch nachgewiesen werden können. Manchmal werden diese Antikörper an eine Matrix gekoppelt und ebenfalls für die Aufreinigung des Proteins verwendet. Viele der *Tag*-Sequenzen sind nicht auf *E. coli* beschränkt und können auch

TIPP

Die Zielsequenz der TEV-Protease ist EXXYXQ ↓ (G/S), wobei X eine beliebige Aminosäure repräsentiert. Meist wird die Sequenz ENLYFQ ↓ G genutzt. Die Xa-Erkennungsstelle ist ziemlich kurz: IEGR ↓, die Enterokinase-Erkennungsstelle lautet DDDDK ↓. Die Pfeile symbolisieren die bevorzugte Spaltstelle.

in anderen Organismen verwendet werden. → Tab. 6.2 listet einige weit verbreitete *Tag*-Sequenzen auf.

Der 6xHis-*Tag* ist sicherlich der bekannteste *Tag* und wird in → Kapitel 9.6.2 detailliert besprochen wird.

Nach der Aufreinigung sollte die Möglichkeit bestehen, den *Tag* vom Protein abzuspalten. Dazu finden sich zwischen dem eingebrachten Gen und den *Tag*-Sequenzen meist spezifische Spaltstellen für Proteasen. Der Flag-*Tag* hat schon eine solche Stelle (für die Enterokinase) integriert (→ Tab. 6.2). Andere oft genutzte Protease-Erkennungsstellen sind die für die Protease des Tobacco Edge Virus (TEV-Stelle) oder für den Calcium-abhängigen Faktor Xa.

6.4 Reportergene

Während *Tag*-Sequenzen für ein einheitliches Nachweis- und Aufreinigungssystem der unterschiedlichen Produkte der klonierten Gene sorgen, werden Reportergene für den Nachweis der Expression genutzt. Eigentlich stellen Reportergene eine ziemlich heterogene Gruppe dar, denn sobald ein Protein leicht detektierbar ist, kann es als Reportergen bezeichnet werden.

Es gibt – neben weiteren – zwei wichtige Anwendungsgebiete für den Einsatz von Reportergenen:

GUT ZU WISSEN

▶ **Reportergene**

Der Begriff Reportergen wird oft synonym sowohl für die DNA-Sequenz eines nachweisbaren Proteins als auch für das gebildete Protein selbst benutzt.

Tab. 6.2
Auswahl einiger *Tag*-Sequenzen. Die Buchstaben in der Spalte „Typ" geben Verwendungsmöglichkeit an: A=Aufreinigung, D=Detektion, S=Stabilität.

Name	Größe / Proteinsequenz	Typ	Bemerkung
6xHis-*Tag*	HHHHHH	A, D	N- oder C-terminal zum Gen lokalisiert. Dient der Aufreinigung über Ni-NTA (→ Kapitel 9.6.2). Kann mittels Antikörper detektiert werden.
Strep-*Tag* und Twin-Strep-*Tag*	WSHPQFEK	A, D	Modifiziertes Streptavidin und bindet an Biotin, welches an eine Matrix gebunden wurde. Auch Antikörper sind verfügbar. Twin-Strep ist eine modernere Variante, die aus zwei, durch eine kurze Sequenz getrennte Strep-*Tags* besteht.
Flag-*Tag*	DYKDDDDK	D, A	Antikörper sind verfügbar, die zum Nachweis oder zur Aufreinigung verwendet werden.
Enterokinase-Stelle	DDDDK		Kein *Tag* im eigentlichen Sinne, aber oft zwischen eigentlichem *Tag* und dem Protein vorhanden. Diese Sequenz ermöglicht die spezifische proteolytische Abspaltung des *Tags* nach erfolgter Aufreinigung. Die Sequenz ist im Flag-*Tag* enthalten, so dass der *Flag-Tag* immer gleich eine Protease-Stelle enthält.
c-myc-*Tag*	EQKLISEEDL	D, A	Stammt aus dem c-myc Protein. Wie beim Flag-*Tag* erfolgen Detektion und Aufreinigung mittels Antikörper.
Trx-*Tag*	Thioredoxin 109 Aminosäuren	A, S	Erhöht die Löslichkeit und erlaubt Disulfid-Brückenbildung.
GST-*Tag*	220 Aminosäuren	A, D, S	Stammt aus der Glutathion-S-Transferase und bindet an Glutathion, welches wiederum an eine Säulenmatrix gebunden ist.
Phosphorylierungsstelle	DDDSDD		Erlaubt die Phosphorylierung *in vitro*.

- Um einem anderen Protein eine Markierung mitzugeben, sodass zu jedem Zeitpunkt verfolgt werden kann, wo sich das Protein in der Zelle, im Gewebe oder in dem Organismus befindet. Dafür wird das Reportergen an das zu markierende Gen oder Teile davon angehängt. Dies erfolgt meist über eine Klonierung, wodurch ein Fusionsprotein aus dem zu untersuchendem Gen und dem Reportergen entsteht.
- Um Regulatorsequenzen wie Promotoren zu analysieren. Eine typische Anwendung ist die Frage, ob eine bestimmte Substanz einen Promotor aktiviert oder nicht. Anschließend kann die Sequenz eines solchen Promotors verändert und über das Reportergen festgestellt werden, ob sich dadurch das Expressionsverhalten verändert hat.

Die Anforderungen der genannten Einsatzgebiete unterscheiden sich: Während für die Anwendung als Fusionsprotein meist eine Ja/Nein-Antwort ausreicht, ist für die Promotoranalyse die genaue Quantifizierung des produzierten Reportergen-Proteins oft sehr wichtig.
Quantitative Analysen werden vorzugsweise mit Luciferase durchgeführt, deren Gen aus Glühwürmchen stammt. Die Analyse kann nur schlecht an lebenden Zellen durchgeführt werden, da die

Abb. 6.5
In dieser Tabakzelle wurde die Expression zweier Reportergene, die auf dem gleichen Vektor lokalisiert sind, nachgewiesen: GFP (**A**) und DsRed (**B**) werden beide im Zytosol der Zelle exprimiert. Foto: Wolff, IPG der LUH.

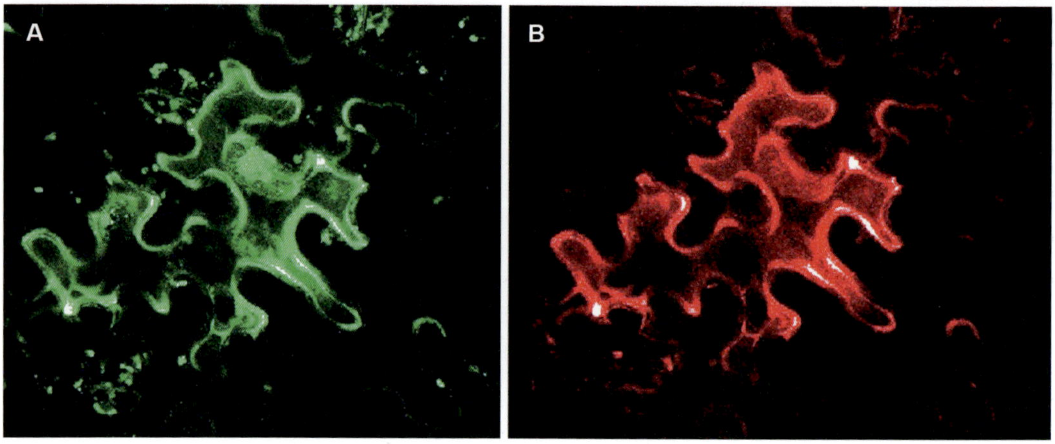

Zellen meist lysiert werden müssen, damit das Substrat in die Zelle gelangt. Mit dem Substrat Luciferin[36], Mg^{2+} und ATP produziert die Luciferase Licht, welches proportional zur vorhandenen Menge an Enzym ist. So kann die Menge an gebildeter Luciferase genau bestimmt werden. Allerdings wird für die Detektion ein recht teures Gerät (Luminometer) benötigt, denn die Lichtreaktion entsteht sehr schnell und ist schon nach weniger als 1 s wieder verschwunden.
Auch die β-Galaktosidase, die beim Blau-Weiß-Screening involviert ist (→ Kapitel 6.2.1), kann als quantitatives Reportergen genutzt werden. Auch hier werden Substrate verwendet, deren Umsetzung zur Lumineszenz führt.
Eine besonders populäre Gruppe an Reportergenen stellen die fluoreszierenden Proteine dar (→ Abb. 6.5), deren bekanntester Vertreter das Grün Fluoreszierende Protein (GFP, 28 kDa) aus der Qualle *Aequorea victoria* ist. Wird dieses Protein in einer Zelle oder einem Zellkompartiment produziert, leuchtet die Zelle oder das Organell nach Anregung mit UV-Licht grün, ohne dass ein Substrat benötigt wird. Die Wellenlänge, die das

36 Es gibt alternative Substrate, die aber weniger sensitiv sind.

GUT ZU WISSEN

▶ Modifikationen des GFPs

Das Green Fluorescent Protein (GFP) wurde vielfältig gentechnisch modifiziert. Zunächst wurde eine Codon-Optimierung[37] durchgeführt. In Eukaryoten ist für eine effektive Expression ein Intron notwendig, weshalb es viele GFPs mit Intron gibt. So wird ausgeschlossen, dass die Fluoreszenz vielleicht durch den noch vorhandenen Prokaryoten verursacht wurde, der zur Transformation verwendet wurde. Weiterhin wurden durch Mutationen die Anregungs- und Emissionswellenlängen verändert. So entstand beispielsweise YFP (*Yellow Fluorescent Protein*, gelb leuchtend), CFP (blau leuchtend) und viele mehr. Einige der fluoreszierenden Proteine stammen aus anderen Organismen, wie das rot leuchtende dsRED aus der Koralle *Discosoma*.

37 Eine Aminosäure kann oft durch verschiedene Codons repräsentiert sein. Allerdings werden diese in verschiedenen Organismen unterschiedlich häufig verwendet. Um die Expressionsrate eines Proteins zu erhöhen, sollten die Codons auf den entsprechenden Organismus hin angepasst werden. Man spricht von Codon-Optimierung (→ Kapitel 1.2).

Tab. 6.3
Eine kleine Auswahl gängiger Fluoreszenzproteine, die inzwischen einen weiten Bereich des Spektrums abdecken. Viele der Proteine wurden optimiert, sodass sie stärker leuchten [e = enhanced]. Manche Proteine können auch durch andere Wellenlängen angeregt werden, leuchten dann aber schwächer. Diese sind in Klammern angegeben. Um die Exzitations- und Emissionswellenlänge voneinander zu trennen, müssen im Mikroskop Filter verwendet werden, die nur sehr enge Wellenbereiche durchlassen. Diese sind ziemlich teuer und müssen für jedes zu verwendende Fluoreszenzprotein eigens angeschafft werden.

Reportergen	maximale Anregungs- /Emissionswellenlänge [nm]	Leuchtet
GFP	395 (475) / 508	Grün
eCFP	433 (453) / 475 (501)	Blau
eYFP	513 / 527	Gelbgrün
dsRED	558 / 618	Rot

Protein zum Leuchten angeregt, wird Exzitationswellenlänge genannt, abgestrahlt wird das Licht mit der Emissionswellenlänge. Da das GFP für die Zellen nicht toxisch ist, kann die Detektion auch in lebenden Zellen oder ganzen Geweben einfach erfolgen (→ Kapitel 11.6.3). Inzwischen gibt es eine Vielzahl verschiedener Fluoreszenzproteine, welche die unterschiedlichsten Anregungs- und Emissionswellenlängen haben (→ Tab. 6.3).
Stehen solche Gene unter der Kontrolle eines Promotors, kann über die Fluoreszenzstärke auf die Expressionsstärke des Promotors zurückgeschlossen werden. Auch können diese Proteine, ähnlich wie eine *Tag*-Sequenz (→ Kapitel 6.3.5), an ein anderes Gen angehängt werden. So kann die Lokalisation des Proteins in der Zelle leicht bestimmt werden. Schließlich können verschiedene fluoreszierende Proteine gleichzeitig verwendet werden. Die verschiedenen Fluoreszenzproteine bzw. deren Gene werden kommerziell angeboten. Meist wird ein Vektor, der das Gen enthält, gekauft. Es sind auch Antikörper verfügbar, sodass sich die Proteine nicht nur über ihre Fluoreszenz, sondern auch immunbiochemisch (→ Kapitel 11) nachweisen lassen.
Neben den vielen Vorteilen, die den Erfolg dieser Reportergene begründet haben, gibt es auch ein paar Nachteile des Systems. Neben der langsamen Faltung der lichtaktiven Struktur erfordern die teilweise nah beieinanderliegenden Exzitations- und Emissionswellenlängen teure Filtersätze. Gerade bei Pflanzen können die Signale der Reportergene durch Eigenfluoreszenz pflanzlicher Zellwände und Chloroplasten überlagert werden. Solche Autofluoreszenzen können die Messung mit fluoreszierenden Proteinen ziemlich stören. Oft ist es auch schwierig, die Signalstärken zu quantifizieren. Dann können Reportergene (→ Tab. 6.4), wie die β-Glucuronidase (GUS), verwendet werden, ein Enzym, für welches es verschiedene Substrate gibt, die entweder zu einem farbigen Produkt oder Fluoreszenz führen. Diese ist oft besser quantifizierbar, für die Analyse muss das Gewebe jedoch fixiert werden. Es kann daher keine Beobachtung aktuell ablaufender Prozesse in der Zelle durchgeführt werden und durch die Fixierung können Artefakte entstehen.

TIPP

Die Fluoreszenzeigenschaften von GFP hängen direkt mit seiner Proteinstruktur zusammen. Wenn GFP nicht korrekt gefaltet wird, findet auch keine Fluoreszenz statt. In der Regel ist die richtige Faltung unproblematisch, aber es dauert mehrere Stunden, bis genügend richtig gefaltetes GFP vorliegt, um die Detektion zu ermöglichen. Inzwischen sind auch schnell faltende GFP kommerziell erhältlich.

TIPP

Detaillierte Informationen zur Funktionsweise und zu Anwendungen von Fluoreszenzproteinen finden sich auf der Seite MicroscopyU: Introduction to Fluorescent Proteins (www.microscopyu.com/articles/livecellimaging/fpintro.html).

Tab. 6.4
Alternative Reportergene, deren Funktion auf einer Enzymreaktion beruht.

Gen	Enzym	Substrate	Färbung
lacZ	β-Galaktosidase (β-Gal), (→ Kapitel 6.2.1).	X-Gal	Blau
phoA	Alkalische Phosphatase (AP), (→ Kapitel 11.2.5)	NBT und BCIP	Blau bis violett
		Naphthol-AS-MX-Phosphat	Rot
uidA	β-Glucuronidase (GUS)	X-Gluc	Blau
		4-Methylumbelliferyl-β-D-glucuronid	Fluoreszenz, genaue Quantifizierung möglich
cat	Chloramphenicol Acetyltransferase (CAT)	AcetylCoA und Chloramphenicol	Radioaktiver Nachweis über ^{32}P, heute kaum noch genutzt.
	Luciferase	Luciferin, Mg^{2+} und ATP	Lumineszenz

6.5 Phagen

Phagen – oder richtiger: Bakteriophagen – sind Viren, die Bakterien infizieren und sich in diesen vermehren. Dafür benötigen sie im unterschiedlichen Ausmaß die Ressourcen der Wirtszelle. Nachdem sie sich in der Bakterienzelle vermehrt haben, verlassen sie diese als Phagenpartikel, welcher die virale DNA (oder RNA), die meist in eine Proteinhülle verpackt ist, enthält.
Früher waren Phagen für viele Klonierungsarbeiten absolut essenziell. Vor allem zwei Typen waren weit verbreitet:

- **Phage λ:**

Dieser Phage trägt in seiner freien Form ein lineares dsDNA Genom von 48,5 kbp in einer Proteinhülle. In dieses Genom können noch 12 kbp an Fremd-DNA eingesetzt werden, weshalb solche λ-Phagen Insertionsvektoren genannt werden. Beispiele für Insertionsvektoren sind λgt10, λgt11, λgt 20.
Eine Alternative stellen die Replacement-Vektoren dar, bei denen nicht-essenzielle Bereiche des Phagengenoms entfernt wurden, sodass bis zu 24 kbp Fremd-DNA Platz finden. Ein Nebeneffekt der Replacement-Vektoren liegt darin, dass die einzubringende Fremd-DNA eine Mindestgröße von ungefähr 9 kbp haben muss, da Phagengenome unterhalb einer bestimmten Mindestgröße nicht verpackt werden können. Daher wird in den Ausgangsvektor sogenannte *Stuffer-DNA* eingesetzt, deren einzige Funktion darin liegt, dem Ausgangsvektor eine Mindestgröße zu verleihen. Die *Stuffer*-DNA wird dann meist durch das einzubringende Gen ersetzt oder in einem getrennten Arbeitsschritt entfernt. *Stuffer*-Elemente sind auch in Vektoren für die Klonierung großer Inserts oft zu finden (→ Kapitel 6.9). Beispiele für Replacement-Vektoren sind die verschiedenen Charon-Vektoren sowie λDASH, Embl 3 und 4.
Nach dem Einsetzen der DNA muss der λ-Vektor mit Insert *in vitro* verpackt werden, wofür es entsprechende, recht teure Kits gibt. Der so entstandene Phage kann dann für die Infektion der Bakterien genutzt werden. Auf diese Weise wurden früher cDNA-Banken hergestellt. Dieses aufwendige Verfahren wird heutzutage nur noch selten durchgeführt.
Die Arbeit mit λ-Phagen ist nicht einfach, denn sie enthalten im Verhältnis zur eingebrachten DNA sehr viel Vektor-DNA, und es ist kaum mög-

TIPP

Da Phagen eine Hülle aus Proteinen besitzen, können sie nicht durch 70 % (v/v) Ethanol inaktiviert werden. Hier helfen Sterilisationsflüssigkeiten, wie sie in Krankenhäusern verwendet werden.

TIPP

Wegen der Kontaminationsgefahr sollten spezielle Bereiche im Labor ausgewiesen werden, die nur für die Arbeiten mit Phagen dienen.

lich, saubere DNA aus Phagen zu isolieren. Unangenehm ist auch, dass λ-Phagen sehr stabil sind und leicht andere Bakterienkulturen infizieren können. Auf diese Weise kann sich beim unvorsichtigen Arbeiten ein solcher λ-Phage im Labor mit verheerenden Folgen ausbreiten.

▶ **M13-Phage:**
Der nicht-lytische M13-Phage liegt im Phagenpartikel als ssDNA vor, im Bakterium jedoch als dsDNA, weshalb er in den 80er Jahren für die Herstellung von Sonden sowie für Sequenzierungen verwendet wurde. Heute besitzt er eine zentrale Bedeutung beim sogenannten *Phage-Display*-Verfahren (→ Kapitel 11.6.2), die bei der Herstellung rekombinanter Antikörperbanken und Peptid-Banken eingesetzt werden.
Weiterhin findet sich sein Replikationsursprung in den meisten Phagemiden (→ Kapitel 6.6).

6.6 Phagemide

Phagemide besitzen sowohl einen *ori* eines Plasmids als auch einen für die *Rolling Circle* Replikation von Phagen. Normalerweise verhält sich das Phagemid wie ein Plasmid. Es nutzt wie ein Plasmid den Replikationsapparat des Wirtsbakteriums und besteht demzufolge aus dsDNA. Der zweite Replikationsursprung, der in der Regel aus dem Phagen f1, einem engen Verwandten von M13 (→ Kapitel 6.5) stammt, benötigt spezielle Enzyme, die nicht in *E. coli* vorhanden sind, sondern durch einen zweiten filamentösen Phagen, dem sogenannten Helferphagen, geliefert werden müssen. Eigentlich enthalten viele Klonierungsplasmide einen solchen Replikationsursprung, doch wird er nur selten verwendet, beispielsweise beim *Phage-Display* (→ Kapitel 11.6.2).

GUT ZU WISSEN

▶ ***Rolling Circle* Replikation**
Die *Rolling Circle* Replikation beginnt damit, dass eine Nuklease einen Einzelstrangbruch in das ringförmige dsDNA-Molekül einführt. Nun werden am 3'-Ende des geschnittenen Strangs Desoxynukleotide durch eine DNA-Polymerase angehängt. Gleichzeitig wird das 5'-Ende vom DNA-Ring weggedrängt und bildet einen Strang, dessen Länge immer weiter zunimmt, je weiter die Synthese des neuen Strangs fortschreitet. Dieser Vorgang läuft in mehreren Zyklen hintereinander ab, sodass ein langer ssDNA-Faden entsteht, der vielfache Kopien der Ausgangs-DNA enthält. Diese kann durch die Wirkung eines ssDNA-Bindeproteins einzelsträngig gehalten und verpackt werden oder er wird verdoppelt.

GUT ZU WISSEN

▶ **Phagemide**
In der ursprünglichen Definition besitzt ein „Phagemid“ einen Replikationsursprung aus der Gruppe der M13-Phagen. Vektoren mit einem Replikationsursprung aus *E. coli* und einem aus dem Phagen λ werden Phasmid genannt. Heute hat sich der Begriff Phagemid durchgesetzt, weil Phasmide nur eine begrenzte Bedeutung haben.

6.7 Shuttle-Vektoren

Plasmide und Phagen haben meist ein recht enges Wirtsspektrum. Die meisten der oben beschriebenen Plasmide können nur in Enterobakterien, zu denen *E. coli* gehört, vermehrt werden. Um Gene auch in andere Organismen einzubringen, bieten sich Shuttle-Vektoren an, welche sich wie Phagemide[38] durch zwei verschiedene Replikationsursprünge auszeichnen. Der Vorteil von solchen Shuttle-Vektoren liegt darin, dass sämtliche Klonierungsarbeiten im Standardorganismus *E. coli* durchgeführt werden können und abschließend das Konstrukt ohne weitere Modifikationen durch Transformation in den eigentlichen Zielwirt übertragen werden kann.

38 Phagemide werden nicht zu den Shuttle-Vektoren gezählt, denn sie werden nur in einem Organismus vermehrt: dem Bakterium.

GUT ZU WISSEN

▶ Broad Range Vektoren

Es gibt auch Plasmide mit sehr weitem Wirtsspektrum, wie das Plasmid RSF1010, das in gramnegativen und grampositiven Bakterien stabil weitergegeben wird. Solche Vektoren werden „*Broad Range* Plasmide" genannt.

TIPP

Manche Autoren begrenzen den Begriff „Shuttle-Vektor" auf solche Vektoren, die in Prokaryoten und Eukaryoten verwendet werden können.

Tab. 6.5
Größe einzubringender DNA bei verschiedenen Klonierungsvektoren und ihre Wirtsorganismen. Einige Vektoren erfordern auch eine Mindestgröße. YAC ist ein klassischer Shuttle-Vektor.

Vektor	Wirt	Insertgröße
Plasmid	*E. coli*	5–8 kbp
BAC	*E. coli*	< 300 kbp
PAC	*E. coli* (Phage P1)	100–300 kbp
YAC	Hefe (*Saccharomyces cerevisiae*)	200–2000 kbp

Neben rein prokaryotischen Shuttle-Vektoren, die beispielsweise in *E. coli* und *Bacillus subtilis* oder in *E. coli* und Streptomyceten existieren können, gibt es auch Shuttle-Vektoren, die sowohl für Prokaryoten als auch Eukaryoten genutzt werden.

6.8 Künstliche Chromosome: YACs, BACs und PACs

Die meisten Plasmide nehmen Fremd-DNA bis ungefähr 15 kbp auf. Als vor der Jahrtausendwende mit der Sequenzierung von Genomen begonnen wurde, mussten Vektoren für viel größere Fragmente entwickelt werden. Es wurden sog. künstliche Chromosomen [*Artificial Chromosomes*] entwickelt, welche vor allem für die Klonierung großer, genomischer Fragmente verwendet wurden (→ Tab. 6.5).

Künstliche Hefechromosomen [*Yeast Artificial Chromosome*, YAC] enthalten ein Centromer der Hefe, zwei Telomere aus *Tetrahymena*, ein autonom replizierendes Element (ARS) sowie zwei oder mehr Selektionsmarker. YAC Klone können bis zu 2000 kbp Fremd-DNA aufnehmen, allerdings ist die Arbeit mit so großen DNA-Fragmenten *in vitro* sehr schwierig. Außerdem neigt Hefe zu unerwünschten Rekombinationen, sodass YACs inzwischen von den viel einfacher zu handhabenden BACs und PACs verdrängt wurden.

Das BAC-System [*Bacterial Artificial Chromosome*] basiert auf dem F'-Plasmid aus *E. coli*, welches nur einmal[39] pro Bakterienzelle vorkommt. Zwar kann es weniger Fremd-DNA aufnehmen, doch ist die Handhabung sehr viel einfacher und das System ist sehr zuverlässig.

PAC-Vektoren [*P1 Artificial Chromosome*] beruhen auf dem Bakteriophagen P1, welcher ein Genom von 110–115 kbp linearer DNA in einer Proteinhülle trägt. In einer *E. coli* Zelle kann P1 einerseits lysogen vorliegen. Bei diesem Zustand ist sein Genom zirkulär geschlossen und er verhält sich wie ein Plasmid. Die Wirtszelle wird nicht abgetötet und es werden auch keine Phagenpartikel produziert. Andererseits kann aufgrund „schlechter" Umweltbedingungen eine lytische Phase eingeleitet werden, die letztendlich zum Absterben des Wirtsbakteriums führt. Dabei entstehen sehr viele neue Phagenpartikel.

Beim PAC werden diese Eigenschaften mit denen des F-Plasmids kombiniert. Ein PAC verhält sich normalerweise ähnlich wie ein BAC, liegt also in einer Kopie vor. Durch ein zweites Replikon, welches bei der lytischen Phase des Phagen aktiv wird, kann die Kopienzahl drastisch erhöht werden. Auf diese Weise können PAC-Vektoren relativ leicht isoliert werden.

In den letzten Jahren haben die künstlichen Chromosomen an Bedeutung verloren. Neue Sequenzierverfahren (→ Kapitel 12.2) sowie die

39 Nur vor der Zellteilung wird natürlich auch das F-Plasmid repliziert und liegt dann kurzzeitig in zwei Kopien vor.

GUT ZU WISSEN

▶ F-Plasmid

Das F-Plasmid ist für den Austausch von genetischem Material zwischen Bakterien verantwortlich. Dieser Vorgang wird Konjugation genannt. Bakterien, die dieses Plasmid besitzen, fungieren als Donor und können die Erbinformation auf dem F-Plasmid auf ein Empfängerbakterium übertragen. Die dazu notwendigen Enzyme liegen auf dem F-Plasmid, ebenso eine eigene Replikase, denn für diesen Vorgang führt das F-Plasmid eine *Rolling Circle* Replikation durch. Demgegenüber wird das F-Plasmid bei Zellteilungen des Bakteriums über klassische Replikation verdoppelt. Stämme, die ein F-Plasmid tragen, werden mit F^+ bezeichnet, die ohne als F^-. Durch die Übertragung eines F-Plasmids wird der empfangende F^--Stamm zum F^+-Stamm. Das F-Plasmid kann auch ins bakterielle Chromosom integriert werden. Solche Stämme übertragen demzufolge auch Wirts-DNA und werden hfr-Stämme genannt. Diese Integration ist reversibel, und beim nachfolgenden Ausschneiden kann es passieren, dass Teile des Wirtsgenoms in das F-Plasmid wandern. Solche Plasmide nennt man F'-Plasmid. Beispielsweise trägt das F'-lacZ-Plasmid das lacZ-Operon aus dem Wirtsgenom.

enorme Steigerung der Rechnerleistung ermöglichen es, eine riesige Anzahl kleiner Fragmente in kurzer Zeit im Computer zusammenzusetzen, so dass die Herstellung großer genomischer DNA-Fragmente nur noch selten erforderlich ist.

6.9 Hefen als Klonierungs- und Expressionssystem

Saccharomyces cervisiae wird seit Jahrtausenden für die Herstellung von Brot, Wein, Bier und vielem mehr verwendet, und gilt lebensmittelrechtlich betrachtet als sicher [*GRAS-Generally Recognized As Safe*]. Das Genom ist ungefähr 3,5-mal so groß wie das von *E. coli*. Neben der Hefe *S. cerevisiae* gibt es weitere wichtige biotechnologisch und molekularbiologisch genutzte Hefearten, die nur entfernt mit *S. cerevisiae* verwandt sind, wie *Schizosaccharomyces pombe* oder *Pichia pastoris*.

GUT ZU WISSEN

▶ *Pichia pastoris*

Pichia pastoris **zeichnet sich durch sehr hohe Expressionsraten aus, die 12 g rekombinantes Protein / Liter Zellkultur erzielen können. Die Expression kann sehr einfach durch die Zugabe von Methanol induziert werden. Eine gute Anlaufstelle ist die Webseite pichia.com (www.pichia.com).**

6.9.1 Hefe als Modellorganismus

Hefen lassen sich, ähnlich wie Bakterien, sowohl auf Agarplatten als auch in Flüssigkultur anziehen, und die Produktion kann sehr leicht gesteigert werden (man spricht vom *Upscaling*).
Vor Beginn der Arbeit sollte eine sorgfältige Auswahl des geeigneten Stammes getroffen werden. Die vielen Stämme sind durch die Art ihrer Auxotrophie[40], der Temperaturabhängigkeit und anderer Eigenschaften charakterisiert. Weiterhin gibt es eine riesige Zahl an Deletionsmutanten. Allein bei EUROSCARF [www.euroscarf.de] sind mehrere Tausend verschiedene Mutanten verfügbar. Da viele Selektionsverfahren nach der Hefe-Transformation auf der Zufuhr oder dem Entfernen bestimmter Nährstoffe beruhen, gibt es generell zwei Medientypen für die Anzucht: ein Vollmedium ohne Selektion oder ein chemisch definiertes Medium, welches für das entsprechende Selektionsverfahren angepasst werden kann (→ Protokoll 6.2).
Hefen wachsen bei 30 °C mit einer Verdoppelungszeit von 1,5–2 h, die meisten Stämme sind fakultativ anaerob. Obwohl Hefen fast so einfach zu kultivieren sind wie *E. coli*, sind viele eukaryotische Eigenschaften vorhanden, die entsprechende Analysen erlauben. Diese einzelligen Pilze zeichnen sich durch haploide und diploide Stadien aus, es sind Organellen vorhanden. Die synthetisierten Proteine können eingeschränkt

40 Auxotrophe Organismen können bestimmte essenzielle Substanzen nicht selbständig synthetisieren.

PROTOKOLL 6.2

Medien für die Anzucht von *S. cerevisiae*

YPAD Medium	Minimalmedium
Ein komplexes Vollmedium ohne Selektion	Das Minimalmedium besteht aus zwei Komponenten, dem eigentlichen Basismedium und dem Drop Out Mix, welcher getrennt angesetzt wird.
6 g Hefeextrakt 12 g Pepton 12 g Glucose 60 mg Adenin-Hemisulphat 600 ml H_2O	**Basismedium:** 4 g Yeast-Nitrogen-Base ohne Aminosäuren 12 g Glucose 0,5 g synthetisches Drop Out Mix 600 ml H_2O pH 5,6, mit NaOH einstellen (wichtig für hohe Transformationsraten)

Um Agarplatten herzustellen, wird den obigen Medien 10 g Agar zugegeben. Das Medium wird autoklaviert. Die Mengen reichen für ca. 20 Petrischalen.

Synthetisches Drop Out Mix (komplett):

- Diese Mischung wird zum Minimalmedium gegeben. Je nach Selektionsverfahren wird die entsprechende Aminosäure weggelassen.
- Das Medium besteht aus je 2 g an: Adenin Hemisulfat*, Arginin HCl, Histidin HCl*, Isoleucin, Leucin*, Lysin HCl, Methionin und Tyrosin. Je 3 g Phenylalanin und Tryptophan*, 6 g Homoserin und 9 g Valin sowie 1,2 g Uracil*. Die mit „*“ markierten Aminosäuren werden für die jeweiligen Selektionsarten weggelassen, die Drop Out Mixe werden entsprechend SC-Ade, SC-His, SC-Leu, SC-Trp, SC- Trp/Leu oder SC-Trp/Leu/His genannt.
- Alle Bestandteile werden in einer 250 ml Plastikflasche zusammen mit vier sauberen Glasmurmeln gemischt. Die Menge reicht für 100 Minimalmedien à 600 ml. Nicht alle Aminosäuren werden von allen Hefestämmen benötigt, aber aus Bequemlichkeit werden oft alle verwendet (außer den Zutaten, welche für die Selektion entscheidend sind). Manche Protokolle ersetzen das teure Homoserin durch je 2 g Serin und 2 g Threonin.

Tab. 6.6
Eigenschaften verschiedener Plasmide für Hefen. ARS steht für „Autonom Replizierende Sequenz“, 2µ ist der Replikationsursprung des 2 Micron Plasmids und für eine hohe Kopienzahlen verantwortlich.

Plasmidtyp	Beispiel	ARS	2µ	Centromer
Integratives Plasmid	YIp	nein	nein	nein
Episomales Plasmid	YEp	nein	ja	nein
Centromer-haltiges Plasmid	YCp	ja	nein	ja

glykosyliert und über den sekretorischen Weg in das Medium abgesondert werden, um nur einige Eigenschaften zu nennen. Die Produktionsraten an rekombinantem Protein sind sehr hoch. Allerdings weichen die Glykosylierungen der heterolog in Hefe produzierten Proteine öfter vom Original aus Tieren oder höheren Pflanzen ab. Proteine mit komplexeren Glykosylierungen oder Faltungsstrukturen sollten daher eher in tierischen Zellkulturen produziert werden (→ Kapitel 6.11). Es verwundert nicht, dass das erste komplett sequenzierte Genom eines Eukaryoten das der Hefe *Saccharomyces cerevisiae* war. Es sind unterschiedliche Stämme für die verschiedensten Anwendungen verfügbar.

6.9.2 Vektoren für Hefe

Je nach Anwendung werden drei verschiedene Arten an Vektoren in Hefen eingesetzt:

- Integrative Plasmide [*Yeast Integrative Plasmid*] wie YIp5 können in Hefen nicht als Plasmid überleben, da sie weder einen Hefe-spezifischen Replikationsursprung noch einen Centromer besitzen. Sie werden genutzt, um das Gen, das sie tragen, homolog[41] in das Hefechromosom zu integrieren.
- Episomale Plasmide [*Yeast Episomal Plasmid*] wie YEp13 oder YEp24 werden für die Überexpression von Genprodukten in Hefe benutzt. Sie stammen vom 2 Micron Plasmid (2µ) ab, welches in einigen Hefestämmen vorkommt und sind High-Copy-Plasmide mit 20–100 Kopien pro Zelle.
- Centromer-haltige Plasmide [*Yeast Centromeric Plasmid*] wie YCp werden ebenfalls verwendet, um rekombinante Proteine in Hefe zu produzieren. Sowohl episomale als auch Centromer-haltige Plasmide stellen Hefe-Shuttle-Vektoren dar, letztere werden aber in niedriger Kopienzahl an die Tochterzellen weitergegeben (→ Tab. 6.6).

41 Homologe Rekombination bedeutet, dass sich auf dem Plasmid und dem Zielchromoson homologe Sequenzabschnitte befinden. Diese und zwischenliegende Sequenzen werden ausgetauscht.

PROTOKOLL 6.3

Transformation von *S. cerevisiae*

Material:

- 2 mg/ml Träger DNA
- 1 M Lithiumacetat
- 50 % (w/v) PEG 3500
- 0,1–1 µg Plasmid DNA
- Zentrifuge, Agarplatten mit SC-Medium

Durchführung:

1. *S. cerevisiae* in 2x YPAD (2 ml) oder SC-Medium (5 ml) über Nacht anziehen.
2. Die Träger-DNA wird im kochendem Wasserbad für 5 min denaturiert und anschließend direkt in ein Eisbad überführt.
3. Zellen durch Zentrifugation bei ca. 14000 xg sedimentieren, Überstand verwerfen.
4. Zugabe der nachfolgenden Substanzen zu den Zellen in der angegebenen Reihenfolge. Jeweils gut mischen.
   - 240 µl PEG 3500, 36 µl Lithiumacetat zugeben.
   - 50 µl Träger-ssDNA (vor Zugabe vortexen!) zufügen.
   - 34 µl Plasmid-DNA (0,1–1 µg in H_2O verdünnt) zusetzen.
5. Der Ansatz wird 40–60 min bei 42 °C im Wasserbad inkubiert.
6. Nach einer Zentrifugation bei ca. 14000 xg wird der Überstand mit einer Pipette abgenommen und verworfen. Das Zellpellet wird in sterilem Wasser vorsichtig resuspendiert.
7. 100 µl Aliquots werden auf Platten mit entsprechendem SC-Selektionsmedium gegeben und für 3–4 Tage bei 30 °C inkubiert.

6.9.3 Transformation von Hefe

Es gibt verschiedene Transformationsmethoden für Hefe, beispielsweise die Behandlung der Zellen mit Lithiumacetat (LiAc) und Polyethylenglykol (PEG) und anschließender Hitzeschock-Transformation (→ Protokoll 6.3). Neben der einzubringenden DNA wird zusätzlich einzelsträngige Träger-DNA zugegeben, z. B. Kalbsthymus-DNA. Die Methode ist einfach und resultiert in einer Transformationseffizienz von 10^5–10^6 Zellen/µg DNA.

Bei einem anderen Verfahren wird die Hefe zunächst enzymatisch protoplastiert, d. h. mittels spezieller Enzyme werden die Zellwände der Hefezellen entfernt. Dabei entstehen sog. Sphäroblasten, die in einem Medium mit entsprechend osmotischen Eigenschaften gehalten werden, z. B. Sorbitol). Die Transformation mit der Fremd-DNA erfolgt in Gegenwart von Ca^{2+} und PEG. Die anschließende Regeneration der Zellwand erfolgt in einem osmotisch gepufferten Agar. Sobald die Sphäroblasten von festem Medium umgeben sind, bilden sie Zellwände aus. Dieses Verfahren ist zeitintensiver, liefert aber höhere Transformationsraten.

Schließlich kann auch die Elektroporation (→ Kapitel 5.5) für Hefezellen verwendet werden.

Neben der biotechnologischen Bedeutung von Hefen als Expressionssystem ist eine der bekanntesten molekularbiologischen Anwendungen von *S. cerevisiae* ihre Nutzung für Klonierungsarbeiten von großen DNA-Fragmenten in YACs (→ Kapitel 6.8).

Eine weitere wesentliche Anwendung von Hefen sind die *Two-Hybrid* Systeme, mit denen Protein-Protein-Interaktionen entdeckt und analysiert werden können.

6.10 Pflanzen als Bioreaktoren

Transgene Pflanzen sind eine wesentliche Grundlage für die weltweite Ernährung und stellen bei einigen Pflanzenarten heute schon den größten Anteil an der weltweiten Anbaufläche, wie bei Baumwolle oder Soja. Transgene Pflanzen werden auch zunehmend interessant für die Produktion von pharmazeutisch genutzten Proteinen, beispielsweise Antikörper oder Impfstoffe.

Die kostengünstige Produktion in Pflanzen erlaubt völlig neue Anwendungsbereiche. Beispielsweise könnten gegen Spermien gerichtete Antikörper zur Verhütung eingesetzt werden. Hierfür werden so große Produktionsmengen benötigt, dass die Kapazitäten tierischer Zellkultur schnell ihre Grenzen überschreiten würden. Neuere Verfahren wie die Magnifektion (→ Kapitel 6.10.2) erlauben die Produktion riesiger Mengen an Protein innerhalb weniger Wochen. Auf diese Weise können z. B. bei einer Pandemie sehr viel schneller große Mengen an Impfstoffen produziert werden als es mit tierischen Systemen jemals möglich wäre.

Schließlich werden Pflanzen gentechnisch verändert, um spezielle nieder- oder hochmolekulare Stoffe zu produzieren, welche sonst nur in aufwendigen chemischen Prozessen hergestellt werden können. In diesem Bereich rücken einzellige Pflanzen, wie die Mikroalge *Chlamydomonas reinhardii*, Moos wie *Physcomitrella patens* oder Wasserlinsen wie *Lemna minor* oder *Wolffia australiana*, zunehmend in den Fokus der Forscher. Alle diese Expressionssysteme können einfach und steril auf kleinem Raum gehalten werden und weisen hohe Wachstumsraten auf. Auch die Problematik der Freisetzung transgener Pflanzen ist nicht gegeben, denn die Pflanzen werden in geschlossenen Systemen kultiviert.

Am häufigsten sind Pflanzenarten, wie *Arabidopsis thaliana*, sowie die beiden Tabakarten *Nicotiana tabacum* und *N. benthamiana* im Labor anzutreffen. Beide sind leicht zu transformieren. Die speziellen, hocheffizienten Transformationsverfahren (→ Kapitel 6.10.1) bei *A. thaliana* machen dieses unscheinbare Kraut zur wichtigsten Modellpflanze.

6.10.1 Die Transformation von Pflanzen

Die am häufigsten angewandte Methode zur Herstellung transgener Pflanzen beruht auf dem Einsatz des Bodenbakteriums *Agrobacterium tumefaciens*[42]. Ein enger Verwandter dieses Bakteriums ist *Agrobacterium rhizogenes*[43], welches Wurzeln befällt und zur Ausbildung von sog. *Hairy Roots* führt. Zwei weitere Verfahren sollen hier nur kurz erwähnt werden:

- Bei der Protoplasten-Transformation wird die pflanzliche Zellwand durch Inkubation in einem Enzymmix abgebaut. Die entstandenen Protoplasten werden anschließend mit nackter DNA und PEG transformiert. Die größte Schwierigkeit bei diesem Verfahren liegt darin, aus den Protoplasten wieder ganze Pflanzen zu regenerieren. Der große Vorteil ist, dass alle Zellen der regenerierten Pflanzen das Transgen tragen, also keine Chimären entstehen.
- Bei sog. biolistischen Verfahren wird die DNA zunächst an mikroskopisch kleine Goldpartikel gebunden. Diese werden dann mit hohen Druck mittels einer Genkanone [*Gene Gun*] auf eine Pflanze oder ein Pflanzenstück geschossen. Beim Durchflug durch die Zelle wird die DNA abgestreift und verbleibt in der Pflanzenzelle. Das Verfahren kann sowohl für die Transformation von Pflanzen als auch bei Tieren verwendet werden. Auch die Transformation von Organellen ist möglich. Bei Pflanzen wird das Verfahren vor allem für transiente Transformationen eingesetzt. Dabei wird die DNA nicht in das Genom integriert und nicht an Tochtergenerationen weitergegeben. Auf diese Weise kann recht schnell die Funktion einzelner DNA-Elemente, wie z. B. von Promotoren, überprüft werden. Die Nachteile des Verfahrens liegen im recht hohen apparativen Aufwand sowie darin, dass nur einzelne Zellen im Gewebe transformiert werden, also Chimären entstehen.

42 Eigentlich wurde das Bakterium vor einigen Jahren in *Rhizobium radiobacter* umbenannt, allerdings wird der neue Name kaum verwendet. Wir nutzten hier den bekannten Namen.

43 Analog zu *A. tumefaciens* wurde *A. rhizogenes* zu Rhizobium rhizogenes umbenannt.

Wie bereits erwähnt, stellt *Agrobacterium* für die Herstellung transgener Pflanzen das Werkzeug schlechthin dar. Das weit verbreitete Bodenbakterium hat eine sehr spezielle Form des Parasitismus entwickelt. Es trägt ein riesiges 100–240 kbp großes Ti (Tumor-induzierendes) Plasmid, welches alle Gene enthält, um einen bestimmten 15–30 kbp Abschnitt auf dem Plasmid (T-DNA) in eine Pflanzenzelle zu übertragen. Dort kann diese T-DNA sogar in das pflanzliche Genom eingebaut werden.

Im Labor werden speziell umgebaute Plasmide genutzt, die nur noch wenig mit dem Wildtyp gemein haben.

Da aber selbst solche Plasmide noch recht groß sind, werden oft sogenannte binäre Vektorsysteme verwendet. Ein solches System besteht aus zwei Vektoren:

Der eine Vektor trägt die T-DNA, ein Resistenzgen sowie zwei ori, davon einen für *E. coli*, denn in diesem Organismus werden alle Klonierungsarbeiten durchgeführt. Der zweite ori ist für die Replikation in Agrobakterien gedacht (→ Abb. 6.6). Die benötigten Enzyme für den Transfer der DNA in den Zellkern der Pflanze liefert ein zweites Plasmid, welches bereits im verwendeten Agrobakterienstamm vorhanden ist und ein Ti-Plasmid ohne oder mit einer defekten T-DNA dar-

GUT ZU WISSEN

▶ *Agrobacterium*

***Agrobacterium* ist ein pflanzenpathogenes, gramnegatives Bodenbakterium, welches über Verletzungen in die Pflanze eindringt und sich in den Interzellularen festsetzt. Nun überträgt der Prokaryot bestimmte Gene, die sich im Bereich der T-DNA auf dem Ti-Plasmid befinden, in das Genom des Eukaryoten. Diese Gene greifen in den Hormonhaushalt der Pflanze ein, was zur Ausbildung von Wurzelhalsgallen *(A. tumefaciens)* oder Haarwurzeln *(A. rhizogenes)* führt. Weitere Gene auf der T-DNA veranlassen die Pflanze, niedermolekulare Moleküle, sogenannte Opine, zu produzieren, die den Agrobakterien als Kohlenstoff- und Stickstoffquelle dienen. Im Labor werden „entwaffnete“ Agrobakterienstämme verwendet, die weder die Bildung von Tumoren noch die Opinsynthese induzieren.**

PROTOKOLL 6.4

A. tumefaciens: Anzucht und Transformation

YEP Medium für die Kultivierung von *A. tumefaciens:*

- 1 % (w/v) Trypton
- 0,5 % (w/v) Hefeextrakt
- 0,5 % (w/v) NaCl
- ggf. 1,5 % Agar, wenn Platten gegossen werden sollen.
- Autoklavieren

Transformation von *A. tumefaciens:*
Elektrokompetente Zellen werden wie bei *E. coli* durch mehrfaches Zentrifugieren und Aufnahme in 10 % eiskaltem Glycerin hergestellt. Die Zellen können bei −80 °C gelagert werden. Die Transformation von *A. tumefaciens* erfolgt über Elektroporation (2,5 kV, 25 μF, 200 Ω, → Kapitel 5.5). Nach der Transformation werden die Agrobakterien in SOC-Medium (→ Protokoll 5.6) aufgenommen, 30 min auf Eis und anschließend 3 h bei 28 °C auf einem Schüttler inkubiert. Der Ansatz wird auf einem Selektionsmedium ausplattiert und bei 28 °C für zwei Tage inkubiert.
Wichtig: Da Agrobakterien bei einer Temperatur über 28 °C die eingebrachten Plasmide verlieren, muss sorgfältig darauf geachtet werden, dass 28 °C nicht überschritten werden.

stellt. Die Integration in das pflanzliche Genom erfolgt über illegitime Rekombination, die im Gegensatz zur homologen Rekombination keine homologen Sequenzabschnitte benötigt. Ein solches binäres Vektorsystem hat den großen Vorteil, dass das Plasmid mit der T-DNA überschaubar klein bleibt, was die Klonierungsarbeiten erleichtert.
Der fertige Klonierungsvektor wird durch Elektroporation (→ Kapitel 5.5) in Agrobakterien eingebracht, die bereits die Ti-Plasmid-Variante enthalten. → Abb. 6.6 zeigt den Aufbau eines solchen binären Vektorsystems.
Die Agrobakterien, die eine Resistenz gegen Kanamycin (aus pIPG_LintGFP) aufweisen, werden für die Transformation von Pflanzen eingesetzt. Bei der Transformation der Pflanzen wird der Bereich zwischen *Left Border* (LB) und *Right Border* (RB), die T-DNA, in die Pflanzenzelle übertragen. Wird dieser Abschnitt in das Pflanzengenom eingebaut und an die Tochtergeneration weitergegeben, spricht man von einer stabilen Transformation.
Die Transformation der Pflanzen ist im Prinzip recht einfach: Das zu transformierende Pflanzengewebe, oft Blattstücke, wird oberflächensterilisiert (→ Kapitel 2.10) und einige Tage mit den Agrobakterien zusammen in einem Medium kultiviert. Anschließend werden die Bakterien abgewaschen und aus den Pflanzenstücken wieder

GUT ZU WISSEN

▶ Pflanzliche Gewebekultur
Typischerweise sind zunächst nur kleine Gewebebereiche oder Einzelzellen transformiert. Diese sind oft umgeben von nicht transformierten Zellen. Über die Selektion z. B. mit Phosphinothricin werden letztere getötet. Die Schwierigkeit besteht darin, aus den transformierten Zellen wieder ganze Pflanzen zu regenerieren. Das Prinzip der Regeneration ist bei verschiedenen Arten sehr ähnlich: Das transformierte Pflanzenstück, Explantat genannt, wird auf ein Medium mit definierten Konzentrationen pflanzlicher Wachstumsfaktoren gelegt. Oft wird versucht, die frisch transformierten Explantate zur Bildung undifferenzierter Gewebewucherungen zu bewegen, sogenannte Kalli. Aus diesen Kalli wachsen neue Sprosse, die abgeschnitten und auf ein neues Medium mit veränderter Zusammensetzung von Wachstumsfaktoren umgesetzt werden. Die Schwierigkeiten liegen darin, dass die zu verwendenden Medienzusammensetzungen und Inkubationszeiten für jede Spezies und jedes Gewebe neu ermittelt werden müssen und diese Parameter entscheidend für eine erfolgreiche Regeneration sind. Natürlich müssen während der gesamten Regenerationszeit die Kulturen steril gehalten werden, weshalb ausschließlich unter einer Sterilbank gearbeitet wird.

Abb. 6.6
Vektoren für die Transformation von Pflanzen. Im Vektor pIPG_LintGFP dient GFP als Reportergen (→ Kapitel 6.4) und steht unter der Kontrolle des starken, eukaryotischen 2x35S-Promotors aus dem Blumenkohlmosaikvirus (CaMV). Das Intron im Gen erhöht die Expressionsrate und ist bei vielen eukaryotischen Vektoren vorhanden. Vor dem Gen gibt es eine Signalsequenz, die das Protein in das Endoplasmatische Retikulum dirigiert, da so die Produktionsrate gesteigert werden kann. Hinter dem Gen liegt eine Polyadenylierungsstelle. Der Bereich aus nos-Promotor, bar-Gen und nos-Terminator dient der Selektion der transgenen Pflanzen auf einem Herbizid-haltigen Medium. Vektoren, die für die Transformation von Pflanzen genutzt werden, lassen sich sehr einfach am Vorhandensein der LB *[Left Border]* und der RB *[Right Border]* Sequenz erkennen. Der Bereich zwischen ihnen, die T-DNA, wird in die Pflanze übertragen. Das Produkt des virG-Gens spielt bei dem Transfer der T-DNA eine wichtige Rolle. Schließlich enthält der Vektor zwei verschiedene *ori*, der pUC *ori* ist in *E. coli* aktiv, in Agrobakterien übernimmt *oriV* die Replikation des Plasmids. Zusammen mit pTiBo542 stellt pIPG_LintGFP ein binäres Vektorsystem dar. Das fast 250 kbp große Ti-Plasmid-Derivat enthält alle für den Transfer der T-DNA benötigten Gene, aber keine T-DNA. Schließlich haben die Plasmide unterschiedliche Resistenzgene.

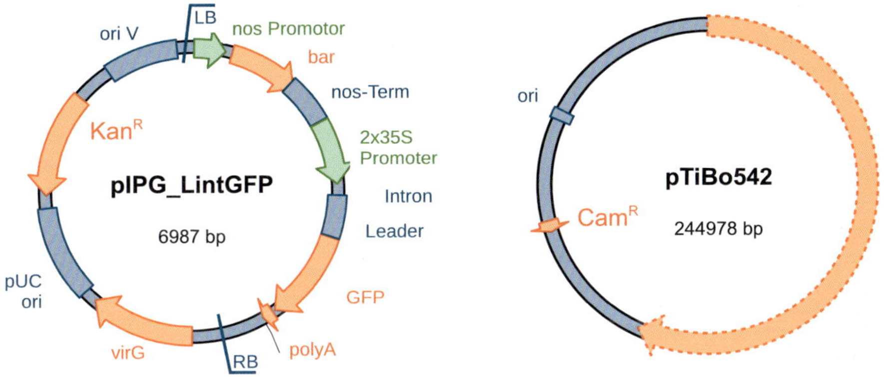

ganze Pflanzen regeneriert. Um nur solche Pflanzen zu selektieren, die die T-DNA aufgenommen haben, befinden sich im Bereich der T-DNA oft zwei verschiedene Genkonstrukte aus Promotor, Gen und Terminator. Neben dem eingebrachten Genbereich dient der andere Bereich der Selektion der transgenen Pflanze, indem er dieser eine Resistenz gegen ein Herbizid verleiht. Weit verbreitet sind die bakteriellen Gene *bar* oder *pat*. Beide codieren für eine Phosphinothricin-Acetyltransferase, die eine Resistenz gegen das Herbizid Phosphinothricin bewirken.

Die Effizienz des Regenerationsverfahrens ist stark speziesabhängig und bei vielen Arten nur sehr schwer zu bewerkstelligen. Dies ist der Grund, warum gerne Tabak und andere Nachtschattengewächse verwendet werden, denn diese lassen sich relativ unkompliziert regenerieren.

6.10.2 Transiente Transformationsverfahren

Neben der oben beschriebenen stabilen Transformation besteht die Möglichkeit der transienten Transformation. Gängig für diese Anwendung ist die Vakuuminfiltration [*Agro Infiltration*), bei der die Blattunterseite mit einer Agrobakterien-Lösung benetzt wird. Anschließend wird in einer Kammer für kurze Zeit ein Vakuum hergestellt. Nach Wiedereinlass der Luft sind die Agrobakterien über die Spaltöffnungen an der Unterseite in die Pflanze eingedrungen. Nach drei bis fünf Tagen können die Pflanzen auf Expression des eingebrachten Gens hin analysiert werden. Bei der transienten Transformation wird die T-DNA nicht in das pflanzliche Genom eingebaut. Dieses Verfahren wird vor allem für die Analyse von DNA-Elementen, z. B. Promotoren, eingesetzt, da die Expression nur vorübergehend stattfindet und im infiltrierten Blatt natürlich nicht alle Zellen die DNA aufgenommen haben.

GUT ZU WISSEN

▶ *Floral Dip*

Wissenschaftliche Untersuchungen werden vor allem an der unscheinbaren Ackerschmalwand *Arabidopsis thaliana* durchgeführt. Die kleine Pflanze hat ein vergleichsweise sehr kleines Genom von ca. $1{,}2 \times 10^8$ bp, eine schnelle Generationszeit mit hoher Samenzahl und ist einfach zu kultivieren. Weiterhin gibt es über 100 000 verschiedene Mutanten. Neben diesen Aspekten hat vor allem eine spezielle Transformationsmethode, das sogenannte *„Floral Dip“* zum Erfolg von *A. thaliana* als pflanzlicher Modellorganismus beigetragen. Dabei werden die Blütenknospen einer Pflanze für 8s in eine *Agrobacterium*-Lösung eingetaucht, die zusätzlich das Tensid Silwet L77 enthält. Anschließend werden die Pflanzen für 24 h unter einer durchsichtigen Plastikhaube in hoher Luftfeuchtigkeit inkubiert und weiter bis zur Samenbildung kultiviert. Die entstandenen Samen werden auf Selektionsmedium gestreut, welches nur die Keimung von transgenen Samen erlaubt, die das notwendige Resistenzgen aufgenommen haben. Die dabei entstehenden Pflanzen stellen in der Regel keine Chimären dar. Da eine Arabidopsispflanze mehrere Tausend Samen produziert, spielen niedrige Transformationsraten kaum eine Rolle.

Die Agroinfiltration ist auch die Basis eines extrem effizienten Verfahrens zur Massenproduktion von Proteinen in Pflanzen, der sog. Magnifektion, die im Prinzip eine Transfektion darstellt. Auch hier gelangen Agrobakterien durch Vakuuminfiltration in die Pflanze und übertragen die T-DNA in einzelne Pflanzenzellen. Dann jedoch kommen die zuvor an der T-DNA durchgeführten Modifikationen zum Tragen: die eingeschleuste T-DNA enthält nämlich Teile eines pflanzlichen RNA-Virus, z. B. des Tabakmosaikvirus (TMV). Dessen RNA wird als virales Replikon transkribiert. Die translatierte virale Replikase vervielfältigt diese RNA nun stark[44]. Das ebenfalls produzierte virale Movementprotein sorgt dafür, dass das virale Replikon über die Plasmodesmata auf alle anderen Zellen der Pflanze verteilt wird. So verteilt sich das virale Replikon über die ganze Pflanze. Der Trick besteht darin, dass in die T-DNA auch das interessierende Gen (z. B. für ein pharmazeutisch relevantes Protein) eingesetzt wurde, welche nun „huckepack“ in der ganzen Pflanze verteilt und exprimiert wird. Daher produzieren fast alle Zellen der Pflanze das Transgen, und nicht wie bei der normalen Agroinfiltration nur die durch *A. tumefaciens* infizierten Zellen. Innerhalb weniger Tage werden enorme Mengen von bis zu 5 g Protein pro kg Frischgewicht produziert. Durch das eukaryotische System sind Proteinfaltung und Glykosylierung recht ähnlich der Glykosylierung in Säugerzellen.

44 Das System ist in Realität sehr viel komplexer aufgebaut und wird hier zum besseren Verständnis des Prinzips stark vereinfacht dargestellt.

6.11 Die Transformation von Säugetieren und tierischen Zellkulturen

Bevor wir uns den speziellen Eigenschaften der Vektoren für tierische Zellen[45] zuwenden, folgt zunächst ein kurzer Exkurs in die Welt der tierischen Modellorganismen und Zellkulturtechniken.

6.11.1 Säugetiere als Modellorganismen

Säugetiere sind für die Grundlagenforschung im Bereich der Human- und Veterinärmedizin sehr bedeutend. Weiterhin werden sie zur Herstellung von Impfstoffen und Antikörpern verwendet. Neue Medikamente werden erst im Tierversuch getestet.

Häufig werden Mäuse, Ratten oder Meerschweinchen verwendet, denn diese sind einfach zu halten und erzeugen bei kurzen Generationszeiten viele Nachkommen. Mäuse werfen ab einem Al-

45 Hier beschränken wir uns auf Säugetierzellen. Daneben sind auch Insektenzellkukturen (*Baculovirus*) und Oocyten des Krallenfrosches *Xenopus* als heterologe Expressionssysteme recht weit verbreitet.

ter von 2–3 Monaten bereits 5–10 Nachkommen, und das sieben- bis achtmal im Jahr.
Um Versuche möglichst definiert durchzuführen, werden nur speziell gezüchtete Inzuchtlinien eingesetzt. Beispielsweise wird die NOD-Maus [Non-Obese Diabetic Mouse] für Typ-1-Diabetes Untersuchungen verwendet. Es gibt sogar Mausstämme ohne Thymus, die keine zelluläre Immunabwehr besitzen. Solche Mäuse werden für die Krebsforschung und die experimentelle Transplantationsmedizin eingesetzt. Gerade für Mäuse sind viele solcher stabilen Inzuchtlinien erhältlich. Die Maus nimmt auch deshalb eine Sonderstellung unter den Versuchstieren ein, weil über 90 % des Mausgenoms eine große Ähnlichkeit mit dem des Menschen aufweist. Es verwundert daher nicht, dass das Mausgenom komplett sequenziert vorliegt.
Besonders interessant für die Wissenschaft sind sogenannte Knockout-Mäuse. Bei diesen sind bestimmte Gene gezielt inaktiviert worden. Über den Vergleich der Knockout-Maus mit dem Ausgangsstamm kann auf die Funktion des Gens zurückgeschlossen werden. Es gibt Sammlungen mit Tausenden verschiedener Knockout-Typen.
Durch die Folgen dieser Gen-Inaktivierung können Krankheitsmodelle für bestimmte Krankheiten erstellt werden. An solchen „Krankheitsmodellen", also den veränderten Mäusen, werden neue Medikamente getestet.
Für die Herstellung von komplett transgenen Organismen gibt es drei wesentliche Methoden:

- Der Embryo wird mit Retroviren *in vitro* infiziert und anschließend in ein Ammentier reimplantiert.
- Embryonen im Einzellstadium werden aus dem Eileiter des Muttertiers isoliert. Die DNA wird direkt in den Pronucleus injiziert. Auch hier entwickeln sich die Embryonen in einem Ammentier.
- Das dritte Verfahren verwendet embryonale Stammzellen aus einer Blastozyste. Diese Zellen können *in vitro* manipuliert und anschließend in das Ammentier eingepflanzt werden. Die Fremd-DNA wird über einen Mikromanipulator in den Kern der Stammzelle eingeführt, wo es relativ häufig zu einer homologen Rekombination kommt. Der bei dieser Methode entstehende Embryo ist immer eine Chimäre. Um die transgenen Tiere zu identifizieren, werden entsprechende genetische Marker verwendet.

6.11.2 Säuger-Zellkulturen

Im Vergleich zu transgenen Tieren sind gentechnisch veränderte Zellkulturen relativ leicht herzustellen. Ihre Limitierung erfahren Zellkulturen dann, wenn verschiedene Zellarten miteinander interagieren und daher gleichzeitig untersucht werden müssen. Dann gibt es zu Tierversuchen kaum Alternativen.
Es gibt eine große Zahl verschiedener Säuger-Zellkulturen, die alle bei 37 °C in einem CO_2-Brutschrank angezogen werden. Die Zellen sind immer entartete Zellen, also Krebszellen oder Fusionen zwischen einer normalen Zelle und einer passenden Krebszelle. Letztere werden Hybridoma genannt (→ Kapitel 11.1).
Für Säuger-Zellkulturen (→ Tab. 6.7) werden meist Fertigmedien eingesetzt, die für den jeweiligen Zelltyp angepasst sind. Tierische Zellkulturen werden wegen ihrer zum Menschen sehr ähnlichen Glykosylierung und Proteinfaltung gerne für die Herstellung pharmazeutisch genutzter Proteine verwendet.
Neben der Produktion rekombinanter Proteine sind tierische Zellkulturen natürlich für viele physiologische und funktionale Untersuchungen sehr gut geeignet. Dementsprechend sind die Anwendungsgebiete für solche Zellkulturen sehr vielfältig.

GUT ZU WISSEN

▶ Reverse Genetik

Der Begriff „Reverse Genetik" [*Reverse Genetics* oder *Positional Cloning*] beschreibt Analysen, bei denen die biologischen Konsequenzen der DNA-Änderung in einem Organismus analysiert werden. Die Veränderung der DNA kann entweder zufällig durch Mutationen induziert werden oder durch Einführung von rekombinanter DNA oder der gezielten Änderung der DNA-Sequenzen. Mehr Informationen zu diesem Thema sind in → Kapitel 12.4 zu finden.

Tab. 6.7
Kleine Auswahl tierischer Zellkulturen

Zelltyp	Herkunft	Bemerkungen
Hybridoma	fusionierte Milzzellen der Maus	Herstellung von monoklonalen Antikörpern (→ Kapitel 11.1).
CHO	Ovarienzellen des chinesischen Hamsters	Benötigen zum Überleben die Zugabe von Prolin. Sie werden für die industrielle Produktion vieler therapeutischer Antikörper wie Herceptin® oder Avastin® verwendet.
COS	Fibroblasten aus der Niere der grünen Meerkatze	Der Name spiegelt die wichtigste Eigenschaft wider: *CV-1 in Origin, and carrying the SV40 genetic material.* Die Zelllinie CV-1 enthält ein SV40 Genom, welches sich nicht replizieren kann, aber das *Large T-Antigen* produziert. Vektoren mit SV40-*ori* können somit in diesen Zellen leicht repliziert werden, denn für deren Replikation ist das Large T-Antigen notwendig.
HeLa	menschliche Gebärmutterhals-Krebszellen von Henrietta Lacks	Dies sind die ältesten menschlichen Zelllinien (1951 etabliert), sie werden vor allem für die Krebsforschung eingesetzt.
293-T und HEK-293	embryonale Epithelzellen menschlicher Nieren	Beide sind einfach in Kultur zu halten und aus der Transformation der menschlichen Zellen mit Adenoviren entstanden. Sie können gut in serumfreien Medien kultiviert werden und werden oft für die Herstellung viraler Impfstoffe genutzt.

6.11.3 Vektoren für tierische Zellen

Um tierische Zellen zu transformieren, können entweder entsprechende Viren oder nackte DNA[46] verwendet werden. Als virale Vektoren kommen zum Einsatz: Retroviren, Adenoviren, *Adeno-assoziiertes* Virus, *Herpes simplex* Virus und Alphaviren. Manche dieser Viren können sich in das Genom der Wirtszelle integrieren, führen also zu einer stabilen Transformation. Sie sind als Kandidaten für gentherapeutische Verfahren sehr interessant. Für fast alle virale Vektoren gilt, dass mindestens sie zur Sicherheitsstufe S2 gehören, weshalb Studierende selten mit ihnen arbeiten.
Weitaus häufiger, da zur Sicherheitsstufe S1 gehörend, sind Vektoren, die zur Einbringung nackter DNA in tierische Zellen geeignet sind. Solche Shuttle-Vektoren können leicht in *E. coli* Zellen zusammengesetzt und anschließend in Säugerzellen eingebracht werden. Diese Vektoren werden u.a. für zwei wichtige Analysen genutzt:

46 Im Gegensatz zu Viren besitzt nackte DNA keinen Proteinmantel. Sie kann sich daher nicht frei von Zelle zu Zelle bewegen oder sich in die Chromosomen integrieren.

- Untersuchung der Aktivität eines Promotors in der Zelle
- funktionale Untersuchung oder Produktion eines Proteins in einer Säuger-Zellkultur

Vektoren, die zur Expressionsanalyse eines Promotors benutzt werden, tragen ein Reportergen, wie das *Green Fluorescence Protein* (GFP, → Kapitel 6.4). Einerseits kann der Promotor vor dem Gen ausgetauscht werden. So können die Eigenschaften eines Promotors analysiert werden. Andererseits kann vor das *gfp*-Gen das zu untersuchende Gen kloniert werden, sodass ein Fusionsprotein entsteht. Auf diese Weise kann, beispielsweise mittels Mikroskopie, das Genprodukt in der Zelle verfolgt werden (→ Kapitel 11.6.3).
Vektoren, die zur Expression eines heterologen Proteins in tierischen Zellkulturen benutzt werden (→ Abb. 6.7), besitzen einen starken eukaryotischen Promotor, oft ist dies der Early-SV40-Promotor. Hinter diesem liegt eine MCS oder eine Rekombinase-Stelle, in die das Gen des zu produzierenden Proteins eingesetzt wird.
Die Expression in tierischen Zellen erfordert noch zwei weitere Elemente. Zum einen wird

Abb. 6.7
Vektoren für tierische Zellen. Der Shuttle-Vektor pEYFP-N1 der Firma Promega enthält gleich drei Replikationsursprünge: einen für Säugerzellen (SV40 ori), einen für Phagen (f1, → Kapitel 6.5) und einen für *E. coli* (pUC-*ori*, → Kapitel 6.1). Vor dem Resistenzgen Kan^R befinden sich sowohl ein prokaryotischer Promotor (nicht eingezeichnet) als auch ein eukaryotischer Promotor (Early-SV40-Promotor). So können sowohl Bakterien als auch tierische Zellen auf Medien mit Neomycin- bzw. Kanamycin selektiert werden. Für die Expression in tierischen Zellen ist weiterhin ein Polyadenylierungssignal (HSV TK PolyA) notwendig. Auch das Reportergen eYFP *(enhanced Yellow Fluorescent Protein)* besitzt solche regulativen Sequenzen: den CMV-IE-Promotor und das SV40-$PolyA^+$-Signal. Die Expression wird durch den SV40 Enhancer, welcher unterbrochen zu beiden Seiten des SV40-*ori* liegt, stark gesteigert.

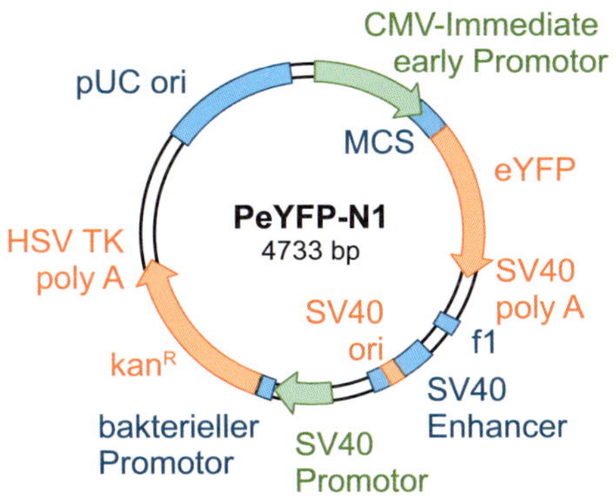

hinter dem einzubringenden Gen ein Polyadenylierungssignal benötigt, welches für die Polyadenylierung der mRNA sorgt. Zum anderen ist oft ein Intron vorhanden, denn dieses kann die Expressionsrate beträchtlich steigern. Die Replikationsursprünge aus *E. coli* und dem SV40 (*Simian Virus* 40) machen den Vektor pEYFP-N1 (→ Abb. 6.7) zu einem Shuttle-Vektor. Ein in diesem Vektor exprimiertes Gen würde daher auch an die Nachkommenschaft weitergegeben werden, ohne sich jedoch in das Wirtschromosom zu integrieren. Allerdings ist für die Replikation das large T-Antigen notwendig, das an den SV40 Replikationsursprung binden muss, um die Replikation zu initiieren. Dieses ist in einigen tierischen Zellkulturzellen bereits vorhanden (z. B. in COS-Zellen, → Tab. 6.7).
Es gibt auch Vektoren ohne eukaryotischen Replikationsursprung, die für Kurzzeitanalysen verwendet werden, z. B. um die Aktivität von Promotoren zu analysieren. Insgesamt ist eine große Zahl verschiedener Vektoren kommerziell erhältlich. Prinzipiell sind solche Vektoren für alle Vertebratenzellen geeignet, werden aber häufig in Zellkulturzellen eingesetzt.

6.11.4 Transfektion tierischer Zellkulturen

Bei tierischen Zellen besteht die Möglichkeit, auf einfache Weise nackte DNA in die Zellen einzubringen. Um dies zu erreichen, sind viele verschiedene Verfahren verfügbar, von denen hier nur die einfachsten und bekanntesten Systeme vorgestellt werden.

GUT ZU WISSEN

▶ Transformation, Transduktion und Transfektion

Der Molekularbiologe unterscheidet die Begriffe Transformation, Transduktion und Transfektion. Ursprünglich bezeichnete der Begriff Transfektion die Infektion von kompetenten Bakterien durch Bakteriophagen, bei der Phagen-DNA in die Bakterienzelle übertragen wird. Heute wird darunter das Einbringen von rekombinanter, nackter DNA in eukaryotische Zellen verstanden, ohne dass es bei den Empfängerzellen zu malignen Veränderungen kommt. Der Begriff wird vor allem bei der gentechnischen Veränderung tierischer Zellen verwendet. Selbst das Einbringen von Fremdproteinen oder Peptiden in eine Zelle mit dem Ziel der Veränderung wird teilweise als Transfektion bezeichnet.
Im Gegensatz dazu bewirkt die Transformation eukaryotischer Zellen eine maligne Veränderung und ist vor allem bei Pflanzen, aber auch bei Spheroblasten (Hefezellen ohne Zellwand) gebräuchlich.
Bei Bakterien bezeichnet der Begriff Transformation das Einbringen nackter DNA in die Bakterienzelle, die jedoch nicht in das Wirtsgenom integriert wird, sondern beispielsweise als Plasmid vorliegt.
Der Begriff Transduktion bezeichnete ursprünglich das Eindringen viraler Nukleinsäuren in eine Wirtszelle, welches zur Bildung von neuen Virenpartikeln führt. Bei der Transduktion von Mikroorganismen wird im Unterschied zur Transformation die eingebrachte DNA in das Wirtsgenom integriert.

PROTOKOLL 6.5

DEAE-Dextran basierte Transfektion von Säugerzellen

Material:
- Zellkultur, Plasmid-DNA, DEAE-Dextran
- TBS: Tris-buffered Saline, PBS (→ Protokoll 10.1)
- DMSO-Lösung: 10 % (v/v) DMSO in PBS

Durchführung:
1. 5×10^5 Zellen werden in einer 10 cm-Schale mit 10 ml Medium ausplattiert und für 24–48 h kultiviert.
2. 4 µg Plasmid-DNA werden mit 40 µl TBS und 80 µl 10mg / ml DEAE-Dextran gemischt und auf der Zellkultur verteilt.
3. Inkubieren für 2–8 h
4. Das Medium wird abgenommen und Zellen für 1 min in 5 ml DMSO-Lösung inkubiert, mit 5 ml PBS gewaschen und abschließend in 10 ml Medium kultiviert.

- **Aufnahme von gebundener DNA durch Endo- oder Phagozytose:**

Die verbreitetste Variante ist die Transfektion mit Calciumphosphat präzipitierter DNA. Zunächst werden DNA, Calcium und Phosphatpuffer gemischt. Dabei bildet sich ein feiner Niederschlag aus Calciumphosphat und DNA. Er wird zu den Zellen gegeben, die die Kristalle durch Endozytose aufnehmen. Bei ungefähr einem Viertel der Zellen gelangt die DNA bis in den Zellkern, wo sie transkribiert werden kann. Auch RNA oder kurze Oligonukleotide lassen sich mit dieser Methode in eine tierische Zelle einbringen.
Auf dem gleichen Prinzip beruht die Transfektion mit dem Polykation DEAE-Dextran (DEAE = Diethylaminoethyl-Dextran), woran die DNA bindet. Die kritischen Parameter, welche entsprechend angepasst werden müssen, sind vor allem die Konzentration von DNA und DEAE-Dextran sowie die Dauer der Transfektion.

TIPP

Je sauberer die DNA ist, desto effizienter ist die Transfektion. Daher wird die DNA typischerweise über Anionenaustauschersäulen, die kommerziell erhältlich sind, aufgereinigt. Alternativ kann auch ein Cäsiumchloridgradient oder eine Phenol-Chloroform-Aufreinigung (→ Kapitel 3.3.1) verwendet werden.

- **Transfektion durch Liposomen:**

Es werden kationische Lipide, die in einer wässrigen Lösung Liposomen bilden, verwendet. Solche Gemische werden kommerziell angeboten, z. B. DOTMA, DOSPA oder Transfectam®. Sie können durch eine Ultraschallbehandlung auch eigenhändig hergestellt werden. Liposomen stellen Vesikel dar, die außen positiv geladen sind. Daran bindet die zu transfizierende DNA. Die entstandenen Komplexe werden von den Zellen in einer ungefähr 1 h dauernde Inkubation aufgenommen. Auch hier muss die Methode an den jeweiligen Zellkulturtyp angepasst werden. Neben dem passenden Reagenz sind das Verhältnis von Lipid zu DNA, die Konzentration der Komplexe sowie die Inkubationsdauer wesentliche Parameter. Im Vergleich zur Calciumphosphat-Methode erzielt die Liposomen-Methode viel höhere Transfektionsraten.

- **Weitere Verfahren:**

Schließlich kann die Fremd-DNA durch Elektroporation (→ Kapitel 5.4), Mikroinjektion oder durch Verpackung der DNA eingebracht werden. Als Zellen für die Verpackung werden *E. coli* Sphäroblasten, hämolysierte Erythrozyten [*Red Blood Cell Ghosts*], bei denen der Zellinhalt entfernt wurde) oder Viren verwendet.
Abschließend sei erwähnt, dass auch RNA oder sogar Proteine für die Transfektion verwendet werden können.

7 Elektrophorese und Hybridisierung von Nukleinsäuren

Das Grundprinzip der Gelelektrophorese ist recht einfach: In einer porösen Matrix, deren Poren mit einer Flüssigkeit gefüllt sind, wandern geladene, biologische Moleküle in einem elektrischen Feld und werden dabei voneinander getrennt. In diesem Kapitel konzentrieren wir uns auf die elektrophoretische Auftrennung von Nukleinsäuren in Agarosegelen. Die Gelelektrophorese von Proteinen in Polyacrylamidgelen wird in → Kapitel 10 behandelt.
Da DNA und RNA negativ geladen sind und ihre Ladung proportional zu ihrer Größe ist, bewegen sie sich in Richtung Anode, werden dabei jedoch durch Reibungskräfte gebremst, die umso stärker wirken, je größer das Molekül ist. Das Trennverhalten kann durch die Konzentration des Gels, also der Porengröße beeinflusst werden.
Da die Auftrennung der Nukleinsäuren im Agarosegel nach ihrer Größe erfolgt, kann nach den meisten molekularbiologischen Arbeitsschritten überprüft werden, ob die entstandene DNA der erwarteten Größe entspricht. Weiterhin kann durch den Vergleich mit definierten Standards auch die vorhandene DNA-Menge abgeschätzt werden. Die Zahl der Banden gibt schließlich einen Hinweis auf die Reinheit der DNA.
Die Einsatzmöglichkeiten des Verfahrens (→ Map 7.1) gehen über analytische Techniken hinaus, denn aufgetrennte Banden können aus dem Gel ausgeschnitten und die Nukleinsäure daraus eluiert werden. So kann die Agarose-Gelelektrophorese auch als präparatives System dienen.
Ein weiteres Anwendungsfeld für die Elektrophorese liegt im Nachweis von spezifischen DNA- oder RNA-Sequenzen. Die Gelelektrophorese ist eine zentrale Voraussetzung für Northern- und Southern-Transferverfahren, die zur sequenzspezifischen Identifizierung bestimmter RNA- oder DNA-Sequenzen durch Hybridisierung genutzt werden.

7.1 Agarose-Gelelektrophorese von DNA

Die Agarose-Gelelektrophorese ist eine der am häufigsten angewandten Labormethoden. Im Gel kann die Größe und Menge einer DNA leicht bestimmt werden. Der Erfolg einer Aufreinigung oder einer PCR wird oft mit einer Elektrophorese überprüft. Die Zahl der entstandenen Banden gibt Auskunft über die Zahl der verschiedenen DNA-Moleküle in der Probe.
Der Ablauf des Verfahrens kann in die folgenden Einzelschritte unterteilt werden:

- Ansetzen der Gellösung, Aufkochen der Lösung und Gießen des Gels (→ Abb. 7.1),

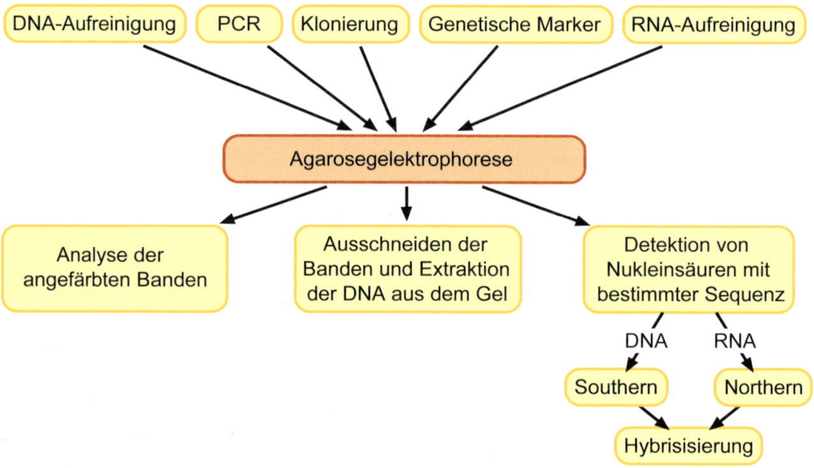

Map 7.1
Als analytisches Verfahren wird die Agarosegelelektrophorese im Anschluss an viele molekularbiologische Verfahren eingesetzt. Sie kann aber auch als präparativer Schritt bei der Aufreinigung einer Nukleinsäure dienen, wenn diese nach dem Gellauf ausgeschnitten und weiterverarbeitet wird und ist ein Zwischenschritt zur Detektion bestimmter Nukleinsäuren im Southern oder Northern-Verfahren.

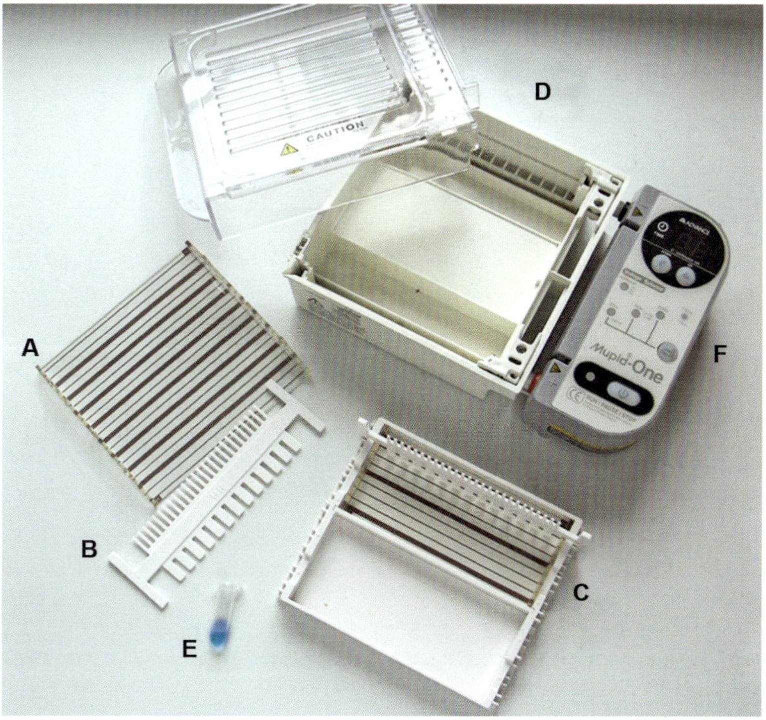

Abb. 7.1
Komponenten eines Agarosegel-Systems. Hier sind die Teile eines typischen Minigel-Systems abgebildet. Das Gel wird in einen Gelträger (**A**) gegossen, der zusammen mit dem Kamm (**B**) in eine Gießschale gesetzt wird (**C**). Sobald das Gel polymerisiert ist, wird es mit dem Gelträger in die Laufkammer (**D**) gesetzt und der Kamm entfernt. Die Kammer wird mit Laufpuffer gefüllt, die Probe (**E**) in die Ladetasche pipettiert und der Lauf durch Anlegen eines elektrischen Felds durch das Netzteil (**F**) gestartet. Gelanlagen gibt es in sehr unterschiedlichen Größen.

- Auftragen der Probe, Gellauf oft bei 100 V,
- Sichtbarmachen der Banden im Gel.

Die großporigen Agarosegele werden mit 0,8–1,5 % (w/v) Agarose in einem TAE-Puffer[47] angesetzt. Agarose ist ein Extrakt aus roten Meeresalgen und besteht aus den Polymeren 1,3-β-D-Galactopyranose und 1,4–3,6-anhydro-α-L-Galactopyranose. Der Schmelzpunkt der Agarose liegt bei 95 °C, die Geliertemperatur bei ungefähr 40 °C.

Die Agarose wird in TAE Puffer (Tris-Acetat-EDTA) oder 1x TBE-Puffer (Tris-Borat-EDTA) angesetzt. Diese Puffer werden später auch als Laufpuffer verwendet. Welcher Puffer verwendet wird, ist ziemlich egal: TAE ist preiswerter, dafür laufen TBE Gele etwas schneller. TBE kann allerdings nachfolgende Enzymreaktionen stören (→ Tab. 3.1).

Die Suspension wird in der Mikrowelle ungefähr 1 min lang aufgekocht, bis das Pulver vollständig gelöst ist (→ Abb. 7.2). Dabei sollte darauf geachtet werden, dass die Lösung nicht überkocht. Auch nach dem Erhitzen kann es wegen der hohen Viskosität der Lösung zum Siedeverzug kommen!

! TIPP

Es gibt modifizierte Agarosen, die niedrigere Geliertemperaturen von ungefähr 30 °C haben, sogenannte *Low-Melting* Agarosen. Nach dem Gellauf kann das Gelstück mit der DNA direkt in einer Enzymreaktion eingesetzt werden, denn die meisten Enzyme besitzen ein Temperaturoptimum von 37 °C, eine Temperatur, bei der die *Low-Melting* Agarose nicht geliert. Allerdings sind solche Spezial-Agarosen teuer und führen zu leicht verändertem Laufverhalten: solche Gele müssen höher konzentriert werden.

47 Für große DNA-Fragmente (5–10 kbp) können auch 0,7 %ige Gele eingesetzt werden. Dagegen wird ein 2 %iges Gel zu einer guten Auftrennung im Bereich von 0,2–0,6 kbp führen. Noch kleinere DNA-Moleküle können in Polyacrylamidgelen aufgetrennt werden.

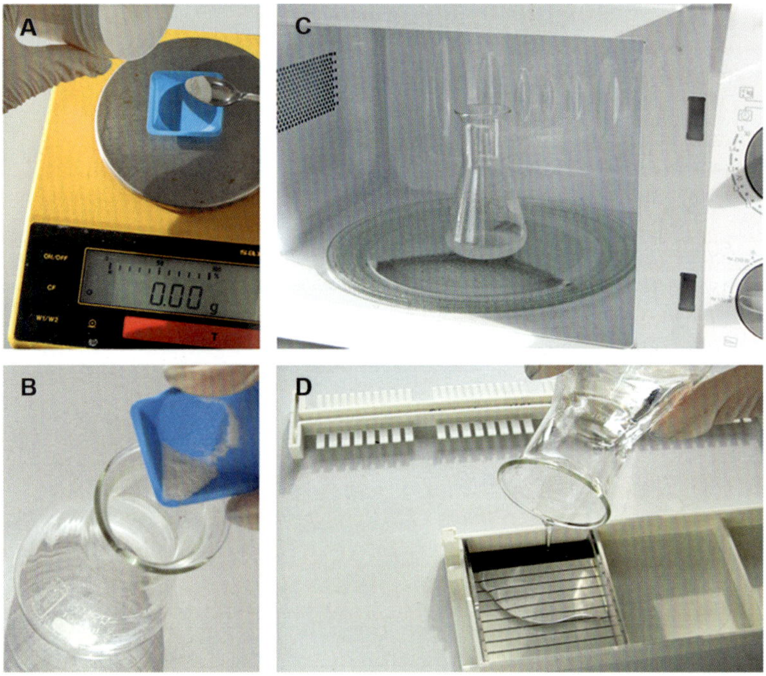

Abb. 7.2
Herstellung eines Agarosegels. Die Agarose wird abgewogen (**A**) und in ein Gefäß gefüllt (**B**). Es kommt eine entsprechende Menge Puffer dazu und die Suspension wird in der Mikrowelle aufgekocht (**C**) bis sich die Agarose gelöst hat. Nachdem die Lösung auf ungefähr 65 °C abgekühlt ist, wird sie in den Gelträger, der sich in der Gießschiene befindet, gefüllt (**D**) und der Kamm eingesetzt (nicht abgebildet).

Abb. 7.3
Beladen eines Agarosegels. Nachdem der Puffer in die Gelkammer eingefüllt wurde (**A**), wird das Gel eingesetzt und mit den Proben beladen. Wie in (**B**) gut sichtbar, werden die Proben unter den Puffer geschichtet.

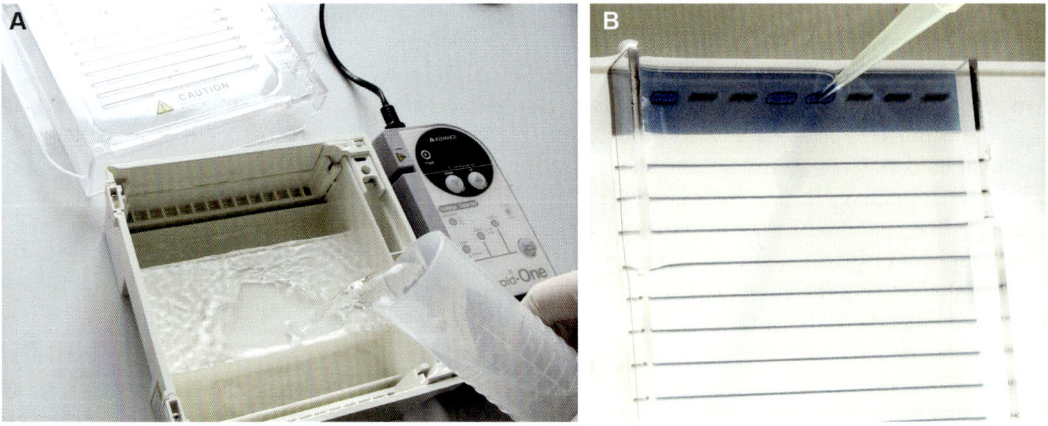

TIPP

TAE wird als 50x Stammlösung angesetzt und bei Raumtemperatur gelagert. Beim Ansetzen dürfen die Chemikalien nur langsam zum Wasser zugegeben werden, da sich sonst ein unlösliches Salzpräzipitat bildet.

TIPP

Niemals darf die heiße Agarose direkt nach dem Aufkochen in den Gelträger gegossen werden, da dieser sonst reißen kann. Am besten wird die Agaroselösung so weit abgekühlt, dass sie um 65 °C temperiert ist.

PROTOKOLL 7.1

Herstellung eines 1 % Agarosegels

Material:
- Elektrophorese-Kammer und Netzteil
- Agarose und Größenstandard

50x TAE-Puffer	6x Probenpuffer
48,4 g Tris Base 11,42 ml Eisessig 20 ml 0.5 M EDTA 28,58 ml H_2O Der pH von 8,0 ergibt sich von selbst. Autoklavieren und bei Raumtemperatur lagern.	15 % (w/v) Ficoll 400 ▸ oder: 40 % (w/v) Saccharose ▸ oder: 30 % (w/v) Glycerin (in H_2O) 0,25 % (w/v) Bromphenolblau 0,25 % (w/v) Xylencyanol

Durchführung:
1. 0,5 g Agarose im Erlenmeyerkolben abwiegen und in 50 ml 1x TAE-Puffer zum Kochen bringen. Die Agarose löst sich dabei auf.
2. Gel abkühlen lassen, in der Zwischenzeit:
3. Gelträger abkleben bzw. in die Gießschiene setzen.
4. Die nicht zu heiße Gellösung hineingießen, Kamm einstecken und erstarren lassen.
5. Kamm aus dem polymerisierten Gel entfernen und das Gel in die mit 1x TAE-Puffer gefüllte Laufkammer legen.
6. Die mit Probenpuffer versetzten Proben in die Taschen pipettieren (dabei den Größenstandard nicht vergessen).
7. Die Elektrophorese wird bei ca. 100 V für 20–60 min durchgeführt.
8. Anschließend wird die DNA mit Ethidiumbromid bzw. einem Ersatzfarbstoff gefärbt.

Bemerkungen:
Es gibt viele Varianten des Verfahrens:
- Das in → Abb. 7.1 dargestellte Gelsystem darf nur mit 0,5 × TAE Puffer benutzt werden. Auch die Spannung und Laufdauer sind spezifisch für den jeweiligen Gerätetyp.
- Anstelle von TAE wird in vielen Laboren auch TBE-Puffer verwendet.
- Der Gellauf kann entweder ohne Farbstoff erfolgen, das Gel wird nach dem Lauf in einem Färbebad für 10–15 min inkubiert. Alternativ kann das Färbemittel unmittelbar vor Gießen des Gels zur Gellösung gegeben werden.

GUT ZU WISSEN

▸ EDTA im Agarosegel

Die DNA wird während der Elektrophorese starken strukturellen Belastungen ausgesetzt, da sie sich gewissermaßen durch die engen Poren winden muss. Daher enthalten alle verwendeten Puffer EDTA, welches zweiwertige Ionen komplexiert (→ Kapitel 3.1.4).

TIPP

Das Agarosegel sollte überall gleich dick sein, weshalb bei den Gelkammern oft eine kleine Wasserwaage mitgeliefert wird. Die Geldicke ist von untergeordneter Rolle, sollte jedoch unter 1cm liegen.

TIPP

Helle Pünktchen im Gel auf dem UV-Tisch weisen auf Staub hin, der während der Polymerisation in die Gellösung gefallen ist. Dieses unschöne Bild kann vermieden werden, wenn während der Polymerisation ein Papier oder ein Deckel über den Gelträger mit dem Gel liegt.

TIPP

Bromphenolblau läuft bei ungefähr 200 bp, Xylencyanol bildet eine Bande bei 4 kbp. Wenn Banden dieser Größen erwartet werden, sollte der entsprechende Farbstoff weggelassen werden, da er die Sichtbarkeit der Banden in diesem Bereich einschränkt.

Nach dem Gießen wird der Probenkamm in das noch flüssige Gel eingesetzt, der nach der Polymerisation herausgezogen wird, wodurch die Beladetaschen im Gel entstehen (→ Abb. 7.3).
Nach ungefähr 10–20 min ist das Gel fest geworden. Es kann jetzt mit dem Gelträger zusammen in den Tank der Elektrophoreseapparatur eingesetzt werden, in die zuvor 1x TAE-Puffer[48] gefüllt wurde. Das Gel kann nun mit den Proben beladen werden.
Die Proben werden beim Auftragen unter den Puffer geschichtet. Dies funktioniert relativ einfach, denn die Proben enthalten Glycerin oder Saccharose (→ Protokoll 7.1), sodass die Proben automatisch in die Tasche sinken. Im Probenpuffer befinden sich auch zwei Laufmarker: Bromphenolblau läuft kurz hinter der Lauffront und stellt einen pH-Indikator dar. Wird das Bromphenolblau gelb, ist das Gel bzw. der Probenpuffer nicht mehr basisch, und es sollte alles frisch angesetzt werden. Das grünliche Xylencyanol dient der Stabilisierung der DNA während des Gellaufs.
Um die Größe der Banden abzuschätzen, wird zusätzlich zu den Proben ein Größenstandard aufgetragen. Heutzutage werden fast ausschließlich sogenannte DNA-Leitern verwendet, oft eine 100 bp Leiter oder eine 1 kbp Leiter (→ Abb. 7.4).

48 Manchmal wird auch 0,5 × TAE Puffer als Laufpuffer eingesetzt. Das ist von der verwendeten Gelanlage abhängig.

Abb. 7.4
Beispiele für DNA-Größenstandards. **A:** 100 bp Leiter, **B:** 1 kbp Leiter. Die rot beschrifteten Banden sind höher konzentriert, damit das Bandenmuster besser zugeordnet werden kann. Foto: Fermentas UAB.

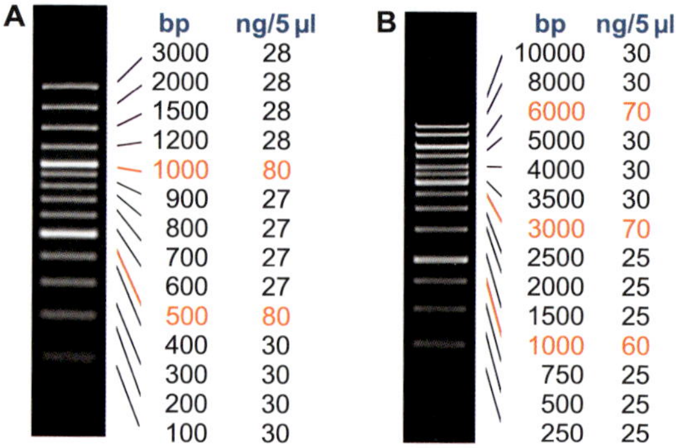

Eine wichtige Frage ist nun: Welche DNA-Menge muss aufgetragen werden? Dies hängt in erster Linie davon ab, ob ein analytisches oder präparatives Gel geplant ist. Analytische Gele dienen der Kontrolle einer DNA-Aufreinigung oder der Größenbestimmung nach der PCR.
Die Geltaschen sind bei analytischen Gelen meist für 10–20 µl Volumen ausgelegt. Die interessierende Bande sollte ungefähr 20 ng DNA enthalten. Das ist die DNA-Menge in einer Bande, die später unter UV-Licht gut erkennbar ist.
Der Gellauf wird meist bei 100–130 V durchgeführt und dauert je nach Größe des Gels ungefähr 20–60 min. Ist die Spannung zu hoch, schmilzt das Gel. Da die DNA-Moleküle i. d. R. keine ausgeprägte Tertiärstruktur haben und ihre Ladung

TIPP

Eine typische Plasmidpräparation (→ Kapitel 3.5.1) aus 2–4 ml Kultur endet in einem Volumen von 30–50 µl DNA Lösung. Davon wird 1/10 für die Kontrolle im Gel verwendet, also 5 µl des 50 µl Gesamtvolumens. Es muss vor dem Auftrag noch Probenpuffer hinzugefügt werden. Da dieser meist 6-fach konzentriert ist, drängt sich ein DNA-Volumen von 5 µl oder 10 µl mit 1 µl bzw. 2 µl 6 × Probenpuffer förmlich auf. Aus einer PCR werden am besten 5 µl Amplifikat mit 1 µl 6 x Probenpuffer aufgetragen.

TIPP

Nach einer Plasmidpräparation (→ Kapitel 3.5.1) liegen Plasmide nicht nur zirkulär, sondern auch supercoiled oder linearisiert vor. Wegen ihrer unterschiedlichen Sekundärstrukturen entstehen so mehrere Banden, von denen nur das lineare Plasmid (wenn vorhanden) mit dem Größenstandard verglichen werden kann. Deshalb sollten Plasmide vor dem Gellauf linearisiert werden, wenn deren Menge oder Größe bestimmt werden soll. Dies geschieht durch die Behandlung mit einem Restriktionsenzym (→ Kapitel 5.1), das nur einmal im Plasmid schneidet.

proportional zu ihrer Länge ist, korrelieren die Wanderstrecken im Gel mit der Größe der DNA. Dies gilt aber nur für lineare DNA-Moleküle.
Ist die Bromphenolblau-Bande hinreichend weit gewandert, wird das Gel inklusive Träger herausgenommen, um die aufgetrennten DNA-Banden zu detektieren.

7.2. Die Detektion der DNA im Gel

Nur wenige Verfahren im Labor sind so umstritten wie die Verfahren zu Detektion der DNA-Banden nach dem Gellauf. Den meisten Verfahren ist

Abb. 7.5
Das Agarosegel wird nach dem Ethidiumbromid-Bad auf einen UV-Leuchttisch gelegt, wodurch die aufgetrennten Banden sichtbar werden (Foto: Jürgen Haacks, CAU Kiel).

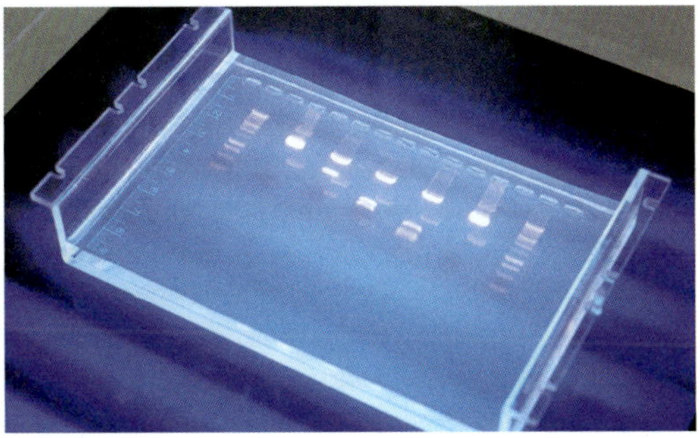

GUT ZU WISSEN

▶ Färbelösungen für Agarosegele

Ethidiumbromid Färbelösung:
- 10–25 µl Ethidiumbromid (10 mg/ml) in 500 ml H_2O oder 1x TAE Puffer
- Wird in einer dunklen Schale aufbewahrt.

Alternative Färbelösungen:
- Variante A: Zugabe von ca. 1 µl Färbelösung (z. B. RedSafe oder GreenSafe) zur Gellösung, bevor diese in den Gelträger geschüttet wird.
- Variante B: Verwenden eines Färbebades: 10–15 µl Färbelösung zu 100 ml TAE Puffer. Alternative Farbstoffe sind oft weniger stabil als Ethidiumbromid, weshalb für diese Variante A zu bevorzugen ist.

gemeinsam, dass ein Farbstoff, der mit der DNA interagiert, dem Gel nach dem Aufkochen zugesetzt wird. Somit kann das Gel direkt nach dem Lauf auf einem UV- oder LED-Leuchttisch gelegt werden um die Bandenauftrennung zu überprüfen. Andere Labore nutzen ein Färbebad, in welches das Gel nach dem Lauf für einige Minuten gelegt wird.
Seit Jahrzehnten wird Ethidiumbromid zur Detektion von Nukleinsäuren in Agarosegelen verwendet, denn es ist preiswert, sensitiv und einfach anzuwenden. Ethidiumbromid interkaliert zwischen die Basen der dsDNA und kann nachfolgend auf einem UV-Tisch sichtbar gemacht werden. Allerdings zeigte sich im Ames-Test, dass Ethidiumbromid mutagen ist und somit eine

TIPP

Die Verwendung eines Ethidiumbromid-Bades, in dem das Gel nach dem Lauf für 10–15 min inkubiert wird, wird sehr empfohlen. Der Vorteil eines solchen Bades liegt darin, dass sämtliche Teile der Gelapparatur sowie der Laufpuffer frei von Ethidiumbromid bleiben. Das Ethidiumbromid-Bad sollte einmal die Woche neu angesetzt werden. Die verbrauchte Lösung wird entweder als Sonderabfall entsorgt oder, mit Aktivkohle versetzt, durch einen Papierfilter gefiltert. Das Ethidiumbromid verbleibt in der Aktivkohle. Auch gibt es kommerziell erhältliche Kartuschen für die Ethidiumbromid-Entsorgung.

Gefahr für Mensch und Umwelt darstellt. Alternativ kann auch ein Färbebad benutzt werden (→ Protokoll 7.2). In diesem Fall lässt man das Gel vom Träger aus vorsichtig in ein Ethidiumbromid-Bad gleiten, wo es für 15 min inkubiert wird. Zur Dokumentation holt man es mit einem Pfannenheber aus dem Bad. Wenn Bad und UV-Tisch nebeneinanderstehen, kann der Einsatz von Ethidiumbromid auf einen kleinen Bereich im Labor reduziert werden.

Ethidiumbromid dringt leicht durch „normale" Labor-Handschuhe aus Latex. Deshalb müssen immer Nitrilhandschuhe verwendet werden. Oft – aber nicht immer – sind diese blau gefärbt. Seit einigen Jahren werden alternative Farbstoffe immer populärer und haben in vielen Laboren das Ethidiumbromid bereits vollständig ersetzt, obwohl sie teurer und oft weniger stabil sind. Bekannte Vertreter dieser Ersatzfarbstoffe sind RedSafe™, EZ Vision® In-Gel, GreenSafe, Midori Green Advance, GelGreen™ und einige mehr. In der Regel liegen für diese Substanzen kaum unabhängige Gefährdungsdaten vor, weshalb man sich auf die Angaben der Hersteller verlassen muss.

Es ist daher sinnvoll, auch beim Umgang mit den Ersatzstoffen Vorsicht walten zu lassen und grundsätzlich Nitrilhandschuhe zu tragen, wenn mit diesen Substanzen gearbeitet wird.

Bei der Detektion gibt es noch eine zweite, oft unterschätzte Gefahrenquelle, denn das UV-Licht des Leuchttischs führt sehr schnell zu Verbrennungen. Deshalb müssen die Augen mit einer Brille geschützt werden. Besser sind spezielle Gesichtsvisiere. Auch die Haut zwischen Handschuh und Ärmel des Kittels kann leicht durch das UV-Licht verbrennen. Inzwischen gibt es mit LED-Tischen eine Alternative zum UV-Tisch. Diese sind auf den ersten Blick an der orangenen Sichtscheibe zu erkennen. Diese dient primär dazu, die Banden direkt zu erkennen, ohne erst ein Foto machen zu müssen. Dennoch sollte nicht direkt in die hellen LEDs geschaut werden. Besonders hilfreich sind beleuchtete LED-Deckel, die es für einige Gelkammersysteme gibt. Diese ermöglichen, während des Laufs die Banden zu sehen.

Auf → Abb. 7.4 ist zu erkennen, dass die Intensität der Banden nach unten hin abnimmt. Je kleiner das DNA-Fragment, desto schlechter kann Ethidiumbromid bzw. der Ersatzstoff interkalieren und umso schlechter kann die DNA-Bande detektiert werden. Soll die Menge der aufgetragenen DNA abgeschätzt werden, muss der Vergleich immer mit einem ähnlich großen Fragment des Größenstandards erfolgen. Wieviel DNA die entsprechende Markerbande enthält, steht im Datenblatt des Längenstandards. Für die Quantifizierung können auch entsprechende Programme wie das Freeware-Programm ImageJ (imagej.nih.gov/ij) genutzt werden.

TIPP

Oft können die alternativen Farbstoffe stärker verdünnt werden als vom Hersteller empfohlen. Zumindest einige Farbstoffe sind nicht sehr stabil, nachdem sie in der Gellösung verdünnt wurden. Daher sollten die Gele direkt vor dem Gellauf gegossen werden, da sich sonst die Farbstoffe schnell zersetzten können.

GUT ZU WISSEN

▶ Ethidiumbromid im Labor

Ethidiumbromid ist für den Nachweis der DNA von zentraler Bedeutung. Gleichzeitig gibt es über kaum eine Substanz im Labor mehr Streit. Am besten informiert man sich zunächst genau über die Umgangsregelungen im Labor. Fakt ist, dass Ethidiumbromid wegen seiner DNA-interkalierenden Eigenschaften teratogen, mutagen und kanzerogen ist. Normale Handschuhe sind für Ethidiumbromid durchlässig, und es durchdringt auch leicht die Haut. In vielen Laboren ist deshalb die Benutzung auf einen Raum begrenzt. Dann sollte man unbedingt die Handschuhe ausziehen, bevor der Raum wieder verlassen wird. Tückische Quellen für Ethidiumbromid-Kontakt sind Schalter und Türklinken. Nie sollte das Ethidiumbromid vor dem Aufkochen in die Agaroselösung gegeben werden. Im Fall eines Überkochens ist die Mikrowelle mit Ethidiumbromid bedeckt, welches schnell im ganzen Labor verteilt wird. Um Ethidiumbromid-Kontaminationen im Labor zu finden, kann im Dunkeln das Ethidiumbromid mit einer UV-Handlampe sichtbar gemacht werden.

7.3 Präparative Agarosegele

Die Einsatzmöglichkeiten von Agarosegelen beschränken sich nicht nur auf die Größen- und Mengenbestimmung von DNA, sie werden auch für präparative Zwecke verwendet. Dabei wird eine Mischung verschieden großer DNA-Fragmente im Gel aufgetrennt. Anschließend wird die interessierende Bande ausgeschnitten und die DNA aus dem Agarosestück eluiert. Es gibt viele Anwendungsbereiche für dieses Verfahren (→ Map 7.1):

- Die PCR-amplifizierte DNA soll von den anderen Bestandteilen, wie Primer oder Polymerase, getrennt werden.
- Wenn eine gerichtete Klonierung mit Restriktionsenzymen durchgeführt wird (→ Kapitel 5.7). Der Bereich zwischen den beiden Restriktionsstellen wird im Zielvektor ausgeschnitten und durch Elektrophorese abgetrennt. Sonst könnte dieser Bereich wieder in den Vektor ligiert werden. Ist dieser Bereich kleiner als 70 bp, kann alternativ eine Silicagel-basierte Aufreinigung des Vektors durchgeführt werden (→ Kapitel 3.4).

Um die DNA aus einer Gelbande zu isolieren, wird die Gelbande einfach mit einem Skalpell ausgeschnitten. Wenn ein UV-Tisch und Ethidiumbromid genutzt werden, ist darauf zu achten, dass das Gel nicht zu lange dem UV-Licht ausgesetzt wird und Augenschutz und Handschuhe getragen werden. Bei einem LED-Tisch kann man sich mehr Zeit lassen. In beiden Fällen muss darauf geachtet werden, dass der Leuchttisch nicht zerkratzt wird. Eine dünne Plexiglasscheibe aus dem Baumarkt, die vor dem Schneiden zwischen Tisch und Gel gelegt wird, verhindert das Zerkratzen des Tisches.
Nachdem das Agarosestück mit der DNA aus dem Gel ausgeschnitten und in ein vorgewogenes 1,5 µl Reaktionsgefäß überführt wurde, gibt es verschiedene Verfahren, die DNA aus der Agarose aufzureinigen:

- Sehr häufig wird dies Kit-basiert (→ Kapitel 3.4) durchgeführt, indem die Agarose im Wasserbad bei 50 °C geschmolzen und die Lösung auf ein Silicagel (meistens eine *Spin-Column*)

PROTOKOLL 7.2

„*Freeze-'n'-Squeeze*" Methode mit und ohne PCI

Material:
- 2 ml-Reaktionsgefäß, Pinzette, Zentrifuge, TE-Puffer, ggf. PCI.

A. Durchführung „Freeze-'n'-Squeeze":
1. Die ausgeschnittene Bande wird in ein 2 ml Reaktionsgefäß überführt.
2. Das Gefäß wird nun bei −20 °C für mehr als 20 min eingefroren. Dadurch wird die Struktur der Agarose zerstört.
3. Nach dem Auftauen wird 5 min bei 14 000 xg zentrifugiert. Die Lösung enthält die DNA.

B. Durchführung „Freeze-'n'-Squeeze" kombiniert mit PCI:
„Freeze-'n'-Squeeze" kann mit einer PCI-Extraktion (→ Kapitel 3.3.1) kombiniert werden, was die Ausbeute und Sauberkeit der DNA enorm erhöht.
1. Dazu wird nach Schritt 3 die Agarose mit 200 µl TAE Puffer versetzt und erneut für 5 min zentrifugiert. Alle gesammelten Eluate werden 1+1 mit Phenol-Chloroform-Isoamylalkohol (PCI) versetzt.
2. Es wird erneut kurz zentrifugiert und die obere, DNA-haltige Phase abgenommen.
3. Abschließend wird die DNA mit Ethanol gefällt (→ Kapitel 3.3.2).

TIPP

Da die Kit-basierte Aufreinigung bei kleinen DNA-Mengen sehr ineffizient ist, sollte eine Bande gut sichtbar sein, bevor sich die Aufreinigung lohnt. Weiterhin ist zu beachten, dass DNA-Fragmente eine Mindestgröße von mehr als 70 bp haben sollten, damit sie überhaupt Silica-basiert aufgereinigt werden können.

gegeben wird. Den Kits liegen Anleitungen bei, die den Ablauf genau beschreiben.
- Viel preiswerter und sehr beliebt ist auch die *Freeze-'n'-Squeeze* Methode, bei der das Gel zunächst eingefroren und nach dem Auftauen hoch abzentrifugiert wird. Der Überstand enthält die DNA (→ Protokoll 7.2).

7.4 Auftrennen von RNA im Agarosegel

RNA kann genauso wie DNA im Agarosegel aufgetrennt werden. Allerdings gibt es dabei ein paar Einschränkungen, denn im Gegensatz zur doppelsträngigen DNA neigt RNA zur Ausbildung von Sekundärstrukturen. Um die Größe einer RNA zu ermitteln, muss die Ausbildung solcher Sekundärstrukturen verhindert werden. Dazu wird häufig Formaldehyd und Formamid oder DMSO (Dimethylsulfoxid) und Glyoxal den RNA-Gelen zugesetzt. Darüberhinaus liefern solche denaturierenden Agarosegele eine viel bessere Bandenauflösung. Häufig werden denaturierende RNA-Gele im Rahmen eines Northern Blots (→ Kapitel 7.6) eingesetzt.
Für die Größenbestimmung sind RNA-Marker im Handel erhältlich, die aber einerseits relativ instabil sind, andererseits nicht gerade preiswert. Daher werden oft DNA-Marker verwendet, die allerdings nur eine grobe Abschätzung der Größe erlauben.
Die isolierte Gesamt-RNA besteht aus ungefähr 80 % rRNA. Daher ergeben sich in einem RNA-Agarosegel immer zwei Banden. Bei Eukaryoten entsprechen diese der 18S und 28S rRNA (1,8 und 4,7 kbp), bei Prokaryoten der 16S und 23S rRNA (1,5 und 2,9 kbp). Kleinere rRNAs und tRNAs laufen aus dem Gel heraus. Die mRNAs in einem Gewebe sind alle unterschiedlich lang und ergäben nur einen langen Schmier. Da sie aber nur 1–5 % der gesamten RNA-Menge einer Zelle ausmachen, sind sie in einem Gel normalerweise kaum sichtbar.
Die rRNA-Banden können der Quantifizierung der RNA dienen. Sie zeigen bei Northern Hybridisierungen an, dass in allen Bahnen gleiche RNA-Mengen aufgetragen wurden (→ Abb. 7.6). Außer für Northern-Analysen werden RNA-Agarosegele häufig verwendet, um die Aufreinigung von RNA (→ Kapitel 3.6) vor einer RT-PCR (→ Kapitel 4.5.6) zu überprüfen. Oft sind für solche Überprüfungen nicht-denaturierende Gele ohne Formaldehyd völlig ausreichend.

Abb. 7.6
Beispiel eines RNA-Agarosegels. RNA-Isolationen aus verschiedenen Geweben einer Pflanze wurden aufgetragen. Deutlich sind die 28S und 18S RNA zu erkennen, welche für nachfolgende Hybridisierungen der Kalibrierung dienen, denn sie zeigen, dass gleiche Mengen an RNA verwendet wurden. Unterschiede bei der Hybridisierung repräsentieren daher unterschiedliche Mengen der zu analysierenden RNA in den vier verschiedenen Geweben.

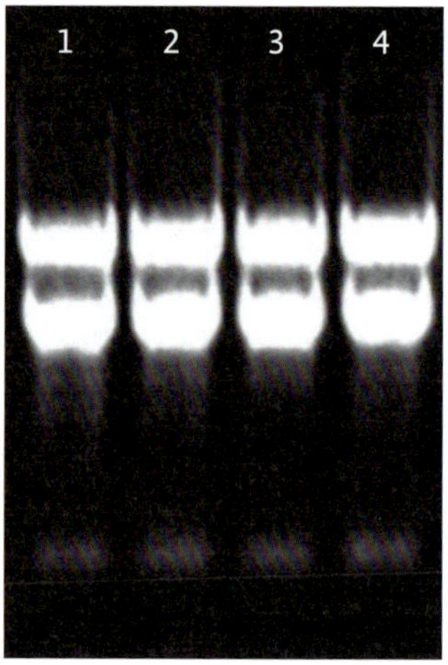

7.5 Fehlersuche bei Agarose-Gelelektrophorese

Obwohl die Agarose-Gelelektrophorese eine an sich einfache Methode ist, gibt es immer wieder überraschende Ergebnisse. Die Fehleranalyse ist oft schwierig, da die Ursachen in allen davor liegenden Schritten liegen können. Wichtig für alle Fehleranalysen ist der Vergleich zwischen dem Laufverhalten des Längenstandards und der Pro-

Tab. 7.1
Einige gängige Fehlerquellen bei der Agarose-Gelelektrophorese

Beobachtung	mögliche Ursache(n)
keine Banden, sondern „wolkige" Auftrennung	Das Gel wurde mit Wasser statt TAE Puffer angesetzt.
viele kleine gesprenkelte Punkte im Gel	Staub ist während des Polymerisierens in die Gellösung gefallen. Gel während der Polymerisation mit einem Papier abdecken.
diffuse Wolken unterhalb 100 bp nach der PCR	Sogenannte Primerwolken, die durch nicht-eingebaute Primer verursacht werden, weniger Primer in der PCR verwenden.
von unten hochziehender Schmier bis ca. 500 bp nach DNA Extraktion	RNA Kontamination, Probe mit RNase behandeln.
DNA bleibt in der Probentasche liegen	Irreversibel denaturierte DNA, tritt vor allem nach alkalischer Lyse oder zu langem Trocknen (→ Kapitel 3.3.2) auf. Statt 0,2 N NaOH besser 0,1 N NaOH verwenden bzw. kürzer trocknen.
Banden sehen unscharf und verschmiert aus	• DNA wurde durch Nukleasen verdaut. • Zu viel DNA aufgetragen, eine Bande sollte maximal 50 ng DNA enthalten. • Zu viel Salz in der Probe. Ethanolfällung durchführen. • Mehr als 20 V / cm Strecke oder mehr als 30 °C während des Laufs. • DNA war mit Protein versetzt. • Pufferkapazität erschöpft, TAE Puffer neu ansetzen.
keine Banden im Gel sichtbar	• Keine DNA aufgetragen. • DNA durch Nukleasen abgebaut. • DNA ist aus dem Gel herausgelaufen. • Gel war falsch gepolt.

ben. Sind beide gleich betroffen, kann die Fehlersuche auf die Gelherstellung oder den Gellauf eingegrenzt werden.
Zeigt der Längenstandard eine normale Auftrennung, sollte die Ursache für die ungewöhnliche Auftrennung bei der Vorbereitung der Proben (→ Tab. 7.1) bzw.bei darin vorhandenen Störstoffen zu finden sein (→ Tab. 7.2). Eine Reihe an Störstoffen kann recht charakteristisch aussehende Bandenmuster hervorrufen. Natriumacetat hat keine Auswirkungen auf den Gellauf.

TIPP

Zeigen alle Proben und der Längenstandard eine ungewöhnliche Auftrennung, wurden möglicherweise der TAE-Puffer vergessen und das Gel mit H_2O angesetzt.

7.6 Hybridisierung von Nukleinsäuren

Unter Hybridisierung wird die sequenzspezifische Zusammenlagerung zweier komplementärer Nukleinsäurestränge zu einer doppelsträngigen Nukleinsäure verstanden. Der Begriff Hybridisierung wird im Labor oft verwendet, um auszudrücken, dass dieser Prozess *in vitro* durchgeführt wird und zwei einzelsträngige Nukleinsäuren unterschiedlicher Herkunft daran beteiligt sind. Beispielsweise kann ein markiertes Oligonukleotid an den komplementären Bereich einer DNA oder RNA binden. Auch die Hybridisierung längerer Nukleinsäuren ist möglich, selbst die zwischen einer RNA und der komplementären ssDNA. Auch die Anlagerung des Primers bei der PCR (→ Abb. 4.4) stellt eine Form der Hybridisierung dar, allerdings ist der Primer i. d. R. nicht markiert.

Tab. 7.2
Einfluss von Störstoffen auf den Gellauf. Bei allen Gelen wurde ein 100 bp Marker aufgetragen. In der ersten Bahn (M) immer ohne Störstoff, in den anschließenden Bahnen wurde der Störstoff entsprechend der Angaben dem 100 bp Marker zugesetzt. Natriumacetat beeinflusst die Gelelektrophorese nicht, weshalb es besonders gut für die DNA-Fällung vor einer Elektrophorese geeignet ist.

<table>
<tr><th>Störstoff</th><th>Gelbild</th></tr>
<tr><td>CTAB (Cetyltrimethylammoniumbromid):
Es können keine distinkten Banden erkannt werden. CTAB wird bei der Aufreinigung pflanzlicher DNA eingesetzt (→ Kapitel 3.5.2). Andere chaotrope Salze können ähnliche Ergebnisse verursachen.
Bahnen 1–6: Längenstandard mit 0,05 %, 0,125 %, 0,2 %, 0,25 %, 0,375 % und 0,5 % CTAB.</td><td>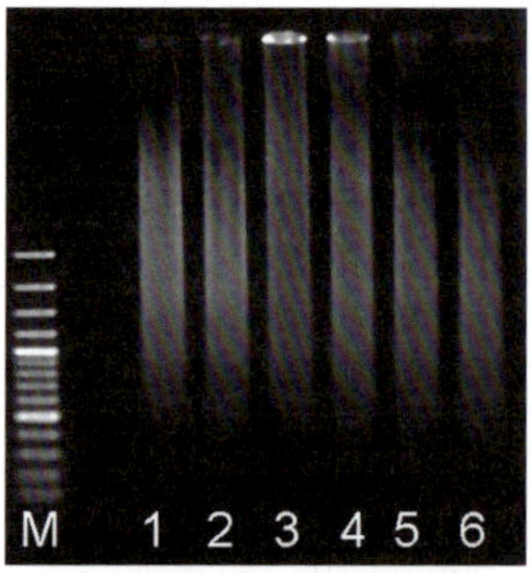
</td></tr>
<tr><td>Ethanol:
Die Banden ziehen Schweife hinter sich her. Dieser Effekt tritt auch bei anderen organischen Lösungsmitteln, wie z. B. Isopropanol, auf. Hier ist auch die störstofffreie Markerbahn (Bahn M) betroffen, da sich das Ethanol aus den stark ethanolhaltigen Proben im gesamten Gel verteilt. Die Probe mit 15 % (v/v) Ethanol ist nicht mehr sichtbar, da sie beim Beladen aufschwimmt. Eine weitere Ursache für diese Verunreinigung kann sein, dass die Gelkammer oder der Träger vor Gebrauch mit Ethanol geputzt wurde und dieses noch nicht verdampft ist.
Bahnen 1–5: Längenstandard mit 0,5 %, 2,5 %, 5 %, 10 % und 15 % Ethanol.</td><td>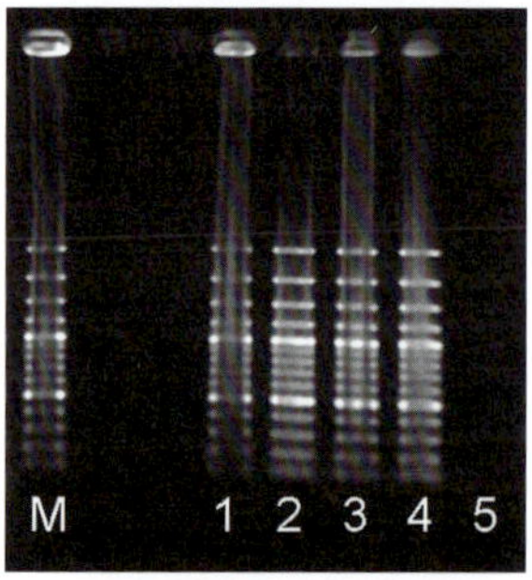
</td></tr>
<tr><td>Natriumchlorid:
Salze, wie NaCl oder LiCl führen zu Banden, welche nach oben gebogen sind und mit zunehmender Salzkonzentration langsamer laufen. Tückisch ist die Verschiebung der Bande, welche meistens nicht leicht zu erkennen ist: Wären nur Längenstandard und eine Probe mit 0,5 M NaCl aufgetragen, würde dies zu einer falschen Größenbestimmung führen.
Bahnen 1–5: Längenstandard mit 0,05 M, 0,25 M, 0,5 M, 1,25 M und 2,5 M NaCl.</td><td>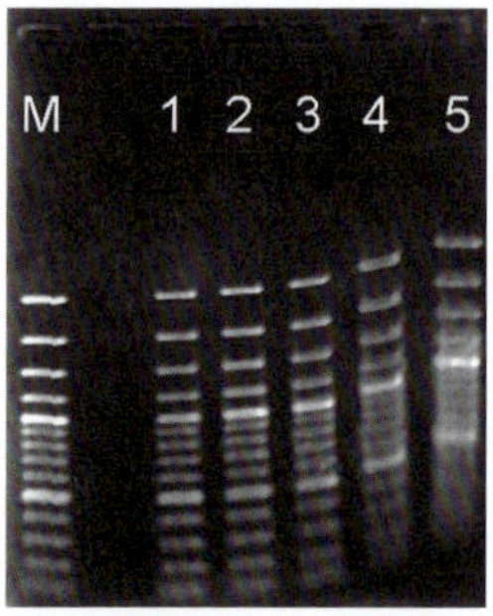
</td></tr>
<tr><td>Ammoniumacetat:
Verursacht eine Größenverschiebung und in höheren Konzentrationen in sich gebogene Banden.
Bahnen 1–5: Längenstandard mit 0,05 M, 0,25 M, 0,5 M, 2,5 M und 3,75 M Ammoniumacetat.</td><td>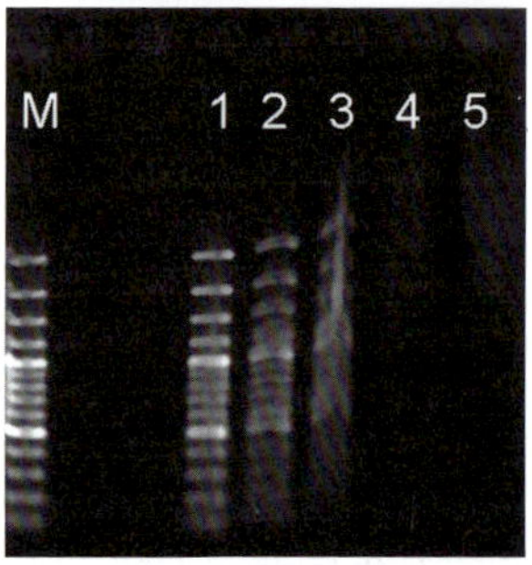
</td></tr>
</table>

Um eine Nukleinsäure mit einer bestimmten Sequenz in einem Gemisch an Nukleinsäuren zu identifizieren, sind Southern bzw. Northern Blot die klassischen Verfahren. Dabei wird ein Gemisch von Nukleinsäuren im Agarosegel aufgetrennt, nachfolgend werden die aufgetrennten Banden auf eine Membran übertragen. Die auf der Membran immobilisierte DNA (Southern Blot) oder RNA (Northern Blot) kann dann mittels markierter Sonden identifiziert werden. Eigentlich bezeichnen die Begriffe Southern Blot und Northern Blot nur den eigentlichen Transfer, werden aber oft auch für die gesamte Prozedur inklusive der Hybridisierung synonym verwendet. → Abb. 7.7 zeigt eine typische Anwendung des Southern Blot, bei dem ermittelt wird, wie viele Kopien eines Gens in das Genom des Zielorganismus eingebracht wurden. Die Verfahren werden hier nur sehr knapp vorgestellt, da sie an Bedeutung verloren haben. Heute werden solche Fragestellungen meist über quantitative PCR (→ Kapitel 4.5.8) bearbeitet. Ein weiteres Verfahren, das auf dem Prinzip der Hybridisierung komplementärer Nukleinsäuren beruht, sind die Microarrays oder DNA-Chips, die wegen des ähnlichen Prinzips im nachfolgenden Kapitel behandelt werden, obwohl sie keine Gelelektrophorese erfordern.

Abb. 7.7
Southern Blot. Eine Anwendung der Southern Blot Analyse liegt darin, die Zahl und Lage der Integrationsorte eines Gens im Genom zu untersuchen, beispielsweise aus einer transgenen Pflanze. Dazu wird genomische DNA isoliert und mit einem Restriktionsenzym komplett geschnitten. Die entstandenen Fragmente werden im Agarosegel nach ihrer Größe aufgetrennt. Nach dem Transfer auf eine Membran wird die DNA denaturiert (einzelsträngig gemacht) und die freien Membranbereiche blockiert. Nun kann mit einer markierten Sonde, welche die komplementäre Sequenz zum gesuchten Gen besitzt, hybridisiert werden. In (**A**) ist das Gen einmal integriert, ergibt eine Bande, in (**B**) ist es zweimal im Genom vorhanden. Der Vergleich von (**A**) und (**C**) zeigt, dass das Gen auf verschiedenen Restriktionsfragmenten lokalisiert ist, also sich in unterschiedlichen Bereichen des Genoms befindet.

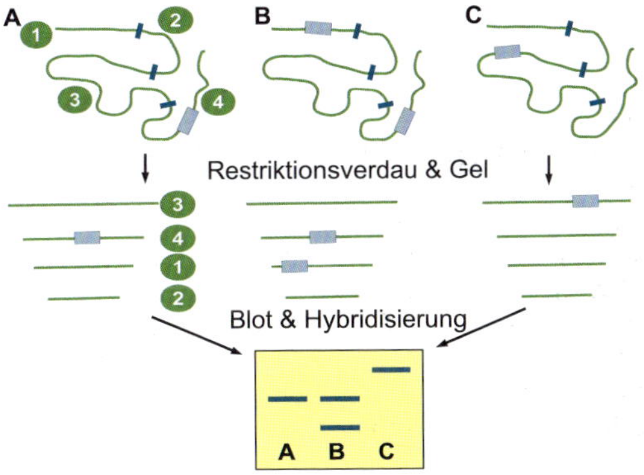

7.6.1 Southern und Northern Blot

Bei Southern oder Northern Blotting werden die im Gel aufgetrennten Nukleinsäuren auf eine positiv geladene Nylonmembran transferiert. Drei verschiedene Verfahren stehen für den Transfer der DNA auf die Membran zur Verfügung:

- Diffusionsblot
- Vakuumblot
- Elektroblot

Diese Verfahren unterscheiden sich vor allem in der treibenden Kraft. Beim Diffusionsblot, der auch Kapillarblot genannt wird, wandert die DNA durch Diffusion aus dem Gel auf die Membran, während beim zweiten Verfahren ein Vakuum angelegt wird. Strom fungiert beim Elektroblot als treibende Kraft. DNA und RNA können mit allen drei Verfahren transferiert werden. Für DNA ist der Diffusionsblot weit verbreitet, für RNA ist der Transfer mittels Vakuumblot üblich.

Nach einer initialen Anlagerung der DNA oder RNA an die Oberfläche über ionische Wechselwirkungen erfolgt die Fixierung der Nukleinsäure an die Trägeroberfläche. Häufig geschieht dies durch eine Inkubation von 2 h bei 80 °C, im Labor wird dieser Prozess als „Backen“ bezeichnet. Alternativ erfolgt die Fixierung durch *UV-Crosslinking* auf einem UV-Tisch oder in einem speziellen Gerät, dem Crosslinker. Neben der festen Bindung muss auch dafür gesorgt werden, dass die dsDNA einzelsträngig wird und dass die RNAs ihre Sekundärstruktur verlieren.

Anschließend wird die verbliebene freie Oberfläche abgesättigt („geblockt“), sonst würde die bei der anschließenden Hybridisierung eingesetzte Sonde, die ebenfalls eine Nukleinsäure ist, an diese freien Bereiche des Trägermaterials binden. Dazu wird das Trägermaterial in eine Prähybridisierungslösung gelegt, welche beispielsweise Heringssperma-DNA enthält. So wird die gesamte Membranoberfläche mit DNA abgesättigt. Eine solchermaßen vorbereitete Membran kann nun in der Hybridisierung eingesetzt werden.

7.6.2 Herstellung der Sonde und Hybridisierung

Eine Sonde ist ein markiertes ssDNA-Molekül, welches dazu genutzt wird, an die komplementäre Sequenz in einem Gemisch an DNAs zu binden und diese durch die Markierung sichtbar zu machen. Je nach Anwendung und Herstellungsverfahren kann die Sonde aus ungefähr 30–40 Basen bestehen oder über 500 Basen umfassen.
Für die Markierung stehen drei Verfahren zur Auswahl:

- Die radioaktive Markierung erfolgt meist über radioaktives ^{32}P, ist jedoch inzwischen nur noch selten anzutreffen.
- Bei der indirekten Markierung wird ein Molekül in die Sonde eingebaut, welches später durch einen Antikörper (→ Kapitel 11) nachgewiesen werden kann. Gängige Markierungsmoleküle sind Biotin, Fluorescein und Digoxygenin. Das Verfahren ist bei allen prinzipiell gleich, es werden entsprechende Enzym-markierte Antikörper oder bei Biotin entsprechend Enzym-markiertes Streptavidin verwendet. Nachdem diese an die Sonde gebunden haben, wird ein Substrat zugegeben, welches durch das am Antikörper oder Streptavidin gebundene Enzym umgesetzt wird. Neben Substraten, deren Umsetzung zu einem Farbniederschlag führt, sind auch Substrate, die aufgrund der Enzymaktivität lumineszieren, weit verbreitet.
- Fluorophoren wie Cy3 und Cy5 werden ebenfalls für die Markierung verwendet und vor allem bei DNA-Microarrays eingesetzt (→ Kapitel 7.7).

Die Herstellung der markierten Sonde kann entweder mittels PCR erfolgen, indem ein entsprechend markiertes dNTP zugefügt und eingebaut wird oder die Sonde wird als modifiziertes Oligonukleotid bestellt.
Die Sonde wird auf die geblockte Membran gegeben. Sie kann nur über spezifische Basenpaarungen an einen komplementären Strang binden, was in einem Hybridisierungsofen oft bei 42 °C für mehrere Stunden oder über Nacht erfolgt. Als Daumenregel gilt, dass die Hybridisierungstemperatur ungefähr 25 °C unterhalb der Schmelztemperatur liegen sollte.
Anschließend wird die überschüssige Sonde abgewaschen. Über die entsprechende Markierung kann die durch die Sonde gebundene DNA nun sichtbar gemacht werden. Dies erfolgt bei Lumineszenz-basierter Markierung durch sog. Gelimager, bei Antikörper-basierten Nachweisverfahren durch eine Immunfärbung, wie sie in → Kapitel 11.4 beschrieben ist.

7.7 Microarrays

DNA-Microarrays (Synonym: DNA-Chips) beruhen ebenfalls auf dem Prinzip der Hybridisierung, weshalb diese an dieser Stelle vorgestellt werden, obwohl kein Agarosegel beteiligt ist. Im Unterschied zu den in → Kapitel 7.6 beschriebenen Verfahren werden hier viele Tausende verschiedener Sequenzen gleichzeitig analysiert.
Auf einem Objektträger einer Größe von ca. 7,5 x 2,5 cm sind verschiedene ssDNA-Sequenzen in bis zu 100 000 mikroskopisch kleinen Punkten [*Spots*] immobilisiert. Jeder Punkt auf einem solchen Microarray entspricht einer bekannten Sequenz. Diese Punkte werden durch Roboter nach einem Prinzip, wie es auch Tintenstrahldrucker verwenden, vollautomatisch aufgebracht.
Ein solcher DNA-Chip kann die Gesamtheit der exprimierten Gene eines Gewebes oder eines Organismus repräsentieren. Man erhält solche Microarrays entweder von Arbeitsgruppen, die sich auf deren Herstellung spezialisiert haben, oder man kann sie käuflich erwerben.

Ihre Einsatzmöglichkeiten sind sehr vielfältig. Beispielsweise kann die Transkriptionsrate (fast) aller Gene eines Gewebes gleichzeitig ermittelt werden, wobei alle Gensequenzen auf dem Chip parallel analysiert werden. So erhält man einen Einblick in die Transkriptionsstärken aller Gene eines Zielgewebes, das sogenannte Transkriptom, zu einem bestimmten Entwicklungsstadium oder bei bestimmten Umweltbedingungen.

Dazu wird die mRNA aus zwei zu vergleichenden Geweben isoliert und in cDNA umgeschrieben (→ Kapitel 4.5.6). Bei der Synthese der cDNA durch die Reverse Transkriptase wird die cDNA markiert. Oft werden die Fluoreszenzfarbstoffe Cy3 für die eine Probe und Cy5 für das andere Ausgangsmaterial eingesetzt. Die beiden Farbstoffe emittieren das Licht bei unterschiedlichen Wellenlängen. Die markierten cDNAs hybridisieren nun an die immobilisierten DNA-Stränge auf dem Chip, wobei die Cy3 und Cy5 Proben jeweils um die komplementären DNA-Stränge konkurrieren. Angenommen, eine bestimmte RNA war in der Cy5 Probe unterrepräsentiert, wird an dieser Stelle vor allem Cy3-markierte cDNA binden und umgekehrt (→ Abb. 7.8). Nach einigen Waschschritten wird der Chip zweimal in einem Microarray-Scanner gescannt, einmal bei der Wellenlänge von Cy3 und einmal bei der von Cy5. Die beiden Bilder werden von der Software übereinandergelegt und die Spots farbig belegt: Cy5 rot, Cy3 grün und gleiche Intensitäten gelb. In jedem Spot gibt das Fluoreszenzverhältnis darüber Aufschluss, wie häufig die entsprechende mRNA im jeweiligen Ausgangsmaterial vorhanden war. Nur solche Spots werden weiter ausgewertet, deren Fluoreszenzstärke sich um mindestens den Faktor 2–4 unterscheidet.

Microarrays werden heute in vielen Bereichen routinemäßig eingesetzt, haben aber in der Forschung an Bedeutung verloren. Hier werden zunehmend Hochdurchsatzverfahren im Bereich Sequenzierung (sog. RNA-Seq) eingesetzt (→ Kapitel 12.3). Im Unterschied zu den Chip-basierten Verfahren können hierbei auch zuvor unbekannte Sequenzen erkannt werden.

Abb. 7.8
Prinzip der Transkriptom-Analyse mittels Microarray. Aus zwei unterschiedlichen behandelten Geweben wird die mRNA isoliert und in cDNA umgeschrieben. Dabei werden die beiden Ansätze mit unterschiedlichen Fluoreszenzfarbstoffen markiert und zusammen auf den DNA-Chip gegeben. Der Scanner ermittelt die Fluoreszenz der Spots für jeden der beiden Farbstoffe und erstellt ein Falschfarbenbild, bei dem die gelben Punkte für gleich starke Fluoreszenz stehen, die roten bzw. grünen für die verstärkte Expression in einem der Gewebe.

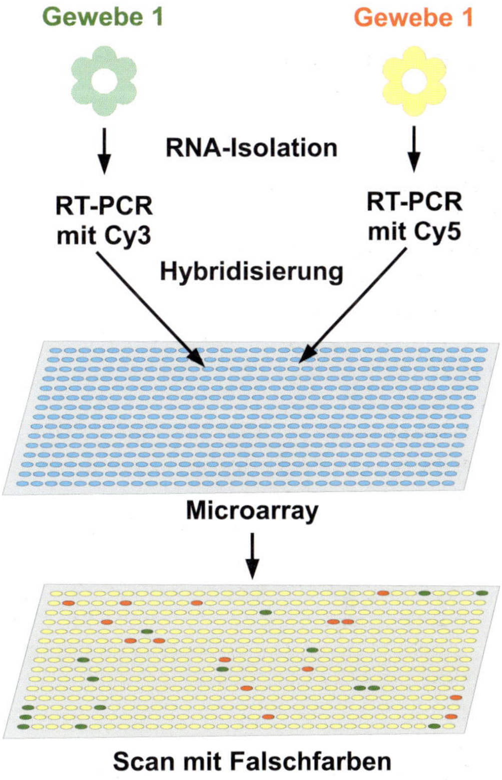

8 Fortgeschrittene Klonierung

Bei der klassischen Ligase-abhängigen Klonierung (→ Kapitel 5) wurde ein Gen mittels Primern, die Restriktionsstellen an den Enden enthalten, in einer PCR amplifiziert. Anschließend konnte das Amplifikat mit Restriktionsenzymen und Ligase in den Zielvektor eingesetzt werden. Zwar sind diese Verfahren immer noch verbreitet, gelten aber als zeitaufwendig und wenig zuverlässig. Darüber hinaus haben die klassischen Klonierungsstrategien weitere Nachteile:

- Die Klonierung kann nur an bestimmten Stellen durchgeführt werden, d. h. das amplifizierte Fragment kann nur dort in den Zielvektor eingesetzt werden, an dem sich die Erkennungssequenz des entsprechenden Restriktionsenzyms befindet.
- Nur diejenigen Restriktionsenzyme können genutzt werden, die im Vektor vorhanden sind. Arbeitet man mit vielen verschiedenen Vektoren, kommt schnell eine große Sammlung an Enzymen im Tiefkühlschrank zusammen, deren Haltbarkeit schneller abläuft, als dass sie aufgebraucht werden können. Wenn die beiden verwendeten Restriktionsenzyme unterschiedliche Puffer benötigen, wird der Arbeitsaufwand weiter erhöht.
- Das bei der Klonierung entstehende DNA-Konstrukt enthält weiterhin genau diese Übergangssequenzen zwischen Fragment und Vektor. Diese Nähte [*Scars*] können z. B. bei Fusionsproteinen zu zusätzlichen Aminosäuren führen, welche nur deshalb im Protein auftau-

Map 8.1
Übersicht der in diesem Kapitel behandelten Verfahren, die auf verschiedenen Prinzipien beruhen, wie Rekombination, Amplifikation, Restriktion oder Assemblierung. DNA-Fragmente aus verschiedenen Quellen können mit jeder der besprochenen Methoden in einen Zielvektor eingebracht werden. Alle Verfahren erlauben auch die gleichzeitige Integration mehrerer DNA-Fragmente.

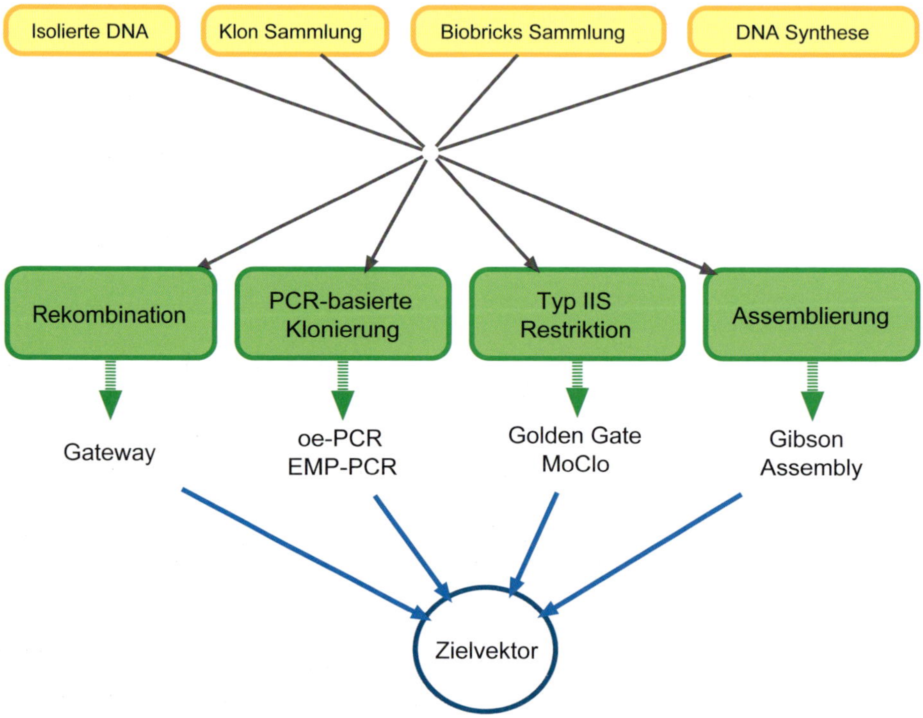

chen, weil an der Stelle ein Schnitt mit einem Restriktionsenzym erforderlich war.

Diese Limitierungen haben dazu geführt, dass eine große Zahl an Methoden entwickelt wurde, welche diese Nachteile umgehen und manchmal als LIC [*Ligase Independent Cloning*] bezeichnet werden.
Bevor wir jedoch die einzelnen Methoden behandeln, stellt sich die Frage, woher man die zu klonierende DNA überhaupt bekommen kann?

8.1 Klonsammlungen und synthetische Gene

Längst sind die Zeiten vorbei, in denen für die Klonierung eines Gens der Zugriff auf den Ausgangsorganismus erforderlich war, um beispielsweise genomische oder mRNA zu isolieren. Die enormen Fortschritte im Bereich der Genomsequenzierung, der DNA-Synthesetechniken sowie die nachfolgend vorgestellten Verfahren haben

Tab. 8.1
Bezugsquellen für zu bearbeitende Gene und Genfragmente

Quelle	Verfahren	Vorteile	Nachteile
Aus dem ursprünglichem Organismus oder Gewebe	Isolation der mRNA oder genomischen DNA; RT-PCR oder PCR des gewünschten Gens; klassische Klonierung (→ Kapitel 5.6).	etabliert	• Nur möglich, wenn Organismus verfügbar und Gewebe zugänglich sind; • Teuer und extrem zeitaufwändig; • Keine Anpassung der Codon Nutzung (→ Kapitel 1.2) an den Zielorganismus bei heterologer Expression; • Fehleranfällig (v. a. RT-PCR), ggf. zell- oder gewebespezifische Variationen möglich; • Interne Restriktionsschnittstellen müssen ggf. entfernt werden (→ Kapitel 5.9).
Gensammlung	Im Rahmen von Genomprojekten werden oft cDNA oder genomisch DNA Banken angelegt, welche käuflich erworben werden können.	• schnelle Verfügbarkeit; • verifizierte DNA-Sequenz (gegen Aufpreis); • relativ wenige Klonierungsarbeiten notwendig.	• nicht für alle Spezies verfügbar; • Qualität abhängig vom Projekt; • manchmal hohe Lizenzgebühren; • keine Anpassung der Codon Nutzung an Zielorganismus bei heterologer Expression.
DNA-Fragment Sammlungen	Sammlungen verschiedenster DNA-Fragmente, die frei kombiniert werden können.	• Sammlungen, wie die Biobrick-Sammlung von iGEM umfassen inzwischen tausende verschiedener Genfragmente; • Einfachstes Kombinieren möglich.	• Nur gängige und beschriebene Genfragmente sind verfügbar; • Qualität stark schwankend, Sequenzen können falsch hinterlegt sein.
DNA-Synthese	Verschiedene Firmen bieten Gensynthesen an.	• schnell (Synthese meist in weniger als zwei Wochen); • an Wirt angepasste Codon Nutzung; • (fast) freie Sequenzwahl; • relativ preiswert.	• Gene mit toxischen Genprodukten oder aus Pathogenen werden von den Dienstleistern nicht synthetisiert; • Repetitive Sequenzen oder hohe GC-Gehalte in den Sequenzen können Produktion verhindern; • Datenschutz.

die zentralen Konzepte molekularbiologischer Arbeiten maßgeblich verändert.

Zu Beginn der Arbeiten muss zunächst die Sequenz des oder der Gene, die kloniert werden sollen, ermittelt werden. Die dazu notwendigen bioinformatischen Grundlagen werden in → Kapitel 13 kurz vorgestellt.

Wurde die benötigte Gensequenz gefunden, ergeben sich verschiedene Möglichkeiten, die in Tabelle 8.1 dargestellt sind.

8.1.1 Klonsammlungen

Die Klonierung eines Gens aus der mRNA eines Organismus mittels der in den vorherigen Kapiteln beschriebenen Verfahren funktioniert nur dann relativ schnell, wenn die zu klonierende cDNA oder genomische DNA in der Gefriertruhe des Instituts vorhanden ist. Muss das Gen jedoch erst als genomische oder mRNA aus einem Organismus isoliert werden, bieten sich andere DNA-Quellen an.

Bei Genomprojekten von Modellorganismen wurden oft auch DNA-Bibliotheken angelegt, wofür die genomische DNA zerkleinert und in Vektoren wie BACs (→ Kapitel 6.8) (genomische Bank) integriert wurde. Oder es wurden alle mRNAs eines Gewebes in cDNA umgeschrieben und in Plasmide kloniert (cDNA-Bank). Eine solche cDNA-Bank ist nur für ein definiertes Gewebe unter bestimmten Bedingungen repräsentativ. Daher existieren von ein und demselben Organismus oft verschiedene cDNA-Banken, welche verschiedene Gewebe oder Entwicklungszustände des Organismus repräsentieren.

In der Regel wurden die in solchen Banken enthaltenen Klone sequenziert und können käuflich erworben werden. Die Klone werden meist als gefriergetrocknetes Plasmid geliefert, das in H_2O gelöst und transformiert wird. Allerdings sind solche DNA-Banken i. d. R. nur für Modellorganismen verfügbar (→ Tab. 8.2). Die Preise können je nach Lizenz enorm schwanken, außerdem werden meistens unterschiedliche Qualitätsstufen angeboten. Es gibt (ungeprüfte) Klone für 10 €, geprüfte kosten meistens um 100 €. Werden Lizenzgebühren fällig, kann der Preis auf 1 000 € hochschnellen. Es empfiehlt sich, das erhaltene Plasmid mittels Sequenzierung (→ Kapitel 12.1) vor Gebrauch zu überprüfen. Weiterhin ist zu berücksichtigen, ob es bei der heterologen Expression des entsprechenden Proteins eventuell zu Problemen aufgrund unterschiedlicher Codon-Nutzung kommen kann.

Heutige Genomprojekte verzichten meist auf das Anlegen von Klon-Banken, hier ist der Weg über die Sequenzdaten in den SRA-Datenbanken (→ Kapitel 13.4.1) erfolgsversprechender.

8.1.2 Synthetische Gene und Genfragmente

Die wahrscheinlich schnellste und einfachste Möglichkeit, eine DNA zu erhalten, liegt darin, sie bei einem Dienstleister als synthetische DNA zu bestellen. Die Gensynthese hat in den letzten Jahren enorme Fortschritte gemacht:

- **Synthetische Gene** können bis zu 15 000 bp umfassen und werden bereits in einen Vektor integriert geliefert. Diese werden unter hohen

Tab. 8.2
Einige DNA-Quellen

Sammlung	Inhalt	Webadresse
I.M.A.G.E. Consortium	Mensch, Primaten, Maus, Ratte, einige Fische und Frösche	www.imageconsortium.org **Vertrieb in Deutschland:** www.sourcebioscience.com
TAIR	*Arabidopsis*	www.arabidopsis.org
Mammalian Gene Collection (MGC)	Säugetiere	dharmacon.gelifesciences.com
DSMZ	Mikroorganismen, Zelllinien	www.dsmz.de

Qualitätsstandards hergestellt und können z. B. auch repetitive Bereiche enthalten. Solche Gene sind für ca. 0,30 €/bp erhältlich.

- **Lineare Genfragmente** wurden unter dem Markennamen gBlocks® (IDT-DNA) oder Genestrand® (Eurofins Genomics) in den letzten Jahren sehr populär. Ein 1 500 bp Fragment kann schon für 250 € bestellt werden. Damit kann immerhin ein Protein von 500 Aminosäuren und einer ungefähren Masse von 55 000 Da exprimiert werden! Allerdings werden die günstigen Preise mit einigen Nachteilen erkauft: die Fragmente können maximal 2 500 bp lang sein und die Synthesemöglichkeit ist stark sequenzabhängig. Repetitive Sequenzen oder GC-reiche Sequenzen können die Synthese verhindern. Manchmal kann dieses Problem umgangen werden, indem mehrere kleine Fragmente bestellt und diese nachfolgend mittels Golden Gate Klonierung (→ Kapitel 8.6.1) oder Gibson Assembly (→ Kapitel 8.7) zusammenfügt werden. Schwerer wiegt oft, dass die gelieferten DNA-Fragmente Synthesefehler enthalten können, weshalb die klonierten DNA-Fragmente unbedingt vor der Nutzung im Labor sequenziert werden sollten.

Der Hauptvorteil beider Verfahren liegt darin, dass die bestellte Gensequenz an die Codon-Nutzung des Wirtsorganismus angepasst und störende Restriktionsschnittstellen im Gen vermieden werden können. Die zugrunde liegenden Syntheseprinzipien sind auch sehr ähnlich. Dies gilt auch für den Bestellprozess: Auf der Webseite des Anbieters wird die gewünschte Sequenz eingegeben. Es wird kontrolliert, ob und zu welchem Preis die Synthese durchgeführt werden kann. Nach ca. 7–14 Tagen wird die DNA per Post zugesendet. Allerdings wird in jedem Fall vom Hersteller geprüft, ob die bestellt DNA aus einem pathogenen Organismus stammt. Dann wird die Synthese verweigert.

8.2 Rekombinase-basierte Klonierung

Rekombinasen sind Enzyme, die spezifisch Sequenzen auf zwei DNA-Molekülen erkennen und diese neu kombinieren. Dazu werden beide Sequenzen zunächst geschnitten und anschließend wieder zusammengesetzt. Auf diese Weise werden die beiden DNA-Moleküle an den homologen Sequenzen ausgetauscht (=rekombiniert).
Rekombinasen sind in der Natur weit verbreitet, beispielsweise integrieren λ-Phagen ihre DNA in das *E. coli*-Wirtsgenom mittels einer Rekombinase. Aber auch in Hefen oder bei dem Rearrangement der Immunglobulin-Gensegmente von Säugetieren spielen Rekombinasen eine wichtige Rolle. Im Labor werden vor allem die Enzyme der lokus-spezifischen Rekombination verwendet. Eine solche Rekombinase erkennt und bindet an beiden beteiligten Rekombinationsstellen. Diese können entweder auf verschiedenen DNA-Molekülen liegen (→ Abb. 8.1A) oder an verschiedenen Stellen der gleichen DNA (→ Abb. 8.1B). An den Rekombinationsstellen werden die DNA-Stränge durch die Rekombinase geschnitten. Nach einer kurzzeitigen kovalenten Bindung der Rekombinase an die Enden der DNA können diese Enden ver-

Abb. 8.1
Rekombinasen können an homologen Erkennungssequenzen entweder zwischenliegende Bereiche austauschen (RMCE *[Recombinase-Mediated Cassette Exchange]*) (**A**) oder diese Bereiche durch Exzision ausschneiden bzw. durch Integration wiedereinsetzen (**B**). Im Prinzip laufen beide Richtungen gleich effizient ab.

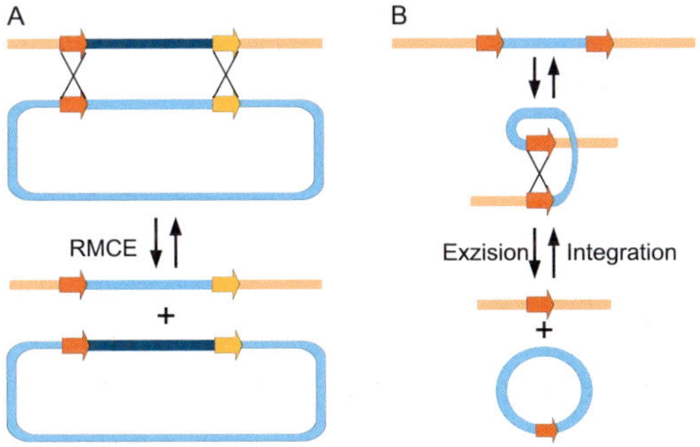

tauscht werden. Abschließend werden die kombinierten Stränge verbunden. Dann wird der gesamte Prozess an einer zweiten Stelle innerhalb der Rekombinationsstellen wiederholt.
Hier konzentrieren wir uns zunächst auf das Rekombinase-System des Phagen λ, welches spezifisch die von zwei attP-Sites umgebene Sequenz auf der Phagen-DNA zwischen die beiden attB-Sites auf dem Wirtschromosom einfügt. Diese Erkennungssequenzen sind – abhängig vom Rekombinase-System – zwischen 20 und 40 Basen lang (→ Abb. 8.2A). Bei dieser Rekombination entstehen zwei neue Sites, die attL und attR genannt werden. Wie für Rekombinasen üblich, kann die Reaktion in beide Richtungen erfolgen. Dieses System ist die Basis des weit verbreiteten Gateway®-Verfahrens, das von Invitrogen ent-

GUT ZU WISSEN

▶ Rekombination

Es werden drei Arten der Rekombination unterschieden: Bei der Homologen Rekombination (HR) werden homologe DNA-Moleküle ausgetauscht, wobei der Ort des Austausches nicht eingegrenzt ist. Das bekannteste Beispiel für diesen Vorgang ist das Crossing-over in der Meiose. Daneben gibt es Lokus-spezifische *[Site-specific]* Rekombination, bei denen der Austausch zwischen nicht-homologen DNA-Molekülen erfolgt. Dafür sind (kurze) spezifische DNA-Sequenzen notwendig (Rekombinationsstellen), die den Ort des Austauschs vorgeben. Die letzte Variante ist die Transposition, welche die Mobilität von Transposons beschreibt und zusätzlich eine starke Vervielfältigung der transponierten Gensequenzen im Genomen vieler Organismen verursacht.

Abb. 8.2
Das Gateway® System beruht auf der Rekombination des λ-Phagen in das *E. coli* Genom. (**A**) In Zeiten knappen Nährstoffangebots kann der λ-Phagen in das Bakterienchromosom von *E. coli* rekombinieren und diese Phase überdauern. Die Rekombination erfolgt zwischen der attP-Stelle auf dem Phagengenom und der attB Stelle im Bakterienchromosom. Sobald das Nährstoffangebot besser wird, wird eine Exzisionase produziert, über die der Phage das Bakteriengenom verlassen kann. (**B**) Beim Gateway® Verfahren werden als erstes sog. Entry-Vektoren hergestellt, welche ein Kanamycin-Resistenzgen tragen. Nachdem das Gen in den Entry-Vektor eingesetzt wurde, kann das Gen durch Rekombination in einen beliebigen Gateway® Zielvektor gebracht werden. Der Zielvektor trägt ein anderes Resistenzgen, meistens gegen Ampicillin, sodass Bakterien, die den Entry-Vektor aufgenommen haben, absterben. Eine weitere Ebene der Selektion stellt das Gen ccdB dar, dessen Genprodukt für das Bakterium tödlich ist (→ Kapitel 6.2.2). Nur die Bakterien, die rekombinierte Vektoren ohne ccdB aufgenommen haben, überleben. Die verschiedenen Rekombinationsstellen erscheinen zunächst verwirrend, korrelieren aber mit den beiden Clonasen BP Clonase und LR Clonase, die eine gerichtete Rekombination ermöglichen.

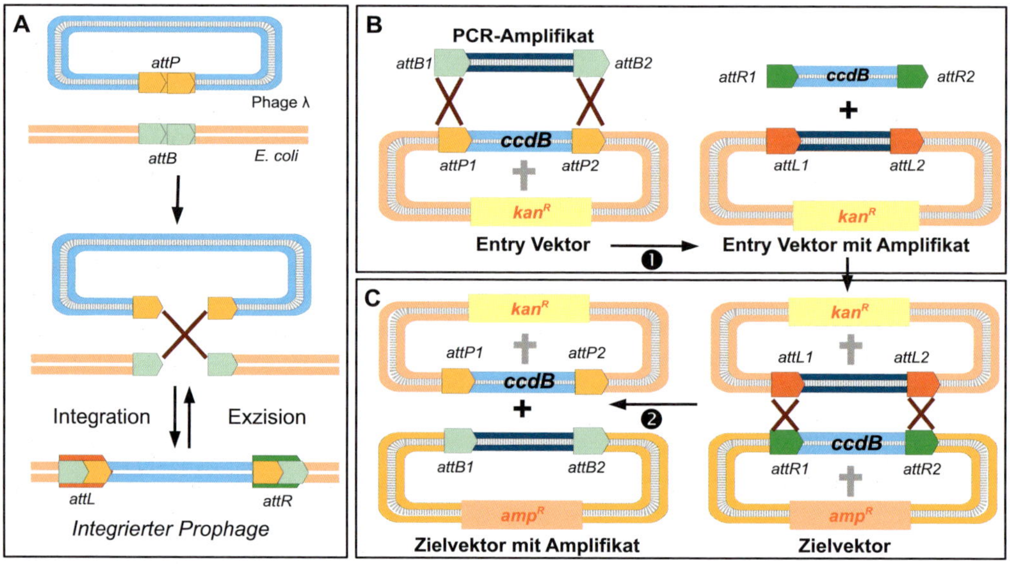

GUT ZU WISSEN

▶ **Clonase**

Für die Integration des λ-Phagen in das *E. coli* Genom sind mehrere Enzyme notwendig: Die Integrase des λ-Phagen und zwei Integrationsfaktoren IHF a und IHF b aus *E. coli*. Invitrogen hat dieses Gemisch BP Clonase (❶ in → Abb. 8.2B) genannt. Wenn der Phage sich aus dem *E. coli* Genom ausschneiden möchte, ist ein weiteres Enzym notwendig, die Exzisionase. Das Enzymgemisch mit Exzisionase heißt LR Clonase (❷ in → Abb. 8.2C). Durch die Verwendung zweier unterschiedlicher Clonase-Gemische laufen die Reaktionen in jeweils bevorzugte Richtungen ab.

wickelt wurde (heute: Thermo Fisher). Das Verfahren beginnt damit, dass ein PCR-Fragment mit angehängten attB-Stellen in den sogenannten „*Entry Vector*" zwischen zwei Rekombinationsstellen (attP) eingesetzt wird (→ Abb. 8.2B). Oft wird der Entry-Vektor (mit Amplifikat) auch über die Topoisomerase-basierte Klonierung (→ Kapitel 5.7.2) hergestellt.
Ist dieser Entry-Vektor erst einmal fertig, kann das Insert über ein Enzymgemisch (Clonase) einfach in einen beliebigen anderen Vektor mit den entsprechenden Rekombinase-Stellen überführt werden.
Das Besondere an diesem Klonierungssystem liegt darin, dass die Rekombinase vier verschiedene Erkennungssequenzen (attB, attP, attL, attR) unterscheidet, wobei DNA-Fragmente nur von attB nach attP bzw. von attL nach attR übertragen werden können (→ Abb. 8.2B und C).
Das Gateway® System nutzt eine weitere Eigenschaft von bakteriellen Plasmiden, die wir in → Kapitel 6.2.2 kurz vorgestellt haben: Viele Plasmide produzieren ein langlebiges Toxin und ein kurzlebiges Gegengift. Auf diese Weise ist das Bakterium gezwungen, das Plasmid an seine Tochterzellen weiterzugeben. Das Produkt des Gens *ccdB* inhibiert die bakterielle Gyrase. Durch die Rekombination zwischen dem Entry-Vektor und dem Zielvektor gelangt das gewünschte Gen in den Zielvektor und das *ccdB* in den Entry-Vektor. Zusammen mit den verschiedenen Resistenzgenen ist nur eines der entstehenden Konstrukte überlebensfähig.

Der Erfolg des Systems beruht vor allem auf der hohen Zuverlässigkeit und Effizienz der Reaktion. Weiterhin wird eine riesige Zahl verschiedenster Zielvektoren für unterschiedliche Wirtsorganismen und Anwendungsgebiete angeboten.

8.3 Mutageneseverfahren

In der Natur stellen Mutationen, also die zufällige Veränderung von DNA-Sequenzen, einen zentralen evolutionären Vorgang dar.
Im Labor wird der Begriff Mutation weiter gefasst. Es wird der zufällige Austausch von Basen [*Saturation Mutagenesis*] vom zielgerichteten Austausch einzelner Basen [*Scanning Mutagenesis*] unterschieden. Trotz des Zufallsaustauschs stellt die *saturation* Mutagenese keine Mutagenese im klassischen Sinn dar, denn diese zufällige Basenänderung erfolgt meist an einer definierten Stelle der DNA-Sequenz. Beide Verfahren werden auch als „gerichtete Mutagenese" [*Site directed Mutagenesis*] bezeichnet. Dabei werden nur ein bis sechs Basen in einer Sequenz verändert. Es gibt viele Gründe für eine gezielte Veränderung, wie die folgenden Beispiele zeigen:

- In einer Sequenz muss eine Restriktionsschnittstelle eingeführt oder entfernt werden.
- Eine Codon-Optimierung ist erforderlich. *E. coli* besitzt für einige Codons kaum tRNAs. Sind diese jedoch in einer Gensequenz vorhanden, kann es zum Abbruch der Translation kommen. Für die heterologe Expression eines Gens kann daher eine Veränderung der dritten Base eines Codons notwendig sein.[49]
- Es werden Sequenzen verändert, um bewusst die Struktur und Funktion eines Proteins zu modifizieren. Das veränderte Gen wird in den zu untersuchenden Organismus gebracht und die Auswirkung dieser Veränderung auf den

49 Alternativ können speziell angepasste Bakterienstämme verwendet werden, die zusätzliche tRNA-Gene tragen und käuflich erworben werden können. Diese sind an Begriffen wie „RIL" oder „RIP" zu erkennen. Die Buchstaben stehen für die Aminosäuren (→ Abb. 1.10), deren Codon Nutzung (→ Kapitel 1.2) in diesen Stämmen modifiziert wurde.

GUT ZU WISSEN

▶ Reverse Genetik

Die Reverse Genetik (→ Kapitel 12.4) dient der funktionalen Untersuchung eines Gens bzw. Genprodukts. Hierbei wird zunächst die Sequenz des zu analysierenden Gens verändert. Die so entstehenden Mutanten können physiologisch analysiert werden. Im Gegensatz zur klassischen genetischen Analyse beginnt das Verfahren hier nicht mit einem mutierten Phänotyp, dessen genetische Ursache gesucht wird, sondern man beginnt auf der DNA-Ebene und produziert daraus die zugehörigen Mutanten. Das Verfahren ist besonders bei solchen Organismen erfolgreich, bei denen die homologe Rekombination effizient durchgeführt werden kann, wie z. B. bei Mäusen.

Organismus analysiert. Diese Strategie wird als *Reverse Genetik* (→ Kapitel 12.4) bezeichnet.

- Manchmal ist nicht bekannt, welche Aminosäure in einem Enzym geändert werden muss, um eine gewünschte Struktur oder Funktion zu erzielen. In diesem Fall wird eine *Saturation* Mutagenese durchgeführt, bei der oft mehrere Hunderttausend verschiedener Sequenzen[50] entstehen. Eine solche Mischung vieler „künstlich" generierter DNA-Sequenzen wird Bibliothek genannt und stellt die Basis für viele Screening-Verfahren dar, beispielsweise beim Phage Display (→ Kapitel 11.6.2):
- Die Analyse von Promotorbereichen: Der zu analysierende Promotor wird mutiert und vor ein Reportergen (→ Kapitel 6.4) kloniert und zurück in den Ausgangsorganismus gebracht. Besonders gut funktioniert dies mit tierischen Zellkulturen, Bakterien und Hefen, denn diese können in großer Zahl auf Festmedien ausgestrichen und die entstehende Fluoreszenz leicht ermittelt werden. Die Stärke der Fluoreszenz des Reportergens spiegelt die Expressionsstärke der veränderten Promotorsequenz wider. Die Klone mit veränderter Promotoraktivität werden ausgewählt und die Promotorsequenz ermittelt (→ Kapitel 12.1). Solche Promotoranalysen werden oft in Hefe (→ Kapitel 6.9) durchgeführt und als *One-Hybrid* System bezeichnet.

Mutationen im Bereich einer codierenden Sequenz führen gezielt oder zufällig zu Änderungen in der Sequenz eines Gens. Die Änderungen der Proteinsequenz verursacht eine veränderte Proteinstruktur, welche wiederum die katalytische Aktivität oder die Proteinstabilität beeinflusst. Beispielsweise kann so eine Lipase, die als Waschmittelenzym genutzt werden soll, auf die Bedingungen in der Waschmaschine optimiert werden. Diese Änderungen können prinzipiell gezielt erfolgen, meistens werden aber DNA-Bibliotheken erstellt, die viele tausend Klone umfassen. Jeder Klon produziert eine modifizierte Lipase. Eine solche Bibliothek wird einem Selektionsverfahren unterworfen, bei dem solche Klone über mehrere Runden angereichert werden, die für die geforderten Bedingungen die geeignetste Lipase produzieren (→ Abb. 8.3). Solche Selektionsverfahren [*Screening*] müssen auf die gesuchte Eigenschaft hin angepasst werden und spielen beim sog. *Protein Engineering* eine wichtige Rolle.
Phage-Display-Bibliotheken stellen eine Variante des oben erwähnten Verfahrens dar und werden in → Kapitel 11.6.2 näher behandelt.
Um einen bestimmten Bereich so zu verändern, dass zufällig neue Sequenzen entstehen (*Saturation Mutagenesis*), aus denen die oben beschriebenen Bibliotheken erstellt werden können, bieten sich verschiedene Verfahren an, von denen an dieser Stelle nur zwei Methoden vorgestellt werden sollen:

- Die *Error Prone PCR* ist im Prinzip eine normale PCR, allerdings werden die PCR-Bedingungen so ungünstig eingestellt, dass es zu einem erhöhten Fehleinbau von Nukleotiden kommt. Es wird eine Polymerase ohne Korrekturfunktion bei erhöhter Konzentration an Mg^{2+} oder Mn^{2+} verwendet. So werden zufällige Punktmutationen in den amplifizierten Bereich eingeführt. Kommerziell erhältliche Kits sind zwar teuer, aber sehr effizient und leicht zu handhaben.

50 Der zufällige Austausch einer Base führt zu 4 verschiedenen Sequenzen, wird ein Abschnitt von 6 Basen ausgetauscht, ergeben sich bereits 4096 mögliche Varianten.

Abb. 8.3
Durch Mutageneseverfahren werden Zufallsbibliotheken aus bis zu 10^{12} verschiedenen Klonen erstellt, die in einem nachfolgenden Screening-Verfahren nach dem gewünschten Protein durchsucht werden. Dieses läuft meist in mehreren Runden ab, die jede zu einer weiteren Anreicherung des gesuchten Proteins/Gens führen.

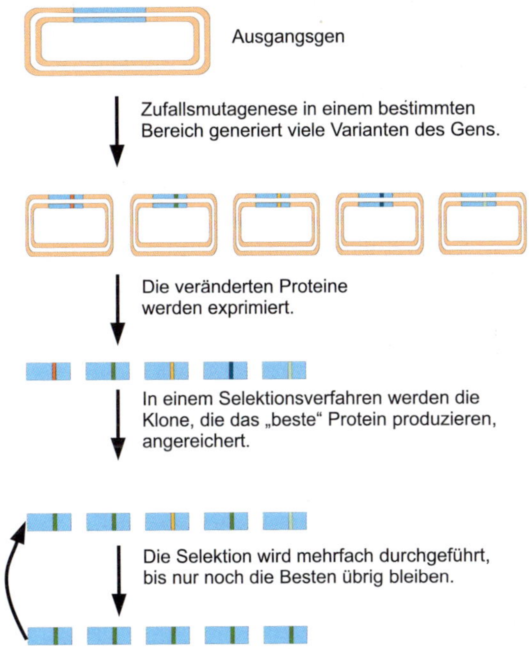

- Alternativ können Oligonukleotide hergestellt werden, die an den Enden eine BsaI-Stelle haben und in der Mitte undefinierte Nukleotide (z. B. NNNNNN, was zwei variable Aminosäuren ergäbe) enthalten. Diese werden mittels Golden Gate Klonierung (→ Kapitel 8.6.1) an der gewünschten Stelle eingesetzt.

Bei der *Scanning* Mutagenese werden gezielt eine oder mehrere Basen geändert (der Begriff „Mutagenese" ist hier irrführend, hat sich aber eingebürgert). Das bekannteste Verfahren ist die DpnI-Methode, die kommerziell als QuikChange von Agilent vertrieben wird.
Die DpnI-Methode nutzt zwei gegenüberliegende Primer, welche die entsprechende Mutation tragen. Ausgehend von diesen Primern wird ein zirkuläres Plasmid komplett in der PCR amplifiziert (→ Abb. 8.4). Auf diese Weise entstehen PCR-produzierte Plasmide, die in jedem ihrer Stränge einen Einzelstrangbruch tragen. Um zu verhindern, dass das Ausgangsplasmid ebenfalls transformiert wird, erfolgt zwischen PCR und Transformation ein Restriktionsschritt mit dem Enzym DpnI. Dieses Enzym spaltet die methylierte Sequenz G^{m6}ATC, aber nicht das unmethylierte Pendant. Wurde das Ausgangsplasmid aus

Abb. 8.4
Bei der DpnI-Mutagenese werden zwei gegenüberliegende Primer mit der neuen Sequenz genutzt, um das gesamte Plasmid zu amplifizieren. Da die Ausgangs-DNA (blau) aus Bakterien stammt und demzufolge methyliert ist, kann diese durch das methylierungsspezifische Restriktionsenzym DpnI abgebaut werden. Die unmethylierten PCR-generierten Stränge (rot) lagern sich zusammen. Die veränderte Base ist als grüner Stern markiert. Die noch existierende Lücke wird durch das Reparatursystem von *E. coli* nach der Transformation geschlossen.

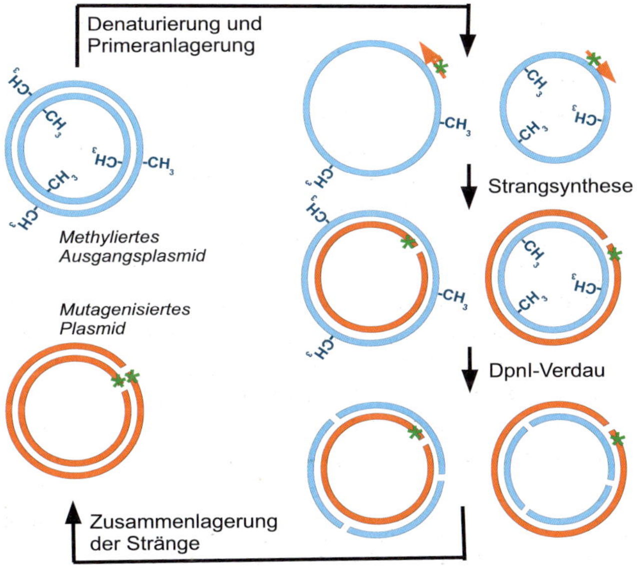

einem *E. coli* Stamm, der das *dam* -Methylierungssystem besitzt (→ Kapitel 5.1.3), verwendet, ist die Sequenz GATC immer methyliert und wird gespalten. Die durch PCR produzierte DNA ist niemals methyliert und bleibt erhalten und kann nun in *E. coli* eingebracht werden, dessen Reparaturenzyme die verbliebenen Einzelstrangbrüche reparieren.

8.4 PCR-basierte Klonierungsverfahren: RF-Cloning und oePCR

Ausgehend von gerichteten Mutageneseverfahren wurden in den letzten Jahren PCR-basierte Klonierungsmethoden entwickelt, die inzwischen in vielen Laboren durchgeführt werden. Im Vergleich zur klassischen Klonierung (→ Kapitel 5) sind PCR-basierte Verfahren sequenzunabhängig, d. h. das Amplifikat kann an jeder beliebigen Stelle im Zielvektor eingesetzt werden. Die einzige Vorgabe besteht darin, dass die Sequenz an der Verbindungsstelle nur einmal pro Fragment vorkommen darf. Sehr vorteilhaft ist auch, dass nach erfolgreichem Zusammenfügen keine „Nähte" [*scars*] zurückbleiben [*Seamless Cloning*]. Der nahtlose Übergang wird durch die Hybridisierung homologer, einzelsträngiger Sequenzabschnitte der aneinandergrenzenden Fragmente erzielt.

Es werden sowohl das einzubringende Fragment als auch der Zielvektor mittels PCR amplifiziert. Darin liegt die Ursache, dass die an sich schon in den 90er-Jahren entwickelten Verfahren erst mit Aufkommen der *Proofreading* Taq Polymerasen wie der Phusion™ populär wurden. Denn die Polymerase muss in der Lage sein, die mehrere tausend Basen langen Vektoren fehlerfrei zu amplifizieren. Es gibt viele Varianten der PCR-basierten Klonierung, aber sie weisen einige Gemeinsamkeiten auf:

- Es werden zwei getrennte PCRs durchgeführt. In der ersten PCR entsteht der Megaprimer. So wird das Amplifikat einer PCR bezeichnet, das nach einem Aufreinigungsschritt über eine Silica-Säule als Primer in einer zweiten PCR dient. Megaprimer können mehrere tausend Basen lang sein.
- Die zusammenzufügenden DNA-Stücke müssen an ihren Enden ca. 30–50 bp mit dem benachbarten DNA-Stück überlappen. Auf diese Weise kann der Einsatz einer Ligase umgangen werden. Die am Ende der Prozedur noch vorhandenen Einzelstrangbrüche können durch die Bakterienzelle geschlossen werden.

Sämtliche DNA, die für die Transformation des Bakteriums verwendet wird, muss zuvor amplifiziert werden. Das bedeutet im Umkehrschluss, dass alle Ausgangs-DNA-Moleküle, insbesondere Plasmide, aus dem Ansatz entfernt werden müssen. Ansonsten können falsch-positive Kolonien entstehen, die einen der Ausgangsvektoren tragen. Glücklicherweise kann die aus dem Bakterium stammende DNA recht einfach von der amplifizierten DNA unterschieden werden, wenn der Bakterienstamm eine Methylase (*dam*$^{+}$) enthält. Dann kann die methylierte bakterielle DNA mit dem Enzym DpnI (→ Abb. 8.5) abgebaut werden. Dieses schneidet nur methylierte DNA an der Stelle GA^{m}TC.

Die PCR-basierten Klonierungsverfahren haben jedoch zwei Nachteile:

- Alle Bereiche des entstehenden DNA Moleküls werden durch eine Polymerase amplifiziert. Auch *Proofreading* Taq Polymerasen machen Fehler, die gerade in den *Backbones* der Plasmide kaum entdeckt werden, da diese nur selten sequenziert werden.
- Wegen der vielen und oft langen Primer ist das Verfahren relativ teuer.

Die Overlap Extension PCR (oePCR) und das Restriction Free Cloning (RF-Cloning) unterscheiden sich nur wenig. Die Grundlage dieser Klonierungsstrategien bilden zwei aufeinanderfolgende PCRs. In der ersten PCR wird – wie oben beschrieben – der sogenannte Megaprimer erstellt. Dazu werden „chimäre Primer" genutzt. Diese ca. 60–70 Basen langen Primer binden mit dem 3'-Bereich in der ersten PCR an die einzubringende DNA. Der restliche 5'-Bereich des Primers ist gegen die Integrationsstelle im Vektor gerichtet und wird erst in der zweiten PCR für die Hybridisierung

Abb. 8.5
Schematische Darstellung der Overlap Extension PCR Klonierung. **A:** Das Insert wird mittels chimärer Primer amplifiziert, sodass dieses an den Fragmentenden vektorspezifische Sequenzen aufweist (rot bzw. gelb). **B:** Nach einem Reinigungsschritt dient das Amplifikat der ersten PCR als Megaprimer in einer zweiten PCR, wodurch der Vektor amplifiziert wird. **C:** Es entsteht das rekombinante Plasmid. **D:** Durch die Restriktionsspaltung mit DpnI wird das Ausgangsplasmid degradiert.

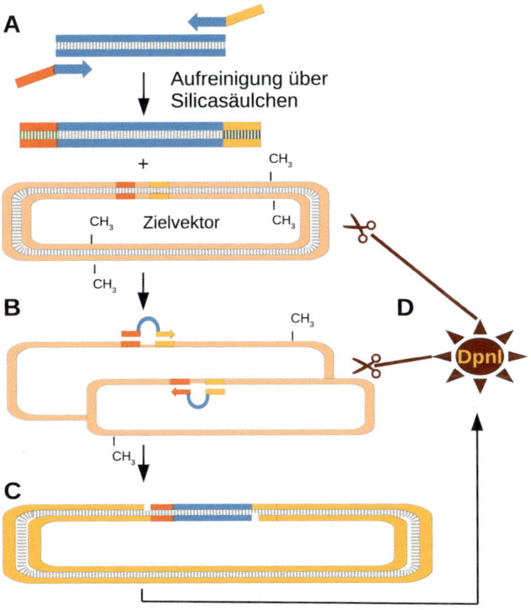

des Megaprimers an den Zielvektor benötigt (→ Abb. 8.5). Wichtig ist auch, dass die DNA zwischen der PCR zur Erstellung des Megaprimers und der Klonierungs-PCR über Silica-Säulchen gereinigt wird, da sonst die chimären Primer die zweite PCR massiv stören würden.

In der zweiten PCR dienen die zuvor angefügten, zum Vektor passenden Primerbereiche als Startpunkt der Amplifizierung des kompletten Zielplasmids. Dabei ist zu beachten, dass die zweite PCR nur relativ wenige Zyklen umfasst.

Im letzten Schritt müssen die Ausgangsvektoren aus dem Gemisch entfernt werden. Dazu wird eine Restriktionsspaltung mit DpnI durchgeführt um noch vorhandene Ausgangs-DNA zu zerstören. Abschließend werden 1–5 µl des Ansatzes für die Transformation kompetenter *E. coli*-Zellen verwendet.

Die Nachteile dieses Verfahrens liegen darin, dass zwei lange, chimäre Primer für die Erstellung des Megaprimers benötigt werden. Da solche chimären Primer ca. 60 Nukleotide lang sind, ist das Verfahren relativ teuer.

Außerdem können in diesen Verfahren nur so viele rekombinante Plasmidmoleküle entstehen, wie Megaprimer-Moleküle eingesetzt wurden. Die zweite PCR dient nur der Kombination von Megaprimer und Plasmid, eine Amplifizierung findet nicht statt.

Es gibt Weiterentwicklungen dieser Verfahren, wie die EMP-PCR (Exponential Megapriming PCR), welche nur noch einen langen chimären Primer benötigen und einen Amplifizierungsschritt enthalten.

Im Prinzip können die meisten PCR-basierten Klonierungsmethoden so angepasst werden, dass sie die parallele Klonierung mehrerer DNA-Moleküle ermöglichen. Und natürlich können diese Verfahren auch für die gerichtete Mutagenese genutzt werden, indem nur kleine DNA-Bereiche zwischen überlappenden Enden ausgetauscht oder eingefügt werden.

TIPP

Die folgenden Parameter können eine oePCR sehr effizient machen: der vektorspezifische Teil des chimären Primers sollte einen hohen GC-Gehalt haben. Eine hohe Konzentration des Megaprimers und eine *Annealing*-Temperatur T_A von 5–10 °C unter der T_M sind für eine effiziente oePCR wichtig. Die Erstellung geeigneter Primerpaare sollte am besten mit entsprechenden Softwaretools durchgeführt werden. Programme wie Snapgene (→ Tab. 13.2) können solche Primer sehr akkurat und automatisch generieren. Die Bindestellen auf dem Zielplasmid können nah beieinanderliegen, sollten aber durch einige Basen getrennt sein. Auch ein Abstand von mehrere hundert Basen auf dem Plasmid ist möglich.

8.5 Synthetische Biologie

In den letzten Jahren hat die Synthetische Biologie eine atemberaubende Entwicklung genommen und zusammen mit den immensen Fortschritten bei der Genomik die Biologie in ihren Grundfesten verändert. Nicht nur die verwendeten Verfahren haben sich stark geändert, sondern auch die Konzepte, die für die Lösung (molekular-)biologischer Fragestellungen in Betracht gezogen werden. ForscherInnen aus diesem Bereich ähneln eher IngenieurInnen.

Eine einheitliche Definition für den Begriff „Synthetische Biologie“ fehlt aufgrund der rasanten Entwicklung noch, aber am ehesten kann sie als Verbindung zwischen biologischer Wissenschaft und Technik angesehen werden. Ziel ist es, neuartige biologische Systeme zu entwerfen, die Funktionen aufweisen, welche in der Natur gar nicht existieren. Dabei bezieht sich der Begriff auf alle Ebenen der hierarchisch organisierten, biologischen Systeme, also beginnend bei Molekülen wie DNA oder Proteinen über das Design neuartiger Stoffwechselwege bis hin zu ganzen Zellen, Geweben oder Organismen.

Hier behandeln wir nur die synthetische Biologie auf der Ebene von DNA und Proteinen. Das Konzept ähnelt einem Legobaukasten: Es gibt eine große Zahl an Bausteinen, die nach genau definierten Prinzipien beliebig zusammengesetzt werden können (Bei Lego sind diese Prinzipien z. B. die Größe und der Abstand der Noppen). Auf diese Weise lassen sich aus den einzelnen DNA-Bausteinen schnell und effizient kombinierte Moleküle mit neuen biologische Eigenschaften erstellen. In Analogie zum englischen Wort für den Legostein werden solche Module auch als *Biobricks* bezeichnet. Durch cleveres Zusammensetzen solcher *Biobricks* können Bakterien und andere Organismen geschaffen werden, welche vollkommen neue Eigenschaften aufweisen.

Während also die in → Kapitel 8.1.1 vorgestellten DNA-Bibliotheken die DNA oder mRNAs eines Organismus repräsentieren, legt die Synthetische Biologie Sammlungen aller möglichen DNA-Fragmente an. Das können Gene sein, die für Proteine kodieren, oder funktionale DNA-Elemente, wie Promotoren. Auch rein synthetische Sequenzen sind in solchen Sammlungen vertreten. Weiterhin sind solche Genfragmente nach einem Regelwerk erstellt worden. Dieses legt fest, wie die einzelnen Elemente zu größeren Einheiten zusammengesetzt werden sollen.

Besonders populär wurde die Synthetische Biologie durch den iGEM Wettbewerb [*International Genetically Engineered Machine*], wo inzwischen jährlich über 300 Studierendenteams aus aller Welt mit innovativen Ideen gegeneinander antreten und eine Vielfalt überraschender und oft spektakulärer Lösungsansätze für viele Problem dieser Welt finden.

Nachfolgend konzentrieren wir uns auf die populärsten Verfahren, die für die Arbeit mit solchen *Biobricks* genutzt werden. *Biobricks* können über verschiedene Methoden miteinander kombiniert werden:

- *Biobricks* enthalten an ihren Enden genau definierte Restriktionsstellen. Dieses System wurde durch den iGEM-Wettbewerb populär.
- Das auf Rekombinasen beruhende Gateway-System (→ Kapitel 8.2) ist eigentlich viel älter als der Begriff „Synthetische Biologie“, kann aber ebenfalls genutzt werden, um nach entsprechenden Vorgaben Module zu kombinieren (der Hersteller nennt diese Variante „MultiSite Gateway Technologie“).
- Die DNA Assemblierung (Gibson Assembly, → Kapitel 8.7) nutzt gleich ein ganzes Set verschiedener Enzyme und kann vor allem sehr lange Module miteinander verknüpfen.
- Auch PCR-basierte Klonierungsverfahren (→ Kapitel 8.4) können zum Zusammenfügen mehrerer *Biobricks* genutzt werden (z. B. RF-Klonierung oder EMP-PCR).
- Der „Shooting-Star“ unter diesen Methoden ist jedoch die Golden Gate Klonierung, welche auf Typ IIS Restriktionsenzymen beruht und Grundlage für die Modularen Klonierungssysteme ist (→ Kapitel 8.6.3).

8.6 Biobricks

Biobricks stellen standardisierte Elemente dar, die an ihren Enden genau festgelegte Restriktionsstellen tragen. Beispielsweise gibt es Dutzende verschiedener Promotor-Elemente, die an ihren Enden genau festgelegte Schnittstellen besitzen. So kann ein beliebiger *Biobrick* aus diesem Set mit einem anderen aus dem nachfolgenden Set kombiniert werden. Die zu verwendenden Restriktionsenzyme wurden von der iGEM-Foundation vorgegeben. Der iGEM-Standardvektor pSB103 enthält an der MCS eine genau definierte Abfolge von Restriktionsstellen, die in keinem der einzubringenden *Biobricks* enthalten sein dürfen. Seit der Gründung des iGEM-Wettbewerbs sind inzwischen mehrere Tausend *Biobricks* entstanden. So kann ein beliebiger Promotor durch die definierten Enden einfach mit einem anderen Gen und einem Terminator aus einem dritten *Biobrick* kombiniert werden (→ Abb. 8.6).

Abb. 8.6
Die *Biobricks* enthalten bereits die richtigen Restriktionsschnittstellen an den Enden. Beispielsweise besitzen alle Promotor-Elemente an ihren Enden eine EcoRI und eine NotI-Stelle und die Gene am 5'-Ende eine NotI-Stelle sowie eine XbaI-Stelle am 3'-Ende. Ist erst einmal eine Sammlung von *Biobricks* erstellt, können diese frei in einem Schritt miteinander kombiniert werden.

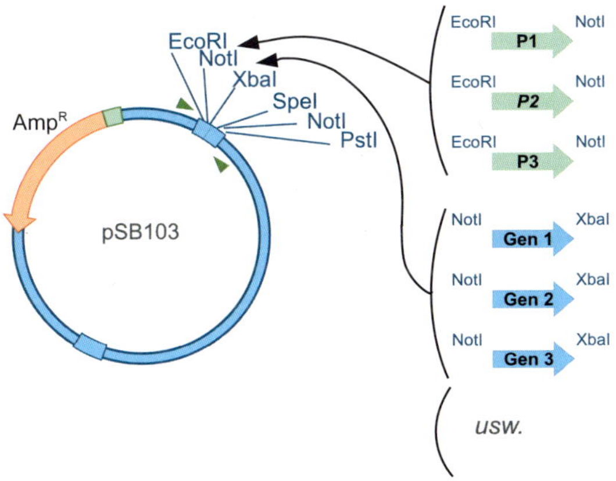

Der Hauptnachteil des *Biobrick*-Systems liegt darin, dass zwischen den einzelnen Teilen immer wenigstens eine Restriktionsschnittstelle liegt, die später auch im heterolog produzierten Protein auftaucht, sogenannte „*Scar*-Sequenzen". Außerdem müssen alle internen Schnittstellen der relevanten Enzyme vor der Klonierung entfernt werden. Ein einzubringendes Gen darf z. B. keine interne EcoRI oder eine der anderen relevanten Erkennungsstellen aufweisen.
Andererseits ist das System ohne großen Aufwand mit einer relativ kleinen Anzahl verschiedener Enzyme mit Standardmethoden in jedem Labor leicht durchzuführen.

8.7 Nahtlose Klonierungsverfahren

Die Weiterentwicklungen des *Biobrick*-Konzepts benötigen keine Übergangssequenzen (*scars*) zwischen den einzelnen Fragmenten (Nahtloses Klonieren [*Seamless Cloning*]). Der Trick besteht darin, dass die zu verbindenden Fragmente an ihren Enden überlappende Bereiche aufweisen, die in einem der Partner sowieso schon vorhanden sind (→ Abb. 8.7). Während bei klassischen Typ IIP-Enzymen die Übergangssequenzen durch die verwendeten Restriktionsenzyme festgelegt sind und i. d. R. auch nach der Klonierung erhalten bleiben, werden beim *Seamless Cloning* schon vorhandene Sequenzen für das Kombinieren der DNA-Module genutzt. Denn nach einer Klonierung verbleibenden Rückstände haben gleich mehrere Nachteile: Soll ein später ein Protein exprimiert werden, sind bei einem „6er-Cutter" zwei zusätzliche Aminosäuren im zusammengesetzten Produkt enthalten. Für BamHI (→ Tab. 5.2) wären dies GGATCC die Aminosäuren Glycin und Serin, wenn der Schnitt im Leseraster erfolgt ist. Das kann die Eigenschaften des Proteins stören. Außerdem scheidet BamHI als Restriktionsenzym für nachfolgende Klonierungsschritte aus.
Im Gegensatz dazu führt das *Seamless Cloning* zu zusammengesetzten DNA-Fragmenten, bei denen später die Stelle des Zusammenfügens nicht mehr

Abb. 8.7
Vergleich des Typ IIP-Enzyms BamHI (**A**) mit dem Typ IIS-Enzym BsaI (**B**). Während bei der klassischen Klonierung die BamHI-Stelle erhalten bleibt, verbleiben beim *Seamless Cloning* keine Rückstände der Klonierung. Dies liegt daran, dass bei Typ IIS-Enzymen die Erkennungsstelle (Buchstaben) und die Schnittstelle (braun) voneinander getrennt sind. Durch den Schnitt geht die Erkennungsstelle verloren.

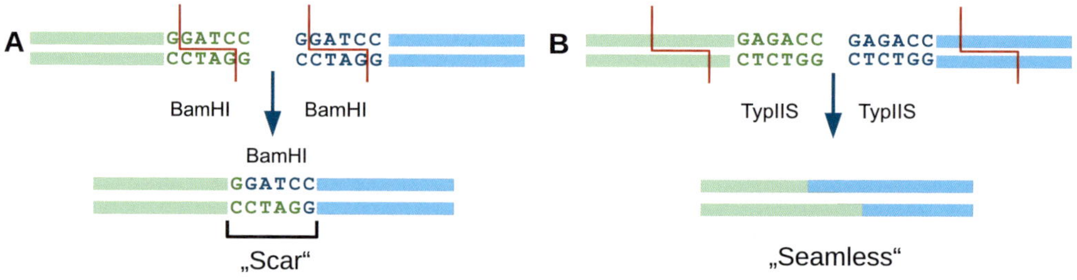

zu erkennen ist. Von den bekannten Verfahren sollen nachfolgend nur die Golden Gate Klonierung und das Gibson Assembly näher betrachtet werden, es gibt jedoch weitere Konzepte.

8.7.1 Golden Gate Klonierung

Die Golden Gate Klonierung ermöglicht nicht nur die freie Kombination einer großen Zahl verschiedener DNA-Fragmente, sondern die Klonierung hinterlässt im Gegensatz zu den *Biobricks* (→ Kapitel 8.5.1) keine Übergangssequenzen [*Scars*]. Restriktionsenzyme des Typs IIS, wie BsaI oder BpiI, spielen eine zentrale Rolle, denn diese Enzyme schneiden außerhalb ihrer asymmetrischen Erkennungssequenz (→ Abb. 8.8). Dabei erfolgt der Schnitt sequenzunabhängig in einem definierten Abstand von der Erkennungssequenz.

Die Besonderheit bei dem Verfahren besteht darin, dass die Erkennungsstelle beim Schneiden von der relevanten Sequenz abgetrennt wird und nur die sequenzunabhängigen Überhänge an der Schnittstelle erhalten bleiben. Dies wird dadurch erreicht, dass die Erkennungssequenz an dem DNA-Amplifikat außen angebracht wird und in den Zielvektoren im zu ersetzenden Bereich liegt (→ Abb. 8.9).
Geeignete Zielvektoren enthalten meist schon zwei BsaI-Stellen. Das Plasmid wird durch BsaI linearisiert. Dadurch entstehen die entsprechenden Überhänge und BsaI schneidet dabei seine eigene Erkennungssequenz vom Vektor ab. Amplifikat, Zielvektor und BsaI werden in einem Reaktionsgefäß zusammengegeben [*One Pot Reaction*]. Durch die Schnitte werden die Erkennungsstellen vom Plasmid und vom Amplifikat abgetrennt, sind also im resultierenden

Abb. 8.8
(**A**) Die Erkennungsstelle ist asymmetrisch und die Schnittstelle liegt außerhalb. Wegen seiner biochemischen Eigenschaften gehört das Enzym dennoch zu den Typ II- Enzymen, und zwar zum Typ IIS. Der Schnitt erfolgt nur auf einer Seite des Enzyms, das zwischenliegende „n" kann eine beliebige Base sein. (**B**) Die Schnittstelle (hier: ACGT) kann (fast) frei gewählt werden.

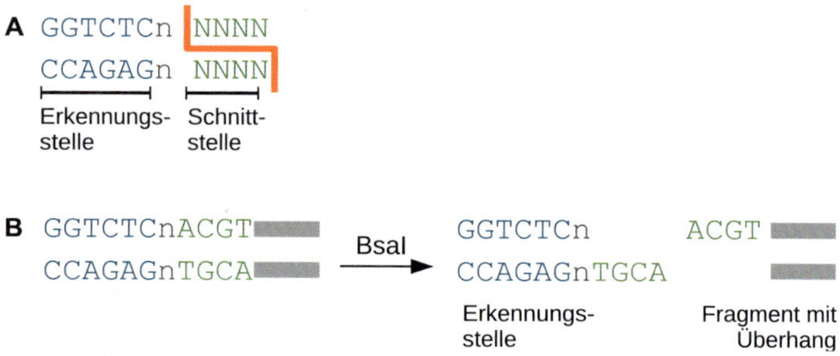

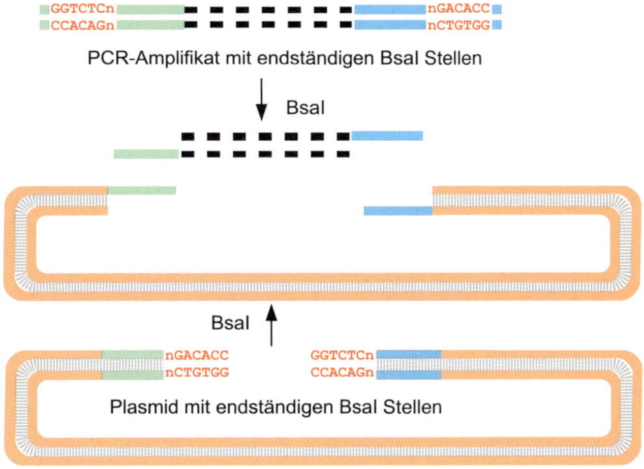

Abb. 8.9
Bei der Golden Gate Klonierung werden durch PCR passende BsaI-Stellen an dem zu klonierenden DNA-Stück angehängt. Wichtig ist, dass die BsaI Erkennungsstelle außen liegt, so dass sie durch den Schnitt abgetrennt wird. Im Vektor sind meist schon zwei BsaI Stellen vorhanden. Durch das Restriktionsenzym BsaI gehen die Erkennungsstellen verloren, die Schnittstellen verbleiben als Überhänge im Vektor. Nach der Ligation sind die ehemals vorhandenen BsaI Stellen nicht mehr vorhanden. Wenn die am Amplifikat gewählten Überhänge (grün und blau) denen im Vektor entsprechen, dann werden auch keine zusätzlichen Basen eingeführt.

Vektor nicht mehr vorhanden [*Seamless Cloning*].

8.7.2 *Cut-Ligation* Verfahren

Das *Cut-Ligation* Verfahren ähnelt der Cyclischen *Blunt End* Klonierung (→ Abb. 5.10), es werden aber meistens die Typ IIS-Enzyme BpiI und BsaI verwendet. Diese haben eine weitere Besonderheit, denn sie sind auch im Ligase-Puffer aktiv. Alle Komponenten werden in ein Gefäß pipettiert: DNA, Restriktionsenzym(e), T4-Ligase und ein ATP-haltiger Puffer [*One Pot Reaction*]. Anschließend werden in einem Thermocycler mehrere Zyklen bei verschiedenen Temperaturen durchlaufen: bei 37 °C schneidet BsaI bzw. BpiI, nach einigen Minuten wird die Temperatur auf 16 °C abgesenkt, so dass die T4-Ligase die entstandenen Enden zusammenfügen kann. Dann wird die Temperatur wieder erhöht, und noch vorhandene Typ IIS-Stellen werden geschnitten usw. Da alle bereits ligierten Konstrukte keine Erkennungsstellen mehr enthalten, reichern sie sich mit jedem Zyklus weiter an. Die Zahl und Dauer der Zyklen variiert. Oft werden 5–10 min-Intervalle gewählt und zwischen 3 und 30 Zyklen durchgeführt, wobei bei einzelnen Insertionen meist weniger als 8 Zyklen gewählt werden. Multiple Insertionen werden oft mit 10–30 Zyklen durchgeführt. Diese Strategie führt zu einer enormen Effizienzsteigerung der Klonierung (→ Protokoll 8.1).
Da die Schnittsequenzen frei gewählt werden können, ist es möglich, bis zu zehn Fragmente in einer einzigen Reaktion nahtlos aneinanderzusetzen, was im nächsten Kapitel näher erläutert wird. Weiterhin ist das Verfahren recht preiswert, weil typischerweise sämtliche Klonierungen im Labor mit 1–2 Restriktionsenzymen und einer Ligase durchgeführt werden können.

TIPP

Die vier frei wählbaren Basen lassen theoretisch 4^4 = 256 Kombinationen zu. Dennoch sind einige Sequenzen nicht zu empfehlen: symmetrische Überhänge wie GGCC oder GCGC können mit sich selbst ligieren, Überhänge nur aus einer Base, wie GGGG oder AAAA sollten ebenfalls vermieden werden.

TIPP

Sollte die *Cut-Ligation* nicht funktionieren, können Enzyme anderer Hersteller verwendet werden. Nicht alle kommerziell verfügbaren Ligasen und Typ IIS-Enzyme sind für die *Cut-Ligation* Reaktion geeignet.

PROTOKOLL 8.1

Cut-Ligation Verfahren

Bei der *Cut-Ligation* werden Restriktionsenzym (z. B. BsaI), T4-Ligase sowie alle zu klonierenden DNA-Fragmente in einen Reaktionsansatz pipettiert:

Cut-Ligation Reaktionsansatz	
▸ 2 µl	Zielvektor (50 ng/µL)
▸ 2 µl	Ausgangs-DNA (50 ng/µL)
▸ 1 µl	BsaI (10 U/µL von NEB) bzw. BpiI (10 U/µL von Thermo Fisher)
▸ 1 µl	T4-Ligase (5 U/µL von Thermo Fisher)
▸ 2 µl	CutSmart® Puffer (10 x, NEB)
▸ 2 µl	ATP (10 mM)
	H_2O *ad* 20 µl

Durchführung:
Es erfolgt in mehreren Zyklen die Restriktion und Ligation der im Ansatz enthaltenen DNA-Fragmente. Da durch die Ligation die zuvor vorhandene Typ IIS-Erkennungsstelle entfernt wird, werden ligierte Fragmente nicht mehr durch die Restriktionsenzyme getrennt. Je nach Zahl der Fragmente können zwischen 3 und 30 Zyklen durchgeführt werden.

1. 3–30 Zyklen:
   - 5 min bei 37 °C (Enzymatische Spaltung)
   - 5 min bei 16 °C (Ligation)
   - 5 min bei 37 °C (Finale enzymatische Spaltung)
2. 6 min bei 80 °C (finale Inaktivierung der Enzyme)

Der letzte Schritt bei 37 °C dient dazu, dass alle noch ungeschnittenen Zielvektoren linearisiert werden.

Allerdings gibt es auch einen Nachteil: Die zusammenzusetzenden DNA-Sequenzen dürfen keine internen Erkennungsstellen für die verwendeten Typ IIS-Enzyme aufweisen. Das in vielen Vektoren vorhandene Ampicillin-Resistenzgen *bla* weist jedoch eine BsaI-Stelle auf. Daher müssen die im Labor vorhandene Vektoren oft erst für die Golden Gate Klonierung angepasst werden.

8.7.3 Multiple Insertionen mittels Golden Gate Klonierung

Mittels Golden Gate Klonierung können auch mehrere Fragmente gleichzeitig in einen Vektor eingesetzt werden. Dazu werden die einzelnen Fragmente in der PCR amplifiziert, sodass sich an den Enden die BsaI-Stellen mit den zueinander passenden Schnittstellen befinden. Da die vier überhängenden Basen frei wählbar sind, können die in den Fragmenten vorhandenen Sequenzen genutzt werden: stellt das mittlere, grüne Fragment in → Abb. 8.10 beispielsweise eine CDS dar, die mit *ATGG*AA beginnt und mit GCC *TAA* endet, wird *ATGG* als Überhang im schwarzen Fragment und *CTAA* als Überhang im grauen Fragment verwendet. Es bleiben keinerlei „Narben" [*Scars*] der Klonierung zurück. Über 10 Fragmente können mittels *Cut-Ligation* Reaktion (→ Protokoll 8.1) gleichzeitig in einen Vektor eingesetzt werden, wobei mehr als 30 Zyklen erforderlich sein können.

8.7.4 Golden Gate basierte Tool Kits am Beispiel des MoClo Kits

Das ganze Potenzial der Golden Gate Klonierung zeigt sich, wenn das Verfahren mit dem Konzept einer *Biobrick*-Sammlung (→ Kapitel 8.5) kombiniert wird. Es kann eine Sammlung an Modulen hergestellt werden, wobei jede Gruppe nach Behandlung mit einem Typ IIS-Enzym definierte Überhänge an beiden Seiten erhält. Das bekannteste dieser Systeme ist das *Modular Cloning System* MoClo, das aus vielen Modulgruppen besteht. Jede Gruppe hat definierte Typ IIS-Enden (→ Tab. 8.3). Zusätzlich besteht das System aus

Abb. 8.10
In einem Reaktionsansatz können mehrere Fragmente mittels Golden Gate Klonierung zusammengefügt werden. Alle Einzelfragmente werden ggf. mit spezifischen Endsequenzen in einer PCR amplifiziert. Die durch BsaI-Behandlung entstehenden NNNN-Überhänge sind bei zwei benachbarten Fragmenten komplementär. Durch die Aktivität des Typ IIS-Enzyms entstehen an allen Enden zueinander passende 4-Basen-Überhänge und die Erkennungsstellen für das Enzym gehen überall verloren. Nun könne die Fragmente ligiert werden, wofür sich wegen der hohen Effizienz das *Cut-Ligation*-Verfahren (→ Protokoll 8.1) anbietet.

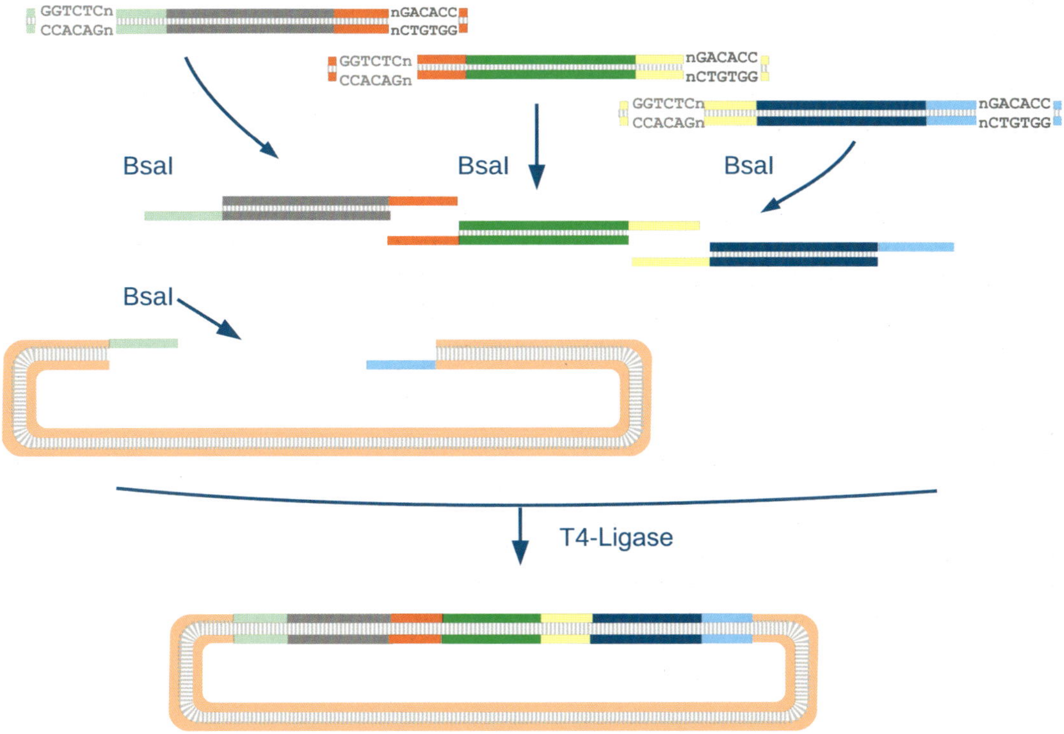

Tab. 8.3
Einige beim MoClo-System verwendete Überhänge

5' Überhang	Element	3' Überhang	Erläuterung
GGAG	Pro	TACT	Promotorelemente
TACT	5Uf	CCAT	5'-UTR-Elemente
CCAT	NT1	aATG	N-terminale Elemente, z. B. *Tag-Sequenzen* wie 6x His-*Tag*
aATG	NT2/SP	AGGT	Signalpetide für ER-, Mitochondrien- oder Plastidenlokalisation
AGGT	CDS2	TTCG	CDS des Gens mit oder ohne Stopp-Codon
TTCG	CT	GCTT	C-terminale Elemente, z. B. *Tag-Sequenzen*
GCTT	3U	CGCT	3'-UTR-Elemente wie Polyadenylierungssignal
CGCT	Vektor	*GGAG*	Level 0 Vektor

Abb. 8.11
Prinzip der modularen Klonierung. Zuerst werden die einzelnen Elemente mittels Restriktionsenzym BpiI in Level 0 Vektoren eingesetzt. So kann eine Bibliothek aus mehreren hundert verschiedenen Modulen erstellt werden. Um ein funktionales Konstrukt zu erstellen, werden die gewünschten Module aus der Sammlung gewählt und mittels *Cut-Ligation* zusammengefügt. Die dazu notwendige BsaI-Stelle ist in den Level 0 Vektoren vorhanden. Um nach der Transformation nur Level 1 Vektoren zu erhalten, wird die Selektion gewechselt: Level 0 Vektoren tragen eine Spectinomycin-Resistenz, Level 1 Vektoren besitzen eine Ampicillin-Resistenz. Keine der beteiligten DNA-Moleküle darf weitere Schnittstellen für BsaI oder BpiI tragen. Dies ist die einzige Einschränkung des Systems.

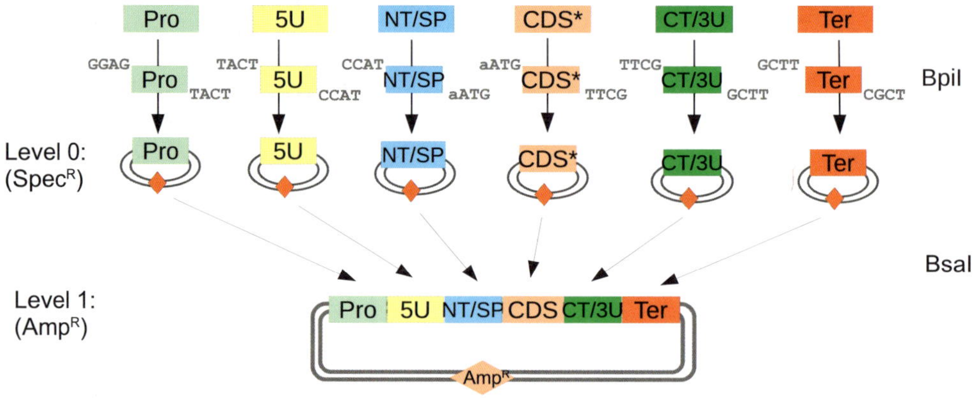

mehreren Ebenen [*Level*]. Zunächst werden alle benötigten Module in einen Level 0 Vektor eingesetzt. Es gibt bereits fertige Sammlungen mit Hunderten verschiedener Level 0-Module zu kaufen [www.addgene.org].

Die Level 0 Module sind die Basis für alle weiteren Arbeiten. Aus der Sammlung werden einfach die gewünschten Module ausgewählt und mittels *Cut Ligation* Reaktion (→ Protokoll 8.1) kombiniert. Da die Überhänge so gewählt werden, dass nur benachbarte Module (z. B. Promotor vor einem Signalpeptid und dieses vor einer CDS, → Tab. 8.3) miteinander paaren können, können alle benötigten Module in einer Reaktion gleichzeitig zusammengefügt werden (→ Abb. 8.11).

Zwischen den einzelnen Ebenen wechselt sowohl die Resistenz als auch das eingesetzte Restriktionsenzym. Zu Beginn wird ein DNA-Fragment über BpiI in einen Level 0 Vektor mit Spectinomycin-Resistenz eingesetzt. Dabei geht die BpiI-Stelle beim Fragment und dem Vektor verloren. Im Level 0 Vektor jedoch befindet sich direkt an der Integrationsstelle eine BsaI-Erkennungsstelle. Mit dieser kann das Fragment weiter in einen Level 1 Vektor umgesetzt werden. Der Level 1 Vektor hat eine andere Resistenz und enthält wiederum direkt neben der Integrationsstelle eine BpiI-Erkennungsstelle. Das System beinhaltet noch weitere Ebenen höherer Ordnung, die hier nicht näher besprochen werden. Neben dem MoClo-System gibt es weitere modulare Systeme wie Ecoflex oder

TIPP

Es sollte darauf hingewiesen werden, dass es auf dem Level 0 auch „kombinierte" Module gibt. Soll z. B. ein Konstrukt aus Promotor – 5'-UTR – CDS – 3'-UTR erstellt werden, gäbe es für den Übergang zwischen 5'-UTR und CDS keine passenden Überhänge, da das SP-Modul (Signalpeptid) fehlt. Daher finden sich in den Level 0 Sammlungen auch solche Module, die Überhänge zweier Ausgangsmodule kombinieren. In unserem Beispiel wäre dies ein CDS-Level 0 Modul, welches an seiner linken Seite den SP-Überhang hat und an seiner rechten Seite den CDS-Überhang. Dies ist auch in → Abb. 8.11 gegeben, wo am Modul CDS* die am 5'-Ende den NT2/SP- und am 3'Ende den CDS2 Überhang generiert wird (vergleiche mit → Tab. 8.3).

Golden Braid, die auf dem gleichen Prinzip beruhen, aber andere Übergangsstellen definiert haben. Daher sind diese nicht immer zueinander kompatibel. Alle Systeme weisen genau definierte Überhänge zwischen den Modulen auf, wechseln von Level zu Level die Resistenz und das Typ IIS-Enzym, dessen Erkennungsstelle immer aus dem Vektor des entsprechenden Levels stammt.

Auf diese Weise entsteht schon nach kurzer Zeit eine große Sammlung an *Biobricks*, die schnell und effizient zu immer neuen Konstrukten zusammengesetzt werden können.

Natürlich gibt es auch einige Limitierungen der Golden Gate basierten Klonierungssysteme. Der größte Nachteil liegt darin, dass weder im einzubringenden Genfragment noch in den Vektoren weitere BpiI- bzw. BsaI-Stellen vorhanden sein dürfen. Das Ampicillin-Resistenz-Gen *bla* vieler Plasmide enthält eine BsaI-Stelle, weshalb die meisten klassischen Klonierungsvektoren erst nach Entfernen dieser BsaI-Site für die Golden Gate Klonierung nutzbar sind. Weiterhin kommt man ohne zusätzliche PCR nicht mehr von einem höheren Level zurück zu einem niedrigeren Level. Das Gen aus einem Level 1 Vektor kann also nicht (ohne eine weitere PCR) wieder in einen Level 0 Vektor eingesetzt werden.

Außerdem ist die Zahl der möglichen Überhänge begrenzt. Einerseits sollten sich die in einer Reaktion verwendeten Überhänge möglichst in zwei der vier Basen unterscheiden. Symmetrische Überhänge und solche aus nur einer Base (z. B. 4 × G) müssen ebenfalls vermieden werden. Das kann bei gleichzeitigem Zusammenfügen von mehr als 10 Fragmenten kompliziert werden.

8.8 Gibson Assembly

Das Gibson Assembly und das daraus abgeleitete NEBuilder® System können ebenfalls für *Biobrick*- bzw. Modul-Sammlungen genutzt werden. Auch hier läuft die komplette Reaktion in einem Gefäß ab, wobei die Reaktionstemperatur konstant bei 50 °C bleibt (isothermales Verfahren).

Das Reaktionsgemisch besteht aus drei Enzymen: einer 5'-Exonuklease, einer DNA-Polymerase und einer Ligase. Es werden keine Restriktionsstellen benötigt, und es können mehrere Fragmente beliebiger Sequenzen zusammengefügt werden. Die einzigen Einschränkungen des Verfahrens liegen darin, dass die Sequenzen in den Übergangsbereichen nicht mehrfach vorkommen dürfen. Außerdem sollten sie keine Sekundärstrukturen (→ Abb. 4.5) ausbilden. Auch dieses Verfahren stellt ein *Seamless Cloning* dar.

Als erstes werden die einzelnen Fragmente benötigt, bei denen die Enden ca. 30 Nukleotide mit dem benachbarten DNA-Element überlappen sollten. Diese werden am besten über eine PCR hergestellt, bei der chimäre Primer (→ Kapitel 8.4) verwendet werden, an deren Enden die 30 Nukleotide angehängt werden, die zu dem Zielvektor bzw. zum benachbarten Fragment komplementär sind. Nun werden alle benötigten DNA-Stücke in äquimolaren Mengen in ein Gefäß pipettiert und der Enzym-Mix zugefügt. Die T5 Exonuklease baut vom 5'-Ende (!) her einen der beiden DNA-Stränge ab, so dass einzelsträngige 3'-DNA-Überhänge zurückbleiben. Dieser Abbau eines DNA-Strangs kommt recht schnell zum Erliegen, denn die Temperatur von 50 °C ist für die Exonuklease ungünstig. Es entstehen aber auf diese Weise genügend lange Überhänge, die sich zusammenlagern. Eine DNA-Polymerase füllt verbliebene Lücken auf, die in den aneinandergelagerten Fragmenten noch existieren können. Schließlich verknüpft eine DNA Ligase kovalent die zusammengelagerten komplementären DNA Fragmente, so dass keine Einzelstrangbrüche zurückbleiben. Die Reaktion benötigt ca. 1 h bei 50 °C (→ Abb. 8.12).

GUT ZU WISSEN

▶ NEBuilder® Kit

Der von NEB angebotene NEBuilder® Kit ist eine Weiterentwicklung des Gibson Assembly. Die verwendeten Enzyme wurden optimiert, weshalb die Klonierung mit NEBuilder zuverlässiger ist als mit dem Originalprotokoll. Ein wichtiger Unterschied zwischen den beiden Verfahren liegt darin, dass das Gibson Assembly nur bei DNA-Fragmenten mit stumpfen Enden funktioniert. Beim NEBuilder® kann die Exonuklease auch DNA-Fragmente mit überhängenden Enden verarbeiten.

Abb. 8.12
Beim Gibson Assembly werden lineare Moleküle assembliert. Daher muss zuvor der Zielvektor mit einem stumpf schneidenden Restriktionsenzym geschnitten werden. Im ersten Schritt des Gibson Assembly erzeugt die Exonuklease des Phagen T5 Einzelstrang-DNA mit 3' -Überhänge dadurch, dass die Gegenstränge vom DNA 5' -Ende aus abgebaut werden. Die so entstandenen komplementären DNA-Stränge können miteinander hybridisieren. Allerdings hat die T5-Exonuklease mehr DNA abgebaut als hybridisieren kann, weshalb im zweiten Schritt eine Polymerase die Lücken auffüllt, welche optional durch eine Ligase geschlossen werden können (oder erst in *E. coli*). Die gesamte Reaktion findet bei einer Temperatur von 50 °C statt. Die T5-Exonuklease hat jedoch ein Optimum bei 37 °C. Daher stoppt der Abbau nach kurzer Zeit, sodass die entstehenden Lücken nicht allzu groß werden.

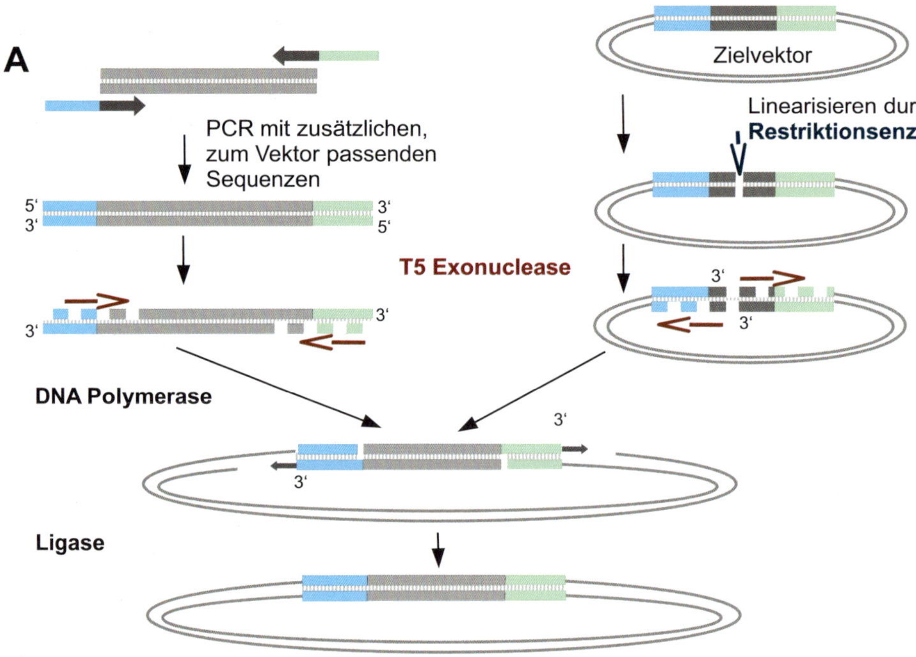

TIPP

Besonders vorteilhaft ist es, wenn die Primer so gesetzt werden können, dass der Übergang mitten in einem Resistenzgen liegt. So kann der resultierende Vektor nur dann eine Antibiotikaresistenz aufweisen, wenn die benachbarten Fragmente korrekt zusammengefügt wurden. Hat das Assembly nicht funktioniert, gibt es auch keine resistenten Bakterien. Auf diese Weise kann der Hintergrund an falsch-positiven Klonen reduziert werden.
Manchmal muss zwischen die beiden zu assemblierenden Fragmente eine kurze Sequenz (< 150 Nukleotide), beispielsweise ein Tag (→ Kapitel 6.3.5) eingefügt werden. Solche kurzen Elemente können nur schlecht mittels PCR amplifiziert werden. In diesem Fall hilft das sogenannte *Stitching*, bei dem überlappende Oligonukleotide synthetisiert werden. Diese lagern sich zusammen und werden durch die Polymerase und Ligase im Ansatz ebenfalls miteinander verknüpft.
Es sollten nicht mehr als fünf Fragmente in einer Reaktion assembliert werden.

PROTOKOLL 8.2

Gibson Assembly/NEB-Builder

Primerdesign:
Die Erstellung geeigneter Primer kann entweder mit entsprechende Software, wie Snapgene (→ Tab. 13.2), durchgeführt werden oder mit dem Online-Tool von NEB [nebuilder.neb.com].

Restriktion des Vektors:

Da das Gibson Assembly lineare DNA erfordert, wird der Zielvektor über eine Behandlung mit einem Restriktionsenzym linearisiert. Bei Gibson muss ein stumpf schneidendes Restriktionsenzym verwendet werden, NEBuilder® kann auch Fragmente mit überhängenden Enden assemblieren.

PCR Amplifizierung des Inserts:
Als erstes müssen die überlappenden Enden an das einzusetzende DNA-Element angehängt werden.

PCR Ansatz	
▸ 5 µl	5x HF Buffer
▸ 0,5 µl	10 mM dNTPs
▸ 0,75 µl	DMSO
▸ 1,25 µl	10 µM Primer 1 (final: 0,5 µM)
▸ 1,25 µl	10 µM Primer 2 (final: 0,5 µM)
▸ 0,25 µl	2 U / µl Phusion™ Polymerase
▸ 0,25 µl	Ausgangs-DNA
	H_2O *ad* 25 µl

1. Die PCR wird folgendermaßen durchgeführt: Initiale Denaturierung bei 98 °C für 1 min, dann folgt eine Two-Step PCR aus 35 Zyklen à 25 s bei 98 °C und 2 min 30 s bei 72 °C. Abschließend 5 min bei 72 °C.
2. Der komplette 25 µL PCR-Ansatz wird verwendet, um die amplifizierten Fragmente auf einem Gel aufzutrennen. Das Fragment mit der gewünschten Größe wird aus dem Gel extrahiert (→ Kapitel 7.3) und in 15 µL warmen (50 °C) 10 mM Tris HCl, pH 8,0 gelöst.
3. In einem 20 µl Ansatz werden 1 µl Vektor-DNA (500 ng), 2 µl 10x NEB *Cut Smart* Puffer, 0,5 µl Restriktionsenzym(e) gegeben und bei 37 °C inkubiert.
4. Nun wird 1 µL CIP (*Calf Intestine* Phosphatase, → Kapitel 5.3.1) zum Ansatz pipettiert und weitere 30 min bei 37 ° C inkubiert. Der Phosphorylierungsschritt ist nicht im Herstellerprotokoll beschrieben, kann die Ausbeute an korrekt assemblierter DNA deutlich erhöhen.
5. Bei 80 °C wird 20 min lang die Reaktion abgestoppt.

Gibson Assembly / NEBuilder® Reaktion:

6. Nun wird die eigentliche Assemblierungsreaktion durchgeführt:

Assemblierungsreaktion	
▸ 2,5 µl	NEBuilder® HiFi Master Mix
▸ 1 µl	Linearisierter Vektor (25 ng)
▸ x µl	Amplifizierte DNA
	H_2O *ad* 5 µl

Die einzusetzende Menge amplifizierter DNA wird laut Protokoll von NEB für einen Reaktionsansatz von 5 µl berechnet. Erste Anhaltswerte sind: 35 ng DNA bei einem 3000 bp Fragment und 17,5 ng bei einem 1500 bp Amplifikat. Das Verhältnis von Vektor-DNA zu Insert-DNA sollte 1:2 betragen.

7. 2 µl des Ansatzes werden für die Hitzeschock-Transformation (→ Kapitel 5.5) eingesetzt.

Das Gibson-Assembly ermöglicht die gleichzeitige Assemblierung mehrerer DNA-Elemente, wobei jedes DNA-Element die passenden Übergänge zum benachbarten DNA-Element trägt. Alle weiteren Schritte laufen wie oben beschrieben ab. Die Zahl der einzusetzenden Elemente sollte auf fünf begrenzt werden.

Seine Stärke spielt das Verfahren aus, wenn große DNA-Fragmente zusammengefügt werden sollen. Ganze virale oder mitochondriale Genome lassen sich so aus kleineren Bereichen zusammenfügen. Für solche komplexen Aufgaben sollten aber die Primer an den Überlappungen sehr akkurat designt werden (es gibt spezielle Online-Tools auf der Webseite von NEB). Nachteilig ist neben den recht hohen Kosten auch die limitierte Zahl an zu assemblierenden Fragmenten.

8.9 Vergleich der Verfahren

Die in diesem Kapitel vorgestellten Verfahren sind alle den klassischen Klonierungsmethoden (→ Kapitel 5) weit überlegen. → Abb. 8.13 vergleicht die Verfahren und gibt Hinweise, welche Methode für den experimentellen Aufbau geeignet ist.

Maßgeblich für die Wahl des Verfahrens sind Zahl und Größe der (gleichzeitig) einzusetzenden DNA-Elemente und ob Restsequenzen („*Scars*") zwischen den einzelnen Bereichen tolerierbar sind. Solche Restsequenzen müssen nicht immer von Nachteil sein, da sie genutzt werden können, um die fusionierten Elemente später wieder voneinander zu trennen. Bei den *Seamless Cloning* Verfahren ist der Weg zurück nicht möglich, da die ursprünglich für die Fusion genutzte Sequenz beim Zusammensetzen verlorenging. Die einzige Möglichkeit liegt in einer PCR, bei der die passenden Überhänge wieder angehängt werden. *Biobricks* und Modulare Klonierungskits bieten sich an, wenn entsprechende Sammlungen von DNA-Fragmenten vorhanden sind.

Andere Verfahren, wie PCR-basierte Verfahren oder das Gibson Assembly, sind flexibler, aber auch teurer. Gerade bei PCR-basierten Methoden sollte beachtet werden, dass bei der Amplifizierung des Zielvektors Sequenzfehler entstehen können. Da Vektorsequenzen selten sequenziert werden, können diese unter Umständen erst viel zu spät entdeckt werden. Es wird dringend empfohlen, alle Konstrukte, die mit Methoden in diesem Kapitel hergestellt wurden, nach der Erstellung mittels Sequenzierung (→ Kapitel 12.1) zu überprüfen.

Tabelle 8.3 listet verschiedene Aspekte auf, welche bei der Entscheidung für eine der Methoden helfen können.

Abb. 8.13
Bei den Verfahren Gateway und *Biobricks* verbleiben DNA-Fragmente in der resultierenden DNA, die eigentlich nur für die Klonierung benutzt wurden, ursprünglich aber nicht vorhanden waren. Solche Übergangssequenzen können störend sein, wenn z. B. ein Protein heterolog exprimiert werden soll und somit einige zusätzliche Aminosäuren enthält. Bei Golden Gate, Gibson Assembly sowie bei PCR-basierter Klonierung (nicht abgebildet) treten solche Übergangssequenzen nicht auf.

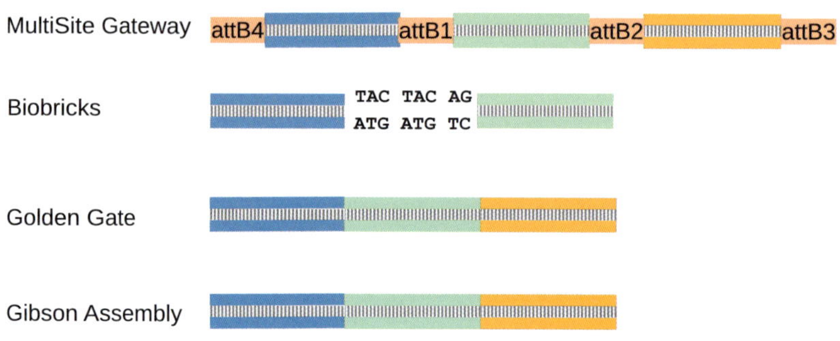

Tab. 8.4
Vergleich der Verfahren

Verfahren	Gateway	Biobricks	Golden Gate / MoClo	Gibson Assembly	oePCR
Zeitaufwand in Tagen	4	3	3	3	2
Reine Arbeitszeit in Stunden	1–2	1–2	1–2	1–2	1–2
Modulsammlungen verfügbar	ja	Ja	Ja	nein	nein
Insertionsort auf bestimmte Sequenzen limitiert	nein	Ja	(nein)	nein	nein
Seamless Cloning	nein	Nein	ja	ja	ja
Konstrukte größer 30 kbp möglich	nein	Nein	nein	Ja	nein
Kommerzielle Kits verfügbar	ja	Ja	ja	Ja	nein
Kosten	€€€	€	€	€€€	€€

9 Proteinaufreinigung

9.1 Homogenisation

9.2 Extraktion von Proteinen

9.3 Dialyse und Konzentrierung

9.4 Weitere Aufreinigungsschritte

9.5 Quantifizierung von Proteinen

9.6 Aufreinigungsverfahren für getaggte Proteine aus *E. coli*

Die Aufreinigung von Proteinen, insbesondere, wenn diese noch enzymatisch aktiv bleiben sollen, ist um einiges komplizierter als die Aufreinigung von Nukleinsäuren. Dies liegt vor allem an ihren sehr heterogenen biochemischen Eigenschaften. Im Prinzip erfordert jedes Protein ein individuelles Aufreinigungsprotokoll. Glücklicherweise gibt es aber einige Strategien, die sich bewährt haben (→ Map 9.1).

Bevor mit der Aufreinigung von Proteinen begonnen wird, sollten zunächst folgende Fragen gestellt und beantwortet werden:

- Welches Ausgangsmaterial soll verwendet werden?
  Natürlich sollte das gesuchte Protein in möglichst großen Mengen im zu extrahierenden Gewebe vorhanden sein. Allerdings können auch störende Stoffe die Wahl beeinflussen. Beispielsweise sind grüne Pflanzenteile oft stark faserhaltig, enthalten viele phenolische Substanzen und große Mengen des Proteins Ribulose-1,5-bisphosphat-carboxylase/-oxygenase. Es kann sehr aufwendig sein, diese Komponenten zu entfernen, weshalb viele Pflanzenbiochemiker gerne mit etiolierten Keimlingen[51] arbeiten. In tierischen Geweben kann das Vorhandensein diverser Isoenzyme[52] ein Entscheidungskriterium darstellen.
- Welche Menge des Proteins wird benötigt?
  Die Aufreinigungsstrategie hängt stark von der Menge an Ausgangsmaterial ab. Manche Aufreinigungsschritte lassen sich für große Proteinmengen nur mit hohem finanziellen Aufwand verwirklichen.
- Wie rein muss das gesuchte Protein sein?
  Mit jedem Aufreinigungsschritt werden zwar unerwünschte Substanzen entfernt, aber auch das gesuchte Protein geht zu einem nicht unerheblichen Teil verloren. Wenn ein Aufreinigungsschritt 30 % des gesuchten und 60 % der unerwünschten Proteine entfernt, ist ein solcher Schritt schon recht effizient. Daraus folgt, dass jeder zusätzliche Aufreinigungsschritt gut überlegt sein sollte und dass mit einem höheren Reinheitsgrad auch mehr Ausgangsmaterial benötigt wird.
- Muss das Protein noch biologisch aktiv sein?
  Diese Frage hat enorme Auswirkungen auf das Aufreinigungsprotokoll. Viele Reinigungsschritte bewirken eine (reversible) Denaturierung des Proteins. Je nach Protein können sie auch die Aktivität in späteren Enzymtests beeinflussen. Die Entwicklung eines nativen Aufreinigungsprotokolls kann jahrelange Arbeit erfordern. Der Verzicht auf die biologische Aktivität ermöglicht es, standardisierte Verfahren einzusetzen. Letztendlich kann das gesuchte Protein recht einfach über immunbiochemische Verfahren (→ Kapitel 11) identifiziert werden.
- Hat es jemand schon einmal gemacht?
  Da die Verfahren zur Proteinaufreinigung stark an das jeweilige Protein angepasst werden müssen, lohnt sich ein Blick in die vorhandene Literatur. Hierbei sollte nach einem Aufreinigungsprotokoll eines ähnlichen Proteins gesucht werden.

Die Aufreinigung von Proteinen beginnt mit der Homogenisation (→ Kapitel 9.2) des Gewebes oder der Zellen oft mit den in → Kapitel 2.11 vorgestellten Geräten. Nach der Homogenisation folgt die Abtrennung der Zell- und Gewebetrümmer durch Zentrifugation (→ Kapitel 2.7). Die Arbeitsschritte ähneln denen bei der Extraktion von Nukleinsäuren sehr, es werden nur andere Puffer verwendet. Diese Phase der Extraktion wird auch *Capture Phase* genannt.

GUT ZU WISSEN

▶ Die 4 °C-Regel

Grundsätzlich müssen Proteine während der Aufreinigung immer bei 4 °C gehalten werden! Schon wenige Minuten bei Raumtemperatur können dazu führen, dass das gewünschte Zielprotein durch Proteasen abgebaut wird. Proteinextraktionen sollten daher entweder in einer Kühlkammer oder auf Eis durchgeführt werden! Von dieser Regel gibt es nur sehr wenige Ausnahmen

51 Dies sind im Dunkeln angezogene Keimlinge, wie sie von keimenden Kartoffeln bekannt sind.

52 Verschiedene Varianten eines Enzyms, welche durch verschiedene Gene codiert werden oder unterschiedlich modifizierte Varianten eines Enzyms.

Map 9.1
Allgemeines Schema der Proteinaufreinigung. Nach der Abtrennung von Zelltrümmern und anderen Zellbestandteilen, wie Nukleinsäuren, erfolgt entweder die Analyse des Rohextraktes mittels SDS-Polyacrylamid-Gelelektrophorese (SDS-PAGE, → Kapitel 10.2) oder eine weitere mehrstufige Auftrennung der verschiedenen Proteine über chromatographische Verfahren. Auch diese werden mittels SDS-PAGE analysiert.

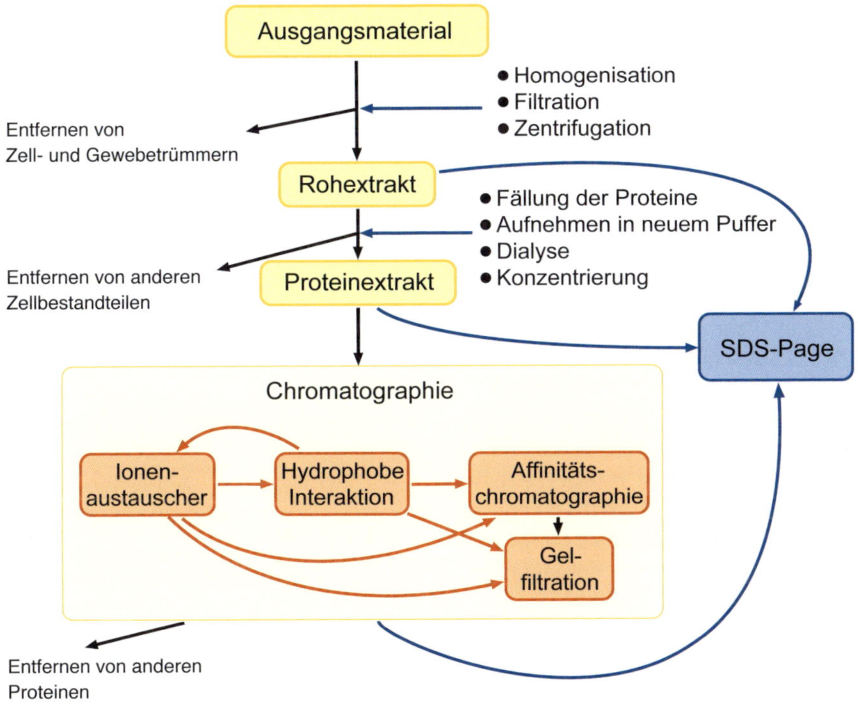

Im nächsten Schritt [*Intermediate Phase*] werden die meisten Verunreinigungen, wie andere Proteine, Nukleinsäuren und Polysaccharide, grob entfernt. Hierbei spielen Fällungsmittel wie Ammoniumsulfat (→ Kapitel 9.2.3) eine wichtige Rolle. Ab diesem Punkt gibt es zwei unterschiedliche Vorgehensweisen: Der Rohextrakt wird direkt über die SDS-Gelelektrophorese (→ Kapitel 10.2) und daran anschließende immunbiochemische Verfahren (→ Kapitel 11.4) analysiert oder es schließt sich die *Polishing Phase* an, in der die verbliebenen Verunreinigungen sowie biochemisch nah verwandte Proteine durch chromatographische Verfahren (→ Kapitel 9.4) abgetrennt werden.

Es ist entscheidend, die optimale Kombination von Verfahren für die einzelnen Phasen zu finden. Jeder Aufreinigungsschritt sollte zunächst optimiert werden, bevor mit der Arbeit am nachfolgenden begonnen wird. Dabei hilft vor allem die Literaturrecherche nach Aufreinigungsverfahren ähnlicher Proteine.

9.1 Homogenisation

Am Anfang einer Proteinextraktion steht der Aufschluss des entsprechenden Gewebes oder der Zellen. Zu Beginn der Aufreinigung hängt die Wahl des Homogenisationsverfahrens vor allem vom aufzuschließenden Gewebe ab und weniger vom zu isolierenden Protein. Grundsätzlich kann zwischen nicht-mechanischen und mechanischen Aufschlussverfahren unterschieden werden. Erstere werde vor allem für Einzelzellen und Zellkul-

Tab. 9.1
Einige nicht-mechanische Aufschlussverfahren, welche alle sehr schonend sind.

Gewebe und Zellen	Verfahren	Agens	Maßstab
tierische Gewebekultur	wiederholtes Einfrieren und Auftauen	–	beliebig
Erythrozyten und Retikulozyten	hypotoner Schock	destilliertes Wasser	beliebig
Hefezellen	Autolyse	Toluol	beliebig
Hefezellen	enzymatische Lyse	Zymolyase und Triton X-100	< 100 ml
grampositive Bakterien		Lysozym und Triton X-100	
gramnegative Bakterien		EDTA, Lysozym und Triton X-100	

turen von Organismen ohne Zellwand oder mit enzymatisch abbaubaren Zellwänden eingesetzt (→ Tab. 9.1).
Häufig hat man jedoch mit komplexerem Probenmaterial zu tun, das den Einsatz von Geräten erfordert, die wir schon in → Kapitel 2.14 kennen gelernt haben. Die Wahl des Gerätes hängt primär von der aufzuschließenden Materialmenge und Gewebeart sowie der Probenzahl ab.
Für Bakterien und andere Mikroorganismen wird häufig ein Ultraschall-Desintegrator in Kombination mit lytischen Enzymen verwendet. Für größere Probenmengen werden oft *Waring Blendor* (→ Kapitel 2.14) bzw. Küchenmixer eingesetzt. Für große Probenzahlen bei kleinen Materialmengen stellen Kugelmühlen, wie die Precellys® (→ Abb. 2.18B), eine gute Alternative dar.
Die Methode der Wahl sind jedoch Mörser und Pistill (→ Abb. 2.18A), denn bei diesem schonenden Verfahren kommt es während der Homogenisation kaum zu einem Eintrag von Sauerstoff. Die Probe wird unter Stickstoff zunächst trocken zu einem Pulver gemörsert. Dabei müssen unbedingt die Augen vor dem flüssigen Stickstoff geschützt werden (→ Kapitel 2.14)! Anschließend wird das Pulver in einen neuen Mörser (bei 4 °C vorgekühlt) gegeben und der Homogenisationspuffer hinzugefügt und erneut gemörsert. Dadurch werden die Zellen aufgeschlossen. Durch die Verwendung von zwei Mörsern friert der zugegebene Puffer nicht im sehr kalten ersten Mörser ein.

Bevor wir uns den verschiedenen Bestandteilen des Homogenisationspuffers zuwenden, werfen wir zunächst einen Blick auf die wichtigsten Gegenspieler einer erfolgreichen Proteinextraktion: Proteasen und Phenoloxidasen.

9.1.1 Proteasen

Alle Zellen enthalten Proteasen, die häufig in bestimmten Kompartimenten angereichert sind, wie z. B. in pflanzlichen Vakuolen und Zellwänden. Die Homogenisation des Gewebes bringt Protea-

GUT ZU WISSEN

▶ Endopeptidasen-Klassifizierung

Endopeptidasen werden aufgrund Ihres Reaktionsmechanismus in fünf Klassen unterteilt. Bei den Serin-Proteasen befindet sich ein nukleophiles Serin im aktiven Zentrum der Protease, bei Cystein-Endoproteasen ist dies Cystein und Histidin, bei Aspartat-Proteasen vermittelt ein Aspartat-Paar die Spaltung. Inhibitoren reagieren typischerweise mit diesen zentralen Aminosäuren. Metalloendoproteasen benötigen Zn^{2+}, um die Peptidbindung zu schwächen. Sie sollten nicht mit den Metall-aktivierten Proteasen, wie Calpain, verwechselt werden, die zweiwertige Ionen für ihre Aktivierung benötigen. Die letzte Klasse umfasst die Proteasen, die nicht in die obige, klassische Einteilung passen. Gegen diese gibt es i. d. R. auch keine Inhibitoren.

Tab. 9.2
Eine kleine Auswahl verschiedener Proteaseinhibitoren. Nicht jeder Inhibitor ist für alle Ausgangsgewebe geeignet. Leupeptin und Chymostatin werden durch Peptidasen in Säugerzellen selbst inaktiviert. PMSF ist ein relativ schwacher Inhibitor und nur sehr kurze Zeit in wässrigen Lösungen stabil. Der Trypsin Inhibitor geht eine 1:1-Bindung mit Trypsin ein, seine Arbeitskonzentration muss daher zuvor ermittelt werden. Reversible Inhibitoren müssen ständig präsent sein, da sonst die Protease wieder aktiv wird.

Inhibitor	Spezifität	Stamm- / Arbeitslösung		Stabilität
Phenylmethylsulfonylfluorid (PMSF)	Serin Endoproteasen	200 mM in 1-Propanol	1–10 mM	lagerbar bei −20 °C, aber nur kurz haltbar bei 4 °C.
Leupeptin-Hemisulfat	Trypsin-ähnliche Serin Endoproteasen und Cystein Endoproteasen	1 mg / ml in wässriger Lösung	25 µg/ml	mindestens 1 Woche bei 4 °C oder mehr als 6 Monate bei −20 °C
Pepstatin A	Aspartat Endoproteasen	1 mg / ml in DMSO	0,1 ng/ml	dauerhaft bei −20 °C
Phenanthrolin	Metalloproteasen	200 mM in Methanol	1–10 mM	dauerhaft bei 4 °C
Benzamidin HCl	reversibler Inhibitor für Trypsin, Trypsin-ähnliche und Serinproteasen	50 mg / ml in H_2O	0,5–4 mM	bei 4 °C
Aprotinin	reversibler Inhibitor von Serinproteasen	10 mg / ml in H_2O	10–800 nM	bei 4 °C
Trypsin Inhibitor (aus Soja)	Trypsin	10 mg / ml in H_2O	1:1 stöchiometrische Bindung	Steril filtriert bei 4 °C für Jahre

sen mit den anderen Proteinen zusammen, deren Peptidbindungen hydrolysiert werden (→ Kapitel 1.4). Da Proteasen eine wichtige Rolle bei der Abwehr gegen Pathogene sowie bei der Apoptose (programmierter Zelltod) spielen, erfüllen sie auch unter ungünstigen Bedingungen ihre Aufgabe und sind demzufolge ziemlich stabil. Erschwerend kommt hinzu, dass Proteasen selbst Proteine darstellen, ihre Abtrennung also nicht so einfach möglich ist wie die der Proteine mit DNase-Aktivität bei Nukleinsäure-Aufreinigungen. Und es gibt eine ungeheure Vielfalt an Proteasen (→ Tab. 9.2). Grob können Proteasen in Endo- und Exopeptidasen unterschieden werden.
Exopeptidasen werden nach der Aminosäure, dem Di- oder Tripeptid, welches sie vom Ende eines Zielproteins abspalten, eingeteilt.
Für den Umgang mit Proteasen gibt es einige Hinweise, die hier kurz dargelegt werden sollen:

- Der Proteasegehalt verschiedener Zelltypen ist unterschiedlich. Es sollten möglichst Zellen oder Gewebe mit einer niedrigen Proteaseaktivität als Ausgangsmaterial verwendet werden. Beispielsweise sind viele Expressionsstämme von *E. coli* proteasereduziert.
- Proteasen sind meist stabiler als ihre Substrate.
- Je mehr Proteine in der Lösung vorhanden sind, desto größer ist die Wahrscheinlichkeit, dass ein anderes Protein proteolytisch gespal-

GUT ZU WISSEN

▶ Protease und Peptidase

Die Bezeichnungen Protease und Peptidase werden synonym verwendet. Begriffe wie Aspartatprotease, also ohne „endo“ sind eigentlich veraltet und werden hier nur aus Gründen der Lesefreundlichkeit verwendet.

ten wird. Je sauberer das gereinigte Protein wird, desto eher wird dieses durch eine vorhandene Protease zerstört. Daher sollten Proteaseinhibitoren auch in späteren Aufreinigungsschritten eingesetzt werden.

- Nicht immer sind Proteasen am Verlust des zu isolierenden Proteins Schuld. Manchmal wird ein bestimmter Cofaktor benötigt, der bei der Aufreinigung verloren gegangen ist.
- Manche Proteine werden durch Bindung an ihren Liganden stabilisiert. Es kann daher sinnvoll sein, diesen dem Homogenisationspuffer zuzusetzen.

Viele Hersteller bieten Proteinase-Inhibitor Cocktails an, die zwar recht teuer sind, aber gerade bei der Etablierung eines Aufreinigungsschemas gute Dienste erweisen können.
Bei Pflanzen sind viele Proteasen im Apoplast oder Vakuolen lokalisiert. Auch bei Tieren haben viele Proteasen ein Aktivitätsoptimum in sauren pH-Milieus. Daher sollte immer ein leicht basischer pH-Wert für die Homogenisation gewählt werden, wenn es das aufzureinigende Protein zulässt.

9.1.2 Phenoloxidasen

Sollen Proteine aus Pilzen oder Pflanzen isoliert werden, stellen die darin enthaltenen Polyphenole ein großes Problem dar. Polyphenole wie Quercetin, Kaffeinsäure, Tannin und tausende anderer Substanzen sind eine chemisch sehr heterogene Gruppe. Mono- und polymere Phenole lagern sich an Proteine und andere Biomoleküle an. Dies ist zunächst ein reversibler Prozess. Vor allem durch hydrophobe und ionische Wechselwirkungen kann diese Bindung stabilisiert werden. Oft sind Polyphenole groß genug, um mit verschiedenen Proteinmolekülen zu reagieren. Auf diese Weise entstehen Polyphenol-Proteinaggregate, die unlöslich werden und ausfallen.
Verschärft wird die Situation dadurch, dass phenolische Substanzen in Gegenwart von Sauerstoff auch kovalente Bindungen zu Proteinen ausbilden können. Diese Oxidation kann spontan in einem alkalischen Milieu erfolgen, ist aber meistens die Konsequenz der Aktivität verschiedener Enzyme, darunter Polyphenoloxidasen (PPO), Monophenoloxidasen und Peroxidasen (wenn H_2O_2 vorhanden ist). Die entstehenden Quinone sind extrem reaktiv und bilden sowohl untereinander als auch mit entsprechenden Gruppen auf den Proteinen große, unlösliche und stabile Aggregate aus.
Um diese Vorgänge zu unterbinden, werden bei der Extraktion von Proteinen aus Pflanzen und Pilzen synthetische Polymere zugesetzt, die anstelle der Proteine die Polyphenole adsorbieren sollen. Weit verbreitet sind Polyvinylpolypyrrolidon (PVPP) und Polyvinylpyrrolidon (PVP). Letzteres gibt es – abhängig von seinem Polymerisationsgrad – als lösliches PVP (30-50 kDa), welches vor allem den Medien in der pflanzlichen Gewebekultur zugesetzt wird, oder als unlösliche Form (> 300 kDa) für biochemische Anwendungen. Unlösliches PVP wird dem Homogenisationspuffer in recht großen Mengen (3 % (w/v)) zugefügt. Im ersten Zentrifugationsschritt wird es mit den daran gebundenen Polyphenolen und den Zelltrümmern wieder entfernt.
Weiterhin werden Substanzen eingesetzt, welche Oxidasen inhibieren, beispielsweise DIECA (Diethyldithiocarbamat), Phenole komplexieren, wie Borat, oder die entstehenden Quinone wieder zu Phenolen reduzieren, wie Ascorbinsäure oder Dithiothreitol.
Die wichtigste Maßnahme ist jedoch, den Eintrag von Sauerstoff bei der Homogenisation möglichst zu vermeiden, was das Hauptargument für die Verwendung von Mörser und Pistill (→ Abb. 2.18A) bei der Homogenisation von Pflanzen und Pilzen ist.

GUT ZU WISSEN

▶ Polyphenoloxidasen

Die Wirkung der Polyphenoloxidasen kann gut an einem angebissenen Apfel beobachtet werden, wenn dieser sich braun färbt. Auch die Farbe von Kaffee oder Tee ist das Ergebnis der Aktivität von Phenoloxidasen.

9.2 Extraktion von Proteinen

9.2.1 Homogenisationspuffer

Die primäre Aufgabe des Homogenisationspuffers liegt darin, die Proteine nach dem Aufschluss der Zellen in ein möglichst physiologisches Medium zu überführen.
Folgende Anforderungen werden an einen solchen Puffer gestellt:

- Er sollte einen ähnlichen pH-Wert und Salzgehalt wie die Zelle bzw. das Zellkompartiment aufweisen, aus dem das zu isolierende Protein stammt.
- Er sollte gut lagerbar sein.
- Wenn der Aufschluss größerer Mengen geplant ist, sollten die Pufferkomponenten preiswert sein.
- Er sollte keinen Einfluss auf das zu isolierende Enzym haben. Beispielsweise ist Phosphatpuffer ungeeignet, wenn ein ATP-abhängiges Enzym isoliert werden soll.
- Nachfolgende Aufreinigungsschritte sollten durch den Puffer nicht gestört werden.

PROTOKOLL 9.1

Herstellung von Phosphatpuffern

Phosphatpuffer werden aus zwei verschiedenen Stammlösungen hergestellt, wozu die beiden Stammlösungen im unten angegebenen Verhältnis gemischt werden. Hier ist das Rezept für 1 M Stammlösungen angegeben, es werden aber auch niedriger konzentrierte Lösungen genutzt. Durch Mischen der angegebenen Volumina entsteht ein 1 M Phosphatpuffer, welcher vor Gebrauch auf 50 mM oder 100 mM mit H_2O verdünnt wird. Es ist zu beachten, dass Phosphatpuffer viele Enzymreaktionen (z. B. viele Restriktionsenzyme, Ligasen) hemmt. Phosphat fällt in Ethanol aus, weshalb die Ethanolfällung von DNA oder RNA in Phosphatpuffer nicht möglich ist.

Natriumphosphatpuffer (bei 25 °C)			Kaliumphosphatpuffer (bei 25 °C)		
1 M NaH_2PO_4 (in ml)	1M Na_2HPO_4 (in ml)	pH	1 M KH_2PO_4 (in ml)	1M K_2HPO_4 (in ml)	pH
92,1	7,9	5,8	91,5	8,5	5,8
88,0	12,0	6,0	86,8	13,2	6,0
82,2	17,8	6,2	80,8	19,2	6,2
74,5	25,5	6,4	72,2	27,8	6,4
64,8	35,2	6,6	61,9	38,1	6,6
53,7	46,3	6,8	50,3	49,7	6,8
42,3	57,7	7,0	38,5	61,5	7,0
31,6	68,4	7,2	28,3	71,7	7,2
22,6	77,4	7,4	19,8	80,2	7,4
15,5	84,5	7,6	13,4	86,6	7,6
10,4	89,6	7,8	9,2	90,8	7,8
6,8	93,2	8,0	6,0	94,0	8,0

Tab. 9.3
Einige gängige Homogenisationspuffer.

Puffer	Bemerkung
Tris-HCl	• Inert. • Pufferbereich von pH 7–9. • Der pH ist temperaturabhängig, er muss daher entweder bei der Arbeitstemperatur, meist 4 °C, eingestellt werden oder vor Verwendung kontrolliert werden! • Es werden Konzentrationen von 20–100 mM verwendet.
Phosphatpuffer	• Wird aus zwei Stammlösungen angesetzt (→ Protokoll 9.1). • Der pH-Bereich erstreckt sich von pH 5,8–8,0. • Wird in Konzentrationen von 50–100 mM eingesetzt. • Sehr preiswert.
Boratpuffer	• Oft bei Pflanzen eingesetzt, da phenolische Substanzen komplexiert werden (→ Kapitel 9.1.2).
Zwitterionische Pufferlösungen	• Werden als fertige Pufferlösungen käuflich erworben. • Beispiele für diese Puffer sind MES, MOPS, HEPES, PIPES, CAPS und viele andere. • Alle sind recht teuer.

Einige gängige Puffer für die Proteinextraktion sind in → Tab. 9.3 zusammengefasst.
Oft werden dem Homogenisationspuffer weitere Substanzen zugesetzt, wie Dithiothreitol (DTT), welches ein reduzierendes Milieu schafft oder SDS, welches die Aggregatbildung zwischen verschiedenen Proteinen verhindert.

9.2.2 Abtrennen von Zell- und Gewebetrümmern

Das Homogenat sollte zügig weiterverarbeitet werden. Oft wird es zunächst durch einen Papierfilter gefiltert. Anschließend werden die Zelltrümmer abzentrifugiert. Normalerweise wird mit dem löslichen Überstand weitergearbeitet.

TIPP

Faserhaltiges Gewebe (z. B. Blätter) können vor der Zentrifugation durch mehrere Lagen Gaze gefiltert werden, um grobe Bestandteile abzutrennen und die Ausbeuten zu erhöhen. Oft wird Gaze mit verschiedenen Porengrößen wie 100 µm, 50 µm und 20 µm verwendet.

9.2.3 Fraktionierung des Rohextrakts

Der nach der Zentrifugation erhaltene Rohextrakt kann direkt analysiert werden, beispielsweise in einem Enzymtest oder mittels SDS-Gelelektrophorese (→ Kapitel 10.2). Meistens folgen jedoch weitere Reinigungsschritte, die zunächst dem Entfernen von anderen löslichen Zellbestandteilen, wie Kohlenhydraten oder Nukleinsäuren dienen, aber auch eine grobe Fraktionierung des Proteingemisches erlauben. Ab diesem Zeitpunkt sind die genutzten Verfahren nur noch wenig vom Ausgangsorganismus abhängig. Bei der Auswahl der zu verwendenden Methode steht vor allem die Eigenschaft des zu isolierenden Proteins sowie die spätere Nutzung des gereinigten Proteins im Vordergrund.
Sehr oft wird der Proteinextrakt nach der Zentrifugation gefällt. Eine solche Fällung hat gleich mehrere Vorteile:

1. Durch eine Fällung werden unerwünschte lösliche Bestandteile des Rohextraktes abgetrennt.
2. Das Volumen der Lösung kann reduziert werden, indem das proteinhaltige Sediment in einem kleineren Puffervolumen aufgenommen wird.
3. Der Puffer kann dabei ausgetauscht werden.

Eine Proteinfällung wird immer in zwei Schritten durchgeführt. Zunächst wird eine bestimmte Menge einer Substanz zugegeben, welche die Proteine denaturiert. Viele denaturierende Agenzien sind aus der Küche geläufig:

- hohe Salzkonzentrationen (Pökelfleisch),
- Säuren (Gewürzgurken, sauer eingelegte Heringe),
- Basen (Laugenbrezeln),
- organische Lösungsmittel wie Methanol, Butanol oder Ethanol (Rumtopf).

Auch physikalische Prozesse können effizient Proteine denaturieren, wie das Beispiel eines gekochten Eies zeigt.
Durch die Denaturierung verlieren die Proteine ganz oder teilweise ihre Struktur und Aktivität. Dadurch kommen hydrophobe innere Bereiche der globulären Proteine an die Oberfläche. In einer wässrigen Umgebung führt dies zur Ausbildung von Proteinaggregaten durch hydrophobe Interaktionen.
Die bei der Denaturierung entstehenden Aggregate werden im zweiten Schritt der Proteinfällung mittels Zentrifugation sedimentiert.
Grundsätzlich kann zwischen reversibler und irreversibler Fällung unterschieden werden. Dabei kann eine Fällung sich für das eine Protein als endgültig herausstellen, es wird also nie seine ursprüngliche Struktur zurückerhalten, während andere Proteine sich wieder korrekt falten, wenn das fällende Agens entfernt wird.
Sehr häufig wird für die Fällung von Proteinen Ammoniumsulfat verwendet, da es auch bei niedrigen Temperaturen in sehr hohen Konzentrationen löslich ist. Außerdem ist es ein stark chaotropes Salz. Die Zugabe von Ammoniumsulfat führt zum (teilweisen) Verlust der Hydrathülle der Proteine. Da verschiedene Proteine unterschiedlich stark gebundene Hydrathüllen aufweisen, verlieren manche Proteine die Hülle bei recht niedrigen Konzentrationen an Ammoniumsulfat, andere erst bei hohen. Auf diese Weise kann auch eine Fraktionierung der Proteine vorgenommen werden (→ Protokoll 9.2).
Die Fällung kann mehrfach hintereinander mit jeweils zunehmenden Mengen an Ammoniumsulfat durchgeführt werden. Beispielsweise kann zu-

PROTOKOLL 9.2

Ammoniumsulfatfällung

Material:

- festes Ammoniumsulfat
- Eisbox, Messzylinder, Magnetrührer und Rührstab, Zentrifuge

Durchführung:

1. Ermitteln des Volumens der Proteinlösung und Überführen in ein Becherglas mit Rührstab. Das Glas wird in eine Eisbox gestellt und diese auf einen Magnetrührer. Alternativ kann in der Kühlkammer gearbeitet werden.
2. Die Gesamtmenge des zuzugebenden Ammoniumsulfats wird aufgrund → Abb. 9.1 und des gegebenen Proteinvolumens berechnet und abgewogen.
3. Das Ammoniumsulfat wird langsam zugegeben. Dieser Schritt ist kritisch und sollte immer gleich durchgeführt werden. Eine gute Variante ist, alle 5 min jeweils ein Drittel des abgewogenen Ammoniumsulfates zuzugeben. Grundsätzlich sollte es sich immer vollständig gelöst haben, bevor neues Ammoniumsulfat zugegeben wird.
4. Nach der letzten Zugabe sollte die Lösung wenigstens 15 min weiter gerührt werden.
5. Zentrifugieren bei 10 000 xg für 15 min bei 4 °C.
6. Wenn das Präzipitat das gewünschte Protein enthält, wird es in einem geeigneten Puffer gelöst, ist das gewünschte Protein im Überstand wird eine zweite Runde der Fällung mit entsprechend höherer Konzentration an Ammoniumsulfat durchgeführt.

Anmerkung:
Eine alternative Methode nutzt eine gesättigte, 100 %ige Ammoniumsulfat Lösung, die in entsprechenden Volumina langsam zu der Proteinlösung pipettiert wird.

GUT ZU WISSEN

▶ Chaotrope Salze

Wasser bildet über Wasserstoffbrücken zwischen O- und H-Atomen verschiedener H_2O-Moleküle geordnete Strukturen aus. Chaotrope Substanzen stören diese Ordnung der Wassermoleküle, indem sie die Wasserstoffbrückenbindungen aufbrechen. Sie sorgen für Unordnung. Chaotrope Salze wirken auf alle Biomoleküle, besonders stark auf Proteine, weil deren Struktur sehr stark auf hydrophoben Interaktionen beruht. Die treibende Kraft der Proteinfaltung ist die Zusammenlagerung der hydrophoben Aminosäuren im Wasser. Zwei hydrophobe Bereiche lagern sich zusammen, um das hydrophile Wasser zwischen ihnen herauszudrängen, weshalb sich im Inneren globulärer Proteine oft hydrophobe Aminosäuren befinden. Vereinfacht gesagt: Das polare Wasser verursacht erst die hydrophoben Interaktionen in den Proteinen.
Man kann daraus folgern, dass der hydrophobe Bereich eines Proteins dem umgebenden polaren Wasser eine geordnete Struktur aufdrängt. Um das Protein herum bildet sich eine Hülle geordneter Wassermoleküle (Hydrathülle). Während also chaotrope Salze die Entropie des Wassers erhöhen, führen Biomoleküle zur Abnahme der Entropie des umgebenden Wassers. Wird die Struktur der Wassermoleküle durch Zugabe von Salzen oder organischen Lösungsmitteln verändert, beeinflusst dies auch die hydrophoben Interaktionen innerhalb der Proteine. Der Zwang, hydrophobe Cluster zu bilden, nimmt ab, die Proteine können sich leichter entfalten, d. h. sie denaturieren.
Bereits im 19. Jahrhundert hat der Chemiker Franz Hofmeister die Wirkung von Salzen auf Proteine untersucht. Nach ihm ist die Hofmeister-Reihe benannt, in der Kationen und Anionen aufgrund ihres chaotropen bzw. antichaotropen Charakters sortiert sind. Stark chaotrope Ionen wie Ba^{2+} oder Trichloressigsäure (TCA, → Kapitel 10.2.1) vermindern hydrophobe Effekte und fällen Proteine aus. Auch antichaotrope Salze wie Ammoniumsulfat oder Phosphate fällen Proteine aus. Aber ihre Wirkung ist besonders schonend, da sie die hydrophoben Effekte in der Lösung vergrößern und so die Proteinaggregationen über hydrophobe Wechselwirkungen erhöhen. Solchermaßen gefällte Proteine renaturieren nach Entfernen des Salzes leichter und gehen wieder in Lösung.
Chaotrope Salze wirken auch auf Nukleinsäuren, weshalb sie bei Silica Kits (→ Kapitel 3.4) eine zentrale Rolle spielen. Abschließend soll erwähnt werden, dass chaotrope Salze auch einen starken Einfluss auf den pH-Wert ausüben. Die Zugabe von Ammoniumsulfat führt beispielsweise zu einem starken Abfall des pH-Wertes einer Lösung.

nächst die Fällung mit 20 % (w/v) Ammoniumsulfat erfolgen. Der Überstand nach der Zentrifugation wird auf 30 % (w/v) Ammoniumsulfat gebracht (→ Abb. 9.1) und erneut zentrifugiert. Wird das zweite Präzipitat weiterverwendet, sind nur noch Proteinen vorhanden, die bei Konzentrationen von mehr als 20 %, aber weniger als 30 % Ammoniumsulfat ihre Hydrathülle verlieren.

Weitere verbreitete Fällungsmittel sind Polyethylenglykol, das auch zur Fällung von Viren und Nukleinsäuren verwendet wird (→ Kapitel 3.3.4), oder organische Lösungsmittel wie Butanol oder Aceton. Vor der SDS-Gelelektrophorese wird sehr häufig die TCA-Fällung durchgeführt (TCA = Trichloressigsäure, *Trichloroacetic acid*), die als stark chaotrope Substanz für das gefällte Protein irreversibel ist (→ Kapitel 11.2.1).

GUT ZU WISSEN

▶ Ammoniumsulfat als Stabilisator

Ammoniumsulfat wird auch deshalb sehr gerne zur Fällung von Proteinen verwendet, weil es proteinstabilisierende Eigenschaften hat. Ein Protein in 2–3 M Ammoniumsulfat kann oft für Jahre bei 4 °C gelagert werden, weshalb viele Enzyme und Antikörper in Ammoniumsulfat geliefert werden.

GUT ZU WISSEN

▶ Fällung am isoelektrischen Punkt

Auch an ihrem isoelektrischen Punkt (→ Kapitel 1.4) fallen Proteine aus, jedoch erfordert dieses Verfahren eine sehr genaue pH-Messung und spielt daher im Laboralltag kaum eine Rolle.

Abb. 9.1
Zuzugebende Mengen an festem Ammoniumsulfat. Die erste Spalte gibt die Konzentration an Ammoniumsulfat an, die bereits in der Lösung vorhanden ist, die erste Reihe die gewünschte Ammoniumkonzentration. Um 100 ml einer Lösung, in der bereits 30 % (w/v) Ammoniumsulfat vorhanden sind, auf 50 % (w/v) zu bringen, müssen beispielsweise weitere 11,7 g Ammoniumsulfat zugegeben werden. Dabei ist wichtig, dass die Fällung bei 4 °C erfolgt und die Zugabe über einen definierten Zeitraum in kleinen Schritten erfolgt. Alle Angaben beziehen sich auf 100 ml Proteinlösung.

	20	25	30	35	40	45	50	55	60	65	70	75	80	85	90	95	100
%	**g festes Ammoniumsulfat auf 100 ml Lösung**																
0	10,6	13,4	16,4	19,4	22,6	25,8	29,1	32,6	36,1	39,8	43,6	47,6	51,6	55,9	60,3	65,0	69,7
5	7,9	10,8	13,7	16,6	19,7	22,9	26,2	29,6	33,1	36,8	40,5	44,4	48,4	52,6	57,0	61,5	66,2
10	5,3	8,1	10,9	13,9	16,9	20,0	23,3	26,6	30,1	33,7	37,4	41,2	45,2	49,3	53,6	58,1	62,7
15	2,6	5,4	8,2	11,1	14,1	17,2	20,4	23,7	27,1	30,6	34,8	38,1	42,0	46,0	50,3	54,7	59,2
20	0	2,7	5,5	8,3	11,3	14,3	17,5	20,7	24,1	27,6	31,2	34,9	38,7	42,7	46,9	51,2	55,7
25		0,0	2,7	5,6	8,4	11,5	14,6	17,9	21,1	24,5	28,0	31,7	35,5	39,5	43,6	47,8	52,2
30			0,0	2,8	5,6	8,6	11,7	14,8	18,1	21,4	24,9	28,5	32,3	36,2	40,2	44,5	48,8
35				0,0	2,8	5,7	8,7	11,8	15,1	18,4	21,8	25,4	29,1	32,9	36,9	41,0	45,3
40					0,0	2,9	5,8	8,9	12,0	15,3	18,7	22,2	25,8	29,6	33,5	37,6	41,8
45						0,0	2,9	5,9	9,0	12,3	15,6	19,0	22,6	26,3	30,2	34,2	38,3
50							0,0	3,0	6,0	9,2	12,5	15,9	19,4	23,0	26,8	30,8	34,8
55								0,0	3,0	6,1	9,3	12,7	16,1	19,7	23,5	27,3	31,3
60									0,0	3,1	6,2	9,5	12,9	16,4	20,1	23,9	27,9
65										0,0	3,1	6,3	9,7	13,2	16,8	20,5	24,4
70											0,0	3,2	6,5	9,9	13,4	17,1	20,9
75												0,0	3,2	6,6	10,1	13,7	17,4
80													0,0	3,3	6,7	10,3	13,9
85														0,0	3,4	6,8	10,5
90															0,0	3,4	7,0
95																0,0	3,5

Nach der Zentrifugation kann das präzipitierte Protein in einem geeigneten Puffer aufgenommen werden. Dieser wird so gewählt, dass er für nachfolgende Aufreinigungsschritte genutzt werden kann. Durch die Fällung kann auch das Volumen einer Proteinlösung stark reduziert werden. Wurden beispielsweise 100 ml Rohextrakt gefällt, kann das Präzipitat in nur wenigen Milliliter frischem Puffer aufgenommen werden.

GUT ZU WISSEN

▶ *Salting Out* und *Salting In*
Das Verfahren, Proteine mit hohen Salzkonzentrationen zu fällen, wird als „*Salting Out*" bezeichnet. Einige Proteine lassen sich auch durch unphysiologisch niedrige Salzkonzentrationen, also beispielsweise in destilliertem Wasser ausfällen. Dieses seltener angewandte Verfahren wird als „*Salting In*" bezeichnet.

9.3 Dialyse und Konzentrierung

Bei der Dialyse diffundieren kleine, gelöste Substanzen über eine semipermeable Membran, während große Moleküle, wie Proteine, zurückbleiben. In unserem Fall wird eine Proteinlösung, welche sich in Puffer A befindet, in einen Schlauch, der eine solche semipermeable Membran darstellt, gefüllt. Die Enden werden mit Klammern verschlossen und das Ganze in ein Gefäß mit Puffer B gelegt. Nun geschieht Folgendes: Die kleinen Teilchen, also Salze und andere niedermolekulare Substanzen, diffundieren über die Dialysemembran, bis für die kleinen Moleküle ein Gleichgewicht zwischen dem Inneren und dem Äußeren des Dialyseschlauchs entstanden ist. Die Proteine sind zu groß für die semipermeable Membran und verbleiben im Inneren des Schlauchs. Durch mehr-

Abb. 9.2
Dialyse. Das Protein befindet sich in einem semipermeablen Schlauch, der nur von niedermolekularen Substanzen passiert werden kann. Es stellt sich bei diesen ein Gleichgewicht ein. Da die Osmolarität wegen des Proteins im Schlauch höher ist als außen, muss beim Befüllen eine Luftblase im Schlauch verbleiben, da ansonsten der Schlauch platzen kann.

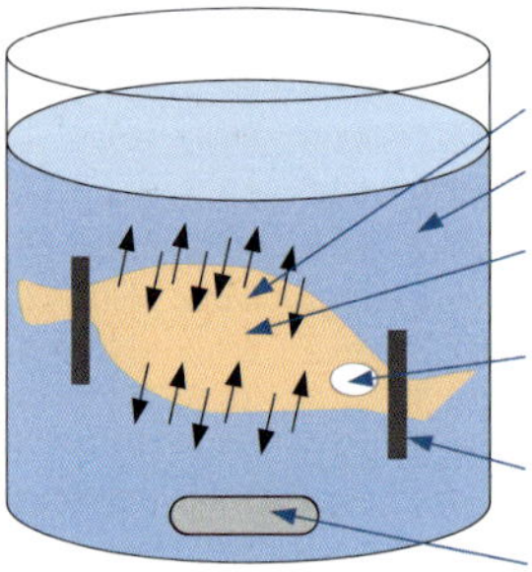

maliges Auswechseln des Puffers außen kann der ursprüngliche Puffer A fast völlig entfernt und gegen Puffer B ausgetauscht werden. Eine Dialyse dauert meist mehrere Stunden oder wird über Nacht durchgeführt. Meist wird das Gefäß auf einen Magnetrührer in die Kühlkammer bei 4 °C gestellt (→ Abb. 9.2). Es tritt während der Dialyse noch ein zweiter Effekt auf, nämlich die Osmose. Hierbei diffundieren die Moleküle des Lösungsmittels (Wasser) entlang des Konzentrationsgradienten über die Membran. Proteine sind osmotisch aktiv, deshalb wird Wasser von außen nach innen in den Dialyseschlauch strömen. Daher ist es wichtig, im Schlauch eine Luftblase zu belassen. Während der Dialyse nimmt das Volumen im Schlauch zu. Ohne Luftblase kann der Schlauch platzen.
Es gibt Dialyseschläuche mit verschiedenen Porengrößen. Die Dialyse ist ein sehr schonendes Verfahren und wird öfter nach der Ammoniumsulfatfällung durchgeführt, um restliches Ammoniumsulfat zu entfernen. Nachteilig sind der hohe Zeitbedarf und die relativ hohen Proteinverluste. Viel häufiger wird im Labor die Ultrafiltration durchgeführt. Mit diesem Verfahren kann ebenfalls der Puffer einer Proteinlösung ausgetauscht werden. Primär dient das Verfahren jedoch der Konzentrierung einer Proteinlösung. Die Flüssigkeit wird aus der Proteinlösung herausgepresst, sodass sich das Gesamtvolumen verkleinert. Soll der Puffer ausgetauscht werden, wird die konzentrierte Proteinlösung mit dem neuen Puffer aufgefüllt und die Prozedur wiederholt.
Für die Konzentrierung von Proteinlösungen wurden früher vor allem Ultrafiltrationszellen eingesetzt, die an eine Druckgasflasche angeschlossen wurden und mit dem Druck die Flüssigkeit durch eine semipermeable Membran gedrückt haben. Heute werden solche Ultrafiltrationszellen kaum noch angeboten, sie wurden von Einwegartikeln verdrängt, die meist aus zwei Teilen bestehen: einem oberen Gefäß, in das die Proteinlösung eingefüllt wird und welches eine semipermeable Membran als Bodenfläche hat. Es wird auf ein Sammelgefäß gesetzt und dann wird zentrifugiert (→ Abb. 2.12A). Durch die Zentrifugation wird die Flüssigkeit aus dem oberen Gefäß in das untere gepresst. Für kleine Volumina ist dieses Verfahren recht effizient und schnell.

9.4 Weitere Aufreinigungsschritte

Entweder wird die Proteinlösung nach der Fällung mittels SDS-PAGE (→ Kapitel 11.2) analysiert oder es folgt die *Polishing*-Phase, also die Trennung der verschiedenen Proteine. Dies wird durch chromatographische Verfahren erreicht (→ Map 9.2).

TIPP

Auch Nukleinsäuren können dialysiert werden (→ Kapitel 3.3.6). Dafür wird ein gängiger Dialyseschlauch verwendet, der vor Gebrauch in EDTA-Lösung gekocht wurde oder spezielle Membranen, die auf der Pufferlösung schwimmen (Tropfendialyse).

TIPP

Dialyseschläuche können auch zur Konzentrierung von Proteinlösungen verwendet werden. Dazu wird der Schlauch mit der Proteinlösung in trockenes Polyethylenglykol (PEG) gelegt, welches hygroskopisch die Flüssigkeit aus dem Schlauch zieht.

Map 9.2
Chromatographische Auftrennung. Die Proteinlösung wird mittels Pumpe über die Säule gepumpt, auf der die Proteine voneinander getrennt werden. Der UV-Detektor hinter der Säule zeichnet das Elutionsprofil auf. Die erhaltenen Fraktionen werden analysiert, um zu ermitteln, in welcher das Zielprotein angereichert wurde. Diese Fraktion kann nun über einen anderen Säulentyp nach dem gleichen Prinzip weiter gereinigt werden.

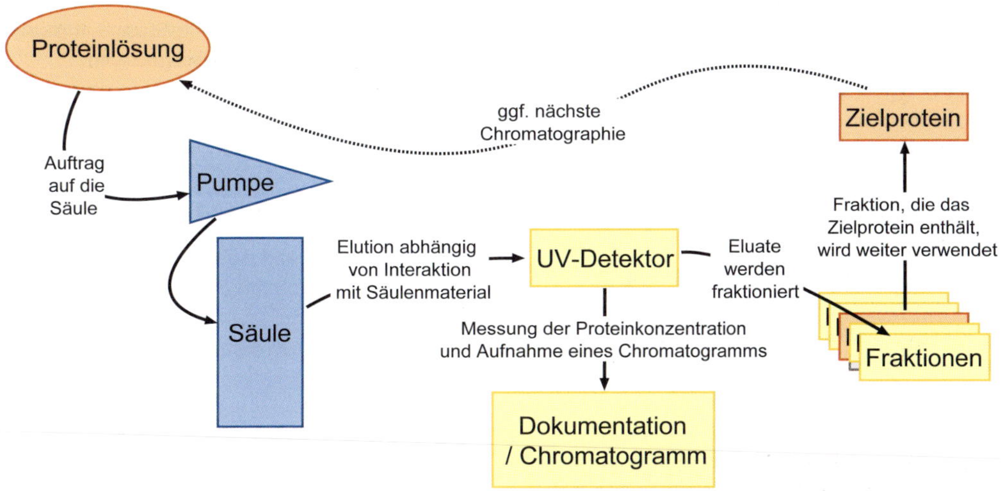

9.4.1 Chromatographie

Bei einer Chromatographie wird ein Gemisch verschiedener Stoffe in einer mobilen Phase durch Wechselwirkung mit einer stationären Phase in seine Bestandteile aufgetrennt. Für die Proteinaufreinigung ist vor allem die Flüssigchromatographie relevant, bei der die Proteine in einer meist wässrigen Flüssigkeit vorliegen und über eine poröse feste Matrix gegeben werden. Aufgrund ihrer unterschiedlichen Oberflächeneigenschaften stehen die Proteine mit der Matrix in Wechselwirkung und werden dadurch langsamer. Im einfachsten Fall kann die Chromatographie mit einer Säule durchgeführt werden, auf die oben die Lösungen pipettiert werden und diese durch die Schwerkraft die Säule passieren. Unten werden die einzelnen Eluate aufgefangen. Sehr viel effizienter sind Chromatographiesysteme, bei denen eine Pumpe mit Druck die Lösungen über die Säule presst. Nach der Passage durch die Säule passieren die Proteine ein UV-Durchflussphotometer, welches die eluierte Proteinmenge zu jedem Zeitpunkt misst, bevor sie in einem automatischen Fraktionssammler (→ Abb. 9.3) landen. Die Elution der Proteine von der Säule wird über die Absorption von UV-Licht bei 280 nm (→ Kapitel 9.5) in einem Durchflussphotometer gemessen. So entsteht ein Profil, das sogenannte Chromatogramm (→ Abb. 9.4) der eluierten Proteine, dessen Maxima [*Peaks*] mit den aufgefangenen Fraktionen korreliert werden können. Auch weitere Parameter wie die Leitfähigkeit werden ermittelt, denn oft erfolgt die Elution über einen Salzgradienten, der auf diese Weise gemessen werden kann. Die Retentionszeiten sind für gleiche Proteine bei gleichen Laufparametern immer gleich.
Um herauszufinden, wann das Zielprotein eluiert wird, werden die einzelnen Fraktionen oder Aliquots davon auf einem SDS-Gel (→ Kapitel 10.2) aufgetragen und das Zielprotein mittels Immunfärbung (→ Kapitel 11.4) nachgewiesen. Ist kein Antikörper verfügbar, müssen mit jeder Fraktion Enzymtests durchgeführt werden.

Abb. 9.3
Dieses Chromatographiesystem (Äkta, GE Healthcare) ist sehr kompakt und für die Aufreinigung von Proteinen optimiert. Es besteht aus der Pumpe (**A**) sowie Detektoren für die Messung von Salzgehalt (Leitfähigkeit) und Proteinmenge (UV) (**B**). Verschiedene Ventile (**C**) werden verwendet, um unterschiedliche Puffer zu nutzen oder um während der Beladungsphase die Proteinlösung auftragen zu lassen. Die eigentliche Säule (**D**), hier eine Strep-Tactin Säule, ist oft nur wenige Zentimeter lang. Die aufgetrennten Proteine werden in einem Fraktionssammler (**E**) für die weitere Verarbeitung gesammelt.

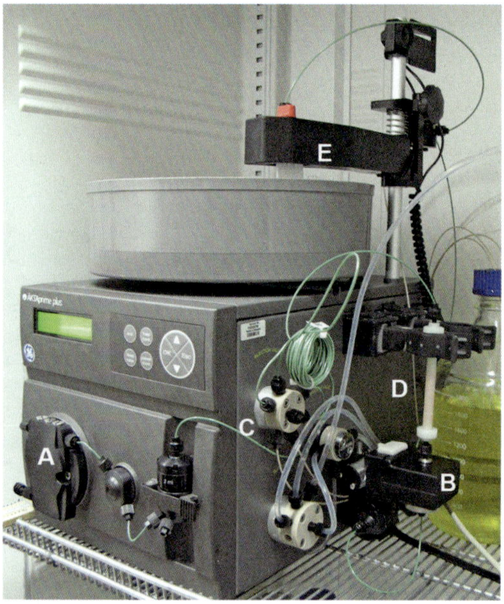

TIPP

Zur Visualisierung des Prinzips stellen Sie sich eine Gruppe von Menschen (die mobilen Proteine) bummelnd vor einem Modekaufhaus (der stationären Säulenmatrix) vor. Die Menschen mit Interesse für Mode werden langsamer, alle anderen laufen schnell vorbei. Auf diese Weise wird die Gruppe in modeaffine Menschen und Modemuffel getrennt.

TIPP

Die Qualität einer chromatographischen Auftrennung zeigt sich vor allem an den mit roten Pfeilen markierten Stellen in → Abb. 9.4. Geht die Linie zwischen zwei *Peaks* nicht bis zur Basislinie zurück, bedeutet dies, dass irgendwelche Stoffe noch in den beiden *Peaks* (und dem Bereich zwischen ihnen) vorhanden sind, die nicht voneinander getrennt wurden. Ist die Fließgeschwindigkeit zu hoch oder die Säule überladen, entstehen sog. Schultern *[Slopes]*. Sie sind dadurch zu erkennen, dass sie an einer Seite flacher abfallen (roter Pfeil).

Abb. 9.4
Nach der Säule passieren die Proteine ein UV-Durchflussphotometer, welches die eluierte Proteinmenge als Chromatogramm ausgibt. Wenn größere Proteinmengen die Säule verlassen, führt dies zu einem Anstieg der Absorption bei λ = 280 nm. Je höher und breiter ein *Peak* ist, desto mehr Protein enthält er. Die Zeit, die zwischen Start der Chromatographie und der Elution eines *Peaks* vergeht, heißt Retentionszeit. Der erste *Peak* stellt eine Besonderheit dar, hier werden die Stoffe eluiert, die ohne jegliche Interaktion durch die Säule geflossen sind. Er wird Durchfluss *[Solvent Peak]* genannt. Der rote Pfeil wird in der TIPP Box erklärt.

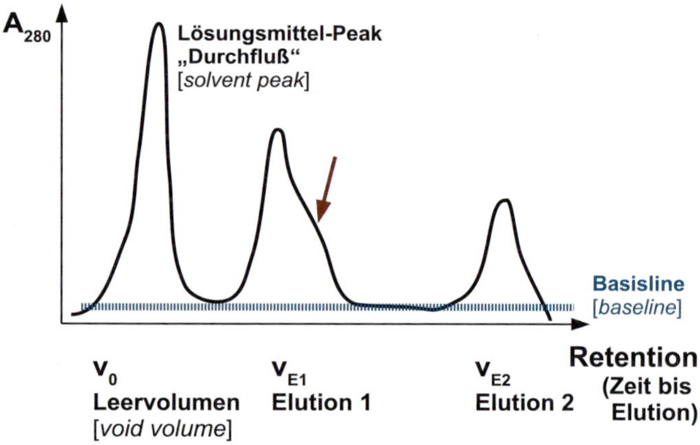

9.4.2 Chromatographische Trennprinzipien

Die eigentliche Trennung der Proteine erfolgt in einer Säule, welche mit einem Trägermaterial auf Basis von Sepharose-, Agarose- oder Cellulosepartikeln gefüllt ist. Diese Materialien tragen an ihren Oberflächen bestimmte chemische Gruppen, welche mit den verschiedenen Proteinen unterschiedlich interagieren, weshalb diese auch unterschiedlich lang auf der Säule verweilen.
Aufgrund der interagierenden Gruppen auf der Matrix werden die folgenden chromatographischen Trennverfahren[53] unterschieden (→ Abb. 9.5):

Abb. 9.5
Prinzipien verschiedener Chromatographieverfahren. Die oberste Zeile zeigt die aufzutrennenden Proteine vor der Chromatographie, in der Mitte ist die Situation während der Chromatographie skizziert und unten die Auftrennung der eluierten Proteine.
A. Die Gelfiltration ähnelt vom Prinzip her einem Schwamm. Kleine Moleküle, z. B. Salze (blau), verfangen sich im porösen Säulenmaterial, große Moleküle wie Proteine (orange) fließen schnell durch die Säule.
B. Bei der Ionenaustausch-C. (IEX) ist die Säulenmatrix positiv geladen, daran sind negativ geladene Teilchen gebunden, die durch die ebenfalls negativ geladenen Proteine verdrängt werden. Je negativer die Ladung der Proteine, desto langsamer fließen sie durch die Säule. Die IEX ist stark vom pH-Wert und der Ionenkonzentration abhängig.
C. Die Affinitätschromatographie beruht auf einer spezifischen Bindung zwischen einem an der Matrix gekoppelten Liganden (Stern) und dem zugehörigen Enzym (Raute). Die Immunchromatographie, bei der Antigen und Antikörper interagieren, ist eine wichtige Variante dieser Methode (→ Kapitel 11.5).

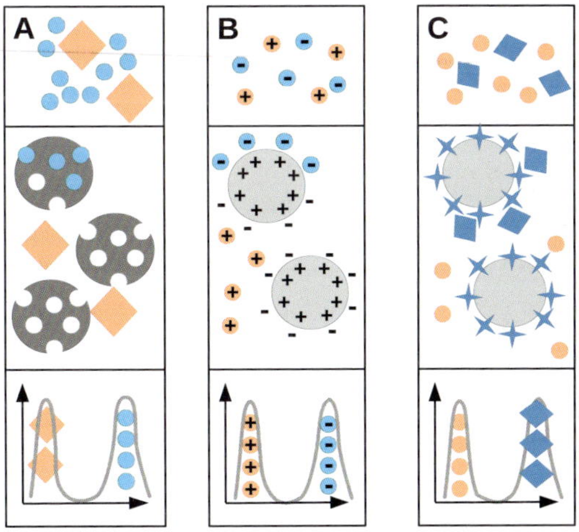

- Gelfiltration [*Size Exclusion C.*] (SEC)
  Dieses Verfahren funktioniert wie ein Sieb. Die Matrix ist porös, sodass sich kleine Substanzen, die in die Poren passen, darin verfangen. Große Moleküle wandern schnell durch die Säule. Gelfiltrationen werden verwendet, um Proteine verschiedener Größen zu trennen, aber auch um Proteinlösungen zu entsalzen (hierbei verfangen sich die Ionen in den Poren). Auch bei der DNA-Aufreinigung können Gelfiltrationssäulen eingesetzt werden.
- Ionenaustausch-Chromatographie [*Ion Exchange C.*] (IEX)
  Die Proteine binden aufgrund ionischer Wechselwirkungen zwischen ihrer geladenen Oberfläche und den geladenen Resten des Ionenaustauschers. Dabei werden die zuvor am Ionenaustauscher gebundenen Gegenionen verdrängt. Je stärker ein Protein geladen ist, desto stärker kann es mit der Matrix wechselwirken und wird die Säule langsamer passieren. Als Ampholyte ist die Ladung der Proteine stark vom umgebenden pH abhängig, weshalb die Ionenaustauscher Chromatographie ebenfalls pH-abhängig ist. Die Elution erfolgt entweder durch Erhöhung der Ionenstärke (also einem steigenden Salzgradienten) oder durch pH-Änderung. Da Proteine meist negativ geladen sind, werden meistens Anionen-Austauscher verwendet. Ein gängiger Ionenaustauscher ist DEAE (Diethylaminoethyl). Es gibt auch Kationen-Austauscher, die positiv geladene Proteine zurückhalten können.
- Hydrophobe Interaktionschromatographie [*Hydrophobic Interaction C.*] (HIC)
  Hier wechselwirken hydrophobe Bereiche des Proteins mit der hydrophoben Matrix. Dieses Verfahren wird gerne nach einer Ammoniumsulfatfällung eingesetzt. Die Elution erfolgt mit einem fallenden Ammoniumsulfat-Gradienten.

53 Es gibt noch weitere Verfahren, die hier jedoch nicht behandelt werden.

- Affinitätschromatographie [*Affinity C.*]
  Die Bindung zwischen einem bestimmten Protein und einem Bindungspartner, beispielsweise einem Enzym und seinem Substrat, ist Grundlage dieses Verfahrens. Die Interaktion ist reversibel und in der Regel hoch spezifisch. Der gekoppelte Ligand kann ein (modifiziertes) Substrat des Proteins sein oder ein Cofaktor. Viele der bei rekombinanten Proteinen verwendeten *Tag*-Sequenzen (→ Kapitel 6.3.5 und 9.6.2) werden über dieses Verfahren gereinigt. Die Elution erfolgt entweder mit einer Ligandenlösung oder hohen Salzkonzentrationen. Die Affinitätschromatographie ist sehr spezifisch und ermöglicht sehr hohe Reinigungsraten des Zielproteins. Allerdings sind diese Säulen oft recht empfindlich, weshalb sie oft erst in späteren Reinigungsschritten eingesetzt werden.

In der Regel werden mehrere unterschiedliche Chromatographien nacheinander durchgeführt. Je reiner das Protein sein muss, desto mehr Schritte sind erforderlich. Meistens wird mit der Ionenaustausch-Chromatographie oder der hydrophoben Interaktion begonnen, da diese Säulen recht unempfindlich gegenüber Störstoffen, wie Polyphenolen, sind. Affinitätssäulen können sehr teuer sein, weshalb sie eher am Ende einer Aufreinigungsstrategie zum Einsatz kommen.

9.4.3 *Magnetic Beads*

Magnetic Beads stellen nicht-poröse supramagnetische Kügelchen dar, bei denen ein Polystyrenmantel einen magnetischen Eisenkern umgibt. Inzwischen gibt es eine Vielzahl verschiedenster Ummantelungen, und die Größe solcher Beads variiert je nach Einsatzgebiet beträchtlich im niedrigen µm-Bereich. Die Oberflächen dieser Beads sind mit entsprechenden funktionalen Gruppen bedeckt. In der Regel erfolgt die Bindung in Lösung, anschließend werden die Beads mit den gebundenen Proteinen mittels eines Magneten zurückgehalten und der Puffer ausgetauscht (→ Abb. 9.6).
Magnetic Beads (oder Mikrosphären [*Micro Spheres*]) werden für eine Vielzahl molekularbiologischer und biochemischer Verfahren verwendet, unter anderem für die Aufreinigung von DNA oder PolyA$^+$-RNA (→ Kapitel 3.6). Auch für die Aufreinigung von Proteinen, insbesondere für affinitätsbasierte Verfahren, werden sie eingesetzt – wie bei der Aufreinigung getaggter, rekombinanter Proteine (→ Kapitel 9.6.2). Es gibt auch *Magnetic Beads*, welche beispielsweise als

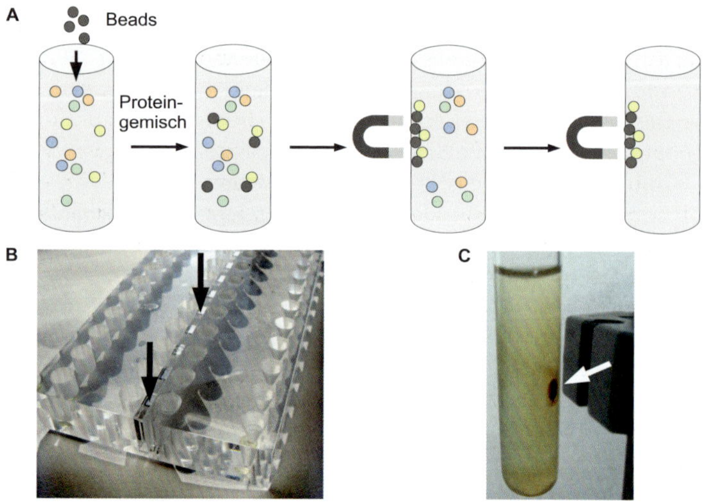

Abb. 9.6
Prinzip der Aufreinigung mittels *Magnetic Beads* (**A**). Die supramagnetischen Partikel werden zu einem Gemisch an Biomolekülen gegeben. Aufgrund ihrer funktionalen Gruppen binden sie einen bestimmten Typ an Biomolekülen. Mit einem Magneten werden diese über die *Beads* festgehalten, während alle anderen Biomoleküle ausgewaschen werden können. Es gibt unterschiedliche Varianten an Magneten. Verbreitet sind Reaktionsgefäßständer, die mit einer Reihe Magneten (Pfeile) ausgestattet sind (**B**). Das Prinzip kann demonstriert werden, indem ein Magnet an eine Lösung mit *Beads* gehalten wird (weißer Pfeil, **C**).

Ionenaustauscher fungieren können. Schließlich können auch ganze Zellen an solche *Beads* gebunden werden, und für einige moderne Sequenzierverfahren sind sie ein zentraler Bestandteil. Ihr großer Vorteil gegenüber den klassischen chromatographischen Verfahren liegt darin, dass sie ohne großen apparativen Aufwand genutzt werden können. Zusätzlich lassen sich mit ihnen ganze Arbeitsabläufe automatisieren. In vielen Laboren sind bereits Roboter im Einsatz, welche die komplette Aufreinigung rekombinanter Proteine oder von Nukleinsäuren von der Homogenisation bis hin zum gereinigten Produkt völlig autonom innerhalb kürzester Zeit durchführen.

9.5 Quantifizierung von Proteinen

Wie bei der Aufreinigung von Nukleinsäuren (→ Kapitel 3.8) muss bei der Aufreinigung von Proteinen oft deren Konzentration bestimmt werden, beispielsweise in den erhaltenen Fraktionen nach einer chromatographischen Auftrennung (→ Kapitel 9.4.1).
Am einfachsten lässt sich die Proteinmenge durch die Absorption bei 280 nm bestimmen. Bei dieser Wellenlänge absorbieren die aromatischen Aminosäuren Tryptophan, Tyrosin und Phenylalanin. Da diese aber nicht in jedem Protein gleich häufig vorhanden sind und es auch viele weitere Substanzen gibt, die in diesem Wellenlängenbereich absorbieren, ist diese Messung ziemlich ungenau. Sie stellt aber die Basis für die Durchflussphotometer dar, die bei der Säulenchromatographie benutzt werden, um Chromatogramme (→ Abb. 9.4) zu ermitteln.
Verlässlichere Quantifizierungsverfahren nutzen Farbstoffe, die auf eine bestimmte Weise mit Aminosäuren oder der Peptidbindung interagieren. Die gemessene Probe kann in der Regel nicht weiterverwendet werden, denn die Proteine werden bei der Messung denaturiert. Dies ist sinnvoll, weil sonst nur die Aminosäuren an der Oberfläche eines Proteins zur Messung beitragen würden.

Ein weiterer Vorteil der Farbstoff-basierten Proteinquantifizierung liegt darin, dass die Messung der Farbintensität im sichtbaren Wellenlängenbereich durchgeführt werden kann, weshalb kein teures UV-Photometer benötigt wird.
Drei Verfahren zur Proteinquantifizierung sind weit verbreitet:

- Die Proteinbestimmung nach Bradford (→ Kapitel 9.5.1).
- Die Proteinbestimmung nach Lowry ist ein sehr genaues Verfahren, das auf der Reduktion eines Farbstoffes durch die Peptidbindung selbst beruht. Dies bedeutet, dass jede im Protein enthaltene Aminosäure zur Färbung beiträgt.
  Leider ist das Verfahren zeit- und arbeitsaufwendig. Erschwerend kommt hinzu, dass die Lowry-Messung durch viele gängige Agenzien, die für die Aufreinigung von Proteinen genutzt werden, gestört wird, da sie ebenfalls reduzierend wirken. Daher wird dieses Verfahren heute nur noch selten verwendet.
- Der BCA-Test (BCA=Bicinchoninsäure) funktioniert nach dem gleichen Prinzip wie der Lowry Test, nutzt jedoch ein anderes Reagenz (→ Kapitel 9.5.2).

9.5.1 Proteinbestimmung nach Bradford

Diese Methode ist sehr schnell und einfach durchzuführen, weshalb sie weit verbreitet ist. Die Proteinmessung beruht auf der Bindung von Coomassie Brilliant Blue 250 an Proteine.
Die kationische Form des Farbstoffs hat in einer sauren Lösung eine maximale Absorption bei $\lambda = 470$ nm. Durch die Bindung an das Protein entsteht die anionische Form des Farbstoffs, welche ein Absorptionsmaximum bei 595 nm auf-

GUT ZU WISSEN

▶ Coomassie Brilliant Blue G und R

Coomassie Brilliant Blue wurde früher für die Färbung von Wolle verwendet. Es gibt verschiedene Varianten dieses Minerals: „G" steht für grünlich [*greenish*], „R" für rötlich [*reddish*], die Zahl bezieht sich auf die Farbintensität.

weist. Genau bei dieser Wellenlänge wird die Proteinmenge quantifiziert.

Der wichtigste Bindungspartner des Farbstoffs ist die Aminosäure Arginin, wobei die freie Aminosäure nicht mit Coomassie interagiert, sondern nur die im Peptid gebundene Form. Demzufolge spiegelt die Farbintensität nicht wirklich die Proteinmenge wider, sondern die Menge an Arginin, die von Protein zu Protein sehr unterschiedlich sein kann. Beispielsweise wird Rinderserumalbumin (BSA [*Bovine Serum Albumin*]) zehnfach stärker angefärbt als Immunglobulin. Dies sollte bei der Erstellung der Kalibrierungskurve berücksichtigt werden, welche vor der eigentlichen Messung erstellt wird. Dazu wird eine Verdünnungsreihe eines definierten Proteins (oft BSA) hergestellt und der Zusammenhang zwischen Absorption und Proteinkonzentration grafisch aufgetragen (→ Abb.9.7). Es ergibt sich eine Sättigungskurve, in deren linearen Bereich nun die eigentliche Messung durchgeführt werden kann. Die meisten Photometer erstellen und speichern eine solche Kalibrierungskurve. Es gibt viele Variationen des Verfahrens. Meist werden beim heute oft genutzten Mikro-Bradford-Test viel kleinere Volumina eingesetzt als beim ursprünglichen Bradford-Test.

Abb. 9.7
Proteinquantifizierung nach Bradford und BCA Test. Die Kalibrierungsproben mit unterschiedlichen Proteinkonzentrationen weisen bei der Bestimmung nach Bradford eine blaue Färbung auf (**A**), während die BCA-Proben bräunlich sind (**D**). Die Kalibrierung ist stark vom gewählten Protein abhängig, wie der Vergleich von IgG und BSA in B (Bradford) und C (BCA Test) zeigt. Daher muss immer angegeben werden, welches Protein zur Kalibrierung verwendet wurde. Weiterhin wird beim Vergleich von (**B**) und (**C**) deutlich, dass der Zusammenhang zwischen Proteinkonzentration und Absorption nur bis zu Konzentrationen von 1 mg/ml linear ist.

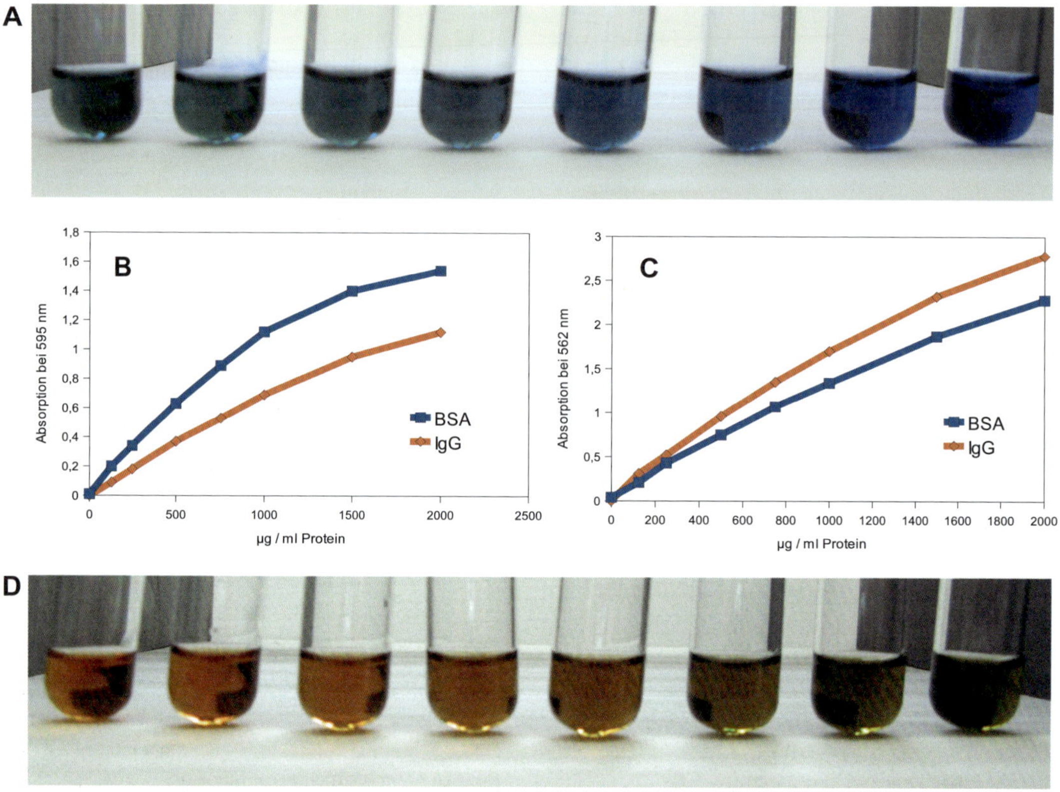

PROTOKOLL 9.3

Messung der Proteinkonzentration nach Bradford (Mikro-Bradford)

Material:
- Photometer, Küvette oder Mikrotiterplatte.
- 1 mg/ml BSA (Rinderserumalbumin) in H_2O bzw. dem Puffer, in dem das zu messende Protein gelöst ist. Diese Lösung kann bei −20 °C gelagert werden.

Bradford-Reagenz
▸ 100 mg Coomassie Blue G 250 in 50 ml Methanol ▸ Zugabe von 100 ml 85 % (v/v) H_3PO_4 ▸ Auffüllen mit H_2O auf 1000 ml.
Filtern der Lösung durch einen Papierfilter in eine braune Flasche, wo sie bei 4 °C unendlich und bei Raumtemperatur mehrere Monate haltbar ist.

Durchführung:
1. Zunächst wird eine Nullprobe [*Blank*] benötigt, die nur Puffer und Bradford-Reagenz enthält.
2. Um die Messung zu kalibrieren, werden die Absorptionen der Kalibrierungsreihe mit den verschiedenen Konzentrationen des BSA-Standards hergestellt. In ein Reaktionsgefäß werden 10, 20, 40, 60, 80 und 100 µl pipettiert und auf 100 µl mit dem Messpuffer aufgefüllt. Für die Verdünnung des BSAs muss der gleiche Puffer wie für die spätere Messung verwendet werden.
3. Zugabe von je 1 ml Bradford-Reagenz zur BSA-Reihe und zu 100 µl Probe und leicht mischen, ohne dass die Lösung schäumt.
4. Die Messung kann nach 2 min begonnen werden. Die Färbung bleibt ca. 1 h stabil.

Bemerkungen:
- Die meisten Photometer nehmen die Kalibrierung mehr oder weniger automatisch auf und führen den Benutzer durch ein entsprechendes Menü. Auch werden die gemessenen Proteinkonzentrationen gleich ausgegeben.
- Beginnt man die Messung der BSA-Reihe bei der Probe mit der niedrigsten Konzentration, können alle BSA-Verdünnungen mit einer Küvette durchgeführt werden, ohne dass diese zwischendurch gespült werden muss, da die jeweils nachfolgende Probe eine stärkere Färbung hat. Nur die anschließende Messung der Probe erfordert das Waschen der Küvette.
- Die 100 µg/ml BSA-Probe sollte eine Absorption A_{595} von ungefähr 0,4 aufweisen. Die Standardkurve ist nur in einem Bereich von A_{595} von 0 bis ungefähr 0,4 linear.
- Das Originalprotokoll sieht die Zugabe von 5 ml Bradford-Reagenz vor. Der hier beschriebene Mikro-Bradford ist sehr viel sensitiver, aber auch empfindlicher gegenüber Störstoffen.

TIPP

In den meisten Publikationen wird Rinderserumalbumin (BSA) zur Erstellung der Kalibrierungskurve verwendet. So ist die Vergleichbarkeit der Ergebnisse zwischen verschiedenen Laboren gegeben.

9.5.2 BCA-Test

Wie die Lowry-Methode beruht der BCA-Test darauf, dass die Proteine mit Cu^{2+}-Ionen im alkalischen Milieu einen Komplex bilden, bei dem Cu^{2+} zu Cu^{+} reduziert wird (→ Abb. 9.7 C und D). Die Reduktion des Kupfers wird durch die Peptidbindung sowie die Seitenketten von Cystein,

Abb. 9.8
Beim BCA-Test reduzieren die Peptidbindungen Cu^{2+}-Ionen zu Cu^+. Das entstandene Cu^+ ist proportional zur Menge des in der Lösung vorhandenen Proteins. Dann bilden zwei Moleküle Bicinchoninsäure einen Chelatkomplex mit jeweils einem Cu^+-Ion aus. Dieser purpurfarbene Komplex absorbiert Licht bei einer Wellenlänge von 562 nm.

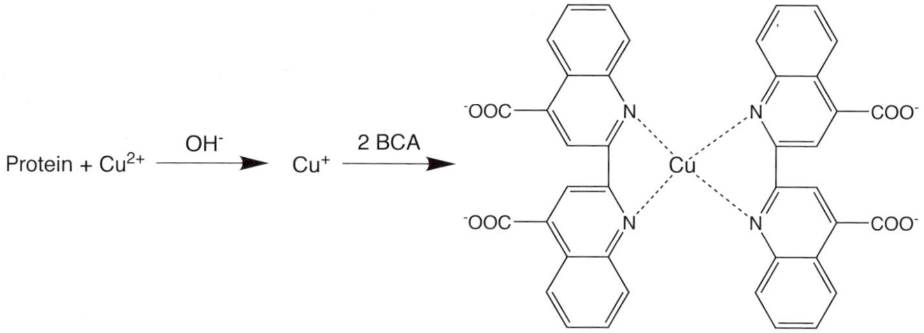

Tab. 9.4
Vergleich verschiedener Methoden zur Quantifizierung der Proteinkonzentration und der sie störenden Substanzen.

Methode	Probenvolumen	Nachweisgrenze	Störstoffe
Bradford	0,1 ml	0,05–0,5 µg/ml	> 0,5 % (v/v) Triton X-100, > 0,1 % (w/v) SDS, Natriumdesoxycholat.
Lowry	1 ml	0,1–1 µg/ml	EDTA, Guanidin-HCl, Triton X-100, SDS, mehr als 0,1 M Tris, Ammoniumsulfat, 1M Natriumacetat, 1M Natriumphosphat.
BCA	0,1 ml	0,1–1 µg/ml	EDTA, > 10 mM Saccharose oder Glucose, 1 M Glycin, > 5 % (w/v) Ammoniumsulfat, 2 M Natriumacetat, 1 M Natriumphosphat, Dithiothreitol, Glutathion, Ascorbinsäure.

Tyrosin und Tryptophan verursacht. Die dabei entstehenden Cu^+-Ionen bilden mit Bicinchinon-Säure (BCA) einen violetten Farbkomplex, der bei einer Wellenlänge von $\lambda = 562$ nm gemessen wird. Die BCA-Methode zeichnet sich durch eine hohe Empfindlichkeit aus.
Der BCA-Test wird als Kit von verschiedenen Herstellern angeboten. Prinzipiell entspricht die Durchführung dem Ablauf der Bradford-Messung. In den Kits werden die Verdünnungsstufen des Kalibrierungsproteins mitgeliefert (→ Abb. 9.8).

TIPP

Die entstehende Farbintensität ist temperaturabhängig, weshalb bei konstanter Temperatur gemessen werden sollte.

9.5.3 Welchen Test benutzen?

Welches der verschiedenen Verfahren zur Quantifizierung genutzt wird, hängt vor allem von den zu erwartenden Störstoffen ab.
Enthält die zu messende Probe einen der Stoffe aus → Tab. 9.4, muss entweder die Aufreinigungsstrategie geändert oder ein alternativer Test genutzt werden.

9.6 Aufreinigungsverfahren für getaggte Proteine aus *E. coli*

Wie bereits erwähnt, ist die Etablierung eines Aufreinigungsprotokolls für ein bestimmtes Protein ein sehr aufwendiges Verfahren. Nachfolgend konzentrieren wir uns daher auf die Aufreinigung von rekombinanten Proteinen aus *E. coli*.

Um nicht für jedes Konstrukt ein neues Aufreinigungsprotokoll etablieren zu müssen, enthalten viele Expressionsvektoren (→ Kapitel 6.3) sogenannte *Tag*-Sequenzen (→ Kapitel 6.3.5 und → Tab. 6.2), die am rekombinanten Protein hängen und für standardisierte Aufreinigungsverfahren genutzt werden können. Auf diese Weise entsteht ein Fusionsprotein aus dem Protein und dem *Tag*. Dieser wird für die Aufreinigung (und für den Nachweis) verwendet (→ Map 9.3).

Map 9.3
Typische Extraktionsschemata für die Aufreinigung heterologer Proteine aus *E. coli*.

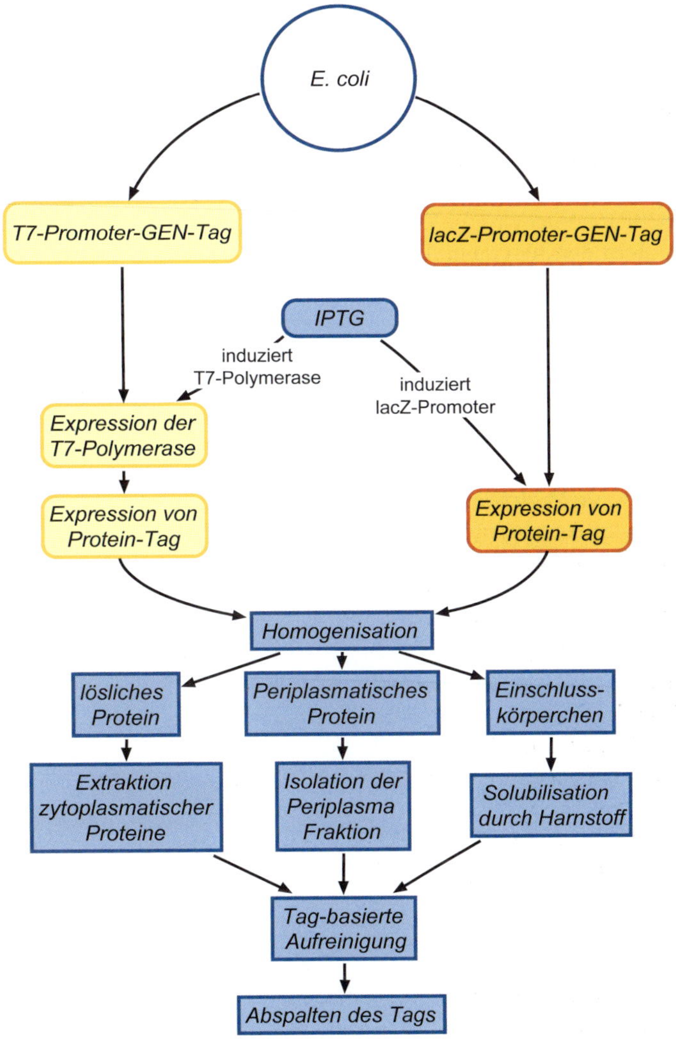

9.6.1 Bakterienanzucht und Homogenisation

Die Bakterien, die das rekombinante Gen auf einem Expressionsvektor (→ Kapitel 6.3) enthalten, werden zunächst bis zu einer OD_{600} von 0,5–0,8 angezogen. Als Medium wird häufig LB oder 2xTY (→ Kapitel 2.12.1) mit dem entsprechenden Antibiotikum verwendet.

Da fast alle Expressionsvektoren induzierbare Promotoren enthalten, erfolgt nun die Zugabe des Induktors, oft IPTG (Isopropyl-β-D-thiogalactopyranosid). Das Gen des Zielproteins steht entweder direkt unter der Kontrolle eines lacZ-Promotors oder seine Expression wird durch den T7-Promotor reguliert (→ Kapitel 6.3.1). In diesem Fall wird die Expression der T7-RNA-Polymerase durch das IPTG induziert (→ Abb. 9.9). Die benötigte Menge an IPTG muss in Vorversuchen ausgetestet werden. Ein guter Anfangswert ist 1 mM IPTG. Nun wird die Kultur 3 h oder über Nacht, meist bei 30 °C, auf einem Inkubationsschüttler inkubiert. Während dieser Zeit wird das heterologe Zielprotein gebildet.

Wie bei der Extraktion von Plasmiden (→ Kapitel 3.5.1) sollte die Zellteilung der Kultur vor dem Aufschluss gestoppt werden, weshalb diese für 10 min auf Eis gestellt wird. Es ist auch möglich, die Bakterienzellen zu zentrifugieren und die Sedimente bei −20 °C kalt zu stellen. Dieser „−20 °C-Schritt“ erhöht die Effizienz der nachfolgenden Lysis.

Im Prinzip gibt es für das Bakterium drei Möglichkeiten, das rekombinante Protein zu produzieren:

- Das Zielprotein befindet sich als lösliches Protein im Zytoplasma: Dies ist oft der gewünschte Normalfall (→ Protokoll 9.4).
- Das Zielprotein befindet sich in sogenannten Einschlusskörperchen [*Inclusion Body*]:

TIPP

Die optimalen Bedingungen für die Induktion der Expression hängen von vielen Parametern ab, wie Temperatur, Induktionsdauer, IPTG-Konzentration. Diese Parameter sollten zunächst mit kleinen 1–5 ml-Kulturen getestet werden. Die unterschiedlich angezogenen Kulturen werden aufgeschlossen und auf einem SDS-Gel (→ Kapitel 10.2) aufgetrennt. Das Zielprotein sollte unter optimalen Bedingungen deutlich im Coomassie-gefärbten Gel (→ Kapitel 10.3) zu erkennen sein.

Abb. 9.9
T7-Polymerase abhängige Expression. Bei vielen Expressionsvektoren induziert IPTG die Expression einer rekombinanten RNA-Polymerase des Phagen T7 (**A**). Nur diese T7-RNA-Polymerase (**B**) kann den „Late T7-Promotor“ auf dem Expressionsplasmid nutzen, um das zu exprimierende Gen zu transkribieren (**C**). Die T7-RNA-Polymerase ist eine sehr starke RNA-Polymerase, daher wird sehr viel heterologes Protein gebildet (**D**). Da der Late T7 Promotor nicht durch die bakterielle RNA-Polymerase transkribiert werden kann, wird im uninduzierten Zustand kein heterologes Protein gebildet. Für dieses System sind spezielle Bakterienstämme notwendig, die das Gen der T7-Polymerase auf ihrem Wirtsgenom tragen (solche Stämme sind an dem „(DE3)“ im Namen zu erkennen). Die einzelnen DNA Moleküle sind nicht maßstabgerecht gezeichnet.

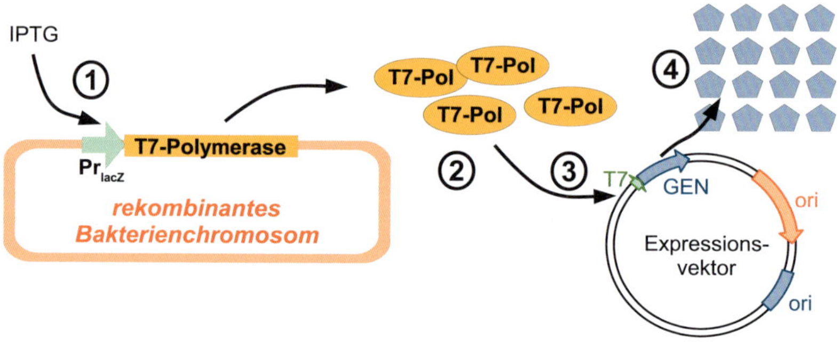

PROTOKOLL 9.4

Isolation löslicher Proteine aus *E. coli*

Sollen im Labormaßstab Proteine aus *E. coli* isoliert werden, kommt meist ein Ultraschall-Homogenisator zum Einsatz (bis 100 ml Kultur). Die genauen Geräteeinstellungen sind in der Anleitung des Geräts zu finden, ansonsten können die unten angegebenen Einstellungen helfen.

Material:

- Eisbad, Zentrifuge, Ultraschallhomogenisator
- Induzierte Bakterienkultur

Lysis Puffer
▸ 50 mM Tris-HCl pH 7,5
▸ 100 mM NaCl
▸ 100–1000 µg/ml Lysozym (frisch zugegeben, optional)
▸ 20 µg/ml DNase I (frisch zugegeben)
▸ Protease-Inhibitor, z. B. 2 mM PMSF und/oder 4 µg/ml Leupeptin

Durchführung:

1. Die Bakterienkultur wird einige Minuten auf Eis gestellt und anschließend bei 4000 xg für 15 min abzentrifugiert[54].
2. Nun werden die Bakterien in Lysis Puffer resuspendiert, für eine 50 ml Bakterienkultur sind 2 ml Lysis Puffer ein Richtwert.
3. Die Zellen werden für 30 min auf Eis inkubiert.
4. Nun erfolgt die Ultraschallbehandlung auf Eis, die meist dreimal wiederholt wird. Die Stahlspitze des Homogenisators wird ungefähr 2 mm tief in das Lysat getaucht. Die Geräteeinstellungen sind typenabhängig. Meistens sind unter ähnlichen Namen ungefähr folgende Parameter einzustellen: 36 % Leistung, Puls: 3 · 1 min mit jeweils 1 min Pause zwischen den Pulsen. Dabei darf die Lösung nicht schäumen. Die Proteinlösung sollte während der Behandlung auf Eis stehen.

5 Anschließend folgt eine erneute Zentrifugation bei mehr als 4000 xg für 15 min. Das rekombinante Protein sollte sich im Überstand befinden.

Bemerkungen:

- Dieses Protokoll ist für die Isolation von Proteinen gedacht, daher wird dem Lysis Puffer DNase zugesetzt.
- Die Ultraschallbehandlung kann auch ohne Lysozym durchgeführt werden.

Wenig erwünscht ist die Bildung von Einschlusskörperchen, in denen das Bakterium das exprimierte Fremdprotein als unlösliche Masse ablagert. Die Ursache für die Ablagerung des heterologen Proteins in den sphärischen Partikeln, die eine Größe bis zu 1,5 µm erreichen können, ist wenig verstanden. Das Fremdprotein liegt in diesem Fall zwar oft vollständig translatiert, aber nicht korrekt oder nur partiell gefaltet vor. Manchmal kann die Bildung von Einschlusskörpern durch eine niedrigere Anzuchttemperatur oder ein nährstoffarmes Medium verhindert werden. Einige Proteine können jedoch auch gut aus solchen Einschlusskörpern isoliert werden. In einem solchen Fall können die Einschlusskörperchen auch vorteilhaft sein, da sie sich leicht isolieren lassen und das heterologe Protein darin in sehr großer Menge vor Proteasen geschützt vorliegt.

Liegt das Protein gelöst oder als Einschlusskörper vor, erfolgt die Lyse nach Zugabe von Lysozym mit Ultraschall. Nach der Ultraschallbehandlung und Zentrifugation wird mit dem Präzipitat weitergearbeitet. Die darin enthal-

54 Für eine effizientere Lysis kann das Bakterienpellet vor dem Aufschluss bei −20 °C eingefroren werden.

TIPP

Wenn nach der Erniedrigung der Anzuchttemperatur und Änderung des Mediums immer noch Einschlusskörperchen gebildet werden, kann ein Bakterienstamm, der zusätzliche Chaperone (z. B. groEL/ES) synthetisiert, verwendet werden. Es gibt auch *Tag*-Sequenzen, die diese Ablagerung verhindern können (→ Tab. 6.2).

TIPP

Der 6x His-*Tag* kann sich sowohl am N- als auch am C-Ende des Proteins befinden. Es ist jedoch zu beachten, dass die meisten kommerziell erhältlichen Antikörper entweder nur C- oder nur N-terminale His-*Tags* detektieren. In der Regel sollte der His-*Tag* C-terminal liegen, da dann nur vollständig translatierte Proteine gereinigt werden. Dies gilt natürlich auch für viele andere *Tags*.

tenen Proteine werden solubilisiert (oft durch Zugabe hoch konzentrierter Harnstofflösung) und anschließend durch ein mehrstufiges Verfahren *in vitro* gefaltet.

- Das Zielprotein befindet sich im periplasmatischen Raum:
  Um das Zielprotein in den Bereich zwischen der zytoplasmatischen und der äußeren Membran (bei gramnegativen Bakterien) bzw. Zellwand (bei grampositiven Bakterien) zu transportieren, ist eine spezielle Signalsequenz notwendig. Oft wird die sog. pelB Sequenz dem eigentlichen Zielgen vorangestellt (→ Kapitel 6.3.3), die nach dem Transport über die Membran abgespalten wird. Das Periplasma kann bis zu 40 % des gesamten Zellvolumens ausmachen und es unterscheidet sich in seiner Zusammensetzung deutlich vom Zytoplasma. Einige Enzyme, wie die Disulfid-Isomerase, befinden sich in diesem Bereich. Eine periplasmatische Lokalisation ist auch für rekombinante Proteine sinnvoll, die für das Bakterium toxisch sind.
  Die Periplasma-Extraktion kommt ohne Lysozym- und Ultraschallbehandlung aus. Hier wird das heterologe Protein durch einen osmotischen Schock der Bakterienzellen isoliert. Dazu werden die Bakterien nach der Induktion der Proteinexpression zunächst an eine relativ hohe Konzentration Saccharose adaptiert. Dann erfolgt der osmotische Schock durch Austausch der Saccharose-Lösung gegen destilliertes Wasser.

9.6.2 Weitere Aufreinigung des heterologen Proteins

Aus dem Homogenat müssen nun die Bakterien-eigenen Proteine entfernt werden. Zwar kann eine klassische Aufreinigung mittels chromatographischer Methoden (→ Kapitel 9.4.1) durchgeführt werden, meistens werden jedoch standardisierte Verfahren genutzt, die auf kurzen *Tag*-Sequenzen (→ Kapitel 6.3.5) basieren. Die vornehmliche Aufgabe der *Tags* liegt in der Reinigung des heterologen Proteins. Inzwischen werden sehr viele *Tags* und dazu gehörende Aufreinigungskits kommerziell angeboten (→ Tab. 6.2). Am bekanntesten ist sicherlich der 6x His-*Tag*, der aus einer Abfolge von sechs Histidinen besteht (→ Abb. 9.10).
Die Aufreinigung erfolgt mit einer speziellen Variante der Affinitätschromatographie, welche Metallchelatchromatographie (IMAC [*Immobilized Metal ion Affinity Chromatography*]) genannt wird. Die Histidine binden an zweiwertige Nickel-Ionen, welche über NTA (Nitril-Tri-Essigsäure) komplexiert an eine Matrix gebunden sind (→ Abb. 9.9). Ein großer Vorteil des 6x His-*Tags* ist, dass er sowohl für die native als auch die denaturierende Aufreinigung genutzt werden kann. Es gibt viele Varianten der Methode. Beispielsweise kann auch eine Abfolge von Cysteinen als *Tag* dienen, statt Nickel können andere zweiwertige Ionen verwendet werden, und es gibt auch unterschiedliche Kopplungsarten der Ionen an die Matrix. Es gibt eine große Zahl an Anbietern, die Aufreinigungskits für alle möglichen Ausgangsgewebe anbieten.

Abb. 9.10
Der 6x His Tag aus sechs Histidinen bindet an Seitenketten an Nickel-NTA. Zur besseren Übersicht sind die Beads nur mit jeweils einem gekoppelten NTA-Molekül dargestellt. Neben *Magnetic Beads* gibt es viele weitere Trägermaterialien, wie Membranen oder Säulen.

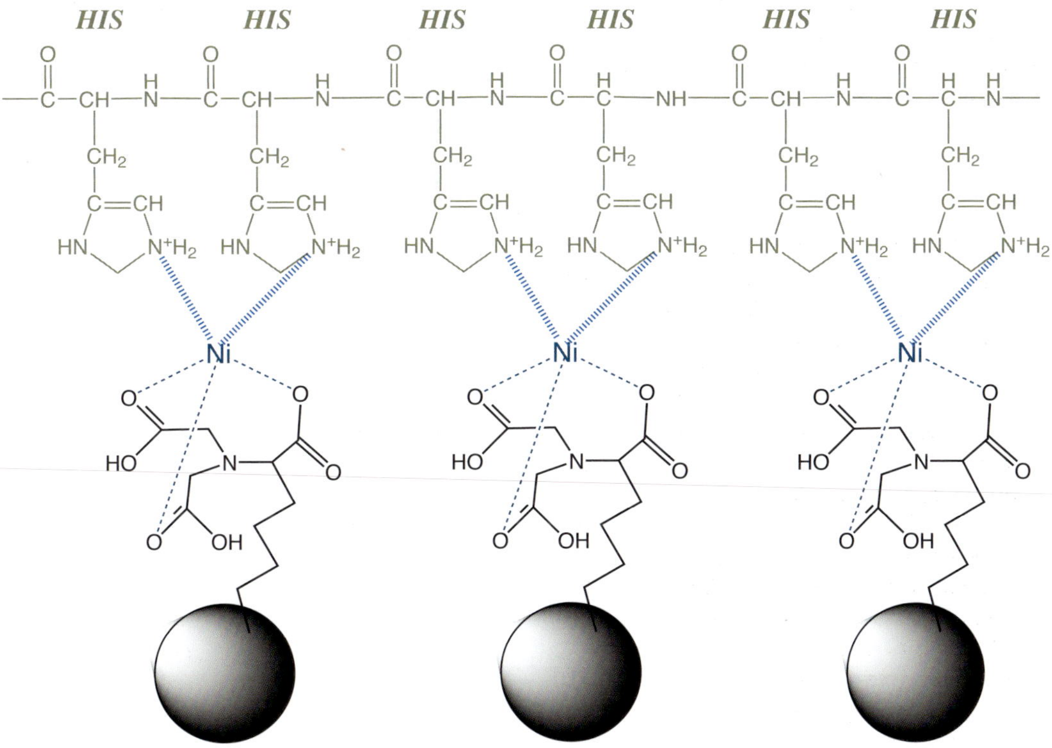

Da *Tags* sich für unterschiedliche Aufgaben verschieden gut eignen, werden *Tags* auch miteinander kombiniert. Abschließend sollte erwähnt werden, dass sich zwischen dem Zielprotein und den *Tags* sehr häufig eine spezifische Spaltstelle für eine Protease befindet (→ Kapitel 6.3.5). So kann der *Tag* nach der Aufreinigung vom rekombinanten Protein abgetrennt werden. Auf diese Weise kann der *Tag* vor einem Enzymtest entfernt werden, damit er einen nachfolgend durchgeführten Enzymtest nicht beeinflusst.

10 Gelelektrophorese von Proteinen

Map 10.1
Die Proteinelektrophorese stellt das zentrale Nachweis- und Analyseverfahren für Proteine dar. Alle Schritte einer Proteinaufreinigung können so untersucht werden. Es gibt mindestens drei wichtige Varianten (→ Tab. 10.1), von denen die SDS-PAGE die bekannteste Methode ist.

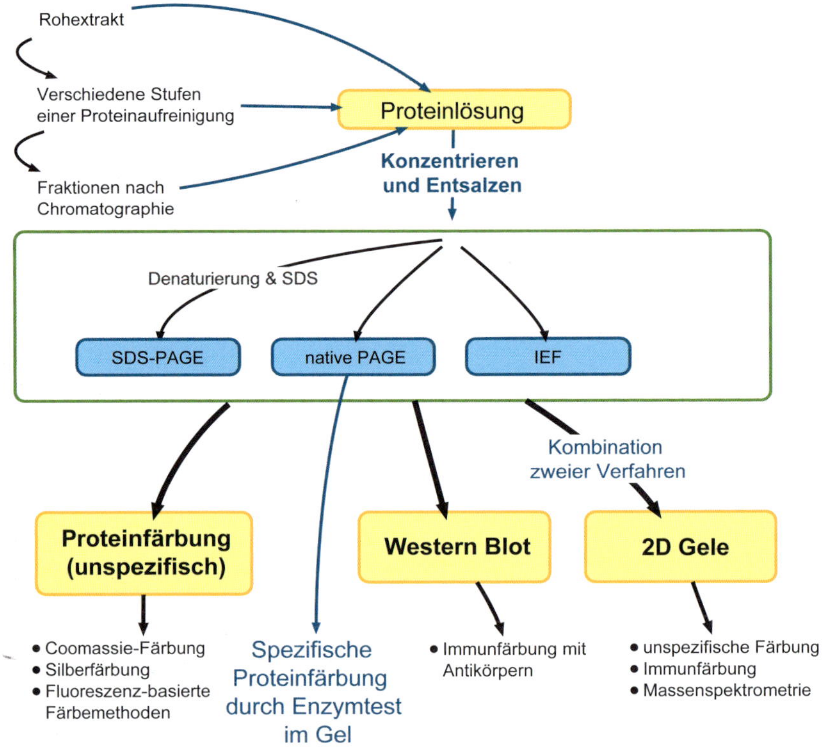

Die verschiedenen Schritte einer Proteinaufreinigung (→ Kapitel 9) lassen sich mittels Gelelektrophorese schnell analysieren. Weiterhin stellt dieses Verfahren einen wichtigen Zwischenschritt bei immunbiochemischen Nachweisverfahren dar, denn die im Gel aufgetrennten Proteine können nach der Auftrennung im Gel auf eine Membran transferiert werden. Durch den Einsatz von Antikörpern (→ Kapitel 11.4) kann ein bestimmtes Protein identifiziert werden. Nach dem Gellauf kann ein Protein mittels Massenspektrometrie (→ Kapitel 10.6) sehr genau analysiert werden (→ Map 10.1).

Anders als Nukleinsäuren beeinflussen gleich drei Eigenschaften der Proteine den Gellauf:

- ihre Größe
- ihre Ladung
- ihre Form

Die SDS-Gelelektrophorese reduziert das Trennprinzip allein auf die unterschiedlichen Größen der Proteine, die isoelektrische Fokussierung (→ Kapitel 10.4.3) nutzt nur die unterschiedlichen Ladungseigenschaften der Proteine. Das nur noch selten angewandte Verfahren der nativen Elektrophorese (→ Kapitel 10.4.1) trennt nach allen drei Eigenschaften auf. Es können zwei verschiedene Elektrophoresearten nacheinander durchgeführt werden. Solche kombinierten Verfahren werden als zweidimensionale Elektrophorese (2-D-Elektrophorese, → Kapitel 10.4.4) bezeichnet. Gängig ist die IEF als erste Dimension, gefolgt von einer SDS-PAGE.

Als Trägermaterial für Proteinelektrophoresen kommt fast immer Polyacrylamid zum Einsatz, gefärbt werden die Proteine in den Gelen oft mit Coomassie (→ Kapitel 10.3), welches auch bei der Proteinquantifizierung nach Bradford (→ Kapitel 9.5.1) verwendet wird.

10.1 Die Polyacrylamid-Gelelektrophorese (PAGE)

Für die Auftrennung von Proteinen wären die Poren der Agarosegele (→ Kapitel 7) viel zu groß, weshalb fast immer Gele aus Polyacrylamid verwendet werden. Durch Zusetzen weiterer Komponenten können die Parameter der Auftrennung bestimmt werden (→ Tab. 10.1).

Die Proteine liegen oft in einem zu großen Volumen und nur selten in einem geeigneten Puffer für die anstehende Elektrophorese vor. Daher müssen die Proteine vor dem Gellauf entsprechend vorbereitet werden. Die einzelnen Schritte einer typischen PAGE sind:

1. Vorbereiten der Probe
2. Herstellen des Gels:
   - Ansetzen der Gellösungen
   - Polymerisation des Gels
   - Einsetzen des Gels in eine Gelanlage
3. Auftrag der Proben auf das Gel
4. Gellauf
5. Sichtbarmachen der Proteinbanden im Gel.

10.2 Die denaturierende SDS-PAGE

Um Proteine nur nach der Größe aufzutrennen, müssen die anderen Eigenschaften (Ladung und Form) maskiert werden. Daher werden die Proteine vor der SDS-PAGE denaturiert (Verlust der Form) und gleichmäßig mit einem Detergens, dem SDS, umhüllt (dessen negative Ladung schirmt die Eigenladung der Proteine ab). Dies hat den Vorteil, dass die Laufstrecken der resultierenden Banden allein mit der Größe der Proteine korrelieren. Die denaturierende SDS-PAGE stellt das vorherrschende elektrophoretische Verfahren dar.

10.2.1 Herstellung eines Proteinextrakts für die SDS-Gelelektrophorese

Im Prinzip kann jede bei der Aufreinigung anfallende Proteinlösung im Gel aufgetrennt werden. Allerdings müssen störende Stoffe, insbesondere Ionen, entfernt und die Probe für den Gellauf konzentriert werden. Die Methode der Wahl ist die Fällung der Proteinprobe mit Trichloressigsäure (→ Protokoll 10.1), welche TCA-Fällung genannt wird [TCA = *Trichloroacetic Acid*]. Diese Fällungsmethode denaturiert die allermeisten Proteine irreversibel. Nachdem die Proteine durch Zentrifugation sedimentiert wurden, wird die TCA sehr sorgfältig entfernt und das Präzipitat mit eiskaltem 80 %igen Aceton

Tab. 10.1
Wichtige Verfahren der Polyacrylamid-Gelelektrophorese (PAGE).

Verfahren	Auftrennung nach	Zusatz von	Anwendung
native PAGE	Größe, Form, Ladung	–	Enzymaktivität bleibt erhalten. Einige Proteine können aufgrund ihrer enzymatischen Aktivität im Gel nachgewiesen werden.
SDS-PAGE	Größe	SDS	Das am häufigsten verwendete Verfahren trennt die Peptide nur nach Größe auf.
IEF	Ladung (isoelektrischer Punkt)	Ampholyte	Meist als erste Dimension bei der 2D-Elektrophorese. Trennt die Proteine nach ihrem isoelektrischen Punkt auf.

PROTOKOLL 10.1

TCA-Fällung

Material:

- 1,5 ml Reaktionsgefäße, Wasserbad (80 °C) oder Mikrowelle, Zentrifuge
- 100 %ige TCA (Vorsicht: TCA ist eine starke Säure!)
- 80 % (v/v) eiskaltes Aceton
- SDS-Probenpuffer: → Tab. 10.2

Durchführung:

1. 100 % (v/v) TCA wird zur Proteinlösung gegeben, sodass eine finale Konzentration von 10 % (v/v) TCA entsteht (beispielsweise 110 µl TCA auf 1 ml Proteinlösung).
2. Die Proben werden mindestens 10 min auf Eis gefällt und anschließend 10–20 min bei > 5000 xg bei 4 °C zentrifugiert.
3. Der Überstand wird sorgfältig entfernt.
4. 1 ml eiskaltes 80 % (v/v) Aceton (−20 °C) wird zum Präzipitat gegeben und es wird erneut wie oben zentrifugiert.
5. Das Aceton wird sorgfältig entfernt und die Sedimente in der *Speed-Vac* oder bei Raumtemperatur getrocknet.
6. Der SDS-Probenpuffer wird zur Probe gegeben, wie viel, hängt von der Größe des Präzipitates ab.
7. Nun wird mit einer Nadel ein kleines Loch in den Deckel des Reaktionsgefäßes gestochen. Alternativ gibt es spezielle Klammern, die den Deckel fixieren. Beides dient dazu, dass das Gefäß beim Aufkochen nicht aufplatzt.
8. Die Probe wird entweder 1 min in der Mikrowelle aufgekocht oder 10 min im Wasserbad bei 80 °C erwärmt.

TIPP

Bei niedrigen Proteinkonzentrationen ist die TCA-Fällung sehr ineffizient. Dann sollte der Proteinlösung zunächst 1/10 Volumen 0,15 %iges Natriumdesoxycholat zugefügt und für 5-10 min auf Eis inkubiert werden. Erst dann erfolgt die Zugabe von TCA. Das Detergens Natriumdesoxycholat vermittelt den Kontakt zwischen den hydrophoben Bereichen der denaturierenden Proteine, sodass sich hochmolekulare Aggregate bilden, was die Präzipitation durch TCA erleichtert.

GUT ZU WISSEN

▶ SDS und DTT

SDS oder DTT alleine führen nicht zu einer Denaturierung der Proteine. Diese Substanzen sind sogar recht häufig in Homogenisationspuffern enthalten (allerdings in niedriger Konzentration): SDS, um Proteinaggregation zu verhindern, und DTT, um ein zelltypisches, reduzierendes Milieu zu schaffen. Die Ursache für die Denaturierung der Proteine ist die Erwärmung in der Mikrowelle bzw. im Wasserbad.

TIPP

Bromphenolblau stellt einen pH-Indikator dar. Die Probe sollte nach dem Aufkochen blau sein. Wird sie gelb, ist noch TCA vorhanden. Dann kann die Zugabe eines Tropfens Tris-Base helfen. Für das Trennprinzip der diskontinuierlichen SDS-PAGE sind die Salzkonzentration und der pH-Wert der Probe von entscheidender Wichtigkeit.

GUT ZU WISSEN

▶ Apparentes Molekulargewicht MW_{app}

Die Korrelation zwischen Peptidgröße und negativer Ladung (durch die SDS- Moleküle) stimmt leider nicht immer: Einerseits ist das Verhältnis von SDS zu Aminosäure nicht völlig unbeeinflusst von der Art der Aminosäure, andererseits stören Proteinmodifikationen, wie Glykosylierungen, die SDS-Ummantelung. Deshalb wird ein durch SDS-PAGE ermitteltes Molekulargewicht mit MW_{app} [*Apparent Molecular Weight*] angegeben.

Tab. 10.2
Zusammensetzung des 1x SDS-Probenpuffers. Der Puffer kann auch bis zu 4x konzentriert angesetzt werden, wenn Proteinlösungen damit versetzt werden sollen.

Substanz	Menge	Bemerkung
Tris-HCl, pH 6.8	62,5 mM	
Dithiothreitol (DTT)	50 mM	spaltet bei Hitze die Disulfidbrücken
Glycerin	10 % (v/v)	Beschwert die Probe, damit sie später in der Geltasche bleibt.
SDS	2 % (w/v)	Detergens, das die Proteine mit „negativer Ladung" ummantelt.
PMSF	0,5 mM	Proteaseinhibitor (→ Kapitel 8.1.1)
Bromphenolblau	Spatelspitze	pH-Indikator und Lauffrontmarker

(–20 °C) gewaschen, um noch vorhandene Lipide sowie die restliche TCA zu entfernen. Nun werden die Proteine mit dem SDS-Probenpuffer (→ Tab.10.2) versetzt.

Wie viel Probenpuffer zugegeben wird, hängt von der Größe des Präzipitats ab. Zunächst kann man mit 30–50 µl Probenpuffer beginnen. Sollte dies nicht reichen, können weitere 50 µl zugegeben werden.

Der entscheidende Schritt ist das nun folgende Aufkochen der Probe, wobei DTT die Disulfidbrücken spaltet. Proteine, die aus mehreren Peptidketten bestehen, werden so in ihre Untereinheiten getrennt.

SDS-Moleküle lagern sich zunächst an die hydrophoben Bereiche der entfalteten Peptidketten an und breiten sich als Mizelle über das ganze Peptid aus. Dabei richten sich die negativ geladenen „SDS-Köpfe" nach außen (→ Abb. 10.1) und schirmen so die Eigenladung der Aminosäuren ab. Da sich mehr oder weniger unabhängig 1,4 SDS-Moleküle pro Aminosäure anlagern, ergibt sich ein konstantes Verhältnis zwischen negativer Ladung der SDS-Moleküle und der Größe der Peptidkette.

Somit werden in der SDS-PAGE alle Proteine nur nach ihrer Größe aufgetrennt: Interne Ladungen der Proteine werden durch die SDS-Moleküle abgeschirmt. Die Form ist beim Aufkochen verlorengegangen. Weiterhin verhindert SDS, dass sich die Peptide über ihre hydrophoben Bereiche wieder aneinanderlagern und ausfallen.

Abb. 10.1
Vorgänge beim Aufkochen der Proteinprobe vor der SDS-PAGE. Durch das Aufkochen in der Mikrowelle werden die Proteine (blau) denaturiert. DTT spaltet bei Erwärmung Disulfidbrücken (orange). Das SDS (grün) ummantelt die Peptide in einem konstanten Verhältnis von SDS-Molekülen/Aminosäure und führt zu einer negativ geladenen Hülle um die Peptidkette herum. In der nachfolgenden SDS-PAGE erfolgt die Auftrennung der Peptide nach Größe. Ein Protein aus zwei Untereinheiten ergibt durch die vorherige Spaltung der Disulfidbrücken zwei Banden im SDS-PAGE.

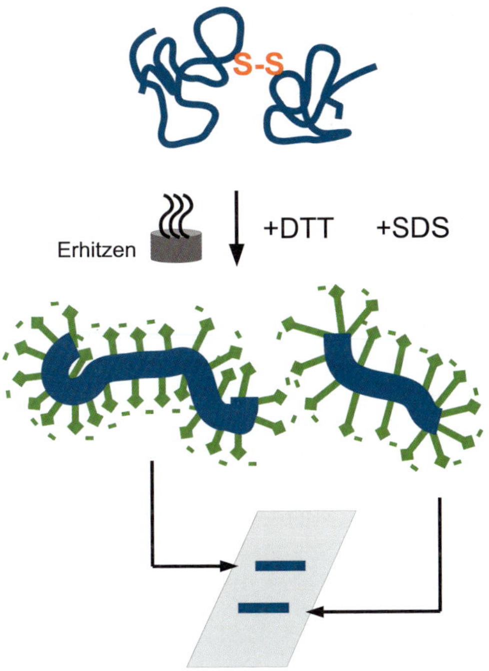

Abb. 10.2
Die verschiedenen Teile einer Protein-Gelanlage (**A**) vor dem Zusammenbau: zwei Glasplatten (**1, 2**), davon eine mit einem Ausschnitt (1), die durch Plastikstreifen [*Spacer*] (**3**) voneinander getrennt werden sowie der Kamm (**4**), der die späteren Taschen formt, werden zusammengebaut (→ Abb. 10.4) und in einen Träger (**5**) eingesetzt. Im Gießständer (**6**) wird das Gel gegossen. Sobald es polymerisiert ist, erfolgt der Gellauf (**B**). Für den eigentlichen Gellauf wird das Gel mitsamt Träger in die Gelanlage (**7**) gesetzt und an ein Netzteil (**8**) angeschlossen. Die Färbung des Gels dient in dieser Abbildung dazu, die Taschen gut sichtbar zu machen, normalerweise sind die Gele durchsichtig.

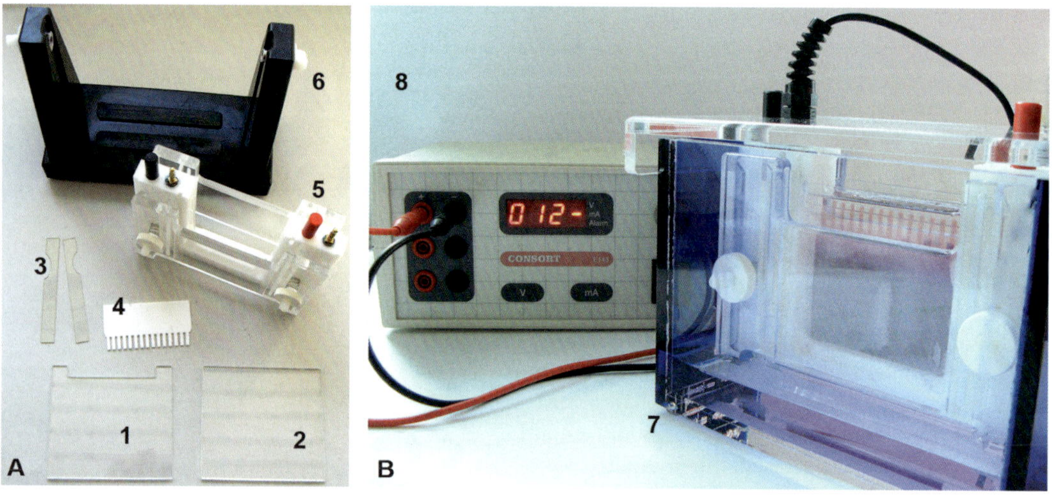

Der große Vorteil des Verfahrens liegt darin, dass die Proteine denaturiert vorliegen, daher also auch in den Schritten zuvor harschere und daher meist effizientere Methoden eingesetzt werden können.

10.2.2 Herstellen des Gels

Die zunächst flüssige Polyacrylamid-Gellösung wird zwischen zwei Glasplatten gegossen, wo sie dann polymerisiert. In → Abb. 10.2 sind die benötigten Bestandteile für die Herstellung des Proteingels dargestellt. Oft werden spezielle Gießständer vom Hersteller geliefert, in denen die Gellösung einfach zwischen zwei Glasplatten, die durch kleine Plastikstreifen [*Spacer*] an den Seiten einen Spalt von ungefähr 1 mm[55] zwischen sich aufweisen. Unten dichtet der Gießständer die Konstruktion ab.

55 Es gibt auch Gelsysteme für dünnere (z. B. 0,8 mm) oder dickere (1,5 mm oder 2 mm) Gele.

Acrylamid (AA) und N,N'-Methylenbisacrylamid (BisAA) stellen die eigentliche Gelmatrix dar. Sie werden meist als Fertiglösung (meist im Verhältnis AA:BisAA meist 29:1) gekauft. Die Polymerisation beginnt durch Zugabe von Ammoniumpersulfat (APS) und TEMED (N,N,N',N'-Tetramethylethylendiamin). TEMED reagiert mit dem APS und führt zur Spaltung der Persulfationen in Radikale, die nun die Polymerisation (Radikalreaktion) des Acrylamids initiieren. Da Acrylamid nur lineare Polymere bildet, erfolgt die Quervernetzung ausschließlich durch das BisAA.

TIPP

Bevor die Gelplatten zusammengesetzt werden, müssen sie gründlich mit Alkohol abgewischt werden, damit später keine Fingerabdrücke auf dem Gel zu sehen sind.

Abb. 10.3
Die Gelmatrix von Polyacrylamidgele entsteht durch Polymerisation von Acrylamid (AA) und N,N'-Methylenbisacrylamid (BisAA). AA bildet lineare Ketten, BisAA sorgt für Verzweigungen, welche die Ketten miteinander verbinden, sodass ein feinporiges Netz entsteht. Daher wirkt sich das Verhältnis zwischen AA und BisAA direkt auf die Porengröße des Gels aus. Die Polymerisation stellt eine Radikalreaktion dar, bei der APS als Starter und TEMED als Katalysator dient. Innerhalb des Polymers sind die Monomere AA und BisAA zur Veranschaulichung einmal in blau bzw. braun dargestellt.

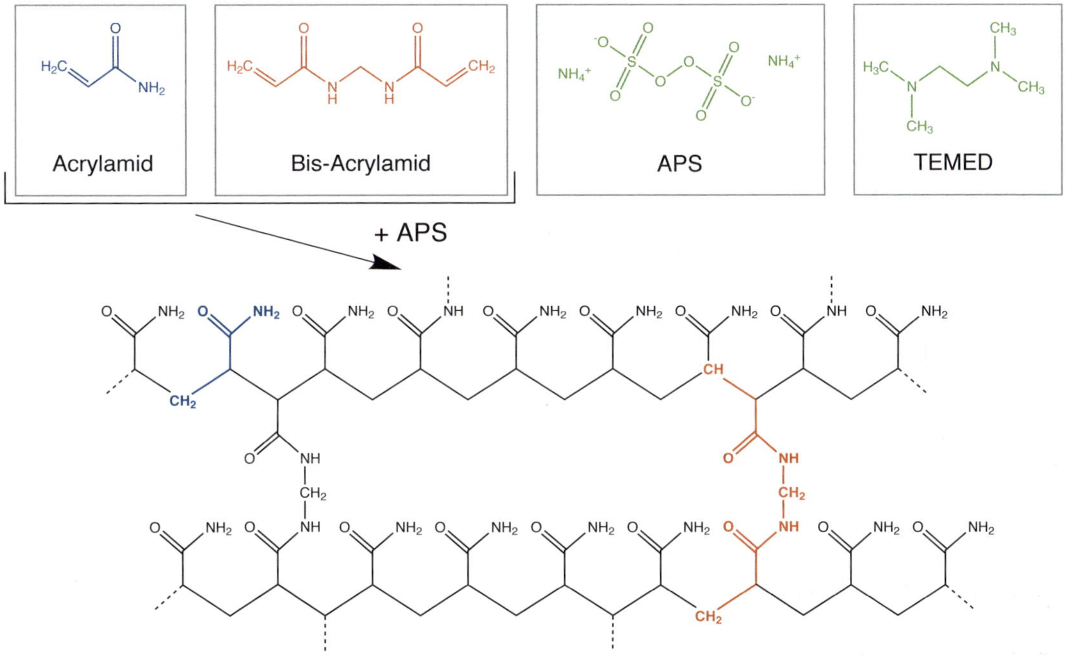

Das verbreitete diskontinuierliche SDS-PAGE-Verfahren nutzt zwei unterschiedliche Gellösungen mit verschiedenen pH-Werten und Pufferstärken. Auf diese Weise wird die Höhe der entstehenden Proteinbanden im SDS-PAGE enorm reduziert, es entstehen fokussierte Banden. Die Geltasche, in die das Protein eingefüllt wird, hat eine Höhe von ungefähr 1 cm (→ Abb. 10.4), ein typisches Minigel eine Trennstrecke von 10 cm. Daher könnten maximal 9 Banden unterschieden werden (weil jede Bande 1 cm hoch wäre[56]). Um die Banden zu schmälern, werden bei der diskontinuierlichen SDS-PAGE die Proteine im oberen Sammelgel [*Stacking Gel*] erst in einer schmalen, ungefähr 1 mm breiten Bande konzentriert, bevor sie im Trenngel [*Separation Gel*] aufgetrennt werden. Auf der gleichen Trennstrecke können so bis zu 100 Banden separiert werden.

56 Bei mehr als 10 Banden würden diese ineinander übergehen, also nicht mehr voneinander getrennt werden.

TIPP

In seiner flüssigen Form ist Acrylamid ein starkes Neurotoxin, das gut durch die Haut dringt und sich im Körper anreichert. Wird eine Acrylamidlösung selbst angesetzt, sollte bedacht werden, dass Acrylamid sublimiert. Daher sollten unbedingt Fertiglösungen verwendet werden.
Auspolymerisiertes Acrylamid ist ungiftig und kann ganz normal entsorgt werden. Wird eine Acrylamidlösung verschüttet, sollte sie nicht weggewischt, sondern polymerisiert werden.

Abb. 10.4
Arbeitsschritte beim Zusammenbau eines SDS-Gels. Nachdem die Platten mit Ethanol geputzt wurden (**A**), wird das System zusammengebaut. Die *Spacer* werden gerade auf die Glasplatte gelegt (**B**) und anschließend die Ausschnittplatte (**C**). Nun wird alles mit der Ausschnittplatte nach innen in den Träger eingeschraubt (**D**) und dieser in die Gießapparatur gesetzt. In (**E**) ist das bereits fertig gegossene Gel abgebildet, welches zur besseren Sichtbarkeit für diese Abbildung angefärbt wurde: das Trenngel (**1**) ist blau gefärbt, das Sammelgel (**2**) rötlich. Normalerweise sind die Gele durchsichtig. Die Aufbauart weicht ein wenig von Hersteller zu Hersteller ab, daher sollte vor der ersten Benutzung die Anleitung gelesen werden.

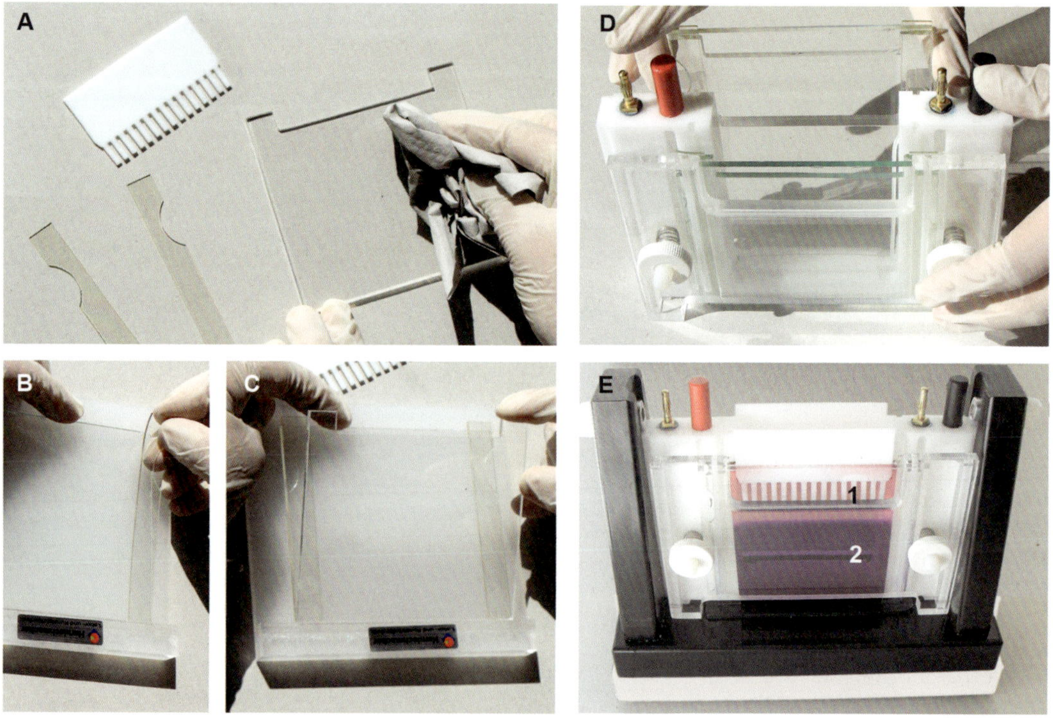

Die notwendigen Arbeitsschritte sind nachfolgend dargestellt: Es wird zunächst ein Trenngel gegossen, das ungefähr die unteren zwei Drittel des Raumes zwischen den Glasplatten einnimmt. Dieses wird vorsichtig mit etwas H_2O überschichtet. Sobald das Trenngel polymerisiert ist (meist nach ca. 10 min), wird das H_2O entfernt und ein zweites Gel, das Sammelgel, wird darauf gegossen. In dieses wird der Kamm gesteckt. So bilden sich die Taschen, in die später die Proteinproben eingefüllt werden. → Tab. 10.3 listet beispielhaft die benötigten Mengen für Minigele (10 × 10 cm) mit verschiedenen Acrylamid-Konzentrationen auf.

TIPP

Um festzustellen, ob das Gel bereits komplett polymerisiert ist, hilft ein Blick auf die restliche Gellösung, die noch im entsprechenden Gefäß ist und ebenfalls polymerisiert.

TIPP

Die Gellösung sollte vor dem Gießen nur geschwenkt werden, um Lufteintrag zu vermeiden, der die Polymerisation stören kann.

Tab. 10.3
Zusammensetzung der Gellösungen für ein 10-, 12- oder 15 %iges Minigel. Welche Acrylamid-Konzentration verwendet wird, hängt von dem zu analysierenden Protein ab. Für Proteine unter 20 kDa bietet sich das 15 %ige Gel an, ab 45 kDa das 10 %ige. In der Tabelle sind pipettierbare Volumina angegeben, also 2 × 635 µl statt 1270µl. Das erspart Zeit beim Pipettieren. Da durch die Zugabe vom APS die Polymerisation beginnt, wird dieses zuletzt zugegeben.

Substanz	Trenngel			Sammelgel
	10 %	12 %	15 %	
H_2O	2 x 1000 µl	2 x 850 µl	2 x 600 µl	2 x 567 µl
1,5 M Tris-HCl, pH 8,8	2 x 635 µl	2 x 635 µl	2 x 635 µl	---
0,5 M Tris-HCl, pH 6,8	–	–	–	505 µl
10 % (w/v) SDS	50 µl	50 µl	50 µl	20 µl
Fertiglösung AA / BisAA (29:1)	2 x 850 µl	2 x 1000 µl	3 x 833 µl	340 µl
TEMED	2 µl	2 µl	2 µl	4 µl
10 % (w/v) APS	50 µl	50 µl	50 µl	20 µl

Das SDS wird den Gellösungen zugesetzt, damit die Proteine auch im Gel weiterhin mit dem SDS ummantelt bleiben.
Die Proteinproben werden später in Taschen am oberen Ende des Gels eingefüllt. Um diese zu erstellen, wird ein Kamm in das noch flüssige Gel eingesetzt und vor dem Lauf wieder herausgezogen.
Das auspolymerisierte Gel kann in Frischhaltefolie eingewickelt und im Kühlschrank für einige Tage aufbewahrt werden.

10.2.3 Der Gellauf

Das Gel wird in die Laufkammer eingespannt[57] (→ Abb. 10.4). Die Laufkammer besteht aus einem oberen und einem unteren Puffertank, in denen sich die Elektroden befinden. Durch das Gel werden die beiden Pufferreservoirs verbunden. Der Kamm wird aus dem Gel gezogen.
Beide Pufferkammern werden mit 1x SDS-Laufpuffer (→ Protokoll 10.2) befüllt.

57 Bei manchen Gelsystemen muss zuvor die untere Dichtung entfernt werden.

PROTOKOLL 10.2

10 × SDS Laufpuffer

Material:
250 mM Tris Base (= 30,29 g)
1,92 M Glycin (= 144,13 g)
100 ml 10 % (w/v) SDS-Lösung
mit H_2O auf 1000 ml auffüllen.
Die 10x Stammlösung kann bei Raumtemperatur gelagert werden.

TIPP

Sobald der Laufpuffer in die Geltaschen läuft, sind diese nur schlecht zu sehen. Es empfiehlt sich, vorher die Stege zwischen den Taschen auf der äußeren Gelplatte mit einem Permanent Marker zu markieren.

TIPP

Beim Einsetzen des Kamms muss darauf geachtet werden, dass keine Luftblasen zwischen Kamm und Gellösung entstehen, da diese später als „Ausbeulungen" in den Banden sichtbar sind. Dazu wird der Kamm zunächst mit einer Spitze voran in die Gellösung gedrückt und dann vorsichtig waagerecht ausgerichtet.

GUT ZU WISSEN

▶ Spannung und Stromstärke

Während Agarosegele mit konstanter Spannung laufen, wird bei diskontinuierlichen Gelen meistens die Stromstärke konstant gehalten. Auf diese Weise kann die Wärmeentwicklung im Gel besser kontrolliert werden und die Bandenauftrennung ist schärfer. Allerdings dauert der Gellauf etwas länger, und alte oder preiswerte Netzgeräte können oft keine konstante Stromstärke aufrechterhalten.

TIPP

Leider ist die Abkürzung „Da" für die Einheit des Molekulargewichts Dalton nicht SI-konform, weshalb auch andere Abkürzungen für diese Einheit verwendet werden. 1 Da entspricht 1/12 der Masse eines ^{12}C-Atoms und näherungsweise der eines ^{1}H-Atoms. Ein Protein von 60 kDa wiegt so viel wie 5000 ^{12}C-Atome oder ungefähr so viel wie 60 000 ^{1}H-Atome.

Abb. 10.5
Beladen eines Gels. Auch hier ist das Gel wegen der besseren Sichtbarkeit gefärbt. Die Probe wird aufgetragen, nachdem der Laufpuffer zugefügt wurde. Die Probe wird also unterschichtet, sie sinkt zu Boden.

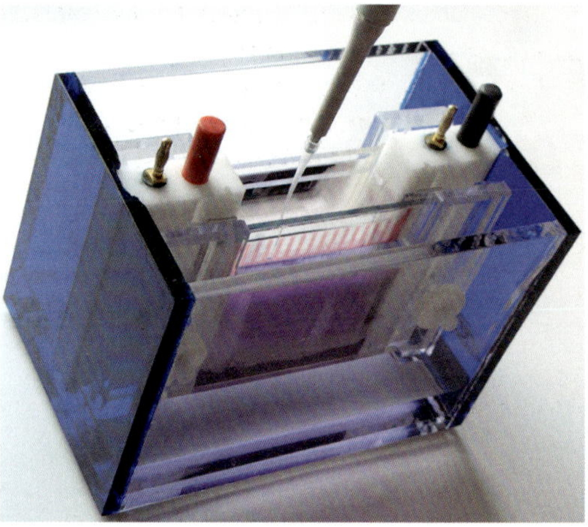

Nun können die in → Kapitel 10.2.1 vorbereiteten Proben aufgetragen werden (→ Abb. 10.5). Die Proben werden aufgetragen, nachdem der Laufpuffer zugegeben wurde. Durch das in der Probe enthaltene Glycerin sinken sie zum Boden der Tasche. Der Auftrag kann mit einer speziellen Mikrospritze („Hamilton Spritze") oder mit der Pipette erfolgen. Bei Minigelen sollten pro Tasche nicht mehr als 30 µl Protein aufgetragen werden. In wenigstens eine Tasche wird ein Längenstandard gefüllt, der eine Mischung von Proteinen mit bekannten Molekulargewichten enthält. Dieser kann bei verschiedenen Anbietern gekauft werden. Anhand des Längenstandards kann später die Größe der aufgetrennten Peptide ermittelt werden.

Nun wird der Deckel aufgesetzt und das Gerät an ein Netzteil angeschlossen. Die Konstruktion der Gelkammern gewährleistet, dass die Polung

Abb. 10.6
Bandenmuster eines typischen Längenstandards für die SDS-PAGE nach Coomassie Färbung (**A**). Links davon sind die Laufstrecken in cm aufgetragen, rechts daneben die Molekulargewichte sowie deren Logarithmus. Werden die Molekulargewichte gegen die Laufstrecke aufgetragen (**B**), entsteht eine logarithmische Kurve (blau). Wird der Logarithmus des Molekulargewichts verwendet, ergibt sich über einen großen Bereich ein linearer Zusammenhang (grün).

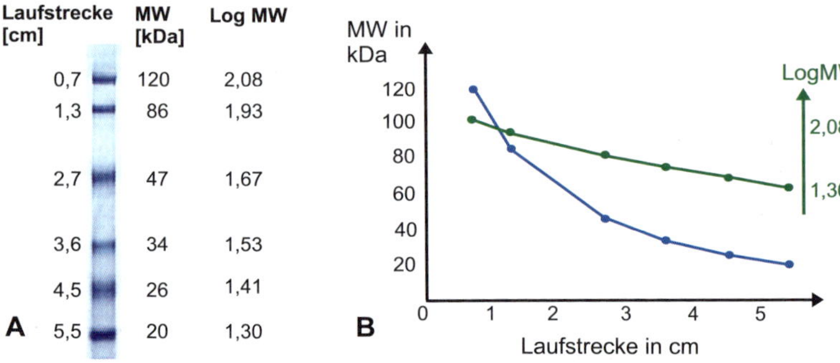

Tab. 10.4
Detektionsgrenzen verschiedener Färbemethoden für Gele. Die Farbstoffe unterscheiden sich auch darin, wie gut die Proteinmenge mit der Farbintensität korreliert. Diese Korrelation ist nur bei Fluoreszenzfarbstoffen wirklich linear, oft hängt die Farbintensität auch stark von der Aminosäurezusammensetzung der Peptide ab (→ Kapitel 9.5).

Farbstoff	Nachweisgrenze	Bemerkung
Coomassie Brilliant Blue	100–500 ng	Färbung sehr von der Aminosäurezusammensetzung der Proteine abhängig.
Silberfärbung	10–100 ng	Sehr sensitiv. Nur sehr saubere Chemikalien und Gefäße verwenden!
Fluoreszenzbasierte Farbstoffe	ab 20 ng	Sehr teuer, Beispiele sind Sypro-Farbstoffe, Deep Purple oder Cy-Farbstoffe.

korrekt ist: Da die Proteine durch die SDS-Ummantelung negativ geladen sind, muss sich die Anode (rotes Kabel) unten befinden.
Der Gellauf dauert je nach Gelgröße und angelegter Stromstärke 1–3 h. Auch längere Laufzeiten sind möglich. Die Trennung erfolgt meistens bei einer Stromstärke von 12–15 mA[58] pro Gel.
Die Auftrennung erfolgt nicht linear, sondern logarithmisch über einen bestimmten Größenbereich hinweg (→ Abb. 10.6).
Wenn der Lauffrontmarker, Bromphenolblau, den unteren Rand des Gels erreicht hat, kann der Lauf beendet werden. Das Netzteil wird ausgeschaltet und die Stromkabel werden herausgezogen. Der Laufpuffer wird abgegossen und das Gel abgenommen. Die Glasplatten können mit einem Spatel vorsichtig auseinandergehebelt werden. Nun wird das Gel entweder gefärbt (→ Kapitel 10.3) oder geblottet (→ Kapitel 10.5).

10.3 Das Färben der Gele

Nach dem Gellauf müssen die aufgetrennten Banden sichtbar gemacht werden (→ Map 10.1). Die verschiedenen Färbemethoden unterscheiden sich vor allem in ihrer Sensitivität, dem zeitlichen und finanziellen Aufwand (→ Tab. 10.4).

58 Wird eine Doppelkammer benutzt, bei der auf jeder Seite der Kammer ein Gel eingespannt ist, verdoppelt sich die Stromstärke auf 24–30 mA.

Die wichtigsten Verfahren der Gelfärbung (→ Abb. 10.7) beruhen auf Mechanismen, die auch zur Proteinquantifizierung (→ Kapitel 9.5) in Flüssigkeiten eingesetzt werden:

- Die Coomassie Färbung beruht auf dem gleichen Farbstoff und Prinzip wie die Proteinquantifizierung nach Bradford (→ Kapitel 9.5.1).

Abb. 10.7
Beispiel einer Coomassie Färbung (**A**) sowie einer Silberfärbung (**B**). Der aufgetragene Größenstandard wurde von Bahn 1–5 jeweils 1:10 verdünnt. Beachte, dass die Silberfärbung erst mit der 1:10 Verdünnung beginnt.

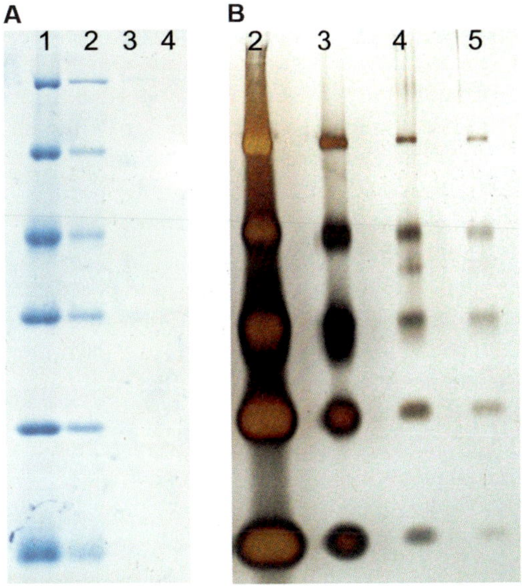

PROTOKOLL 10.3

Coomassie Färbung von Gelen

Material:
- Plastikschale, Wippe, zu färbendes Gel

Färbelösung (Reihenfolge einhalten)	
▸ 650 ml H_2O	
▸ 10 % Ammoniumsulfat (100 g)	▸ Das Ammoniumsulfat muss vollständig gelöst sein, bevor die nächsten Substanzen zugegeben werden.
▸ 0,1 % Coomassie Brilliant Blue G-250	▸ 20 ml einer 5 %igen Lösung in H_2O
▸ 3 % ortho-Phosphorsäure (30 ml)	
▸ 20 % Ethanol (200 ml)	
mit H_2O auf 1000 ml auffüllen, in eine dunkle Flasche durch einen Papierfilter filtern und bei Raumtemperatur aufbewahren.	

Durchführung:
1. Das Gel wird zweimal mit je 100 ml H_2O für je 3 min gewaschen.
2. Zugabe der Färbelösung zum Gel. Die Färbung dauert ca. 20 min, kann aber auch über Nacht erfolgen.
3. Die Proteinbanden sind ohne Entfärben sichtbar, falls dies nicht der Fall ist, kann das Gel mit H_2O entfärbt werden.

- die Silberfärbung nutzt wie die Quantifizierung mittels BCA-Test (→ Kapitel 9.5.2) die reduzierenden Eigenschaften der Peptidbindung aus, um zweiwertige Silberionen zu Silber zu reduzieren.

▸ Coomassie Färbung:
Es gibt verschiedene Varianten der Coomassie Färbung. Bei der hier vorgestellten Methode (→ Protokoll 10.3) werden die Gele nach dem Gellauf für einige Stunden oder über Nacht in die Färbelösung gelegt und auf einer Wippe (→ Abb. 2.11A) inkubiert. Ein Entfärben ist nicht notwendig. Die Färbelösung kann mehrfach wiederverwendet werden, wenn sie in einer dunklen Vorratsflasche bei Raumtemperatur aufbewahrt wird. Coomassie-gefärbte Gele können anschließend silbergefärbt werden. Auch die sog. Elektroelution einzelner Banden sowie der Elektrotransfer [*Blot*] (→ Kapitel 10.5) sind möglich.

▸ Silberfärbung:
Die Silberfärbung von Gelen ist viel sensitiver als die Coomassie Färbung, allerdings auch zeitaufwendiger. Das Gel wird nach dem Lauf zunächst neutralisiert und anschließend in Silbernitratlösung gelegt. Die Proteine bewirken die Reduzierung der Silberionen zu metallischem Silber (→ Kapitel 9.5.2), das zu dunkelbraunen Proteinbanden führt. Die Reaktion muss zum richtigen Zeitpunkt gestoppt werden. Dies erfolgt oft mit Essigsäure. Die ganze Prozedur dauert ungefähr 1–2 h.
Silbergefärbte Gele können weder für die Elektroelution noch für den Western Blot (→ Kapitel 10.5) verwendet werden.

TIPP

Die Silberfärbung ist sehr sensitiv, weshalb auch Verunreinigungen im Gel gut sichtbar werden. Kleine dunkle Punkte und Streifen werden durch unsaubere Gellösungen verursacht. Eine deutliche Doppelbande bei 65 kDa mahnt den Experimentator, sauberer zu arbeiten. Diese Doppelbande deutet auf Keratin hin, welches durch Hautschuppen in das Gel eingetragen wurde.

10.4 Weitere Elektrophoreseverfahren für Proteine

Es gibt viele weitere Verfahren zur Auftrennung von Proteinen, die andere Eigenschaften der Proteine, wie Ladung, für die Trennung nutzen. Schließlich können verschiedene Elektrophoreseverfahren miteinander kombiniert werden. Dabei wird zunächst nach einem Merkmal, beispielsweise der Proteinladung, aufgetrennt, anschließend wird die so erhaltene Bahn um 90 ° gedreht auf ein zweites Gel gelegt, in dem die Auftrennung nach dem Molekulargewicht erfolgt. Solche kombinierten Verfahren werden zweidimensionale (2-D) Elektrophorese genannt

10.4.1 Native PAGE

Die native Elektrophorese entspricht der SDS-PAGE mit zwei Unterschieden:

- Die Proteine werden vor dem Gellauf nicht denaturiert.
- In allen Lösungen fehlt SDS.

Die Auftrennung erfolgt somit nach Form, Ladung und Größe der Proteine. Daher lassen sich aus der aufgetrennten Bande keine Rückschlüsse auf die Proteineigenschaften ziehen: ein großes, stark geladenes Protein kann in einer nativen PAGE genauso weit laufen wie ein kleines, ungeladenes Protein. Der Vorteil von nativen Gelen liegt darin, dass die aufgetrennten Proteine noch enzymatisch aktiv sind, weshalb die Gele nach dem Lauf in Substratlösung gelegt werden und durch die Enzymreaktion die entstehenden Banden bestimmten Enzymen zugeordnet werden können. Heute wird dieses Verfahren nur noch selten angewendet.

10.4.2 Isoelektrische Fokussierung

Die isoelektrische Fokussierung (IEF) ist bereits Anfang der 70er-Jahre entwickelt worden. Bei diesem Verfahren werden die Proteine aufgrund ihres isoelektrischen Punkts aufgetrennt (→ Abb. 1.11). Das großporige Polyacrylamidgel weist einen pH-Gradienten auf, der durch Ampholyte bewirkt wird, die der Gellösung zugesetzt wurden. Ampholyte sind chemische Verbindungen, die sowohl saure als auch basische hydrophile Gruppen besitzen, d.h. sie verhalten sich sauer oder basisch. Aminosäuren und demzufolge auch Proteine stellen Ampholyte dar (→ Kapitel 1.4). Die hier verwendeten Gemische bestehen aus chemisch hergestellten Ampholyten, die in ihrer Gesamtheit einen bestimmten pH-Bereich abdecken. Beispielsweise gibt es Ampholyt-Gemische für den pH-Bereich 3–10 oder pH 7–10. Die Proteine laufen im Gel so weit, bis der umgebende pH-Wert ihrem isoelektrischen Punkt entspricht und sie keine Eigenladung mehr tragen.
Früher war dieses Verfahren sehr kompliziert, die erhaltenen Bandenmuster waren schlecht reproduzierbar und die Auflösung war gering. Heute werden standardisierte Fertiggele mit hoher Reproduzierbarkeit verwendet. Moderne Flachbett-Systeme (→ Abb. 10.8) erlauben die Elektrophorese bei sehr hohen Stromstärken, sodass die Auflösung der aufgetrennten Banden enorm gesteigert werden konnte.
Die IEF wird heute fast immer als erste Dimension einer 2-D-Elektrophorese (→ Kapitel 10.4.3) eingesetzt und ist aus der Proteomik nicht mehr wegzudenken.

10.4.3 2-D-Gelelektrophorese

Eine zweidimensionale Gelelektrophorese kombiniert verschiedene Elektrophoreseverfahren. Oft werden isoelektrische Fokussierung und SDS-PAGE kombiniert, andere Kombinationen sind

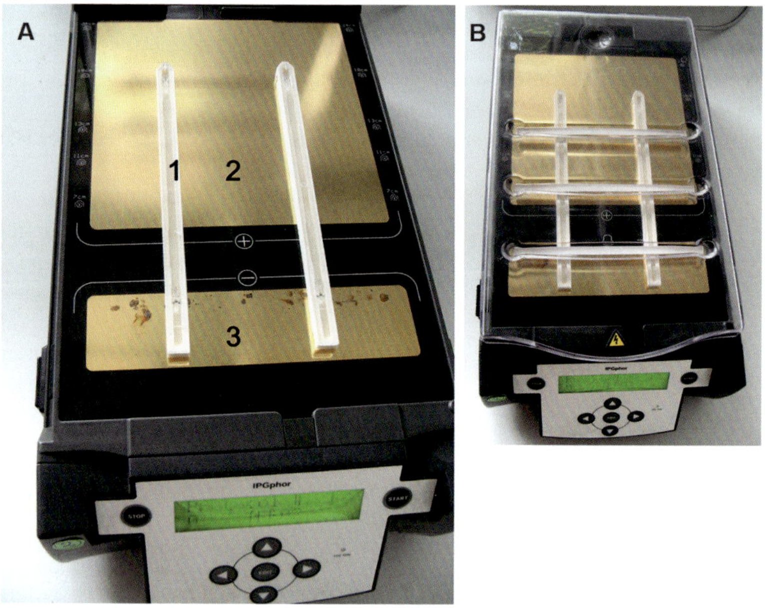

Abb. 10.8
IPGphor Flachbettgelsystem der Firma GE Healthcare. Für die Elektrophorese werden Fertiggelstreifen verwendet, die in die Schiffchen (**1**) gelegt werden (**A**). Die Schiffchen liegen locker zwischen den beiden Elektroden (**2, 3**). Erst durch das Schließen des Deckels (**B**) werden diese auf die Elektroden gepresst.

ebenfalls möglich. Wegen der besseren Reproduzierbarkeit werden bei 2D-Elektrophoresen meistens Fertiggele verwendet.
Die erste Dimension erfolgt beispielsweise auf einem Fertiggel mit pH-Gradient. Dieser Gelstreifen wird anschließend umgepuffert und auf ein SDS-PAGE Fertiggel gelegt. Dann erfolgt der zweite Gellauf, quer zur Auftrennung der ersten Dimension.
Auf diese Weise werden die zuvor nach ihrem isoelektrischen Punkt aufgetrennten Proteine quer zur ersten Dimension nach ihrem Molekulargewicht getrennt. Auf diesen Gelen entstehen keine Banden mehr, sondern die Proteine liegen in runden Flecken [*Spots*] vor (→ Abb. 10.9). Solche 2-D-Gele können wie normale Gele gefärbt werden, oft werden fluoreszenzbasierte Farbstoffe verwendet. Die Gele können nach dem Lauf auf eine Membran transferiert werden (→ Kapitel 10.5) und einzelne Proteine über Immunfärbungen (→ Kapitel 11.4) identifiziert werden. Einzelne Spots können ausgestochen und durch die Massenspektrometrie (→ Kapitel 10.6) identifiziert werden. Gerade die Massenspektrometrie erfordert ein reines Protein. Eine Bande eines SDS-PAGEs besteht häufig noch aus verschiedenen (gleichgroßen) Proteinen, erst in 2-D-Gelen können die Proteine soweit vereinzelt werden, dass ein Spot nur ein Protein enthält.

GUT ZU WISSEN

▶ Proteomik

Die Proteomik beschäftigt sich mit der Analyse des Proteoms einer Zelle, eines Gewebes oder eines Organismus, also der Gesamtheit aller exprimierten Proteine. Ähnlich wie bei der Genomik werden nicht einzelne Proteine analysiert, sondern (möglichst) alle Proteine, die sich in dem zu analysierenden Material befinden.
In der Proteomik werden oft zwei Zustände eines Gewebes miteinander verglichen. Daher sind immer zwei 2-D-Gele notwendig – jedes repräsentiert einen Zustand. Um Unterschiede in der Proteinzusammensetzung bei den beiden Zuständen zu entdecken, müssen die beiden Gele direkt miteinander verglichen werden. Deshalb müssen die Gelläufe sehr reproduzierbar durchgeführt werden.

Abb. 10.9
Vergleich zweier 2D-Gele, in denen die cytosolischen Proteine aus Wurzelkulturen der Pflanze *Medicago truncatula* aufgetrennt wurden. Die rechte Wurzelkultur wurde zuvor zwei Tage mit Zoosporen des Pathogens *Aphanomyces euteiches*, welches zu einer Wurzelfäule bei Leguminosen führt, infiziert. Die grünen Pfeile weisen auf Unterschiede im Proteom dieser beiden Proben hin. Foto: Colditz, IPG, LUH

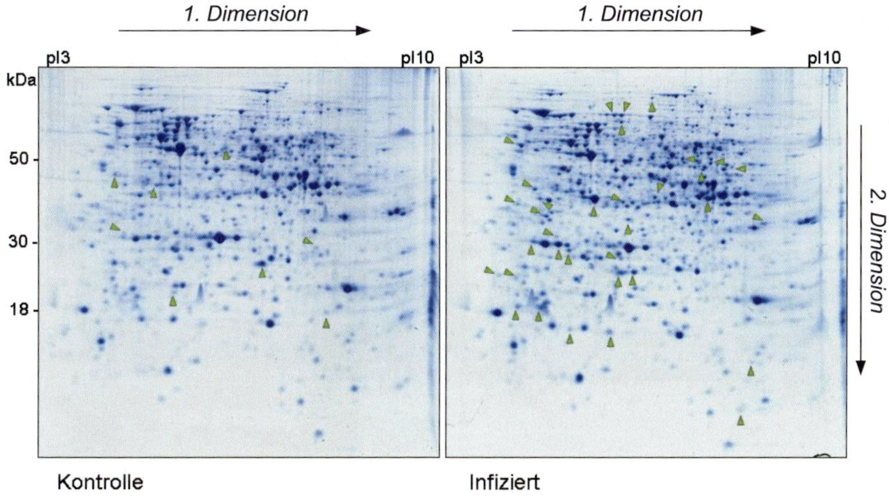

10.5 Western Blotting

Der Begriff „Western Blot“ leitet sich vom Southern und Northern Blot (→ Kapitel 7.6.1) ab. Das Prinzip ist ähnlich: Beim Western Blot werden Proteine, die in einem Gel aufgetrennt wurden, auf eine Membran übertragen. Dort werden einzelne Proteine spezifisch durch Antikörper (→ Kapitel 11.4) identifiziert. Wie bei den anderen Blot-Verfahren ist der Begriff „Western Blot“ unterschiedlich besetzt. Eigentlich bezeichnet er nur den Transfer, bei verschiedenen Autoren schließt er auch die anschließende Immunfärbung mit ein.
Durch den Transfer auf eine Membran werden die Proteine immobilisiert und erst auf der Membran für die Antikörper zugänglich gemacht (→ Map 10.2).
Der Western Blot erfolgt fast immer in einem elektrischen Feld. Zwei verschiedene elektrische Transferverfahren werden unterschieden: der *Wet Blot* und der *Semi-Dry Blot*. Die Variante, in der eine Proteinlösung auf eine Membran getropft und diese dann mit Antikörper gefärbt wird, wird *Dot Blot* genannt.

Map 10.2
Arbeitsschritte beim Western Blot. Nach dem eigentlichen Transfer aus dem Gel auf eine Membran werden alle freien Bindungsstellen abgesättigt (→ Kapitel 11.2.4) und nachfolgend durch den Einsatz von Antikörpern (→ Kapitel 11.4) ein spezifisches Protein identifiziert. Seltener wird der sogenannte Dot Blot verwendet, bei dem das Protein ohne vorherige Auftrennung im Gel auf eine Nitrozellulosemembran getropft wird, um anschließend eine Immunfärbung durchzuführen.

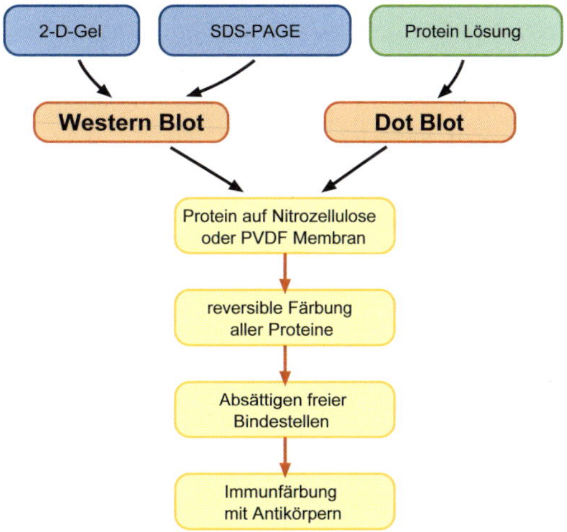

Abb. 10.10
(**A**) Aufbau eines Semi-Dry-Blots. Drei puffergetränkte Filterpapiere werden auf die Kathode gelegt. Es folgen die Membran und das Gel. Nachdem weitere vier puffergetränkte Filterpapiere jeweils einzeln aufgelegt wurden, wird der Deckel mit der Kathode aufgelegt. (**B**) Jede Schicht wird einzeln aufgelegt. Dabei ist darauf zu achten, dass sich keine Luftblasen zwischen den einzelnen Schichten befinden. Dies wird durch Ausstreichen mit dem Drigalskispatel erreicht.

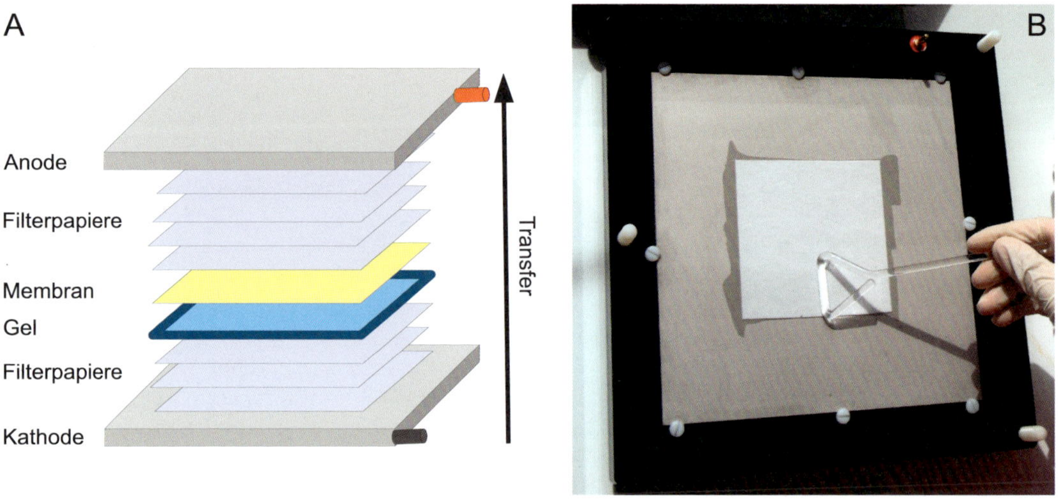

Das *Semi-Dry Blot*-Gerät besteht im Wesentlichen aus zwei großen Elektrodenplatten, zwischen denen der Blot-Aufbau erfolgt, bei dem luftblasenfrei die in Puffer getränkten Filterpapiere, Gel und Membran aufeinandergestapelt werden (→ Abb. 10.10).

Grundsätzlich müssen die Elektroden vor und nach der Benutzung gründlich mit Ethanol und H_2O gesäubert werden. Beim Aufbau des Blots sollten Handschuhe getragen werden, damit später keine Fingerabdrücke auf der Membran auftauchen.

Die Filterpapiere werden auf die benötigten Maße zugeschnitten. Dabei ist darauf zu achten, dass diese die gleiche Größe wie das Gel haben. Auch die Membran muss auf Gelgröße zugeschnitten werden, da es sonst zu einer ungleichmäßigen Übertragung kommt (→ Tab. 10.6). Die Fläche der Filterpapiere bestimmt die nachfolgend verwendete Stromstärke (→ Protokoll 10.4).

Als Membran wurde früher Nitrozellulose [*Nitrocellulose*] (NC) eingesetzt, heute wird meistens die stabilere Polyvinylidendifluorid-Membran (PVDF) verwendet. PVDF-Membranen müssen vor dem Blotten in $Methanol_{abs}$ aktiviert werden[59], weshalb beim Transferpuffer kein Metha-

GUT ZU WISSEN

▶ Antagonistische Wirkung von SDS und Methanol

Methanol ist für die Bindung der Proteine an die Membran unumgänglich, führt aber zum Schrumpfen der Gelporen. Das SDS ermöglicht erst den Transfer der Proteine aus dem Gel, stört jedoch die Bindung der Proteine an die Membran. Methanol und SDS wirken hier antagonistisch. Da bei Verwendung von PVDF-Membranen sich das Methanol nur im Bereich der Membran befindet, ist der Transfer auf PVDF-Membranen effizienter als bei der Verwendung von Nitrozellulosemembranen.

59 Ohne Aktivierung wäre die PVDF-Membran so hydrophob, dass wässrige Flüssigkeiten die Membran nicht penetrieren könnten. Erst die Aktivierung durch Methanol ermöglicht, dass die in Puffer gelösten Proteine die Membranoberfläche überhaupt erreichen können.

PROTOKOLL 10.4

Semi-Dry-Western Blot auf eine PVDF Membran

Material:

- SDS-Gel, Semi-Dry Blotkammer, Netzgerät
- in Methanol aktivierte PVDF Membran
- 7 Filterpapiere und Pufferschale zum Befeuchten der Filterpapiere und für die Ponceau-Färbung
- Drigalskispatel, Pinzette, Bleistift, Lineal, Schere, Ethanol-Spritzflasche, Handschuhe

Transferpuffer
25 mM Tris-HCl, pH 8,3 192 mM Glycin

Durchführung:

1. Die Elektrodenplatten und der Drigalskispatel werden gründlich mit Ethanol geputzt.
2. Das Transfer-Sandwich wird auf der unteren Platte aufgebaut:
   - Filterpapiere (in Puffer eingelegt) unten (Kathode)
   - Gel
   - PVDF-Membran
   - 4 Lagen Filterpapier (in Puffer eingelegt) oben (Anode)

   Es dürfen sich zwischen den Schichten keine Luftblasen befinden, diese müssen mit dem Drigalskispatel nach außen weggestrichen werden.
3. Der Deckel wird aufgesetzt und das Netzgerät angeschlossen.
4. Der Transfer dauert 45 min. Die Stromstärke hängt von der Fläche der Filter ab: Sie beträgt pro cm^2 Filterpapier 2,5–5 mA (der genaue Wert befindet sich in der Anleitung des Blotsystems).
5. Nach dem Transfer wird das Netzgerät abgetrennt und der Blot abgebaut. Die Membran wird in eine Ponceau Färbelösung oder MemCode™ gelegt.
6. Die Membran wird in H_2O überführt und beschriftet: Die einzelnen Bahnen können oben und unten mit Bleistift markiert werden. Dabei darf die Membran keinesfalls trockenfallen.
7. Die Bahn mit dem Längenstandard wird abgeschnitten und getrocknet. Alternativ kann der Längenstandard mit einem Kugelschreiber markiert oder ein vorgefärbter Marker verwendet werden.
8. Optional kann die unspezifisch angefärbte Membran fotografiert werden, anschließend wird sie in die Blocklösung (→ Kapitel 11.2.4) gelegt.
9. Das SDS-Gel kann nun in Coomassie gefärbt werden (→ Protokoll 10.3).

nol mehr benötigt wird. Dieser entspricht dem Elektrophorese-Laufpuffer ohne SDS (→ Protokoll 10.2). Sollen die Proteine auf eine Nitrozellulose-Membran transferiert werden, wird dem Transferpuffer 20 % (v/v) Methanol zugesetzt.

Nach dem Transfer wird der Blot abgebaut. Ist eine Immunfärbung geplant, darf die Membran zu keinem Zeitpunkt trockenfallen. Sie sollte immer mit etwas H_2O oder Puffer bedeckt sein. Bei allen Arbeitsschritten müssen Handschuhe getragen werden.

Sobald die Proteine auf der Membran binden, geht das sie umgebende SDS verloren. Dies wird durch das Methanol unterstützt. Dadurch falten sich viele Proteine zumindest partiell in ihre Struktur zurück. Dies ist der Grund, warum Antikörper, welche bestimmte Strukturen auf dem Protein erkennen, zur Detektion von Proteinen, die in einer denaturierenden SDS-PAGE aufgetrennt wurden, eingesetzt werden können.

Der erfolgreiche Transfer wird mit einer reversiblen Färbung überprüft. Dies erfolgt entweder

Tab. 10.5
Häufig auftretende Fehler bei der SDS-PAGE und deren mögliche Ursachen.

Problem	Mögliche Ursache und Lösung
Polymerisation dauert lang	• Zu wenig oder zu altes APS oder TEMED. • Schlechte Qualität oder Verunreinigung der Acrylamidlösung. • Zu niedrige Temperatur. • Gellösung wurde zu stark gemischt, sodass eingetragener Sauerstoff als Radikalfänger wirkt. • Reste an Ethanol vom Putzen der Platten.
schlechte Auftrennung	• Probenvolumen ist zu groß. • Zuviel SDS im Gel oder im Probenpuffer führt zu übermäßiger Mizellenbildung.
übermäßig lange Laufdauer	• Puffer sind zu hoch konzentriert. • Stromstärke ist zu niedrig, diese um 25–50 % erhöhen. • Obere Pufferkammer undicht, sodass zu wenig Puffer in der Pufferkammer ist.
Laufdauer sehr kurz, schlechte Auftrennung	• Puffer sind zu stark verdünnt. • Stromstärke ist zu hoch, um 25–50 % erniedrigen.
Gel löst sich von den Glasplatten	• Glasplatten nicht gründlich gesäubert.
mehr Banden als erwartet	• Die Probe wurde durch Proteasen gespalten. → Kapitel 9.1.1. • Doppelbande bei ca. 65 kDa (vor allem nach Silberfärbung) weist auf Verunreinigung mit Keratin (→ Kapitel 10.3) oder zu hohe DTT- Konzentration hin.
weniger Banden als erwartet	• Oft kombiniert mit einer wolkenartigen Bande im Bereich der Lauffront weist auf eine zu niedrige Konzentration an Acrylamid/Bisacrylamid hin. Höherprozentiges Gel verwenden.
Doppelbanden, obwohl einzelne Bande erwartet wurde.	• Probe wurde nach dem Aufkochen, während des Laufes oxidiert oder nicht vollständig reduziert. DTT-Konzentration in der Probe erhöhen.
verzerrte Banden	• Zu langsame Polymerisation im Bereich des Sammelgels, TEMED und APS-Konzentration erhöhen. • Zu hohe Salzkonzentration in der Probe. Erneut fällen (→ Kapitel 9.2), dialysieren (→ Kapitel 9.3) oder über Gelfiltration (→ Kapitel 9.4.2) entsalzen. • Gel wird zu stark in der Gelapparatur zusammengepresst. Schrauben an der Anlage nicht zu fest anziehen. • Unebenheiten zwischen Sammelgel und Trenngel. Die Überschichtung des Trenngels vorsichtiger durchführen oder n-Butanol statt H_2O zum Überschichten verwenden. • Ungleiche Erwärmung des Gels beim Gellauf. Wenn möglich, Kühlsystem an Gelanlage anschließen oder Lauf im Kühlraum durchführen. • Puffersubstanzen nicht gründlich durchmischt.
Banden habe alle eine Ausbeulung	• Luftblase beim Einstecken des Kamms führt zu Unebenheit in der Probentasche. • Luftblase zwischen unterem Ende des Gels und unterem Laufpuffer. • Unebenheit zwischen Trenn- und Sammelgel.
seitliche Ausbreitung der Banden	• Probendiffusion vor dem Gellauf, das Auftragen der Proben dauert zu lange. • Diffusion im Sammelgel während des Laufs, Stromstärke um 25 % erhöhen oder die Acrylamid-Konzentration im Sammelgel um 1 % steigern. • Probenvolumen ist zu groß.

Tab. 10.5 (Fortsetzung)
Häufig auftretende Fehler bei der SDS-PAGE und deren mögliche Ursachen.

Problem	Mögliche Ursache und Lösung
vertikale Streifen	• Probe ist präzipitiert. Vor dem Auftrag die Probe abzentrifugieren und Überstand in ein frisches Gefäß überführen. • Zuviel Probe aufgetragen. Reduktion der Stromstärke um 25 % kann helfen.
„Smile"-Effekt	• Die äußeren Banden sind nach oben gekrümmt, als würde das Gel lächeln. Ursache ist eine zu hohe Wärmebildung. Stromstärke senken oder Gel während des Laufes kühlen.
Proteinbande taucht in Nachbarbahnen auf	• Verschleppen der Probe beim Auftrag. • Kleine Lücken zwischen Trenn- und Sammelgel.
diffuse Proteinbanden	• Zu langsame Wanderung der Proteine, Stromstärke erhöhen. • SDS oder Probenpuffer zu alt, neu ansetzen. • Minderwertige oder verunreinigte Acrylamidlösung. • Proteinprobe hat nicht den richtigen pH oder ist zu kurz erhitzt worden.
schlierige Banden	• Zu hohe Salzkonzentration. • Probe ist zu hoch konzentriert oder hat eine zu niedrige SDS-Konzentration.
starke Färbung nahe oder in der Probentasche	• Die Acrylamid-Konzentration ist zu hoch. • Bildung von Proteinaggregaten, Proben länger aufkochen und vor Auftrag abzentrifugieren. Dabei entstehendes Präzipitat verwerfen.

Tab. 10.6
Mögliche Fehlerquellen beim Western Blot.

Problem	Mögliche Ursache und Lösung
kein Transfer	• Reihenfolge von Membran und Gel vertauscht. • Strompolung am Netzgerät oder der Blotkammer vertauscht. Rot = Anode = (+) und Schwarz = Kathode = (–)
schlechter Transfer	• Zu lange geblottet, Proteinfärbung auf beiden Seiten der Membran. Tritt vor allem beim Wet-Blot auf. Zu lange Blotdauer beim Semi-Dry Blot führt oft zu braunen Rändern an der Membran. Dauer des Blots verkürzen. • Zu kurz geblottet. Gel färben und überprüfen. Transferzeiten verlängern.
ungleichmäßiger Transfer	• Luftblasen zwischen den einzelnen Filtern des Blots. • Luftblasenbildung bei zu langem Transfer durch Elektrolyse oder Erwärmung. • Papiere und Transfermembran sind viel größer als das Gel. • Filterpapiere sind teilweise ausgetrocknet. • Elektroden sind verunreinigt.
starke Erwärmung von Blot-Aufbau und Gerät	• Zu hohe Stromstärke beim Blotten. • Zu lange Transferzeit. • Puffer mit zu hoher Leitfähigkeit, falsch angesetzt?

mit 0,2 % (w/v) PonceauS in 3 % (v/v) TCA oder mit MemCode™. Dieser Schritt fixiert gleichzeitig die Proteine auf der Membran.

Nun sollten die oberen und unteren Enden der Bahnen mit Bleistift markiert werden, um später die Zuordnung des Signals zur entsprechenden Bahn zu erleichtern. Der Längenstandard wird abgeschnitten und getrocknet, es sei denn, es wurde ein vorgefärbter Marker verwendet. Die gefärbte Membran kann fotografiert werden. Schließlich wird sie in die Blocklösung (→ Kapitel 11.2.4) gelegt, wo die Färbung schnell verschwindet.

Der *Wet Blot* erfolgt analog, allerdings wird der Stapel aus Filterpapieren, Gel und Membran in einen mit Puffer gefülltem Tank platziert.

Zwar ist der *Wet Blot* die schonendere und effizientere Methode, doch wegen der großen Menge an benötigtem Puffer und einer Transferdauer von mindestens 3 h wird er inzwischen seltener durchgeführt als der *Semi-Dry Blot*. Der *Wet Blot* sollte genutzt werden, wenn Proteine mit einem Molekulargewicht von über 80–100 kDa transferiert werden sollen, da bei diesen Proteingrößen der *Semi-Dry Blot* sehr ineffizient ist.

Abschließend finden Sie auf den vorherigen Seiten mögliche Fehlerquellen, die bei der SDS-PAGE (→ Tab. 10.5) und dem Western Blot (→ Tab. 10.6) auftreten können, aufgelistet.

10.6 Massenspektrometrische Verfahren

Mit den verschiedenen **M**assen**s**pektrometrischen Verfahren (MS) werden Proteine und andere Moleküle nach ihrem Molekulargewicht aufgetrennt. Aus diesem Grund behandeln wir das Verfahren in diesem Kapitel, obwohl die zugrundeliegenden Prinzipien nichts mit den zuvor beschriebenen Elektrophoreseverfahren zu tun haben. Der Zusammenhang besteht vielmehr darin, dass vor der MS häufig eine 2D-Gelelektrophorese durchgeführt wird (→ Kapitel 10.4.4). Denn ein reines Protein ist für seine Größenbestimmung unbedingt erforderlich. Die 2D-Elektrophorese erlaubt es, in wenigen Schritten ein reines, denaturiertes Protein zu erhalten. Dazu wird ein *Spot* nach der hochauflösenden 2D-Elektrophorese aus dem Gel ausgeschnitten, denn schon diese Menge reicht für die MS-Analyse aus. Die ausgestochenen *Spots* werden entfärbt und proteolytisch in Peptide gespalten. Dazu wird häufig die Endopeptidase Trypsin verwendet, die Peptidbindungen spezifisch am Carboxyende der Aminosäuren Arginin und Lysin spaltet[60].

Die so entstandenen Peptide können chromatographisch weiter aufgetrennt und in die Massenanalyse eingesetzt werden. Die Anwendung der MS geht weit über die exakte Größenbestimmung von Proteinen hinaus. Aus den Daten kann auch die Aminosäuresequenz eines Proteins abgeleitet werden. Die Proteinsequenzierung mittels MS zeichnet sich durch kurze Analysezeiten, weitgehende Automatisierung und hohe Empfindlichkeit aus, sodass sie heute eine Routinemethode in vielen Laboren darstellt. Es gibt inzwischen sehr viele Varianten der Massenspektrometrie, von denen hier nur einige Verfahren beispielhaft dargestellt werden.

Bei der Massenspektrometrie werden Ionen erzeugt, die in einem Hochvakuum aufgrund ihrer Masse getrennt werden. Die Hauptbestandteile eines Massenspektrometers sind bei allen Geräten in der gleichen Reihenfolge zu finden:

- Ionenquelle,
- Massenanalysator zur Trennung der Ionen,
- Ionendetektor zum Nachweis der Ionen.

Die Ionen werden auf unterschiedliche Art erzeugt. Gängige Verfahren sind *die Matrix-Assisted LaserDesorption/-Ionisation* (MALDI) und die *Electrospray Ionisation* (ESI).

Bei MALDI werden die Peptide in eine Matrix eingebettet. Dies geschieht dadurch, dass die Peptide mit der Matrixlösung auf einen Probenteller pipettiert werden, wo sie eintrocknen. Der Probenteller wird mit einem Laser beschossen, wobei die Matrix die Energie des Lasers absorbiert, damit die Peptide möglichst unfragmentiert mit den Matrixmolekülen zusammen verdampfen.

60 Keine Spaltung erfolgt, wenn C-terminal ein Prolin folgt.

Bei dieser Behandlung werden die Peptide ionisiert, liegen also geladen vor.
Nun werden die ionisierten Peptidmoleküle in einem elektrischen Feld beschleunigt und fliegen anschließend durch ein luftleeres Rohr. Die Zeit, die sie dafür benötigen, wird gemessen. Daher kommt die Abkürzung TOF für *Time-of-Flight*. Je schwerer das Peptid, desto länger ist seine Flugzeit, wobei die typischen Flugzeiten im Bereich von Millisekunden liegen.
Obwohl der Laserimpuls nur eine kurze Zeit dauert, haben die bei dem Puls entstehenden Peptid-Ionen weder die gleiche Startzeit noch die gleiche kinetische Energie. Um diese Verteilungsbreite der Energie bei Ionen gleicher Masse zu minimieren, wird sehr oft ein Flugrohr mit Reflektorelektrode, die man sich als eine Art Spiegel vorstellen kann, verwendet (→ Abb. 10.11).
Für die Analyse von Proteinen ist ein weiteres Verfahren sehr geeignet, die Tandem-Massenspektrometrie (Tandem-MS), auch MS/MS genannt. Diese Geräte ermöglichen die Analyse komplexer Gemische, daher müssen die Peptide des zu bestimmenden Proteins vor der MS nicht mehr chromatographisch aufgetrennt werden.

Abb. 10.11
MALDI-TOF-Verfahren. Die Proteinprobe wird zunächst mit Trypsin behandelt und die erhaltenen Peptide in einer Matrix auf den Probenteller gegeben. Nach Beschuss mit einem Laser verdampfen die einfach ionisierten Peptide und werden in einem elektrischen Feld von 10–20 kV beschleunigt. In einem luftleeren Vakuumrohr fliegen sie abhängig von ihrer Masse. Dieses Flugrohr ist häufig mit einer Reflektorelektrode ausgestattet, um die entstehenden Signale zu schärfen. Am Ende werden die Peptid-Ionen detektiert und die Flugzeit ermittelt.

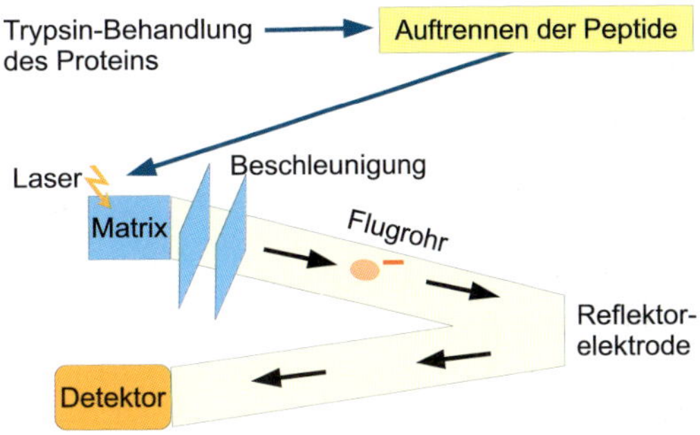

Abb. 10.12
Bei der Tandem-MS wird das mit Trypsin behandelte Protein mittels Elektrospray (ESI) ionisiert. Auf der ersten TOF-Strecke werden Peptide mit einer bestimmten Masse ausgewählt, die in der Kollisionskammer weiter fragmentiert werden. Diese werden in der zweiten TOF-Strecke analysiert (**A**). Dabei entsteht ein Spektrum aus sogenannten b- und y-Ionen, abhängig davon, an welcher Seite des Peptids die Aminosäure „abgebrochen“ ist (**B**). Aus der Differenz zweier benachbarter y- bzw. b-Peaks kann die Masse der abgespaltenen Aminosäure ermittelt werden (**C**).

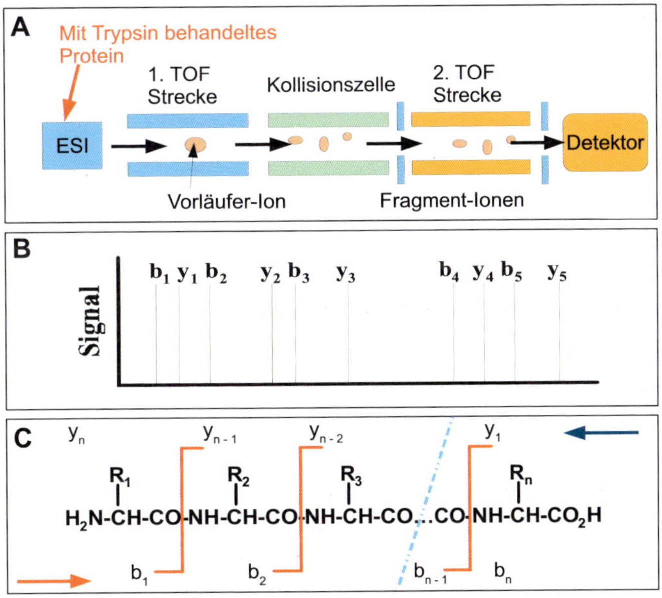

Die Peptide werden in der Regel durch ein Verfahren, welches Elektrospray-Ionisation (ESI) genannt wird, ionisiert und in der ersten TOF-Strecke aufgetrennt [*Precursor Ion*]. Nur Ionen einer bestimmten Peptid-Masse werden ausgewählt und kollidieren in einer Kollisionszelle, welche mit einem inerten Gas (oft Argon) gefüllt ist (CID [*Collision Induced Dissociation*]). Die so aus einem Peptid entstandenen Fragmente (Zerfallsionen [*Fragment Ions*]) werden in einer zweiten TOF-Strecke aufgetrennt (→ Abb. 10.12A).
Aus einem Vorläufer-Peptid entstehen in der Kollisionskammer alle möglichen Fragmente, die sich nur in der Anzahl unterscheiden, wieviele Aminosäuren abgespalten wurden. Aus den im zweiten TOF entstandenen Ionenserien (→ Abb. 10.12B) kann die Aminosäuresequenz leicht bestimmt werden, denn die Fragmentierung erfolgte nach dem Zufallsprinzip und unabhängig von der Aminosäuresequenz. Da die Abspaltung sowohl am Amino- als auch am Carboxyende erfolgt, entstehen sogenannte b-Ionen und y-Ionen. Um ein solches Spektrum auszuwerten, wird der kleinste Masse-Peak gesucht, welcher Lysin oder Arginin entspricht, denn das sind die Aminosäuren, nach denen Trypsin geschnitten hat. Deren Masse sollte 147,113 Da (Lysin) oder 175,119 Da (Arginin) betragen. Mittels Massetabellen wird rechts von y1 nach einem deutlichen Peak mit der Masse y1 + Aminosäure (→ Abb. 10–12C) geschaut. Das ist das y2-Ion. Diese Prozedur wird für die weiteren y-Ionen nach rechts hin wiederholt und ergibt so die reverse Sequenz des Peptids. In der Realität werden die erhaltenen Spektren vom Gerät automatisch ausgewertet. Dabei können auch Proteinmodifikationen wie Glykosylierungen oder Phosphorylierung identifiziert werden.
Die Tandem-MS-Spektren werden als *Peptide-Fragment-Fingerprint* (PFF) bezeichnet, die MALDI-TOF Spektren als *Peptide-Mass-Fingerprint* (PMF). Es gibt Datenbanken im Internet, gegen die jedes PMF bzw. PPF abgeglichen werden kann. Das ist auch einer der Gründe, warum die Proteine oft mit Trypsin behandelt werden, denn so ist eine Vergleichbarkeit gegeben.

11 Immunbiochemische Methoden

Map 11.1
Es gibt drei wesentliche Quellen für Antikörper, die im oberen Teil der Map dargestellt sind. Die Bindestelle für den Antikörper auf dem Antigen ist relativ klein und wird Epitop genannt. Bei relativ wenigen Verfahren befinden sich sowohl der Antikörper als auch das Antigen frei in Lösung (blaue Boxen). Fast immer ist einer der beiden Partner an ein Trägermaterial gebunden (grüne Boxen). Daher ist das zugrundeliegende Prinzip bei den meisten Verfahren gleich.

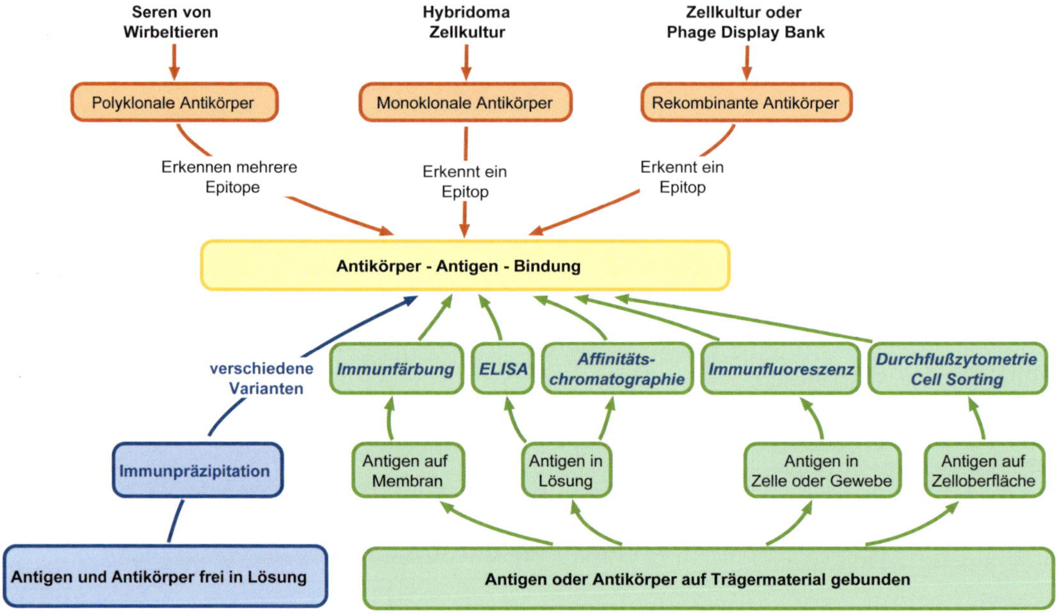

Verschiedene, sehr effiziente Analyse- und Aufreinigungsverfahren beruhen auf der spezifischen Wechselwirkung zwischen Antikörpern und ihren Antigenen. Allen Antikörpern ist gemeinsam, dass sie ein bestimmtes Protein oder ein anderes Biomolekül in einer Probe nachweisen können oder es in einem Gewebe oder einer Zelle lokalisieren. Dieser Nachweis kann auch eine Aussage über die Menge des vorhandenen Zielproteins liefern (→ Map 11.1). Im Labor sind zwei verschiedene Antikörpertypen verbreitet:

- Polyklonale Antikörper werden aus dem Serum eines immunisierten Tieres gewonnen.
- Monoklonale Antikörper stammen aus Hybridoma-Zellkulturen, sind spezifischer aber auch teurer als die polyklonalen Seren.

Eine weitere Gruppe stellen die Rekombinanten Antikörper dar, die in → Kapitel 11.6 behandelt werden.

Die Bindung des Antikörpers an sein Zielprotein, das Antigen, kann über verschiedene Verfahren sichtbar gemacht werden. Weit verbreitet sind enzymbasierte Färbemethoden, daneben können fluoreszierende Moleküle oder Radioaktivität und viele weitere Verfahren zur Detektion und Quantifizierung einer Antikörper-Antigen-Interaktion genutzt werden.
Wurden Proteingemische in der SDS-PAGE (→ Kapitel 10.2) aufgetrennt, kann das gesuchte Protein nach einem Western Blot (→ Kapitel 10.5) leicht identifiziert und charakterisiert werden. Weit über die Arbeit im Labor hinaus bekannt ist der ELISA [*Enzyme-linked Immunosorbent Assay*], der eine verbreitete Nachweismethode in der Medizin und bei der Qualitätskontrolle von Lebensmitteln darstellt. Er ermöglicht es, eine große Zahl von Proben gleichzeitig zu analysieren und miteinander zu vergleichen.

Bei der Immunpräzipitation und der Antikörper-basierten Affinitätschromatographie werden Antikörper genutzt, um ein bestimmtes Protein aufzureinigen.
Nachdem wir sehr kurz den Aufbau eines Antikörpermoleküls vorstellen, sollen die allgemeinen Prinzipien der Antikörper-Antigen-Bindung genauer erläutert werden, die für fast alle Antikörper-basierten Verfahren sehr ähnlich sind. Im letzten Teil des Kapitels gehen wir auf die Durchführung und speziellen Anforderungen gängiger immunbiochemischer Verfahren ein.

11.1 Antikörper

Immunglobuline sind extrazelluläre Proteine von Wirbeltieren, die als Teil des Immunsystems von B-Lymphozyten produziert werden. Die Wirbeltiere verwenden einen großen Teil ihrer Energie darauf, täglich Milliarden verschiedener B-Lymphozyten herzustellen, die jeweils ihr bestimmtes Immunglobulin produzieren. Erst wenn ein Immunogen in den Körper gelangt, wird die Zelle, die das passende Immunglobulin produziert, stark vervielfältigt. Die meisten Immunglobuline befinden sich im Blut und werden als Antikörper bezeichnet.[61] Da Antikörper selbst feinste Unterschiede bei ihren Zielmolekülen, den Antigenen, erkennen, sind sie für die Laborarbeit extrem wichtig geworden.
Antikörper können im Tier gegen Proteine, Polysaccharide, Nukleinsäuren generiert werden, die entweder als lösliche Form oder als Teil eines zellulären Organismus oder eines Virus in den Körper eindringen. Kleine Moleküle, sogenannte Haptene[62], können nicht immunogen wirken.
Antikörper sind in den meisten Säugetieren nach einem einheitlichen Prinzip aufgebaut (→ Abb. 11.1).

61 Eigentlich gehören zu den Immunglobulinen neben den Antikörpern auch die membrangebundenen B-Zell Antigenrezeptoren. Letztere spielen im Labor keine Rolle, weshalb häufig die Begriffe Antikörper und Immunglobulin synonym verwendet werden.
62 Haptene sind meist unter 5000 Da groß.

Abb. 11.1
Schema eines Immunglobulins des Typ G (IgG). Dieses besteht aus zwei identischen leichten Ketten (LC) und zwei identischen schweren Ketten (HC). Am Amino-Ende befinden sich die Antigen-Bindedomänen mit den hypervariablen Bereichen (CDR I-III). Am Carboxyende liegt die Effektorfunktion (FC). Die einzelnen Ketten werden durch Disulfidbrücken (orange) zusammengehalten. Die *Hinge-Region* gibt den beiden antigenbindenden Bereichen [F_{ab} von „*antigen-binding Fragment*"] eine gewisse räumliche Flexibilität.

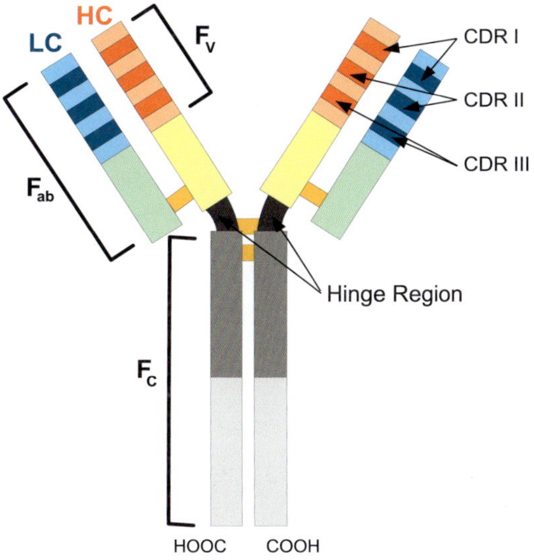

Die Grundeinheit stellt ein Y-förmiges Tetramer aus je zwei identischen leichten [*Light Chain,* LC] und zwei identischen schweren Ketten [*Heavy Chain,* HC] dar, die durch Disulfidbrücken zusammengehalten werden. Die Bereiche an den Aminoenden sind sehr variabel und für die Bindung an die Antigene zuständig. Innerhalb dieser variablen Bereiche gibt es je drei hypervariable Bereiche [*CDR = Complementarity Determining Region*], welche die direkte Kontaktstelle für die Antigen-Bindung darstellen. Jede dieser Regionen ist 4–20 Aminosäuren lang und heißt auch Paratop. Das Paratop bindet an das Epitop seines Antigens. Ein Epitop auf einem Protein umfasst einen Bereich von ungefähr 6–12 Aminosäuren. Somit weist ein Antigen verschiedene Epitope auf, an die unterschiedliche Antikörper binden können (→ Abb. 11.3).

Abb. 11.2
Beispiele natürlicher und künstlich hergestellter Antikörper-Formate. Die Y-förmige Grundstruktur des IgGs findet sich dimerisiert auch in IgA, bei dem die beiden Grundeinheiten durch eine J-Kette verbunden sind. IgM besteht sogar aus fünf Grundeinheiten. Dass nicht alle Immunglobuline bei Säugetieren aus leichten und schweren Ketten aufgebaut sind, zeigt das Beispiel der Kamelartigen *(Camelidae)*, die nur schwere Ketten besitzen. Die proteolytische Spaltung produziert Antigen-bindende Fragmente (F_{ab}), die je nach verwendeter Protease aus unterschiedlich vielen Einzelketten bestehen. Ein scFv besteht nur noch aus den vorderen, variablen Bereichen. Da keine Disulfidbrücke gebildet werden können, müssen die beiden Einzelketten durch einen synthetischen Peptidlinker zusammengehalten werden.

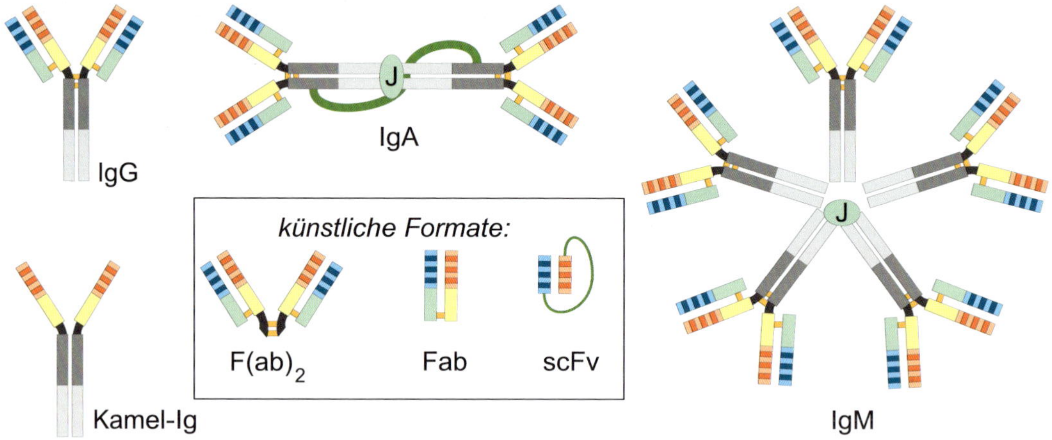

Die carboxyterminalen Bereiche der Peptide sind in ihrer Sequenz einigermaßen konstant. Der hintere Bereich der schweren Kette stellt die Effektorfunktionen des Moleküls dar, welche die erforderliche Immunantworten vermittelt. Aufgrund der konstanten Bereiche können die Antikörper in fünf Hauptgruppen (Isomere) eingeteilt werden (IgM, IgG, IgA, IgD, IgE), die im Immunsystem unterschiedliche Funktionen haben und teilweise höhergeordnete Strukturen bilden. Im Labor finden sich vor allem Antikörper des Isotyps IgG und seltener die pentameren IgMs (→ Abb. 11.2).
Durch proteolytischen Verdau kann dieser Effektorbereich als sogenannte F_C [*Fragment crystallizable Region*] abgespalten werden. Der verbleibende Teil besitzt noch die Antigen-bindenden Eigenschaften und heißt F_{ab} [*Fragment Antigen-binding*] oder $F_{(ab)2}$, abhängig von der Protease, die für die Spaltung eingesetzt wurde (Papain produziert zwei F_{ab}s, Pepsin ein $F_{(ab)2}$.
Antikörper werden heute auf drei Arten hergestellt und können entsprechend gegliedert werden (→ Abb. 11.3):

▸ Polyklonale Antikörper
Einem Tier wird eine immunogene Substanz (z. B. ein Protein) gespritzt. Gängig sind Dosen von 10–200 µg Antigen. Nach wenigen Wochen sind in seinem Blut Antikörper vorhanden, die gegen verschiedene Bereiche des Immunogens[63] (Epitope) gerichtet sind. Das Blut wird abgenommen, und die Zellen werden abzentrifugiert. Im Überstand des Serums befinden sich die Antikörper, die oft über die Fällung mit Ammoniumsulfat (→ Kapitel 8.2.3), Ionenaustauschchromatographie (→ Kapitel 9.4.2) oder Affinitätschromatographie (→ Kapitel 11.5) mit dem Antigen als Liganden gereinigt werden. Letztere werden als affinitätsgereinigte Antiseren bezeichnet. Polyklonale Antikörper sind preiswert und schnell herzustellen, wenn jedoch das produzierende Tier stirbt, ist der Antikörper nicht mehr verfügbar. Solche Antikörper werden

63 Immunogen bezeichnet eine Substanz, die ein Immunsystem dazu anregt, Antikörper zu bilden. In der Regel entspricht das Immunogen auch dem späteren Antigen des gebildeten Antikörpers.

vor allem in Kaninchen [*Rabbit*], Ziegen [*Goat*] und Schafen [*Sheep*] hergestellt. Eine weitere Variante sind IgY, die in Hühnereiern produziert werden. IgY ist das funktionale Äquivalent zu IgG aus Vögeln. Da die Antikörper aus dem Eigelb gelegter Eier gewonnen werden, muss den Tieren kein Blutserum entnommen werden, und die Produktionsmengen sind entsprechend der Eiablage erheblich.

▸ Monoklonale Antikörper

Dem immunisierten Tier, meistens eine Maus [*Mouse*], wird die Milz entnommen. Die Milzzellen werden mit unsterblichen Krebszellen (Myelom-Zellen) fusioniert. Die entstehenden fusionierten Zellen (Hybridoma) werden vereinzelt und anschließend in der Zellkultur vermehrt. So entstehen Klone der initialen Hybridomazelle, die alle exakt den gleichen Antikörper produzieren. Monoklonale Antikörper sind dauerhaft verfügbar und nur gegen ein Epitop auf dem Antigen

Abb. 11.3
(**A**) Polyklonale Antikörper stellen eine Mischung von Antikörpern dar, die verschiedene Epitope (hier als 1 und 2 bezeichnet) auf dem Antigen erkennen. (**B**) Ein monoklonaler Antikörper bindet nur ein spezifisches Epitop. Ist das Epitop nur einmal auf dem Antigen vorhanden, kann daher ein monoklonaler Antikörper maximal zwei Antigene miteinander verknüpfen. Bei polyklonalen Antikörpern können dagegen große Komplexe miteinander verbundener Moleküle entstehen, die unlöslich werden können. (**C**) Rekombinante Antikörper sind monovalent, d. h. jedes scFv hat nur eine Bindestelle (Paratop) und können nicht für Präzipitationen verwendet werden.

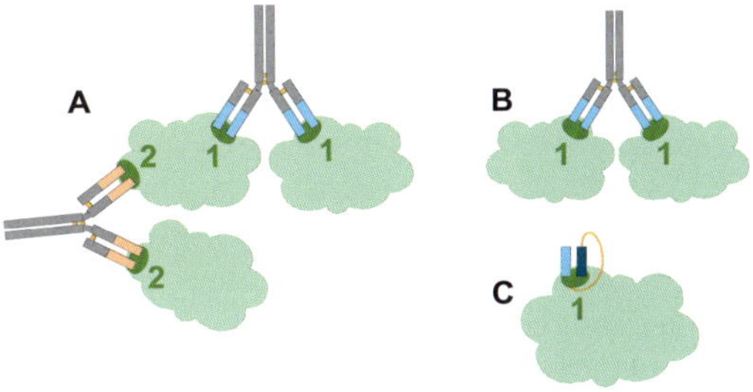

PROTOKOLL 11.1

Herstellung von PBS Puffer, pH 7,4

Material:

10x PBS Puffer	1x PBS Puffer
In 800 ml H_2O werden gelöst: 80 g NaCl 2 g KCl 14,4 g Na_2HPO_4 2,4 g KH_2PO_4 Abschließend wird auf 1 L aufgefüllt.	137 mM NaCl 2,7 mM KCl 10 mM Na_2HPO_4 2 mM KH_2PO_4

Anmerkungen:

- Die Zutaten müssen beim Ansetzen der 10 × PBS Stammlösung langsam zugegeben werden und vor der nächsten Zugabe an Pulver vollständig gelöst sein.
- Der pH-Wert der Stammlösung wird nicht gemessen. Selten muss der pH-Wert des 1x Puffers mit HCl auf pH 7,4 nachjustiert werden.
- Der 10x Puffer wird mit H_2O auf 1000 ml aufgefüllt und autoklaviert.
- Die Lagerung des 10x PBS erfolgt immer bei Raumtemperatur.
- Es sollte beachtet werden, dass es abweichende Rezepte für PBS Puffer gibt.

GUT ZU WISSEN

▶ Antikörper-Bindung ist pH-abhängig
Die Bindung zwischen Antikörper und Antigen ist pH-abhängig. Alle immunbiochemischen Analysen erfolgen bei einem basischem pH, meist pH 7,4. Durch Veränderung des pH-Werts lassen sich die entstehenden Signalstärken beeinflussen. Die Senkung des pH-Werts führt zum Abschwächen aller Signale. Hohe Salzkonzentrationen führen zu ähnlichen Effekten, weshalb erhöhte Salzkonzentrationen in den Puffern unspezifische Signale reduzieren können.

gerichtet. Ihre Herstellung ist sehr aufwendig. Die Vorteile von monoklonalen Antikörpern liegen vor allem bei ihrer hohen Homogenität, der Abwesenheit anderer unspezifischer Antikörper sowie der dauerhaften Verfügbarkeit.

▶ Rekombinante Antikörper
Unter dem Begriff „Rekombinante Antikörper" werden verschiedene Formate zusammengefasst. Sie werden mittels molekularbiologischer Methoden hergestellt und im → Kapitel 11.6.1 näher behandelt.

In der Regel werden Antikörper käuflich erworben, und es gibt eine große Zahl verschiedener Anbieter. Meistens werden die Antikörper als Flüssigkeit oder Lysat geliefert. Letzterem muss nur noch die angegebene Menge an H_2O zugefügt werden. Manche Antikörper werden bei 4 °C andere bei −20 °C gelagert. Da ein wiederholtes Auftauen und Einfrieren äußerst ungünstig ist, sollten Antikörper, welche bei −20 °C zu lagern sind, aliquotiert werden.
Oft sind die Antikörper in PBS [*Phosphate-Buffered Saline*] oder TBS [*Tris-Buffered Saline*] gelöst. PBS ist ein Phosphatpuffer (→ Protokoll 11.1), dem zusätzlich NaCl zugesetzt wurde, TBS ist sein Pendant auf Tris-Basis. Beide Puffer besitzen einen pH = 7,4, der sich bei den meisten Rezepten automatisch ergibt.

11.2 Prinzipien immunbiochemischer Verfahren

Trotz der vielen verschiedenen immunbiochemischen Verfahren sind die zugrundeliegenden Prinzipien oft dieselben. Alle Antikörper-basierten Verfahren können einer von zwei Gruppen zugeordnet werden: bei der ersten sind beide Partner (Antigen und Antikörper) in Lösung. Durch Aggregatbildung entstehen unlösliche Präzipitate, welche detektiert oder abzentrifugiert werden können (→ Kapitel 11.2.1). Die für Laborarbeiten weitaus wichtigere Gruppe beruht darauf, dass einer der beiden Partner fest an eine Matrix gebunden ist und der andere in Lösung vorliegt (→ Kapitel 11.2.2).

11.2.1 Immunpräzipitation

Werden Antikörper mit ihren Antigenen in einer Lösung vermischt, führt dies zu einer Antikörper-Antigen-Bindung (→ Abb. 11.3). Da Antikörper meist bivalent sind (also zwei Bindestellen haben), binden sie zwei Antigene gleichzeitig. Dadurch kommt es zu großen Aggregaten im Bereich der Äquivalenzzone (→ Abb. 11.4), welche ausfallen und durch Zentrifugation präzipitiert werden können. Dieses Verfahren funktioniert mit polyklonalen Antikörpern, da dann zusätzlich zu den Paratopen der Antikörper noch mehrere Epitope auf dem Antigen zur Vernetzung beitragen können[64].
Die Präzipitation ist von den Konzentrationen an Antigen und Antikörper abhängig. Ist eins der beiden Moleküle zu niedrig konzentriert, können sich keine Aggregate bilden, weil die entsprechenden Partner fehlen. Die geeignete Konzentration spiegelt die Heidelberger Kurve wieder (→ Abb. 11.4).
Über die Immunpräzipitation kann die optimale Bedingung einer Antigen-Antikörper-Bindung ermittelt werden. Viel wichtiger ist jedoch, dass so

64 Natürlich kann das Antigen auch mehrmals das gleiche Epitop aufweisen. Dann ist ein monoklonaler Antikörper ausreichend.

Tab. 11.1
Verschiedene trägerbasierte, immunbiochemische Verfahren. Bei mehrstufigen Verfahren wird ein unmarkierter, erster Antikörper eingesetzt. Nachdem überschüssiger erster Antikörper abgewaschen wurde, wird ein zweiter, markierter Antikörper zugegeben, der gegen den ersten Antikörper gerichtet ist und nur dort bindet. Details siehe → Kapitel 11.2.6.

Verfahren	Immobilisierter Partner	Bemerkung
RIA [*Radioimmunassay*]	Antigen oder Antikörper	Einer der Partner ist radioaktiv markiert, sehr sensitives Verfahren. Wird nur noch sehr selten verwendet.
ELISA [*Enzyme-linked immunosorbent Assay*]	Antigen oder Antikörper	Prinzip wie RIA, aber einer der Partner ist mit einem Enzym markiert, welches ein Substrat zu einem löslichen, farbigen Produkt umsetzt. Oft mehrstufig.
Western Blot / Immunfärbung	Antigen	Der Antikörper ist mit einem Enzym markiert, welches ein unlösliches farbiges Produkt bildet. Oft mehrstufig.
Immunogold	Antigen	Der Antikörper ist mit Gold markiert, es werden Gewebeschnitte für Elektronenmikroskopie untersucht.
Immunfluoreszenz	Antigen	Hier werden Gewebeproben mit Antikörpern untersucht, die eine Fluorophore tragen und im Fluoreszenzmikroskop sichtbar gemacht werden.

auf einfache Weise sehr schnell ein gewünschtes Antigen isoliert werden kann. Allerdings benötigt dieses Verfahren große Mengen Antikörper, weshalb es im Labor nicht sehr häufig verwendet wird. Eine medizinische Variante ist der Agglutinationstest, bei dem der Antikörper an eine größere Struktur (Latexkügelchen oder Zellen) gebunden ist, an das Antigen bindet und der gebildete Komplex ausfällt[65]. Dieses Verfahren kann schon als Matrix-basierte Methode angesehen werden.

Abb. 11.4
Die Heidelberger Kurve gibt die optimalen Bedingungen für die Bindung zwischen Antigen und Antikörper wieder. Die Ordinate gibt die Menge an gebildetem Präzipitat an, die Abszisse die Konzentration an Antigen. Ist die Konzentration an Antigen (**A**) oder an Antikörper (**C**) zu niedrig, bleiben beide in Lösung. Nur in der Äquivalenzzone (**B**) bildet sich ein Präzipitat, dessen Menge sich leicht durch die Trübung der Lösung ermitteln lässt.

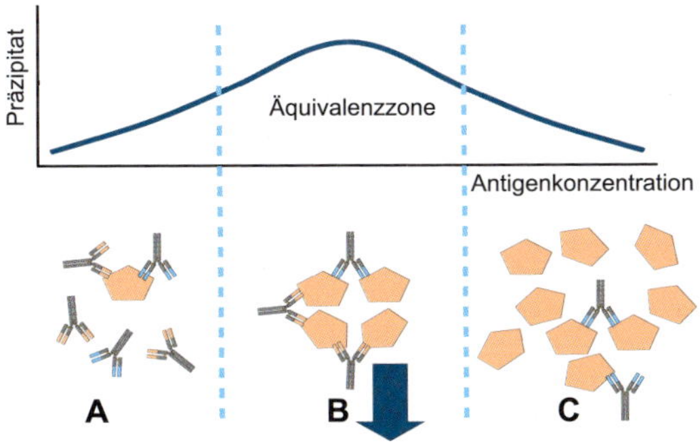

Eine weitere Variante der Immunpräzipitation stellt die Chromatin Immunopräzipitation (ChIP) dar. Diese Methode wird verwendet, um zu ermitteln, ob ein bestimmtes Protein *in vivo* an eine spezifische DNA-Sequenz bindet. Zunächst werden die *in vivo* bestehenden Protein-DNA Interaktionen durch Formaldehyd fixiert. Nach Aufschluss der Zellen wird das Chromatin mittels Ultraschall in Stücke von einigen hundert Basenpaaren zerkleinert. Die Stücke, an die das zu untersuchende Protein gebunden hat, werden mit einem gegen dieses Protein gerichteten Antikörper präzipitiert. Nachdem die DNA von den Proteinen getrennt wurde, kann sie mittels PCR (→ Kapitel 4.4) amplifiziert, kloniert und sequenziert werden.

65 Es kann auch das Antigen an die Latexkugeln gekoppelt und ein Immunserum zugegeben werden.

11.2.2 Trägerbasierte Immunfärbung

Im Labor sind fast nur Verfahren der zweiten Gruppe anzutreffen, bei der einer der beiden Partner an einen Träger gekoppelt ist und der andere sich frei in Lösung befindet. Es gibt viele Varianten, die jedoch alle auf dem gleichen Prinzip beruhen (→ Tab. 11.1).
Nachfolgend beschränken wir uns zunächst auf die Variante, bei der das Antigen an eine Trägermatrix gebunden vorliegt und sich der Antikörper in Lösung befindet.
Bevor wir die einzelnen Schritte im Detail besprechen, soll hier zunächst der allgemeine Ablauf dargelegt werden, die Zahlen entsprechen denen in → Abb. 11.5:

- Kopplung des Antigens an eine feste Matrix ②.
- Abwaschen des nicht gekoppelten Antigens.
- Zugabe der Blocklösung um freie Kopplungsstellen auf der Matrix abzusättigen ③.
- Entfernen der Blocklösung und Waschen.
- Zugabe des ersten Antikörpers, der gegen das Antigen gerichtet ist ④. Dieser wird 1–2 h bei Raumtemperatur inkubiert.
- Der erste Antikörper muss durch Waschen sorgfältig entfernt werden.

Die nächsten beiden Schritte sind optional, denn sie beziehen sich auf mehrstufige Verfahren, die häufiger angewendet werden als einstufige, bei denen nun Punkt ⑧ in → Abb. 11.5 folgen würde.

- Zugabe des zweiten, meist polyklonalen Antikörpers, der gegen den ersten Antikörper gerichtet und mit einem Enzym gekoppelt ist. Er wird ebenfalls 1–2 h bei Raumtemperatur inkubiert ⑥.
- Auch hier muss der zweite Antikörper gründlich abgewaschen werden ⑦.
- Es wird ein Substratpuffer, welcher auf das gekoppelte Enzym hin optimiert ist, zugegeben.
- Zugabe des in Substratpuffer gelösten Substrates ⑧.
- Durch die Enzymreaktion wird ein farbiges Produkt gebildet ⑨.

In der Regel werden die Waschschritte mit PBS-Puffer (→ Protokoll 11.1), welcher zum Blocken mit Magermilchpulver versetzt wird

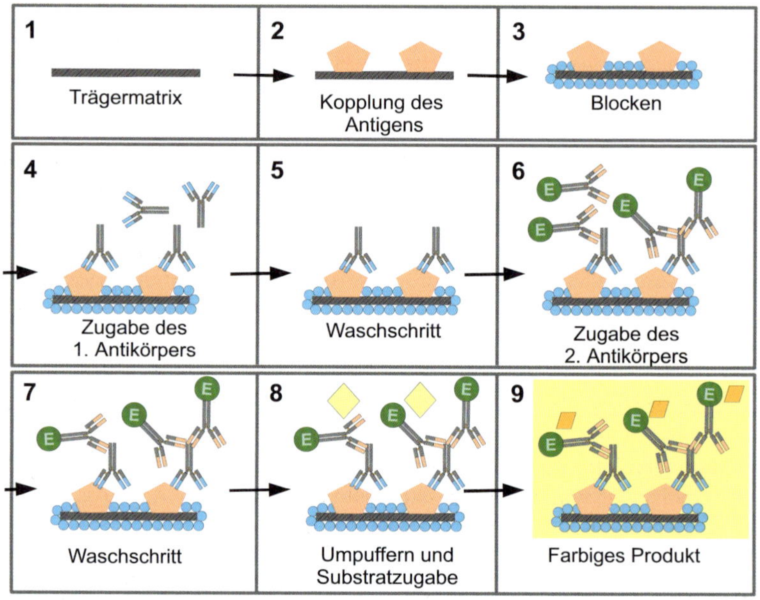

Abb. 11.5 Allgemeines Prinzip der trägerbasierten Immunfärbung. Die Zahlen beziehen sich auf die Aufzählung im Text.

Tab. 11.2
Verschiedene Trägermaterialien für die Immobilisierung von proteinartigen Antigenen.

Trägermaterial	Bestandteil (Beispiele)	Anwendung
Membranen	Nitrozellulose oder Polyvinylfluorid (PVDF)	Western Blot (→ Kapitel 10.5) mit Immunfärbung
Plastikoberflächen	Polystyrol	ELISA (→ Kapitel 11.3)
Chromatographische Trägermaterialien	Agarose oder Sepharose	Immunaffinitätschromatographie (→ Kapitel 11.5)
Magnetic Beads	Silizium, Polystyrol, viele weitere Materialien und aktive Gruppen	Aufreinigung (→ Kapitel 9.4.3)

[*Blotto*] durchgeführt. Auch die Antikörper werden mit PBS verdünnt und oft ebenfalls mit Magermilchpulver versetzt.

11.2.3 Immobilisierung des Antigens

Wird das Antigen immobilisiert, kann der Antikörper durch seine Bindung die genaue Lokalisation des Antigens zeigen. Dies kann eine entsprechende Bande auf einer Membran nach Western Blot (→ Kapitel 10.5) sein oder die zelluläre Lokalisation eines bestimmten Proteins in einer Immunfluoreszenz (→ Kapitel 11.6.3). Als Träger kommen viele verschiedene Materialien infrage von denen einige in → Tab. 11.2 aufgeführt sind.
Neben den Materialien in → Tab. 11.2, die vor allem Proteine binden, gibt es natürlich eine Vielzahl weiterer Materialien, um Biomoleküle zu immobilisieren oder mittels chemischer Verfahren Substanzen zu koppeln, die als Bindungspartner fungieren können.

11.2.4 Blocken überschüssiger Bindestellen

Nach der Bindung des Protein-Antigens an eine feste Unterlage muss dafür gesorgt werden, dass der lösliche Antikörper, der ein Protein darstellt, nicht ebenfalls an die Festphase bindet. Daher wird nach der Immobilisierung und vor der Zugabe des Antikörpers die Festphase mit einem inerten Material bedeckt. Diese Substanz sollte weder mit dem Antigen noch dem Antikörper interagieren. Die Absättigung freier unspezifischer Bindestellen auf der Trägermatrix wird Blocken genannt. Häufig dient Magermilchpulver, Rinderserumalbumin [*Bovine Serum Albumin*] (BSA) oder Gelatine als Blocksubstanz (→ Protokoll 9.4). Die oft verwendete 5%ige Magermilch in PBS wird *Blotto* genannt. Es gibt auch synthetische Blocksubstanzen, die von verschiedenen Firmen angeboten werden.

11.2.5 Detektion der Bindung

An dieser Stelle müssen wir uns zunächst kurz mit der Sichtbarmachung der Antikörper-Antigen-Reaktion beschäftigen. Bei den Verfahren, die auf Präzipitation basieren, konnte dies durch Trübung oder Sedimentbildung relativ einfach erfolgen[66] .
Da einer der beiden Partner an eine Oberfläche gebunden ist, wird dem mobilen Partner eine Markierung angeheftet, die sichtbar gemacht werden kann. Die Art der Markierung kann sehr unterschiedlich sein und ist primär von der Art der Anwendung und der geforderten Sensitivität abhängig (→ Tab. 11.3).

66 Allerdings nutzt man die Trübung durch Präzipitation heute kaum noch, da dazu hohe Mengen Antikörper notwendig sind. Auch Immunpräzipitationen werden heute mit Detektionssystemen kombiniert, wie sie hier beschrieben sind.

TIPP

Um eine Oberfläche komplett abzusättigen, reichen 30 min Inkubation mit der Blocksubstanz bei Raumtemperatur aus, sie kann aber auch über Nacht bei 4 °C durchgeführt werden.

Neben der Markierung mit radioaktivem ^{125}I, Fluoreszenzfarbstoffen oder Gold werden für den Nachweis sehr häufig Enzyme verwendet, die ein farbloses Substrat zu einem farbigen Produkt umsetzen. Das Enzym ist am letzten Antikörper, der eingesetzt wird, chemisch gekoppelt. Solche Enzym-gekoppelten Antikörper werden von einer Vielzahl von Firmen angeboten und sind meist polyklonale Seren. Gängig sind Abkürzungen wie diese:

- GαRAP steht für *Goat-anti-Rabbit (Immunoglobulin coupled with) Alkaline Phosphatase*.
- RαMHRP entspricht *Rabbit-anti-Mouse (immunoglobulin coupled with) Horse Radish Peroxidase*.

Für die eigenhändige Kopplung des Enzyms an einen Antikörper werden entsprechende Kopplungskits kommerziell angeboten.

Es haben sich vor allem zwei Enzyme bewährt, für die viele Substrate mit unterschiedlichen Eigenschaften verfügbar sind:

▸ Alkalische Phosphatase [AP, *Alkaline Phosphatase*]

Dieses Enzym nutzt organische Phosphatverbindungen als Substrat, von denen das Phosphat abgespalten wird. Die so freigesetzte Verbindung reagiert zu einem farbigen Produkt. Ein Beispiel dafür sind BCIP und NBT (→ Protokoll 11.3). Die Reaktionsgeschwindigkeit dieses Enzyms verläuft über einen langen Zeitraum linear, sodass die Entwicklungszeit leicht verlängert werden kann. Allerdings führen zu lange Entwicklungszeiten auch zu einer erhöhten unspezifischen Hintergrundfärbung.

▸ Peroxidase aus Meerrettich [HRP, *Horse Radish Peroxidase*]

Dieses Enzym ist kleiner als die Alkalische Phosphatase und lässt sich leichter an den Antikörper koppeln. Durch Zugabe von Wasserstoffperoxid (H_2O_2) wird ein Substrat oxidiert, das zu einem gefärbten Produkt führt. Ein häufig verwendetes Substrat ist DAB (3,3'-Diaminobenzidin), welches ein braunes Endprodukt bildet. Allerdings ist die Reaktionsgeschwindigkeit des Enzyms nicht konstant, sodass die Reaktion genau beobachtet und zum richtigen Zeitpunkt abgestoppt werden muss.

Für beide Enzyme gibt es eine Vielzahl an chromogenen Substraten, deren Produkte entweder zu einer löslichen oder unlöslichen Färbung führen.

Neben chromogenen Substraten sind besonders für die HRP auch Substrate verfügbar (→ Tab. 11.3), die zu einer Lumineszenz[67] führen, wie Luminol. Hier ist das Signal nur so lange sichtbar, wie das Enzym aktiv und Substrat vorhanden ist (oft zwischen 1–24 h). Die Sensitivität ist vergleichbar mit der radioaktiven Markierung. Die Lumineszenz wurde früher auf einem Röntgenfilm sichtbar gemacht, heute werden spezielle Detektionsgeräte (Phosphorimager) verwendet.

Wird ein Fluoreszenz-markierter Antikörper verwendet, kann die Bindung direkt sichtbar gemacht werden. Allerdings sind diese Antikörper recht teuer und erfordern einen entsprechenden apparativen Aufwand, denn die Fluorophore

TIPP

Natriumazid wird gerne als Konservierungsmittel in Antikörperlösungen eingesetzt, ist aber ein Inhibitor der Meerrettich-Peroxidase, weshalb bei Immuntests mit HRP-basiertem Nachweis kein Natriumazid verwendet werden darf. Außerdem ist es giftig.

TIPP

Die meisten farbigen Produkte sind nicht sehr stabil und bleichen im Licht schnell aus. Daher sollten die Immunfärbungen zeitnah fotografiert, kopiert oder gescannt werden.

67 Hierbei nimmt ein Material Energie auf und strahlt diese in Form von Licht wieder ab (→ Kapitel 11.6.3).

Tab. 11.3
Gängige Markierungsverfahren für Antikörper und deren Einsatzmöglichkeiten.

Markierung	Beispiel	Anwendungen
Enzyme	Alkalische Phosphatase (AP) Meerrettich Peroxidase (HRP)	Immunfärbung nach Western Blot
Fluoreszierende Substanzen	Derivate von Fluorescein oder Rhodamin, Cy-Farbstoffe	Häufig Immunfluoreszenz-Mikroskopie, aber auch andere Verfahren
Biotinylierung	Biotin	Aufreinigung oder Nachweis mit Streptavidin / Avidin
Radioaktivität	^{125}Iod	Radioimmuntest (RIA), heute nur noch selten verwendet
Gold	Kolloidales Gold mit 1–30 nm Durchmesser	Elektronenmikroskopie

muss mit Licht einer definierten Wellenlänge angestrahlt (Exzitation) werden und die Emission bei einer anderen Wellenlänge detektiert werden. Meistens werden mit Fluorophoren markierte Antikörper in der Immunfluoreszenz (→ Kapitel 11.6.3) eingesetzt. Eine Übersicht gängiger Fluoreszenzfarbstoffe findet sich in → Tab. 11.7.

11.2.6 Antikörper-Kaskaden

In vorherigem Kapitel haben wir die Notwendigkeit der Markierung des Antikörpers besprochen. Es liegt auf der Hand, dass diese Markierung umso sensitiver sein muss, je weniger Antigen vorliegt, also je weniger Antikörper binden kann. Um die Sensitivität der Antikörper-basierten Detektion zu steigern, werden daher oft mehrstufige Immundetektionen durchgeführt (→ Abb. 11.6). Dabei wird das immobilisierte Antigen durch den ersten Antikörper spezifisch detektiert. Nachdem der überschüssige Antikörper abgewaschen wurde, wird ein zweiter (meist polyklonaler) Antikörper zugegeben, der an den ersten Antikörper bindet. Mehrere Zweitantikörper sind somit über den ersten Antikörper an das Antigen gebunden. Das entstehende Signal wird verstärkt. Der Nachteil dieser Antikörperkaskade liegt darin, dass es zu einer Kreuzreaktion zwischen sekundärem Antikörper und dem Antigen oder einem anderen Protein auf dem Trägermaterial kommen kann. Dies wird durch eine Kontrolle, bei der der erste Antikörper weggelassen wird, überprüft. Auch dreistufige Kaskaden sind möglich.

Die Strategie der Antikörperkaskade hat noch einen weiteren Vorteil: Werden im Labor verschiedene primäre Antikörper verwendet, müss-

TIPP

Einige Substrate, z. B. Fast Red, sind stark kanzerogen und sollten daher gegen weniger gesundheitsschädliche Substanzen ausgetauscht werden.

Abb. 11.6
Wird der erste Antikörper markiert, ist die Signalstärke oft gering, da die Menge des vorhandenen Antigens die Signalstärke maßgeblich bestimmt (**A**). Meist werden daher mehrstufige Verfahren eingesetzt, die zu einer enormen Verstärkung des primären Signals führen können (**B**). Allerdings muss ausgeschlossen werden, dass der sekundäre Detektionsantikörper unspezifisch an andere vorhandene Proteine bindet.

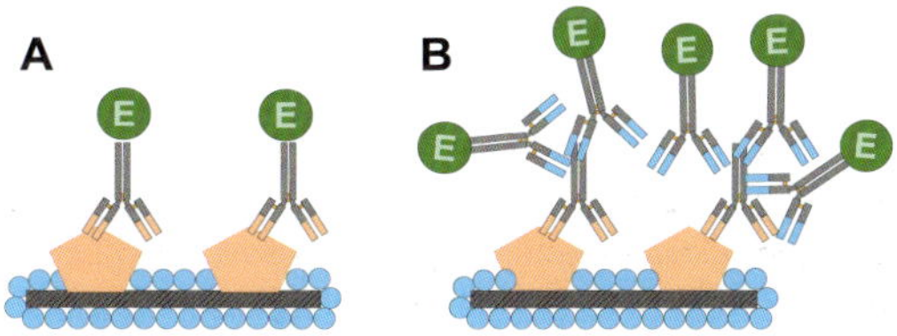

GUT ZU WISSEN

▶ Biotin

Biotin ist ein kleines Molekül, das sehr stark durch die Proteine Avidin (aus Hühnereiweiß) oder Streptavidin (aus *Streptomyces avidinii*) gebunden wird. Jedes Avidin bindet vier Moleküle Biotin. Diese Markierung am Antikörper kann entweder der Aufreinigung des Antigen-Antikörper-Biotin-Komplexes über Streptavidin-Säulen dienen oder Fluoreszenz-markiertes Streptavidin wird anstelle eines (sekundären) Detektionsantikörpers verwendet.

GUT ZU WISSEN

▶ Avidität

Die Stärke der Bindung zwischen Antigen und Antikörper wird als Avidität bezeichnet. Der Begriff Avidität berücksichtigt, dass viele Antikörper mehrere Bindungsstellen (Paratope) für ihr Antigen (Epitop) besitzen. IgGs haben zwei Bindestellen (→ Abb. 11.2), IgM sogar derer zehn. Die Kombination der Affinität der einzelnen Bindestellen (Valenzen) wird als Avidität bezeichnet, denn die initiale Bindung kann eine erleichterte Bindung nachfolgender Bindungsereignisse bewirken.

te für einstufige Verfahren jeder dieser Antikörper markiert werden. Stammen die verwendeten primären Antikörper aus der gleichen Quelle, können alle mit dem gleichen markierten Antikörper detektiert werden. Diese markierten sekundären Antikörper werden von vielen Herstellern mit den unterschiedlichsten Markierungen kommerziell angeboten.

11.2.7 Spezifische und unspezifische Bindungen

Das Paratop des Antikörpers definiert durch seine Aminosäuresequenz sowohl die Affinität als auch die Spezifität der Antikörper-Antigen-Bindung. Für die Bindung zwischen Paratop und Epitop sind vor allem ionische Wechselwirkungen, aber auch Wasserstoffbrücken und van der Waals Kräfte verantwortlich. Hydrophobe Wechselwirkungen stabilisieren die initiale Bindung. Kovalente Bindungen treten nie auf. Typische Antigen-Antikörper-Bindungen weisen Gleichgewichtskonstanten im nano- bis mikromolaren Bereich auf. Je höher die Affinitätskonstante[68] des Antikörpers ist, desto niedriger ist die Nachweisgrenze für das entsprechende Antigen.

Die Antigenerkennung erfolgt leider nur in der Theorie hochspezifisch. In der Praxis bindet jeder Antikörper auch diverse andere Substanzen, diese jedoch mit anderen Affinitäten. Zusätzlich können Antikörper ihrerseits von diversen biologischen Molekülen gebunden, maskiert oder miteinander vernetzt werden. Ein guter Antikörper zeichnet sich dadurch aus, dass die Affinität zu seinem „richtigen" Antigen sehr viel höher ist als zu allen anderen möglichen Antigenen. Dann ist dieser Antikörper sehr spezifisch.

Grundsätzlich gibt es – wie bei jeder Bindung – einen Verdrängungswettbewerb zwischen den verschiedenen Bindungspartnern. Einer in der Regel kleinen Zahl an hochaffinen Bindungspartnern steht eine größere Zahl an niedrig affinen Molekülen gegenüber, die um die Antikörperbindung konkurrieren. Treten bei einem immunbiochemischen Nachweisverfahren solche zusätzlichen Signale auf, spricht man von Kreuzreaktionen. Diese sind in der Regel unerwünscht. Die Zugabe von Salz oder die Veränderung des pH-Werts sowie niedrige Temperaturen kann niedrig affine Antikörper-Antigen-Komplexe stärker beeinflussen als hoch affine Bindungen. Auf diese Weise können Kreuzreaktionen abgeschwächt werden. Dabei ist zu beachten, dass polyklonale Seren aus einer Vielzahl verschiedener Bindungskonstanten bestehen, dort also unspezifische Signale weit schwieriger zu minimieren sind als bei monoklonalen Antikörpern. Daher werden polyklonale Seren oft als affinitätsgereinigte Antikörper (→ Kapitel 11.5) angeboten.

68 Die Affinitätskonstante von Antikörpern zu ihren Antigenen kann von 10^3–10^{10} l/mol reichen und ist der reziproke Wert der Dissoziationskonstante, also der Molarität, bei der genauso viele freie wie gebundene Antikörper vorliegen.

TIPP

Um unspezifische Signale zu reduzieren, können Detergenzien wie Tween20 den Puffern zugefügt werden. Auch die Erhöhung der Salzkonzentration oder die Senkung des pH-Werts kann zu einem solchen Ergebnis führen.

Auch durch Veränderung der Antikörperkonzentration kann die Signalstärke variiert werden. Diese hängt auch stark von der Art der Anwendung ab, weshalb Hersteller verschiedene Verdünnungen für unterschiedliche Anwendungen empfehlen (meist im Bereich zwischen 1:1000 bis 1:10000).

11.3 ELISA

Der ELISA [*Enzyme-linked Immunosorbent Assay*] stellt eines der wichtigsten Werkzeuge des Molekularbiologen dar und ist aus der Analytik und Diagnostik, vor allem im medizinischen Bereich, nicht mehr wegzudenken. Neben dem Antikörper und der zu analysierenden Probe wird eine Mikrotiterplatte als Trägermaterial sowie ein Lesegerät, ein ELISA-Reader benötigt (→ Abb. 11.7). Die Mikrotiterplatten (→ Abb. 11.7A) besitzen 96 Vertiefungen, deren 12 Spalten von 1–12 und 8 Reihen mit A-H beschriftet sind. In diesen erfolgt die Immundetektion. Es gibt auch Mikrotiterplatten, die auf gleichem Raum mehr (384) oder weniger (24) Vertiefungen aufweisen. Für geringere Probenzahlen sind 8er-Steifen verfügbar, die in einen Platten-Rahmen eingespannt werden. Alle Platten haben die gleichen Maße, sodass jede Platte in jedem Lesegerät ausgewertet werden kann. In der Regel bestehen Mikrotiterplatten aus Polystyrol (→ Tab. 11.2), es gibt aber auch viele andere Materialien.
Die Durchführung des ELISAs folgt dem Schema, das in → Abb. 11.5 skizziert ist:

1. Kopplung des Antigens an die Mikrotiterplatte ②.
2. Blocken der verbliebenen Bindungsstellen auf der Plastikoberfläche ③.

GUT ZU WISSEN

▶ Mikrotiterplatten

Es gibt Mikrotiterplatten mit verschieden geformten Vertiefungen, beispielsweise mit u-förmigen oder v-förmigen Vertiefungen, denn sie werden auch für die PCR oder die Zellkultur verwendet. Sogenannte Deep-Well-Platten sind viel höher als die normalen Platten. Sie werden benutzt, um viele Bakterienkulturen gleichzeitig anzuziehen. Für ELISA sind Platten mit flachem, U-förmigem Boden besser geeignet.

3. Inkubation mit dem ersten Antikörper, der an das Antigen bindet ④.
4. Mehrmaliges Wasche … wird die Platte gut au …
5. Bei einem mehrstufig … der zweite, enzymgekoppelte Antikörper, der gegen den ersten Antikörper gerichtet ist ⑥.

Abb. 11.7
Der ELISA wird in Mikrotiterplatten (**A**) durchgeführt. Die Färbung, die sich am Ende ergibt, wird in einem ELISA-Reader (**B**) photometrisch bestimmt.

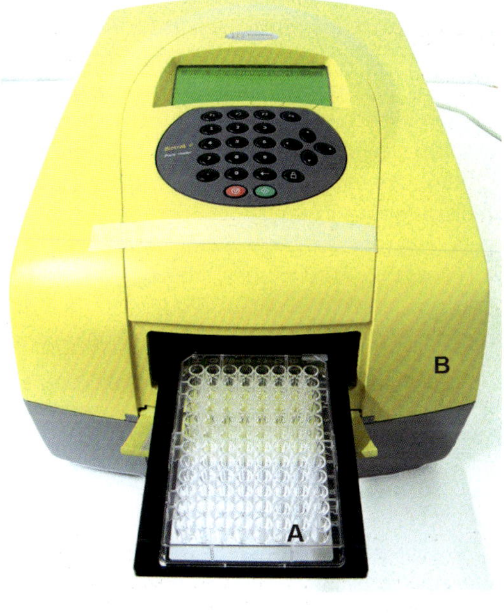

Tab. 11.4
Typische Detektionsverfahren für ELISAs. Alle Substrate bilden lösliche Produkte mit unterschiedlichen Farben. Da die ELISA-Reader, die im Prinzip Photometer darstellen, oft Filter benutzen, können sie nur bestimmte Farben detektieren. Das Substrat sollte deshalb nach dem vorhandenen Filtersatz im ELISA-Reader ausgewählt werden.

Farbsubstrat	Farbe	Wellenlänge der Detektion
HRP-basierte Methoden, alle mit H_2O_2 als Substrat:		
2,2-azo-bis(3-ethylbenzthiazolin-6-sulfonsäure (ABTS)	grün	405 nm
1,2-Diaminobenzol (OPD)	orange	450 nm
3,3',5,5'-Tetramethylbenzidin (TMB)	blau	650 nm
Alkalische Phosphatase basierte Verfahren:		
4-Nitrophenylphosphat	gelb	405–420 nm

6. Auch dieser wird gewaschen ⑦. Der abschließende Waschschritt erfolgt mit Substratpuffer.
7. Das Substrat wird frisch hergestellt und auf die Mikrotiterplatte gegeben ⑧.
8. Die Färbung sollte sich innerhalb von 10 min entwickeln ⑨.
9. Die entstandene Farbintensität im ELISA-Reader (→ Abb. 11.7) bei der entsprechenden Wellenlänge gemessen (→ Tab. 11.4).

Die Kopplung des Proteins an die Oberfläche erfolgt durch hydrophobe Wechselwirkungen, indem die Proteinlösung einfach in die Platte pipettiert und für 30–60 min bei Raumtemperatur oder bei 4 °C über Nacht inkubiert wird. Die meisten Platten haben eine Kapazität von ungefähr 100 ng Proteinen pro Vertiefung.
Speziell vorbereitete Mikrotiterplatten, die beispielsweise mit Protein A bedeckt sind, werden nach Anleitung des Herstellers gekoppelt.
Abschließend wird ungebundenes Protein entfernt und die verbliebenen Bindungsstellen auf der Plastikoberfläche mit einer Blocklösung (→ Kapitel 11.2.4) abgesättigt.

TIPP

Die Kopplung ist meistens nicht sehr effizient, weshalb 1 µg Protein pro Vertiefung zugegeben werden sollte, wovon nur ein Teil an die Oberfläche bindet.

Da sich auf einer Standardplatte 94 Vertiefungen befinden, kann im Prinzip auch eine entsprechende Zahl an Proben miteinander verglichen werden. Meist ist die Probenzahl jedoch niedriger, denn es empfiehlt sich, jede Analyse doppelt oder dreifach anzusetzen, um Variationen in den Signalstärken zu detektieren. Ein Hauptproblem des ELISAs liegt darin, dass innerhalb einer Probe nicht zwischen spezifischen und unspezifischen Signalen unterschieden werden kann. Die Farbentwicklung repräsentiert letztendlich die Gesamtheit der gebundenen Antikörper in einer Vertiefung. Daher können geringste Abweichungen schon zu veränderten Signalstärken führen. Da die vielen Proben eine Vielzahl an Pipettierschritten erfordern, wird häufig eine Multikanalpipette (→ Abb. 2.5C) verwendet.
Grundsätzlich müssen bei jedem ELISA verschiedene Kontrollen durchgeführt werden (→ Abb. 11.8). Auch diese sollten möglichst doppelt oder dreifach angesetzt werden, wenn genügend Vertiefungen zur Verfügung stehen:

- **Nullkontrolle**
  Diese Vertiefung wird gekoppelt und geblockt, alle weiteren Schritte entfallen. Nur Substrat wird dann wieder in die Vertiefungen gegeben. Die Nullkontrolle gibt Auskunft über die Eigenfärbung des Substrats.

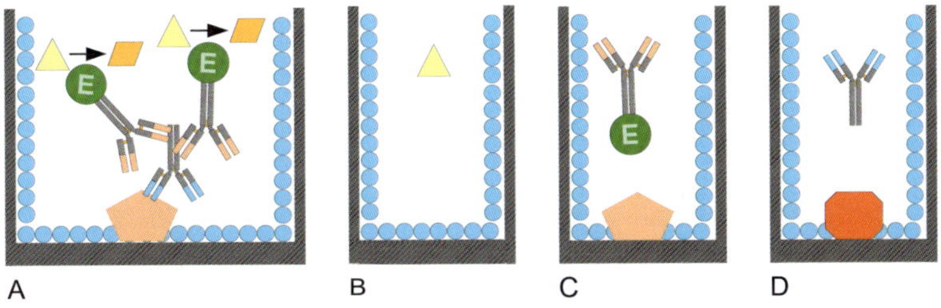

Abb. 11.8
Kontrollen sind essenziell für einen ELISA. In **A** ist der normale Verlauf der Nachweiskaskade dargestellt. Die Nullkontrolle (**B**) enthält nur das Substrat und dient als Nullwert bei der photometrischen Messung. Die Negativkontrolle **C** wird ohne primären Antikörper durchgeführt. Wenn die Möglichkeit besteht, sollte eine Negativkontrolle auf Kreuzreaktion mit einer sehr ähnlichen Probe ohne Antigen durchgeführt werden (**D**).

- **Negativkontrolle auf Antikörper-Kreuzreaktion**
  Der erste Antikörper wird weggelassen. Eine entstehende Färbung beruht daher auf Kreuzreaktionen des Enzym-gekoppelten zweiten Antikörpers.

- **Negativkontrolle auf Antigen-Kreuzreaktion**
  Das Antigen wird weggelassen bzw. eine sehr ähnliche Probe, die das Antigen nicht enthält, wird verwendet. Soll beispielsweise ein heterolog exprimiertes Protein nachgewiesen werden, dient der nicht-transgene Wildtyp als Negativkontrolle. Es wird so festgestellt, ob andere Proteine in der Probe mit einem der Antikörper kreuzreagieren.

- **Positivkontrolle**
  Um zu überprüfen, ob der ELISA funktioniert hat, wird eine Probe verwendet, die auf alle Fälle ein Signal gibt. Wenn immer die gleiche Kontrolle eingesetzt wird, können auch verschiedene ELISA-Platten miteinander verglichen werden.

- **Kalibrierungsreihe**
  Wenn eine genaue Quantifizierung notwendig ist, kann eine Kalibrierungsreihe mit dem Antigen erstellt werden, wobei dieses in unterschiedlichen Verdünnungen aufgetragen wird. Kalibrierungslösungen werden bei kommerziellen ELISA-Kits in der Regel mitgeliefert.

Mittels ELISA kann je nach Affinität des Antikörpers (→ Kapitel 11.3) das Antigen im Konzentrationsbereich von ng/ml bis pg/ml nachgewiesen werden. Es wird beim ELISA der Antigengehalt verschiedener Proben miteinander verglichen. Durch den Vergleich mit einer Standardkurve kann auch eine absolute Quantifizierung des Antigens erfolgen.
Es gibt neben diesem Standardverfahren noch zwei weitere verbreitete ELISA-Varianten, die im Anschluss behandelt werden:

- Sandwich-ELISA,
- Kompetitiver ELISA.

11.3.1 Sandwich-ELISA

Beim Sandwich-ELISA (→ Abb. 11.9) wird zunächst ein sogenannter Fänger-Antikörper [*Capture-Antibody*] an das Trägermaterial gebunden. Es folgt der Block-Schritt, dann erst wird die Lösung mit dem Antigen zugegeben, das an den Fänger-Antikörper bindet. Alle nicht-bindenden Bestandteile werden abgewaschen. Die Detektion und Quantifizierung des gebundenen Antigens erfolgt durch einen zweiten, Enzym-markierten Antikörper, der ebenfalls gegen das Antigen gerichtet ist.
Selbst wenn das Antigen in nur geringen Konzentrationen in der Lösung vorliegt, kann es durch den Sandwich-ELISA sehr gut nachgewiesen werden: Durch die Bindung an den Fänger-Antikörper erfolgt gewissermaßen eine Aufreinigung

Abb. 11.9
Beim Sandwich-ELISA wird zunächst der Fänger-Antikörper (**1**) an die Platte gebunden. Nur das Antigen im Proteingemisch bindet an diesen Antikörper (**A**). Alle anderen Proteine werden ausgewaschen (**B**). Die Detektion erfolgt mit einem zweiten, markierten Antikörper, dem Detektionsantikörper (**2**), dessen Signal proportional zur Menge des gebundenen Antigens ist (**C**).

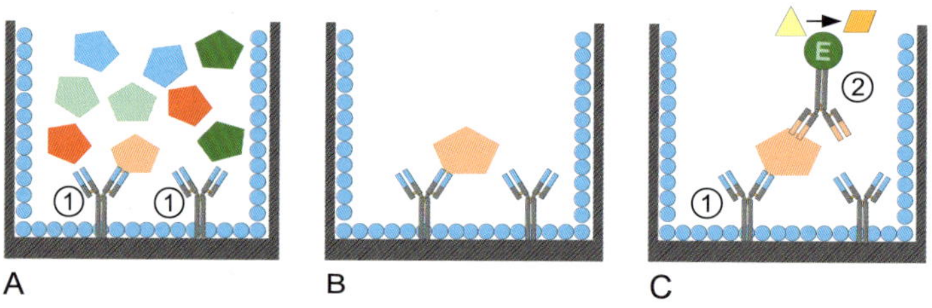

PROTOKOLL 11.2

Durchführung eines Sandwich-ELISAs

Material und Puffer:
- Mikrotiterplatte, ELISA-Reader, eine Multikanal-Pipette ist hilfreich,
- Fänger-Antikörper und enzymgekoppelter Detektionsantikörper,
- PBS (→ Protokoll 11.1), *Blotto* und Substrat.

Durchführung:
1. 50–100 µl Fänger-Antikörper werden in einer Konzentration von ca. 20 µg/ml in PBS gelöst und in die Vertiefung der Platte gegeben. Die optimale Konzentration muss für jeden Test angepasst werden, aber 1 µg Antikörper pro Vertiefung ist ein guter Anfangswert. Die Kopplung erfolgt für 1 h bei Raumtemperatur oder bei 4 °C über Nacht.
2. Die Mikrotiterplatte wird zweimal mit PBS gewaschen, anschließend für 1 h oder über Nacht mit *Blotto* abgesättigt und anschließend zweimal mit PBS gewaschen.
3. Es werden 50–200 µl Antigen-Lösung zugegeben. Die Inkubation erfolgt 1–2 h oder über Nacht. Dabei kann die Platte mit einer speziellen Mikrotiterplatten-Folie verschlossen werden, um das Austrocknen zu verhindern.
4. Die Platte wird viermal mit PBS gewaschen.
5. Zugabe des markierten Detektionsantikörpers. Dessen optimale Menge muss bei der Etablierung eines ELISAs durch verschiedene Verdünnungen ermittelt werden, denn er sollte immer im Überschuss zum Antigen zugegeben werden.
6. Nach erneutem Waschen mit PBS und Substratpuffer wird die Substratlösung frisch zubereitet und zugegeben. Nach einer angemessenen Inkubationszeit wird die Farbintensität gemessen.

Anmerkung:
- Das Waschen erfolgt durch kräftiges Ausschlagen der Platte auf saugfähigem Papier.
- Oft ist es möglich, die Antikörper-gekoppelten Platten bei 4 °C zu lagern, wenn sie mit einer Mikrotiterplatten-Folie verschlossen sind.
- Natürlich können Sandwich-ELISAs auch mehrstufig durchgeführt werden.

Abb. 11.10
Beim kompetitiven ELISA konkurriert eine bekannte Menge eines markierten Antigens mit unmarkiertem Antigen der zu untersuchenden Probe um die Bindung an den gekoppelten Antikörper (**A–C**). Je größer die Menge an Antigen in der Probe, desto weniger markiertes Antigen kann binden und desto schwächer ist die resultierende Färbung (**B**). Umgekehrt steigt die Signalstärke, je weniger Antigen sich in der Probe befindet. Es gibt viele Varianten des Verfahrens, eine wichtige ist der Nachweis von Antikörpern im Blut von Patienten (**D–F**). Hierbei kompetitieren die Antikörper aus der Blutprobe mit den markierten um das immobilisierte Antigen. Liegt eine Infektion vor (viel Antikörper im Blut, E), ist das Signal schwach, während das Blut nicht-infizierter Personen ein starkes Signal hervorruft (**F**).

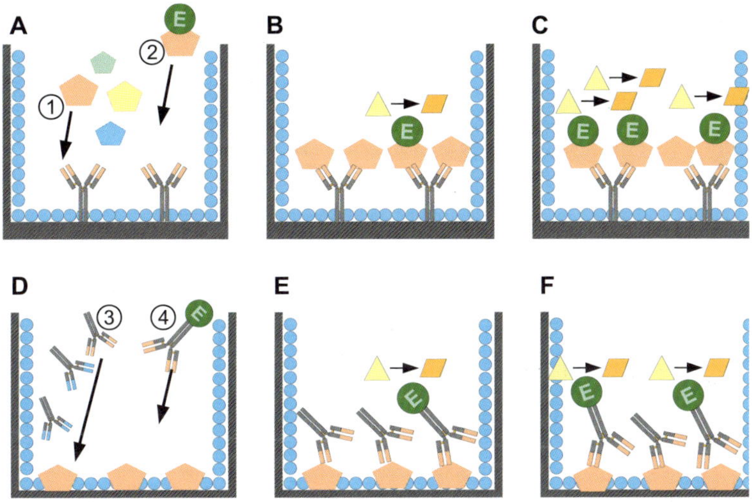

und Konzentrierung des Antigens. Der zweite Antikörper ist gegen ein weiteres Epitop auf dem Antigen gerichtet, was den Test sehr spezifisch macht, denn nur Antigene, die Epitope für beide verwendeten Antikörper besitzen, werden detektiert. Dies erfordert jedoch, dass das Antigen eine bestimmte Mindestgröße aufweist.

11.3.2 Kompetitiver ELISA

Bei einem kompetitiven ELISA werden zwei verschiedene Antigene eingesetzt: das eine besitzt eine bekannte Konzentration und ist markiert. Das andere befindet sich in der unbekannten Probe, seine Konzentration soll durch den Test ermittelt werden (→ Abb. 11.10 A–C).

Das markierte Antigen mit einer bekannten Konzentration ist meist an ein Enzym (HRP oder AP, → Kapitel 11.2.5) gekoppelt. Auch fluoreszenzmarkierte Antigene sind verbreitet.

Zunächst wird der Antikörper an die Mikrotiterplatte gekoppelt. Die Probe mit der unbekannten Menge an Antigen wird zusammen mit einer bekannten Menge an markiertem Antigen versetzt und aufgetragen (→ Abb. 11.10 A). Die beiden Antigene konkurrieren nun um die Antikörperbindung. Enthält die Probe viel Antigen, kann nur sehr wenig markiertes Antigen gebunden werden (→ Abb. 11.10 B), der ELISA weist nur eine schwache Färbung auf. Je weniger Antigen sich in der Probe findet, desto mehr markiertes Antigen kann binden, umso intensiver ist die Farbreaktion (→ Abb. 11.10 C). Die resultierende Signalstärke ist daher umgekehrt proportional zur Menge an Antigen in der Probe.

Der kompetitive ELISA wird oft für die Quantifizierung kleiner Antigene eingesetzt.

Es gibt viele Varianten des kompetitiven ELISAs, von denen eine wichtige in → Abb. 11.10 D–F dargestellt ist. Hierbei konkurriert ein markierter Antikörper mit bekannter Konzentration mit

Tab. 11.5
Einige typische Fehler, die beim ELISA auftreten können.

Beobachtung	Mögliche Ursache und Fehlerbehebung
Färbung der Negativkontrolle	• Kontamination der Reagenzien oder Probe, Übertrag aus benachbarten Vertiefungen. Frische Reagenzien verwenden und sorgfältig pipettieren. • Zu hohe Antikörperkonzentrationen führen zu unspezifischen Bindungen. • Die Platten wurden nicht ausreichend gewaschen. • Bei Sandwich-ELISA: Fänger-Antikörper wurde durch Detektionsantikörper erkannt.
Starke Hintergrundfärbung auf der gesamten Platte	• Die Färbereaktion dauerte zu lange oder der konjugierte Antikörper war zu hoch konzentriert. • Stoppen der Färbereaktion wurde vergessen oder ist fehlgeschlagen. • Viele Substrate müssen im Dunkeln entwickelt werden. • Die Inkubationstemperatur war zu hoch. • Unspezifische Bindung des Antikörpers.
Zu schwache Färbung	• Das Antigen war nicht vorhanden oder wurde während der Präparation abgebaut. • Zu wenig Antikörper verwendet. • Die verwendeten Reagenzien waren zu alt oder es wurde einen falschen pH-Wert eingestellt. • Die Temperatur war zu niedrig oder die Inkubationszeiten waren zu kurz.
Ungleiche Färbung über die gesamte Platte	• Die Mikrotiterplatten wurden während der Inkubation aufeinandergestapelt. • Schlecht pipettiert oder schlecht gewaschen. • Die Antikörper oder die Substratlösungen wurden nicht oder schlecht gemischt. • Einzelne Vertiefungen sind zwischendurch ausgetrocknet.

einer unbekannten Menge Antikörper aus einer Blutprobe um das gebundene Antigen. Je mehr Antikörper die Probe enthält, desto schwächer ist das resultierende Signal. Auf diese Weise kann ermittelt werden, ob bei der zu untersuchenden Person eine Infektion stattgefunden hat und Antikörper gegen das infizierende Agens (dem gebundenen Antigen) gebildet wurden.

11.4 Immunfärbung nach *Western Blot*

Das Prinzip der Immunfärbung [*Immunostain*] nach *Western Blot* (→ Kapitel 10.5) entspricht ebenfalls dem allgemeinen Prinzip aus → Abb. 11.5. Auch hier wird die Membran nach dem *Western Blot* (→ Protokoll 9.4) mit einer Blocklösung wie *Blotto* (→ Kapitel 11.2.4) abgesättigt. Es folgen wie beim ELISA die verschiedenen Inkubationen der Antikörper einer Antikörper-Kaskade (→ Kapitel 11.2.6) an deren Ende die Enzymreaktion des letzten Antikörpers steht. An diesem Punkt gibt es einen wichtigen Unterschied zum ELISA (→ Kapitel 11.3): Das bei der Enzymreaktion entstehende Produkt darf nicht in der Lösung verbleiben, sondern muss am Bildungsort schnell präzipitieren. (→ Abb. 11.11)

Der Vorteil gegenüber dem ELISA liegt darin, dass die Proteine in der Probe zuvor im SDS-PAGE aufgetrennt wurden. So kann eine unspezifische Kreuzreaktion sehr leicht erkannt werden (Bahnen 4 und 5 in → Abb. 11.11). Es ist ebenfalls möglich, die Signalstärke einzelnen Proteinbanden zuzuordnen. Dies bedeutet, dass der Einfluss unspezifischer Signale bei der Immunfärbung viel niedriger ist. Allerdings erfordert die Immunfärbung die SDS-PAGE als zusätzlichen, relativ zeitaufwendigen Arbeitsschritt.

Die Immunfärbung kann in Schalen durchgeführt werden, worin die Lösungen bequem zu wechseln sind. Bei keinem Schritt des Western-Transfers und der nachfolgenden Immunfärbung darf die Membran trockenfallen.

PROTOKOLL 11.3

Immunfärbung eines rekombinanten Proteins mit Flag-*Tag*

Material:
- Schalen, Pinzetten, Wippe
- PBS (→ Protokoll 11.1) und Blotto (→ Kapitel 11.2.4)
- Maus-α-Flag *Tag* Antiserum (Mα-FlagTag-Ig)
- Kaninchen-α-Maus Immunglobulin gekoppelt mit Alkalischer Phosphatase (RαMIgAP)

Substratpuffer	Substrate
0,5 mM $MgCl_2$ 100 mM Tris-HCl, pH 9,5	**BCIP:** 15 mg/ml 5-Bromo-4-Chloro-3-Indolylphosphat, Toluidinsalz in DMF (N,N'- Dimethylfluorid)
	NBT: 30 mg/ml Nitro-Blue-Tetrazoliumchlorid in 70 % (v/v) DMF

Durchführung:
1. Die PVDF-Membran wird nach dem Blocken mit PBS gewaschen.
2. Zugabe des 1. Antikörpers (Mα-FlagTag-Ig in *Blotto* laut Angaben des Herstellers verdünnt) und Inkubation für 1–2 h auf einer Wippe bei Raumtemperatur.
3. 4 × je 5 min mit 1x PBS waschen.
4. Zugabe des 2. Antikörpers (RαMIgAP in Blotto, die Verdünnung gibt der Hersteller vor).
5. Erneute 1–2 h Inkubation auf einer Wippe.
6. Zweimal mit PBS waschen, anschließend zweimal mit Substratpuffer.
7. Währenddessen wird das Substrat vorbereitet:
   - 100 µl BCIP-Lösung
   - 100 µl NBT-Lösung
   - 10 ml Substratpuffer
8. Die Membran wird in Substratlösung ohne Bewegung inkubiert bis die Banden sichtbar werden, was zwischen 2 und 20 min dauern sollte.
9. Die Färbereaktion wird durch gründliches Spülen mit Wasser gestoppt.
10. Die Membran kann zwischen zwei Filterpapieren getrocknet und zeitnah fotografiert werden.

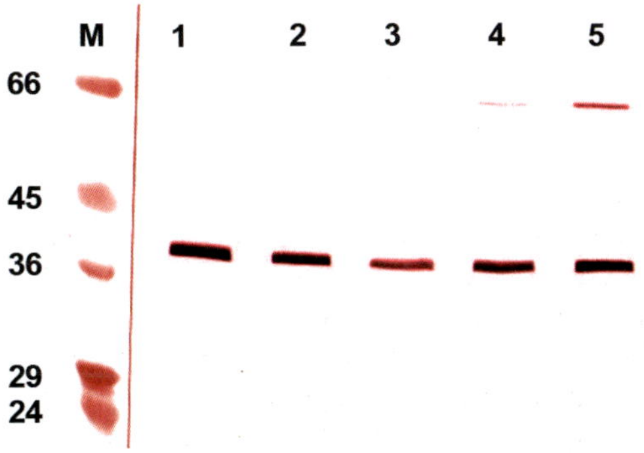

Abb. 11.11
Beispiel einer Immunfärbung nach Western Blot. Der Streifen mit dem Marker (M) wurde mit Ponceau gefärbt (→ Kapitel 10.5) und ist vor der Immunfärbung abgeschnitten worden. Nach der Immundetektion dient der Streifen zur Größenbestimmung der detektierten Banden. Diese liegen bei 40 kDa, was erwartet wurde, da das Antigen, die Glutaminsynthetase 3A ein Molekulargewicht von 39,5 kDa besitzt. Weiterhin sind in den Bahnen 4 und 5 leichte Kreuzreaktionen zu erkennen, die durch andere Proteine bewirkt wurden. In einem ELISA hätte das unspezifische Signal bei 66 kDa nicht vom spezifischen bei 40 kDa unterschieden werden können.

TIPP

Schalen, die für die Immunfärbung genutzt werden, sollten niemals zuvor für die Coomassie-Färbung verwendet worden sein, da die Säure in der Färbelösung die Plastikoberfläche angreift. Werden solche Schalen verwendet, sind fleckige Immunfärbungen oft die Folge.

TIPP

Die Membran kann auch mit der Antikörperlösung zusammen in eine Plastiktüte eingeschweißt werden. Die Tüte wird in einer Schale auf eine Wippe gelegt. Die Lösung wird durch einen aufgelegten, mit Wasser gefüllten Zentrifugenbecher ständig auf der Membran verteilt. Auf diese Weise wird nur ungefähr ein Zehntel der Antikörpermenge benötigt.

Anschließend wird 1–2 h mit dem ersten Antikörper inkubiert und dann mehrfach mit PBS gewaschen. Es folgt der zweite, meist Enzym-gekoppelte Antikörper ebenfalls für 1–2 h. Nach einem weiteren Waschschritt wird die Membran kurz in Substratpuffer umgepuffert, das Substrat zugegeben und die Schale von der Wippe genommen. Die Färbung sollte sich innerhalb von 10 min entwickeln.

Die Reaktion wird meist mit Wasser abgestoppt, und die Membran kann zwischen Filterpapier getrocknet und anschließend fotografiert oder gescannt werden. Die meisten Färbungen sind nicht lichtstabil und sollten daher im Dunkeln gelagert werden.

Der Western Blot mit anschließender Immunfärbung erlaubt es, durch die Kombination mit der SDS-PAGE ein bestimmtes Protein zu identifizieren, sein Molekulargewicht und die relative Menge zu ermitteln. Diese Kombination machte das Verfahren so populär. Natürlich können Immunfärbungen nach Western Blot auch von nativen oder 2-D-Gelelektrophoresen durchgeführt werden.

Tab. 11.6
Einige typische Fehler, die bei der Immunfärbung auftreten können.

Beobachtung	Mögliche Ursache und Fehlerbehebung
Kein Signal	• Der primäre und der sekundäre Antikörper sind nicht kompatibel. • Der primäre Antikörper war zu niedrig konzentriert oder wurde zu häufig wiederverwendet. • Das Antigen war zu niedrig konzentriert oder ist bei der Aufreinigung verloren gegangen. • Die Membran wurde zu stark gewaschen. • Der Transfer (Western Blot) hat nicht funktioniert, Membran nach Transfer durch Färbung mit PonceauS überprüfen (→ Kapitel 10.5). • Das Substrat war zu alt. • Bei der Enzymreaktion mit HRP war (noch) Natriumazid vorhanden, welches die HRP inhibiert (→ Kapitel 11.2.5).
Starke Hintergrundfärbung	• Das Blocken der Membran war nicht ausreichend. • Konzentration des ersten Antikörpers war zu hoch. • Die Temperatur oder der pH-Wert war zu hoch. • Der zweite Antikörper hat unspezifisch oder an das Blockreagenz gebunden. • Die Membran wurde nicht ausreichend gewaschen. • Die Membran ist zu irgendeinem Zeitpunkt trockengefallen. • Die Schalen sind zuvor mit Säuren in Kontakt gekommen.
Ungefärbte Flecken	• Luftblasen während des Western Transfers (→ Kapitel 10.5).
Viele Banden, wo nur eine erwartet wird	• Proteolytischer Abbau des Antigens während der Präparation. • Das Antigen liegt in verschiedenen Modifikationen vor (z. B. glykosyliert). • Der (sekundäre) Antikörper kreuzreagiert mit weiteren Proteinen aus der Probe. • Zu hohe Antikörperkonzentrationen.

11.5 Immunaffinitäts-chromatographie

Das Prinzip der Affinitätschromatographie wurde bereits in → Kapitel 9.4.2 besprochen. Sind Antikörper beteiligt, spricht man von Immunaffinitätschromatographie. Es können sowohl die Antikörper (→ Abb. 11.12 A) oder das Antigen (→ Abb. 11.12 B) an eine Trägermatrix gekoppelt werden. Der entsprechende Partner in der Lösung wird gereinigt.

Der Antikörper kann durch eine recht einfache Reaktion über sein carboxyterminales Ende an die Säulenmatrix gebunden werden. So ragt die Antigen-Bindestelle nach außen. Für solche Kopplungsreaktionen werden speziell vorbereitete Säulenmatrices kommerziell angeboten.

Eine Alternative stellt die indirekte Kopplung dar, bei der zunächst Protein A oder Protein G an die Säulenmatrix gebunden werden und diese den Antikörper im F_C-Bereich binden.

Die Affinitätschromatographie führt zu einem hohen Aufreinigungsgrad – meist mehr als um das Tausendfache – aber die Säulen sind relativ empfindlich gegenüber diversen Störstoffen, sodass zuvor eine IEX (→ Kapitel 9.4.2) oder Ähnliches durchgeführt werden sollte. Je nach Antikörper ist eine solche Säule auch sehr teuer. Dies gilt auch für Protein A- und Protein G-Säulen. Abhängig von der Stabilität des gekoppelten Antikörpers und der Elutionsmethode kann eine solche Säule unter Umständen nur wenige Male wiederverwendet werden.

Die eigentliche Immunaffinitätschromatographie läuft immer sehr ähnlich ab, denn die Antikörper sind biochemisch recht ähnlich. Das hat den Vorteil, dass für unterschiedliche Antigene sehr ähnliche Protokolle verwendet werden können.

Das Antigen wird in einem PBS- oder TBS-Puffer (→ Protokoll 11.1) gelöst, rezirkulierend auf die Säule gegeben, sodass die Bindung des Antigens über 2–3 h oder über Nacht an den Antikörper erfolgen kann. Nicht bindende Proteine werden mit

GUT ZU WISSEN

▶ Protein A und Protein G

Protein A und G sind Oberflächenproteine von infektiösen Bakterien, die sich dadurch vor dem Immunsystem schützen, indem sie die Antikörper „falsch" herum an die Zellwand des Bakteriums binden. Dadurch ist der Effektorbereich des Immunglobulins nicht mehr zugänglich. Die Bindungsaffinität ist von der Herkunft des Antikörpers und seiner Subklasse abhängig. Beide binden gut an IgG1 und IgG2 aus Maus und Mensch sowie IgGs aus Kaninchen. IgGs aus Ratte, Huhn, Ziege und Schaf können mäßig gut nur durch Protein G gebunden werden.

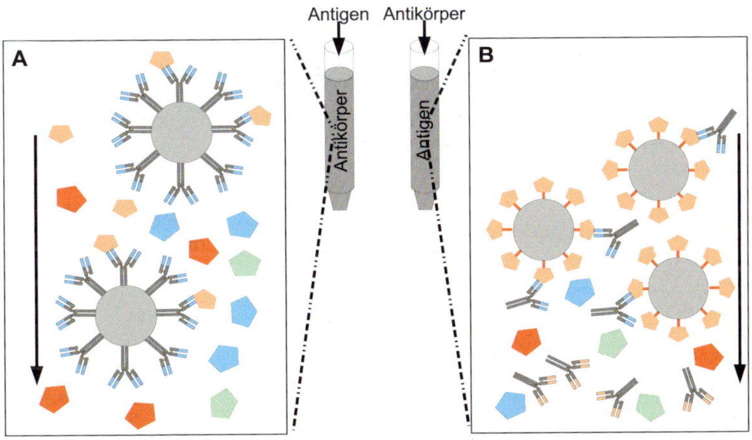

Abb. 11.12 Bei der Immunaffinitätschromatographie wird (**A**) der Antikörper an eine Säulenmatrix gebunden, wodurch das Antigen sehr spezifisch gereinigt werden kann. Alternativ wird das Antigen gekoppelt (**B**). Dieses Verfahren wird oft genutzt, um polyklonale Seren aufzureinigen. Die erhaltenen Antikörper werden als „affinitätsgereinigt" bezeichnet.

PBS und gegebenenfalls steigendem Salzgradienten abgewaschen. Die Elution erfolgt mit Glycin-HCl, pH um 2,8, was fast immer zur Trennung der Antikörper-Antigen-Bindung führt. Allerdings sollten Antigen und Antikörper diesem sauren Puffer nicht allzu lange ausgesetzt werden, sodass schnell nach der Elution wieder ein basischer pH hergestellt werden muss.
Wenn möglich, sollten für die Immunaffinitätschromatographie monoklonale Antikörper verwendet werden, da Antigene wegen der multivalenten Avidität polyklonaler Affinitätssäulen von diesen oft schwer zu eluieren sind.
Die Affinitätschromatographie kann weiterhin für die Aufreinigung von polyklonalen Seren genutzt werden. Dabei wird das Antigen an eine Säulenmatrix gekoppelt und auf diese Weise die spezifischen Antikörper aus dem Serum gereinigt (→ Abb. 11.12B). Solche Antikörper werden affinitätsgereinigte Antikörper [*Affinity purified Antibodies*] genannt.
In → Tab. 11.5 sind einige typische Fehler, die beim ELISA auftreten können, zusammengefasst. Analog findet sich eine Zusammenstellung für Immunfärbungen nach *Western Blot* in → Tab. 11.6.

11.6 Weitere Antikörper-basierte Methoden

Das enorme Potenzial von Antikörpern lässt sich an der riesigen Zahl an Anwendungen ablesen, deren Besprechung den Rahmen dieses Buches sprengen würde, weshalb wir uns auf wenige beispielhafte Verfahren beschränken.

11.6.1 Rekombinante Antikörper

Zu Beginn des Kapitels haben wir die klassischen Methoden der Antikörperproduktion kennen gelernt. Zusätzlich gibt es Verfahren, bei denen Antikörper nicht mehr in den Tieren hergestellt werden, in denen sie ursprünglich generiert wurden. Es gibt sogar Antikörper, bei denen selbst eine Immunisierung nicht mehr notwendig ist. All diese Varianten werden unter dem Begriff „Rekombinante Antikörper" zusammengefasst. In der Tat stellen die meisten Antikörper, die in der Humanmedizin als therapeutische Antikörper eingesetzt werden, Rekombinante Antikörper dar, denn sie wurden meistens verändert (z. B. humanisiert) und werden in „artfremden" Zellkulturen produziert. Ein typischer Werdegang ist der Folgende: Mäuse werden mit dem Antigen immunisiert, daraus werden Hybridoma-Kulturen erstellt. Um die Mengen zu produzieren, die für den kommerziellen Einsatz erforderlich sind, werden die entsprechenden Antikörpergene in eine Zellkultur des Chinesischen Hamsters (CHO-Zellen, → Kapitel 6.11.2) übertragen. Das erleichtert die Produktion in großen Fermentern. Soll ein Antikörper therapeutisch genutzt werden, ergibt sich ein Problem: der Mausantikörper, egal ob er in Maus- oder CHO-Zellen produziert wurde, wird nach Injektion in den Patienten als artfremd erkannt und abgebaut. Daher wird der ursprüngliche Mausantikörper oft zu einem chimären Antikörper oder zu einem humanisierten Antikörper abgewandelt (meist schon bevor er in CHO-Zellen übertragen wird). Bekannte rekombinante Antikörper, die aus Mensch oder Maus

GUT ZU WISSEN

▶ Chimäre und humanisierte Antikörper
Antikörper, die in Mauszellen generiert wurden, können nicht als therapeutische Antikörper eingesetzt werden, da sie als artfremde Proteine im Patienten einen anaphylaktischen Schock auslösen. Um dieses Problem zu umgehen, wird der variable Bereich des ursprünglichen Mausantikörpers auf den konstanten Bereich eines menschlichen Antikörpers gesetzt (chimärer Antikörper). Noch weitgehender sind die Veränderungen bei humanisierten Antikörpern, wo nur die hypervariablen Regionen (CDRs) eines humanen Antikörpers durch die CDRs des Antikörpers aus der Maus ersetzt wird. Durch diese Humanisierung wird die Spezifität eines monoklonalen Mausantikörpers auf einen humanen Antikörper übertragen, damit dieser im menschlichen Organismus als menschlich toleriert wird.

stammen und in tierischen Zellkulturen, wie CHO-Zellen exprimiert werden, sind z. B. Avastin®, Herceptin® oder Rituxan®, um nur einige umsatzstarke Kandidaten zu nennen.

11.6.2 *Phage Display* und scFv

Rekombinante Antikörper sind vor allem für die Forschung interessant. Diese Variante rekombinanter Antikörper kann sogar ohne vorherige Immunisierung hergestellt werden. Der bekannteste Vertreter dieser Gruppe ist das *single chain variable fragment* (scFv[69]). Diese Proteine bestehen nur noch aus den variablen Bereichen der schweren und leichten Kette (→ Abb. 11.2). Die beiden Peptide werden durch eine Linker-Sequenz zusammengehalten. Um solche scFvs herzustellen, werden im einfachsten Fall Antikörper-produzierende Blutzellen (periphere Lymphozyten) isoliert. Da eine vorherige Immunisierung nicht erforderlich ist, können diese aus ca. 50–100 ml Blut eines beliebigen Menschen gewonnen werden. In der Tat stammen die Gene vieler scFv-Banken ursprünglich aus dem Mensch.
Aus den Lymphozyten wird die mRNA isoliert, und die variablen Bereiche der schweren [*Heavy Chain*, HC] und leichten Kette [*Light Chain*, LC] werden mittels RT-PCR in cDNA (→ Kapitel 4.5.6) werden umgeschrieben. Dieser Vorgang ist in der Praxis relativ kompliziert und erfordert viel Erfahrung. Wenn alles funktioniert, erhält man die variablen Bereiche aller vorhandenen HCs und LCs mit bis zu 10^{12} verschiedenen Sequenzen. Nun wird diese riesige Zahl an verschiedenen Amplifikaten in Phagemide (→ Kapitel 6.6) eingesetzt. Dabei ist zu beachten, dass jede der vorhandenen HC-DNAs mit jedem der vorhandenen LC-DNAs kombiniert werden kann. Es entstehen also auch Kombinationen an HC und LC, die es im Ausgangsorganismus gar nicht gab. Durch die zufällige Kombination von verschiedenen LCs und HCs in den Phagemiden (→ Abb. 11.13) entsteht nach der Transformation von *E. coli* eine riesige Sammlung an Bakterien, die alle unterschiedliche Kombinationen an LC und HC Genen tragen. Solche Sammlungen werden scFv-Bank oder scFv-Bibliothek [*scFv library*] genannt. Eine scFv-Bibliothek kann aus bis zu 10^{12} verschiedenen scFv-Genen bestehen. Es gibt weitere Herstellungsverfahren für solche Bibliotheken, in denen sich die inserierten Sequenzen nur noch in den Paratopen (CDRs), also den eigentlichen Bindungsstellen für die Antigene, unterscheiden.
Wie aber funktionieren die verschiedenen Elemente des Phagemids (→ Abb. 11.13)? Da HC und LCs keine Disulfidbrücken ausbilden können (Vergleiche mit → Abb.11.1), werden die beiden Ketten durch einen synthetischen Linker aus ca. 15 Aminosäuren (Serin und Glycin) zusammengehalten. Das entstehende Antikörperformat aus variablem Teil der HC, synthetischen Linker und variablem Teil der LC wird als *single variable chain Fragment* (scFv) bezeichnet. Im Phagemid finden sich weiterhin die Sequenz für das Signalpeptid pelB (Export ins Periplasma) sowie *Tag*-Sequenzen (Flag *Tag*). Besonders wichtig für

Abb. 11.13
Aufbau eines typischen scFv-*Phage Display* Vektors. Unter der Kontrolle eines lacZ-Promotors (Lac) befindet sich das scFv-Gen, bei dem die beiden variablen Bereiche der schweren (HC) und leichten (LC) Kette durch einen synthetischen Linker (L) verbunden sind. Vor dem scFv Gen befindet sich ein Signalpeptid (pelB), welches für die Sekretion des scFv-Proteins in den periplasmatischen Raum sorgt, dahinter eine Abfolge von *Tag*-Sequenzen. Der braune Strich symbolisiert ein amber-Stopcodon (→ Kapitel 6.3.2). Die einzelnen Bereiche sind nicht maßstabsgerecht dargestellt. PIII codiert für ein Phagenhüllprotein und wird abhängig vom verwendeten Bakterienstamm exprimiert. Neben dem Ampicillin-Resistenzgen sind sowohl ein bakterieller ori als auch ein Phagen-spezifischer Replikationsursprung vorhanden.

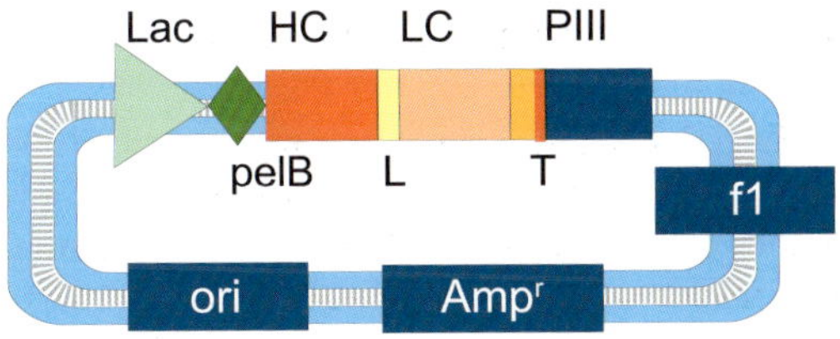

69 Die ein wenig ungewöhnliche Reihenfolge der Buchstaben im Begriff „scFv“ ergibt sich daraus, dass ein variables Fragment (F_v) auf die Einzelketten (sc) reduziert wurde in Analogie zu dem konstanten Fragment (F_c) oder dem antigenbindenden Fragment (F_{ab}) benannt wurde.

das *Phage-Display*-Verfahren ist das Gen des pIII-Proteins aus dem M13-Phagen, das über ein *amber*-Stopcodon verknüpft ist. Denn das Phagemid kann sich auf zwei verschiedene Weisen verhalten: entweder als Phage oder als Plasmid.
Für die Phagenbildung ist ein spezieller Bakterienstamm notwendig, bei dem das *amber* Stopcodon überlesen wird, so dass ein Fusionsprotein aus scFv und PIII-Hüllprotein entstehen kann. Mit weiteren phagenspezifischen Proteinen, die durch einen so genannten Helferphagen geliefert werden, können aus der scFv-Bibliothek entsprechend viele Phagenpartikel (→ Abb. 11.14) hergestellt werden. Diese Phagen unterscheiden sich voneinander nur durch die an der Oberfläche präsentierten scFv-Peptide und dem zugehörigen scFv-Gen im Inneren. Diese Phagen können nun im *Panning* eingesetzt werden, welches nachfolgend besprochen wird. Erst zu einem späteren Zeitpunkt wird die zweite Variante, das Verhalten als Plasmid, wichtig, bei der nach Induktion des Promotors ein lösliches scFv-Peptid entsteht. Dazu wird das Phagemid in einen Bakterienstamm eingebracht, der *amber* als Stopcodon erkennt und daher nur den scFv mit den *Tags* produziert.
Um nun ein scFv gegen ein beliebiges Antigen zu generieren, wird das Antigen an eine Oberfläche gekoppelt. Um die passenden scFv-Phagen aus der scFv-Bibliothek herauszusuchen, wird die komplette scFv-Phagenbank mit ihren 10^8–10^{12} verschiedenen scFv-Phagen auf das immobilisierte Antigen gegeben. Nur solche Phagen, die scFvs mit passender Bindestelle tragen, können an das immobilisierte Antigen binden. Alle anderen Phagen werden abgewaschen (→ Abb. 11.15). Dieses Verfahren wird „Panning" genannt und wird mehrfach (i. d. R. dreimal) wiederholt. Auf diese Weise reichern sich solche Phagen an, deren scFvs besonders gut an das Antigen binden. Da in den Phagen eine Kopplung von Genotyp (scFv-Gen) und Phänotyp (scFv auf der Phagenoberfläche) vorliegt, kann nach dem Panning die Sequenz des bindenden scFvs leicht ermittelt werden.
In der Realität ist das Verfahren des Pannings komplizierter, und es gibt eine Vielzahl an Variationen der Methode.

Nachdem geeignete Antikörperfragmente durch das *Panning* identifiziert worden sind, können die scFvs in *E. coli* produziert werden. Dazu wird das Phagemid einfach in einen neuen Bakterienstamm eingebracht, welcher das *amber* Stop-Codon nicht durch eine Aminosäure ersetzt, sondern die Translation an diesem beendet. Auf diese Weise wird im Bakterium ein scFv produziert, das nicht mehr das virale Hüllprotein enthält. Allerdings können scFvs in Bakterien nur in relativ geringen Mengen produziert werden, da die scFvs für *E. coli* toxisch sind. Das ist auch der Grund, warum sich vor dem scFv-Gen die pelB-Sequenz (→ Abb. 11.13) befindet. Auf diese Weise wird der scFv direkt aus dem Bakterium heraus in das bakterielle Periplasma transportiert (→ Kapitel 6.3.3).
Solche *Phage-Display Libraries* existieren nicht nur für Antikörper-Fragmente, sondern auch für andere Gene. Beispielsweise werden Peptid-Banken aus zufällig eingesetzten Peptiden kommerziell vertrieben.

Abb. 11.14
Aufbau eines typischen scFv-Phagen. Unter bestimmten Bedingungen kann das Phagemid so abgelesen werden, dass ein scFv-Phagen entsteht. Dieser trägt das Phagemid mit dem scFv-Gen in seiner Hülle. Oben befindet sich das PIII-Protein mit den fusionierten scFv-Peptiden. Auf diese Weise stellt der scFv-Phage eine Verknüpfung zwischen Genotyp (Phagemid) und Phänotyp (Phage) dar, was eine wesentliche Voraussetzung für das nachfolgend beschriebene Panning darstellt.

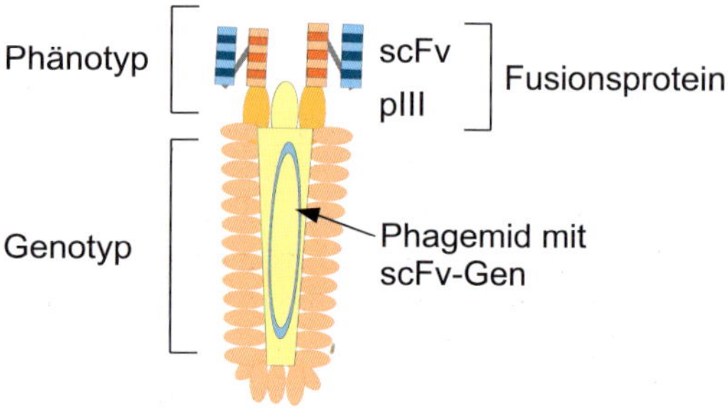

Abb. 11.15
Das *Panning* beginnt damit, dass das Antigen an einer Trägermatrix (oft ist dies eine Mikrotiterplatte) immobilisiert wird (→ Kapitel 11.2.3). Nach Blocken der Oberfläche wird die scFv-Phagenbank (vier Phagen a, b, c, d) hinzugegeben (→ Abb. 11.14). Die Phagen mit dem zum Antigen passenden scFv an ihrer Oberfläche (c) binden an das Antigen. Alle anderen Phagen werden abgewaschen. Die gebundenen Phagen werden eluiert und damit wiederum *E. coli* infiziert. Nach 3–5 Runden reichern sich so die besten Binder an.

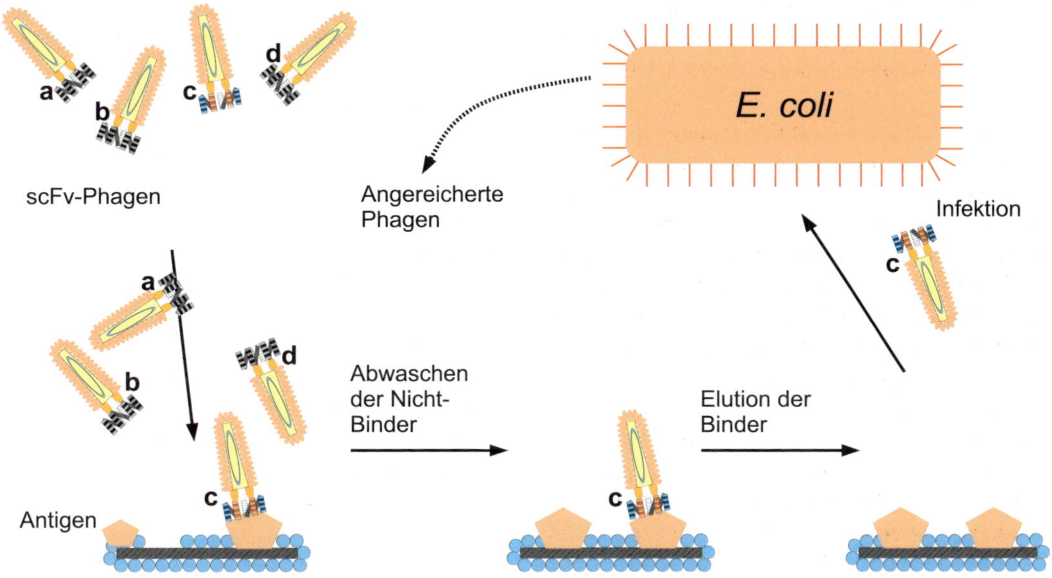

11.6.3 Immunhistochemische Verfahren

Immunhistochemische Verfahren und die Fluoreszenzmikroskopie erlauben die Lokalisation eines Antigens in einem Gewebe oder einer Zelle. Diese Informationen können Auskunft über die physiologische Funktion des Antigens liefern. Weiterhin kann die Lokalisation eines bestimmten Antigens in einem Gewebe auch Hinweise auf einen bestimmten physiologischen Zustand des Gewebes geben, was wiederum für die medizinische Diagnostik große Bedeutung hat. Das Gewebe wird vor der eigentlichen Immunfärbung fixiert, denn das Zellinnere muss für die Antikörper zugänglich gemacht werden. Dies ist eine mehrstufige und oft zeitaufwendige Prozedur. Die bei der Immunfluoreszenz eingesetzten Antikörper weisen meistens eine sehr hohe Affinität zum Antigen auf, denn dieses ist im Gewebeschnitt oft niedrig konzentriert. Mehrstufige Antikörperkaskaden sind daher die Regel (→ Kapitel 11.2.6).

Seit den 50er-Jahren werden Antikörper mit der Fluorophore Fluorescein Isothiocyanat (FITC) chemisch konjugiert und die Lokalisation des Antigens mittels Fluoreszenzmikroskopie ermittelt. FITC lässt sich unter alkalischen Bedingungen gut an die Aminogruppen von IgGs koppeln und hat einen recht weiten Wellenlängenbereich, der zur Anregung genutzt werden kann. Es emittiert grünes Licht. Eine weitere Fluorophore ist Rhodamin, welches rot leuchtet. Es sind viele Derivate mit verschiedenen Handelsnamen verfügbar. Für die Kopplung an Antikörper wird oft das Isocyanat-Derivat TRITC verwendet, weit verbreitet sind auch 5-Carboxytetramethylrhodamin (TAMRA), das Sulfonylchlorid-Derivat Texas Red sowie die verschiedenen Alexa-Farbstoffe.

GUT ZU WISSEN

▶ Lumineszenz und Fluoreszenz

Sendet eine Substanz beim Übergang von einem angeregten Zustand in den Grundzustand Licht aus, spricht man von Lumineszenz. Diese kann durch unterschiedliche Energiequellen bewirkt werden. Bei der Foto-Lumineszenz erfolgt die Anregung durch Licht. Beispiele für Chemo-Lumineszenz sind Luminol-basierte Substrate wie ECL, die auch bei der Immunfärbung mit HRP eingesetzt werden (→ Kapitel 11.2.5). Abhängig von der Dauer des Leuchtens unterscheidet man Phosphoreszenz und Fluoreszenz. Bei Letzterer ist das Nachleuchten die unmittelbare Folge der Anregung und liegt im Bereich von Nanosekunden. Zwar ist die Fluoreszenz ein zeitlich sehr kurzer Vorgang, aber bei andauernder Beleuchtung läuft sie immer wieder von Neuem ab, wobei die Fluorophore jedoch schwächer werden kann (dieser Vorgang wird Ausbleichen [*Bleaching*] genannt). Die Anregung (Exzitation [*Excitation*]) einer Fluorophore erfolgt bei einer für diese Fluorophore charakteristischen Wellenlänge, ebenso ist die Wellenlänge des abgestrahlten Lichts [*Emission*] charakteristisch. Allerdings können einige Fluorophoren das Licht bei verschieden Wellenlängen emittieren. Daher werden bei fluoreszenzbasierten Verfahren immer ein Exzitations- und ein Emissionsfilter eingesetzt.

DAPI (4',6-Diamidino-2-phenylindol) ist ein weiterer oft verwendeter Fluoreszenzfarbstoff. DAPI bindet an DNA und der größte Vorteil dieser Substanz liegt darin, dass sie Zellmembranen passieren kann. Daher können sowohl lebende als auch fixierte Zellen mit DAPI gefärbt werden. Es gibt eine große Zahl verschiedener Fluorophoren → Tab. 11.7. In den letzten Jahren hat es durch die Weiterentwicklung im Bereich der Fluoreszenzmikroskopie enorme Fortschritte gegeben, und verschiedene extrem hochauflösende Verfahren sind inzwischen verfügbar.
Abschließend soll erwähnt werden, dass Fluorophoren schon bald von sogenannten Quantendots, welche noch intensiver leuchten und vor allem kein *Bleaching* aufweisen, verdrängt werden könnten.

11.6.4 Markierung von Zellen

Es können nicht nur Proteine in den Zellen durch fluoreszenzmarkierte Antikörper sichtbar gemacht werden, sondern natürlich auch solche Proteine, die sich außen auf der Zelloberfläche befinden. Das eröffnet weitere Anwendungsgebiete, denn auf diese Weise können ganze Zellen markiert werden. Ist der Antikörper gegen ein Protein gerichtet, welches spezifisch für einen bestimmten Zelltyp ist, liegt anschließend nur dieser Zelltyp fluoreszenzmarkiert vor, alle anderen Zelltypen leuchten nicht. Das Zellgemisch wird nun in einer Kapillare an einem Laser und einem Sensor vorbeigeschleust. Auf diese Weise können die fluoreszenzmarkierten Zellen gezählt werden (Durchflusszytometrie). Weiterhin lässt die Streuung des Lichts Rückschlüsse auf die Zellgröße zu.

Abb. 11.16
FACS. Die Zellen werden aufgrund ihrer Oberflächenantigene unterschiedlich durch fluoreszenzgekoppelte Antikörper markiert. Die Fluoreszenz wird in einer Durchflusskapillare detektiert und die Zellen am Ende der Kapillare in elektrisch geladene Tröpfchen eingefasst. Im elektrischen Feld werden die markierten Zellen abgelenkt, während leere Tropfen und unmarkierte Zellen unbeeinflusst das Feld passieren.

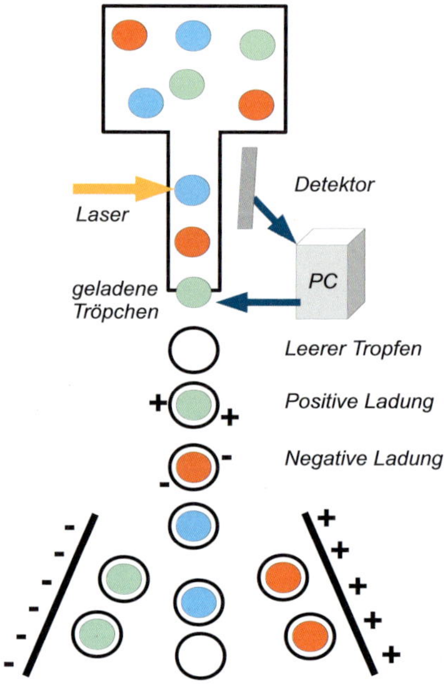

Tab. 11.7
Auswahl einiger Fluorophoren mit ihren Exzitations- und Emissionswellenlängen. Das emittierte Licht ist immer energieärmer als die Exzitation. Die Schriftfarbe symbolisiert die ungefähre Emissionsfarbe.

Kurzname	Chemischer Name	Exzitation [nm]	Emission [nm]
AMCA	Aminomethylcoumarin-Acetat	350	450
DAPI	4',6-Diamidino-2-phenylindol	359	461
Cy2	Carbocyanin	492	510
DTAF	Dichlorotriazinylamino-Fluorescein	492	520
FITC	Fluorescein-Isothiocyanat	492	520
Alexa Fluor 488		495, 492	519, 520
Cy3	Indocarbocyanin	550	570
TRITC	Tetramethyl-Rhodamin Iso-Thiocyanat	550	570
R-PE	Phycoerythrin aus *Porphyridium cruentum*	565/488	585
Rhod.Red-X	Rhodamin Red X	570	590
Texas Red	Rhodamin Derivat	596	620
Cy5	Indocarbocyanin	650	670
APC	Allophycocyanin	650	660

Es können unterschiedlich markierte Antikörper gegen Proteine eingesetzt werden, die verschiedene Zelltypen repräsentieren. Dann können solche Gemische verschiedener Zelltypen sogar sortiert werden (→ Abb. 11.15). Diese Variante der Durchflusszytometrie wird FACS [*Fluorescence Activated Cell Sorting*] genannt. Beim Vorbeifluss an Laser und Detektor wird der Zelltyp aufgrund der gebundenen Fluoreszenz bestimmt. Am Ende der Kapillare wird die Zelle in einen Tropfen eingeschlossen, der aufgrund der zuvor gemessenen Fluoreszenz positiv oder negativ geladen wird. Dieser elektrisch geladene Tropfen gelangt in ein elektrisches Feld, wo er abgelenkt wird, und fällt in das entsprechende Gefäß. Auf diese Weise entstehen am Ende drei verschiedene Zellpopulationen: Zellen, die in einem positiv geladenen Tropfen eingeschlossen wurden, die entsprechenden Pendants in den negativ geladenen Tropfen sowie leere und ungeladene Tropfen in der Mitte. Natürlich können die hier vorgestellten Verfahren steril durchgeführt werden, sodass die sortierten Zellen weiter kultiviert werden können.

Auch Zellen, die durch die Expression eines Reportergens wie GFP fluoreszieren (→ Kapitel 6.4) können mittels Durchflusszytometrie und FACS analysiert werden.

12 Fortgeschrittene Verfahren

Wir beginnen dieses Kapitel mit der DNA-Sequenzierung einzelner Plasmide oder von PCR-Produkten, die heute meistens von Servicefirmen oder Serviceabteilungen durchgeführt wird. Anschließend werfen wir einen Blick auf die Sequenzierung kompletter Genome, was ebenfalls meistens durch Dienstleister erfolgt und durchaus Gegenstand einer Masterarbeit sein kann. Wenn die Sequenz eines Genoms ermittelt wurde, stellt sich die Frage nach der Funktion der einzelnen Sequenzabschnitte. Auch bei einzelnen unbekannten Gensequenzen ist es wichtig, die Funktion zu ermitteln. Dabei helfen Verfahren der Reversen Genetik, wovon hier zwei verschiedene Ansätze, Knock-Out-Banken und RNAi, vorgestellt werden. Nach diesen eher deskriptiven Ansätzen wenden wir uns einem der zurzeit am stärksten im Fokus stehenden Gebiet der modernen Biologie zu, dem *Genome Editing*. Die Genom Editierung erlaubt die gezielte Veränderung eines Genoms, was enorme Auswirkungen auf Wissenschaft und Gesellschaft haben wird.

12.1 DNA-Sequenzierung

Das Ziel vieler Klonierungsarbeiten liegt letztendlich darin, die Sequenz der klonierten DNA zu ermitteln. Auch zur Überprüfung von PCR-Amplifikaten ist die DNA-Sequenzierung ein wichtiger Arbeitsschritt. Sie wird fast immer durch Dienstleister oder Serviceabteilungen der Universität weitgehend automatisiert durchgeführt. Somit beschränken sich die eigenen Arbeitsschritte meist auf die Vorbereitung der zu sequenzierenden DNA und die Auswertung der Sequenzdaten.

12.1.1 Sequenzierung nach Sanger

Die Didesoxy-Methode nach Sanger ist das am häufigsten verwendete Verfahren, um eine kleine Zahl an PCR-Amplifikaten oder Klonierungsprodukten zu sequenzieren (→ Abb. 12.1). Voraussetzung für das Sanger-Verfahren ist das Vorliegen einer gereinigten DNA auf der ein bekannter Bereich für die Anlagerung des Sequenzierprimers genutzt werden kann. Zu Beginn des Verfahrens wird die zu sequenzierende DNA denaturiert, so dass Einzelstränge vorliegen. Der Sequenzierprimer lagert an einen bekannten Sequenzabschnitt an. Bei vielen Plasmiden werden dafür bestimmte Sequenzen, die um die MCS gruppiert sind, genutzt (→ Abb. 6.1). Viele Vektoren weisen deshalb in ca. 50 bp Entfernung zur MCS (→ Kapitel 6.2) die Bindestellen für Standardprimer wie M13–20, T7 oder T3 auf. Solche Primer sind bei den Sequenzierfirmen in der Regel bereits vorhanden und müssen nicht mit der Probe eingeschickt werden, sondern nur im Bestellformular ausgewählt werden.

Der Sequenzierprimer bindet an die ssDNA, dadurch kann die Polymerase den neuen Strang synthetisieren. Im Unterschied zur PCR befinden sich aber nicht nur die dNTPs in dem Reaktionsansatz, sondern ein kleiner Anteil unterschiedlich fluoreszenzmarkierter Didesoxynukleotide (ddNTPs). Wird zufällig ein solches ddNTP eingebaut, bricht wegen der fehlenden OH-Gruppe am 3'C-Atom die Synthese an dieser Position ab. Mit der Zeit entstehen so unterschiedlich lange DNA-Fragmente, deren Synthese an verschiedenen Stellen abgebrochen wurde. Da die ddNTPs unterschiedlich fluoreszenzmarkiert sind, kann aufgrund der Fluoreszenz ermittelt werden, welche Base sich an der Abbruchstelle befindet. Die unterschiedlich langen Fragmente werden in einer speziellen Elektrophorese aufgetrennt, die in sehr dünnen Kapillaren (Kapillarelektrophorese) durchgeführt wird. Dabei laufen die unterschiedlich langen, fluoreszenzmarkierten Proben ihrer Größe nach an einem Laserstrahl, der die Fluoreszenz anregt, und einem Detektor, der diese misst, vorbei. Auf diese Weise kann der entsprechenden Position die richtige Base zugeordnet werden. Beim Vorbeifließen am Detektor wird ein DNA-Chromatogramm aufgezeichnet, wie es in → Abb.12.2 dargestellt ist.

Der auswertbare Bereich umfasst je nach Qualität der zu sequenzierenden DNA-Probe 700–1400 bp. Da die meisten Sequenzierungen heutzutage durch Servicefirmen durchgeführt werden, konzentrieren wir uns nachfolgend vor allem auf die Vorbereitung einer Probe für die Sequenzierung bei einer Sequenzierfirma sowie die Auswertung

Abb. 12.1
DNA-Sequenzierung nach Sanger. In einem ersten Schritt wird die DNA denaturiert, und der Sequenzierprimer lagert sich an einen bekannten Sequenzabschnitt an (**A**). Die Neusynthese erfolgt, bis der Einbau eines ddNTPs anstelle des entsprechenden dNTPs zum Strangabbruch führt (**B**). Das Beispiel zeigt den Ablauf für ddATP und ddCTP. Für die anderen ddNTPs läuft das Verfahren analog, wobei die ddNTPs unterschiedlich fluoreszenzmarkiert sind. Die gebildeten DNA-Stränge werden entsprechend ihrer Größe in einer Kapillarelektrophorese aufgetrennt. Dabei laufen sie an einem Laser und Detektor vorbei, um die entsprechende Fluoreszenz zu erfassen (**C**).

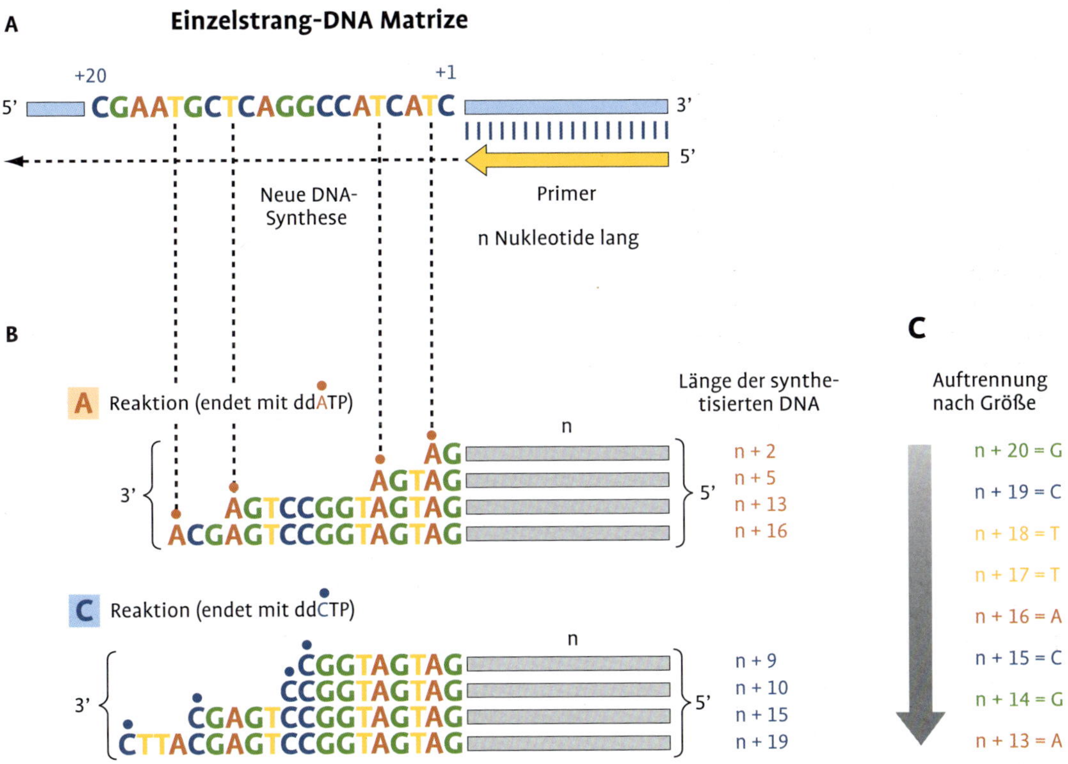

Abb. 12.2
Ein typisches DNA-Chromatogramm einer Sequenzierung. Die Fluoreszenzintensitäten der vier unterschiedlich fluoreszenzmarkierten ddNTPs sind in einem Chromatogramm zusammen dargestellt. Oben ist die computergenerierte Sequenz zu sehen, die vom Dienstleister auch als FASTA-Datei (→ Kapitel 13.2) geliefert wird. Die Qualität eines Bereichs ergibt sich nicht durch die Höhe, sondern vor allem dadurch, dass nur ein Peak an einer Stelle ist, die Peaks gleichmäßig breit sind und an ihren Rändern möglichst weit gegen Null laufen, so dass sie vom den benachbarten Peaks gut getrennt sind. Die ersten 50 Basen können meist nur schlecht gelesen werden (blaue Box) und werden verworfen.

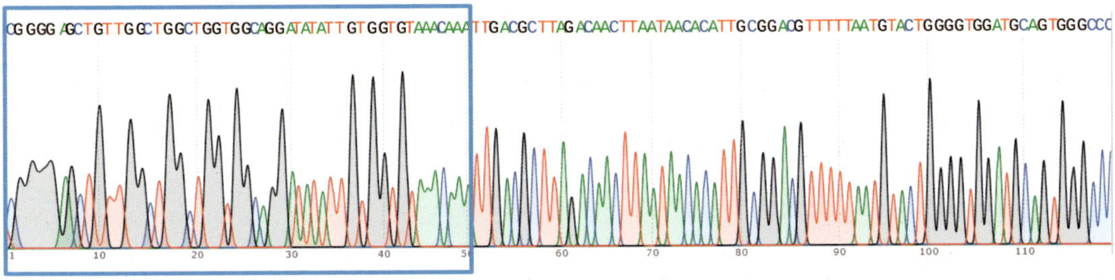

der Daten. Eine erfolgreiche Sequenzierung kann über bioinformatische Methoden weiter analysiert werden. Einen kleinen Einblick in dieses spannende Thema liefert → Kapitel 13.5.

TIPP

Der Primer sollte ca. 50 Basen vor dem Bereich, der sequenziert werden soll, binden, da die ersten 50 Basen eines Chromatogramms oft schlecht lesbar sind (→ Abb. 12.2).

12.1.2 Herstellen von Proben für die DNA-Sequenzierung

Um eine DNA sequenzieren zu lassen, wird eine Plasmidpräparation aus 1–2 ml *E. coli*-Kultur durchgeführt (bei Low-Copy-Plasmiden etwas mehr). Am einfachsten ist die Verwendung kommerzieller Kits (→ Kapitel 3.4) für die Aufreinigung. Leseweiten von bis zu 1400 bp können erzielt werden. Auch PCR-Amplifikate können direkt an die Sequenzierfirmen geschickt werden, müssen aber dazu über eine Silica Säule gereinigt werden, weil Polymerase und Primer die nachfolgende Sequenzierung stören würden. Die Leseweite von PCR-Amplifikaten ist kürzer als die von Plasmiden, und es muss mehr DNA eingeschickt werden (→ Tab. 12.1). Es ist sinnvoll, die PCR bzw. das gereinigte Plasmid im Gel (→ Kapitel 7.1) auf Menge und Reinheit zu überprüfen, bevor die Probe versendet wird.
Oft wurden vom Institut sogenannte Barcode-Labels des Serviceanbieters gekauft. Diese Etiketten werden auf die Probegefäße geklebt. Damit die Proben später zugeordnet werden können, müssen vor dem Versand die entsprechenden Formulare auf der Webseite des Serviceanbieters ausgefüllt werden. Es ist möglich, nicht nur einzelne Proben, sondern auch ganze Mikrotiterplatten an die Sequenzierfirma zu schicken. Die DNA sollte sich in H_2O, oder besser in 5 mM Tris-HCl, pH 8–9, in einem Gesamtvolumen von 10–20 µl befinden. Die genauen Angaben finden sich auf den Webseiten der Anbieter. Wichtig ist weiterhin, dass keine Gemische verschiedener DNAs vorliegen, der Sequenzierprimer nur einmal bindet und dass bestimmte DNA-Konzentrationen (→ Tab. 12.1) eingehalten werden.
Neben der zu sequenzierenden DNA muss auch ein Sequenzierprimer mitgeschickt werden, es sei denn, es kann einer der Standardprimer genutzt werden, welche die Sequenzierfirmen vorhalten. Folgende Faktoren können die Qualität einer Sequenzierung stark beeinflussen:

- Reste von Kulturmedien führen zu schlechten Sequenzierergebnissen. Nach dem Abzentrifugieren der Zellen muss das Medium vollständig entfernt werden.
- Plasmid-Isolationskits dürfen nicht überladen werden.
- Die Sequenzierreaktion ist sehr empfindlich gegenüber Ethanol, das über die Ethanolfällung (→ Kapitel 3.3.2) in die Probe gelangen kann.
- Vor der Sequenzierung von PCR-Produkten müssen verbliebene dNTPs, Enzyme und PCR-Primer abgetrennt werden. Dies erfolgt am bes-

Tab. 12.1
Typische DNA-Mengen, die für eine Sequenzierung benötigt werden. Die Angaben können von Firma zu Firma variieren.

Probenart	Konzentration
gereinigte Plasmid-DNA	100 ng/µl in einem Volumen von 15 µl
gereinigte PCR-Produkte:	
< 300 bp	2 ng/µl in 15 µl
300–1000 bp	5 ng/µl in 15 µl
> 1000 bp	10 ng/µl in 15 µl
mitgeschickter Primer	2 pmol/µl in mindestens 15 µl

ten über einen PCR-Aufreinigungskit (→ Kapitel 3.4) oder eine DNA-Fällung (→ Kapitel 3.3).
- Wird eine PCR-Probe eingeschickt, sollte diese als deutliche Einzelbande im Gel sichtbar sein. Resultiert die PCR nur in einer schwachen Bande, wird die Sequenzierung wahrscheinlich nicht funktionieren.
- Schließlich sollte darauf geachtet werden, dass der Sequenzierprimer wirklich nur einmal bindet.

Die obigen Angaben gelten natürlich auch dann, wenn die Sequenzierung im Labor selbst von einer Sequenziermaschine durchgeführt wird.

12.2 Next Generation Sequenzierung

Der konzeptionelle Unterschied der Next Generation Sequenzierungen (NGS) zur klassischen Sequenzierung nach Sanger liegt daran, dass bei der NGS mehrere Milliarden Sequenzen gleichzeitig gelesen werden, und natürlich in der Methodik. Ganze Genome können innerhalb weniger Tage komplett sequenziert werden. Zwar liefern die meisten Verfahren nur Sequenzen mit 100–300 bp (sog. *Reads*), also viel kürzere Sequenzen als das Sanger Verfahren, dieser Nachteil wird aber durch die riesige Zahl parallel durchgeführter Lesevorgänge wettgemacht. Typischerweise wird ein Genom nicht nur einmal abgelesen, heute ist eine 50–100-fache Abdeckung die Regel. Das bedeutet, dass bei einer 50-fachen Abdeckung rein statistisch jede Base in der Sequenz 50 × gelesen wurde. In einer Sequenzierung werden mehrere Milliarden Sequenzen gleichzeitig analysiert (→ Tab. 12.2). Auf diese Weise konnten die Kosten für die Sequenzierung auf 1000 €/Genom reduziert werden, was ca. 1/100 - 1/1000 der Kosten einer auf Sanger basierten Genomsequenzierung entspricht. Dies eröffnet ganz neue Anwendungsgebiete.

Auch Next Generation Sequenzierungen (NGS) werden meist von Serviceunternehmen durchgeführt. Dazu muss nur eine vorgegebene Menge an DNA eingesandt werden. NGS-Verfahren werden vor allem für die Sequenzierung von Genomen, aber auch von Transkriptomen (Gesamtheit aller transkribierten mRNAs eines Organismus, eines Gewebes oder einer Zelle) und Metagenomen eingesetzt. Unter einem Metagenom wird die Gesamtheit der Gene aller Organismen in einer definierten Umgebung verstanden (→ Kapitel 12.3).

An dieser Stelle soll nur kurz auf die zugrundeliegenden Prinzipien eingegangen werden, außerdem wird von den sehr verschiedenen NGS-Verfahren nur das zurzeit am häufigsten verwendete der Firma Illumina kurz beschrieben. Sehr weit verbreitet sind auch die Systeme von Pacific Biosciences (PacBIO) oder Thermo Fisher (Ion Torrent).

Auch wenn nicht geplant ist, selber eine Sequenzierung durchzuführen, ist es doch wichtig, die entsprechenden Verfahren zu kennen, denn die dabei generierten Genomsequenzen liefern wertvolle Informationen vor einer geplanten Klonierung eines Gens oder um Gene aus dem Organismus zu analysieren.

Fast täglich werden neue Genomsequenzen veröffentlicht, sodass selbst von eher ungewöhnlichen Spezies die Genomsequenz verfügbar ist.

Tab. 12.2
Vergleich verschiedener Sequenzierverfahren.

Verfahren	Sequenzierte Basen / Lauf	Dauer eines Laufs	Leseweite eines „Reads“
Sanger Verfahren	0,5–52 kb	3 h	1000 b
Illumina HiSeq®	7,5–3000 Gb	1–6 Tage	2 × 150 b
Ion Torrent	20 Mb–15 Gb	4–17 h	200–400 b
PacBIO	1–8 Gb	0,5–10 h	> 50 kb

TIPP

Vor dem Beginn einer Genomsequenzierung muss eine Vielzahl von Aspekten geklärt werden, z. B. der Ploidiegrad (Anzahl der homologen Chromosomensätze), der Heterozygotiegrad, mögliche Kontaminationen mit Mikroorganismen, Verfügbarkeit der Sequenz des Plastoms (Genom der Plastiden) bzw. des Chondrioms (Genom des Mitochondriums).

Diese Verfügbarkeit hat in den letzten Jahren die Arbeit des Molekularbiologen stark beeinflusst, denn es ist nicht mehr notwendig, das Tier oder die Pflanze in den Händen zu halten, um daraus ein bestimmtes Gen zu isolieren. Oft reicht es aus, in den Datenbanken die relevanten Sequenzen zu suchen (→ Kapitel 13.4.1) und sich dann die benötigte DNA-Sequenz synthetisieren zu lassen (→ Kapitel 8.1).
Nachfolgend wird eine kurze Übersicht der Abläufe einer solchen Genomsequenzierung aufgezeigt (→ Map 12.1).
Nachdem die genomische DNA an den Dienstleister geschickt wurde, wird sie dort in kleine Stücke geschreddert (das erfolgt oft mechanisch, indem man die DNA mit hohem Druck durch eine Düse presst). Da die DNA-Fragmentierung nicht zu homogenen, stumpfen Fragmenten führt, ist eine Reparatur der Enden erforderlich. So wird sichergestellt, dass alle DNA-Moleküle keine Überhänge sowie 5'-Phosphat- und 3'-Hydroxylgruppen enthalten. Dann werden kurze Adapter an beide Enden der DNA-Fragmente angehängt. So entsteht eine riesige Sammlung unterschiedlicher DNA-Fragmente des Genoms, die alle an den Enden die DNA-Adapter tragen.
Bei dem in → Abb. 12.3 vorgestellten Verfahren der Firma Illumina werden nun alle DNA-Fragmente zufällig auf einem speziellen Träger, der Flusszelle, gebunden. Diese Flusszelle ist bedeckt mit kurzen Oligonukleotiden, die komplementär zu den zuvor eingesetzten Adaptern sind. Somit können die endständigen Adapter an ihre komplementären Oligonukleotiden, die kovalent an die *Flusszelle* gekoppelt sind, hybridisieren ①. Das kovalent gebundene Oligonukleotid dient nun als Primer für eine PCR ②, durch die an dieser Stelle eine dsDNA gebildet wird ③. Nun wird wieder denaturiert und der *Template*-Strang aus Schritt ② geht ab. Der soeben neu synthetisierte DNA-Strang bleibt am Ort, da er über das Oligonukleotid kovalent an die Flusszelle gebunden ist. In ⑤ liegen nur kovalent gebundene ssDNA vor. Über einen Brückenschlag erfolgt nun eine Hybridisierung mit einem passendem, kovalent gebundenen Oligonukleotid in der Nähe ⑥, welches erneut als Primer dienen kann ⑦. Eine dsDNA-Brücke entsteht ⑧ und durch eine Temperaturerhöhung trennen sich die beiden DNA-Stränge an den hybridisierten Bereichen ⑨. Das Ganze wiederholt sich, bis an den verschiedenen Stellen der Flusszelle Bündel gleicher ssDNA-Stränge entstehen. Dabei repräsentiert in jedem Bündel die Hälfte der ssDNA Stränge einen der beiden, komplementären Ausgangsstränge. Die

Map 12.1
Typischer Workflow einer Genomsequenzierung. Die gereinigte DNA wird an einen entsprechenden Dienstleister gesendet. Dort wird die genomische DNA fragmentiert und aus den DNA-Stücken des geeigneten Größenbereichs eine DNA-Bank erstellt. Es findet zu keinem Zeitpunkt eine Klonierung oder Transformation von Bakterien statt. Nach der Kontrolle der fragmentierten DNA werden kurze Adapter-DNA Stücke an die Enden der DNA-Fragmente angefügt. Die Adapter können als Primerbindestelle für eine spezielle Form der Amplifizierung (Bridge-PCR) dienen, um die DNA-Fragmente zu vervielfältigen. Später dienen die Adapter auch als Startpunkt für die eigentliche Sequenzierung. Nach diversen Qualitätskontrollen folgen die bioinformatischen Arbeiten wie *Assembly* und *Annotation*.

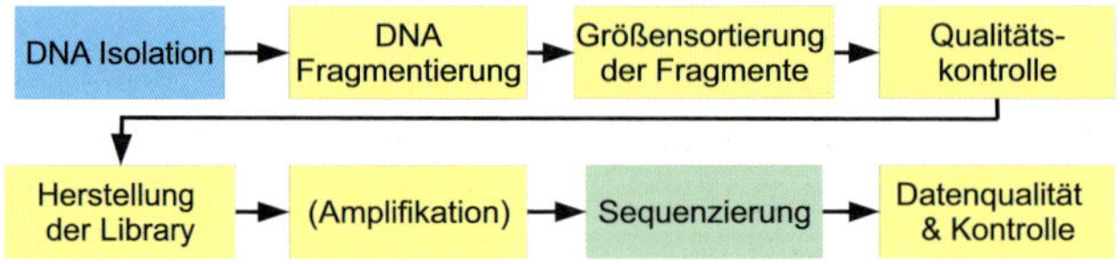

Abb. 12.3
Bridge-PCR (stark vereinfacht). Die DNAs mit ihren endständigen Adaptersequenzen (schwarz und grau) hybridisieren mit Oligonukleotiden, die kovalent an die Flusszelle gebunden sind ①. Dieses kovalent gebundene Oligo dient als Primer ② für eine PCR ③. In Schritt ④ wird die Temperatur erhöht, sodass nur kovalent gebundene ssDNA erhalten bleibt ⑤. Nach Senken der Temperatur schlägt sie eine Brücke zu einem benachbarten Oligonukleotid ⑥. Erneut kommt es zu einer PCR ⑦, die in einer dsDNA-Brücke resultiert ⑧. Eine weitere Denaturierung führt zu einem fest gebundenen Paar ssDNAs, die identisch zu den beiden Strängen der ursprünglichen DNA sind. Dieser Vorgang wiederholt sich nun so oft, bis Bündel gleicher DNAs an den verschiedenen Stellen der Flusszelle entstanden sind.

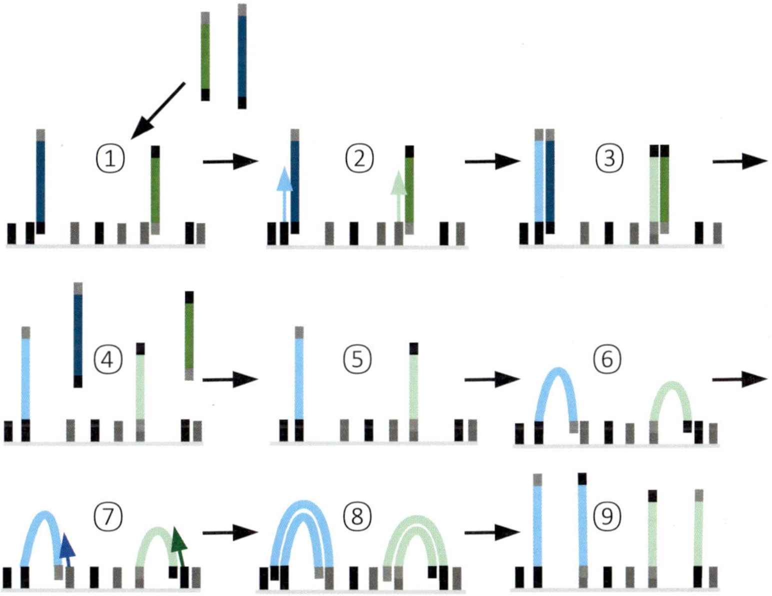

Bridge-PCR läuft auf der Flusszelle mit mehreren Millionen DNA Fragmenten gleichzeitig ab. Auf diese Weise sind an jedem Ort identische Kopien der im ersten Schritt dort gebundenen DNA-Fragmente.

Nachdem die Millionen an DNA-Bündel auf der Flusszelle durch die Bridge-PCR entstanden sind, erfolgt die eigentliche Sequenzierung (→ Abb. 12.4). Es wird der lösliche Sequenzierprimer hinzugefügt, der zu einem der beiden Adapterenden komplementär ist ②. Außerdem werden die vier unterschiedlich fluoreszenzmarkierten dNTPs hinzugegeben ③. Diese weisen eine Besonderheit auf: Wegen der Fluorophoren am dNTP kann die DNA-Polymerase nur ein Nukleotid einbauen ④. Nun werden alle in diesem Schritt eingebauten Fluorophore auf der gesamten Flusszelle detektiert. So wird ermittelt, in welchem DNA-Bündel welches Nukleotid eingebaut wurde ⑤. Nach der Detektion wird das terminale Fluoreszenzmolekül abgespalten, sodass das 3'OH-Ende des zuvor eingebauten Nukleotids für die DNA-Polymerase zur Verfügung steht. Die DNA-Polymerase kann nun das nächste fluoreszenzmarkierte Nukleotid einbauen ⑥, was erneut detektiert wird ⑦. Das Ganze geht sehr schnell vonstatten, und da alle Fluoreszenzen auf der Flusszelle gleichzeitig detektiert werden, ergibt sich pro Zyklus eine große Zahl an Daten über die ganze Flusszelle hinweg.

Im Prinzip könnte auch nur ein gebundenes DNA-Molekül auf diese Weise sequenziert werden. Dies erfordert aber sehr teure Detektoren, die extrem empfindlich sein müssen, um eine einzelne Fluorophore zu detektieren. Um die Geräte preiswerter herzustellen, wurde die Bridge-

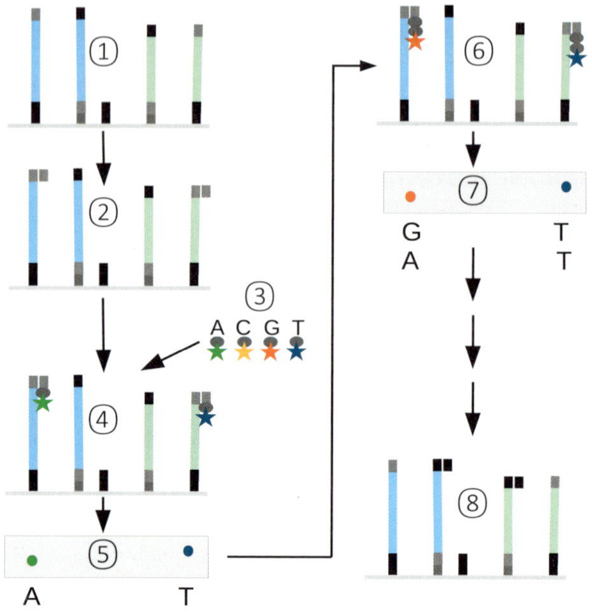

Abb. 12.4
Illumina Verfahren. Nachdem die Millionen DNA-Stränge an die Oberfläche der Flusszelle gebunden und mittels Bridge-PCR amplifiziert wurden, beginnt die eigentliche Sequenzierung ①. Dazu bindet der erste Sequenzierprimer (grau) am freien oberen Ende der entsprechend ausgerichteten Stränge ②. Fluoreszenzmarkierte Nukleotide werden zugegeben. Dabei tragen die verschiedenen Nukleotide eine unterschiedliche Fluorophore ③. Auf dem gesamten Chip wird jeweils ein passendes dNTP eingebaut ④. Die Fluorophore verhindert den Einbau weiterer Nukleotide. Die Floreszenzen auf der Flusszelle werden detektiert ⑤, dann werden die gebundenen Fluorophoren abgespalten und der Einbau des nächsten Nukleotids verlängert den neuen DNA-Strang ⑥. Auch nach diesem Einbau wird wieder detektiert ⑦. Das Ganze wird ca. 150x wiederholt, woraus wir die 150 endständigen Basen an jedem Ort kennen. Dann wird der Sequenzierprimer für den Adapter der anderen Seite verwendet und auch hier sequenziert ⑧. Auf diese Weise wird jedes initial gebundene DNA Fragment von beiden Seiten aus sequenziert.

PCR eingeschoben. Allerdings ergeben sich so zwei Nachteile: Einerseits können durch die Bridge-PCR Fehler in die Sequenz eingebaut werden, und andererseits muss der Einbau der Fluoreszenz-Nukleotide in einem Bündel exakt synchron erfolgen. Dies funktioniert für ca. 100–150 Nukleotide, weshalb von jedem Bündel 100–150 Basen sequenziert werden können. Dann wird der Chip gewaschen und das Verfahren mit dem Primer gegen den Adapter an der anderen Seite wiederholt ⑧. Nun werden die 100–150 Nukleotide der andersherum gebundenen DNA-Stränge an jedem Bündel sequenziert. Auf diese Weise werden von jedem DNA-Strang die jeweils 150 Basen an den beiden Enden sequenziert, weshalb dieses Verfahren sogenannte *paired end reads* produziert.

Das Verfahren ist ziemlich kostengünstig, denn die Vervielfältigung der DNA mittels Bridge-PCR erlaubt die Nutzung preiswerter Detektoren im Sequenziergerät. Außerdem können alle vier markierten Nukleotide in einer Reaktion analysiert werden. Da alle Nukleotide im Reaktionsansatz vorhanden sind, kompetieren sie um die Bindung, was den Einbau von falschen Nukleotiden reduziert. Somit kommt das Verfahren auf eine Sequenziergenauigkeit von über 99 %.

Der größte Aufwand besteht gar nicht in der Sequenzierung selbst, sondern darin, die riesige Zahl an sequenzierten 150 bp Stücken zu längeren Einheiten zusammenzufassen. Dieses bioinformatische Verfahren wird *Assembly* genannt und erfordert große Rechnerkapazitäten. Anschließend muss den entstandenen *Scaffolds*, die im Prinzip nur aus einer Abfolge der vier Buchstaben A, C, G, T bestehen, eine Bedeutung zugeordnet werden – sprich, Gene und andere Elemente auf der genomischen DNA-Sequenz identifiziert werden. Auch dieser Prozess erfordert eine große Rechnerleistung und wird *Annotation* genannt.

12.3 Von den „Omics“ zur Systembiologie

Neben dem Genom einer Spezies [*Genomics*] kann auch die Gesamtheit aller mRNAs in Form von cDNAs [*Transcriptomics*] sequenziert werden. Da die ersten Verfahren auf „Omics“ endeten, hat es sich etabliert, ähnliche massiv parallel durchgeführte Untersuchungen auch auf „Omics“ enden zu lassen (→ Tab. 12.2). Der wesentliche Aspekt der „Omics“-Technologien liegt darin, dass nicht nur die Rolle eines oder weniger Moleküle untersucht wird, sondern die Gesamtheit aller Mitglieder einer Gruppe.

Unter Genomik versteht man die systematische Erforschung der Genome, also der Gesamt-DNA einer Zelle oder eines Organismus. Das menschliche Genom enthält 3,2 Milliarden Basen und geschätzte 30 000–40 000 proteinkodierende Gene. Nachdem die Sequenzen aller Modellorganismen bekannt sind, stehen inzwischen – gerade beim menschlichen Genom – die individuellen Variationen genomischer Sequenzen im Fokus des Interesses. Als diploider Organismus liegt bei jedem Menschen jede Sequenz doppelt vor, und diese beiden können durchaus voneinander abweichen. Allele sind die unterschiedlichen Ausprägungen eines Gens. Initial entstanden sie durch eine Mutation. Da viele Mutationen sich nicht negativ auswirken, wirkt kein Selektionsdruck, sie können sich in der Bevölkerung verbreiten. Eine solche Variation an einer bestimmten Position im Genom, die bei vielen Menschen auftaucht, wird als Polymorphismus bezeichnet. Häufig kann diese Variation auf nur eine Base zurückgeführt werden. Solche Polymorphismen, die auf einer Variation eines einzelnen Nukleotids beruhen, werden SNPs (sprich: „Snips“ [*Single Nucleotide Polymorphism*]) genannt. Sie bilden eine wichtige Grundlage für die Analyse von Verwandtschaftsgraden, wie Vaterschaftstests, oder kriminologische DNA-Analysen. In den meisten Fällen sind SNPs ohne phänotypische Auswirkung, aber manche SNPs können mit Krankheiten korreliert werden, was sie für die Medizin besonders interessant macht.

Das Transkriptom, also die Gesamtheit der mRNAs einer Zelle oder eines Organismus, hat (fast) immer eine Auswirkung auf den Phänotyp. Während das Genom in den meisten Zellen eines Organismus annähernd identisch ist, repräsentiert das Transkriptom den physiologischen Zustand einer Zelle. Noch direkter ist natürlich die Korrelation zwischen Proteom und dem Erscheinungsbild der Zelle. Da aber die Analyse von Proteinen [*Proteomics*] aufwendiger ist als die von Nukleinsäuren, wird eher das Transkriptom untersucht [*Transcriptomics*]. Aber allein die vermutete Zahl an Proteinen, die dreimal so hoch angesetzt wird, wie die Zahl der proteincodierenden Gene, zeigt, dass dies nicht

Tab. 12.3
Eine ganz kleine Auswahl bekannter „Omics“-Technologien

Name	Erläuterung	Anzahl beim Menschen
Genomics	Analyse der Struktur, der Funktion und des Expressionsverhaltens aller Gene eines Organismus.	Ca. 35 000 Gene
Transcriptomics	Komplettanalyse der mRNAs eines Organismus, eines Gewebes, einer Zelle oder eines Organells.	Mehr als 100 000, abhängig vom Zelltyp
Proteomics	Komplettanalyse aller Proteine eines Organismus, eines Gewebes, einer Zelle oder eines Organells.	Mehr als 100 000 Proteine
Metabolomics	Komplettanalyse der Stoffwechselprodukte eines Organismus, eines Gewebes, einer Zelle oder eines Organells.	Ca. 5 000 Stoffwechselprodukte
Metagenomics	Sequenzierung aller Organismen in einer definierten Umgebung, z. B. einer Hautregion des Menschen.	

so einfach möglich ist. An verschiedenen Punkten des Informationsflusses von DNA zum Protein kommt es zu Modifikationen: Schon während der Transkription können Alternatives Spleißen sowie RNA-Editierung erfolgen. Davon sind bei höheren Eukaryoten, wie dem Menschen, sehr viele mRNAs betroffen. Solche Modifikationen sind normalerweise Zelltyp-spezifisch. Auch während und nach der Translation sind Variationen möglich, beispielsweise die posttranskriptionale Modifikation von Proteinen, z. B. durch die Glykosylierung (→ Kapitel 1.5).

Noch komplexer ist die Analyse der Gesamtheit der Stoffwechselprodukte einer Zelle, welche als Metabolomik [*Metabolomics*] bezeichnet wird.

Aber nicht nur die Interaktionen innerhalb einer Zelle oder eines Zellverbundes lassen sich analysieren. Schätzungen gehen davon aus, dass der menschliche Körper weit mehr prokaryotische Zellen als eukaryotische Zellen enthält, wobei zu berücksichtigen ist, dass eine Bakterienzelle durchschnittlich nur ein 1/100 der Größe einer eukaryotischen Zelle besitzt. Allein im Mund leben ungefähr 600 verschiedene Arten an Mikroorganismen! Das Zusammenspiel zwischen Organismen verschiedener Spezies in einer Umgebung wird durch die Metagenomik untersucht. Hier wird in einem ersten Schritt bestimmt, welche Spezies in einer bestimmten Umgebung vorhanden sind. Dies kann ein Korallenriff sein oder der Hautbereich in einer Achselhöhle oder die Zusammensetzung der Organismen in einem Rindermagen. Nachdem die Spezies meist über ihre 16S-rRNA bestimmt wurden, können Genomsequenzierungen folgen, um z. B. die Gene der Proteine zu finden, die in einem Rinderpansen für den Abbau der Zellulose zuständig sind. Riesige Forschungsverbünde wie z. B. das *Human Microbiome Project* (HMP, https://hmpdacc.org) spiegeln die Bedeutung dieses Forschungsbereichs wider.

Solche „Omics"-Technologien leiten über zu einer noch höher geordneten Betrachtung des Lebens, der Systembiologie. Die Systembiologie hat zum Ziel, die dynamischen Vorgänge des Lebens und die Komplexität biologischer Systeme in ihrer Gesamtheit zu analysieren und mittels mathematischer Modelle zu beschreiben. Das Potenzial der Systembiologie liegt darin, dass die komplexen Grundlagen biologischer Prozesse und damit auch von Krankheiten verständlich werden, und Angriffspunkte für Therapien leichter zu finden sein werden. Daher spielt die Systembiologie gerade bei der Entwicklung von Medikamenten eine wichtige Rolle. Anstatt ein Protein nach dem anderen als mögliches Ziel eines Medikaments zu testen, können solche Untersuchungen am Computer simuliert werden. Erst anschließend werden die vielversprechendsten Varianten im Labor überprüft. Die Systembiologie als solche ist noch eine sehr junge Wissenschaft mit enormem Entwicklungspotenzial.

12.4 Analyse der Genfunktion

Nachdem viele Genome sequenziert worden sind, ergibt sich immer drängender die Frage, welche Funktionen die in den Genomen gefundenen Gene haben. Daher kommt der Analyse der Genfunktion eine immer stärkere Bedeutung zu.

12.4.1 Reverse Genetik und *Gene Targeting*

Die Zahl der bekannten Sequenzen ist inzwischen überwältigend groß. Eine wichtige Aufgabe liegt darin, diesen Sequenzen auch Funktionen zuzuordnen. Eine Möglichkeit besteht darin, das zugehörige Protein zu exprimieren und zu analysieren, doch ist dies bei der schieren Masse an Sequenzen nur für wenige Gene und deren Proteine durchführbar. Wenn die Funktion über eine einfache Enzymaktivität hinausgeht oder gar multifaktoriell ist, z. B. bei einem Transkriptionsfaktor, wäre eine solche Analyse auch wenig aufschlussreich. Auch Expressionsstudien wie Northern Blotting (→ Kapitel 7.6.1) oder *In-situ*-Hybridisierung könnten allenfalls Hinweise liefern. Über die Strategie der Reversen Genetik werden deshalb gezielt Mutationen in ein Gen eingebracht, um dann den Wildtyp mit dem mutierten Organismus zu vergleichen. Solche Verfahren werden nicht nur mit einem einzelnen

Gen angegangen, sondern es werden Sammlungen an Mutanten erstellt, in denen Mutationen über das gesamte Genom verteilt sind und die Position aller Mutationen bekannt sind. Solche Mutationsbanken konnten in Modellorganismen wie Hefe oder Mäusen durch homologe Rekombination erhalten werden. Bei dieser „*Gene Targeting*“ genannten Strategie wird eine bekannte Gensequenz an verschiedene Stellen im Genom zufällig mittels homologer Rekombination integriert. Dadurch wird die Funktion des betroffenen Gens zerstört. Die an diesem Ort zufällig integrierte Sequenz ist bekannt und liefert so eine Primerbindestelle. Über diese können die benachbarten Sequenzen ermittelt und der genaue Integrationsort bestimmt werden. Weiterhin werden die entstandenen Mutanten phänotypisch charakterisiert.
Solche Mutationsbanken sind in der Herstellung sehr aufwendig, und ihr Nutzen ist limitiert, vor allem dann, wenn die Zerstörung eines essenziellen Gens zu einer Letalmutation führt. Dennoch gab es gerade bei Maus und *Arabidopsis* wo große Bibliotheken mit Mutanten verfügbar sind, bemerkenswerte Fortschritte.

12.4.2 RNAi

Eine viel einfacher durchzuführende Alternative zum oben beschriebenen Gene Targeting stellt die RNAi-Technologie dar. Dabei wird nicht auf Genomebene eingegriffen, sondern das interessierende Gen wird durch RNAi-basierte Verfahren[70] stumm geschaltet. Bevor wir uns der Methodik zuwenden, soll sehr kurz die natürliche Funktion von RNAi dargelegt werden.
RNAi stellt einen weit verbreiteten, zellulären Mechanismus dar, bei dem kleine RNAs die Produktion bestimmter Proteine unterbinden. Meist erfolgt dies auf der Ebene der mRNA-Translation, dem Abbau von mRNAs oder durch Hemmung der Transkription des Gens. RNAi spielt in Eukaryoten bei der Entwicklung des Organismus und in verschiedenen zellulären Prozessen eine wesentliche Rolle. Eine weitere Funktion liegt in der Abwehr viraler RNAs, denn RNAi kann den Abbau eingedrungener viraler RNA bewirken und so Pflanzen und Tiere gegen Infektionen durch RNA-Viren schützen. Schließlich schützt RNAi die Zelle vor der Aktivität mobiler Elemente im Genom, wie z. B. von Transposons, und erhöht so die Genom-Stabilität.
Die RNAi vermittelnden nicht protein-kodierenden RNAs werden in unterschiedliche Klassen eingeteilt, von denen wir hier nur zwei näher behandeln: miRNAs und siRNAs. Während miRNAs ein zelleigenes System an regulativen RNAs darstellen, welches primär die eigene Entwicklung steuert, dienen siRNAs vor allem der Abwehr von Fremd-RNA, die in die Zelle eingedrungen ist. Die zugrundeliegenden Abläufe sind teilweise ähnlich.

▶ **miRNA:**
Das primäre Transkript einer miRNA, die pri-miRNA, wird von der RNA-Polymerase II transkribiert oder stammt aus Introns von protein-codierenden Transkripten. Sie werden nachfolgend mehrfach prozessiert. In tierischen Zellen erfolgt die Prozessierung durch die Ribonuklease Drosha zu einem Zwischenmolekül namens pre-miRNA, welches etwa 70 Nukleotide groß ist. Beide Varianten bilden eine Hairpin-Struktur aus, da viele zueinander komplementäre Nukleotide im Molekül vorhanden sind. Sie werden aus dem Zellkern in das Zytoplasma exportiert und dort durch die Endoribonuklease Dicer zur fertigen, doppelsträngigen miRNA prozessiert. Die miRNA wird anschließend in den RISC [*RNA-induced silencing complex*] geladen, der einen der beiden Stränge verwirft und den verbleibenden Strang als Leitsequenz für die Identifizierung der zugehörigen Ziel-mRNA nutzt. Wird die Ziel-mRNA gefunden und gebunden, inhibiert die miRNA-mRNA-Interaktion i. d. R. die Translation der mRNAs. Da die Basenpaarung zwischen der miRNA und der mRNA nicht über die ganze Länge erfolgt, kann eine miRNA auf mRNAs von mehreren Zielgenen gerichtet sein. Umgekehrt kann eine mRNA von mehreren miRNAs in ihrer Funktion gehemmt werden.

70 Es gibt weitere Verfahren, wie Antisense-RNA und Co-Suppression, die heute aber kaum eine Rolle spielen.

▸ **siRNA:**
Die siRNA besitzt eine ähnliche Größe und nutzt ein ähnliches System wie die miRNA. Ein wesentlicher Unterschied besteht in ihrer Herkunft, denn die siRNA wird in der Regel exogen eingeführt, z. B. als virale RNA, die oft in größeren Bereichen als doppelsträngige RNA vorliegt. Diese eingebrachte dsRNA wird durch Dicer in kurze dsRNA-Moleküle gespalten, die sogenannten siRNAs. Auch hier wird die siRNA in den RISC geladen, um die mRNAs der Ziel-RNA auszuschalten. Dies erfolgt aber anders als zuvor für die miRNA beschrieben: die gebundene RNA wird in kleine Stücke gespalten, wozu eine nahezu perfekte Basenpaarung zwischen siRNA und Ziel-RNA erforderlich ist (→ Abb. 12.5).

Abb. 12.5
Stark vereinfachter Ablauf von RNAi. RNAi kann durch verschiedene kleine RNAs ausgebildet werden. Exogene dsRNA oder endogene pre-miRNA wird durch ein RNase III-ähnliches Enzym (am bekanntesten ist das Enzym Dicer) erkannt und in 21 bp kurze dsRNAs mit 3'OH-Überhängen geschnitten ①. shRNAs sind im Labor hergestellte Produkte und kommen so in der Natur nicht vor, werden aber ebenfalls durch Dicer prozessiert (→ Abb. 12.6). So entsteht entweder eine perfekt paarende siRNA oder eine miRNA mit einer „Ausbeulung" eines Strangs. Beide Arten besitzen 2 Basen lange 3'-OH-Überhänge ②. Auch bei der shRNA wird der endständige Loop durch Dicer entfernt, so dass sie je nach Paarung der Stränge nun einer siRNA oder einer miRNA entspricht. Im nächsten Schritt wird einer der beiden RNA-Stränge in den RISC, einem multimeren Enzymkomplex geladen ③. Findet sich eine mRNA, die zur siRNA passt, zerschneidet RISC die lange RNA. Wurde eine miRNA in den RISC geladen, wird die Translation der zugehörigen mRNA unterbunden (hier nicht dargestellt). RNAi ist in allen höheren Eukaryoten vorhanden, läuft aber in Pflanzen etwas anders ab. Die Darstellung ist nicht maßstabsgerecht.

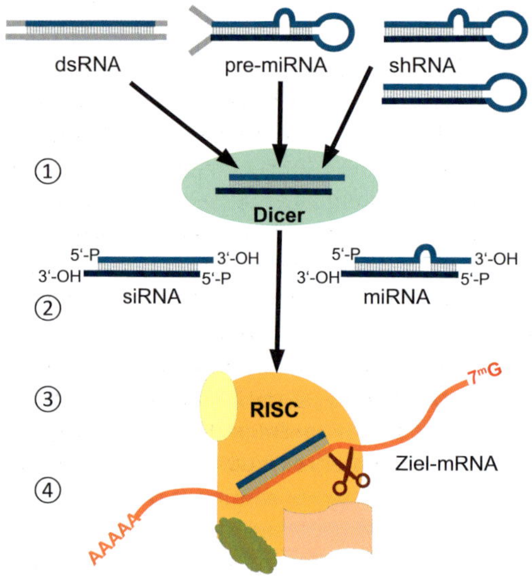

12.4.3 Durchführung von siRNA-Experimenten

RNAi wird verwendet, um Genprodukte gezielt auszuschalten. Der große Vorteil gegenüber den Knock-Outs liegt darin, dass nicht auf Genomebene gearbeitet werden muss. Eine Stummschaltung kann also zu einem definierten Zeitpunkt stattfinden oder nur in bestimmten Zellen. Die geringe Größe der siRNAs macht das Verfahren einfach durchführbar.
Typischerweise gehören mehrere Arbeitsschritte zu einem RNAi-Experiment. Zunächst muss im Genom des Zielorganismus das Zielgen gesucht (→ Kapitel 13.4.1) und ggf. sequenziert werden. Die siRNAs müssen designt werden, und man benötigt natürlich die Zellen, in denen das Zielgen stillgelegt werden soll. Im einfachsten Fall handelt

GUT ZU WISSEN

▶ **siRNA Design**
Nicht alle siRNAs sind gleichermaßen effizient. Nachfolgende Tipps erleichtern die Herstellung wirksamer siRNAs gegen eine 21 Nukleotide lange Zielsequenz:
Die folgenden Bereiche in der Zielsequenz sollten nicht adressiert werden: Bereiche, die weniger als 50–100 bp vom Start- bzw. Stopcodon entfernt liegen, ebenso Introns oder Regionen mit einem GC-Gehalt < 30 % oder > 60 %. Auch Sequenzabschnitte mit niedriger Komplexität (z. B. AAAAAAA) sollten vermieden werden. Um sicherzustellen, dass die Zielsequenz nur einmal im Genom vorkommt, sollte eine BLASTn Homologiesuche über das Genom durchgeführt werden (→ Kapitel 13.4). Es gibt noch weitere Regeln für das Design, die in weiterführenden Publikationen zu finden sind.

Abb. 12.6
RNAi kann experimentell über Konstrukte, die erst in der Zelle die siRNA exprimieren, oder durch Einbringen exogener siRNA bzw. shRNA ausgelöst werden. Im ersten Fall wird ein Vektor mit den beiden komplementären RNA-Sequenzen (sense und reverse), die durch einen Linker *(Loop)* zusammengehalten werden, transformiert. Im zweiten Verfahren wird die RNA *in vitro* transkribiert und als gefaltete dsRNA in die Zelle eingebracht. Der *Loop* wird durch Dicer abgespalten. RNAi hat einen sehr hohen Wirkungsgrad und ist trotz der recht kurzen Sequenz ziemlich spezifisch.

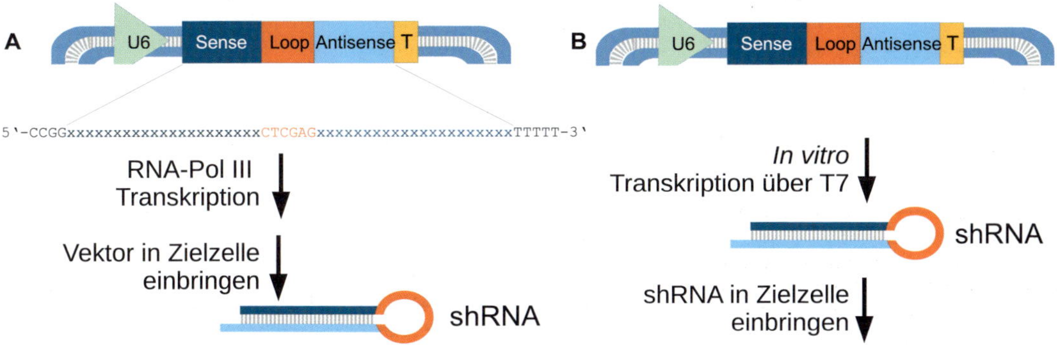

es sich um Zellen aus der tierischen Gewebekultur. Nachdem alle experimentellen Parameter angepasst wurden, müssen die Kontrollen sehr sorgfältig ausgewählt werden. Anschließend kann das eigentliche Experiment durchgeführt werden.
Um mittels RNAi ein Gen stillzulegen, werden die beiden zueinander komplementären Sequenzen zunächst in einen Vektor eingesetzt, in dem sie durch eine Loop-Sequenz voneinander getrennt sind. Dies kann über zwei PCRs erfolgen, in den allermeisten Fällen wird das „sense-loop-reverse“ Konstrukt einfach als Oligonukleotid synthetisiert (→ Abb. 12.6). Entweder kann das Plasmid in die Zelle eingebracht werden, wo es transkribiert wird. Auf diese Weise entsteht eine dsRNA, die an ihrem Ende einen *Loop* hat und daher shRNA genannt wird [*Short Hairpin RNA*]. Alternativ wird die Transkription *in vitro* durchgeführt und die siRNA bzw. shRNA in die Zelle eingebracht (→ Kapitel 6.11.4). In beiden Fällen wird der Loop von Dicer abgespalten, sodass in der Zelle die fertige siRNA entsteht, die anschließend an RISC gebunden wird. Auf diese Weise kann die mRNA des zu untersuchenden Gens sehr effizient abgebaut werden. Das entsprechende Genprodukt wird nicht mehr gebildet, sodass die physiologische Wirkung dieses Ausfalls analysiert werden kann.

12.5 Genom Editierung

Die Genom Editierung [*Genome Editing*] hat in nur wenigen Jahren einen unglaublichen Bekanntheitsgrad erreicht. Erstmals ist es möglich, das Genom nicht nur zu lesen, sondern gezielt an einer oder mehreren definierten Position(en) zu verändern. Neben dem bekanntesten Verfahren, dem CRISPR/Cas9-System (*Clustered Regularly Interspaced Short Palindromic Repeats*), gibt es einige weitere Methoden, von denen vor allem die TALEN Technologie (*Transcription Activator-Like Effector-Nucleases*) wichtige Erfolge vorweisen kann[71]. Beide Systeme können eine definierte DNA-Sequenz im Genom finden und an exakt dieser Position die DNA mittels einer Nuklease schneiden. Der Strangbruch der DNA wird von der Zelle repariert. Dabei können durch ungenaue Reparatur einige wenige Nukleotide verlorengehen oder eingefügt werden, sodass an dieser Position eine Deletion oder Insertion entsteht. In bestimmten Zelltypen kann das Verfahren auch so abgewandelt werden, dass längere DNA-Sequenzen an der Schnittstelle eingefügt werden.

71 Einige ältere Verfahren wie Meganukleasen oder Zinkfinger Nukleasen spielen heute kaum noch eine Rolle.

Abb. 12.7
Die beiden wichtigsten Verfahren der Genom Editierung sind TALEN und CRSIPR/Cas9. (A) Das TALE-Protein besitzt repetitive Bereiche, in denen bestimmte Aminosäure-Paare definiert eine Base binden können. Der sogenannte TALE-Code kann genutzt werden, um TALE-Proteine so zu designen, dass sie an eine bestimmte DNA-Sequenz binden. Damit die DNA an dieser Stelle auch geschnitten wird, muss eine Nuklease, meist ein Fragment des Restriktionsenzyms FokI an das TALE Protein angehängt werden. Daher wird ein Fusionsgen aus TALE und Nuklease-Gen hergestellt und in der Zielzelle exprimiert. (B) Beim CRISPR/Cas9 Verfahren übernimmt die sogenannte *single guide* RNA (sgRNA) die Erkennung der Zielsequenz im Genom. Dies erfolgt einfach durch Hybridisierung mit der Ziel-DNA. Die sgRNA leitet auf diese Weise eine Nuklease, die Cas9, zu genau diesem DNA-Abschnitt, der dann durch die Cas9-Nuklease geschnitten wird. Da bei diesem Verfahren nur die sgRNA an die Ziel-DNA angepasst werden muss, ist es ziemlich einfach, diese sgRNA am PC zu designen. Es können sogar mehrere sgRNAs mit unterschiedlichen Zielen gleichzeitig in die Zelle eingebracht werden, so dass man mehrere Veränderungen gleichzeitig durchführen kann. Allerdings kann der Schnitt nicht immer punktgenau erfolgen, da in einem definierten Abstand zur Schnittstelle eine 3 Basen lange Sequenz, die sog. PAM, vorhanden sein muss.

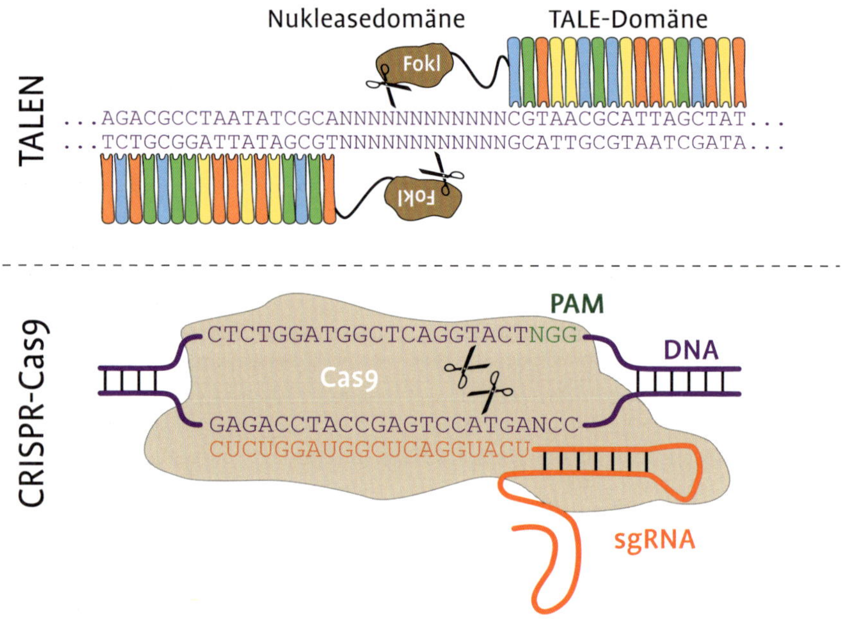

▸ **TALEN:**
Die Genom Editierung mittels TALEN ist die ältere der beiden Technologien. TALE Proteine aus dem pflanzenpathogenen Bakterium *Xanthomonas* sind in der Lage, abhängig von der Aminosäuresequenz in bestimmten *Repeats* definierte DNA Sequenzen zu binden (→ Abb. 12.7A). Seit der Entschlüsselung des sog. TALE Codes kann auf diese Weise fast jede beliebige DNA Sequenz adressiert werden. Durch Anhängen eines Teils (Domäne) der FokI-Nuklease wird aus dem TALE ein TALEN (N für Nuklease). Diese Nuklease kann die Ziel-DNA in einem definierten Abstand von der Erkennungsstelle schneiden. Da an einen TALE eine Nuklease-Domäne fusioniert ist, die Nuklease jedoch nur als Dimer die DNA schneiden kann, sind immer zwei TALEN nötig, um die DNA zu schneiden. Die Notwendigkeit von zwei TALEN erhöht die Spezifität des Verfahrens deutlich, da zwei verschiedene TALEN zwei verschiedene Sequenzen erkennen. So kommt es in der genomischen DNA zu einem Doppelstrangbruch. Die TALE-Proteine enthalten stark repetitive Sequenzen, weshalb die Klonierung und PCR-Amplifizierung der zugehörigen Gene früher sehr kompliziert war. Mit der Golden Gate Klonierung

(→ Kapitel 8.6) wurde inzwischen ein geeignetes und einfaches Klonierungsverfahren gefunden (*Golden* TALE-Technologie).

Vor wenigen Jahren wurde eine zweite Möglichkeit entdeckt, ein Genom an einer definierten Stelle zu schneiden: das CRISPR/Cas9 Verfahren. Da hier die Zielerkennung nicht mehr auf einem komplexen Code zwischen Aminosäure und DNA beruht, sondern auf der Hybridisierung zwischen einer kurzen RNA und der Ziel-DNA, ist dieses Verfahren im Labor einfacher zu handhaben (→ Abb. 12.7B).

▶ **CRISPR/Cas9:**

Ursprünglich stellt CRISPR zusammen mit dem **C**RISPR-**as**soziierten Proteinen (i. d. R. die Cas9) einen adaptiven Schutzmechanismus dar, mit denen sich Bakterien gegen Phagen-Infektionen schützen. Wurde ein Bakterium mit Fremd-DNA infiziert und hat diese Infektion überlebt, wird ein Teil der Phagensequenz in eine spezielle Region des bakteriellen Genoms integriert, die CRISPR-Bereich [*Clustered Regularly Interspaced Short Palindromic Repeats*] genannt wird. Die dort abgelegten Phagensequenzen sind nur ca. 20 bp lang und können auf die Tochtergenerationen vererbt werden. Sollte es zu einer erneuten Infektion durch diese Phagen kommen, kann der Phage schnell über diese Sequenzbereiche identifiziert werden. Dazu wird dieser Bereich transkribiert und eine sehr kurze crRNA gebildet, die komplementär zur Phagensequenz ist. Diese dirigiert eine Nuklease, Cas9, genau zu der passenden Phagensequenz, sodass die Phagen-DNA an dieser Stelle durch das Cas9 Protein zerschnitten wird. In Wirklichkeit ist das System etwas komplizierter, beispielsweise ist eine zweite RNA, die tracrRNA für das System sehr wichtig. Für die molekularbiologische Anwendung wurden die tracrRNA und die crRNA zu einer in der Natur nicht vorkommenden sgRNA [*single guide RNA*] fusioniert, so dass nun für die Genom Editierung nur noch eine sgRNA und das Cas9 Protein notwendig sind.

Im Prinzip kann jede DNA-Sequenz durch die sgRNA erkannt und anschließend durch Cas9 geschnitten werden. Allerdings gibt es einige Einschränkungen, deren Wichtigste das Vorhandensein der PAM Sequenz [*Protospacer Adjacent Motif*] in einem definierten Abstand ist. Das PAM Sequenzmotiv besteht nur aus drei Basen (NGG) und tritt demzufolge sehr häufig in einem Genom auf, aber es führt dazu, dass nicht jede Stelle punktgenau geschnitten werden kann. Ein weiteres Problem stellen sog. *Off-Targets* dar, denn die Bindung zwischen sgRNA und Ziel DNA umfasst nur 20 Basen. Gerade bei großen Genomen ist die Gefahr recht groß, dass die sgRNA auch an andere Stellen mit ähnlichen Sequenzen im Genom bindet und so die Cas9 an eine falsche Stelle dirigiert. Ein großer Vorteil der CRISPR Technologie liegt darin, dass mehrere sgRNAs gleichzeitig in eine Zelle eingebracht werden können. So können in einem Experiment mehrere Zielsequenzen durch Cas9 geschnitten werden.

Reparatur: Beide Verfahren führen letztendlich zu einem Doppelstrangbruch in der DNA der Zielzelle. In den meisten eukaryotischen Zellen wird ein solcher Doppelstrangbruch umgehend über einen DNA-Reparaturmechanismus, welcher NHEJ [*Non Homologous End Joining*] genannt wird, repariert. Da dieser Mechanismus fehleranfällig ist, kommt es an dieser Stelle zu einer kleinen Deletion oder Insertion (→ Abb. 12.8).

Setzt man den Schnitt beispielsweise so, dass das Startcodon ATG zerstört wird, kann das zugehörige Gen komplett ausgeschaltet werden (*Knockout*). Im Prinzip wird eine Mutante erzeugt, die sich nur durch das Fehlen von wenigen Nukleotiden vom ursprünglichen Wildtyp-Genom unterscheidet. Daher gelten in den USA solchermaßen generierte Organismen nicht als gentechnisch veränderte Organismen (GVOs) sondern als Mutanten, wie sie z. B. auch bei einer klassischen Mutationszüchtung entstehen. In der EU wird noch heftig über die Einschätzung des Verfahrens diskutiert.

Nur in meristematischen Zellen kann zusätzlich zum NHEJ ein weiterer Reparaturmechanismus erfolgen, welcher HDR [*Homology-Directed Repair*] genannt wird. Bei diesem werden die Enden aufgrund einer Vorlage, typischerweise dem Schwesterchromatid exakt zusammenfügt. Wenn zusätzlich ein lineares DNA Molekül in die Zelle eingebracht wurde, das mit der Region um den Schnitt herum homolog ist (auf beiden Seiten des

Schnitts sind ca. 1000 identische Nukleotide notwendig) kann die fremde DNA diese Vorlagefunktion übernehmen. Aufgrund der Fremd-DNA wird repariert und so gelangt die fremde Sequenz, exakt in den Schnitt eingesetzt, in das Genom (*Knock-in*). Hier wird also ein neues Merkmal in das Genom integriert. Im Gegensatz zur klassischen Gentechnik erfolgt diese Integration jedoch nicht an einer zufälligen Stelle im Genom, sondern genau an der zuvor ausgewählten Position. Solche *Knock-ins* sind recht kompliziert zu bewerkstelligen, da einerseits geeigneten Zellen benötigt werden, als auch die überlappenden Bereiche sehr sorgfältig designt werden müssen.

Da diese beiden Reparaturmechanismen praktisch in allen Eukaryoten zu finden sind, kann die Genom Editierung bei allen höheren Eukaryoten angewendet werden. Prokaryoten besitzen andere Korrekturmechanismen für ihre DNA, weshalb bei ihnen i. d. R. keine Genom Editierung möglich ist.

Obwohl die Verfahren der Genom Editierung erst vor wenigen Jahren entwickelt wurden, sind die Auswirkungen bereits enorm. Vor allem das ältere TALEN Verfahren kann eindrucksvolle Erfolge vorweisen, wie die Mikroschweine (GGTA1-null Diannan miniature pigs), bei denen das Gen für ein Wachstumshormon stillgelegt wurde. Besonders spektakulär war der Einsatz von TALEN bei der Gentherapie der elf Monate alten Layla Richards, welche an einer nicht heilbaren Leukämie litt. Dem Mädchen wurden Zellen entnommen, die mittels TALEN genomeditiert und anschließend zurück in ihren Körper injiziert wurden. Dies führte zu ihrer Heilung. In den USA sind im Handel bereits Genom editierte Äpfel und Champignons erhältlich.

Der große Vorteil der Genom Editierung liegt vor allem darin, dass genau bekannt ist, wo die Mutation im Erbgut eingebracht wurde. Daher besteht bei solchen Produkten eine viel höhere Sicherheit als bei Produkten, die klassische Mu-

Abb. 12.8
Nachdem im Zielgenom ein Doppelstrangbruch der DNA durch TALEN oder CRISPR/Cas9 entstanden ist, wird dieser durch zelleigene Mechanismen repariert. Wie dies erfolgt, hängt vom Zelltyp ab. Die meisten eukaryotischen Zellen führen eine „fehlerhafte" Reparatur durch, ein *Non Homologous End Joining (NHEJ)*, das zu einer kleinen Deletion führt. Nur in wenigen, meist meristematischen Zellen, kann durch *Homology-Directed Repair* (*HDR*), der Schnitt exakt repariert werden. Wurde ein zusätzliches lineares DNA-Molekül in die Zelle eingebracht, welches mit den Bereichen beiderseits des Schnitts überlappt, kann es zwischen die beiden Enden eingesetzt werden. Beide Reparaturmechanismen macht man sich bei der Genom Editierung zunutze.

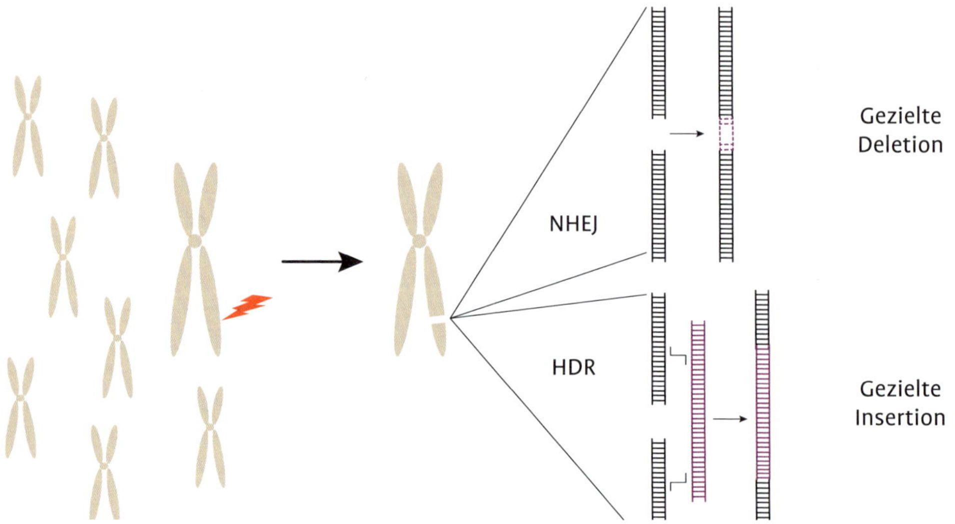

tationszüchtung oder mittels Gentechnik an zufälligen Stellen im Genom verändert wurden. Allerdings lässt sich ein durch Genom-Editierung erfolgter Eingriff oft nicht mehr nachweisen. Eine durch CRSIPR/Cas9 hergestellte *Knock-out* Mutante kann von einer natürlichen Mutation nicht mehr unterschieden werden.

Die Aufregung, die durch diese Verfahren verursacht wird, beruht darauf, dass die DNA fast jedes Eukaryoten, einschließlich des Menschen, schnell und präzise verändert werden kann. An Tiermodellen wurden bereits viele genetische Fehler korrigiert, die schwere menschliche Erbkrankheiten verursachen, wie Muskeldystrophie oder Mukoviszidose. Das Genom von Schweinen kann so angepasst werden, dass ihre Organe in Menschen transplantiert werden könnten (Xenotransplantation) ohne Abstoßungsreaktionen hervorzurufen. Pflanzenbiotechnologen zerstörten bei Nutzpflanzen bereits Gene, die den Schädlingsbefall fördern.

Natürlich ist es prinzipiell möglich, auch die Keimzellen eines menschlichen Embryos zu verändern. Eine solche Mutation wäre kaum nachweisbar und würde an künftige Generationen vererbt werden. Im April 2017 haben chinesische Wissenschaftler das Genom menschlicher Embryonen editiert, um eine tödliche Blutkrankheit zu beseitigen. Viele Wissenschaftler fordern schon länger ein weltweites Verbot der Anwendung der Genom Editierung auf die DNA der menschlichen Keimbahn.

13 Bioinformatik

Eine der wichtigsten aktuellen Herausforderungen in der Biologie besteht darin, die Datenflut, die durch die „Omics“ entsteht, zu sortieren und für die eigene Recherche zu nutzen. Ohne eine vorherige bioinformatische Sequenzanalyse kann heute kein molekularbiologisches Projekt mehr gestartet werden. Allein die mit atemberaubendem Tempo zunehmende Zahl an Sequenzdaten aus Genomprojekten beeinflusst die Forschungsstrategie im Labor nachhaltig. Daher sind grundlegende Kenntnisse dieser Disziplin für Molekularbiologen von fundamentaler Bedeutung. Im Rahmen dieses Buches können wir nur auf einige wenige bioinformatische Verfahren eingehen. Gewählt wurden solche Methoden, die für den Einsatz der in diesem Buch vorgestellten Methoden eine Relevanz haben und die tägliche Arbeit mit Sequenzen und Strukturen erleichtern.
Die Bioinformatik kann am einfachsten als die Nutzung der Informatik und Mathematik für die Verwaltung und Analyse biologischer Daten definiert werden. Die Flut an Daten erfordert extrem effiziente Datenbank-Systeme, um die Informationen zu verwalten und zu analysieren.
Die Bioinformatik verfolgt vier Ziele:
Zum einen wird die Datenflut so sortiert und geordnet, dass die Wissenschaft auf diese Informationen zeitnah zugreifen kann, wie z. B. die Protein-Datenbank in der die 3D-Struktur von Proteinen (PDB) abgelegt ist. Die Strukturierung der Daten erfordert komplexe mathematische Verfahren, die bei der Datenanalyse helfen. Für Molekularbiologen spielt dieser Zweig eine untergeordnete Rolle. Aber dieser Bereich erlaubt letztendlich die textbasierte Suche nach Sequenzen und Strukturen, denen bestimmte Eigenschaften zugeordnet wurden.
Wichtiger ist für uns die Möglichkeit, eine unbekannte Sequenz zu identifizieren, denn eine sequenzierte Nukleinsäure ist zunächst eine bedeutungslose Aneinanderreihung von Buchstaben. Erst wenn sie mit anderen, zuvor beschriebenen Sequenzen verglichen wird, kann ihr eine Funktion zugeordnet werden. Die solchen Sequenzvergleichen zugrundeliegenden Algorithmen sind sehr kompliziert, glücklicherweise merken die Nutzer Dank anwenderfreundlicher Webseiten davon nichts. Suchalgorithmen wie FASTA und

TIPP

Für das Schreiben von Sequenzen verwendet man am besten eine nicht proportionale Schriftart wie `CourierNew`. Oft müssen Sequenzen untereinander geschrieben werden, und bei einer Schrift mit fester Breite verschieben sich die Buchstabenpaarungen nicht.

BLAST stellen hocheffiziente Verfahren dar, um biologisch sinnvolle Übereinstimmungen in verschiedenen Sequenzen zu finden. Die Kunst liegt darin, die notwendigen Parameter so zu setzen, dass vertrauenswürdige Ergebnisse erhalten werden.
Eine weitere Möglichkeit stellt die bioinformatische Vorhersage dar, z. B. von Proteinstrukturen. Schließlich spielen bioinformatische Verfahren eine zentrale Rolle bei der Systembiologie (→ Kapitel 12.3), wo riesige Datenmengen analysiert und in größere Zusammenhänge gesetzt werden um komplexe biologische Systeme abzubilden. So können systemübergreifende Prinzipien entdeckt und analysiert werden.

13.1 Datenbanken

Die Informationen zu Nukleinsäuresequenzen und zu Proteinen sowie von Proteinstrukturen werden in zentralen Datenbanken hinterlegt. Die wichtigsten Sequenzdatenbanken stellen das US-amerikanische NCBI [*National Center of Biological Information*] sowie das EBI [*European Bioinformatics Institute*] bereit. Darüber hinaus gibt es viele weitere Anlaufstellen, die sich meist auf spezielle Aspekte konzentriert haben. → Tab. 13.1 gibt einen sehr komprimierten Überblick über einige Webseiten.

TIPP

Die Zeitschrift *Nucleic Acid Research* enthält in der jeweils ersten Ausgabe eines Jahres ein aktuelles Verzeichnis der wichtigsten Datenbanken. Diese Ausgabe ist online frei verfügbar.

Tab. 13.1
Eine kleine Auswahl biologischer Datenbanken, die in diesem Kapitel vorgestellt werden.

Datenbank	URL	Erläuterung
Genomprojekte		
NCBI SRA	www.ncbi.nlm.nih.gov/sra	Das Sequence Read Archive speichert die Rohdaten aus Genomsequenzier-Projekten (→ Kapitel 13.4.1).
UCSC Genome Browser Ensemble	genome.ucsc.edu Alternativ: www.ensembl.org	Die Rohdaten aus der Sequenzierung werden zusammengefügt *[Assembly]* und im besten Fall einem Chromosom zugeordnet. Für viele Modellorganismen sind hier die Daten zu finden.
NCBI Bioprojects	www.ncbi.nlm.nih.gov/entrez/query.fcgi?db=Genome	In BioProjects werden alle biologischen Daten einer Spezies gesammelt. In der Regel liegt diesem ein bereits gut analysiertes Genom zugrunde. Hinzu kommen viele weitere Informationen über die entsprechenden Spezies.
Nukleinsäuresequenzen		
GenBank	www.ncbi.nlm.nih.gov/Genbank	Hier sind Nukleinsäuren, meist auf mRNA-Basis abgelegt. Aber auch Genomsequenzen sind zu finden. Sequenzen aus SRAs (→ Kapitel 13.4.1) werden jedoch nicht abgebildet.
EMBL	www.ebi.ac.uk/embl	
Proteinsequenzen		
UniProt/ Swiss-Prot/ TrEMBL	www.uniprot.org/uniprot	Proteinsequenz-Datenbanken.
Protein database	www.ncbi.nlm.nih.gov/protein	
Strukturdatenbanken		
PDB	www.rcsb.org/pdb	3D Proteinstrukturen und Strukturen weiterer Biomoleküle
Enzyme und Proteinklassifikation		
Brenda	www.brenda-enzymes.org	Enzymfunktionen und die Messung von Enzymaktivitäten
Interpro	www.ebi.ac.uk/interpro	Funktionelle Analyse von Proteinen durch Klassifizierung in Familien und die Vorhersage von Domänen.
Kegg	www.genome.jp/kegg/pathway.html	Stoffwechselwege mit den daran beteiligten Enzymen

Die beiden wichtigsten Anlaufstellen für die bioinformatische Recherche sind:

- National Center for Biotechnology Information (NCBI / www.ncbi.nlm.nih.gov)
  Neben PubMed, dem Standard für die Suche nach naturwissenschaftlicher Literatur, sind dort alle öffentlich zugänglichen Sequenzen von Nukleinsäuren [*Nucleotide*] und Proteinen [*Protein*] gespeichert. Sie können durch die Eingabe von Schlagworten gesucht werden [*Entrez*]. Auch komplette Genomsequenzen [*Genome, Bioproject*] sowie Proteinstrukturen [*Structure*] und viele weitere Angebote sind dort verfügbar. Weiterhin gibt es die Möglichkeit, Sequenzdaten in eine Suchmaske einzugeben, um dazu ähnliche Sequenzen in den Datenbanken zu finden. Dabei wird zwischen der Suche von Nukleotidsequenzen [*BLASTn*] und Proteinsequenzen [*BLASTp*] unterschieden.
- European Bioinformatics Institute (EBI /www.ebi.ac.uk)
  EBI ist das europäische Gegenstück zum NCBI. Während das NCBI auf möglichst starke Vereinfachung der Nutzerführung setzt, bietet EBI ein möglichst umfassendes Angebot für alle bioinformatischen Fragestellungen. Das Arsenal an Analysewerkzeugen erscheint noch umfassender als bei NCBI, vor allem lassen sich die Such- und Analyseparameter viel genauer einstellen. Auch hier finden sich Datenbanken für Proteine, Nukleinsäuren und vieles mehr, die sowohl nach ihrer Sequenz als auch nach Schlagworten [*Keywords*] durchsucht werden können.

Beide Datenbanken gleichen ihre Daten regelmäßig gegenseitig ab, so dass es im Prinzip nicht relevant ist, welche Webseite für die Analysen und für Suchanfragen benutzt wird.
In den Datenbanken erhält jede Sequenz und jede Struktur eine Kennzeichnung, damit sie eindeutig identifizierbar bleibt. Leider nutzen die beiden großen Webseiten zwei verschiedene Kennzeichnungssysteme: Beim NCBI dient die *Accession number* (Acc.) als Kennzeichner, beim EBI übernimmt dies der GenInfo Identifier (GI). Das kann am Anfang verwirrend sein, aber beide Datenbanken geben jeweils auch den Kennzeichner [*Identifier*] der Konkurrenz an.

13.2 Dateiformate

Sowohl Sequenz- als auch Strukturdaten sind als Textdateien abgelegt. Bei den Sequenzdaten werden grob zwei Formate unterschieden:
Eine Datei im FASTA-Format enthät nur einen Namen und die eigentliche Sequenz. Dafür können in einer Datei viele Sequenzen zusammen gespeichert werden. Das Format sieht wie folgt aus:

`>NM_079349.3 D. melanogaster twinm4, mRNA`	Identifier

`AACCAGAATACTACCAACTCTCAACCGAGTGCAACCAACTA`
`AGATCCCAAGTTTTATTATAAATCTCAACAATCCTCAACAC`
`AATGTCGTTCATCACACGGGAATACAAGTTTGAGAGCA`
	Sequenz

Die erste Zeile beginnt mit dem Zeichen „>“ und enthält den Namen. Dann folgt die Sequenz. Sofern eine weitere Sequenz in der gleichen Datei vorhanden ist, beginnz diese wiederum mit einem „>“. Es können sowohl Aminosäure- als auch Nukleinsäuresequenzen in diesem Format geschrieben werden.
Eine Variante des FASTA-Formats wird bei Genomsequenzierungen verwendet, das FASTQ-Format:

Identifier	`@FORJUSP02AJWD1`
Sequenz	`AACCAGAATACTACCAACTCTCAACCGAGTGCAACCAAC`
	`+`
Qualität	`AAAAAAAAAA::99@::::??@::FAAACCA::::BB@@`

Der Identifier in der ersten Zeile beginnt mit einem „@“ und enthält die Identifikationsnummer des Sequenziergeräts. Die zweite Zeile enthält die Sequenz, gefolgt von einer Zeile, die ein „+“ enthält und i. d. R. nicht genutzt wird. In der letzten Zeile, die den sog. *Phred Quality Score* enthält, geben ASCII-Zeichen Auskunft über die Qualität der Sequenzierung. Da die Bedeutung der Zeichen vom verwendeten Sequenziergerät abhängig ist, ist die Gerätebezeichnung in der ersten Zeile sehr wichtig.
Sequenzdateien im Genbank-Format enthalten viel mehr Informationen. Abhängig von der vorliegenden Information sind hier auch zugehörige Literaturstellen und Eigenschaften bestimmter Gen- oder Proteinabschnitte zu finden. → Abb. 13.1 zeigt ein Beispiel einer solchen Datei.
Um solche Textdateien zu visualisieren, gibt es Softwareprogramme. Die *GenBank*-Datei aus → Abb. 13.1 lässt sich im Programm Snapgene wie in → Abb. 13.2 gezeigt, darstellen.

Abb. 13.1
Die Datei im Genbank-Format enthält viele Zusatzinformationen: ① die *Accession number* (NM_079349) ist das eindeutige Kennzeichen der Sequenz, die aus dem Genomprojekt (*Bioproject* PRJNA164) ② des Organismus D. *melanogaster* ③ stammt. Die zur Sequenz gehörenden Publikation(en) ④ sind aufgeführt. Der nächste Bereich enthält Informationen zum Gen, z. B. dass es sich ursprünglich um eine mRNA-Sequenz handelt ⑤. Es folgen Eigenschaften *[Features]* einzelner Sequenzbereiche ⑥, hier ist nur die CDS (die Codon-definierende Sequenz, also der Bereich, der translatiert wird) angegeben, deren Übersetzung in die Aminosäuresequenz bei ⑦ zu sehen ist. Erst ganz am Ende der Datei findet sich die eigentliche Nukleotidsequenz ⑧. Die zugrundeliegende Genbank-Datei wurde zur besseren Übersicht gekürzt.

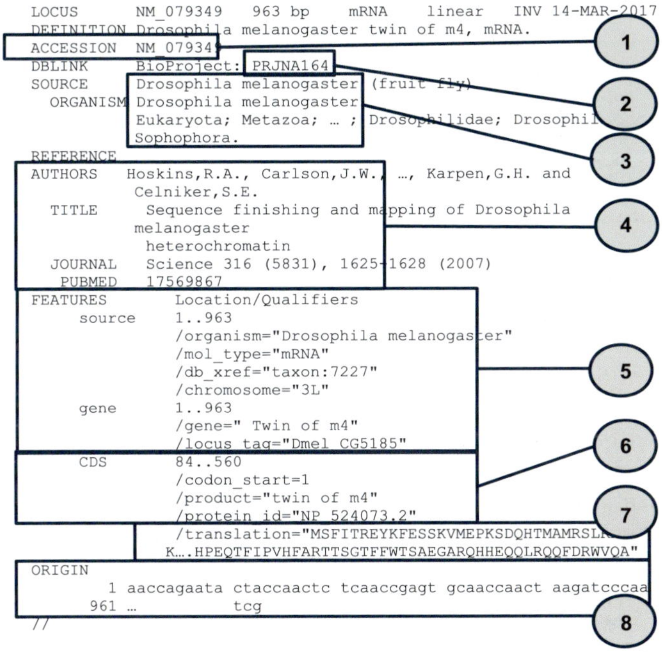

Abb. 13.2
Die Textdatei aus → Abb. 13.1, wird durch spezielle Softwareprogramme graphisch aufbereitet, wie hier am Programm Snapgene gezeigt. In der linken Hälfte ist die Sequenz mit der Eigenschaft *[Feature]* gezeigt, in der rechten Hälfte finden sich die zusätzlichen Informationen aus der Genbank-Datei. Auch hier wurde die Ausgabe der Übersicht halber gekürzt. Beachte, dass das Programm automatisch die vorhandenen Restriktionsschnittstellen, hier SacI und HpaI anzeigt. Diese Enzyme könnten für eine klassische Klonierung nicht verwendet werden (→ Kapitel 5.8)

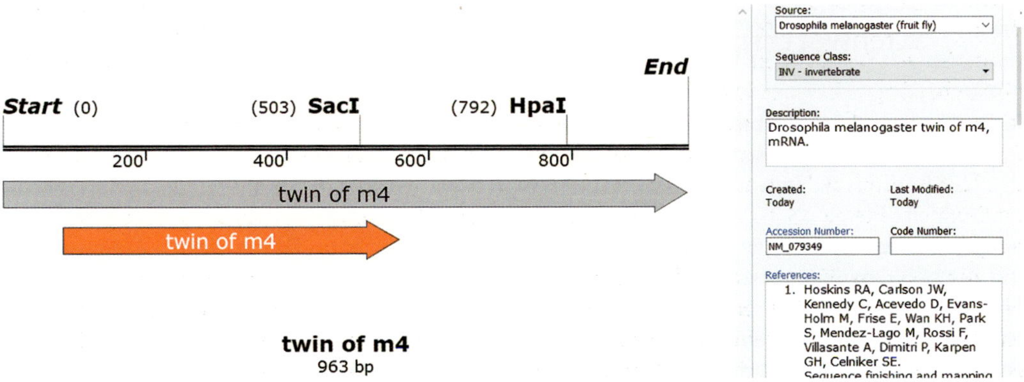

Tab. 13.2
Auswahl einiger bekannter Sequenzanalyse-Programme.

Programm	Preis	Bemerkung
Serial Cloner	Donation Ware	Sehr bedienerfreundliches Programm für Mac und Windows. serialbasics.free.fr/Serial_Cloner.html
Snapgene	300 $ – 695 $	Sehr umfassendes Programm für Windows, MAC und Linux. Es bildet die Arbeitsabläufe im Labor nach und ist deshalb extrem benutzerfreundlich.
Genious	395 $ – 1000 $	Ein weit verbreitetes Programm für alle Betriebssysteme
UGene	Open Source	Dieses Programm ist für alle Betriebssysteme verfügbar, sehr mächtig und vor allem für die Arbeit mit Genomsequenzen gedacht. Es erfordert einige Einarbeitungszeit, was durch viele verfügbare Tutorial-Videos erleichtert wird.
CLC Workbench	Preise auf Anfrage, sehr teuer	Auch dieses Programmpaket ist eher auf die Arbeit mit großen Genomdaten ausgerichtet und dementsprechend teuer, aber bedienerfreundlich.

Es gibt verschiedene Softwareprogramme, um DNA- oder Proteinsequenzen zu betrachten und zu bearbeiten. Die meisten Programme sind recht teuer, aber in der Regel in der Arbeitsgruppe vorhanden. Einige wenige Programme sind kostenfrei erhältlich (→ Tab. 13.2).

Für den Privatgebrauch ist Serial Cloner sehr empfehlenswert. Zwar nutzen alle Programme ihr eigenes Dateiformat, aber über den Export als GenBank-Datei lassen sich die Daten einfach zwischen den Programmen austauschen.

13.3 Sequenzsuche anhand von Stichwörtern (Entrez)

Entrez [www.ncbi.nlm.nih.gov] ist eine Suchmaschine mit deren Hilfe die vielen Datenbanken des NCBI mittels Schlagwörtern abgefragt werden können (→ Abb. 13.3). Die Auswahl an Datenbanken ist unglaublich groß, in → Tab. 13.3 sind nur die populärsten aufgeführt. Liefert eine Abfrage zu viele Ergebnisse, empfiehlt es sich, den Advanced Modus zu verwenden. So kann die Abfrage z. B. auf eine bestimmte Organismengruppe begrenzt werden.

Da die Datensätze bei NCBI alle miteinander verknüpft sind, lohnt sich auf der Ergebnisseite immer der Blick auf die Spalte rechts. Hier finden sich weiterführende Links zu den verknüpften Datensätzen aus den anderen Datenbanken.

Bei den Sequenzdaten in den Datenbanken *Nucleotide* und *Protein* geben die Accession Nummern Auskunft über die Qualität der Daten. Die *Accession number* von Referenzsequenzen beginnt meistens mit „N“. Solche Referenzsequenzen wurden am besten analysiert, sind deshalb besonders vertrauenswürdig und es gibt viele zusätzliche Informationen über sie.

13.4 Sequenzsuche mit einer Sequenz (BLAST)

Eine wichtige Anwendung der Bioinformatik ist die Suche nach ähnlichen Sequenzen. Wurde ein Protein isoliert und ggf. dessen Aminosäure mittels Massenspektrometrie (→ Kapitel 10.6) bestimmt, kann die Sequenz mit bereits veröffentlichten Sequenzen in den Datenbanken verglichen werden und so die Identität oder Funktion des eigenen Proteins ermittelt werden. Das funktio-

Tab. 13.3
Auswahl einiger Suchbereiche in den Datenbanken von NCBI.

Gruppe	Datenbank	Bemerkung
Literatur	*PubMed* *PMC* *Books*	*PubMed* und *PMC* enthalten Titel, Autoren und die Zusammenfassungen *[Abstracts]* wissenschaftlicher Veröffentlichungen, Books sucht nach den eingegebenen Suchbegriffen in Fachbücher, darunter auch die englischen Ausgaben populärer Lehrbücher.
Nuklein-säuren	*Nucleotide* *Gene* *RefSeq* *Genome* *SRA*	In *Nucleotide* sind die meisten Sequenzen zu finden, leider auch relativ viele doppelte Einträge. *Gene* ist schon genauer, denn hier sind solche Sequenzen aufgeführt, die einer Genfunktion bzw. einer Gruppe homologer Gene zugeordnet werden konnten. *Genome* enthält das, was der Name verspricht, wird jedoch aktuell durch die Datenbank Bioproject ersetzt, die noch viel mehr Informationen enthält. Noch nicht vollständig analysierte Genomsequenzen finden sich als sog. *Sequence Reads* in der SRA-Datenbank. Diese Gruppe wird nicht von *Nucleotide* berücksichtigt und muss getrennt durchsucht werden. Hier finden sich Genomsequenzen von unglaublich vielen Organismen.
Proteine	*Protein*	Analog zu *Nucleotide*, aber mit Proteinsequenzen. Auch hier deutet ein „N" am Beginn der *Accession number* auf eine besonders vertrauenswürdige Referenzsequenz hin. Auf der rechten Seite sind oft viele weiterführende Links zur Struktur, Stoffwechselweg und Ähnliches zu finden.
Taxonomie	*Taxonomy*	*Taxonomy* ist ein Katalog aller Arten dieser Welt. Das Besondere ist, dass zu jeder Art alle vorhandenen Informationen angezeigt werden, wenn die entsprechenden Stichworte oben auf der Seite ausgewählt und die Taste „GO" geklickt wird.
Strukturen von Biomolekülen	*Structure*	Wie der Name andeutet, sind hier die Strukturen aus der Röntgenstrukturanalyse oder aus NMR-Experimenten zu finden. In diesem Bereich ist die PDB-Datenbank (→ Tab. 13.1) allerdings die bessere Adresse.

niert natürlich auch mit Nukleinsäuresequenzen. Daher ist die Suche nach ähnlichen Sequenzen ein häufig angewandtes Verfahren der Bioinformatik. Die dahinterliegenden Algorithmen sind recht kompliziert (→ Kapitel 13.4.1), denn sie sollen ja nicht nur ein akkurates Ergebnis liefern, sondern müssen auch mit extrem hoher Geschwindigkeit die riesige Zahl an Sequenzen in den Datenbanken durchsuchen.

Am NCBI gibt es einige sehr effiziente Suchverfahren, die unter dem Namen *Basic Local Alignment Search Tool*, kurz BLAST sehr populär sind. Auch hier wird zwischen der Suche von Nukleinsäure- und Proteinsequenzen unterschieden (BLASTn und BLASTp). Die Suchmasken sind jedoch recht ähnlich aufgebaut, → Abb. 13.4 zeigt die Suchmaske von BLASTp.

Um ähnliche Sequenzen schnell und mit großer Zuverlässigkeit zu finden, ist es wichtig, den richtigen Algorithmus zu verwenden. Für alle BLAST-Verfahren gilt, dass es sich um heuristische Verfahren handelt, die nicht notwendigerweise das optimale Ergebnis liefern. Das bedeutet, dass durch suboptimale Wahl der Parameter der eigentlich beste Treffer nicht gefunden würde! Außerdem erfordern die BLAST-Algorithmen eine bestimmte Mindestlänge der eingegebenen Sequenz, sie sollte länger als 100 Zeichen sein. Andernfalls sollten besser andere Algorithmen genutzt werden, wie z. B. FASTA [www.ebi.ac.uk/Tools/sss/fasta]. In → Tab. 13.4 sind einige populäre Suchalgorithmen aufgelistet. Ist die Suche erfolgreich, gelangt man zu einem Datensatz im Genbank-Format (→ Kapitel 13.2).

Abb. 13.3
Die Suchseite von Entrez. Die zu durchsuchende Datenbank kann in der Dropdown-Liste links neben dem Eingabefeld ausgewählt werden. Bei komplexen Abfragen hilft die *Advanced* Suchmaske.

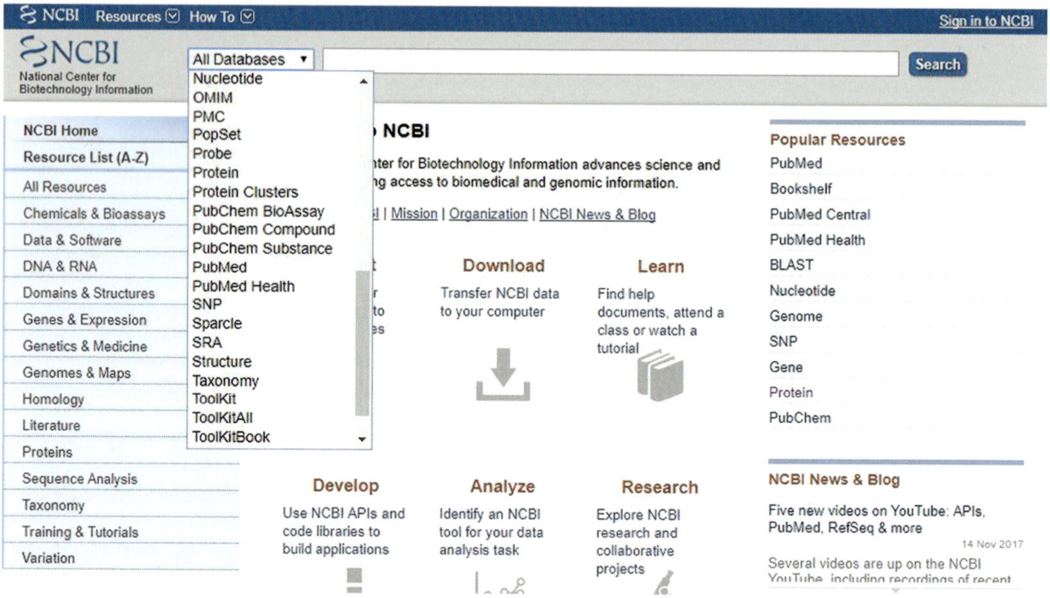

Die erfolgreiche Suche führt zu einer Ergebnisliste (→ Abb. 13.5), die an dieser Stelle nur kurz erläutert werden kann. In der zentralen Tabelle (③ in → Abb. 13.5) befinden sich einige Angaben, die helfen, die Qualität des Ergebnisses einzuschätzen: *Query cover* gibt an, wie groß die Bereiche sind, die zwischen Suchsequenz [*Query*] und Zielsequenz übereinstimmen. Diese Bereiche sollten möglichst große Teile der Suchsequenz und der gefundenen Sequenz abdecken. Dann folgt die Angabe der Aminosäuren, die in beiden Sequenzen gleich sind [*Ident*]. Der E-Wert [*Expectation value*] gibt an, wie hoch die Wahrscheinlichkeit ist, dass die gefundene Sequenz wirklich in einem Zusammenhang mit der gefundenen Sequenz steht, bzw. wie hoch die Wahrscheinlichkeit ist, dass dieser Treffer zufällig gefunden wurde. In → Abb. 13.5 läge die Wahrscheinlichkeit, dass hier eine zufällige Übereinstimmung vorliegt, bei 2×10^{-46}. Allerdings muss betont werden, dass BLAST seine Ergebnisse maßlos überschätzt. Treffer mit E-Werten größer als 10^{-4} sollten nicht für einen Sequenzvergleich herangezogen werden.

▸ Sequenzsuche in Genomdatenbanken

Die Sequenzsuche in Genomen stellt wegen der hohen Sequenzvariabilität eine besondere Herausforderung dar. Zunächst muss zwischen der Suche in bereits gut charakterisierten Genomen, wie sie bei *Bioproject* zu finden sind, und der Suche in den Rohdaten aus Genomprojekten, den sogenannten *Sequence Reads Archives* (SRA), unterschieden werden.

Sequenzen der gut charakterisierten Genome sind auch über die BLASTn Suche in *Nucleotide* zu finden. *Bioproject* liefert vielfältige zusätzlich Informationen. Oft betreibt das Konsortium, welches die Sequenzierung durchgeführt hat, eine eigene Webseite. Dort sind weitere Informationen zu finden, manchmal können cDNA-Klone oder Genomsequenzen als BAC-Klone (→ Kapitel 6.8) oder Mutanten (→ Kapitel 8.1.1) käuflich erworben werden.

Abb. 13.4
Auf der Suchseite von BLASTp wird zuerst die Suchsequenz *[Query]* eingefügt ①. Als zu durchsuchende Datenbank bietet sich meist die Vorgabe (NR, *non-redundant*) an ②. Die Abfrage lässt sich beschleunigen, indem eine bestimmte Organismengruppe ausgewählt wird ③. Mögliche Optionen werden bei der Eingabe angezeigt, es kann auch die *Taxonomy ID* eingegeben werden. Die verschiedenen Algorithmen sind in → Tab. 13.4 kurz skizziert, mit BLASTp liegt man oft richtig, auch wenn es länger dauert ④. Schließlich wird die Suche durch Anklicken des Buttons BLAST gestartet ⑤.

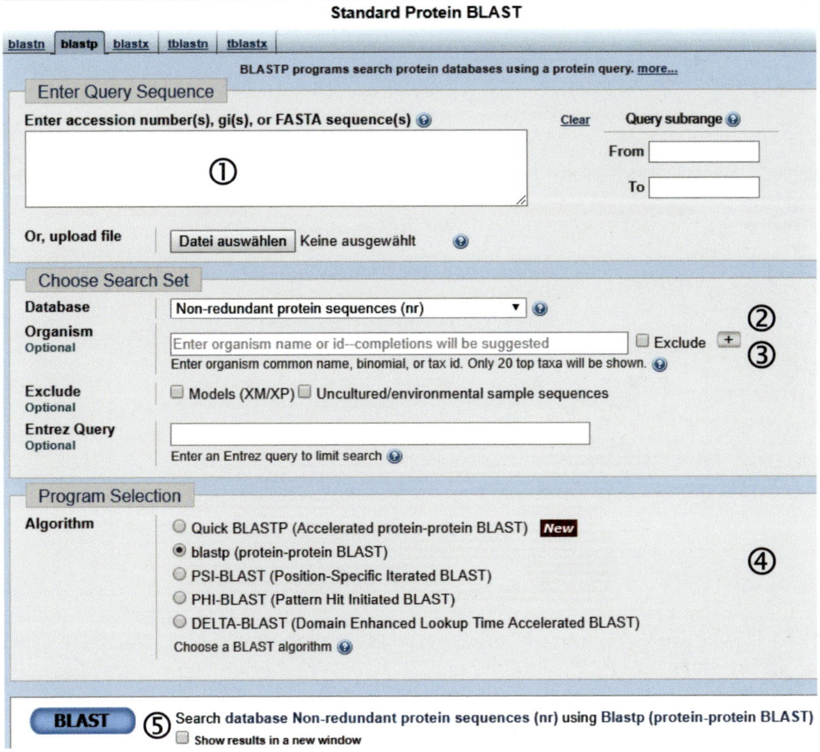

Tab. 13.4
Einiger Suchalgorithmen von BLAST.

Gruppe	Datenbank	Bemerkung
Nukleinsäure	BLASTn MEGABLAST *Discontiguous* MEGABLAST	Megablast ist für die Suche nach nah verwandten Sequenzen optimiert. Die Identität zwischen Such- und Zielsequenz sollte 95 % oder mehr betragen. Das Verfahren ist sehr schnell. *Discontiguous* MEGABLAST lässt mehr Unterschiede zu und ist besonders für Vergleiche zwischen verschiedenen Arten geeignet. BLASTn ist der älteste und langsamste Vertreter dieser Gruppe, aber auch der genaueste.
Proteine	BLASTp Quick BLASTp DELTA-BLAST PSI-BLAST	BLASTp ist der älteste Vertreter dieser Gruppe und vergleicht eine Proteinsequenz mit denen aus einer Proteindatenbank. QuickBLASTp ist eine schnellere Version von BLASTp, die am besten funktioniert, wenn die Identität zwischen Such- und Zielsequenz 50 % oder mehr beträgt. PSI-BLAST nutzt ein Verfahren (hier nicht näher erläutert), welches ermöglicht, Sequenzen mit niedriger Sequenzähnlichkeit (z. B. aus evolutionär weit entfernten Arten) zu finden. DELTA-BLAST ist eine Weiterentwicklung von PSI-BLAST, nutzt aber andere Datenbanken während seiner Ausführung.

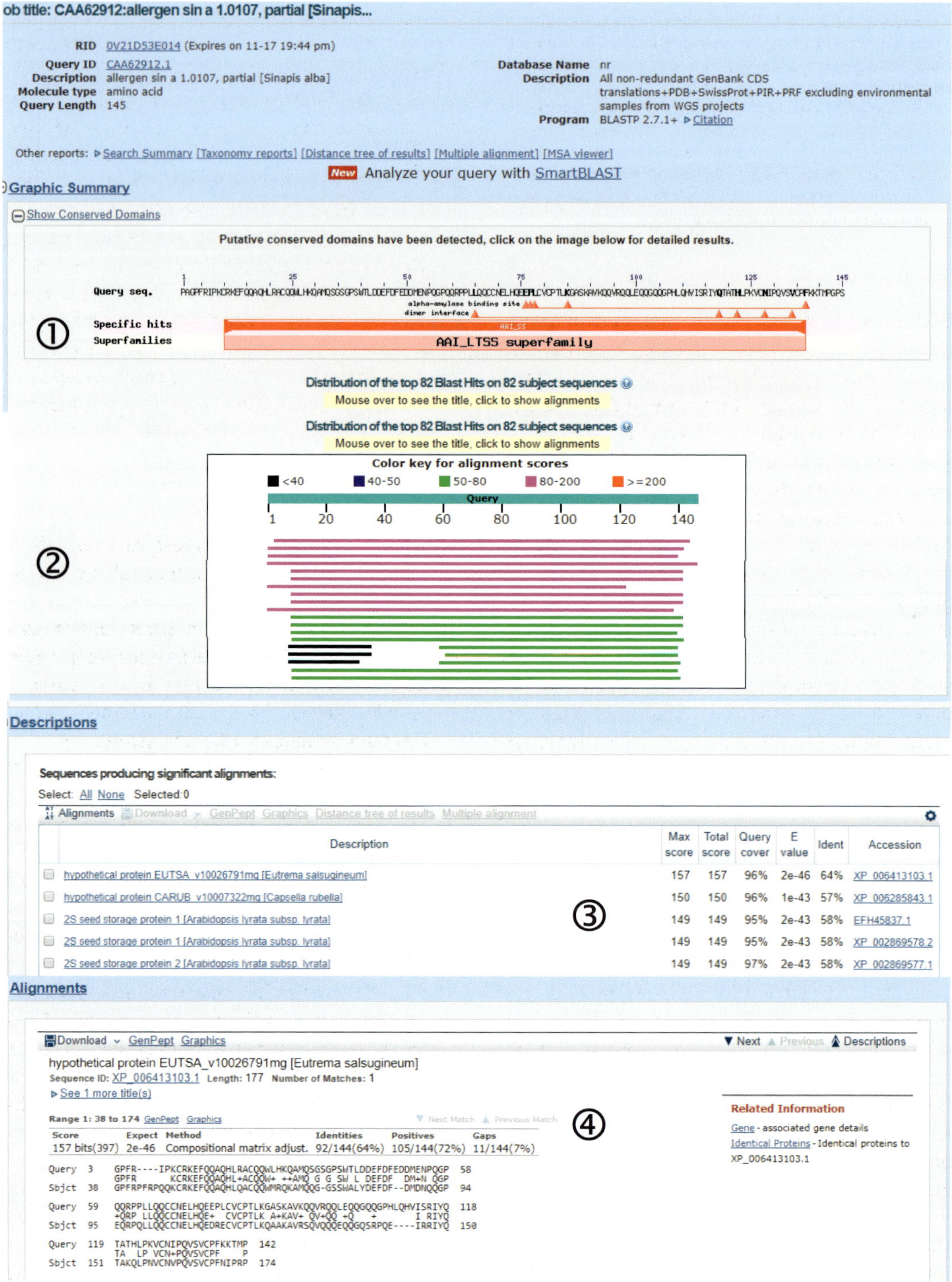
ob title: CAA62912:allergen sin a 1.0107, partial [Sinapis...
RID 0V21D53E014 (Expires on 11-17 19:44 pm)
Query ID CAA62912.1
Description allergen sin a 1.0107, partial [Sinapis alba]
Molecule type amino acid
Query Length 145
Database Name nr
Description All non-redundant GenBank CDS translations+PDB+SwissProt+PIR+PRF excluding environmental samples from WGS projects
Program BLASTP 2.7.1+ Citation
Other reports: Search Summary [Taxonomy reports] [Distance tree of results] [Multiple alignment] [MSA viewer]
New Analyze your query with SmartBLAST
Graphic Summary
Show Conserved Domains
Putative conserved domains have been detected, click on the image below for detailed results.
Query seq.
alpha-amylase binding site
dimer interface
Specific hits
Superfamilies
AAI_SS
AAI_LTSS superfamily
①
Distribution of the top 82 Blast Hits on 82 subject sequences
Mouse over to see the title, click to show alignments
Color key for alignment scores
<40
40-50
50-80
80-200
>=200
Query
1
20
40
60
80
100
120
140
②
Descriptions
Sequences producing significant alignments:
Select: All None Selected:0
Alignments Download GenPept Graphics Distance tree of results Multiple alignment
Description | Max score | Total score | Query cover | E value | Ident | Accession
hypothetical protein EUTSA_v10026791mg [Eutrema salsugineum] | 157 | 157 | 96% | 2e-46 | 64% | XP_006413103.1
hypothetical protein CARUB_v10007322mg [Capsella rubella] | 150 | 150 | 96% | 1e-43 | 57% | XP_006285843.1
2S seed storage protein 1 [Arabidopsis lyrata subsp. lyrata] | 149 | 149 | 95% | 2e-43 | 58% | EFH45837.1
2S seed storage protein 1 [Arabidopsis lyrata subsp. lyrata] | 149 | 149 | 95% | 2e-43 | 58% | XP_002869578.2
2S seed storage protein 2 [Arabidopsis lyrata subsp. lyrata] | 149 | 149 | 97% | 2e-43 | 58% | XP_002869577.1
③
Alignments
Download GenPept Graphics
Next Previous Descriptions
hypothetical protein EUTSA_v10026791mg [Eutrema salsugineum]
Sequence ID: XP_006413103.1 Length: 177 Number of Matches: 1
See 1 more title(s)
Range 1: 38 to 174 GenPept Graphics
Next Match Previous Match
Score Expect Method Identities Positives Gaps
157 bits(397) 2e-46 Compositional matrix adjust. 92/144(64%) 105/144(72%) 11/144(7%)
Query 3 GPFR----IPKCRKEFQQAQHLRACQQWLHKQAMQSGSGPSWTLDDEFDFEDDMENPQGP 58
Sbjct 38 GPFRPFRPQQKCRKEFQQAQHLQACQQWMRQKAMQQG-GSSWALYDEFDF--DMDNQQGP 94
Query 59 QQRPPLLQQCCNELHQEEPLCVCPTLKGASKAVKQQVRQQLEQQGQQGPHLQHVISRIYQ 118
Sbjct 95 EQRPQLLQQCCNELHQEDRECVCPTLKQAAKAVRSQVQQQEQQGQSRPQE----IRRIYQ 150
Query 119 TATHLPKVCNIPQVSVCPFKKTMP 142
Sbjct 151 TAKQLPNVCNVPQVSVCPFNIPRP 174
④
Related Information
Gene - associated gene details
Identical Proteins - Identical proteins to XP_006413103.1

Abb. 13.5 (linke Seite)
Ergebnisseite von BLASTp (Seite gekürzt). Wenn es einen konservierten Bereich in der Sequenz gibt, wird er oben auf der Seite angezeigt ①. Darunter ist eine graphische Darstellung der Treffer zu sehen. Rot bedeutet hohe Ähnlichkeit, dann folgen die weiteren Farben ②. Klickt man auf eine Linie, springt der Ausschnitt nach unten zur tabellarischen Auflistung ③. Hier verdienen besonders die Angaben zur Abdeckung sowie der E-Wert eine genauere Betrachtung. Ganz unten auf der Seite sind die gefundenen Sequenzen als paarweise Alignments aufgelistet ④.

Die Datensätze der SRA-Datenbank enthalten keine zusätzlichen Informationen, denn hier sind nur die Rohdaten aus Sequenzierungen hinterlegt. Da hier aber die Daten von vielen Organismen abseits der Modellorganismen zu finden sind, stellen diese Archive eine wichtige Informationsquelle dar. Mit der Kenntnis der Genomsequenzen kann die entsprechende Sequenz einfach synthetisiert werden (→ Kapitel 8.1.2). Ist ein *Genome Editing* geplant, können hier die geeignetsten Zielsequenzen identifiziert werden.
Der Umgang mit Genomsequenzen ist nicht trivial, da viele Daten nur unzureichend abgesichert sind. Daher erfordert die Analyse von Genomdaten fundierte Grundkenntnisse der Bioinformatik, da nur so die Relevanz und Aussagekraft der erhaltenen Daten eingeschätzt werden kann.

GUT ZU WISSEN

▶ SRA Datenbank Suche

Die Sequenzdaten in der SRA Datenbank können nicht über die normale BLASTn Suche gefunden werden. Zunächst wird über den *Taxonomy-Browser* oder das entsprechende *Bioproject* überprüft, ob und welche SRA-Daten überhaupt vorliegen. Dann wechselt man auf die Seite NCBI-SRA-BLAST [www.ncbi.nlm.nih.gov/sra (dort SRA-BLAST auswählen)]. Die Maske entspricht der in → Abb. 13.4, allerdings gibt es ein zusätzliches Eingabefeld „SRA Experiment Set (SRX)", welches ausgefüllt werden muss. Es kann entweder die SRX-Nummer eingegeben werden, manchmal klappt es auch mit dem Namen der Spezies. Meistens müssen mehrere Datensätze ausgewählt werden. Die Suche ist im Vergleich zu den oben beschriebenen Verfahren sehr langsam.

13.5 Bioinformatik zur Planung der Laborarbeit

Oft steht der Erhalt der Sequenzen am Ende einer mehr oder weniger langen molekularbiologischen Arbeit im Labor. Bioinformatische Verfahren sind aber nicht nur für die Analyse **nach** der Laborarbeit geeignet, sondern spielen ihre Stärken vor allem bei der Planung der Arbeiten im Labor und bei den strategischen Vorüberlegungen aus, getreu dem Spruch: „*A day on the web saves a month in the lab*".
Die sorgfältige Recherche in den biologischen Datenbanken liefert nicht nur Literatur, Protokolle sowie bereits bekannte Sequenzen biologischer Moleküle. Sie hat auch das Konzept der Laborarbeit in den letzten Jahren weitgehend verändert.
Heutzutage steht am Beginn eines Experiments die umfangreiche Recherche in den biologischen Datenbanken. Wichtige Fragestellungen sind:

- Wurde das Gen, für das ich mich interessiere, bereits beschrieben oder analysiert?
- Wurde das Gen bereits in einer nah verwandten Spezies beschrieben?
- Sind das Protein und seine Funktion bereits bekannt?
- Welche Proteine mit ähnlichen Funktionen gibt es?
- Wurde die Struktur des Proteins bereits aufgeklärt?
- Wie könnte ein Enzymtest für ein enzymatisches Enzym aufgebaut werden, welche inhibierenden Substanzen sollte ich vermeiden?
- Welche Kontrollen haben andere Wissenschaftler/Innen bei ihren Experimenten durchgeführt und wie begründen sie diese?

Dies sind nur einige Fragen, die **vor** Beginn der Arbeiten gestellt werden müssen, da sie den experimentellen Ablauf maßgeblich beeinflussen.
An dieser Stelle sollen kurz anhand eines Beispiels die Auswirkungen solcher Vorüberlegungen ge-

Abb. 13.6
Beispiel eines Multiplen Sequenzalignments (MSA). Zu Beginn jeder Zeile steht die Accession number der Sequenz. Die Farben der Buchstaben repräsentieren biochemisch ähnliche Aminosäuren. Die Zeile unter den Sequenzen gibt einen schnellen Überblick über die Ähnlichkeit in der Spalte („*" alle identisch; „:" biochemisch ähnlich).
In ① hat die Aminosäure Cystein erhebliche strukturelle Auswirkungen, da sie Disulfidbrücken ausbilden kann. ② stellt ein Beispiel biochemisch ähnlicher Sequenzen dar. Der Bereich ③ würde sich für die Ableitung eines degenerierten Primers eignen. Die Spalte ④ besteht aus sehr unterschiedlichen Aminosäuren und in ⑤ ist in der oberen Sequenz ein endständiges *Gap* (weil die restliche Sequenz fehlt) und in der unteren Sequenz eine interne Lücke [*Gap*]. Die dem MSA zugrundeliegenden Algorithmen sind recht kompliziert und würden den Umfang dieses Buchs sprengen. Die großen Anbieter bieten webbasierte MSA-Programme an. Besonders die Tools bei EBI sind sehr zu empfehlen: T-Coffee oder Muscle. Bei NCBI lautet das Pendant Cobalt. Wichtig: Bevor ein solches MSA angegangen wird, sollten die Grundlagen der Verfahren verstanden sein, da falsch gesetzte Parameter zu enormen Abweichungen der Ergebnisse führen können.

```
ACD10928.1 LLEGTLLKPNMVTPGSDSKKVAPEVIAEQTVRALLRTVPPAVPAIVFLSGGQSEEEATRNLNAMNQLKGK
BAA11395.1 ---GTLLKPNMVTPGSDSAKVAPEVIAEHTVRALQRTVPAAVPAIVFLSGGQSEEEATKNLNAMNQLKTK
CAL34034.1 ---------------------APEVIAEYTVRALQRTMPCAVPAVVFLSGGQSEEEATINLNAMNKLKTK
ONM35413.1 ----------MVTPGSDSKKVTPEVIAEYTVRTLQRTVPAAVPAVVFLSGGQSEEEATRNLNAMNKLSTK
                                ****** ***:* **:* ****:************* ******:*. *
                                                 ①    ②

ACD10928.1 KPWSLSFSFGRALQQSTLKAWAGKEENVEKAQAAFLTRCKANSEATLGTYKGDAASG------------
BAA11395.1 KPWSLSFSFGRALQQSTLKTWAGKEENVKAAQEALYVRCKANSEATLGPYKGDAKLGDGAAESLSRQGL
CAL34034.1 KPWSLSFSFGRALQQSTLKAWAGKEENIGKAQAAFLTRAKANSEATLGTYSGSSTLSEGASESLHVKDY
ONM35413.1 KPWSLSFSFGRALQASTLKAWAGKVENLEKARAAFLARCKANSEATLGTYKGDAAAD---TESLHVKDY
           ************** ****:**** **: *: *: .*.*********.*.*.:    .
                  ③                 ④                           ⑤
```

zeigt werden: Ausgangspunkt vieler wissenschaftlicher Untersuchungen ist die Funktionsanalyse eines Proteins, welches aus den unterschiedlichsten Gründen das Interesse geweckt hat – vielleicht besteht die Hoffnung, dass es gegen eine bestimmte Krebserkrankung wirkt. Sowohl zur Produktion als auch zur Analyse ist meistens die heterologe Produktion des Proteins in *E. coli* oder einem Modellorganismus, wie Hefe, erforderlich. Um Sequenzen zu finden, die (zumindest teilweise) dem Protein ähneln, wird zunächst eine BLASTp-Suche durchgeführt. Diese kann zu verschiedenen Ergebnissen führen:

- Die Sequenz ist bereits in den Datenbanken enthalten: In diesem Fall können Primer bestellt werden, um das Gen zu amplifizieren und zu klonieren. Sinnvoller ist es, die Sequenz synthetisieren zu lassen (→ Kapitel 8.9). Dann kann die Codon Nutzung angepasst werden, und störende, interne Restriktionsschnittstellen im Gen können modifiziert werden.
- Es werden ähnliche Sequenzen aus nah verwandten Spezies gefunden. Hier werden die erhaltenen Sequenzen in einem Multiplen Sequenzalignment (→ Abb. 13.6) aligns, um konservierte Bereiche zu identifizieren. Diese konservierten Bereiche dienen der Herstellung von degenerierten Primern (→ Kapitel 4.2.4). Diese werden verwendet, um entweder aus der mRNA/cDNA (→ Kapitel 4.5.6) oder direkt aus der genomischen DNA das Gen zu amplifizieren.
- Es gibt bereits ein *Draft Genome* oder Daten in einem SRA (→ Kapitel 13.4.1). Auch in diesem Fall wird zunächst ein MSA durchgeführt, denn die Sequenz taucht typischerweise mehrfach im *Sequence Read Archive* auf. Durch die geschickte Wahl der Parameter erhält man das komplette Gen aus den überlappenden Sequenzen. Die gefundenen Sequenzen aus dem SRA können zusammengefügt werden und mit ein bisschen Glück ist die komplette Sequenz des interessierenden Gens bekannt. Dann führt der schnellste Weg zum Protein ebenfalls über die Gensynthese (→ Kapitel 8.1.2).

Und nun wünsche ich viel Erfolg im Labor!

14 Anhang

A1 Sicherheit im Labor

Im Umgang mit Chemikalien und gentechnischen Organismen sind einige Vorkehrungen zu beachten, die einen selbst, aber auch die Kollegen vor Gefahren schützen. Auch viele Geräte können bei falscher Bedienung zerstörerische Kräfte entwickeln. Wir beginnen hier mit einigen allgemeinen Sicherheitsregeln für das Labor, wobei bauliche oder organisatorische Vorschriften an dieser Stelle nicht weiter berücksichtigt werden.
Die wichtigsten Verhaltensmaßnahmen, die ohne Ausnahme in jedem Labor gelten, sind:

- Den Anordnungen der Laborleitung muss Folge geleistet werden. Vor allem müssen die speziellen Laborrichtlinien, die in jedem Labor aushängen, gründlich gelesen werden. In der Nähe dieser Richtlinien befinden sich auch meist die Notrufnummern.
- Fremde Personen, die nicht eingewiesen sind, dürfen ein Labor nicht betreten. Dies gilt insbesondere für Kinder unter 16 Jahren.
- Die Sauberkeit und Ordnung am Arbeitsplatz sollte – auch wegen des sozialen Umfeldes (Anhang A2) – immer gewahrt werden.
- Natürlich ist das Essen, Trinken und Rauchen im Labor strikt verboten. Dies gilt auch für Besteck. Ein Esslöffel zum Abwiegen von Chemikalien hat in einem Labor nichts zu suchen. Werden Lebensmittel analysiert (beispielsweise auf gentechnische Veränderungen), müssen die Reste entsorgt werden.
- Niemals im Laborbereich rennen oder drängeln.
- Neben Gefahrenstoffen, die an ihren Warnaufklebern zu erkennen sind, können viele Geräte eine ernste Gefahrenquelle darstellen. Ein Gerät darf deshalb nur nach Einweisung benutzt werden. Ein Blick in die Bedienungsanleitung ist immer extrem sinnvoll. Geräte mit hohem Gefahrenpotenzial sind neben UV-Leuchttischen (→ Kapitel 7.2) vor allem Zentrifugen (→ Kapitel 2.7), Autoklav (→ Kapitel 2.10), Elektrophorese-Netzteile (→ Kapitel 7.1 und 10.2.3) sowie mit Gas betriebene Utensilien, wie Bunsenbrenner.
- Es sollte nie allein in einem Laborraum gearbeitet werden. Es muss sich wenigstens ein weiterer Mitarbeiter in der Nähe, beispielsweise in einem benachbarten Raum, befinden.
- Schwangerschaften müssen sofort dem Sicherheitsbeauftragten gemeldet werden. Der muss diese Information vertraulich behandeln.
- Im Labor muss ein Laborkittel getragen werden. Die Schuhe sollten geschlossen sein und keine hohen Absätze besitzen. Kopftücher müssen aus nicht-brennbarer Baumwolle sein.
- Kontaktlinsen haben im Labor nichts zu suchen! Es gibt schicke Brillen. Chemikalien können bei Kontaktlinsen zu überraschenden Reaktionen führen, welche den Verlust des Auges oder der Hornhaut zu Folge haben können. Die Augen sind neben den Händen die gefährdetsten Körperteile. Das ständige Tragen einer Brille ist daher sehr zu empfehlen. Es gibt spezielle Schutzbrillen, die vor allem beim Umgang mit gefährlichen Chemikalien sowie flüssigen Gasen (→ Kapitel 2.11) unbedingt zu tragen sind. Solche Schutzbrillen gibt es auch für Brillenträger. Bei der Nutzung eines UV-Tischs wird das gesamte Gesicht durch einen Gesichtsschirm geschützt. In jedem Labor befinden sich in der Regel am Waschbecken Augenduschen, die täglich durchgespült werden sollten.
- Da die Hände den zweiten stark gefährdeten Körperbereich darstellen, sollten diese mit Handschuhen geschützt werden. Dabei ist zu beachten, dass manche Chemikalien, wie Ethidiumbromid, normale Laborhandschuhe mühelos durchdringen, weshalb beim Umgang mit Ethidiumbromid Nitrilhandschuhe getragen werden müssen. Handschuhe sollten nicht länger als 2 h täglich getragen werden.
- Keine Fluchtwege mit Behältern oder Versuchsaufbauten versperren. Kartons und anderes Verpackungsmaterial dürfen nicht im Labor „gelagert“ werden.
- Im Schadenfall zunächst die Mitarbeiter im Labor verständigen. Die Behebung des Schadens sollte nur nach Rücksprache mit dem verantwortlichen Laborleiter erfolgen.
- Vor Verlassen des Labors alle Geräte ausschalten, Gashähne schließen und vor allem die Hände waschen.

- Für den Umgang mit gentechnisch veränderten Organismen (GVO, *GMO*) gelten je nach Sicherheitsstufe unterschiedlich strenge Regeln. Studierende/r arbeiten typischerweise mit Organismen der gentechnischen Sicherheitsstufe S1. Von Organismen dieser Gefahrenstufe geht bei sachgemäßem Umgang keine Gefährdung für gesunde Menschen oder die Umwelt aus. Die Regularien für diese Stufe betreffen vor allem den Betreiber der Anlage. Für die Studierenden sind vor allem folgende zusätzliche Vorschriften wichtig:
- Alle GVOs müssen zum Ende des Versuches hin abgetötet werden. Dies geschieht entweder durch Autoklavieren oder Sterilisieren (→ Kapitel 2.10).
- Im gentechnischen Labor dürfen sich keine Gegenstände mit offenen Poren (abgesplitterte Tischecken oder Styroporboxen) befinden.
- Es besteht eine Aufzeichnungspflicht. Das bedeutet, dass jeder erzeugter GVO in einem Datenblatt aufgezeichnet werden muss. Hierfür gibt es institutsweite Vorschriften und einen zentralen Ordner, der sich i.d.R. beim Sicherheitsbeauftragten befindet.
- Für alle Fragen bezüglich GVOs gibt es den Projektleiter der Anlage oder den Beauftragten für Biologische Sicherheit (BBS), die bei allen Fragen gerne weiterhelfen.

A2 Die 10 goldenen Laborregeln

Das molekularbiologische Labor ist auch ein sozialer Raum, und die Zusammenarbeit zwischen den agierenden Personen hat einen maßgeblichen Einfluss auf den Erfolg der experimentellen Arbeiten. Gerade der Einsteiger findet sich mit vielen Regeln und Vorschriften konfrontiert, deren Beachtung eine entscheidende Bedeutung für die Stimmung im Labor besitzt.

▸ Regel 1: Anpassen

Als Neuling gelangt man in ein mehr oder weniger funktionierendes soziales Netzwerk, das meist über Jahre gewachsen ist. Daher sollten geltende Absprachen befolgt werden. Vorschläge zur Optimierung von Arbeitsabläufen sind sicher willkommen, doch sollte man nicht dazu übergehen, eine komplett neue La招organisation herzustellen.

▸ Regel 2: Hierarchie

In jedem Labor haben sich Hierarchien entwickelt, die auch nicht infrage gestellt werden sollten. Oft ergeben sie sich durch die Dauer der Zugehörigkeit, der Hilfsbereitschaft und dem Kenntnisstand von selbst. Ein häufiges Missverständnis ist, dass die technische Assistentin[72] („TA") eine Art Labordienerin für alle darstellt. Ein solcher Irrtum kann fatale Folgen haben, denn oft ist sie der lange Arm des Laborleiters. Sie ist praktisch die Nummer 1 im Labor, da sie die Organisationsabläufe am besten kennt und am längsten dort arbeitet. Sie kennt am besten die im Labor etablierten Methoden und die Lagerorte.

▸ Regel 3: Fragen

Fragen sind das A und O. Vor allem, wenn die Funktionsweise eines Geräts unbekannt ist, ist fragen das oberste Gebot. Nie sollte jedoch die gleiche Frage verschiedenen Personen gestellt werden. Dann kommt schnell der Eindruck auf, man wolle deren Wissen testen oder die Kollegen gegeneinander ausspielen.

72 Männliche TA's sind eher selten.

▸ Regel 4: Ordnung halten

Eigentlich ist ein Labor wie eine WG-Küche. Den meisten Streit gibt es in der Regel um das Putzen und Spülen. Daher sollten Arbeitspausen, die sich bei Inkubationen oder Zentrifugationen zwangsläufig ergeben, dazu genutzt werden, im Labor etwas Ordnung zu schaffen. Dazu gehört auch das Befüllen oder Ausräumen der Spülmaschine oder des Autoklavens. Von essenzieller Bedeutung ist es auch, dass alle Stammlösungen und Materialien immer an den gleichen Platz zurückgestellt werden, da sonst lange Suchaktionen zu Unmut führen werden.

▸ Regel 5: Miteinander sprechen

Es ist sehr sinnvoll, mit den anderen Menschen im Labor über die Arbeit zu sprechen und – noch wichtiger – genau zuzuhören, was die anderen über ihre Arbeit erzählen. Auf diese Weise erhält man viele praktische Tipps und Informationen über die Labororganisation. Eigene Fehler fallen schneller auf.

▸ Regel 6: Mikropipetten

Mikropipetten (→ Kapitel 2.5) sind das zentrale Werkzeug eines Molekularbiologen. In vielen Laboren besitzt jeder Mitarbeiter seinen eigenen Pipettensatz, für dessen Genauigkeit er auch verantwortlich ist. Daher sollten nie ungefragt die Pipetten anderer Personen benutzt werden.

▸ Regel 7: Stammlösungen

Hier gilt das Gleiche wie für die Pipetten. In vielen Laboren gibt es gemeinsam genutzte Lösungen. Dann sollte man aber auch einige dieser Lösungen selber herstellen. Es wird oft sehr genau beobachtet, wer nur Stammlösungen nutzt und wer auch welche ansetzt. Dies gilt auch für Medien und Agarplatten.

▸ Regel 8: Beschriftung

Obwohl auf einem 1,5-ml-Reaktionsgefäß wenig Platz ist, muss jedes Gefäß beschriftet werden. Grundsätzlich ist ein Gefäß immer mit Name, Inhalt und Datum zu versehen. Die Beschriftung mit einem wasserfesten Stift („Edding") ist nicht alkoholfest! Deshalb kann es sinnvoll sein, die Beschriftung mit Tesafilm zu umkleben oder Etiketten zu benutzen (allerdings müssen das Spezialetiketten sein, die sich in den Tiefkühlern nicht ablösen).

▸ Regel 9: Dokumentation

Die exakte Dokumentation der eigenen Ergebnisse ist so wichtig, dass diesem Thema ein eigener Anhang A3 gewidmet ist.

▸ Regel 10: Rücksicht nehmen

Eigentlich selbstverständlich. Aber viele Auseinandersetzungen entzünden sich an einfachen Umgangsformen. Beispielsweise dem Radio oder der Musikauswahl im Labor. Wenn es keinen breiten Konsens gibt, sollte auf die Beschallung verzichtet werden. Gleiches gilt für Gesprächsthemen, die sich nicht mit der Laborarbeit beschäftigen. Nie, aber auch wirklich nie, sollte schlecht über Kollegen geredet werden.

A3 Das Laborbuch und die finale Arbeit

Sämtliche erzielten Ergebnisse sind Makulatur, wenn der Weg zu ihnen nicht ausreichend genau dokumentiert wurde. Im Laborbuch werden die genauen Details der Experimente auf eine Weise protokolliert, dass jemand Unbeteiligtes diese nachvollziehen kann. Neben Messwerten und Gelbildern (z. B. → Abb. 7.6 oder Abb. 10.7) sowie Berechnungen gehören hier auch alle Beobachtungen hinein, die vielleicht nicht direkt zum Experiment gehören, und natürlich auch die durchgeführten Kontrollen. Das Laborbuch ist immer ein fest gebundenes Heft mit durchnummerierten Seiten, das Eigentum der Arbeitsgruppe ist und normalerweise dort verbleibt.

Da zwischen den Experimenten und dem Schreiben der Bachelor- oder Masterarbeit Wochen oder gar Monate vergehen, ist es sehr vorteilhaft, wenn sich aus dem Laborbuch der Verlauf und die Aussage des Experiments schnell erschließen. Die erzielten Daten sollten im Laborbuch auch kommentiert werden. Zeitnah zum Experiment werden auf diese Weise chronologisch erfasst:

- Das Datum des Experiments.
- Die genauen Versuchsbedingungen.
- Beobachtungen, deren Relevanz noch unklar ist.
- Abweichungen von der Versuchsplanung.
- Einstellungen der verwendeten Geräte sowie die Chargen-Nummer verwendeter Enzyme und Antikörper.
- Die real pipettierten Volumina (→ Kapitel 2.5) und abgewogenen Mengen (→ Kapitel 2.4), damit im Nachhinein die darauf aufbauenden Berechnungen nachvollzogen werden können.
- Der Versuchsverlauf.
- Die erhaltenen Rohdaten, auch Fotos von Gelen und Ausdrucke (z. B. → Abb. 7.6 oder 10.7) sowie Chromatogramme (→ Kapitel 9.4.2) werden eingeklebt.
- Deutungen und Überlegungen zu den erhaltenen Ergebnissen.

Wichtig ist, dass sämtliche Eintragungen eindeutig sind, was bedeutet, dass Gelbilder fortlaufend durchnummeriert werden und sämtliche Probennamen eindeutig sind. Wird ein Verfahren häufiger benutzt, kann immer auf die jeweilige Seitennummer verwiesen werden, wo dieses im Detail niedergeschrieben wurde. Dann sind nur die Änderungen zu dokumentieren.

Der Aufbau der Bachelor- oder Masterarbeit unterscheidet sich grundlegend vom Laborbuch und ist oft in der Prüfungsordnung festgelegt. Sie ist nicht chronologisch aufgebaut, sondern besteht aus den Teilen:

- Einleitung
- Material und Methoden
- Ergebnisse
- Diskussion
- Literaturverzeichnis
- Zusammenfassung (diese kann manchmal auch als *Abstract* in Englisch zu verfassen sein und am Anfang stehen).
- Abkürzungsverzeichnis (oft auch vorn).

Am besten orientiert man sich an bereits vorhandenen Arbeiten in der Arbeitsgruppe. Liegt ein ordentlich geführtes Laborbuch vor, geht das Schreiben der Arbeit schnell von der Hand. Es ist empfehlenswert, zunächst mit dem Ergebnisteil zu beginnen, denn zu Beginn des Zusammenschreibens ist die Erinnerung an die Experimente noch frisch. Im Gegensatz zum Laborbuch wird nicht zwingend jedes Ergebnis aufgenommen, sondern oft nur repräsentative Daten. Auch erfolgt die Ordnung nicht chronologisch, sondern so, dass eine durchgehende Argumentationsschiene aufgebaut werden kann. Dabei werden die Daten aber nicht bewertet.

Nachdem man sich Gedanken zur Sortierung und Bedeutung der Ergebnisse gemacht hat, folgt das Schreiben der Diskussion. Dieser Teil wird häufig unterschätzt, ist es doch der Teil, der am gründlichsten vom Betreuer gelesen wird. Hier werden die erhaltenen Ergebnisse bewertet. Wichtig ist der Bezug zur vorhandenen Literatur. Für die Diskussion ist die meiste Schreibzeit zu veranschlagen. Da die Diskussion eine gründliche Literaturrecherche erfordert, fühlt man sich anschließend mit dieser vertraut und kann mit dem Schreiben der Einleitung beginnen. Diese dient dazu, den unbedarften Leser in das Thema einzuführen. Da die Diskussion schon geschrieben wurde, ist die Zielrichtung der Arbeit klar und kann in der Einleitung berücksichtigt werden. Zuletzt wird der „Material und Methoden"-Teil geschrieben. Er lässt sich am schnellsten schreiben, selbst unter Zeitdruck, der regelmäßig kurz vor dem Abgabetermin entsteht. Hier werden nur die Methoden aufgeführt, zu denen auch Daten im Ergebnisteil aufgeführt sind.

Abschließend noch einige Tipps:

- Englische Begriffe oder schlimmer noch „Denglisch" sind bei den meisten Dozenten nicht gerne gesehen, vor allem, wenn es deutsche Ausdrücke gibt. Worte wie „*Immunostain*" (Immunfärbung), *Promotor* (Promoter) sollten nicht in einer Arbeit auftauchen.
- Lateinische Begriffe (*in vivo*, *in vitro*), Art- und Gattungsnamen, aber nicht die Varietät (*Malus sylvestris* var. domestica) werden kursiv oder unterstrichen geschrieben.
- SI-Einheiten wie m (Meter) oder s (Sekunde) gehören nicht in Abkürzungsverzeichnis.
- Zwischen Menge und Einheit steht immer ein Leerzeichen (z. B. 4 °C).
- Zentrifugen drehen sich in Deutschland mit UpM (Umdrehungen pro Minute) und nicht rpm [*Rounds per Minute*]. Die Erdbeschleunigung ist eine Konstante, keine Einheit, daher muss „xg" (fache Erdbeschleunigung) geschrieben werden.
- Das Literaturverzeichnis muss einheitlich formatiert sein. Dies kann sich sehr zeitaufwendig gestalten. Literaturverwaltungsprogramme wie Citavi (www.citavi.com) oder Mendeley (www.mendeley.com) können gute Dienste leisten, denn sie erstellen solche Verzeichnisse in der gewünschten Formatierung vollautomatisch.

Verzeichnis der „Gut zu wissen"-Boxen

Abbildungsverzeichnis

Verzeichnis der Maps

Verzeichnis der Protokolle

Tabellenverzeichnis

Abkürzungsverzeichnis

AA	Acrylamid
AP	Alkalische Phosphatase [*Alkaline Phosphatase*]
APS	Ammoniumpersulfat
ATP	Adenosintriphosphat
BAC	künstliches Bakterienchromosom [*Bacterial Artificial Chromosome*]
BCA	Bicinchoninsäure [*Bicinchonic acid*]
BCIP	5-Brom-4-Chlor-3-Indoxylphosphat
BisAA	N,N'-Methylenbisacrylamid
BLAST	*Basic Local Alignment Search Tool*
BSA	Rinderserumalbumin [*Bovine Serum Albumine*]
CAPS	Cyclohexylaminopropansulfonsäure, ein Puffer
cDNA	komplementäre DNA [*complementary DNA* oder auch *copyDNA*]
CDR	hypervariable Bereiche [*Complementarity Determining Region*]
CDS	Codierende Sequenz [*Coding Sequence*]
CHO	*Chinese Hamster Ovary*
CI	Chloroform-Isoamylalkohol
CRSIPR/Cas9	*Clustered Regularly Interspaced Short Palindromic Repeats*
Da	Dalton, Masseneinheit, nicht SI konform
DAB	3,3'-Diaminobenzidin
DAPI	4',6-Diamidino-2-phenylindol
ddNTP	Didesoxynukleotid
dNTP	Desoxynukleotid
DEPC	Diethylpyrocarbonat
DMF	N,N'-Dimethylformamid
DMSO	Dimethylsulfoxid
DNA	Desoxyribonukleinsäure [*Deoxyribonucleic acid*]
dsDNA	doppelsträngige DNA [*double stranded DNA*]
dsRNA	doppelsträngige RNA [*double stranded RNA*]
DTT	1,4-Dithiothreitol
EBI	*European Bioinformatics Institute*
EDTA	Ethylendiamintetraessigsäure
ESI	*Electrospray* Ionisation
F_{ab}	Antikörperfragment, welches durch proteolytischen Verdau entsteht

$F_{(ab)2}$	weiteres Antikörperfragment, welches durch proteolytischen Verdau entsteht
FACS	*Fluorescence Activated Cell Sorting*
FITC	Fluoresceinisothiocyanat
GαRAP	Ziege-anti-Kaninchen Antikörper mit Alkalischer Phosphatase
GTC	Guanidinthiocyanat
HC	Schwere Kette eines Antikörpers [*Heavy Chain*]
HEPES	2-(4-(2-Hydroxyethyl)- 1-piperazinyl)-ethansulfonsäure
HIC	Hydrophobe Interaktionschromatographie
HRP	Meerrettich Peroxidase [*Horse radish Peroxidase*]
HDR	*Homology-Directed Repair*
HR	Homologe Rekombination
IEF	Isoelektrische Fokussierung
IEX	Ionenaustausch-Chromatographie [*Ionexchange Chromatography*]
IgA, IgD, IgE, IgG, IgM	Immunglobulin A, D, E, G, M
IMAC	Metallchelatchromatographie [*Immobilized Metal Ion Affinity Chromatography*]
IPTG	Isopropyl- β -D-thiogalactopyranosid
kDa	Kilodalton → Dalton
LC	Leichte Kette eines Antikörpers [*Light Chain*]
LIC	Ligase-unabhängige Klonierungssysteme
MALDI	*Matrix-Assisted Laserdesorption/-Ionisation*
MES	2-(N-Morpholino)ethansulfonsäure
miRNA	microRNA
MOPS	3-(N-Morpholino)-propansulfonsäure
MS	Massenspektrometrisches Verfahren
MSA	Multiples Sequenzalignment
NHEJ	*Non Homologous End Joining*
NBT	p-Nitrotetrazoliumblauchlorid
NCBI	National Center for Biotechnology Information
NTA	Nitrilotriessigsäure [*Nitrilotriacetic acid*]
oePCR	*Overlap extension PCR*
ori	Replikationsursprung
PAC	*P1 Artificial Chromosome*
PAGE	Polyacrylamid-Gelelektrophorese
PAM	*Protospacer Adjacent Motif*

PBS	*Phosphate-Buffered Saline*
PCI	Phenol-Chloroform-Isoamylalkohol
PCR	Polymerase Kettenreaktion [*Polymerase Chain Reaction*]
PEG	Polyethylenglykol
PIPES	Piperazin-N,N'-bis(2-ethansulfonsäure)
PMSF	Phenylmethylsulfonylfluorid
PVDF	Polyvinylidenfluorid
PVP	Polyvinylpyrrolidon
RαMHRP	Kaninchen-anti-Maus Antikörper mit Meerrettich-Peroxidase konjugiert
rbs	ribosomale Bindestelle
RF	*Restriction Free Cloning*
RISC	RNA-*induced silencing complex*
RNA	Ribonukleinsäure [*Ribonucleic acid*]
RNAi	RNA-Interferenz
scFv	*single chain variable Fragment*
SDS	Natriumdodecylsulfat oder Natriumlaurylsulfat
SDS-PAGE	SDS-Polyacrylamid Gelelektrophorese
sgRNA	*single guide* RNA
shRNA	*small hairpin* RNA
siRNA	*small interfering* RNA
SRA	*Sequence Read Archive*
ssRNA	einzelsträngig RNA [*single stranded RNA*]
ssDNA	einzelsträngig DNA [*single stranded DNA*]
TAE	Tris-Acetat-EDTA Puffer
TALE	*Transcription Activator-Like Effector-Nucleases*
TBE	Tris-Borat-EDTA
TBS	*Tris-Buffered Saline*
TE	Tris-EDTA
TCA	Trichloressigsäure
TEMED	N,N,N',N'-Tetramethylethylendiamin
TOF	*Time of Flight*
UTR	Untranslatierter Bereich
UV	Ultraviolettstrahlung
YAC	*Yeast Artificial Chromosome*

Sachverzeichnis

D

E

F

G

T

U

V

Quellenverzeichnis

Alle Fotos stammen vom Autor, mit Ausnahme von:
Abb. 4.11b: Elisa Derboven, Institut für Pflanzengenetik, Abt. II, Leibniz Universität Hannover
Abb. 4.15D und 7.5: Jürgen Haacks / Christian-Albrechts-Universität zu Kiel
Abb. 7.4: Fermentas UAB (heute: ThermoFisher Scientific)
Abb. 6.5: Philip Wolff, Institut für Pflanzengenetik, Abt. II, Leibniz Universität Hannover
Abb. 10.9: Dr. Frank Colditz, Institut für Pflanzengenetik, Abt. V, Leibniz Universität Hannover
Alle Grafiken vom Autor mit Ausnahme von:
1.4, 1.7, 1.12, 1.14, 2.10, 3.1A, 3.5, 3.6, 4.15, 5.2, 12.1 und 12.8: Sabine Seifert, Stuttgart